Repertorium der Physik.

Eine Zusammenstellung

der neueren Fortschritte dieser Wissenschaft.

Band VII.

Enthält:

Besondere Gesetze der Wellenbewegung, von Broch.
Allgemeine Physik, von Knochenhauer.
Magnetismus der Erde, von Lamont.

Mit zwei Figurentafeln.

Berlin.
Verlag von Veit & Comp.
1846.

Der überaus schwierige Satz so wie die zeitraubende Correctur der vorliegenden Abhandlungen mögen die verzögerte Erscheinung des siebenten Bandes entschuldigen, an dem ununterbrochen gearbeitet worden ist. Da besonders der Satz der Brochschen Abhandlung sehr lange Zeit erforderte und sich die Arbeit nicht unter mehrere Setzer vertheilen liess, so ist der Lamontsche Bericht zu gleicher Zeit gesetzt worden und musste daher besonders paginirt werden.

Ueber den Inhalt des achten Bandes werden wir bald Mittheilung zu machen im Stande sein.

Berlin, im September 1846.

Veit & Comp.

Inhaltsverzeichniss

zum siebenten Bande.

Siebzehnter Abschnitt.

Besondere Gesetze der Wellenbewegung, von Broch.

Achtzehnter Abschnitt.

Allgemeine Physik, von Knochenhauer.

Neunzehnter Abschnitt.

Magnetismus der Erde, von Lamont.

Siebzehnter Abschnitt.

Besondere Gesetze der Wellenbewegung.

Von

O. J. Broch,

zu Christiania.

Nachdem ich im fünften Bande dieser Zeitschrift die allgemeinen Gesetze der Wellenbewegung entwickelt habe, werde ich jetzt die Gesetze derselben bei besonderen Voraussetzungen über die Vertheilung der Molekülen entwickeln, und nach und nach die isophanen, einaxig und zweiaxig krystallisirten, erwärmten und comprimirten Körper betrachten. Die Gesetze der Aetherbewegungen unter diesen besonderen Umständen sind besonders von Cauchy und Neumann behandelt worden. Die Arbeiten des Ersteren sind in den Compt. rend. und Ex. d'An. et de Ph. Math., die des Letzteren in den Abh. der k. Akademie der Wissenschaften zu Berlin zu finden. Auch haben Hamilton, Mac-Cullagh und Lloyd in den Trans. of the Ir. Acad. und in den Lond. and Ed. Ph. Mag. und der Verfasser dieser Abhandlung in: „Forhandlinger ved de skandinaviske Naturforskeres tredie Möde" Beiträge hierzu geliefert. Die benutzten Schriften werden in den Noten citirt werden.

Cap. I.

Gesetze der Fortpflanzung des Lichts in isophanen Körpern.

§. 1. Gleichungen der unendlich kleinen Bewegungen in einem isophanen System von Molekülen*).

Die Gleichungen der unendlich kleinen Bewegungen eines Systems von Molekülen sind, wie ich in der vorigen Abhandlung gezeigt habe, die folgenden**):

*) Cauchy, Ex. d'An. et de Ph. Math. Tome 1. pag. 115—120.

**) Die Nummern der Gleichungen, welche zwischen [()] eingeschlossen sind, beziehen sich auf meine Abhandlung im fünften Bande.

$$[(14)]\quad \begin{aligned} &(L - d_t^2)\,\xi + P v + Q\zeta = o, \\ &R\xi + (M - d_t^2)\, v + P\zeta = o, \\ &Q\xi + P v + (N - d_t^2)\,\zeta = o, \end{aligned}$$

wo ξ, v, ζ die Verschiebungen eines Punktes (x, y, z) längs den drei Coordinatenaxen sind, und L, M, N, P, Q, R charakteristische Funktionen der Differentialzeichen d_x, d_y, d_z. Setzt man in diesen charakteristischen Funktionen, statt der Zeichen d_x, d_y, d_z die Grössen u, v, w und bezeichnet durch $\mathfrak{L}$, $\mathfrak{M}$, $\mathfrak{N}$, $\mathfrak{P}$, $\mathfrak{Q}$, $\mathfrak{R}$, die dadurch erhaltenen Funktionen, so können diese durch Hülfe zweier neuen Funktionen ausgedrückt werden. Es sei:

$$[(134)]\quad \begin{aligned} &\mathfrak{G} = S\,[m f(r)\,(e^{ux+vy+wz} - 1)] \\ &\mathfrak{H} = S\left[\frac{m}{r}\, d_r f(r) \left(e^{ux+vy+wz} - 1 - (ux+vy+wz) - \frac{(ux+vy+wz)^2}{2}\right)\right] \end{aligned}$$

wo m die Masse einer Moleküle, r deren Abstand vom Punkte $(x, y, z) = \sqrt{(x^2 + y^2 + z^2)}$, $f(r) = \frac{f(r)}{r}$ und f(r) die Kraft bezeichnet, welche zwei Molekülen in dem Abstand r auf einander gegenseitig ausüben. Es ist dann:

$$[(135)]\quad \begin{aligned} &\mathfrak{L} = \mathfrak{G} + d_u^2\mathfrak{H},\quad \mathfrak{M} = \mathfrak{G} + d_v^2\mathfrak{H},\quad \mathfrak{N} = \mathfrak{G} + d_w^2\mathfrak{H}, \\ &\mathfrak{P} = d_v d_w \mathfrak{H},\quad \mathfrak{Q} = d_v d_w \mathfrak{H},\quad \mathfrak{R} = d_u d_v \mathfrak{H}. \end{aligned}$$

Da das System von Molekülen, welches wir betrachten, isophan ist, das heisst, so gestaltet, dass das Licht in allen Richtungen nach denselben Gesetzen fortgepflanzt wird, was beim blossen Aether im Himmelsraume gerade der Fall ist, so müssen die Gleichungen [(14)] unverändert bleiben, wenn das Axensystem auf irgend eine Weise um den Anfangspunkt der Coordinaten gedreht wird. Die charakteristischen Funktionen L, M, N, P, Q, R dürfen dann nicht ihre Form verändern, und folglich die Funktionen $\mathfrak{L}$, $\mathfrak{M}$, $\mathfrak{N}$, $\mathfrak{P}$, $\mathfrak{Q}$, $\mathfrak{R}$ auch nicht. Nun ist aber wegen der Gleichungen [(135)]:

$$(178)\quad \begin{aligned} &d_u\mathfrak{G} = d_u\mathfrak{M} - d_v\mathfrak{R} = d_u\mathfrak{N} - d_w\mathfrak{Q}, \\ &d_v\mathfrak{G} = d_v\mathfrak{L} - d_u\mathfrak{R} = d_v\mathfrak{M} - d_w\mathfrak{P}, \\ &d_w\mathfrak{G} = d_w\mathfrak{L} - d_u\mathfrak{Q} = d_w\mathfrak{M} - d_v\mathfrak{P}. \end{aligned}$$

Weil jetzt $\mathfrak{L}$, $\mathfrak{M}$, $\mathfrak{N}$, $\mathfrak{P}$, $\mathfrak{Q}$, $\mathfrak{R}$ nicht ihre Form verändern, wenn das Axensystem in irgend einer Richtung um den Anfangspunkt des Coordinatensystems gedreht wird, so werden: $d_u\mathfrak{G}$, $d_v\mathfrak{G}$, $d_w\mathfrak{G}$ und folglich auch das totale Differential von $\mathfrak{G}$ unverändert bleiben; hieraus folgt, weil $\mathfrak{G}$, wenn man u, v, w gleich Null setzt, unabhängig von x, y, z ist, dass auch $\mathfrak{G}$ eine unveränderliche Form haben wird. Dann werden aber wegen der Gleichungen [(134)]: $d_u^2\mathfrak{H}$, $d_v^2\mathfrak{H}$, $d_w^2\mathfrak{H}$, $d_u d_v \mathfrak{H}$, $d_v d_w \mathfrak{H}$, $d_u d_w \mathfrak{H}$, und folglich das totale zweite Differential von $\mathfrak{H}$ unverändert bleiben, und weil $\mathfrak{H}$ und $d\mathfrak{H}$ von x, y, z unabhängig werden, wenn man u, v, w gleich Null setzt, wird folglich auch $\mathfrak{H}$ eine unveränderliche Form haben. Damit folglich $\mathfrak{L}$, $\mathfrak{M}$, $\mathfrak{N}$, $\mathfrak{P}$, $\mathfrak{Q}$, $\mathfrak{R}$ unveränderlicher Form seien, ist es nothwendig und zureichend, dass $\mathfrak{G}$ und $\mathfrak{H}$ eine unveränderliche Form besitzen. Die charakteristischen Funktionen, worin $\mathfrak{G}$ und $\mathfrak{H}$ verwandelt werden, wenn man statt u, v, w die Zeichen d_x, d_y, d_z setzt, müssen folglich unveränderlicher Form sein, wenn das Axensystem in irgend einer Richtung um den Anfangspunkt der Coordinaten gedreht wird. Dann ist es aber nothwendig und zureichend, dass diese charakteristischen Funktionen ganze Funktionen von $d_x^2 + d_y^2 + d_z^2$ sind*), oder $\mathfrak{G}$ und $\mathfrak{H}$ müssen Funktionen von $u^2 + v^2 + w^2$ sein. Setzt man jetzt:

$$u^2 + v^2 + w^2 = k^2$$

$$(179)\qquad \mathfrak{E} = \mathfrak{G} + \frac{1}{k} d_k \mathfrak{H}, \quad \mathfrak{F} = \frac{1}{k} d_k\left(\frac{1}{k} d_k \mathfrak{H}\right)$$

und bezeichnet durch E und F die entsprechenden charakteristischen Funktionen von $d_x^2 + d_y^2 + d_z^2$, welche man erhält, wenn man in den Funktionen $\mathfrak{E}$ und $\mathfrak{F}$ statt der Grössen u, v, w die Zeichen d_x, d_y, d_z setzt, so werden die Gleichungen [(14)] auf folgende Weise geschrieben werden können:

$$(E - d_t^2)\xi + F d_x(d_x \xi + d_y v + d_z \zeta) = o,$$
$$(180)\qquad (E - d_t^2)v + F d_y(d_x \xi + d_y v + d_z \zeta) = o,$$
$$(E - d_t^2)\zeta + F d_z(d_x \xi + d_y v + d_z \zeta) = o.$$

Die Grösse $d_x \xi + d_y v + d_z \zeta$ stellt die Ausdehnung oder Condensation des Molekülensystems vor. Bezeichnen wir sie mit D, so dass

$$(181)\qquad D = d_x \xi + d_y v + d_z \zeta.$$

Differentiirt man die erste der Gleichungen (180) in Bezug auf x, die zweite in Bezug auf y, die dritte in Bezug auf z, und addirt, so erhält man die Differentialgleichung:

*) Cauchy, Ex. d'An. et de Ph. Math. Tome 1. pag. 114.

(182) $$[E - d_t^2 + F(d_x^2 + d_y^2 + d_z^2)]\, D = o.$$

Ferner findet man auch die Differentialgleichungen:

$$(E - d_t^2)(d_z v - d_y \zeta) = o,$$

(183) $$(E - d_t^2)(d_x \zeta - d_z \xi) = o,$$

$$(E - d_t^2)(d_y \xi - d_x v) = o.$$

§. 2. Allgemeine Integrale der Differentialgleichungen der unendlich kleinen Bewegungen eines isophanen Systems von Molekülen *).

Eliminirt man jetzt ξ, v, ζ aus den Gleichungen (180), so findet man die charakteristische Determinante dieser Gleichungen:

(184) $$\nabla = \nabla' \nabla'' = o$$

wo:

$$\nabla' = d_t^2 - E$$

$$\nabla'' = d_t^2 - E - F(d_x^2 + d_y^2 + d_z^2).$$

Es seien jetzt wie in der vorigen Abhandlung $\varphi(x, y, z)$, $\chi(x, y, z)$, $\psi(x, y, z)$ die Anfangswerthe der Verschiebungen, und $\Phi(x, y, z)$, $X(x, y, z)$, $\Psi(x, y, z)$ die der Geschwindigkeiten, so dass folglich für $t = o$,

[(27)] $$\xi = \varphi(x, y, z), \quad v = \chi(x, y, z), \quad \zeta = \psi(x, y, z)$$
$$d_t\xi = \Phi(x, y, z), \quad d_t v = X(x, y, z), \quad d_t\zeta = \Psi(x, y, z),$$

und man bezeichne durch φ, χ, ψ, Φ, X, Ψ die Werthe der, der charakteristischen Gleichung (184) $\nabla = o$ entsprechenden, principalen Funktion w, welche herauskommen, wenn man statt $w(x, y, z)$ successive die Funktionen [(27)] setzt. Wegen des im fünften Bande dieser Zeitschrift pag. 99 angeführten Satzes der Lehre der Differentialgleichungen muss man jetzt, um die Gleichungen (180) zu integriren, statt der zweiten Theile derselben die Ausdrücke setzen: $-\nabla(\Phi + d_t\varphi)$, $-\nabla(X + d_t\chi)$, $-\nabla(\Psi + d_t\psi)$, und dann die Gleichungen in Bezug auf ξ, v, ζ auflösen, als wären die Charakteristiken d_x, d_y, d_z wirkliche Grössen. Man erhält auf diese Weise, wenn man der Kürze wegen setzt:

(186) $$\Pi = d_x(\Phi + d_t\varphi) + d_y(X + d_t\chi) + d_z(\Psi + d_t\psi),$$

die Gleichungen:

$$\xi = \nabla''(\Phi + d_t\varphi) + F d_x \Pi,$$

(187) $$v = \nabla''(X + d_t\chi) + F d_y \Pi,$$

$$\zeta = \nabla''(\Psi + d_t\psi) + F d_z \Pi.$$

---

*) Cauchy, Ex. d'An. et de Ph. Math. Tome I. pag. 208—211.

Bezeichnet man jetzt durch w_1 und w_2 die principalen Funktionen, welche respective den charakteristischen Differentialgleichungen:

$$\nabla' = o \text{ und } \nabla'' = o$$

entsprechen, so erhält man:

$$(188) \qquad \nabla' w = w_2, \quad \nabla'' w = w_1.$$

Bezeichnet man durch φ_1, φ_2, Φ_1, Φ_2 die Werthe von w_1, w_2, welche man erhält, wenn man statt $w\,(x, y, z)$ successive die Funktionen [(27)] setzt, so können folglich die Gleichungen (187) auch so geschrieben werden:

$$(189) \qquad \begin{aligned} \xi &= \Phi_1 + d_t\varphi_1 + F d_x \Pi, \\ \upsilon &= X_1 + d_t\chi_1 + F d_y \Pi, \\ \zeta &= \Psi_1 + d_t\psi_1 + F d_z \Pi. \end{aligned}$$

Um die Dilatation D im Punkte (x, y, z) zu finden, braucht man nur die Differentialgleichung (182) zu integriren. Bezeichnet man durch $d(x, y, z)$ den Initialwerth von $d_t D$ und setzt den von D gleich Null, so wird D die principale Funktion sein, welche der charakteristischen Gleichung $\nabla'' = o$ und dem Initialwerthe $d(x, y, z)$ entspricht. Substituirt man den gefundenen Werth von D in den Gleichungen (180), so erhält man:

$$(190) \qquad \begin{aligned} \nabla'\xi &= F d_x D, \\ \nabla'\upsilon &= F d_y D, \\ \nabla'\zeta &= F d_z D. \end{aligned}$$

Um diese partiellen Differentialgleichungen zu integriren, benutze man folgenden Satz der Lehre der Differentialgleichungen*):

Es seien gegeben zwischen mehreren Hauptvariabeln ξ, υ, ζ ... und den unabhängig Variabeln x, y, z, t mehrere lineäre Differentialgleichungen mit partiellen Differentialen und konstanten Coefficienten, deren Anzahl gleich sei der der Hauptvariabeln, und so geordnet, dass die Glieder, welche die Hauptvariabeln oder ihre Differentiale nicht enthalten, auf die zweite Seite des Gleichheitszeichens gebracht sind. Es sei ferner die höchste Ordnung der in Bezug auf t derivirten Funktionen der Hauptvariabeln gleich n′ für ξ, gleich n″ für υ, gleich n‴ für ζ, *u.s.w.*, und die Coefficienten von $d^n_{t'}\xi$, $d^n_{t''}\upsilon$, $d^n_{t'''}\zeta$ constante Grössen. Nehmen wir ferner an, die Initialwerthe von

*) Cauchy, Ex. d'An. et de Ph. Math. Tom. I. pag. 89—90.

$$\xi,\ d_t\xi \ldots\ldots d_t^{n'-1}\xi,$$
$$v,\ d_t v \ldots\ldots d_t^{n''-1}v,$$
$$\zeta,\ d_t\zeta \ldots\ldots d_t^{n'''-1}\zeta,$$
$$\ldots\ldots\ldots\ldots$$
$$\ldots\ldots\ldots\ldots$$

seien gegebene Funktionen von x, y, z. Um unter diesen Bedingungen die gegebenen Differentialgleichungen zu integriren, bestimmt man erst die allgemeinen Werthe von ξ, v, $\zeta \ldots$ unter der Voraussetzung, die zweiten Theile der gegebenen Differentialgleichungen seien gleich Null, und addirt dann zu diesen Werthen respective Grössen der Form:

$$\int_0^t \Xi d\tau,\ \int_0^t H d\tau,\ \int_0^t Z d\tau \ldots\ldots$$

wo Ξ, H, Z u. s. w. Funktionen einer neuen Variabeln τ sind, auf folgende Weise bestimmt.

Man suche die Werthe von $d_t^{n'}\xi$, $d_t^{n''}v$, $d_t^{n'''}\zeta$, welche die gegebenen Differentialgleichungen verificiren, wenn man statt ξ, $d_t\xi, \ldots d_t^{n'-1}\xi$, v, $d_t v, \ldots d_t^{n''-1}v$, ζ, $d_t\zeta, \ldots d_t^{n'''-1}\zeta$ u. s. w. Null setzt. In diesen Werthen setze man τ statt t. Es seien die dadurch hervorkommenden Funktionen von τ : $\mathfrak{X}$, $\mathfrak{Y}$, $\mathfrak{Z}$, ... Um jetzt Ξ, H, Z zu finden, braucht man nur die Werthe von ξ, v, $\zeta \ldots$ zu suchen, welche den gegebenen Differentialgleichungen Genüge thun, wenn man deren zweite Theile gleich Null gesetzt, und die Initialwerthe von ξ, $d_t\xi, \ldots d_t^{n'-2}\xi$, $d_t^{n'-1}\xi$, v, $d_t v \ldots d_t^{n''-2}v$, $d_t^{n''-1}v$, ζ, $d_t\zeta, \ldots d_t^{n'''-2}\zeta$, $d_t^{n'''-1}\zeta \ldots$ gleich

$$o,\ o,\ \ldots\ o,\ \mathfrak{X},\ o,\ o\ \ldots\ o,\ \mathfrak{Y},\ o,\ o,\ \ldots\ o,\ \mathfrak{Z}$$

angenommen hat. Setzt man in diesen Werthen $t - \tau$ statt t, so findet man die Werthe von Ξ, H, Z.

Wendet man diesen Satz auf die Differentialgleichungen (190) an, so wird man $\mathfrak{X}$, $\mathfrak{Y}$, $\mathfrak{Z}$ erhalten, wenn man in Fd_xD, Fd_yD, Fd_zD τ statt t setzt. Die Grössen Ξ, H, Z werden die principalen Funktionen sein, welche der charakteristischen Gleichung

$$\nabla' = o$$

und respective den Initialwerthen:

$$\mathfrak{X},\ \mathfrak{Y},\ \mathfrak{Z}$$

entsprechen, wenn man in diesen principalen Funktionen t mit $t - \tau$ vertauscht. Sind Ξ, H, Z auf diese Weise bestimmt, so sind:

$$\xi = \Phi_1 + d_t\varphi_1 + \int_0^t \Xi d\tau,$$
(191) $$\upsilon = X_1 + d_t\chi_1 + \int_0^t H d\tau,$$
$$\zeta = \Psi_1 + d_t\psi_1 + \int_0^t Z d\tau.$$

Nimmt man an, die Dilatation des Systemes D sei gleich Null, was, wie wir später sehen werden, gerade der Fall bei den Vibrationen ist, welche wir als Licht empfinden, so werden:

$$\xi = \Phi_1 + d_t\varphi_1;$$
(192) $$\upsilon = X_1 + d_t\chi_1;$$
$$\zeta = \Psi_1 + d_t\psi_1.$$

§. 3. **Particuläre Integrale, die einfache Bewegung eines isophanen Systems von Molekülen darstellend.**

Die particulären Integrale der Differentialgleichungen (180), welche die einfache Bewegung eines isophanen Systems vor Molekülen darstellen, sind:

$$\xi = Ae^{ux+vy+wz-st};$$
[(133)] $$\upsilon = Be^{ux+vy+wz-st};$$
$$\zeta = Ce^{ux+vy+wz-st};$$

wo s durch eine der Gleichungen:

(193) $$S' = s^2 - \mathfrak{E} = o,$$

oder:

(194) $$S'' = s^2 - \mathfrak{E} - \mathfrak{F}(u^2 + v^2 + w^2) = o,$$

bestimmt wird, und $\frac{B}{A}$, $\frac{C}{A}$ den Gleichungen:

$$(s^2 - \mathfrak{E})A = \mathfrak{F}u\,(uA + vB + wC),$$
(195) $$(s^2 - \mathfrak{E})B = \mathfrak{F}v\,(uA + vB + wC),$$
$$(s^2 - \mathfrak{E})C = \mathfrak{F}w(uA + vB + wC)$$

Genüge leisten.

Nimmt man an, s wäre durch die Gleichung (193) bestimmt, so geben die Gleichungen (195):

(196) $$uA + vB + wC = o.$$

Wäre dagegen s durch die Gleichung (194) bestimmt, so geben die Gleichungen (195):

(197) $$\frac{A}{u} = \frac{B}{v} = \frac{C}{w}.$$

Die Werthe von u, v, w, A, B, C können reell oder imaginär sein. Setzen wir im Allgemeinen:

[(153)]

$$\mathrm{u} = \mathrm{U} + u\sqrt{-1},\quad \mathrm{v} = \mathrm{V} + v\sqrt{-1},\quad \mathrm{w} = \mathrm{W} + w\sqrt{-1},\quad \mathrm{s} = \mathrm{S} + s\sqrt{-1},$$

$$\mathrm{A} = \mathrm{a}e^{\lambda\sqrt{-1}},\quad \mathrm{B} = \mathrm{b}e^{\mu\sqrt{-1}},\quad \mathrm{C} = \mathrm{c}e^{\nu\sqrt{-1}},$$

und ferner der Kürze halber

[(169)] $$u^2 + v^2 + w^2 = k^2$$

[(154)] $$\varrho = ux + vy + wz,\quad \mathrm{P} = \mathrm{U}x + \mathrm{V}y + \mathrm{W}z,$$

(198) $$\mathrm{r} = \frac{\varrho}{k}$$

Die reellen Theile der durch die Gleichungen [(133)] bestimmten Hauptvariabeln, welche noch den Differentialgleichungen (180) genüge thun werden, werden dann:

[(155)] $$\begin{aligned} \xi &= \mathrm{a}e^{\mathrm{P}-\mathrm{St}}\cos(k\mathrm{r} - \mathrm{st} + \lambda), \\ \upsilon &= \mathrm{b}e^{\mathrm{P}-\mathrm{St}}\cos(k\mathrm{r} - \mathrm{st} + \mu), \\ \zeta &= \mathrm{c}e^{\mathrm{P}-\mathrm{St}}\cos(k\mathrm{r} - \mathrm{st} + \nu). \end{aligned}$$

Wenn das System von Molekülen ganz diaphan ist, so dass keine Absorption stattfindet, was beim blossen Aether der Fall ist, so wird man:

$$\mathrm{P} - \mathrm{St} = 0$$

folglich auch:

$$\mathrm{U} = 0,\quad \mathrm{V} = 0,\quad \mathrm{W} = 0,\quad \mathrm{S} = 0$$

oder:

(199) $$\mathrm{u} = u\sqrt{-1},\quad \mathrm{v} = v\sqrt{-1},\quad \mathrm{w} = w\sqrt{-1},\quad \mathrm{s} = s\sqrt{-1},$$

annehmen müssen. Es werden dann:

(200) $$\begin{aligned} \xi &= \mathrm{a}\cos(k\mathrm{r} - \mathrm{st} + \lambda), \\ \upsilon &= \mathrm{b}\cos(k\mathrm{r} - \mathrm{st} + \mu), \\ \zeta &= \mathrm{c}\cos(k\mathrm{r} - \mathrm{st} + \nu). \end{aligned}$$

Die Fortpflanzungsgeschwindigkeit der Wellen wird:

[(171)] $$\Omega = \frac{s}{k}$$

sein. Die Grösse s wird jetzt entweder durch die Gleichung (193):

(201) $$s^2 + \mathfrak{E} = 0$$

bestimmt, und es ist folglich:

(202) $$u\xi + v\upsilon + w\zeta = 0,$$

das heisst, die Verschiebungen werden dem Plane der Wellen, welcher durch die Gleichung [(167)] gegeben ist, parallel werden, oder s wird durch die Gleichung (194):

(203) $$s^2 + \mathfrak{E} - \mathfrak{F}k^2 = 0$$

bestimmt, und es ist folglich:

(204) $$\frac{\xi}{u} = \frac{\upsilon}{v} = \frac{\zeta}{w},$$

das heisst: die Verschiebungen werden dann auf dem Plane der Wellen senkrecht sein. Die Gleichung (201) bestimmt folglich die Fortpflanzungsgeschwindigkeit der transversalen Vibrationen, die Gleichung (203) die der longitudinalen.

Die Phaenomene der Polarisation des Lichts nöthigen uns anzunehmen, dass nur die transversalen Vibrationen die Empfindung des Lichts erzeugen; die Geschwindigkeit Ω des Lichts im Himmelsraume wird folglich durch die Gleichung:

$$\Omega^2 = \frac{-\mathfrak{G}}{k^2} \tag{205}$$

gegeben werden.

§. 4. Gleichungen der unendlich kleinen Bewegungen zweier isophanen Systeme von Molekülen.*)

Wenn man zwei Systeme von Molekülen, die einander durchdringen, betrachtet, so hat man, wie in der vorigen Abhandlung gezeigt worden ist, die folgenden 6 Gleichungen:

$$\left.\begin{aligned}
(L - d_t^2)\xi + R\upsilon + Q\zeta + L_,\xi' + R_,\upsilon' + Q_,\zeta' &= o,\\
R\xi + (M - d_t^2)\upsilon + P\zeta + R_,\xi' + M_,\upsilon' + P_,\zeta' &= o,\\
Q\xi + P\upsilon + (N - d_t^2)\zeta + Q_,\xi' + P_,\upsilon' + N_,\zeta' &= o,\\
{}_,L\xi + {}_,R\upsilon + {}_,Q\zeta + (L_{,,} - d_t^2)\xi' + R_{,,}\upsilon' + Q_{,,}\zeta' &= o,\\
{}_,R\xi + {}_,M\upsilon + {}_,P\zeta + R_{,,}\xi' + (M_{,,} - d_t^2)\upsilon' + P_{,,}\zeta' &= o,\\
{}_,Q\xi + {}_,P\upsilon + {}_,N\zeta + Q_{,,}\xi' + P_{,,}\upsilon' + (N_{,,} - d_t^2)\zeta' &= o,
\end{aligned}\right\} \quad [(21)]$$

wo ξ, υ, ζ die Verrückungen längs den drei Coordinataxen eines Punkts (x, y, z) des ersten Systems von Molekülen, welches wir als dasjenige des Aethers annehmen wollen, und ξ', υ', ζ' diejenigen eines Punkts (x, y, z) des zweiten Systems, nämlich der Molekülen des Körpers. L, M, ... $L_,$, $M_,$, ... sind charakteristische Funktionen der Differentialzeichen d_x, d_y, d_z. Setzt man in diesen charakteristischen Funktionen statt der Zeichen d_x, d_y, d_z die Grössen u, v, w, und bezeichnet durch $\mathfrak{L}$, $\mathfrak{M}$,.... $\mathfrak{L}_,$, $\mathfrak{M}_,$, ... die dadurch hervorgebrachten Funktionen von u, v, w, so können diese durch Hülfe 6 neuer Funktionen ausgedrückt werden. Es sei nämlich:

*) Cauchy, Ex. d'An. et de Ph. Math. Tome I. pag. 123—132.

$$[(143)]\quad\begin{aligned}
\mathfrak{G} &= S\left\{mf(r)\left[e^{ux+vy+wz}-1\right]\right\}-S\left\{m_{,}f_{,}(r)\right\},\\
\mathfrak{H} &= S\left\{\frac{m}{r}d_r f(r)\left(e^{ux+vy+wz}-1-(ux+vy+wz)\right.\right.\\
&\qquad\left.\left.-\frac{(ux+vy+wz)^2}{2}\right)\right\}-S\left\{\frac{m'}{r}d_r f_{,}(r)\frac{(ux+vy+wz)^2}{2}\right\},\\
\mathfrak{G}_{,} &= S\left\{m'f_{,}(r)e^{ux+vy+wz}\right\},\\
\mathfrak{H}_{,} &= S\left\{\frac{m'}{r}d_r f_{,}(r)\left[e^{ux+vy+wz}-1-(ux+vy+wz)\right]\right\},\\
{}_{,}\mathfrak{G} &= S\left\{mf_{,}(r)e^{ux+vy+wz}\right\},\\
{}_{,}\mathfrak{H} &= S\left\{\frac{m}{r}d_r f_{,}(r)\left[e^{ux+vy+wz}-1-(ux+vy+wz)\right]\right\},\\
\mathfrak{G}_{,,} &= S\left\{m'f_{,,}(r)\left[e^{ux+vy+wz}-1\right]\right\}-S\left\{mf_{,}(r)\right\},\\
\mathfrak{H}_{,,} &= S\left\{\frac{m'}{r}d_r f_{,,}(r)\left(e^{ux+vy+wz}-1-(ux+vy+wz)\right.\right.\\
&\qquad\left.\left.-\frac{(ux+vy+wz)^2}{2}\right)\right\}-S\left\{\frac{m}{r}d_r f_{,}(r)\frac{(ux+vy+wz)^2}{2}\right\},
\end{aligned}$$

wo m die Masse einer Moleküle des ersten Systemes, m′ diejenige des zweiten Systemes ist, $r = \sqrt{(x^2+y^2+z^2)}$ der Abstand dieser Moleküle vom Punkt (x, y, z), $f(r) = \frac{f(r)}{r}$, $f_{,}(r) = \frac{f_{,}(r)}{r}$, $f_{,,}(r) = \frac{f_{,,}(r)}{r}$, f(r) die Kraft ist, womit eine Moleküle des Aethers auf eine andere Moleküle des Aethers in dem Abstand r wirkt, $f_{,}(r)$ die Kraft, womit eine Moleküle des Aethers auf eine Moleküle des Körpers in dem Abstand r wirkt, und $f_{,,}(r)$ die Kraft, mit welcher eine Moleküle des Körpers auf eine andere Moleküle des Körpers in dem Abstand r wirkt. Es ist dann:

$$[(144)]\quad\begin{array}{lll}
\mathfrak{L} = \mathfrak{G} + d_u^2\mathfrak{H}, & \mathfrak{M} = \mathfrak{G} + d_v^2\mathfrak{H}, & \mathfrak{N} = \mathfrak{G} + d_w^2\mathfrak{H},\\
\mathfrak{P} = d_v d_w\mathfrak{H}, & \mathfrak{Q} = d_u d_w\mathfrak{H}, & \mathfrak{R} = d_u d_v\mathfrak{H},\\
\mathfrak{L}_{,} = \mathfrak{G}_{,} + d_u^2\mathfrak{H}_{,}, & \mathfrak{M}_{,} = \mathfrak{G}_{,} + d_v^2\mathfrak{H}_{,}, & \mathfrak{N}_{,} = \mathfrak{G}_{,} + d_w^2\mathfrak{H}_{,},\\
\mathfrak{P}_{,} = d_v d_w\mathfrak{H}_{,}, & \mathfrak{Q}_{,} = d_u d_w\mathfrak{H}_{,}, & \mathfrak{R}_{,} = d_u d_v\mathfrak{H}_{,},\\
{}_{,}\mathfrak{L} = {}_{,}\mathfrak{G} + d_u^2{}_{,}\mathfrak{H}, & {}_{,}\mathfrak{M} = {}_{,}\mathfrak{G} + d_v^2{}_{,}\mathfrak{H}, & {}_{,}\mathfrak{N} = {}_{,}\mathfrak{G} + d_w^2{}_{,}\mathfrak{H},\\
{}_{,}\mathfrak{P} = d_v d_w{}_{,}\mathfrak{H}, & {}_{,}\mathfrak{Q} = d_u d_w{}_{,}\mathfrak{H}, & {}_{,}\mathfrak{R} = d_u d_v{}_{,}\mathfrak{H},\\
\mathfrak{L}_{,,} = \mathfrak{G}_{,,} + d_u^2\mathfrak{H}_{,,}, & \mathfrak{M}_{,,} = \mathfrak{G}_{,,} + d_v^2\mathfrak{H}_{,,}, & \mathfrak{N}_{,,} = \mathfrak{G}_{,,} + d_w^2\mathfrak{H}_{,,},\\
\mathfrak{P}_{,,} = d_v d_w\mathfrak{H}_{,,}, & \mathfrak{Q}_{,} = d_u d_w\mathfrak{H}_{,,}, & \mathfrak{R}_{,,} = d_u d_v\mathfrak{H}_{,,}.
\end{array}$$

Bei isophanen Körpern dürfen die Gleichungen [(21)] nicht ihre Form verändern, wenn das Axensystem auf irgend eine Weise um den Anfangspunkt des Coordinatensystems gedreht wird. Die charakteristischen Funktionen L, M, . . . L,, M,, ...

und folglich auch die Funktionen $\mathfrak{L}$, $\mathfrak{M}$, ... $\mathfrak{L}_{,}$, $\mathfrak{M}_{,}$, ... dürfen alsdann ihre Form nicht verändern. Nun ist aber wegen der Gleichungen [(143)]:

(206)

$$d_u\mathfrak{S} = d_u\mathfrak{M} - d_v\mathfrak{R} = d_u\mathfrak{N} - d_w\mathfrak{Q},\quad d_u\mathfrak{S}_{,} = d_u\mathfrak{M}_{,} - d_v\mathfrak{R}_{,} = d_u\mathfrak{N}_{,} - d_w\mathfrak{Q}_{,},$$
$$d_v\mathfrak{S} = d_v\mathfrak{L} - d_u\mathfrak{R} = d_v\mathfrak{N} - d_w\mathfrak{P},\quad d_v\mathfrak{S}_{,} = d_v\mathfrak{L}_{,} - d_u\mathfrak{R}_{,} = d_v\mathfrak{N}_{,} - d_w\mathfrak{P}_{,},$$
$$d_w\mathfrak{S} = d_w\mathfrak{L} - d_u\mathfrak{Q} = d_w\mathfrak{M} - d_v\mathfrak{P},\quad d_w\mathfrak{S}_{,} = d_w\mathfrak{L}_{,} - d_u\mathfrak{Q}_{,} = d_w\mathfrak{M}_{,} - d_v\mathfrak{P}_{,},$$
$$d_u{}_{,}\mathfrak{S} = d_u{}_{,}\mathfrak{M} - d_v{}_{,}\mathfrak{R} = d_u{}_{,}\mathfrak{N} - d_w{}_{,}\mathfrak{Q},\quad d_u\mathfrak{S}_{,,} = d_u\mathfrak{M}_{,,} - d_v\mathfrak{R}_{,,} = d_u\mathfrak{N}_{,,} - d_w\mathfrak{Q}_{,,}$$

. . . .

Weil jetzt $\mathfrak{L}$, $\mathfrak{M}$, $\mathfrak{N}$, ... $\mathfrak{L}_{,}$, $\mathfrak{M}_{,}$, ... nicht ihre Form verändern, wenn das Axensystem in irgend einer Weise um den Anfangspunkt des Coordinatensystems gedreht wird, so werden $d_u\mathfrak{S}$, $d_v\mathfrak{S}$, $d_w\mathfrak{S}$, $d_u\mathfrak{S}_{,}$, $d_v\mathfrak{S}_{,}$, ... und folglich auch die totalen Differentiale von $\mathfrak{S}$, $\mathfrak{S}_{,}$, ${}_{,}\mathfrak{S}$, $\mathfrak{S}_{,,}$ unverändert bleiben, und weil diese Grössen unabhängig von x, y, z werden, wenn man in ihnen u, v, w gleich Null setzt, so kann man daraus schliessen, dass auch $\mathfrak{S}$, $\mathfrak{S}_{,}$, ${}_{,}\mathfrak{S}$, $\mathfrak{S}_{,,}$ eine unveränderliche Form haben werden. Dann werden aber wegen der Gleichungen [(144)] $d_u^2\mathfrak{H}$, $d_v^2\mathfrak{H}$, $d_w^2\mathfrak{H}$, $d_u d_v\mathfrak{H}$, $d_u d_w\mathfrak{H}$, $d_v d_w\mathfrak{H}$, $d_u^2\mathfrak{H}_{,}$, $d_v^2\mathfrak{H}_{,}$, ... und folglich die totalen zweiten Differentiale von $\mathfrak{H}$, $\mathfrak{H}_{,}$, ${}_{,}\mathfrak{H}$, $\mathfrak{H}_{,,}$ unverändert bleiben, und weil $\mathfrak{H}$, $\mathfrak{H}_{,}$, ${}_{,}\mathfrak{H}$, $\mathfrak{H}_{,,}$, $d\mathfrak{H}$, $d\mathfrak{H}_{,}$, $d{}_{,}\mathfrak{H}$, $d\mathfrak{H}_{,,}$ von x, y, z unabhängig werden, wenn man u, v, w gleich Null setzt, werden folglich auch $\mathfrak{H}$, $\mathfrak{H}_{,}$, ${}_{,}\mathfrak{H}$, $\mathfrak{H}_{,,}$ eine unveränderliche Form haben. Damit folglich $\mathfrak{L}$, $\mathfrak{M}$, ... $\mathfrak{L}_{,}$, $\mathfrak{M}_{,}$, ... unveränderlicher Form seien, ist es nothwendig und zureichend, dass $\mathfrak{S}$, $\mathfrak{S}_{,}$, ${}_{,}\mathfrak{S}$, $\mathfrak{S}_{,,}$, $\mathfrak{H}$, $\mathfrak{H}_{,}$, ${}_{,}\mathfrak{H}$, $\mathfrak{H}_{,,}$ eine unveränderliche Form besitzen. Die charakteristischen Funktionen, worin diese Grössen verwandelt werden, wenn man statt u, v, w die Zeichen d_x, d_y, d_z setzt, müssen folglich unveränderlicher Form sein, damit die Gleichungen [(21)] unverändert bleiben, wenn das Axensystem der Coordinaten in irgend einer Weise um den Anfangspunkt der Coordinaten gedreht wird. Dann ist es aber nothwendig und zureichend, dass diese charakteristischen Funktionen ganze Funktionen von $d_x^2 + d_y^2 + d_z^2$ sind, oder $\mathfrak{S}$, $\mathfrak{S}_{,}$, ${}_{,}\mathfrak{S}$, $\mathfrak{S}_{,,}$, $\mathfrak{H}$, $\mathfrak{H}_{,}$, ${}_{,}\mathfrak{H}$, $\mathfrak{H}_{,,}$ müssen ganze Funktionen von $u^2 + v^2 + w^2$ sein. Setzt man jetzt wie vorher

$$u^2 + v^2 + w^2 = k^2,$$

und ferner:

(207)
$$
\begin{aligned}
\mathfrak{E} &= \mathfrak{G} + \frac{1}{k}d_k\mathfrak{H}, & \mathfrak{F} &= \frac{1}{k}d_k\left(\frac{1}{k}d_k\mathfrak{H}\right),\\
\mathfrak{E}_{,} &= \mathfrak{G}_{,} + \frac{1}{k}d_k\mathfrak{H}_{,}, & \mathfrak{F}_{,} &= \frac{1}{k}d_k\left(\frac{1}{k}d_k\mathfrak{H}_{,}\right),\\
{}_{,}\mathfrak{E} &= {}_{,}\mathfrak{G} + \frac{1}{k}d_{k}{}_{,}\mathfrak{H}, & {}_{,}\mathfrak{F} &= \frac{1}{k}d_k\left(\frac{1}{k}d_{k}{}_{,}\mathfrak{H}\right),\\
\mathfrak{E}_{,,} &= \mathfrak{G}_{,,} + \frac{1}{k}d_k\mathfrak{H}_{,,}, & \mathfrak{F}_{,,} &= \frac{1}{k}d_k\left(\frac{1}{k}d_k\mathfrak{H}''\right),
\end{aligned}
$$

und bezeichnet durch E, $E_{,}$, ${}_{,}E$, $E_{,,}$, F, $F_{,}$, ${}_{,}F$, $F_{,,}$ die entsprechenden charakteristischen Funktionen von $d_x^2 + d_y^2 + d_z^2$, welche man erhält, wenn man in jenen Funktionen statt der Grössen u, v, w die Zeichen d_x, d_y, d_z setzt, so werden die Gleichungen [(21)] auf folgende Weise geschrieben werden können;

(208)
$$
\begin{aligned}
&(E - d_t^2)\xi + F d_x(d_x\xi + d_y v + d_z\zeta) + E_{,}\xi' + F_{,}d_x(d_x\xi' + d_y v' + d_z\zeta') = o,\\
&(E - d_t^2)v + F d_y(d_x\xi + d_y v + d_z\zeta) + E_{,}v' + F_{,}d_y(d_x\xi' + d_y v' + d_z\zeta') = o,\\
&(E - d_t^2)\zeta + F d_z(d_x\xi + d_y v + d_z\zeta) + E_{,}\zeta' + F_{,}d_z(d_x\xi' + d_y v' + d_z\zeta') = o,\\
&{}_{,}E\xi + {}_{,}F d_x(d_x\xi + d_y v + d_z\zeta) + (E_{,,} - d_t^2)\xi' + F_{,,}d_x(d_x\xi' + d_y v' + d_z\zeta') = o,\\
&{}_{,}E v + {}_{,}F d_y(d_x\xi + d_y v + d_z\zeta) + (E_{,,} - d_t^2)v' + F_{,,}d_y(d_x\xi' + d_y v' + d_z\zeta') = o,\\
&{}_{,}E\zeta + {}_{,}F d_z(d_x\xi + d_y v + d_z\zeta) + (E_{,,} - d_t^2)\zeta' + F_{,,}d_z(d_x\xi' + d_y v' + d_z\zeta') = o.
\end{aligned}
$$

Die Grössen $d_x\xi + d_y v + d_z\zeta$ und $d_x\xi' + d_y v' + d_z\zeta'$ stellen die Dilatationen oder Condensationen des Volumens des ersten oder zweiten Systems von Molekülen dar. Bezeichnen wir sie durch D und D', so dass:

(209)
$$
\begin{aligned}
D &= d_x\xi + d_y v + d_z\zeta,\\
D' &= d_x\xi' + d_y v' + d_z\zeta'.
\end{aligned}
$$

Differentiirt man die erste und vierte der Gleichungen (208) in Bezug auf x, die zweite und fünfte in Bezug auf y, die dritte und sechste in Bezug auf z, so findet man:

(210)
$$
\begin{aligned}
&[E - d_t^2 + F(d_x^2 + d_y^2 + d_z^2)]D + [E_{,} + F_{,}(d_x^2 + d_y^2 + d_z^2)]D' = o,\\
&[{}_{,}E + {}_{,}F(d_x^2 + d_y^2 + d_z^2)]D + [E_{,,} - d_t^2 + F_{,,}(d_x^2 + d_y^2 + d_z^2)]D' = o.
\end{aligned}
$$

Ebenso findet man auch:

(211)
$$
\begin{aligned}
(E - d_t^2)(d_y\xi - d_x v) + E_{,}(d_y\xi' - d_x v') &= o,\\
{}_{,}E(d_y\xi - d_x v) + (E_{,,} - d_t^2)(d_y\xi' - d_x v') &= o,\\
(E - d_t^2)(d_z\xi - d_x\zeta) + E_{,}(d_z\xi' - d_x\zeta') &= o,\\
{}_{,}E(d_z\xi - d_x\zeta) + (E_{,,} - d_t^2)(d_z\xi' - d_x\zeta') &= o,\\
(E - d_t^2)(d_z v - d_y\zeta) + E_{,}(d_z v' - d_y\zeta') &= o,\\
{}_{,}E(d_z v - d_y\zeta) + (E_{,,} - d_t^2)(d_z v' - d_y\zeta') &= o.
\end{aligned}
$$

§. 5. Allgemeine Integrale der Differentialgleichungen der unendlich kleinen Bewegungen zweier isophanen Systeme von Molekülen.

Eliminirt man ξ, v, ζ, ξ', v', ζ' zwischen den Gleichungen (208), so erhält man die charakteristische Gleichung:

$$(212) \qquad \nabla = \nabla'\nabla'' = o,$$

wo die Werthe von ∇' und ∇'' sind:

(213)

$$\nabla' = (d_t^2 - E)(d_t^2 - E_{,,}) - E_{,}\cdot{}_{,}E,$$

$$\nabla'' = [d_t^2 - E - F(d_x^2 + d_y^2 + d_z^2)][d_t^2 - E_{,,} - F_{,,}(d_x^2 + d_y^2 + d_z^2)]$$
$$- [E_{,} + F_{,}(d_x^2 + d_y^2 + d_z^2)][{}_{,}E + {}_{,}F(d_x^2 + d_y^2 + d_z^2)].$$

Um jetzt die vollständigen Integrale der Gleichungen (208) zu finden, muss man in diesen Gleichungen statt der zweiten Theile derselben die Ausdrücke setzen: $-\Delta(\Phi + d_t\varphi)$, $-\nabla(X + d_t\chi)$, $-\nabla(\Psi + d_t\psi)$, $-\nabla(\Phi' + d_t\varphi')$, $-\nabla(X' + d_t\chi')$, $-\nabla(\Psi' + d_t\psi')$, und dann die Gleichungen in Bezug auf ξ, v, ζ, ξ', v', ζ' auflösen, als wären d_x, d_y, d_z wirkliche Grössen. φ, χ, ψ, φ', χ', ψ', Φ, X, Ψ, Φ', X', Ψ' bezeichnen hier die Werthe der, der charakteristischen Gleichung (212) entsprechenden principalen Funktion w, welche entstehen, wenn man statt $w(x, y, z)$ successive die Funktionen [(32)] setzt. Setzt man der Kürze halber:

(214)

$$\Pi = [d_x(\Phi' + d_t\varphi') + d_y(X' + d_t\chi') + d_z(\Psi' + d_t\psi')][E_{,} + F_{,}(d_x^2 + d_y^2 + d_z^2)]$$
$$+ [d_x(\Phi + d_t\varphi) + d_y(X + d_t\chi) + d_z(\Psi + d_t\psi)][d_t^2 - E_{,,} - F_{,,}(d_x^2 + d_y^2 + d_z^2)],$$

$$\Pi' = [d_x(\Phi + d_t\varphi) + d_y(X + d_t\chi) + d_z(\Psi + d_t\psi)][E - d_t^2 - E(d_x^2 + d_y^2 + d_z^2)]$$
$$+ [d_x(\Phi' + d_t\varphi') + d_y(X' + d_t\chi') + d_z(\Psi' + d_t\psi')][{}_{,}E + {}_{,}F(d_x^2 + d_y^2 + d_z^2)].$$

$$(215) \qquad \begin{aligned} K &= F(d_t^2 - E_{,,}) + {}_{,}FE_{,,}, & K_{,} &= F_{,}(d_t^2 - E_{,,}) + F_{,,}E_{,}, \\ {}_{,}K &= {}_{,}F(d_t^2 - E) + {}_{,}EF, & K_{,,} &= F_{,}(d_t^2 - E) + {}_{,}EF_{,,} \end{aligned}$$

so findet man auf diese Weise:

(216)

$$\xi = \nabla''E_{,}(\Phi' + d_t\varphi') + \nabla''(d_t^2 - E_{,,})(\Phi + d_t\varphi) + Kd_x\Pi + K_{,}d_x\Pi',$$

$$v = \nabla''E_{,}(X' + d_t\chi') + \nabla''(d_t^2 - E_{,,})(X + d_t\chi) + Kd_y\Pi + K_{,}d_y\Pi',$$

$$\zeta = \nabla''E_{,}(\Psi' + d_t\psi') + \nabla''(d_t^2 - E_{,,})(\Psi + d_t\psi) + Kd_z\Pi + K_{,}d_z\Pi',$$

$$\xi' = \nabla''(d_t^2 - E)(\Phi' + d_t\varphi') + \nabla''{}_{,}E(\Phi + d_t\varphi) + {}_{,}Kd_x\Pi + K_{,,}d_x\Pi',$$

$$v' = \nabla''(d_t^2 - E)(X' + d_t\chi') + \nabla''{}_{,}E(X + d_t\chi) + {}_{,}Kd_y\Pi + K_{,,}d_y\Pi',$$

$$\zeta' = \nabla''(d_t^2 - E)(\Psi' + d_t\psi') + \nabla''{}_{,}E(\Psi + d_t\psi) + {}_{,}Kd_z\Pi + K_{,,}d_z\Pi'.$$

Bezeichnet man jetzt durch w_1 und w_2 die principalen Funktionen, welche respective den charakteristischen Differentialgleichungen:

$$\nabla' = o \text{ und } \nabla'' = o$$

entsprechen, so hat man:

$$(217) \qquad \nabla' w = w_2; \; \nabla'' w = w_1.$$

Bezeichnet man durch Φ_1, φ_1, X_1, χ_1 ..... Φ_2, φ_2, X_2, χ_2, ... die Werthe von w_1 und w_2, welche man erhält, wenn man statt $w(x, y, z)$ successive die Funktionen [(32)] setzt, so können folglich die Gleichungen (216) auch so geschrieben werden:

(218)

$$\xi = E_{,}(\Phi'_1 + d_t\varphi'_1) + (d_t^2 - E_{,,})(\Phi_1 + d_t\varphi_1) + Kd_x\Pi + K_{,}d_x\Pi',$$
$$\upsilon = E_{,}(X'_1 + d_t\chi'_1) + (d_t^2 - E_{,,})(X_1 + d_t\chi_1) + Kd_y\Pi + K_{,}d_y\Pi',$$
$$\zeta = E_{,}(\Psi'_1 + d_t\psi'_1) + (d_t^2 - E_{,,})(\Psi_1 + d_t\psi_1) + Kd_z\Pi + K_{,}d_z\Pi',$$
$$\xi' = (d_t^2 - E)(\Phi'_1 + d_t\varphi'_1) + {}_{,}E(\Phi_1 + d_t\varphi_1) + {}_{,}Kd_x\Pi + K_{,,}d_x\Pi',$$
$$\upsilon' = (d_t^2 - E)(X'_1 + d_t\chi'_1) + {}_{,}E(X_1 + d_t\chi_1) + {}_{,}Kd_y\Pi + K_{,,}d_y\Pi',$$
$$\zeta' = (d_t^2 - E)(\Psi'_1 + d_t\psi'_1) + {}_{,}E(\Psi_1 + d_t\psi_1) + {}_{,}Kd_z\Pi + K_{,,}d_z\Pi'.$$

Um die Dilatationen D und D' beider Systeme im Punkte (x, y, z) zu finden, muss man die partiellen Differentialgleichungen (210) integriren. Bezeichnet man durch $d(x, y, z)$ und $d'(x, y, z)$ die Initialwerthe von $d_t D$ und $d_t D'$, diejenigen von D und D' gleich Null setzend, und bezeichnet durch d_z, d'_z die principalen Funktionen, welche diesen Initialwerthen und der charakteristischen Gleichung $\nabla'' = o$ entsprechen, so findet man:

(219)

$$D = [d_t^2 - E_{,,} - F_{,,}(d_x^2 + d_y^2 + d_z^2)]d_z + [E_{,} + F_{,}(d_x^2 + d_y^2 + d_z^2)]d'_z,$$
$$D' = [{}_{,}E + {}_{,}F(d_x^2 + d_y^2 + d_z^2)]d_z + [d_t^2 - E - F(d_x^2 + d_y^2 + d_z^2)]d'_z.$$

Substituirt man diese Werthe von D und D' in den Gleichungen (208), so erhält man zwischen ξ und ξ' die Gleichungen:

$$(220) \quad \begin{aligned} (E - d_t^2)\xi + E_{,}\xi' &= -Fd_x D - F_{,}d_x D', \\ {}_{,}E\xi + (E_{,,} - d_t^2)\xi' &= -{}_{,}Fd_x D - F_{,,}d_x D', \end{aligned}$$

zwischen υ und υ' die Gleichungen:

$$(221) \quad \begin{aligned} (E - d_t^2)\upsilon + E_{,}\upsilon' &= -Fd_y D - F_{,}d_y D', \\ {}_{,}E\upsilon + (E_{,,} - d_t^2)\upsilon' &= -Fd_y D - F_{,,}d_y D', \end{aligned}$$

zwischen ζ und ζ' die Gleichungen:

$$(222)\qquad \begin{aligned}(E - d_t^2)\zeta + E_{,}\zeta' &= - Fd_z D - F_{,}d_z D',\\ {}_{,}E\zeta + (E_{,,} - d_t^2)\zeta' &= - Fd_z D - F_{,,}d_z D'.\end{aligned}$$

Wenden wir jetzt auf diese Gleichungen die im §. 2 gegebenen Regeln an. Bezeichnen wir durch D und D' die Werthe von D und D', wenn man t mit τ vertauscht und setzen wir:

$$(223)\qquad \begin{aligned}\mathfrak{X} &= Fd_x D + F_{,}d_x D',\\ \mathfrak{X}' &= {}_{,}Fd_x D + F_{,,}d_x D'.\end{aligned}$$

Bezeichnen wir ferner durch X, X' die principalen Funktionen, welche der charakteristischen Gleichung $\nabla' = 0$, und respective den Initialwerthen $\mathfrak{X}$ und $\mathfrak{X}$, entsprechen, setzen:

$$(224)\qquad \begin{aligned}x &= (d_t^2 - E_{,,})X + E_{,}X',\\ x' &= {}_{,}EX + (d_t^2 - E_{,,})X',\end{aligned}$$

und bezeichnen durch Ξ, Ξ' die Werthe von x, x', wenn man t mit t — τ vertauscht, so werden:

$$(225)\qquad \begin{aligned}\xi &= (d_t^2 - E_{,,})(\Phi_1 + d_t\varphi_1) + E_{,}(\Phi_1' + d_t\varphi_1') + \int_0^t \Xi d\tau,\\ \xi' &= {}_{,}E(\Phi_1 + d_t\varphi_1) + (d_t^2 - E)(\Phi_1' + d_t\varphi_1') + \int_0^t \Xi' d\tau.\end{aligned}$$

Bezeichnet man durch H, H', Z, Z', die Werthe von Ξ, Ξ' wenn man x nach und nach mit y und z vertauscht, so findet man ebenso:

$$(226)\qquad \begin{aligned}v &= (d_t^2 - E_{,,})(X_1 + d_t\chi_1) + E_{,}(X_1' + d_t\chi_1') + \int_0^t H d\tau,\\ v' &= {}_{,}E(X_1 + d_t\chi_1) + (d_t^2 - E)(X_1' + d_t\chi_1') + \int_0^t H' d\tau,\end{aligned}$$

$$(227)\qquad \begin{aligned}\zeta &= (d_t^2 - E_{,,})(\Psi_1 + d_t\psi_1) + E_{,}(\Psi_1' + d_t\psi_1') + \int_0^t Z d\tau,\\ \zeta' &= {}_{,}E(\Psi_1 + d_t\psi_1) + (d_t^2 - E)(\Psi_1' + d_t\psi_1') + \int_0^t Z' d\tau.\end{aligned}$$

Die Dilatation des zweiten Systems von Molekülen ist bei den Schwingungen, welche das Licht erregen, immer Null; wie wir gleich sehen werden, muss man auch in vollkommen diaphanen Medien annehmen, dass im ersten Systeme von Molekülen die Dilatation Null ist. Es werden dann: $\mathfrak{X} = 0$, $\mathfrak{X}' = 0$, folglich auch: $X = 0$, $X' = 0$ und $\Xi = 0$, $\Xi' = 0$; ebenso auch $H = 0$, $H' = 0$, $Z = 0$, $Z' = 0$.

Man hat dann:

$$
(228)\quad
\begin{aligned}
\xi &= (d_t^2 - E_{,,})(\Phi_1 + d_t\varphi_1) + E_{,}(\Phi'_1 + d_t\varphi'_1),\\
\upsilon &= (d_t^2 - E_{,,})(X_1 + d_t\chi_1) + E_{,}(X'_1 + d_t\chi'_1),\\
\zeta &= (d_t^2 - E_{,,})(\Psi_1 + d_t\psi_1) + E_{,}(\Psi'_1 + d_t\psi'_1),\\
\xi' &= {}_{,}E(\Phi_1 + d_t\varphi_1) + (d_t^2 - E)(\Phi'_1 + d_t\varphi'_1),\\
\upsilon' &= {}_{,}E(X_1 + d_t\chi_1) + (d_t^2 - E)(X'_1 + d_t\chi'_1),\\
\zeta' &= {}_{,}E(\Psi_1 + d_t\psi_1) + (d_t^2 - E)(\Psi'_1 + d_t\psi'_1).
\end{aligned}
$$

§. 6. Particuläre Integrale, die einfache Bewegung zweier isophanen Systeme von Molekülen darstellend.

Die particulären Integrale der Differentialgleichungen (208), welche die einfache Bewegung zweier isophanen Systeme von Molekülen darstellen, sind:

[(141)]

$$\xi = Ae^{ux+vy+wz-st},\quad \upsilon = Be^{ux+vy+wz-st},\quad \zeta = Ce^{ux+vy+wz-st},$$
$$\xi' = A'e^{ux+vy+wz-st},\quad \upsilon' = B'e^{ux+vy+wz-st},\quad \zeta' = C'e^{ux+vy+wz-st},$$

wo s durch eine der Gleichungen:

$$(229)\qquad S' = (s^2 - \mathfrak{E})(s^2 - \mathfrak{E}_{,,}) - \mathfrak{E}_{,}\cdot{}_{,}\mathfrak{E} = o$$

oder:

(230)

$$S'' = [s^2 - \mathfrak{E} - \mathfrak{F}(u^2+v^2+w^2)][s^2 - \mathfrak{E}_{,,} - \mathfrak{F}_{,,}(u^2+v^2+w^2)]$$
$$- [\mathfrak{E}_{,} + \mathfrak{F}_{,}(u^2+v^2+w^2)][{}_{,}\mathfrak{E} + {}_{,}\mathfrak{F}(u^2+v^2+w^2)] = o$$

und $\frac{B}{A}$, $\frac{C}{A}$, $\frac{A'}{A}$, $\frac{B'}{A}$, $\frac{C'}{A}$ durch die Gleichungen:

(231)

$$
\begin{aligned}
&(\mathfrak{E} - s^2)A + \mathfrak{F}u(uA + vB + wC) + \mathfrak{E}_{,}A' + \mathfrak{F}_{,}u(uA' + vB' + wC') = o,\\
&(\mathfrak{E} - s^2)B + \mathfrak{F}v(uA + vB + wC) + \mathfrak{E}_{,}B' + \mathfrak{F}_{,}v(uA' + vB' + wC') = o,\\
&(\mathfrak{E} - s^2)C + \mathfrak{F}w(uA + vB + wC) + \mathfrak{E}_{,}C' + \mathfrak{F}_{,}w(uA' + vB' + wC') = o,\\
&{}_{,}\mathfrak{E}A + {}_{,}\mathfrak{F}u(uA + vB + wC) + (\mathfrak{E}_{,,} - s^2)A' + \mathfrak{F}_{,,}u(uA' + vB' + wC') = o,\\
&{}_{,}\mathfrak{E}B + {}_{,}\mathfrak{F}v(uA + vB + wC) + (\mathfrak{E}_{,,} - s^2)B' + \mathfrak{F}_{,,}v(uA' + vB' + wC') = o,\\
&{}_{,}\mathfrak{E}C + {}_{,}\mathfrak{F}w(uA + vB + wC) + (\mathfrak{E}_{,,} - s^2)C' + \mathfrak{F}_{,,}w(uA' + vB' + wC') = o.
\end{aligned}
$$

bestimmt sind.

Weil bei den Schwingungen, welche die Empfindung des Lichts hervorbringen, immer die Dilatation des zweiten Systems von Molekülen gleich Null ist, so hat man:

$$uA' + vB' + wC' = o.$$

Man findet dann aus den Gleichungen (231) durch Elimination von A′, B′, C′:

$$S'A = u(uA + vB + wC)[(s^2 - \mathfrak{E}_{,,})\mathfrak{F} + \mathfrak{E}_{,.,}\mathfrak{F}],$$
$$(232) \quad S'B = v(uA + vB + wC)[(s^2 - \mathfrak{E}_{,,})\mathfrak{F} + \mathfrak{E}_{,.,}\mathfrak{F}],$$
$$S'C = w(uA + vB + wC)[(s^2 - \mathfrak{E}_{,,})\mathfrak{F} + \mathfrak{E}_{,.,}\mathfrak{F}].$$

Nimmt man an s wäre durch die Gleichung (229) $S' = o$ bestimmt, so geben die Gleichungen (232):

$$(233) \qquad uA + vB + wC = o.$$

Wäre dagegen s durch die Gleichung (230) $S'' = o$ bestimmt, so geben die Gleichungen (232):

$$(234) \qquad \frac{A}{u} = \frac{B}{v} = \frac{C}{w}.$$

Die Werthe von u, v, w, A, B, C, A', B', C', und folglich auch die von ξ, υ, ζ, ξ', υ' ζ' können entweder reell oder imaginär sein. Setzt man im Allgemeinen

[(153)]

$$u = U + u\sqrt{-1}, \quad v = V + v\sqrt{-1}, \quad w = W + w\sqrt{-1}, \quad s = S + s\sqrt{-1},$$
$$A = ae^{\lambda\sqrt{-1}}, \quad B = be^{\mu\sqrt{-1}}, \quad C = ce^{\nu\sqrt{-1}}, \quad A' = a'e^{\lambda'\sqrt{-1}},$$
$$B' = b'e^{\mu'\sqrt{-1}}, \quad C' = c'e^{\nu'\sqrt{-1}},$$

und um der Kürze willen

$$[(169)] \qquad k^2 = u^2 + v^2 + w^2$$
$$[(154)] \quad \varrho = ux + vy + wz, \quad P = Ux + Vy + Wz,$$
$$(198) \qquad r = \frac{\varrho}{k},$$

so werden die reellen Theile von ξ, υ, ζ, ξ', υ', ζ', welche noch den Differentialgleichungen (208) Genüge thun:

$$[(155)] \quad \begin{aligned} \xi &= ae^{P-St}\cos(kr - st + \lambda), \\ \upsilon &= be^{P-St}\cos(kr - st + \mu), \\ \zeta &= ce^{P-St}\cos(kr - st + \nu). \\ \xi' &= a'e^{P-St}\cos(kr - st + \lambda'), \\ \upsilon' &= b'e^{P-St}\cos(kr - st + \mu'), \\ \zeta' &= c'e^{P-St}\cos(kr - st + \nu'). \end{aligned}$$

Wenn die Systeme von Molekülen vollkommen diaphan wären, so wird man:

$$P - St = o$$

folglich auch:

$$U = o, \quad V = o, \quad W = o, \quad S = o$$

annehmen müssen. Es werden dann:

$$(235)\quad \begin{aligned} \xi &= a\cos(kr - st + \lambda), \\ v &= b\cos(kr - st + \mu), \\ \zeta &= c\cos(kr - st + \nu). \\ \xi' &= a'\cos(kr - st + \lambda'), \\ v' &= b'\cos(kr - st + \mu'), \\ \zeta' &= c'\cos(kr - st + \nu'). \end{aligned}$$

Die Fortpflanzungsgeschwindigkeit der Wellen wird in jedem Falle:

$$[(171)]\qquad \Omega = \frac{s}{k}$$

sein. Die Grösse s wird jetzt entweder durch die Gleichung (229) oder (230) bestimmt werden. Wenn die Systeme diaphan sind, so werden diese Gleichungen:

$$(236)\qquad (s^2 + \mathfrak{G})(s^2 + \mathfrak{G}_{,,}) - \mathfrak{G}_{,}\cdot{}_{,}\mathfrak{G} = 0,$$

$$(237)$$
$$(s^2 + \mathfrak{G} - \mathfrak{F}k^2)(s^2 + \mathfrak{G}_{,,} - \mathfrak{F}_{,,}k^2) - (\mathfrak{G}_{,} - \mathfrak{F}_{,}k^2)({}_{,}\mathfrak{G} - {}_{,}\mathfrak{F}k^2) = 0.$$

Ist s durch die Gleichungen (236) bestimmt, so wird:

$$(238)\qquad u\xi + vv + w\zeta = 0,$$

das heisst, die Verschiebungen werden dem Plane der Wellen, welcher durch die Gleichung [(167)] gegeben ist, parallel werden. Wenn s durch die Gleichung (237) bestimmt ist, so wird:

$$(239)\qquad \frac{\xi}{u} = \frac{v}{v} = \frac{\zeta}{w},$$

das heisst, die Verschiebungen werden auf dem Plane der Wellen senkrecht sein. Die Gleichung (236) bestimmt folglich die Fortpflanzungsgeschwindigkeit der transversalen Vibrationen, die Gleichung (237) die der longitudinalen. Die ersten sind die, welche wir als die Empfindung des Lichts bei uns anregend annehmen.

§. 7. Entwickelung der Funktionen $\mathfrak{G}$, $\mathfrak{G}_{,}$, ${}_{,}\mathfrak{G}$, $\mathfrak{G}_{,,}$, $\mathfrak{F}$, $\mathfrak{F}_{,}$, ${}_{,}\mathfrak{F}$, $\mathfrak{F}_{,,}$ in endlicher Form.*)

Setzen wir:

$$(240)\qquad u^2 + v^2 + w^2 = k^2,$$

so kann man immer setzen:

$$(241)\quad \begin{aligned} u &= k\cos\alpha, & v &= k\cos\beta, & w &= k\cos\gamma, \\ x &= r\cos\alpha', & y &= r\cos\beta', & z &= r\cos\gamma', \end{aligned}$$

wo:

$$\cos^2\alpha + \cos^2\beta + \cos^2\gamma = 1,$$
$$\cos^2\alpha' + \cos^2\beta' + \cos^2\gamma' = 1.$$

*) Cauchy, Ex. d'An. et de Ph. Math. Tom. I. pag. 292—312, wo indessen nur ein System von Molekülen betrachtet wird.

Setzt man ferner:

(242) $$\cos\alpha\cos\alpha' + \cos\beta\cos\beta' + \cos\gamma\cos\gamma' = \cos\delta,$$

so wird δ die Winkel bezeichnen, welche eine Linie k, deren Projektionen auf die drei Coordinataxen u, v, w sind, mit einer Linie r bildet, deren Projektionen x, y, z sind. Es ist dann:

$$ux + vy + wz = kr\cos\delta,$$

$$\mathfrak{G} = S\left\{mf(r)[e^{kr\cos\delta} - 1]\right\} - S\left\{m'f_{,}(r)\right\},$$

$$\mathfrak{G}_{,} = S\left\{m'f_{,}(r)e^{kr\cos\delta}\right\},$$

$$_{,}\mathfrak{G} = S\left\{m\,f_{,}(r)\,e^{kr\cos\delta}\right\},$$

$$\mathfrak{G}_{,,} = S\left\{m'f_{,,}(r)[e^{kr\cos\delta} - 1]\right\} - S\left\{mf_{,}(r)\right\},$$

(243) $$\mathfrak{H} = S\left\{\frac{m}{r}d_r f(r)\left(e^{kr\cos\delta} - 1 - kr\cos\delta - \frac{k^2r^2\cos^2\delta}{2}\right)\right\} - S\left\{\frac{m'}{r}d_r f_{,}(r)\frac{k^2r^2\cos^2\delta}{2}\right\},$$

$$\mathfrak{H}_{,} = S\left\{\frac{m'}{r}d_r f_{,}(r)[e^{kr\cos\delta} - 1 - kr\cos\delta]\right\},$$

$$_{,}\mathfrak{H} = S\left\{\frac{m}{r}d_r f_{,}(r)[e^{kr\cos\delta} - 1 - kr\cos\delta]\right\},$$

$$\mathfrak{H}_{,,} = S\left\{\frac{m'}{r}d_r f_{,,}(r)\left(e^{kr\cos\delta} - 1 - kr\cos\delta - \frac{k^2r^2\cos^2\delta}{2}\right)\right\} - S\left\{\frac{m}{r}d_r f_{,}(r)\frac{k^2r^2\cos^2\delta}{2}\right\}.$$

Nun sollen aber die Funktionen $\mathfrak{G}$, $\mathfrak{G}_{,}$, ... bei isophanen Körpern Funktionen von $u^2 + v^2 + w^2 = k^2$ sein, folglich von δ unabhängig.

Wenn man aber von einem gemeinschaftlichen Punkte aus eine Linie k und mehrere andere $= r, r', r''$ ... zieht, und man bezeichnet durch δ die Winkel, welche k mit einer der verschiedenen Linien r bildet, durch $F(kr\cos\delta)$ eine continuirliche Funktion des Produkts $kr\cos\delta$, und durch $S[F(kr\cos\delta)]$ eine Summe ähnlicher Funktionen, die sich auf die verschiedenen Linien r und Winkel δ beziehen, so wird, wenn diese Summe unverändert bleiben soll, welches auch die Richtung der Linien ist:

(244) $$S[F(kr\cos\delta)] = \tfrac{1}{2}S\int_0^\pi [F(kr\cos\delta)\sin\delta d\delta].\ ^{*)}$$

Bemerkt man jetzt, dass:

*) Cauchy, Ex. d'An. et de Ph. Math. Tome I. pag. 25.

$$\tfrac{1}{2}\int_0^\pi (e^{kr\cos\delta} - 1)\sin\delta d\delta = \frac{e^{kr} - e^{-kr}}{2kr} - 1,$$

$$\tfrac{1}{2}\int_0^\pi \left(e^{kr\cos\delta} - 1 - kr\cos\delta - \frac{k^2r^2\cos^2\delta}{2}\right)\sin\delta d\delta$$

$$= \frac{e^{kr} - e^{-kr}}{2kr} - 1 - \tfrac{1}{6}k^2r^2,$$

$$\tfrac{1}{2}\int_0^\pi e^{kr\cos\delta}\sin\delta d\delta = \frac{e^{kr} - e^{-kr}}{2kr},$$

so findet man:

(245)

$$\mathfrak{G} = S\left\{m f(r)\left(\frac{e^{kr} - e^{-kr}}{2kr} - 1\right)\right\} - S[m' f_,(r_,)],$$

$$\mathfrak{G}_, = S\left\{m' f_,(r)\frac{e^{kr} - e^{-kr}}{2kr}\right\},$$

$$_,\mathfrak{G} = S\left\{m f_,(r)\frac{e^{kr} - e^{-kr}}{2kr}\right\},$$

$$\mathfrak{G}_{,,} = S\left\{m' f_{,,}(r)\left(\frac{e^{kr} - e^{-kr}}{2kr} - 1\right)\right\} - S[m f_,(r)],$$

$$\mathfrak{H} = S\left\{\frac{m}{r}d_r f(r)\left(\frac{e^{kr} - e^{-kr}}{2kr} - 1 - \tfrac{1}{6}k^2r^2\right)\right\} - S\left\{\frac{m'}{r}d_r f_,(r)\frac{k^2r^2}{6}\right\},$$

$$\mathfrak{H}_, = S\left\{\frac{m'}{r}d_r f_,(r)\left(\frac{e^{kr} - e^{-kr}}{2kr} - 1\right)\right\},$$

$$_,\mathfrak{H} = S\left\{\frac{m}{r}d_r f_,(r)\left(\frac{e^{kr} - e^{-kr}}{2kr} - 1\right)\right\},$$

$$\mathfrak{H}_{,,} = S\left\{\frac{m'}{r}d_r f_{,,}(r)\left(\frac{e^{kr} - e^{-kr}}{2kr} - 1 - k^2r^2\right)\right\} - S\left\{\frac{m}{r}d_r f_,(r)\frac{k^2r^2}{6}\right\}.$$

Betrachtet man nur diaphane Körper, so ist:

$$u = \mathfrak{u}\sqrt{-1}, \quad v = \mathfrak{v}\sqrt{-1}, \quad w = \mathfrak{w}\sqrt{-1}.$$

Setzt man dann:

(246) $$k^2 = u^2 + v^2 + w^2 = -(\mathfrak{u}^2 + \mathfrak{v}^2 + \mathfrak{w}^2) = -\mathfrak{k}^2,$$

so werden die Gleichungen (245) unter der folgenden Form geschrieben werden können:

(247)

$$\mathfrak{G} = S\left\{ m f(r)\left(\frac{\sin kr}{kr} - 1\right)\right\} - S[m' f_{,}(r)],$$

$$\mathfrak{G}_{,} = S\left\{ m' f_{,}(r)\frac{\sin kr}{kr}\right\},$$

$$_{,}\mathfrak{G} = S\left\{ m f_{,}(r)\frac{\sin kr}{kr}\right\},$$

$$\mathfrak{G}_{,,} = S\left\{ m' f_{,,}(r)\left(\frac{\sin kr}{kr} - 1\right)\right\} - S[m f_{,}(r)],$$

$$\mathfrak{H} = S\left\{\frac{m}{r} d_r f(r)\left(\frac{\sin kr}{kr} - 1 + \tfrac{1}{6}k^2 r^2\right)\right\} + S\left\{\frac{m'}{r} d_r f_{,}(r)\frac{k^2 r^2}{6}\right\},$$

$$\mathfrak{H}_{,} = S\left\{\frac{m'}{r} d_r f_{,}(r)\left(\frac{\sin kr}{kr} - 1\right)\right\},$$

$$_{,}\mathfrak{H} = S\left\{\frac{m}{r} d_r f_{,}(r)\left(\frac{\sin kr}{kr} - 1\right)\right\},$$

$$\mathfrak{H}_{,,} = S\left\{\frac{m'}{r} d_r f_{,,}(r)\left(\frac{\sin kr}{kr} - 1 + \tfrac{1}{6}k^2 r^2\right)\right\} + S\left\{\frac{m}{r} d_r f_{,}(r)\frac{k^2 r^2}{6}\right\}.$$

Hieraus findet man weiter:

(248)

$$\mathfrak{E} = -S\left\{\frac{m}{k^2 r^2} d_r\left[\left(\cos kr - \frac{\sin kr}{kr} + \tfrac{1}{3}k^2 r^2\right) r f(r)\right]\right\} - S\left\{\frac{m'}{r^2} d_r[\tfrac{1}{3} r^3 f_{,}(r)]\right\},$$

$$\mathfrak{E}_{,} = -S\left\{\frac{m'}{k^2 r^2} d_r\left[\left(\cos kr - \frac{\sin kr}{kr}\right) r f_{,}(r)\right]\right\},$$

$$_{,}\mathfrak{E} = -S\left\{\frac{m}{k^2 r^2} d_r\left[\left(\cos kr - \frac{\sin kr}{kr}\right) r f_{,}(r)\right]\right\},$$

$$\mathfrak{E}_{,,} = -S\left\{\frac{m'}{k^2 r^2} d_r\left[\left(\cos kr - \frac{\sin kr}{kr} + \tfrac{1}{3}k^2 r^2\right) r f_{,,}(r)\right]\right\} - S\left\{\frac{m}{r^2} d_r[\tfrac{1}{3} r^3 f_{,}(r)]\right\},$$

$$\mathfrak{F} = -S\left\{\frac{m r\, d_r f(r)}{k^2}\left(\frac{\sin kr}{kr} + 3\frac{\cos kr}{k^2 r^2} - 3\frac{\sin kr}{k^3 r^3}\right)\right\},$$

$$\mathfrak{F}_{,} = -S\left\{\frac{m' r\, d_r f_{,}(r)}{k^2}\left(\frac{\sin kr}{kr} + 3\frac{\cos kr}{k^2 r^2} - 3\frac{\sin kr}{k^3 r^3}\right)\right\},$$

$$_{,}\mathfrak{F} = -S\left\{\frac{m r\, d_r f_{,}(r)}{k^2}\left(\frac{\sin kr}{kr} + 3\frac{\cos kr}{k^2 r^2} - 3\frac{\sin kr}{k^3 r^3}\right)\right\},$$

$$\mathfrak{F}_{,,} = -S\left\{\frac{m' r\, d_r f_{,,}(r)}{k^2}\left(\frac{\sin kr}{kr} + 3\frac{\cos kr}{k^2 r^2} - 3\frac{\sin kr}{k^3 r^3}\right)\right\}.$$

Denken wir uns jetzt jedes Molekülensystem in unendlich dünne Kugelschichten decomponirt, deren Centrum der Punkt (x, y, z) sei. Bezeichnen wir durch $\mathfrak{D}$ die Dichtigkeit des ersten Molekülensystems und durch $\mathfrak{D}'$ die des zweiten, durch Δr einen unendlich kleinen Zuwachs am Radius vector r, welcher vom

Punkte (x, y, z) zu den verschiedenen umliegenden Molekülen ausgeht. Die Kugelschicht, deren Radien r und $r + \Delta r$ sind, wird eine gewisse Menge Molekülen des ersten Systems enthalten, deren Masse $4\pi\mathfrak{D}r^2\Delta r$ ist, und eine gewisse Menge Molekülen des zweiten Systems, deren Masse $4\pi\mathfrak{D}'r^2\Delta r$ ist. Die entsprechenden Glieder der Summen $S[mF(r)]$ und $S[m'F(r)]$ werden dann zwei partielle Summen bilden, welche respective gleich sein werden den Ausdrücken: $4\pi\mathfrak{D}r^2F(r)\Delta r$ und $4\pi\mathfrak{D}'r^2F(r)\Delta r$. Man wird folglich für ein isophanes System von Molekülen die Gleichungen haben: (249)

$$S[mF(r)] = 4\pi\mathfrak{D}S[r^2F(r)\Delta r]; \quad S[m_,F(r)] = 4\pi\mathfrak{D}'S[r^2F(r)\Delta r],$$

wo die Summationen rechts vom Gleichheitszeichen sich auf alle positiven Werthe von r, von dem kleinsten r_0 bis zum grössten r_∞ beziehen.

Nun ist aber wegen des Taylor'schen Theorems:

$$\mathfrak{F}(r + \Delta r) - \mathfrak{F}(r) = \mathfrak{F}'(r)\Delta r + \mathfrak{F}''(r)(\Delta r)^2 + \ldots$$

wo $\mathfrak{F}'(r)$, $\mathfrak{F}''(r)$, ... die erste, zweite, u. s. w. derivirte Funktion von $\mathfrak{F}(r)$ bezeichnen. Vernachlässigt man die höheren Potenzen von Δr und sucht die Summe in Bezug auf die verschiedenen Werthe von r, so wird:

$$S\mathfrak{F}'(r)\Delta r = S[\mathfrak{F}(r + \Delta r) - \mathfrak{F}(r)] = \mathfrak{F}(r_\infty) - \mathfrak{F}(r_0),$$

und wenn man integrirt:

$$(250) \qquad S\mathfrak{F}(r)\Delta r = \int_{r_0}^{r_\infty} \mathfrak{F}(r)dr.$$

Wendet man diese Formel auf die Gleichungen (249) an, so erhält man:

$$(251) \quad S[mF(r)] = 4\pi\mathfrak{D}\int_{r_0}^{r_\infty} r^2F(r)dr; \quad S[m'F(r)] = 4\pi\mathfrak{D}'\int_{r_0}^{r_\infty} r^2F(r)dr.$$

Die Gleichungen (248) werden dann:

$$(252) \quad \begin{cases} \mathfrak{E} = -\dfrac{4\pi\mathfrak{D}}{k^2}\displaystyle\int_{r_0}^{r_\infty} d_r\left[\left(\cos kr - \dfrac{\sin kr}{kr} + \tfrac{1}{3}k^2r^2\right)rf(r)\right]dr \\ \qquad - \dfrac{4\pi\mathfrak{D}'}{3}\displaystyle\int_{r'_0}^{r'_\infty} d_r[r^3f_,(r)]dr; \\ \mathfrak{E}_, = -\dfrac{4\pi\mathfrak{D}'}{k^2}\displaystyle\int_{r'_0}^{r'_\infty} d_r\left[\left(\cos kr - \dfrac{\sin kr}{kr}\right)r\,f_,(r)\right]dr; \\ {}_,\mathfrak{E} = -\dfrac{4\pi\mathfrak{D}}{k^2}\displaystyle\int_{r_0}^{r_\infty} d_r\left[\left(\cos kr - \dfrac{\sin kr}{kr}\right)r\,f_,(r)\right]dr; \end{cases}$$

$$\mathfrak{G}_{,,} = -\frac{4\pi\mathfrak{D}'}{k^2}\int_{r'_0}^{r'_\infty} d_r\left[\left(\cos kr - \frac{\sin kr}{kr} + \tfrac{1}{3}k^2r^2\right) r\,f_{,,}(r)\right]dr$$
$$-\frac{4\pi\mathfrak{D}}{3}\int_{r_0}^{r_\infty} d_r[r^3 f_,(r)]\,dr;$$

(252)

$$\mathfrak{F} = -\frac{4\pi\mathfrak{D}}{k^2}\int_{r_0}^{r_\infty} r^3 d_r f(r)\left(\frac{\sin kr}{kr} + 3\frac{\cos kr}{k^2r^2} - 3\frac{\sin kr}{k^3r^3}\right)dr;$$

$$\mathfrak{F}_, = -\frac{4\pi\mathfrak{D}'}{k^2}\int_{r'_0}^{r'_\infty} r^3 d_r f_,(r)\left(\frac{\sin kr}{kr} + 3\frac{\cos kr}{k^2r^2} - 3\frac{\sin kr}{k^3r^3}\right)dr;$$

$$_,\mathfrak{F} = -\frac{4\pi\mathfrak{D}}{k^2}\int_{r_0}^{r_\infty} r^3 d_r f_,(r)\left(\frac{\sin kr}{kr} + 3\frac{\cos kr}{k^2r^2} - 3\frac{\sin kr}{k^3r^3}\right)dr;$$

$$\mathfrak{F}_{,,} = -\frac{4\pi\mathfrak{D}'}{k^2}\int_{r'_0}^{r'_\infty} r^3 d_r f_{,,}(r)\left(\frac{\sin kr}{kr} + 3\frac{\cos kr}{k^2r^2} - 3\frac{\sin kr}{k^3r^3}\right)dr.$$

Substituirt man jetzt statt $f(r)$, $f_,(r)$, $f_{,,}(r)$ ihre Werthe $\frac{f(r)}{r}$, $\frac{f_,(r)}{r}$, $\frac{f_{,,}(r)}{r}$, wo $f(r)$ die Kraft bezeichnet, mit welcher eine Moleküle des ersten Systems auf eine andere Moleküle desselben Systems in dem Abstand r wirkt, $f_,(r)$ die Kraft, womit eine Moleküle des ersten auf eine des zweiten Systems in dem Abstand r wirkt, $f_{,,}(r)$ die Kraft, womit eine Moleküle des zweiten Systems auf eine andere desselben Systems wirkt, und bemerkt, dass:

$$\cos kr - \frac{\sin kr}{kr} + \tfrac{1}{3}k^2r^2 = \tfrac{1}{5}\frac{k^4r^4}{1.2.3} - \tfrac{1}{7}\frac{k^6r^6}{1.2.3.4.5} + \ldots$$

für sehr grosse Werthe von r auf $\frac{1}{3}k^2r^2$, für sehr kleine Werthe von r auf $\frac{1}{30}k^4r^4$ reducirt wird; ebenso dass:

$$\cos kr - \frac{\sin kr}{kr} = -\tfrac{1}{3}k^2r^2 + \tfrac{1}{5}\frac{k^4r^4}{1.2.3.4} - \ldots$$

für sehr grosse Werthe von r auf $\cos kr$, für sehr kleine Werthe von r auf $-\frac{1}{3}k^2r^2$ reducirt wird, so erhält man:

(253)

$$\mathfrak{G} = -\frac{4\pi\mathfrak{D}}{3}\left(r_\infty^2 f(r_\infty) - \tfrac{1}{10}k^2r_0^4 f(r_0)\right) - \frac{4\pi\mathfrak{D}'}{3}\left(r'^2_\infty f_,(r'_\infty) - r'^2_0 f_,(r'_0)\right);$$

$$\mathfrak{G}_, = -4\pi\mathfrak{D}'\left(\frac{\cos(kr'_\infty)}{k^2} f_,(r'_\infty) + \tfrac{1}{3}r'^2_0 f_,(r'_0)\right);$$

$$_,\mathfrak{G} = -4\pi\mathfrak{D}\left(\frac{\cos(kr_\infty)}{k^2} f_,(r_\infty) + \tfrac{1}{3}r_0^2 f_,(r_0)\right);$$

$$\mathfrak{E}_{,,} = -\frac{4\pi\mathfrak{D}'}{3}\left(r'^2_\infty f_{,,}(r'_\infty) - \tfrac{1}{10}k^2 r'^4_0 f_{,,}(r'_0)\right) - \frac{4\pi\mathfrak{D}}{3}\left(r^2_\infty f_{,}(r_\infty) - r^2_0 f_{,}(r_0)\right);$$

$$\mathfrak{F} = -\frac{4\pi\mathfrak{D}}{15} r_0^4 f(r_0) + 4\pi\mathfrak{D}\int_{r_0}^{r_\infty} r^2 f(r)\, d_r\left(\frac{\sin kr}{kr}\right) dr - \frac{4\pi\mathfrak{D}\, r_\infty f(r_\infty)\sin(kr_\infty)}{k^3};$$

$$\mathfrak{F}_{,} = -\frac{4\pi\mathfrak{D}'}{15} r'^4_0 f_{,}(r'_0) + 4\pi\mathfrak{D}'\int_{r'_0}^{r'_\infty} r^2 f_{,}(r)\, d_r\left(\frac{\sin kr}{kr}\right) dr - \frac{4\pi\mathfrak{D}'\, r'_\infty f_{,}(r'_\infty)\sin(kr'_\infty)}{k^3};$$

$${}_{,}\mathfrak{F} = -\frac{4\pi\mathfrak{D}}{15} r_0^4 f_{,}(r_0) + 4\pi\mathfrak{D}'\int_{r_0}^{r_\infty} r^2 f_{,}(r)\, d_r\left(\frac{\sin kr}{kr}\right) dr - \frac{4\pi\mathfrak{D}\, r_\infty f_{,}(r_\infty)\sin(kr_\infty)}{k^3};$$

$$\mathfrak{F}_{,,} = -\frac{4\pi\mathfrak{D}'}{15} r'^4_0 f_{,,}(r'_0) + 4\pi\mathfrak{D}'\int_{r'_0}^{r'_\infty} r^2 f_{,,}(r)\, d_r\left(\frac{\sin kr}{kr}\right) dr - \frac{4\pi\mathfrak{D}'\, r'_\infty f_{,,}(r'_\infty)\sin(kr'_\infty)}{k^3}.$$

Betrachtet man nur ein System von Molekülen, so erhält man:

$$\mathfrak{E} = -\frac{4\pi\mathfrak{D}}{3}\left(r^2_\infty f(r_\infty) - \tfrac{1}{10}k^2 r_0^4 f(r_0)\right);$$

$$(254)\qquad \mathfrak{F} = -\frac{4\pi\mathfrak{D}}{15} k^2 r_0^4 f(r_0) - 4\pi\mathfrak{D}\int_{r_0}^{r_\infty} r^2 f(r)\, d_r\left(\frac{\sin kr}{kr}\right) dr - \frac{4\pi\mathfrak{D}\, r_\infty f(r_\infty)\sin(kr_\infty)}{k^3}.$$

§. 8. Fortpflanzungsgeschwindigkeit der Vibrationen in einem System von Molekülen.*)

Die Geschwindigkeit Ω des Lichts im Himmelsraume, wird jetzt, wie vorher gezeigt, durch die Gleichung:

$$(205)\qquad \Omega^2 = \frac{-\mathfrak{E}}{k^2}$$

bestimmt. Substituiren wir den Werth von $\mathfrak{E}$, so wird:

$$(255)\qquad \Omega^2 = \frac{4\pi\mathfrak{D}}{3}\left(\frac{r^2_\infty f(r_\infty)}{k^2} - \tfrac{1}{10} r_0^4 f(r_0)\right),$$

oder, wenn man statt k seinen Werth aus der Gleichung [(168)]:

$$k = \frac{2\pi}{l}$$

setzt, wo l die Wellenlänge bezeichnet:

---

*) Cauchy, Ex. d'An. et de Ph. Math. Tome 1. pag. 303—312.

(256) $$\Omega^2 = \frac{4\pi\mathfrak{D}}{3}\left(\frac{l^2 r_\infty^2 f(r_\infty)}{4\pi^2} - \tfrac{1}{10} r_o^4 f(r_o)\right).$$

Es ist jetzt aus den Observationen der sogenannten veränderlichen Sterne, deren Lichtstärke sich periodisch ändert, bekannt, dass diese, während ihre Lichtstärke sich bedeutend ändert, keine Aenderung der Farbe zeigen. Hieraus lässt sich schliessen, dass die Geschwindigkeiten der verschiedenen Farben des Lichts, welche, wie die Interferenz-Phaenomene zeigen, den verschiedenen Werthen der Schwingungsdauer T und folglich auch der Wellenlänge l entsprechen, gleich sind, oder dass im Himmelsraume Ω von l unabhängig ist. Man muss folglich haben:

(257) $$r_\infty^2 f(r_\infty) = o.$$

Ferner muss $r_o^4 f(r_o)$ negativ sein, damit Ω^2 positiv werden kann. Setzt man folglich:

(258) $$r_o^4 f(r_o) = -h(r_o),$$

so wird für die transversalen Vibrationen:

(259) $$\Omega^2 = \frac{2\pi\mathfrak{D}}{15} h(r_o).$$

Die Fortpflanzungsgeschwindigkeit der longitudinalen Vibrationen findet man aus der Gleichung (203):

(260) $$\Omega^2 = \frac{-\mathfrak{E}}{k^2} + \mathfrak{F},$$

folglich:

(261) $$\Omega^2 = \tfrac{2}{5}\pi\mathfrak{D}h(r_o) + 4\pi\mathfrak{D}\int_{r_o}^{r_\infty} r^2 f(r) d_r\left(\frac{\sin kr}{kr}\right)dr.$$

§. 9. Fortpflanzungsgeschwindigkeit der Vibrationen in zwei Systemen von Molekülen.*)

Da kein Grund ist anzunehmen, die Molekülarkräfte des Aethers seien anders in den Körpern als im leeren Raume, so werden fortwährend die Gleichungen (257) und (258) stattfinden. Die Kraft $f_{,,}(r)$, welche zwischen zwei Partikeln des Körpers wirkt, muss, wie aus den Adhäsionsphänomenen hervorgeht, schneller als umgekehrt nach dem Quadrate des Abstandes abnehmen, das heisst, man muss annehmen:

(262) $$r_\infty^2 f_{,,}(r_\infty) = o.$$

Setzt man ferner der Kürze willen:

---

*) O. J. Broch Forhandlinger ved de Skandinaviske Naturforskeres 3die Möde. pag.

(263) $r_\infty^2 \mathfrak{f}_{,}(r_\infty) = c;\ r_o^2 \mathfrak{f}_{,}(r_o) = -d(r_o);\ r_o'^{\,2} \mathfrak{f}_{,,}(r_o') = -g(r_o')$,

so geben die Gleichungen (253):

$$(264)\quad \begin{aligned} \mathfrak{E} &= -\frac{4\pi\mathfrak{D}}{30}k^2 h(r_o) - \frac{4\pi\mathfrak{D}'}{3}\left(c + d(r_o')\right), \\ \mathfrak{E}_{,} &= \frac{4\pi\mathfrak{D}'}{3}d(r_o') - 4\pi\mathfrak{D}'\frac{\cos(kr_\infty').c}{k^2 r_\infty^2}, \\ {}_{,}\mathfrak{E} &= \frac{4\pi\mathfrak{D}}{3}d(r_o) - 4\pi\mathfrak{D}\frac{\cos(kr_\infty).c}{k^2 r_\infty^2}, \\ \mathfrak{E}_{,,} &= -\frac{4\pi\mathfrak{D}'}{30}k^2 g(r_o') - \frac{4\pi\mathfrak{D}}{3}\left(c + d(r_o)\right). \end{aligned}$$

Die Gleichung (236), welche die Fortpflanzungsgeschwindigkeit der transversalen Vibrationen bestimmt, giebt dann:

$$(265)\quad \left[s^2 - \frac{4\pi\mathfrak{D}}{30}k^2 h(r_o) - \frac{4\pi\mathfrak{D}'}{3}\left(c + d(r_o')\right)\right].\left[s^2 - \frac{4\pi\mathfrak{D}'}{30}k^2 g(r_o') - \frac{4\pi\mathfrak{D}}{3}\left(c + d(r_o)\right)\right]$$
$$-\frac{16\pi^2\mathfrak{D}\mathfrak{D}'}{9}\left[-d(r_o') + 3c.\frac{\cos(kr_\infty')}{k^2 r_\infty'}\right].\left[-d(r_o) + 3c.\frac{\cos(kr_\infty)}{k^2 r_\infty^2}\right] = o.$$

Damit hier $\Omega^2 = \frac{s^2}{k^2}$ einen endlichen positiven Werth erhalten kann, ist es nothwendig, dass c eine endliche Grösse sei, folglich $\frac{c.\cos(kr_\infty)}{k^2 r_\infty^2} = o$. Damit man ferner nur einen Werth von $\frac{s^2}{k^2}$ erhalte, das heisst, damit in isophanen Körpern die transversalen Vibrationen, welche demselben Werth von s, folglich derselben Farbe entsprechen, nur eine Fortpflanzungsgeschwindigkeit haben, oder dass diese Körper einfachbrechend seien, ist es nothwendig, dass der Coëfficient von k^4 Null, oder doch sehr klein sein muss. Ob er von demselben Grade wie die vorher vernachlässigten Grössen, das heisst, wie die höheren Potenzen von r_o ist, müssen die Beobachtungen über die Geschwindigkeiten der verschiedenen Farben entscheiden. Man muss folglich annehmen:

(266) $g(r_o') = -r_o^4 \mathfrak{f}_{,,}(r_o') =$ einer sehr kleinen Grösse.

Setzt man jetzt: (267)

$$\alpha = \frac{4\pi\mathfrak{D}}{30}h(r_o) + \frac{4\pi\mathfrak{D}'}{30}g(r_o') = -\frac{4\pi\mathfrak{D}}{30}r_o^4 \mathfrak{f}(r_o) - \frac{4\pi\mathfrak{D}'}{30}r_o'^{\,4}\mathfrak{f}_{,,}(r_o');$$

$$\beta = -\frac{4\pi\mathfrak{D}'}{3}[c + d(r_o')] - \frac{4\pi\mathfrak{D}}{3}[c + d(r_o)]$$
$$= -\frac{4\pi\mathfrak{D}'}{3}[r_\infty^2 \mathfrak{f}_{,}(r_\infty) - r_o'^{\,2}\mathfrak{f}_{,}(r_o')] - \frac{4\pi\mathfrak{D}}{3}[r_\infty^2 \mathfrak{f}_{,}(r_\infty) - r_o^2 \mathfrak{f}_{,}(r_o)];$$

$$\gamma = \frac{16\pi^2\mathfrak{D}\mathfrak{D}'}{9}c[c + d(r_o) + d(r_o')]$$
$$= \frac{16\pi^2\mathfrak{D}\mathfrak{D}'}{9}r_\infty^2 \mathfrak{f}_{,}(r_\infty)[r_\infty^2 \mathfrak{f}_{,}(r_\infty) - r_o'^{\,2}\mathfrak{f}_{,}(r_o') - r_o^2 \mathfrak{f}_{,}(r_o)];$$

$$\delta = -\frac{16\pi^2\mathfrak{D}^2}{90}\mathfrak{h}(\mathfrak{r}_o)[\mathfrak{c}+\mathfrak{d}(\mathfrak{r}_o)] - \frac{16\pi^2\mathfrak{D}'}{90}\mathfrak{g}(\mathfrak{r}'_o)[\mathfrak{c}+\mathfrak{d}(\mathfrak{r}'_o)]$$
$$= \frac{16\pi^2\mathfrak{D}^2}{90}\mathfrak{r}_o^4\mathfrak{f}(\mathfrak{r}_o)[\mathfrak{r}_\infty^2\mathfrak{f}_{,}(\mathfrak{r}_\infty) - \mathfrak{r}_o^2\mathfrak{f}_{,}(\mathfrak{r}_o)]$$
$$+ \frac{16\pi^2\mathfrak{D}'^2}{90}\mathfrak{r}_o'^4\mathfrak{f}_{,,}(\mathfrak{r}'_o)[\mathfrak{r}_\infty^2\mathfrak{f}_{,}(\mathfrak{r}_\infty) - \mathfrak{r}_o'^2\mathfrak{f}_{,}(\mathfrak{r}'_o)];$$

$$\lambda = \frac{16\pi^2\mathfrak{D}\mathfrak{D}'}{900}\mathfrak{h}(\mathfrak{r}_o)\mathfrak{g}(\mathfrak{r}'_o) = \frac{16\pi^2\mathfrak{D}\mathfrak{D}'}{900}\mathfrak{r}_o^4\mathfrak{f}(\mathfrak{r}_o)\mathfrak{r}_o'^4\mathfrak{f}_{,,}(\mathfrak{r}'_o);$$

so wird die Gleichung (265):

$$(268) \qquad s^4 - \alpha s^2k^2 + \beta s^2 + \gamma - \delta k^2 + \lambda k^4 = 0,$$

wo λ eine sehr kleine Grösse ist. Die Geschwindigkeit des Lichts Ω in isophanen durchsichtigen Körpern wird folglich bestimmt durch die Gleichung:

$$\Omega^2 = \frac{-2s^2\lambda}{-(\alpha s^2+\delta)+\sqrt{(\alpha s^2+\delta)^2-4(s^4+\beta s^2+\gamma)\lambda}},$$

oder, wenn man die höheren Potenzen von λ vernachlässigt:

$$(269) \qquad \Omega^2 = \alpha + \frac{(\delta-\alpha\beta)s^2-\alpha\gamma}{s^4+\beta s^2+\gamma} - \frac{\lambda s^2}{\alpha s^2+\delta}.$$

§. 10. Theorie der Dispersion des Lichts.

Substituirt man in den Gleichungen (269) oder (268) die aus den Beobachtungen erhaltenen Werthe von $s = \frac{2\pi}{T}$ und von $k = \frac{2\pi}{l}$, welche den verschiedenen Farben entsprechen, so kann man mittelst der Wahrscheinlichkeitsrechnung die wahrscheinlichsten Werthe von α, β, γ, δ, λ finden. Ich habe dies für etliche Körper mittelst der Theorie der kleinsten Quadrate gethan, und gefunden, dass β, δ und λ stets sehr unsicher gefunden werden; α und γ dagegen mit grosser Genauigkeit als Funktionen von diesen. Einer der Coëfficienten β und δ kann auch mit ziemlicher Genauigkeit als Funktion des zweiten und λ gefunden werden. Ich werde in einer anderen Abhandlung die auf diese Weise gefundenen Zahlenwerthe von α, β, γ, δ und λ mittheilen und zeigen, dass die hieraus berechneten Werthe von Ω mit denen durch die Beobachtungen gegebenen mit hinreichender Genauigkeit übereinstimmen. Hieraus kann indessen kein Beweis der Richtigkeit der Formel (268) gefolgert werden. Da man nämlich bei den genauesten Untersuchungen über die Werthe von s und k, den Frauenhofer'schen, nur sieben Gleichungen bekommt, so wird beinahe jede Gleichung, welche 3 oder 4 willkürliche Grössen enthält, welche Form sie auch haben möchte, diesen Observationen entsprechen. Die verschiedenen Formeln, welche man bisher für die Dispersion des Lichts gegeben hat, und deren Richtigkeit nur durch die Uebereinstimmung mit den Observationen bewiesen ist, können daher nur als Interpolationsformeln betrachtet werden.

Insbesondere sind die hier von Cauchy und Powell gegebenen zu bemerken. Der Erstere, dem die mathematische Optik beinahe Alles verdankt, hat, wie mir unläugbar scheint, bei der Erklärung der Dispersion des Lichts eine unhaltbare Theorie aufgestellt. In seinem „Mémoire sur la dispersion de la lumière" hat er nämlich nur ein System Molekülen betrachtet. Um die gleiche Geschwindigkeit der verschiedenen Farben im leeren Raum zu erhalten, nimmt er die im vorigen Paragraphen entwickelten Bedingungsgleichungen (257) und (258) der Molekülarkräfte an. Um aber durch dieselben Gleichungen der unendlich kleinen Bewegungen eines Systems von Molekülen auch die Dispersion in den Körpern zu erklären, muss er entweder annehmen: die Molekülarkräfte der Aethermolekülen, wenn diese sich in einem Körper befinden, wirken anders, als wenn sie im leeren Raum sich befinden, was dasselbe ist, als eine Art von Aether im leeren Raum und eine andere in den Körpern anzunehmen; oder auch, dass die Distanz der Molekülen, wenn diese sich in einem dispersirenden Medium befinden, viel grösser ist als im leeren Raum, und nicht länger in Bezug auf die Wellenlänge vernachlässigt werden kann. Nun ist aber annäherungsweise, wenn man die Dispersion vernachlässigt:

$$\text{im leeren Himmelsraume } \Omega^2 = \frac{2\pi\mathfrak{D}}{15}h(r_0),$$

$$\text{und im Körper } \Omega''^2 = \frac{2\pi\mathfrak{D}''}{15}h(r_0''),$$

wo Ω und Ω'' die Geschwindigkeiten des Lichts, $\mathfrak{D}$ und $\mathfrak{D}''$ die Dichtigkeiten des Aethers, r_0 und r_0'' den kleinsten Abstand der Aethermolekülen, respective im Himmelsraume und im Körper bezeichnen. Bezeichnet man durch n den Refractionscoëfficienten des Körpers, so ist:

$$\Omega^2 = n^2\Omega''^2,$$

$$\text{oder: } \mathfrak{D}h(r_0) = n^2\mathfrak{D}''h(r_0'').$$

Substituirt man die Werthe $h(r_0)$ und $h(r_0'')$ und bemerkt, dass:

$$\mathfrak{D} : \mathfrak{D}'' = r_0''^3 : r_0^3 = \frac{1}{r_0^3} : \frac{1}{r_0''^3},$$

so erhält man:

$$-r_0 f(r_0) = -n^2 r_0'' f(r_0'').$$

Da wegen (257) $r_\infty^2 f(r_\infty)$ gleich Null ist, muss man annehmen, die abstossende Kraft $f(r_0)$ nimmt geschwinder ab wie das Quadrat des Abstandes zunimmt, also ist, weil $r_0'' > r_0$:

$$-r_0^2 f(r_0) > -r_0''^2 f(r_0''),$$

und folglich durch Division:

$$\frac{1}{r_0} < \frac{n^2}{r_0''}, \text{ oder } r_0'' < n^2 r_0.$$

Es ist aber $l = \Omega T$, folglich $l_0'' = \frac{l_0}{n}$, und hieraus:

$$(269') \qquad \frac{r_0''}{l_0''} < n^3 \frac{r_0}{l_0}.$$

Setzt man den Brechungscoëfficienten $n = 1{,}5$, wie er ungefähr bei Glas ist, so erhält man:

$$\frac{r_0''}{l_0''} < 3{,}4 \frac{r_0}{l_0}.$$

Kann man jetzt im Himmelsraume die Grösse $\frac{r_0}{l_0}$ als eine sehr kleine Grösse vernachlässigen, so kann man auch in den Körpern die höchstens 3- bis 4mal so grosse Grösse $\frac{r_0''}{l_0''}$ vernachlässigen.

Die Wirkung der Molekülarkräfte der Körpermolekülen auf die Aethermolekülen können aber in jedem Falle nicht vernachlässigt werden. Sie sind es nämlich, welche die veränderte Dichtigkeit des Aethers in den verschiedenen Körpern hervorbringen; und wenn man diese Wirkung von ihnen in Betracht ziehen muss, so müssen ihre Wirkungen auf die Vibrationen der Aethermolekülen auch in Betracht gezogen werden. Cauchy ist der erste der dies gethan hat, indem er in den „Exercices d'Analyse et de Physique mathématique“ zuerst die in meiner vorigen, so wie in dieser Abhandlung entwickelten Gleichungen der Bewegung zweier Systeme von Molekülen gegeben hat.

Cauchy's Formeln für die Dispersion des Lichts sind indessen als Interpolationsformeln sehr anwendbar. Er hat zwei solcher Formeln gegeben; die eine nach den Potenzen von s^2, die andere nach den Potenzen von k^2 entwickelt. Beide beziehen sich auf Frauenhofer's Beobachtungen.*) Bezeichnet man durch Θ den Brechungscoëfficienten eines Körpers, das heisst das

*) Siehe diese Zeitschrift Bd. III. S. 166.

Verhältniss zwischen der Geschwindigkeit des Lichts im leeren Raume und im Körper, und nimmt als Einheit der Zeit den $\frac{1}{10^{15}}$ Theil einer Secunde an, so ist nach der ersten Formel: *)

für Wasser, erste Reihe ... $\Theta^2 = 1,751609 + 0,0025994s^2 - 0,000014565s^4$,
- — zweite Reihe . $\Theta^2 = 1,751950 + 0,0025581s^2 - 0,000013550s^4$,
- Kalilösung .... $\Theta^2 = 1,934311 + 0,0031664s^2 - 0,000010224s^4$,
- Kronglas No. 13 ...... $\Theta^2 = 2,292959 + 0,0038288s^2 - 0,000001900s^4$,
- — No. 9 ...... $\Theta^2 = 2,297191 + 0,0038803s^2 - 0,000001423s^4$,
- — Litt. M ...... $\Theta^2 = 2,381364 + 0,0044226s^2 + 0,000007519s^4$,
- Flintglas No. 3 ...... $\Theta^2 = 2,514461 + 0,0061934s^2 + 0,000039490s^4$,
- — No. 30 ...... $\Theta^2 = 2,578081 + 0,0068299s^2 + 0,000049100s^4$,
- — No. 23, 1. Reihe $\Theta^2 = 2,586562 + 0,0069734s^2 + 0,000049175s^4$,
- — No. 23, 2. Reihe $\Theta^2 = 2,587096 + 0,0068962s^2 + 0,000051548s^4$,
- — No. 13 .... $\Theta^2 = 2,588160 + 0,0073467s^2 + 0,000038753s^4$.

Nach der zweiten Formel**) ist, wenn fortwährend als Einheit der Zeit der $\frac{1}{10^{15}}$ Theil einer Secunde angenommen wird, und als Einheit des Längenmaasses der $\frac{1}{10^4}$ Theil eines Millimeters:

für Wasser .... $\Omega^2 = 5,4890(1 - 0,00808k^2 + 0,000373k^4)$,
- Kalilösung ..... $\Omega^2 = 4,9712(1 - 0,00815k^2 + 0,000263k^4)$,
- Kronglas No. 13. $\Omega^2 = 4,1935(1 - 0,00700k^2 + 0,000113k^4)$,
- — No. 9. $\Omega^2 = 4,1858(1 - 0,00707k^2 + 0,000111k^4)$,
- — Litt. M. $\Omega^2 = 4,0378(1 - 0,00749k^2 + 0,000061k^4)$,
- Flintglas No. 3. $\Omega^2 = 3,8241(1 - 0,00941k^2 - 0,000052k^4)$,
- — No. 30. $\Omega^2 = 3,7298(1 - 0,00988k^2 - 0,000069k^4)$,
- — No. 23. $\Omega^2 = 3,7172(1 - 0,00996k^2 - 0,000071k^4)$,
- — No. 13. $\Omega^2 = 3,7152(1 - 0,01055k^2 + 0,000016k^4)$.

In mehreren Artikeln der „Philosophical Transactions" und des „Philosophical Magazine" und später in einem besonderen Werke: „A general and elementary view of the undulatory theory, as applied to the dispersion of light and some others subjects", hat Baden Powell die folgende Formel entwickelt und ihre Uebereinstimmung mit der Observation zu zeigen sich bemüht:

$$\Omega^2 = \Sigma \left\{ \mathrm{H}^2 \frac{\sin^2\left(\frac{k\mathrm{r}_0}{2}\right)}{\left(\frac{k\mathrm{r}_0}{2}\right)^2} \right\}$$
$$= \Sigma \mathrm{H}^2 - \tfrac{1}{12}k^2\Sigma(\mathrm{H}^2\mathrm{r}_0^2) + \tfrac{1}{360}k^4\Sigma[\mathrm{H}^2\mathrm{r}_0^4] - \dots$$
$$= \mathrm{a} + \mathrm{b}k^2 + \mathrm{c}k^4 + \dots$$

*) Cauchy, Mémoire sur la dispersion de la lumière pag. 217.
**) Compt. rend. Tome 15. pag. 1094.

Diese Formel stimmt mit der vorherstehenden zweiten Formel von Cauchy überein, weil die Coëfficienten ΣH^2, $\Sigma H^2 r_0^2$, $\Sigma H^2 r_0^4$, ... ganz unabhängig von einander sind. Diese Formel setzt voraus, wie auch Cauchy's Formel, dass r_0 nicht sehr klein in Bezug auf die Wellenlänge $l = \frac{2\pi}{k}$ ist, in welchem Falle die Grösse $\frac{\sin\left(\frac{kr_0}{2}\right)}{\left(\frac{kr_0}{2}\right)}$ sich der Einheit nähern würde. Man erhält die Formel Powell's, wenn man im vorhergehenden Paragraphen bei Entwickelung der Werthe von $\mathfrak{C}$ aus den Gleichungen (252) nicht annimmt, dass der Ausdruck:

$$\cos kr - \frac{\sin kr}{kr} + \tfrac{1}{3}k^2r^2 = \tfrac{1}{5}\frac{k^4r^4}{1.2.3} - \tfrac{1}{7}\frac{k^6r^6}{1.2.3.4.5}\ldots.$$

für $r = r_0$ sich auf sein erstes Glied $\frac{1}{30}k^4r_0^4$ reducirt, sondern dass die übrigen Glieder auch einen merklichen Werth haben. Ich habe indessen zu beweisen gesucht, dass r_0 sowohl in den Körpern wie im leeren Himmelsraume als eine sehr kleine Grösse in Bezug auf die Wellenlänge angesehen werden muss, und dass folglich auch die Formel Powell's, als eine theoretische Formel betrachtet, zu verwerfen sei.

Cap. II.

Gesetze der Fortpflanzung des Lichts bei Körpern, die durch äusseren Druck oder durch Erwärmung zu einaxigen Krystallen gemacht worden sind.

§. 1. Gleichungen der unendlich kleinen Bewegungen zweier Systeme von Molekülen.

Man nennt in optischer Beziehung einen Körper oder ein System von Molekülen einaxig krystallisirt, wenn die Fortpflanzung des Lichts in ihm in allen Richtungen, welche denselben Winkel mit einer Axe, deren Richtung fest ist, machen, nach denselben Gesetzen stattfindet, aber nach verschiedenen Gesetzen, wenn dieser Winkel sich ändert. Nehmen wir an, die xAxe sei dieser Axe des Körpers parallel. Man wird dann leicht auf dieselbe Weise, wie im vorigen Capitel geschehen ist, einsehen, dass, wenn die Coëfficienten der Gleichungen [(21)] nicht ihre Form verändern sollen, wenn man das System der Coordinataxen um die xAxe herumdreht, es nothwendig und hinreichend sein wird, dass die charakteristischen Funktionen, welche man erhält, wenn man in den Funktionen $\mathfrak{G}$, $\mathfrak{G}_{,}$, ${}_{,}\mathfrak{G}$, $\mathfrak{G}_{,,}$, $\mathfrak{H}$, $\mathfrak{H}_{,}$, ${}_{,}\mathfrak{H}$, $\mathfrak{H}_{,,}$ statt u, v, w die Zeichen d_x, d_y, d_z setzt, ganze Funktionen von d_x und $d_y^2 + d_z^2$ seien. Wenn ferner die Gesetze der Fortpflanzung eines Lichtstrahls nicht verändert werden, wenn der Winkel, welchen der Strahl mit der Axe macht, von der einen oder von der anderen Seite gerechnet wird, so müssen jene Funktionen noch charakteristische Funktionen von d_x^2 und $d_y^2 + d_z^2$ sein. Die Grössen $\mathfrak{G}$, $\mathfrak{G}_{,}$, ${}_{,}\mathfrak{G}$, $\mathfrak{G}_{,,}$, $\mathfrak{H}$, $\mathfrak{H}_{,}$, ${}_{,}\mathfrak{H}$, $\mathfrak{H}_{,,}$ werden im ersten Falle Funktionen von u und von $v^2 + w^2$, im zweiten Falle von u^2 und $v^2 + w^2$. Setzt man jetzt:

$$v^2 + w^2 = k^2,$$

(270)

$$\mathfrak{E} = \mathfrak{G} + \frac{1}{k_{,}} d_{k_{,}} \mathfrak{H}, \quad \mathfrak{F} = \frac{1}{k_{,}} d_{k_{,}} \left(\frac{1}{k_{,}} d_{k_{,}} \mathfrak{H}\right), \quad \mathfrak{I} = \frac{1}{u} d_u \left(\frac{1}{k_{,}} d_{k_{,}} \mathfrak{H}\right),$$

$$\mathfrak{E}_{,} = \mathfrak{G}_{,} + \frac{1}{k_{,}} d_{k_{,}} \mathfrak{H}_{,}, \quad \mathfrak{F}_{,} = \frac{1}{k_{,}} d_{k_{,}} \left(\frac{1}{k_{,}} d_{k_{,}} \mathfrak{H}_{,}\right), \quad \mathfrak{I}_{,} = \frac{1}{u} d_u \left(\frac{1}{k_{,}} d_{k_{,}} \mathfrak{H}_{,}\right),$$

$${}_{,}\mathfrak{E} = {}_{,}\mathfrak{G} + \frac{1}{k_{,}} d_{k_{,}} {}_{,}\mathfrak{H}, \quad {}_{,}\mathfrak{F} = \frac{1}{k_{,}} d_{k_{,}} \left(\frac{1}{k_{,}} d_{k_{,}} {}_{,}\mathfrak{H}\right), \quad {}_{,}\mathfrak{I} = \frac{1}{u} d_u \left(\frac{1}{k_{,}} d_{k_{,}} {}_{,}\mathfrak{H}\right),$$

$$\mathfrak{E}_{,,} = \mathfrak{G}_{,,} + \frac{1}{k_{,}} d_{k_{,}} \mathfrak{H}_{,,}, \quad \mathfrak{F}_{,,} = \frac{1}{k_{,}} d_{k_{,}} \left(\frac{1}{k_{,}} d_{k_{,}} \mathfrak{H}_{,,}\right), \quad \mathfrak{I}_{,,} = \frac{1}{u} d_u \left(\frac{1}{k_{,}} d_{k_{,}} \mathfrak{H}_{,,}\right),$$

und bezeichnet durch $\mathbf{E}$, $\mathbf{E}_{,}$, ${}_{,}\mathbf{E}$, $\mathbf{E}_{,,}$, $\mathbf{F}$, $\mathbf{F}_{,}$, ${}_{,}\mathbf{F}$, $\mathbf{F}_{,,}$, $\mathbf{I}$, $\mathbf{I}_{,}$, ${}_{,}\mathbf{I}$, $\mathbf{I}_{,,}$ die entsprechenden charakteristischen Funktionen von d_x und $d_y^2 + d_z^2$, welche man erhält, wenn man in den Grössen $\mathfrak{E}$, $\mathfrak{E}_{,}$, ... $\mathfrak{I}_{,,}$ statt u, v, w die Charakteristiken d_x, d_y, d_z setzt, so können die Gleichungen [(21)] unter folgender Form geschrieben werden:

(271)

$$(L - d_t^2)\xi + d_x I(d_y v + d_x \zeta) + L_{,}\xi' + d_x I_{,}(d_y v' + d_z \zeta') = o,$$

$${}_{,}L\xi + d_x {}_{,}I(d_y v + d_z \zeta) + (L_{,,} - d_t^2)\xi' + d_x I_{,,}(d_y v' + d_z \zeta') = o,$$

$$(\mathbf{E} - d_t^2)v + d_y[\mathbf{I} d_x \xi + \mathbf{F}(d_y v + d_z \zeta)] + \mathbf{E}_{,} v' + d_y[\mathbf{I}_{,} d_x \xi' + \mathbf{F}_{,}(d_y v' + d_z \zeta')] = o,$$

$${}_{,}\mathbf{E} v + d_y[{}_{,}\mathbf{I} d_x \xi + {}_{,}\mathbf{F}(d_y v + d_z \zeta)] + (\mathbf{E}_{,,} - d_t^2)v' + d_y[\mathbf{I}_{,,} d_x \xi' + \mathbf{F}_{,,}(d_y v' + d_z \zeta')] = o,$$

$$(\mathbf{E} - d_t^2)\zeta + d_y[\mathbf{I} d_x \xi + \mathbf{F}(d_y v + d_z \zeta)] + \mathbf{E}_{,} v' + d_z[\mathbf{I}_{,} d_x \xi' + \mathbf{F}_{,}(d_y v' + d_z \zeta')] = o,$$

$${}_{,}\mathbf{E} \zeta + d_z[{}_{,}\mathbf{I} d_x \xi + {}_{,}\mathbf{F}(d_y v + d_z \zeta)] + (\mathbf{E}_{,,} - d_t^2)v' + d_z[\mathbf{I}_{,,} d_x \xi' + \mathbf{F}_{,,}(d_y v' + d_z \zeta')] = o.$$

Die Grössen $d_y v + d_z \zeta$ und $d_y v' + d_z \zeta'$ stellen die Flächenerweiterung in jedem der zwei Systeme von Molekülen perpendicular auf die Krystallaxe dar. Setzen wir der Kürze willen:

(272) $$d_y v + d_z \zeta = f, \quad d_y v' + d_z \zeta' = f',$$

so erhält man aus den Gleichungen (271) die vier Gleichungen:

$$
(273)\quad
\begin{aligned}
&(L - d_t^2)\xi + d_x I\mathfrak{f} + L_{,}\xi' + d_x I_{,}\mathfrak{f}' = o,\\
&{}_{,}L\xi + d_{x'} I\mathfrak{f} + (L_{,,} - d_t^2)\xi' + d_x I_{,,}\mathfrak{f}' = o,\\
&d_x I(d_y^2 + d_z^2)\xi + [E - d_t^2 + F(d_y^2 + d_z^2)]\mathfrak{f} + d_x I_{,}(d_y^2 + d_z^2)\xi'\\
&\qquad\qquad + [E_{,} + F_{,}(d_y^2 + d_z^2)]\mathfrak{f}' = o,\\
&d_{x'} I(d_y^2 + d_z^2)\xi + [{}_{,}E + {}_{,}F(d_y^2 + d_z^2)]\mathfrak{f} + d_x I_{,,}(d_y^2 + d_z^2)\xi'\\
&\qquad\qquad + [E_{,,} - d_t^2 + F_{,,}(d_y^2 + d_z^2)]\mathfrak{f}' = o,
\end{aligned}
$$

zwischen den vier Grössen ξ, ξ', $\mathfrak{f}$, $\mathfrak{f}'$; und ferner die zwei Gleichungen:

$$
(274)\quad
\begin{aligned}
&(E - d_t^2)(d_z v - d_y \zeta) + E_{,}(d_z v' - d_y \zeta') = o,\\
&{}_{,}E(d_z v - d_y \zeta) + (E_{,,} - d_t^2)(d_z v' - d_y \zeta') = o,
\end{aligned}
$$

zwischen den zwei Grössen $(d_z v - d_y \zeta)$ und $(d_z v' - d_y \zeta')$.

§. 2. Allgemeine Integrale der Differentialgleichungen der unendlich kleinen Bewegungen zweier Systeme von Molekülen.

Eliminirt man die Grössen ξ, v, ζ, ξ', v', ζ' aus den Gleichungen (271), so erhält man die folgende charakteristische Gleichung:

$$
(275)\qquad \nabla = \nabla'\nabla'' = o,
$$

wo:

$$
\nabla' = o
$$

die charakteristische Gleichung ist, welche aus den Gleichungen (274) durch Elimination der Grössen $(d_z v - d_y \zeta)$ und $(d_z v' - d_y \zeta')$ gefunden wird, und

$$
\nabla'' = o
$$

die charakteristische Gleichung, welche aus den Gleichungen (273) durch Elimination der Grössen ξ, ξ', $\mathfrak{f}$, $\mathfrak{f}'$ gefunden wird. Es ist folglich:

$$
(276)\qquad \nabla' = (d_t^2 - E)(d_t^2 - E_{,,}) - E_{,}\cdot{}_{,}E;
$$

(277)

$$
\begin{aligned}
\nabla'' = {} & [d_t^2 - E - F(d_y^2 + d_z^2)][d_t^2 - E_{,,} - F_{,,}(d_y^2 + d_z^2)](d_t^2 - L)(d_t^2 - L_{,,})\\
& - [d_t^2 - E - F(d_y^2 + d_z^2)][d_t^2 - E_{,,} - F_{,,}(d_y^2 + d_z^2)]L_{,}\cdot{}_{,}L\\
& - [d_t^2 - E - F(d_y^2 + d_z^2)](d_t^2 - L)\, d_x^2 I_{,,}^2 (d_y^2 + d_z^2)\\
& - [d_t^2 - E - F(d_y^2 + d_z^2)](d_t^2 - L_{,,})\, d_x I_{,} d_{x'} {}_{,}I(d_y^2 + d_z^2)\\
& - [d_t^2 - E_{,,} - F_{,,}(d_y^2 + d_z^2)](d_t^2 - L)\, d_{x'} I\, d_x I_{,}(d_y^2 + d_z^2)\\
& - [d_t^2 - E_{,,} - F_{,,}(d_y^2 + d_z^2)](d_t^2 - L_{,,})\, d_x^2 I^2 (d_y^2 + d_z^2)\\
& - (d_t^2 - L)[d_t^2 - E_{,,} - F_{,,}(d_y^2 + d_z^2)][E_{,} + F_{,}(d_y^2 + d_z^2)][{}_{,}E + {}_{,}F(d_y^2 + d_z^2)]\\
& - [d_t^2 - E - F(d_y^2 + d_z^2)][L_{,} d_x I\, d_{x'} {}_{,}I(d_y^2 + d_z^2) + {}_{,}L\, d_x I_{,}\, d_x I_{,,}(d_y^2 + d_z^2)]
\end{aligned}
$$

$$
\begin{aligned}
&-[d_t^2 - E_{,,} - F_{,,}(d_y^2 + d_z^2)][{}_{,}L d_x I d_x I_{,}(d_y^2 + d_z^2) + L_{,} d_{x'} I d_x I(d_y^2 + d_z^2)] \\
&-(d_t^2 - L)\big([{}_{,}E + {}_{,}F(d_y^2 + d_z^2)]\, d_x I_{,,} d_x I_{,}(d_y^2 + d_z^2) \\
&\qquad\qquad + [E_{,} + F_{,}(d_y^2 + d_z^2)] d_{x'} I d_x I_{,,}(d_y^2 + d_z^2)\big) \\
&-(d_t^2 - L_{,,})\big([E_{,} + F_{,}(d_y^2 + d_z^2)] d_x I d_{x'} I(d_y^2 + d_z^2) \\
&\qquad\qquad + [{}_{,}E + {}_{,}F(d_y^2 + d_z^2)]\, d_{x'} I\, d_x I(d_y^2 + d_z^2)\big) \\
&+ L_{,}\, .\, {}_{,}L\, [E_{,} + F_{,}(d_y^2 + d_z^2)][{}_{,}E + {}_{,}F(d_y^2 + d_z^2)] \\
&\qquad\qquad - L_{,}[E_{,} + F_{,}(d_y^2 + d_z^2)]\, d_{x'} I\, d_{x'} I(d_y^2 + d_z^2) \\
&\div L_{,}[{}_{,}E + {}_{,}F(d_y^2 + d_z^2)] d_x I_{,,}\, d_x I(d_y^2 + d_z^2) \\
&\qquad\qquad - {}_{,}L\,[E_{,} + F_{,}(d_y^2 + d_z^2)] d_x I\, d_x I_{,,}(d_y^2 + d_z^2) \\
&- {}_{,}L[{}_{,}E + {}_{,}F(d_y^2 + d_z^2)] d_x I_{,} d_x I_{,}(d_y^2 + d_z^2) + d_x^2 I^2 (d_y^2 + d_z^2) d_x^2 I_{,,}^2 (d_y^2 + d_z^2) \\
&- d_x I d_x I_{,,}\, d_x I_{,}(d_y^2 + d_z^2)\, d_{x'} I(d_y^2 + d_z^2) \\
&- d_x I_{,} d_{x'} I d_x I(d_y^2 + d_z^2)\, d_x I_{,,}(d_y^2 + d_z^2) + d_x^2 I_{,}^2 (d_y^2 + d_z^2) d_{x'}^2 I^2 (d_y^2 + d_z^2).
\end{aligned}
$$

Um jetzt die vollständigen Integrale der Gleichungen (271) zu erhalten, muss man nach der in der vorigen Abhandlung mitgetheilten Methode Cauchy's in diesen Gleichungen auf der rechten Seite des Gleichheitzeichens statt Null die respectiven Grössen $-\nabla(\Phi + d_t\varphi)$, $-\nabla(\Phi' + d_t\varphi')$, $-\nabla(X + d_t\chi)$, $-\nabla(X' + d_t\chi')$, $-\nabla(\Psi + d_t\psi)$, $-\nabla(\Psi' + d_t\psi')$ setzen, und die Gleichungen dann in Bezug auf die Grössen ξ, v, ζ, ξ', v', ζ' auflösen, indem man die Zeichen d_x, d_y, d_z so, als wären sie Grössen, behandelt. Dies wird aber dasselbe sein, als in den Gleichungen (273) und (274) statt der zweiten Seite derselben respective die Grössen:

$$-\nabla(\Phi + d_t\varphi), \quad -\nabla(\Phi' + d_t\varphi'),$$

$$-\nabla[d_y(X + d_t\chi) + d_z(\Psi + d_t\psi)], \quad -\nabla[d_y(X' + d_t\chi') + d_z(\Psi' + d_t\psi')],$$

$$-\nabla[d_z(X + d_t\chi) - d_y(\Psi + d_t\psi)], \quad -\nabla[d_z(X' + d_t\chi') - d_y(\Psi' + d_t\psi')]$$

zu setzen, und dann die Gleichungen (273) in Bezug auf ξ, ξ', f, f', die Gleichungen (274) in Bezug auf $(d_z v - d_y\zeta)$ und $(d_z v' - d_y\zeta')$ aufzulösen.

Bezeichnet man jetzt um der Kürze willen durch α, β, γ, δ, $\alpha_{,}$, $\beta_{,}$, $\gamma_{,}$, $\delta_{,}$, ${}_{,}\alpha$, ${}_{,}\beta$, ${}_{,}\gamma$, ${}_{,}\delta$, $\alpha_{,,}$, $\beta_{,,}$, $\gamma_{,,}$, $\delta_{,,}$ charakteristische Funktionen der Art, dass der in (277) gegebene Werth von ∇'' unter die folgenden Formen gesetzt werden kann:

(278)

$$
\begin{aligned}
\nabla'' &= \alpha(L - d_t^2) + \beta\, {}_{,}L + \gamma d_x I(d_y^2 + d_z^2) + \delta d_{x'} I(d_y^2 + d_z^2), \\
&= \alpha_{,}\, d_x I + \beta_{,}\, d_{x'} I + \gamma_{,} [E - d_t^2 + F(d_y^2 + d_z^2)] + \delta_{,} [{}_{,}E + {}_{,}F(d_y^2 + d_z^2)], \\
&= {}_{,}\alpha L_{,} + {}_{,}\beta(L_{,,} - d_t^2) + {}_{,}\gamma d_x I_{,}(d_y^2 + d_z^2) + {}_{,}\delta d_x I_{,,}(d_x^2 + d_y^2), \\
&= \alpha_{,,} d_x I_{,} + \beta_{,,} d_x I_{,,} + \gamma_{,,}[E_{,} + F_{,}(d_y^2 + d_z^2)] + \delta_{,,}[E_{,,} - d_t^2 + F_{,,}(d_y^2 + d_z^2)],
\end{aligned}
$$

so findet man auf diese Weise:

(279)

$$\xi = -\alpha\nabla'(\Phi+d_t\varphi)-\beta\nabla'(\Phi'+d_t\varphi')-\gamma\nabla'[d_y(X+d_t\chi)+d_z(\Psi+d_t\psi)] -\delta\nabla'[d_y(X'+d_t\chi')+d_z(\Psi'+d_t\psi')],$$

$$\mathfrak{f} = -\alpha_,\nabla'(\Phi+d_t\varphi)-\beta_,\nabla'(\Phi'+d_t\varphi')-\gamma'\nabla'[d_y(X+d_t\chi)+d_z(\Psi+d_t\psi)] -\delta'\nabla'[d_y(X'+d_t\chi')+d_z(\Psi'+d_t\psi')],$$

$$\xi' = -{}_,\alpha\nabla'(\Phi+d_t\varphi)-{}_,\beta\nabla'(\Phi'+d_t\varphi')-{}_,\gamma\nabla'[d_y(X+d_t\chi)+d_z(\Psi+d_t\psi)] -{}_,\delta\nabla'[d_y(X'+d_t\chi')+d_z(\Psi'+d_t\psi')],$$

$$\mathfrak{f}' = -\alpha_{,,}\nabla'(\Phi+d_t\varphi)-\beta_{,,}\nabla'(\Phi'+d_t\varphi')-\gamma_{,,}\nabla'[d_y(X+d_t\chi)+d_z(\Psi+d_t\psi)] -\delta_{,,}\nabla'[d_y(X'+d_t\chi')+d_z(\Psi'+d_t\psi')].$$

(280)

$$d_z v - d_y\zeta = (d_t^2-\mathbf{E}_{,,})\nabla''[d_z(X+d_t\chi)-d_y(\Psi+d_t\psi)] + \mathbf{E}_,\nabla''[d_z(X'+d_t\chi')-d_y(\Psi'+d_t\psi')],$$

$$d_z v' - d_y\zeta' = {}_,\mathbf{E}\nabla''[d_z(X+d_t\chi)-d_y(\Psi+d_t\psi)] + (d_t^2-\mathbf{E})\nabla''[d_z(X+d_t\chi)-d_y(\Psi+d_t\psi)].$$

Hieraus findet man ferner:

(281)

$$\eta = -\frac{d_y\alpha_,}{d_y^2+d_z^2}\nabla'(\Phi+d_t\varphi)-\frac{d_y\beta_,}{d_y^2+d_z^2}\nabla'(\Phi'+d_t\varphi') + \frac{(d_t^2-\mathbf{E}_{,,})\nabla''d_z^2-\gamma_,\nabla'd_y^2}{d_y^2+d_z^2}(X+d_t\chi) - \frac{(d_t^2-\mathbf{E}_{,,})\nabla''+\gamma_,\nabla'}{d_y^2+d_z^2}d_y d_z(\Psi+d_t\psi) + \frac{\mathbf{E}_,\nabla''d_z^2-\delta_,\nabla'd_y^2}{d_y^2+d_z^2}(X'+d_t\chi') - \frac{\mathbf{E}_,\nabla''+\delta_,\nabla'}{d_y^2+d_z^2}d_y d_z(\Psi'+d_t\psi'),$$

$$\zeta = -\frac{d_z\alpha_,}{d_y^2+d_z^2}\nabla'(\Phi+d_t\varphi)-\frac{d_z\beta_,}{d_y^2+d_z^2}\nabla'(\Phi'+d_t\varphi') - \frac{(d_t^2-\mathbf{E})\nabla''+\gamma_,\nabla'}{d_y^2+d_z^2}d_y d_z(X+d_t\chi) + \frac{(d_t^2-\mathbf{E}_{,,})\nabla''d_y^2-\gamma_,\nabla'd_z^2}{d_y^2+d_z^2}(\Psi+d_t\psi) - \frac{\mathbf{E}_,\nabla''+\delta_,\nabla'}{d_y^2+d_z^2}d_y d_z(X'+d_t\chi') + \frac{\mathbf{E}_,\nabla''d_y^2-\delta_,\nabla'd_z^2}{d_y^2+d_z^2}(\Psi'+d_t\psi'),$$

$$\eta' = -\frac{d_y\alpha_{,,}}{d_y^2+d_z^2}\nabla'(\Phi+d_t\varphi)-\frac{d_y\beta_{,,}}{d_y^2+d_z^2}\nabla'(\Phi'+d_t\varphi') + \frac{{}_,\mathbf{E}\nabla''d_z^2-\gamma_{,,}\nabla'd_y^2}{d_y^2+d_z^2}(X+d_t\chi) - \frac{{}_,\mathbf{E}\nabla''+\gamma_{,,}\nabla'}{d_y^2+d_z^2}d_y d_z(\Psi+d_t\psi)$$

$$+\frac{(d_t^2-\mathrm{E})\nabla''d_z^2-\delta_{,,}\nabla'd_y^2}{d_y^2+d_z^2}(X'+d_t\chi')$$

$$-\frac{(d_t^2-\mathrm{E})\nabla''+\delta_{,,}\nabla'}{d_y^2+d_z^2}d_y d_z(\Psi'+d_t\psi'),$$

$$\zeta'=-\frac{d_z\alpha_{,,}}{d_y^2+d_z^2}\nabla'(\Phi+d_t\varphi)-\frac{d_z\beta_{,,}}{d_y^2+d_z^2}\nabla'(\Phi'+d_t\varphi')$$

$$-\frac{{}_{,}\mathrm{E}\nabla''+\gamma_{,,}\nabla'}{d_y^2+d_z^2}d_y d_z(X+d_t\chi)+\frac{{}_{,}\mathrm{E}\nabla''d_y^2-\gamma_{,,}\nabla'd_z^2}{d_y^2+d_z^2}(\Psi+d_t\psi)$$

$$-\frac{(d_t^2-\mathrm{E})\nabla''+\delta_{,,}\nabla'}{d_y^2+d_z^2}d_y d_z(X'+d_t\chi')$$

$$+\frac{(d_t^2-\mathrm{E})\nabla''d_y^2-\delta_{,,}\nabla'd_z^2}{d_y^2+d_z^2}(\Psi'+d_t\psi').$$

Bezeichnet man jetzt durch w_1 und w_2 die principalen Funktionen, welche respective den charakteristischen Differentialgleichungen:

$$\nabla'=0 \text{ und } \nabla''=0$$

entsprechen, so hat man:

$$\nabla'w=w_2,\quad \nabla''w=w_1.$$

Bezeichnet man durch Φ_1, φ_1, ... Φ'_1, φ'_1, ... Φ_2, φ_2, ... Φ'_2, φ'_2, ... die Werthe von w_1 und w_2, welche man erhält, wenn man statt $w(x, y, z)$ successive die Funktionen [(32)] $\Phi(x, y, z)$, $\varphi(x, y, z)$ ... $\Phi'(x, y, z)$, $\varphi'(x, y, z)$ ... setzt, so werden:

$$(282)\quad \begin{aligned}&\nabla'\Phi=\Phi_2,\quad \nabla'\varphi=\varphi_2,\quad \nabla'\Phi'=\Phi'_2,\quad \nabla'\varphi'=\varphi'_2,\\ &\nabla''\Phi=\Phi_1,\quad \nabla''\varphi=\varphi_1,\quad \nabla''\Phi'=\Phi'_1,\quad \nabla''\varphi'=\varphi'_1,\\ &\ldots\ldots\ldots\ldots\ldots\ldots\ldots\ldots\\ &\ldots\ldots\ldots\ldots\ldots\ldots\ldots\ldots\end{aligned}$$

Wären $\mathfrak{f}=0$, $\mathfrak{f}'=0$, $\mathfrak{x}=0$, $\mathfrak{x}'=0$, so würden die vier letzten der Gleichungen (271) geben:

$$(283)\quad \begin{aligned}\eta&=(d_t^2-\mathrm{E}_{,,})(X_1+d_t\chi_1)+\mathrm{E}_{,}(X'_1+d_t\chi'_1),\\ \eta'&={}_{,}\mathrm{E}(X_1+d_t\chi_1)+(d_t^2-\mathrm{E})(X'_1+d_t\chi'_1),\\ \zeta&=(d_t^2-\mathrm{E}_{,,})(\Psi_1+d_t\psi_1)+\mathrm{E}_{,}(\Psi'_1+d_t\psi'_1),\\ \zeta'&={}_{,}\mathrm{E}(\Psi_1+d_t\psi_1)+(d_t^2-\mathrm{E})(\Psi'_1+d_t\psi'_1).\end{aligned}$$

§. 3. Particuläre Integrale, die einfache Bewegung zweier Systeme von Molekülen darstellend.

Betrachtet man nur die einfache Bewegung, so wird man den Gleichungen (271) durch die folgenden Werthe entsprechen:

[(141)]

$$\xi = Ae^{ux+vy+wz-st},\quad v = Be^{ux+vy+wz-st},\quad \zeta = Ce^{ux+vy+wz-st},$$

$$\xi' = A'e^{ux+vy+wz-st},\quad v' = B'e^{ux+vy+wz-st},\quad \zeta' = C'e^{ux+vy+wz-st},$$

wo s durch eine der Gleichungen:

(284) $S' = (s^2 - \mathfrak{L})(s^2 - \mathfrak{L}_{,,}) - \mathfrak{L}_{,} \cdot {}_{,}\mathfrak{L} = 0,$

oder:

(285) $S'' = 0,$

bestimmt wird, wenn man durch S', S'' die Grössen bezeichnet, welche hervorgehen, wenn man in den charakteristischen Funktionen ∇', ∇'' die Grössen u, v, w, s statt der Zeichen d_x, d_y, d_z, d_t setzt. Die Coëfficienten A, B, C, A', B', C' sind durch die Gleichungen:

(286)

$$(\mathfrak{L} - s^2)A + u\mathfrak{J}(vB + wC) + \mathfrak{L}_{,}A' + u\mathfrak{J}_{,}(vB' + wC') = 0,$$

$${}_{,}\mathfrak{L}A + u\,{}_{,}\mathfrak{J}(vB + wC) + (\mathfrak{L}_{,,} - s^2)A' + u\mathfrak{J}_{,,}(vB' + wC') = 0,$$

$$u\mathfrak{J}(v^2+w^2)A + [\mathfrak{L} - s^2 + \mathfrak{H}(v^2+w^2)](vB+wC) + u\mathfrak{J}_{,}(v^2+w^2)A'$$
$$+ [\mathfrak{L}_{,} + \mathfrak{H}_{,}(v^2+w^2)](vB' + wC') = 0,$$

$$u\,{}_{,}\mathfrak{J}(v^2+w^2)A + [{}_{,}\mathfrak{L} + {}_{,}\mathfrak{H}(v^2+w^2)](vB + wC) + u\mathfrak{J}_{,,}(v^2+w^2)A'$$
$$+ [\mathfrak{L}_{,,} - s^2 + \mathfrak{H}_{,,}(v^2 + w^2)](vB' + wC') = 0,$$

$$(\mathfrak{L} - s^2)(wB - vC) + \mathfrak{L}_{,}(wB' - vC') = 0,$$

$${}_{,}\mathfrak{L}(wB - vC) + (\mathfrak{L}_{,,} - s^2)(wB' - vC') = 0,$$

bestimmt.

Wenn s der Gleichung (284) entspricht, können zwei Fälle stattfinden: entweder entsprechen die Grössen $\mathfrak{L}, \mathfrak{L}_{,}, \ldots \mathfrak{L}, \mathfrak{L}_{,}, \ldots \mathfrak{H}, \mathfrak{H}_{,}, \ldots {}_{,}\mathfrak{J}, \mathfrak{J}_{,,}$ den zwei Gleichungen:

$$\mathfrak{L} - \frac{u^2\mathfrak{J}^2}{\mathfrak{F}} + \mathfrak{L}_{,,} - \frac{u^2\mathfrak{J}_{,}\mathfrak{J}_{,,}}{\mathfrak{F}_{,}} = \mathfrak{L} + \mathfrak{L}_{,,},$$

(287)
$$\left(\mathfrak{L}_{,} - \frac{u^2\mathfrak{J}^2}{\mathfrak{F}}\right)\left(\mathfrak{L}_{,,} - \frac{u^2\mathfrak{J}_{,}\mathfrak{J}_{,,}}{\mathfrak{F}_{,}}\right)$$
$$- \left(\mathfrak{L}_{,} - \frac{u^2\mathfrak{J}_{,}^2}{\mathfrak{F}_{,}}\right)\left({}_{,}\mathfrak{L} - \frac{u^2\mathfrak{J}_{,}\mathfrak{J}}{\mathfrak{F}}\right) = \mathfrak{L}\mathfrak{L}_{,,} - {}_{,}\mathfrak{L}\mathfrak{L}_{,},$$

und dann werden die Coëfficienten A, B, C, A', B', C' durch die folgenden Gleichungen bestimmt:

$$u\mathfrak{J}A + \mathfrak{H}(vB + wC) = 0,$$

(288)
$$u\mathfrak{J}_{,}A' + \mathfrak{H}_{,}(vB' + wC') = 0,$$

$$u\,{}_{,}\mathfrak{J}A + u\mathfrak{J}_{,,}A' + {}_{,}\mathfrak{H}(vB + wC) + \mathfrak{H}_{,,}(vB' + wC') = 0,$$

oder auch es sind A, B, C, A', B', C' durch die Gleichungen:

(289) $A = 0,\ vB + wC = 0,\ A' = 0,\ vB' + wC') = 0,$

bestimmt.

Wir werden später sehen, dass die Bedingungen (287) nicht

erfüllt sind, und dass man folglich die Gleichungen (289) annehmen muss.

Wenn s der Gleichung (285) entspräche, so würde man die Gleichungen:

$$(290)\qquad \frac{B}{v} = \frac{C}{w}, \quad \frac{B'}{v} = \frac{C'}{w}$$

bekommen, und die vier ersten der Gleichungen (286) würden unter der Form:

$$(291)$$

$$(\mathfrak{L} - s^2)A + \frac{u}{v}(v^2 + w^2)\mathfrak{J}B + \mathfrak{L}_{,}A' + \frac{u}{v}(v^2 + w^2)\mathfrak{J}_{,}B' = 0,$$

$${}_{,}\mathfrak{L}A + \frac{u}{v}(v^2 + w^2){}_{,}\mathfrak{J}B + (\mathfrak{L}_{,,} - s^2)A' + \frac{u}{v}(v^2 + w^2)\mathfrak{J}_{,,}B' = 0,$$

$$uv\mathfrak{J}A + [\mathfrak{M} - s^2 + \mathfrak{F}(v^2 + w^2)]B + uv\mathfrak{J}_{,}A' + [\mathfrak{M}_{,} + \mathfrak{F}_{,}(v^2 + w^2)]B' = 0,$$

$$uv{}_{,}\mathfrak{J}A + [{}_{,}\mathfrak{M} + {}_{,}\mathfrak{F}(v^2 + w^2)]B + uv\mathfrak{J}_{,,}A' + [\mathfrak{M}_{,,} - s^2 + \mathfrak{F}_{,,}(v^2 + w^2)]B' = 0,$$

gesetzt werden können.

Setzt man wie im vorigen Capitel:

$$[(153)]$$

$$u = U + u\sqrt{-1}, \quad v = V + v\sqrt{-1}, \quad w = W + w\sqrt{-1}, \quad s = S + s\sqrt{-1},$$

so werden die reellen Theile von ξ, v, ζ, ξ', v', ζ' noch den Differentialgleichungen (271) Genüge thun, und folglich die Verschiebungen der Molekülen darstellen. Die Gleichung (284) oder:

$$(292)\qquad (s^2 + \mathfrak{M})(s^2 + \mathfrak{M}_{,,}) - \mathfrak{M}_{,} \cdot {}_{,}\mathfrak{M} = 0$$

wird dann das Fortpflanzungsgesetz eines Strahls bestimmen, in welchem die Verschiebungen den Gleichungen:

$$(293)\qquad \xi = 0, \quad \xi' = 0, \quad vv + w\zeta = 0, \quad vv' + w\zeta' = 0$$

entsprechen. Die Vibrationen werden folglich in diesem Strahl senkrecht auf der Axe des Krystalls und im Wellenplan stattfinden.

Die Gleichungen (291) werden die Fortpflanzungsgesetze eines zweiten Strahls bestimmen, in welchem die Verschiebungen den Gleichungen:

$$(294)\qquad \frac{v}{v} = \frac{\zeta}{w}, \quad \frac{v'}{v} = \frac{\zeta'}{w}$$

entsprechen, und ferner, damit die Dilatation des Körpers Null sei, der Gleichung:

$$(295)\qquad u\xi' + vv' + w\zeta' = 0 \quad \text{oder} \quad \frac{v'}{v} = \frac{\zeta'}{w} = -\frac{u\xi'}{v^2 + w^2},$$

und damit die Schwingungen des ersten Systems von Molekülen transversal oder doch beinahe transversal seien, der Gleichung:

$$(296)\qquad \frac{v}{v} = \frac{\zeta}{w} = -\frac{(1-\mu)u\xi}{v^2 + w^2},$$

wo μ eine sehr kleine Grösse vorstellt.

Substituirt man diese Werthe von v, ζ, v', ζ' in den Gleichungen (291), so erhält man:

$$(297)\quad \begin{aligned} &[\mathfrak{L} + s^2 + (1-\mu)u^2\mathfrak{J}]\xi + (\mathfrak{L}_{,} + u^2\mathfrak{J}_{,})\xi' = 0, \\ &[{}_{,}\mathfrak{L} + (1-\mu)u^2{}_{,}\mathfrak{J}]\xi + (\mathfrak{L}_{,,} + s^2 + u^2\mathfrak{J}_{,,})\xi' = 0, \end{aligned}$$

und:

$$(298)\quad \begin{aligned} &\left(\boldsymbol{\mathfrak{L}} + s^2 - \mathfrak{S}(v^2+w^2) + \frac{v^2+w^2}{1-\mu}\mathfrak{J}\right)\xi \\ &\qquad + \left(\frac{\boldsymbol{\mathfrak{L}}_{,} - \mathfrak{S}_{,}(v^2+w^2) + (v^2+w^2)\mathfrak{J}_{,}}{1-\mu}\right)\xi' = 0, \\ &(1-\mu)\left({}_{,}\boldsymbol{\mathfrak{L}} - {}_{,}\mathfrak{S}(v^2+w^2) + \frac{v^2+w^2}{1-\mu}{}_{,}\mathfrak{J}\right)\xi \\ &\qquad + [\boldsymbol{\mathfrak{L}}_{,,} + s^2 - \mathfrak{S}_{,,}(v^2+w^2) + (v^2+w^2)\mathfrak{J}_{,,}]\xi' = 0. \end{aligned}$$

Diese zwei Paare von Gleichungen müssen nothwendiger Weise identisch sein, und man hat in Folge dessen die Bedingungsgleichungen:

$$(299)$$

$$\begin{aligned} &\mathfrak{L} + (1-\mu)u^2\mathfrak{J} + \mathfrak{L}_{,,} + u^2\mathfrak{J}_{,,} = \boldsymbol{\mathfrak{L}} - \mathfrak{S}(v^2+w^2) \\ &\qquad + \frac{v^2+w^2}{1-\mu}\mathfrak{J} + \boldsymbol{\mathfrak{L}}_{,,} - \mathfrak{S}_{,,}(v^2+w^2) + \mathfrak{J}_{,,}(v^2+w^2), \\ &[\mathfrak{L} + (1-\mu)u^2\mathfrak{J}](\mathfrak{L}_{,,} + u^2\mathfrak{J}_{,,}) - (\mathfrak{L}_{,} + u^2\mathfrak{J}_{,})[{}_{,}\mathfrak{L} + (1-\mu)u^2{}_{,}\mathfrak{J}] \\ &= \left(\boldsymbol{\mathfrak{L}} - \mathfrak{S}(v^2+w^2) + \frac{v^2+w^2}{1-\mu}\mathfrak{J}\right)[\boldsymbol{\mathfrak{L}}_{,,} - \mathfrak{S}_{,,}(v^2+w^2) + \mathfrak{J}_{,,}(v^2+w^2)] \\ &- [\boldsymbol{\mathfrak{L}}_{,} - \mathfrak{S}_{,}(v^2+w^2) + \mathfrak{J}_{,}(v^2+w^2)]\left({}_{,}\boldsymbol{\mathfrak{L}} - {}_{,}\mathfrak{S}(v^2+w^2) + {}_{,}\mathfrak{J}\frac{v^2+w^2}{1-\mu}\right). \end{aligned}$$

Wegen der Gleichungen (295) und (296) werden die Schwingungen in diesem Strahle im Plane stattfinden, welcher durch die Richtung des Strahls und die Axe des Krystalls geht, das heisst im Hauptschnitte. Die Vibrationen des ersten Systems von Molekülen werden mit dem Wellenplane einen Winkel φ bilden, dessen Sinus $\frac{\mu u\sqrt{v^2+w^2}}{u^2+v^2+w^2}$ ist. Bezeichnet man durch φ diesen Winkel, und durch α den Winkel, welchen der Strahl mit der Axe des Krystalls macht, so wird:

$$(300)\quad \begin{aligned} \cos\alpha &= \frac{u}{\sqrt{u^2+v^2+w^2}}, \\ \sin\varphi &= \frac{\mu}{2}\,.\,\sin 2\alpha. \end{aligned}$$

Wir werden später den Werth von μ bestimmen und sehen, dass dieser von dem Verhältniss des Abstandes der Molekülen längs der Axe und senkrecht auf derselben abhängt.

§. 4. Entwickelung der Funktionen $\mathfrak{E}$, $\mathfrak{E}_{,}$, ${}_{,}\mathfrak{E}$, $\mathfrak{E}_{,,}$, $\mathfrak{H}$, $\mathfrak{H}_{,}$, ${}_{,}\mathfrak{H}$, $\mathfrak{H}_{,,}$, $\mathfrak{J}$, $\mathfrak{J}_{,}$, ${}_{,}\mathfrak{J}$, $\mathfrak{J}_{,,}$, $\mathfrak{L}$, $\mathfrak{L}_{,}$, ${}_{,}\mathfrak{L}$, $\mathfrak{L}_{,,}$.

Wenn ein fester isophaner Körper senkrecht auf der Richtung zweier parallelen Pläne comprimirt oder dilatirt wird, so wird er alle Eigenschaften eines einaxigen Krystalls annehmen, dessen Axen senkrecht auf diesen Plänen sind. Nehmen wir an, diese Axe wäre die x Axe des Coordinatensystems und der Körper wäre im Verhältniss $1:1-\mathrm{e}'$ längs dieser Axe zusammengedrückt. Der Körper wird dann parallel mit den zwei andern Coordinatenaxen im Verhältniss $1:1+\frac{1}{4}\mathrm{e}'$ erweitert werden. Aehnliches wird mit den Aethermolekülen stattfinden. Diese werden längs der Axe im Verhältniss $1:1-\mathrm{e}$ zusammengedrückt, oder wenn e negativ sein sollte, ausgedehnt werden, und längs den beiden andern Axen im Verhältniss $1:1+\mathrm{me}$ ausgedehnt werden, wo m eine constante Grösse ist. Bezeichnet man durch $\mathbf{x}'$, $\mathbf{y}'$, $\mathbf{z}'$ die Coordinaten einer Aethermoleküle und durch $\mathbf{x}''$, $\mathbf{y}''$, $\mathbf{z}''$ die einer Körpermoleküle vor dem Drucke, durch x, y, z die beider Molekülen nach demselben, so wird folglich:

$$x = (1-\mathrm{e})\mathbf{x}' = (1-\mathrm{e}')\mathbf{x}'',$$
$$y = (1+\mathrm{me})\mathbf{y}' = (1+\tfrac{1}{4}\mathrm{e}')\mathbf{y}'',$$
$$z = (1+\mathrm{me})\mathbf{z}' = (1+\tfrac{1}{4}\mathrm{e}')\mathbf{z}''.$$

Setzt man jetzt:

$$x' = (1+\mathrm{me})\mathbf{x}',\quad x'' = (1+\tfrac{1}{4}\mathrm{e}')\mathbf{x}'',\qquad (300')$$
$$(\mathrm{m}+1)\mathrm{e} = \varepsilon,\quad \tfrac{5}{4}\mathrm{e}' = \varepsilon',$$

so wird:

$$x = (1-\varepsilon)x' = (1-\varepsilon')x'',\qquad (301)$$

wo die Aethermoleküle, deren Coordinaten x', y, z, und die Körpermoleküle, deren Coordinaten x'', y, z wären, einen isophanen Körper K bilden werden; die Dichtigkeit der Aethermoleküle dieses Körpers K wird zur Dichtigkeit des Aethers des ursprünglichen uncomprimirten Körpers im Verhältniss $1:1+3\mathrm{me}$ $=1:1+\dfrac{3\mathrm{m}}{\mathrm{m}+1}\varepsilon$ stehen, und die Dichtigkeit der Körpermoleküle des Körpers K zu derjenigen des ursprünglichen Körpers im Verhältniss $1:1+\frac{3}{4}\mathrm{e}' = 1:1+\frac{3}{5}\varepsilon'$. Es seien ferner $x'+\mathrm{x}'$ die Coordinaten einer zweiten Aethermoleküle und $x''+\mathrm{x}''$ diejenige einer zweiten Körpermoleküle des Körpers K, und $x+\mathrm{x}$ diejenige beider Molekülen des Körpers nach dem Drucke, so werden:

$$\mathrm{x} = (1-\varepsilon)\mathrm{x}' = (1-\varepsilon')\mathrm{x}''.\qquad (302)$$

Setzt man ferner:

$$(303)\quad \begin{aligned} \mathrm{r'}^2 &= \mathrm{x'}^2 + \mathrm{y}^2 + \mathrm{z}^2 = \left(\frac{\mathrm{x}}{1-\varepsilon}\right)^2 + \mathrm{y}^2 + \mathrm{z}^2, \\ \mathrm{r''}^2 &= \mathrm{x''}^2 + \mathrm{y}^2 + \mathrm{z}^2 = \left(\frac{\mathrm{x}}{1-\varepsilon'}\right)^2 + \mathrm{y}^2 + \mathrm{z}^2, \end{aligned}$$

so wird, wenn man die höheren Potenzen von ε und ε' vernachlässigt:

$$(304)$$

$$\mathrm{r}^2 = \mathrm{r'}^2 - 2\varepsilon \mathrm{x'}^2 = \mathrm{r''}^2 - 2\varepsilon' \mathrm{x''}^2, \quad \mathrm{r} = \mathrm{r'} - \frac{\varepsilon \mathrm{x'}^2}{\mathrm{r'}} = \mathrm{r''} - \frac{\varepsilon' \mathrm{x''}^2}{\mathrm{r''}}.$$

Setzt man:

$$\begin{aligned} \mathbf{r'}^2 &= \mathbf{x'}^2 + \mathbf{y'}^2 + \mathbf{z'}^2, \\ \mathbf{r''}^2 &= \mathbf{x''}^2 + \mathbf{y''}^2 + \mathbf{z''}^2, \end{aligned}$$

so wird:

$$(304')\qquad \mathrm{r'} = (1 + \mathrm{me})\mathbf{r'}, \quad \mathrm{r''} = (1 + \tfrac{1}{4}\mathrm{e'})\mathbf{r''}.$$

Es sei jetzt die schwingende Bewegung eine derjenigen, die sich ohne Verminderung der Intensität fortpflanzen, folglich:

$$\mathrm{u} = u\sqrt{-1}, \quad \mathrm{v} = v\sqrt{-1}, \quad \mathrm{w} = w\sqrt{-1}.$$

Es sei ferner der Kürze willen:

$$(246)\quad \mathrm{u}^2 + \mathrm{v}^2 + \mathrm{w}^2 = \mathrm{k}^2 = -(u^2 + v^2 + w^2) = -k^2,$$

$$(305)\qquad \mathrm{v}^2 + \mathrm{w}^2 = \mathrm{k}_{,}^2 = -(v^2 + w^2) = -k_{,}^2,$$

$$(306)\quad \begin{aligned} \mathrm{u'} &= \mathrm{u}(1-\varepsilon) = u'\sqrt{-1}, \quad k'^2 = u'^2 + v^2 + w^2, \\ \mathrm{u''} &= \mathrm{u}(1-\varepsilon') = u''\sqrt{-1}, \quad k''^2 = u''^2 + v^2 + w^2, \end{aligned}$$

so werden, wenn die höheren Potenzen von ε und ε' vernachlässigt werden:

$$(307)\quad \begin{aligned} &\mathrm{ux} = \mathrm{u'x'} = \mathrm{u''x''}, \\ &k'^2 = k^2 - 2\varepsilon \mathrm{u}^2, \quad k''^2 = k^2 - 2\varepsilon' \mathrm{u}^2. \end{aligned}$$

Die Gleichungen [(143)] geben dann:

$$\mathfrak{G} = \mathrm{S}\left\{\mathrm{m\,f(r)}\left[e^{\mathrm{u'x'+vy+wz}} - 1\right]\right\} - \mathrm{S}\left\{\mathrm{m'f_{,}(r)}\right\},$$

$$\mathfrak{H} = \mathrm{S}\left\{\frac{\mathrm{m}}{\mathrm{r}}\mathrm{d_r f(r)}\left(e^{\mathrm{u'x'+vy+wz}} - 1 - (\mathrm{u'x'} + \mathrm{vy} + \mathrm{wz}) - \frac{(\mathrm{u'x'+vy+wz})^2}{2}\right)\right\} - \mathrm{S}\left\{\frac{\mathrm{m}}{\mathrm{r}}\mathrm{d_r f_{,}(r)}\frac{(\mathrm{u''x''+vy+wz})^2}{2}\right\},$$

$$(308)\quad \mathfrak{G}_{,} = \mathrm{S}\left\{\mathrm{m'f_{,}(r)}\,e^{\mathrm{u''x''+vy+wz}}\right\},$$

$$\mathfrak{H}_{,} = \mathrm{S}\left\{\frac{\mathrm{m'}}{\mathrm{r}}\mathrm{d_r f_{,}(r)}\left[e^{\mathrm{u''x''+vy+wz}} - 1 - (\mathrm{u''x''+vy+wz})\right]\right\},$$

$${}_{,}\mathfrak{G} = \mathrm{S}\left\{\mathrm{m\,f_{,}(r)}\,e^{\mathrm{u'x'+vy+wz}}\right\},$$

$${}_{,}\mathfrak{H} = \mathrm{S}\left\{\frac{\mathrm{m}}{\mathrm{r}}\mathrm{d_r f_{,}(r)}\left[e^{\mathrm{u''x''+vy+wz}} - 1 - (\mathrm{u'x'+vy+wz})\right]\right\},$$

$$\mathfrak{G}_{,,} = S\left\{m' f_{,,}(r)\left[e^{u''x''+vy+wz} - 1\right]\right\} - S\left\{m f_{,}(r)\right\},$$

$$(308)\quad \mathfrak{H}_{,,} = S\left\{\frac{m'}{r} d_r f_{,,}(r)\left(e^{u''x''+vy+wz} - 1 - (u''x'' + vy + wz) - \frac{(u''x''+vy+wz)^2}{2}\right)\right\} - S\left\{\frac{m}{r} d_r f_{,}(r)\,\frac{(u''x''+vy+wz)^2}{2}\right\}.$$

Bemerkt man jetzt, dass:

$$(309)\quad \begin{aligned} f(r) &= f\left(r' - \frac{\varepsilon x'^2}{r'}\right) = f(r') - \frac{\varepsilon x'^2}{r'} d_{r'} f(r'),\\ &= f\left(r'' - \frac{\varepsilon' x''^2}{r''}\right) = f(r'') - \frac{\varepsilon' x''^2}{r''} d_{r''} f(r''), \end{aligned}$$

und bezeichnet der Kürze willen die Theile der Gleichungen (308) rechter Seits des Gleichheitszeichens, als Funktionen von r betrachtet, durch

$\mathfrak{G}[f(r) - \mathfrak{G}[f_{,}(r)]$, $\mathfrak{H}\left(\frac{d_r f(r)}{r}\right) - \mathfrak{H}\left(\frac{d_r f_{,}(r)}{r}\right)$, $\mathfrak{G}_{,}[f_{,}(r)]$, $\mathfrak{H}_{,}\left(\frac{d_r f_{,}(r)}{r}\right)$, ${}_{,}\mathfrak{G}[f_{,}(r)]$, ${}_{,}\mathfrak{H}\left(\frac{d_r f_{,}(r)}{r}\right)$, $\mathfrak{G}_{,,}[f_{,,}(r)] - \mathfrak{G}_{,,}[f_{,}(r)]$,

$\mathfrak{H}_{,,}\left(\frac{d_r f_{,,}(r)}{r}\right) - \mathfrak{H}_{,,}\left(\frac{d_r f_{,}(r)}{r}\right)$,

so erhält man:

$$(310)$$

$$\begin{aligned}
\mathfrak{G} &= \mathfrak{G}[f(r)] - \mathfrak{G}[f_{,}(r)]\\
&= \mathfrak{G}[f(r')] - \varepsilon\mathfrak{G}\left(\frac{x'^2}{r'} d_{r'} f(r')\right) - \mathfrak{G}[f_{,}(r'')] + \varepsilon'\mathfrak{G}\left(\frac{x''^2}{r''} d_{r''} f_{,}(r'')\right),\\
\mathfrak{H} &= \mathfrak{H}\left(\frac{d_r f(r)}{r}\right) - \mathfrak{H}\left(\frac{d_r f_{,}(r)}{r}\right) = \mathfrak{H}\left(\frac{d_{r'} f(r')}{r'}\right)\\
&\quad - \varepsilon\mathfrak{H}\left[\frac{x'^2}{r'} d_{r'}\left(\frac{d_{r'} f(r')}{r'}\right)\right] - \mathfrak{H}\left(\frac{d_{r''} f_{,}(r'')}{r''}\right) + \varepsilon'\mathfrak{H}\left[\frac{x''^2}{r''} d_{r''}\left(\frac{d_{r''} f_{,}(r'')}{r''}\right)\right],\\
\mathfrak{G}_{,} &= \mathfrak{G}_{,}[f_{,}(r)] = \mathfrak{G}_{,}[f_{,}(r'')] - \varepsilon'\mathfrak{G}_{,}\left(\frac{x''^2}{r''} d_{r''} f_{,}(r'')\right),\\
\mathfrak{H}_{,} &= \mathfrak{H}_{,}\left(\frac{d_r f_{,}(r)}{r}\right) = \mathfrak{H}_{,}\left(\frac{d_{r''} f_{,}(r'')}{r''}\right) - \varepsilon'\mathfrak{H}_{,}\left[\frac{x''^2}{r''} d_{r''}\left(\frac{d_{r'} f_{,}(r'')}{r''}\right)\right],\\
{}_{,}\mathfrak{G} &= {}_{,}\mathfrak{G}[f_{,}(r)] = {}_{,}\mathfrak{G}[f_{,}(r')] - \varepsilon\,{}_{,}\mathfrak{G}\left(\frac{x'^2}{r'} d_{r'} f_{,}(r')\right),\\
{}_{,}\mathfrak{H} &= {}_{,}\mathfrak{H}\left(\frac{d_r f_{,}(r)}{r}\right) = {}_{,}\mathfrak{H}\left(\frac{d_{r'} f_{,}(r')}{r'}\right) - \varepsilon\,{}_{,}\mathfrak{H}\left[\frac{x'^2}{r'} d_{r'}\left(\frac{d_{r'} f_{,}(r')}{r'}\right)\right],\\
\mathfrak{G}_{,,} &= \mathfrak{G}_{,,}[f_{,,}(r)] - \mathfrak{G}_{,,}[f_{,}(r)] = \mathfrak{G}_{,,}[f_{,,}(r'')]\\
&\quad - \varepsilon'\mathfrak{G}_{,,}\left(\frac{x''^2}{r''} d_{r''} f(r'')\right) - \mathfrak{G}_{,,}[f_{,}(r')] - \varepsilon\mathfrak{G}_{,,}\left(\frac{x'^2}{r'} d_{r'} f_{,}(r')\right),\\
\mathfrak{H}_{,,} &= \mathfrak{H}_{,,}\left(\frac{d_r f_{,,}(r)}{r}\right) - \mathfrak{H}_{,,}\left(\frac{d_r f_{,}(r)}{r}\right) = \mathfrak{H}_{,,}\left(\frac{d_{r''} f_{,,}(r'')}{r''}\right)\\
&\quad - \varepsilon'\mathfrak{H}_{,,}\left[\frac{x''^2}{r''} d_{r''}\left(\frac{d_{r''} f_{,,}(r'')}{r''}\right)\right] - \mathfrak{H}_{,,}\left(\frac{d_{r'} f_{,}(r')}{r'}\right) + \varepsilon\mathfrak{H}_{,,}\left[\frac{x'^2}{r'} d_{r'}\left(\frac{d_{r'} f_{,}(r')}{r'}\right)\right].
\end{aligned}$$

Nun ist aber:

(311)

$$\mathfrak{G}\left(\frac{x'^2}{r'}d_{r'}f(r')\right) = d^2_{u'}\mathfrak{H}\left(\frac{d_{r'}f(r')}{r'}\right),\ \mathfrak{G}\left(\frac{x''^2}{r''}d_{r''}f_{,}(r'')\right) = d^2_{u''}\mathfrak{H}\left(\frac{d_{r''}f_{,}(r'')}{r''}\right),$$

$$\mathfrak{H}\left[\frac{x'^2}{r'}d_{r'}\left(\frac{d_{r'}f(r')}{r'}\right)\right] = d^2_{u'}\Big\{\mathfrak{H}\left[\frac{1}{r'}d_{r'}\left(\frac{d_{r'}f(r')}{r'}\right)\right]$$

$$- S\left[\frac{m}{r'}d_{r'}\left(\frac{d_{r'}f(r')}{r'}\right)\left(\frac{(u'x'+vy+wz)^3}{1.2.3}+\frac{(u'x'+vy+wz)^4}{1.2.3.4}\right)\right]\Big\},$$

$$\mathfrak{H}\left[\frac{x''^2}{r''}d_{r''}\left(\frac{d_{r''}f_{,}(r'')}{r''}\right)\right] = d^2_{u''}S\left[\frac{m_{,}}{r''}d_{r''}\left(\frac{d_{r''}f_{,}(r'')}{r''}\right)\left(\frac{(u'x'+vy+wz)^4}{1.2.3.4}\right)\right],$$

$$\mathfrak{G}_{,}\left(\frac{x''^2}{r''}d_{r''}f_{,}(r')\right) = d^2_{u''}\mathfrak{H}_{,}\left(\frac{d_{r''}f_{,}(r'')}{r''}\right),$$

$$\mathfrak{H}_{,}\left[\frac{x''^2}{r''}d_{r''}\left(\frac{d_{r''}f_{,}(r'')}{r''}\right)\right] = d^2_{u''}\Big\{\mathfrak{H}_{,}\left[\frac{1}{r''}d_{r''}\left(\frac{d_{r''}f_{,}(r'')}{r''}\right)\right]$$

$$- S\left[\frac{m_{,}}{r''}d_{r''}\left(\frac{d_{r''}f_{,}(r'')}{r''}\right)\left(\frac{(u'x'+vy+wz)^2}{1.2}+\frac{(u'x'+vy+wz)^3}{1.2.3.}\right)\right]\Big\}.$$

. . . .

Substituirt man diese Werthe und bemerkt, dass die Summation dann in Bezug auf die Variabeln x′, y, z, r′, x″, y, z, r″, folglich in Bezug auf die Coordinaten der Molekülen eines isophanen Systems K stattfinden, so können hier die im vorigen Capitel entwickelten Regeln der Summation angewendet werden, und man erhält dann:

(312)

$$\mathfrak{G} = S\Big\{m f(r')\left(\frac{\sin k'r'}{k'r'}-1\right)\Big\} - S[m'f_{,}(r'')]$$

$$- \varepsilon d^2_{u'}S\Big\{\frac{m}{r'}d_{r'}f(r')\left(\frac{\sin k'r'}{k'r'}-1+\frac{k'^2r'^2}{6}\right)\Big\}$$

$$+ \varepsilon' d^2_{u''}S\Big\{\frac{m'}{r''}d_{r''}f_{,}(r'')\frac{k''^2r''^2}{6}\Big\},$$

$$\mathfrak{G}_{,} = S\Big\{m'f_{,}(r'')\frac{\sin k''r''}{k''r''}\Big\} - \varepsilon' d^2_{u''}S\Big\{\frac{m}{r''}d_{r''}f_{,}(r'')\left(\frac{\sin k''r''}{k''r''}-1\right)\Big\},$$

$${}_{,}\mathfrak{G} = S\Big\{m f_{,}(r')\frac{\sin k'r'}{k'r'}\Big\} - \varepsilon d^2_{u'}S\Big\{\frac{m}{r'}d_{r'}f_{,}(r')\left(\frac{\sin k'r'}{k'r'}-1\right)\Big\},$$

$$\mathfrak{G}_{,,} = S\Big\{m_{,}f_{,,}(r'')\left(\frac{\sin k''r''}{k''r''}-1\right)\Big\} - S[m f_{,}(r')]$$

$$- \varepsilon' d^2_{u''}S\Big\{\frac{m_{,}}{r_{,,}}d_{r''}f_{,,}(r'')\left(\frac{\sin k''r''}{k''r''}-1+\frac{k''^2r''^2}{6}\right)\Big\}$$

$$+ \varepsilon d^2_{u'}S\Big\{\frac{m}{r'}d_{r'}f_{,}(r')\frac{k'^2r'^2}{6}\Big\},$$

$$\mathfrak{H} = S\Big\{\frac{m}{r'}d_{r'}f(r')\left(\frac{\sin k'r'}{k'r'}-1+\frac{k'^2r'^2}{6}\right)\Big\} + S\Big\{\frac{m'}{r''}d_{r''}f_{,}(r'')\frac{k''^2r''^2}{6}\Big\}$$

$$- \varepsilon d_{u'}^2 S\left\{\frac{m}{r'} d_{r'}\left(\frac{d_{r'} f(r')}{r'}\right)\left(\frac{\sin k'r'}{k'r'} - 1 + \frac{k'^2 r'^2}{6} - \frac{k'^4 r'^4}{120}\right)\right\}$$

$$+ \varepsilon' d_{u''}^2 S\left\{\frac{m'}{r''} d_{r''}\left(\frac{d_{r''} f_{,}(r'')}{r''}\right)\frac{k''^4 r''^4}{120}\right\},$$

$$\mathfrak{H}_{,} = S\left\{\frac{m'}{r''} d_{r''} f_{,}(r'')\left(\frac{\sin k''r''}{k''r''} - 1\right)\right\}$$

$$- \varepsilon' d_{u''}^2 S\left\{\frac{m'}{r''} d_{r''}\left(\frac{d_{r''} f_{,}(r'')}{r''}\right)\left(\frac{\sin k''r''}{k''r''} - 1 + \frac{k''^2 r''^2}{6}\right)\right\},$$

$$_{,}\mathfrak{H} = S\left\{\frac{m}{r'} d_{r'} f_{,}(r')\left(\frac{\sin k'r'}{k'r'} - 1\right)\right\}$$

$$- \varepsilon d_{u'}^2 S\left\{\frac{m}{r'} d_{r'}\left(\frac{d_{r'} f_{,}(r')}{r'}\right)\left(\frac{\sin k'r'}{k'r'} - 1 + \frac{k'^2 r'^2}{6}\right)\right\},$$

$$\mathfrak{H}_{,,} = S\left\{\frac{m'}{r''} d_{r''} f_{,,}(r'')\left(\frac{\sin k''r''}{k''r''} - 1 + \frac{k''^2 r''^2}{6}\right)\right\} + S\left\{\frac{m}{r'} d_{r'} f_{,}(r')\frac{k'^2 r'^2}{6}\right\}$$

$$- \varepsilon' d_{u''}^2 S\left\{\frac{m'}{r''} d_{r''}\left(\frac{d_{r''} f_{,,}(r'')}{r''}\right)\left(\frac{\sin k''r''}{k''r''} - 1 + \frac{k''^2 r''^2}{6} - \frac{k''^4 r''^4}{120}\right)\right\}$$

$$+ \varepsilon d_{u'}^2 S\left\{\frac{m}{r'} d_{r'}\left(\frac{d_{r'} f_{,}(r')}{r'}\right)\frac{k'^4 r'^4}{120}\right\}.$$

Aus diesen Gleichungen findet man jetzt, indem man bemerkt, dass:

$$\frac{1}{k_{,}} d_{k_{,}} \mathfrak{F}(k') = \frac{1}{k'} d_{k'} \mathfrak{F}(k') = \frac{1}{k''} d_{k''} \mathfrak{F}(k''),$$

(313)

$$\mathfrak{E} = - S\left\{\frac{m}{k'^2 r'^2} d_{r'}\left[\left(\cos k'r' - \frac{\sin k'r'}{k'r'} + \tfrac{1}{3} k'^2 r'^2\right) r' f(r')\right]\right\}$$

$$- \tfrac{1}{3} S\left\{\frac{m'}{r''^2} d_{r''}\left[r''^3 f_{,}(r'')\right]\right\} + \varepsilon d_{u'}^2 S\left\{\frac{m}{k'^2 r'^2} d_{r'}\left[\left(\cos k'r' - \frac{\sin k'r'}{k'r'}\right.\right.\right.$$

$$\left.\left.\left.+ \tfrac{1}{3} k'^2 r'^2 - \tfrac{1}{30} k'^4 r'^4\right)\frac{r' d_{r'} f(r')}{r'}\right]\right\} + \frac{\varepsilon'}{30} d_{u''}^2 S\left\{\frac{m' k''}{r''^2} d_{r''}\left(r''^3 \frac{d_{r''} f_{,}(r'')}{r''}\right)\right\},$$

$$\mathfrak{E}_{,} = - S\left\{\frac{m'}{k''^2 r''^2} d_{r''}\left[\left(\cos k''r'' - \frac{\sin k''r''}{k''r''}\right) r'' f_{,}(r'')\right]\right\}$$

$$+ \varepsilon' d_{u''}^2 S\left\{\frac{m'}{k''^2 r''^2} d_{r''}\left[\left(\cos k''r'' - \frac{\sin k''r''}{k''r''} + \tfrac{1}{3} k''^2 r''^2\right) r'' \frac{d_{r''} f_{,}(r'')}{r''}\right]\right\},$$

$$_{,}\mathfrak{E} = - S\left\{\frac{m}{k'^2 r'^2} d_{r'}\left[\left(\cos k'r' - \frac{\sin k'r'}{k'r'}\right) r' f_{,}(r')\right]\right\}$$

$$+ \varepsilon d_{u'}^2 S\left\{\frac{m}{k'^2 r'^2} d_{r'}\left[\left(\cos k'r' - \frac{\sin k'r'}{k'r'} + \tfrac{1}{3} k'^2 r'^2\right) r' \frac{d_{r'} f_{,}(r')}{r'}\right]\right\},$$

$$\mathfrak{E}_{,,} = - S\left\{\frac{m'}{k''^2 r''^2} d_{r''}\left[\left(\cos k''r'' - \frac{\sin k''r''}{k''r''} + \tfrac{1}{3} k''^2 r''^2\right) r'' f_{,,}(r'')\right]\right\}$$

$$- \tfrac{1}{3} S\left\{\frac{m}{r'^2} d_{r'}\left[r'^3 f_{,}(r')\right]\right\} + \varepsilon' d_{u''}^2 S\left\{\frac{m'}{k''^2 r''^2} d_{r''}\left[\left(\cos k''r'' - \frac{\sin k''r''}{k''r''}\right.\right.\right.$$

$$\left.\left.\left.+ \tfrac{1}{3} k''^2 r''^2 - \tfrac{1}{30} k''^4 r''^4\right) r'' \frac{d_{r''} f_{,,}(r'')}{r''}\right]\right\} + \frac{\varepsilon}{30} d_{u'}^2 S\left\{\frac{m k'^2}{r'^2} d_{r'}\left(r'^3 \frac{d_{r'} f_{,}(r')}{r'}\right)\right\}$$

(314)

$$\mathfrak{F} = -S\left\{\frac{m'r'd_{r'}f(r')}{k'^2}\left(\frac{\sin k'r'}{k'r'} + 3\frac{\cos k'r'}{k'^2r'^2} - 3\frac{\sin k'r'}{k'^3r'^3}\right)\right\}$$

$$+ \varepsilon' d_{u''}^2 S\left\{\frac{m'r''^3}{15} d_{r''}\left(\frac{d_{r''}f_{,}(r'')}{r''}\right)\right\}$$

$$+ \varepsilon d_{u'}^2 S\left\{\frac{m r' d_{r'}\left(\frac{d_{r'}f(r)}{r'}\right)}{k'^2}\left(\frac{\sin k'r'}{k'r'} + 3\frac{\cos k'r'}{k'^2r'^2} - 3\frac{\sin k'r'}{k'^3r'^3} + \frac{k'^2r'^2}{15}\right)\right\},$$

$$\mathfrak{F}_{,} = -S\left\{\frac{m'r''d_{r''}f_{,}(r'')}{k''^2}\left(\frac{\sin k''r''}{k''r''} + 3\frac{\cos k''r''}{k''^2r''^2} - 3\frac{\sin k''r''}{k''^3r''^3}\right)\right\}$$

$$+ \varepsilon' d_{u''}^2 S\left\{\frac{m'r''d_{r''}\left(\frac{d_{r''}f_{,}(r'')}{r''}\right)}{k''^2}\left(\frac{\sin k''r''}{k''r''} + 3\frac{\cos k''r''}{k''^2r''^2} - 3\frac{\sin k''r''}{k''^3r''^3}\right)\right\},$$

$$_{,}\mathfrak{F} = -S\left\{\frac{m r'd_{r'}f_{,}(r')}{k'^2}\left(\frac{\sin k'r'}{k'r'} + 3\frac{\cos k'r'}{k'^2r'^2} - 3\frac{\sin k'r'}{k'^3r'^3}\right)\right\}$$

$$+ \varepsilon d_{u'}^2 S\left\{\frac{m r' d_{r'}\left(\frac{d_{r'}f_{,}(r')}{r'}\right)}{k'^2}\left(\frac{\sin k'r'}{k'r'} + 3\frac{\cos k'r'}{k'^2r'^2} - 3\frac{\sin k'r'}{k'^3r'^3}\right)\right\},$$

$$\mathfrak{F}_{,,} = -S\left\{\frac{m'r''d_{r''}f_{,,}(r'')}{k''^2}\left(\frac{\sin k''r''}{k''r''} + 3\frac{\cos k''r''}{k''^2r''^2} - 3\frac{\sin k''r''}{k''^3r''^3}\right)\right\}$$

$$+ \varepsilon d_{u'}^2 S\left\{\frac{m r'^3}{15} d_{r'}\left(\frac{d_{r'}f_{,}(r')}{r'}\right)\right\}$$

$$+ \varepsilon' d_{u''}^2 S\left\{\frac{m'r''d_{r''}\left(\frac{d_{r''}f_{,,}(r'')}{r'}\right)}{k''^2}\left(\frac{\sin k''r''}{k''r''} + 3\frac{\cos k''r''}{k''^2r''^2} - 3\frac{\sin k''r''}{k''^3r''^3} + \frac{k''^2r''^2}{15}\right)\right\}.$$

(315)

$$\mathfrak{J} = (1-2\varepsilon)\mathfrak{F},\quad \mathfrak{J}_{,} = (1-2\varepsilon')\mathfrak{F}_{,},\quad {}_{,}\mathfrak{J} = (1-2\varepsilon)_{,}\mathfrak{F},\quad \mathfrak{J}_{,,} = (1-2\varepsilon')\mathfrak{F}_{,,}.$$

(316)

$$\mathfrak{L} = \boldsymbol{\mathfrak{L}} - (1-2\varepsilon)u'^2\boldsymbol{\mathfrak{F}} + 2\varepsilon S\left\{\frac{m}{k'^2}\,\frac{d_{r'}f(r')}{r'}\left(\cos k'r' - \frac{\sin k'r'}{k'r'} + \frac{k'^2r'^2}{3}\right)\right\}$$

$$+ 2\varepsilon' S\left\{\frac{m'}{k''^2}\,\frac{d_{r''}f_{,}(r'')}{r''}\cdot\frac{k''^2r''^2}{3}\right\},$$

$$\mathfrak{L}_{,} = \boldsymbol{\mathfrak{L}}_{,} - (1-2\varepsilon')u''^2\boldsymbol{\mathfrak{F}}_{,} + 2\varepsilon' S\left\{\frac{m'}{k''^2}\,\frac{d_{r''}f_{,}(r'')}{r''}\left(\cos k''r'' - \frac{\sin k''r''}{k''r''}\right)\right\},$$

$${}_{,}\mathfrak{L} = {}_{,}\boldsymbol{\mathfrak{L}} - (1-2\varepsilon)u'^2{}_{,}\boldsymbol{\mathfrak{F}} + 2\varepsilon S\left\{\frac{m}{k'^2}\,\frac{d_{r'}f_{,}(r')}{r'}\left(\cos k'r' - \frac{\sin k'r'}{k'r'}\right)\right\},$$

$$\mathfrak{L}_{\prime\prime} = \mathfrak{LE}_{\prime\prime} - (1-2\varepsilon')\mathrm{u}''^2 \mathfrak{F}_{\prime\prime} + 2\varepsilon' \mathrm{S}\left\{\frac{\mathrm{m}'}{k''^2}\frac{\mathrm{d}_{\mathrm{r}''}\mathrm{f}_{\prime\prime}(\mathrm{r}'')}{\mathrm{r}''}\left(\cos k''\mathrm{r}'' - \frac{\sin k''\mathrm{r}''}{k''\mathrm{r}''} + \frac{k''^2\mathrm{r}''^2}{3}\right)\right\}$$
$$+ 2\varepsilon\mathrm{S}\left\{\frac{\mathrm{m}}{k'^2}\frac{\mathrm{d}_{\mathrm{r}'}\mathrm{f}_{\prime}(\mathrm{r}')}{\mathrm{r}'}\cdot\frac{k'^2\mathrm{r}'^2}{3}\right\}.$$

Bezeichnet man jetzt durch $\mathfrak{D}$ die Dichtigkeit des Aethers und durch $\mathfrak{D}'$ diejenige des Körpers, und bemerkt, dass folglich, wenn der Abstand der Molekülen überall derselbe wäre, wie er es jetzt ist in einem auf der Axe senkrechten Plan, die Dichtigkeit des Aethers $\mathfrak{D}(1-\varepsilon)$ und diejenige des Körpers $\mathfrak{D}'(1-\varepsilon')$ wäre, so wird man auf dieselbe Weise, wie im vorigen Capitel, finden, dass die vorhergehenden Ausdrücke, vorausgesetzt, die Abstände der Molekülen wären immer sehr klein in Bezug auf die Wellenlänge, unter den folgenden Formen gesetzt werden können, wo r'_0 den kleinsten, r'_∞ den grössten Abstand zweier Aethermolekülen, r''_0 den kleinsten, r''_∞ den grössten Abstand zweier Körpermolekülen des Systems K bezeichnet:

(317)

$$\mathfrak{LE} = -\frac{4\pi\mathfrak{D}(1-\varepsilon)}{3}[\mathrm{r}'^2_\infty \mathrm{f}(\mathrm{r}'_\infty) - \tfrac{1}{10}k'^2\mathrm{r}'^4_0\mathrm{f}(\mathrm{r}'_0)]$$
$$-\frac{4\pi\mathfrak{D}'(1-\varepsilon')}{3}[\mathrm{r}''^2_\infty \mathrm{f}_{\prime}(\mathrm{r}''_\infty) - \mathrm{r}''^2_0\mathrm{f}_{\prime}(\mathrm{r}''_0)]$$
$$-\varepsilon\cdot\frac{4\pi\mathfrak{D}}{30}\mathrm{d}^2_{\mathrm{u}'}[k'^2\mathrm{r}'^4_\infty\mathrm{d}_{\mathrm{r}'}\mathrm{f}(\mathrm{r}'_\infty) - \tfrac{1}{28}k'^4\mathrm{r}'^6_0\mathrm{d}_{\mathrm{r}'}\mathrm{f}(\mathrm{r}'_0)]$$
$$-\varepsilon'\cdot\frac{4\pi\mathfrak{D}'}{30}\mathrm{d}^2_{\mathrm{u}''}[k''^2\mathrm{r}''^4_\infty\mathrm{d}_{\mathrm{r}''}\mathrm{f}_{\prime}(\mathrm{r}''_\infty) - k''^2\mathrm{r}''^4_0\mathrm{d}_{\mathrm{r}''}\mathrm{f}_{\prime}(\mathrm{r}''_0)],$$

$$\mathfrak{LE}_{\prime} = -4\pi\mathfrak{D}'(1-\varepsilon')\left(\frac{\cos(k''\mathrm{r}''_\infty)}{k''^2}\mathrm{f}_{\prime}(\mathrm{r}''_\infty) + \tfrac{1}{3}\mathrm{r}''^2_0\mathrm{f}_{\prime}(\mathrm{r}''_0)\right)$$
$$+\varepsilon'\cdot\frac{4\pi\mathfrak{D}'}{3}\cdot\mathrm{d}^2_{\mathrm{u}''}[\mathrm{r}''^2_\infty\mathrm{d}_{\mathrm{r}''}\mathrm{f}_{\prime}(\mathrm{r}''_\infty) - \tfrac{1}{10}k''^2\mathrm{r}''^4_0\mathrm{d}_{\mathrm{r}''}\mathrm{f}_{\prime}(\mathrm{r}''_0)],$$

$${}_{\prime}\mathfrak{LE} = -4\pi\mathfrak{D}(1-\varepsilon)\left(\frac{\cos(k'\mathrm{r}'_\infty)}{k'^2}\mathrm{f}_{\prime}(\mathrm{r}'_\infty) + \tfrac{1}{3}\mathrm{r}'^2_0\mathrm{f}_{\prime}(\mathrm{r}'_0)\right)$$
$$+\varepsilon\cdot\frac{4\pi\mathfrak{D}}{3}\mathrm{d}^2_{\mathrm{u}'}[\mathrm{r}'^2_\infty\mathrm{d}_{\mathrm{r}'}\mathrm{f}_{\prime}(\mathrm{r}'_\infty) - \tfrac{1}{10}k'^2\mathrm{r}'^4_0\mathrm{d}_{\mathrm{r}'}\mathrm{f}_{\prime}(\mathrm{r}'_0)],$$

$$\mathfrak{LE}_{\prime\prime} = -\frac{4\pi\mathfrak{D}'(1-\varepsilon')}{3}[\mathrm{r}''^2_\infty\mathrm{f}_{\prime\prime}(\mathrm{r}''_\infty) - \tfrac{1}{10}k''^2\mathrm{r}''^4_0\mathrm{f}_{\prime\prime}(\mathrm{r}''_0)]$$
$$-\frac{4\pi\mathfrak{D}(1-\varepsilon)}{3}[\mathrm{r}'^2_\infty\mathrm{f}_{\prime}(\mathrm{r}'_\infty) - \mathrm{r}'^2_0\mathrm{f}_{\prime}(\mathrm{r}'_0)]$$
$$-\varepsilon'\cdot\frac{4\pi\mathfrak{D}'}{30}\mathrm{d}^2_{\mathrm{u}''}[k''^2\mathrm{r}''^4_\infty\mathrm{d}_{\mathrm{r}''}\mathrm{f}_{\prime\prime}(\mathrm{r}''_\infty) - \tfrac{1}{28}k''^4\mathrm{r}''^6_0\mathrm{d}_{\mathrm{r}''}\mathrm{f}_{\prime\prime}(\mathrm{r}''_0)]$$
$$-\varepsilon\cdot\frac{4\pi\mathfrak{D}}{30}\mathrm{d}^2_{\mathrm{u}'}[k'^2\mathrm{r}'^4_\infty\mathrm{d}_{\mathrm{r}'}\mathrm{f}_{\prime}(\mathrm{r}'_\infty) - k'^2\mathrm{r}'^4_0\mathrm{d}_{\mathrm{r}'}\mathrm{f}_{\prime}(\mathrm{r}'_0)].$$

(318)

$$
\begin{aligned}
\mathfrak{S} = & -4\pi\mathfrak{D}(1-\varepsilon)\left(\frac{r'_\infty\,\mathfrak{f}(r'_\infty)\sin(k'r'_\infty)}{k'^3} + \tfrac{1}{15}r'^4_0\,\mathfrak{f}(r'_0)\right) \\
& + \frac{4\pi\mathfrak{D}(1-\varepsilon)}{k'^2}\int_{r'_0}^{r'_\infty} r'^2\,\mathfrak{f}(r')\,d_{r'}\left(\frac{\sin k'r'}{k'r'}\right)dr' \\
& + \varepsilon\,.\,\frac{4\pi\mathfrak{D}}{15}\,d^2_{u'}\left[r'^4_\infty\,d_{r'}\,\mathfrak{f}(r'_\infty) - \tfrac{1}{14}k'^2 r'^6_0\,d_{r'}\,\mathfrak{f}(r'_0)\right] \\
& - \varepsilon\,.\,4\pi\mathfrak{D}\,d^2_{u'}\int_{r'_0}^{r'_\infty}\frac{r'^2}{k'^2}\,d_{r'}\,\mathfrak{f}(r')\left(\frac{\sin k'r'}{k'r'} - 1 + \tfrac{1}{6}k'^2 r'^2\right)dr' \\
& + \varepsilon'\,.\,\frac{4\pi\mathfrak{D}'}{15}\,d^2_{u''}\left[r''^4_\infty\,d_{r''}\,\mathfrak{f}_{,}(r''_\infty) - r''^4_0\,d_{r''}\,\mathfrak{f}_{,}(r''_0)\right] \\
& - \varepsilon'\,.\,4\pi\mathfrak{D}'\,d^2_{u''}\int_{r''_0}^{r''_\infty}\frac{r''^2}{k''^2}\,d_{r''}\,\mathfrak{f}_{,}(r'')\,.\,\frac{k''^2 r''^2}{6}\,dr'',
\end{aligned}
$$

$$
\begin{aligned}
\mathfrak{S}_{,} = & -4\pi\mathfrak{D}'(1-\varepsilon')\left(\frac{r''_\infty\,\mathfrak{f}_{,}(r''_\infty)\sin(k''r''_\infty)}{k''^3} + \tfrac{1}{15}r''^4_0\,\mathfrak{f}_{,}(r''_0)\right) \\
& + \frac{4\pi\mathfrak{D}'(1-\varepsilon')}{k''^2}\int_{r''_0}^{r''_\infty} r''^2\,\mathfrak{f}_{,}(r'')\,d_{r''}\left(\frac{\sin k''r''}{k''r''}\right)dr'' \\
& + \varepsilon'\,.\,4\pi\mathfrak{D}'\,d^2_{u''}\left(\frac{r''_\infty\,d_{r''}\,\mathfrak{f}_{,}(r''_\infty)\sin(k''r''_\infty)}{k''^3} + \tfrac{1}{15}r''^4_0\,d_{r''}\,\mathfrak{f}_{,}(r''_0)\right) \\
& - \varepsilon'\,.\,4\pi\mathfrak{D}'\,d^2_{u''}\int_{r''_0}^{r''_\infty}\frac{r''^2}{k''^2}\,d_{r''}\,\mathfrak{f}_{,}(r'')\,d_{r''}\left(\frac{\sin k''r''}{k''r''}\right)dr'',
\end{aligned}
$$

$$
\begin{aligned}
{}_{,}\mathfrak{S} = & -4\pi\mathfrak{D}(1-\varepsilon)\left(\frac{r'_\infty\,\mathfrak{f}_{,}(r'_\infty)\sin(k'r'_\infty)}{k'^3} + \tfrac{1}{15}r'^4_0\,\mathfrak{f}_{,}(r'_0)\right) \\
& + \frac{4\pi\mathfrak{D}(1-\varepsilon)}{k'^2}\int_{r'_0}^{r'_\infty} r'^2\,\mathfrak{f}_{,}(r')\,d_{r'}\left(\frac{\sin k'r'}{k'r'}\right)dr' \\
& + \varepsilon\,.\,4\pi\mathfrak{D}\,d^2_{u'}\left(\frac{r'_\infty\,d_{r'}\,\mathfrak{f}_{,}(r'_\infty)\sin(k'r'_\infty)}{k'^3} + \tfrac{1}{15}r'^4_0\,d_{r'}\,\mathfrak{f}_{,}(r'_0)\right) \\
& - \varepsilon\,.\,4\pi\mathfrak{D}\,d^2_{u'}\int_{r'_0}^{r'_\infty}\frac{r'^2}{k'^2}\,d_{r'}\,\mathfrak{f}_{,}(r')\,d_{r'}\left(\frac{\sin k'r'}{k'r'}\right)dr',
\end{aligned}
$$

$$
\mathfrak{S}_{,,} = -4\pi\mathfrak{D}'(1-\varepsilon')\left(\frac{r''_\infty\,\mathfrak{f}_{,,}(r''_\infty)\sin(k''r''_\infty)}{k''^3} + \tfrac{1}{15}r''^4_0\,\mathfrak{f}_{,,}(r''_0)\right)
$$

$$+\frac{4\pi\mathfrak{D}'(1-\varepsilon')}{k''^2}\int\limits_{\mathfrak{r}''_0}^{\mathfrak{r}''_\infty}\mathfrak{r}''^2\,\mathfrak{f}_{,,}(\mathfrak{r}'')\,d_{\mathfrak{r}''}\left(\frac{\sin k''\mathfrak{r}''}{k''\mathfrak{r}''}\right)d\mathfrak{r}''$$

$$+\varepsilon'\,.\,\frac{4\pi\mathfrak{D}'}{15}\,d^2_{\mathfrak{u}''}[\mathfrak{r}''^4_\infty d_{\mathfrak{r}''}\mathfrak{f}_{,,}(\mathfrak{r}''_\infty)-\tfrac{1}{14}k''^2\mathfrak{r}''^6_0 d_{\mathfrak{r}''}\mathfrak{f}_{,,}(\mathfrak{r}''_0)]$$

$$-\varepsilon'\,.\,4\pi\mathfrak{D}'d^2_{\mathfrak{u}''}\int\limits_{\mathfrak{r}''_0}^{\mathfrak{r}''_\infty}\frac{\mathfrak{r}''^2}{k''^2}d_{\mathfrak{r}''}\mathfrak{f}_{,,}(\mathfrak{r}'')\left(\frac{\sin k''\mathfrak{r}''}{k''\mathfrak{r}''}-1+\frac{k''^2\mathfrak{r}''^2}{6}\right)d\mathfrak{r}''$$

$$+\varepsilon\,.\,\frac{4\pi\mathfrak{D}}{15}\,d^2_{\mathfrak{u}'}[\mathfrak{r}'^4_\infty d_{\mathfrak{r}'}\mathfrak{f}_{,}(\mathfrak{r}'_\infty)-\mathfrak{r}'^4_0 d_{\mathfrak{r}'}\mathfrak{f}_{,}(\mathfrak{r}'_0)]$$

$$-\varepsilon\,.\,4\pi\mathfrak{D}\,d^2_{\mathfrak{u}'}\int\limits_{\mathfrak{r}'_0}^{\mathfrak{r}'_\infty}\frac{\mathfrak{r}'^2}{k'^2}\,d_{\mathfrak{r}'}\mathfrak{f}_{,}(\mathfrak{r}')\,.\,\frac{k'^2\mathfrak{r}'^2}{6}d\mathfrak{r}'.$$

(319)

$$\mathfrak{L}=\boldsymbol{\mathfrak{L}}-(1-2\varepsilon)\mathfrak{u}'^2\mathfrak{J}+\frac{8\pi\mathfrak{D}}{3}\varepsilon[\mathfrak{r}'^2_\infty\mathfrak{f}(\mathfrak{r}'_\infty)-\tfrac{1}{10}k'^2\mathfrak{r}'^4_0\mathfrak{f}(\mathfrak{r}'_0)]$$

$$+8\pi\mathfrak{D}\varepsilon\int\limits_{\mathfrak{r}'_0}^{\mathfrak{r}'_\infty}\mathfrak{r}'\mathfrak{f}(\mathfrak{r}')\left(\frac{\sin(k'\mathfrak{r}')}{k'\mathfrak{r}'}-1\right)d\mathfrak{r}'$$

$$+\frac{8\pi\mathfrak{D}'}{3}\varepsilon'[\mathfrak{r}''^2_\infty\mathfrak{f}_{,}(\mathfrak{r}''_\infty)-\mathfrak{r}''^2_0\mathfrak{f}_{,}(\mathfrak{r}''_0)]-8\pi\mathfrak{D}'\varepsilon'\int\limits_{\mathfrak{r}''_0}^{\mathfrak{r}''_\infty}\mathfrak{r}''\mathfrak{f}_{,}(\mathfrak{r}'')d\mathfrak{r}'',$$

$$\mathfrak{L}_{,}=\boldsymbol{\mathfrak{L}}_{,}-(1-2\varepsilon')\mathfrak{u}''^2\mathfrak{S}_{,}+8\pi\mathfrak{D}'\varepsilon'\left(\frac{\cos(k''\mathfrak{r}''_\infty)}{k''^2}\mathfrak{f}_{,}(\mathfrak{r}''_\infty)+\tfrac{1}{3}\mathfrak{r}''^2_0\mathfrak{f}_{,}(\mathfrak{r}''_0)\right)$$

$$+8\pi\mathfrak{D}'\varepsilon'\int\limits_{\mathfrak{r}''_0}^{\mathfrak{r}''_\infty}\mathfrak{r}''\mathfrak{f}_{,}(\mathfrak{r}'')\frac{\sin(k''\mathfrak{r}'')}{k''\mathfrak{r}''}d\mathfrak{r}'',$$

$${}_{,}\mathfrak{L}={}_{,}\boldsymbol{\mathfrak{L}}-(1-2\varepsilon)\mathfrak{u}'^2{}_{,}\mathfrak{S}+8\pi\mathfrak{D}\varepsilon\left(\frac{\cos(k'\mathfrak{r}'_\infty)}{k'^2}\mathfrak{f}_{,}(\mathfrak{r}'_\infty)+\tfrac{1}{3}\mathfrak{r}'^2_0\mathfrak{f}_{,}(\mathfrak{r}'_0)\right)$$

$$+8\pi\mathfrak{D}\varepsilon\int\limits_{\mathfrak{r}'_0}^{\mathfrak{r}'_\infty}\mathfrak{r}'\mathfrak{f}_{,}(\mathfrak{r}')\frac{\sin(k'\mathfrak{r}')}{k'\mathfrak{r}'}d\mathfrak{r}',$$

$$\mathfrak{L}_{,,}=\boldsymbol{\mathfrak{L}}_{,,}-(1-2\varepsilon')\mathfrak{u}''^2\mathfrak{S}_{,,}+\frac{8\pi\mathfrak{D}'}{3}\varepsilon'[\mathfrak{r}''^2_\infty\mathfrak{f}_{,,}(\mathfrak{r}''_\infty)-\tfrac{1}{10}k''^2\mathfrak{r}''^4_0\mathfrak{f}_{,,}(\mathfrak{r}''_0)]$$

$$+8\pi\mathfrak{D}'\varepsilon'\int\limits_{\mathfrak{r}''_0}^{\mathfrak{r}''_\infty}\mathfrak{r}''\mathfrak{f}_{,,}(\mathfrak{r}'')\left(\frac{\sin(k''\mathfrak{r}'')}{k''\mathfrak{r}''}-1\right)d\mathfrak{r}''$$

$$+\frac{8\pi\mathfrak{D}}{3}\varepsilon[\mathfrak{r}'^2_\infty\mathfrak{f}_{,}(\mathfrak{r}'_\infty)-\mathfrak{r}'^2_0\mathfrak{f}_{,}(\mathfrak{r}'_0)]-8\pi\mathfrak{D}\varepsilon\int\limits_{\mathfrak{r}'_0}^{\mathfrak{r}'_\infty}\mathfrak{r}'\mathfrak{f}_{,}(\mathfrak{r}')d\mathfrak{r}'.$$

§. 5. Fortpflanzungsgeschwindigkeiten und Polarisation des gewöhnlichen und ungewöhnlichen Strahls bei künstlichen einaxigen Krystallen.

Da die Gesetze der Wirkungen der Molekülarkräfte durch das Zusammendrücken des Körpers nicht verändert werden können, so muss man dieselben Voraussetzungen von den Molekülarkräften $f(r)$, $f_{,}(r)$, $f_{,,}(r)$ wie im vorigen Capitel machen, nämlich:

(257) (258) $r_{\infty}^2 f(r_{\infty}) = o, \; r_o^4 f(r_o) = -h(r_o).$

(262) (263) (266) $r_{\infty}^2 f_{,}(r_{\infty}) = c, \; r_o^2 f(r_o) = -d(r_o), \; r_{\infty}^2 f_{,,}(r_{\infty}) = o,$
$r_o^4 f_{,,}(r_o) = \div g(r_o) =$ einer sehr kleinen Grösse.

Damit ferner die durch die Gleichungen (292) und (291) bestimmten Fortpflanzungsgeschwindigkeiten der beiden Strahlen jede einen endlichen reellen Werth bekomme, ist es ferner nothwendig anzunehmen:

$$r_{\infty}^4 d_r f(r_{\infty}) = e, \quad r_o^6 d_r f(r_o) = m(r_o),$$

(320) $$r_{\infty}^4 d_r f_{,}(r_{\infty}) = g, \quad r_o^4 d_r f_{,}(r_o) = l(r_o),$$

$r_{\infty}^4 d_r f_{,,}(r_{\infty}) = i, \quad r_o^6 d_r f_{,,}(r_o) = o$, oder gleich einer sehr kleinen Grösse $n(r_o)$, und die Gleichungen (317) geben dann, wenn man bemerkt, dass:

$$u' = u'\sqrt{-1}, \quad u'' = u''\sqrt{-1},$$
$$d_{u'}^2 = -d_{u'}^2, \quad d_{u''}^2 = -d_{u''}^2,$$

(321)

$$\mathfrak{E} = -\frac{4\pi\mathfrak{D}}{30}k^2 h(r_o') - \frac{4\pi\mathfrak{D}'}{3}[c + d(r_o'')]$$
$$+ \frac{4\pi\mathfrak{D}}{30}\varepsilon([k^2 + 2u^2][h(r_o') - \tfrac{1}{7}m(r_o')] + 2e)$$
$$+ \frac{4\pi\mathfrak{D}'}{3}\varepsilon'\left(c + d(r_o'') + \frac{g - l(r_o'')}{5}\right),$$
$$\mathfrak{E}_{,} = \frac{4\pi\mathfrak{D}'}{3}d(r_o'') + \frac{4\pi\mathfrak{D}'}{3}\varepsilon'\left(\frac{l(r_o'')}{5} - d(r_o'')\right),$$
$${}_{,}\mathfrak{E} = \frac{4\pi\mathfrak{D}}{3}d(r_o') + \frac{4\pi\mathfrak{D}}{3}\varepsilon\left(\frac{l(r_o)}{5} - d(r_o')\right),$$
$$\mathfrak{E}_{,,} = -\frac{4\pi\mathfrak{D}'}{30}k^2 g(r_o'') - \frac{4\pi\mathfrak{D}}{3}[c + d(r_o')]$$
$$+ \frac{4\pi\mathfrak{D}'}{30}\varepsilon'([k^2 + 2u^2][g(r_o'') - \tfrac{1}{7}n(r_o'')] - \tfrac{1}{7}n(r_o'') + 2i)$$
$$+ \frac{4\pi\mathfrak{D}}{3}\varepsilon\left(c + d(r_o') + \frac{g - l(r_o')}{5}\right).$$

Die Gleichung (292) wird dann, wenn diese Werthe substituirt werden, geben:

(322)

$$s^4 - \alpha_{,} k^2 s^2 + \beta_{,} s^2 + \gamma_{,} - \delta_{,} k^2 + \lambda_{,} k^4 + (\alpha_{,,}\varepsilon + \alpha_{,,,}\varepsilon') s^2 u^2 + (\delta_{,,}\varepsilon + \delta_{,,,}\varepsilon') u^2 - (\lambda_{,,}\varepsilon + \lambda_{,,,}\varepsilon') k^2 u^2 = o,$$

wo:

(323)

$$\alpha_{,} = \frac{4\pi\mathfrak{D}}{30}\mathfrak{h}(\mathfrak{r}_o') - \frac{4\pi\mathfrak{D}}{30}\varepsilon[\mathfrak{h}(\mathfrak{r}_o') - \tfrac{1}{7}\mathfrak{m}(\mathfrak{r}_o')] + \frac{4\pi\mathfrak{D}'}{30}\mathfrak{g}(\mathfrak{r}_o'') - \frac{4\pi\mathfrak{D}'}{30}\varepsilon'[\mathfrak{g}(\mathfrak{r}_o'') - \tfrac{1}{7}\mathfrak{m}(\mathfrak{r}_o'')],$$

$$\beta_{,} = -\frac{4\pi\mathfrak{D}'}{3}[\mathfrak{c} + \mathfrak{d}(\mathfrak{r}_o'')] - \frac{4\pi\mathfrak{D}}{3}[\mathfrak{c} + \mathfrak{d}(\mathfrak{r}_o')] + \frac{4\pi\mathfrak{D}}{3}\varepsilon\left(\mathfrak{c} + \mathfrak{d}(\mathfrak{r}_o') + \frac{\mathfrak{g} - \mathfrak{l}(\mathfrak{r}_o') + \mathfrak{e}}{5}\right) + \frac{4\pi\mathfrak{D}'}{3}\varepsilon'\left(\mathfrak{c} + \mathfrak{d}(\mathfrak{r}_o'') + \frac{\mathfrak{g} - \mathfrak{l}(\mathfrak{r}_o'') + \mathfrak{i}}{5}\right),$$

$$\gamma_{,} = \frac{16\pi^2\mathfrak{D}\mathfrak{D}'}{9}\mathfrak{c}[\mathfrak{c} + \mathfrak{d}(\mathfrak{r}_o') + \mathfrak{d}(\mathfrak{r}_o'')] - \varepsilon\left\{\frac{16\pi^2\mathfrak{D}\mathfrak{D}'}{9}[\mathfrak{c} + \mathfrak{d}(\mathfrak{r}_o'')]\left(\mathfrak{c} + \mathfrak{d}(\mathfrak{r}_o') + \frac{\mathfrak{g} - \mathfrak{l}(\mathfrak{r}_o')}{5}\right) + \frac{16\pi^2\mathfrak{D}\mathfrak{D}'}{9}\mathfrak{d}(\mathfrak{r}_o'')\left(\frac{\mathfrak{l}(\mathfrak{r}_o')}{5} - \mathfrak{d}(\mathfrak{r}_o')\right) + \frac{16\pi^2\mathfrak{D}^2}{45}[\mathfrak{c} + \mathfrak{d}(\mathfrak{r}_o')]\mathfrak{e}\right\}$$
$$- \varepsilon'\left\{\frac{16\pi^2\mathfrak{D}\mathfrak{D}'}{9}[\mathfrak{c} + \mathfrak{d}(\mathfrak{r}_o')]\left(\mathfrak{c} + \mathfrak{d}(\mathfrak{r}_o'') + \frac{\mathfrak{g} - \mathfrak{l}(\mathfrak{r}_o'')}{5}\right) + \frac{16\pi^2\mathfrak{D}\mathfrak{D}'}{9}\mathfrak{d}(\mathfrak{r}_o')\left(\frac{\mathfrak{l}(\mathfrak{r}_o'')}{5} - \mathfrak{d}(\mathfrak{r}_o'')\right) + \frac{16\pi^2\mathfrak{D}'^2}{45}[\mathfrak{c} + \mathfrak{d}(\mathfrak{r}_o'')]\mathfrak{i}\right\},$$

$$\delta_{,} = -\frac{16\pi^2\mathfrak{D}^2}{90}\mathfrak{h}(\mathfrak{r}_o')[\mathfrak{c} + \mathfrak{d}(\mathfrak{r}_o')] - \frac{16\pi^2\mathfrak{D}'^2}{90}\mathfrak{g}(\mathfrak{r}_o'')[\mathfrak{c} + \mathfrak{d}(\mathfrak{r}_o'')] + \frac{16\pi^2\mathfrak{D}^2}{45}\varepsilon\left[\mathfrak{h}(\mathfrak{r}_o')\left(\mathfrak{c} + \mathfrak{d}(\mathfrak{r}_o') + \frac{\mathfrak{g} - \mathfrak{l}(\mathfrak{r}_o')}{5}\right) - \tfrac{1}{7}\mathfrak{m}(\mathfrak{r}_o')[\mathfrak{c} + \mathfrak{d}(\mathfrak{r}_o')]\right]$$
$$+ \frac{16\pi^2\mathfrak{D}\mathfrak{D}'}{450}\varepsilon\,\mathfrak{e}\,\mathfrak{g}(\mathfrak{r}_o'') + \frac{16\pi^2\mathfrak{D}\mathfrak{D}'}{450}\varepsilon'\,\mathfrak{i}\,\mathfrak{h}(\mathfrak{r}_o') + \frac{16\pi^2\mathfrak{D}'^2}{45}\varepsilon'\left[\mathfrak{g}(\mathfrak{r}_o'')\left(\mathfrak{c} + \mathfrak{d}(\mathfrak{r}_o'') + \frac{\mathfrak{g} - \mathfrak{l}(\mathfrak{r}_o'')}{5}\right) - \tfrac{1}{7}\mathfrak{n}(\mathfrak{r}_o'')[\mathfrak{c} + \mathfrak{d}(\mathfrak{r}_o'')]\right],$$

$$\alpha_{,,} = \frac{4\pi\mathfrak{D}}{15}[\mathfrak{h}(\mathfrak{r}_o') - \tfrac{1}{7}\mathfrak{m}(\mathfrak{r}_o')],$$

$$\alpha_{,,,} = \frac{4\pi\mathfrak{D}'}{15}[\mathfrak{g}(\mathfrak{r}_o'') - \tfrac{1}{7}\mathfrak{n}(\mathfrak{r}_o'')],$$

$$\delta_{,,} = -\frac{16\pi^2\mathfrak{D}^2}{45}[\mathfrak{c} + \mathfrak{d}(\mathfrak{r}_o')][\mathfrak{h}(\mathfrak{r}_o') - \tfrac{1}{7}\mathfrak{m}(\mathfrak{r}_o')],$$

$$\delta_{,,,} = -\frac{16\pi^2\mathfrak{D}'^2}{45}[\mathfrak{c} + \mathfrak{d}(\mathfrak{r}_o'')][\mathfrak{g}(\mathfrak{r}_o'') - \tfrac{1}{7}\mathfrak{n}(\mathfrak{r}_o'')],$$

$$\lambda_{,,} = \frac{16\pi^2\mathfrak{D}\mathfrak{D}'}{450}\mathfrak{g}(\mathfrak{r}_o'')[\mathfrak{h}(\mathfrak{r}_o') - \tfrac{1}{7}\mathfrak{m}(\mathfrak{r}_o')],$$

$$\lambda_{,,,} = \frac{16\pi^2\mathfrak{D}\mathfrak{D}'}{450}\mathfrak{h}(\mathfrak{r}_o')[\mathfrak{g}(\mathfrak{r}_o'') - \tfrac{1}{7}\mathfrak{n}(\mathfrak{r}_o'')].$$

Man sieht jetzt leicht ein, dass wenn der den Grössen $\alpha_{,,}$, $\delta_{,,}$ und $\lambda_{,,}$ gemeinschaftliche Factor $[\mathrm{h}(\mathrm{r}_0') - \frac{1}{7}\mathrm{m}(\mathrm{r}_0')]$ für jeden Werth von r_0' gleich Null sein sollte, so würden die Voraussetzungen (320) nicht stattfinden können; $\alpha_{,,}$, $\delta_{,,}$ und, wenn nicht $\mathrm{g}(\mathrm{r}_0'') = 0$, auch $\lambda_{,,}$ werden folglich nicht Null sein können. Das Quadrat der Fortpflanzungsgeschwindigkeit des durch die Gleichung (322) bestimmten Strahls wird sich folglich mit dem Quadrate von u, oder für dieselbe Farbe mit dem Quadrate der Cosinus des Winkels, welchen der Strahl mit der Krystallaxe macht, ändern. Dieser Strahl ist folglich der ungewöhnliche Strahl, und weil, wie wir gleich sehen werden, die Gleichungen (287) nicht stattfinden, so werden die Schwingungen in diesem Strahle senkrecht auf der Axe stattfinden, oder im sogenannten Polarisationsplan des Strahls. Die Fortpflanzungsgeschwindigkeit des zweiten Strahls ist durch die Gleichungen (297) und (298) bestimmt. Die Grösse μ kann als eine sehr kleine Grösse derselben Ordnung wie ε und ε' angesehen werden. Man kann folglich setzen:

$$\mu = \mathrm{p}\varepsilon + \mathrm{q}\varepsilon',$$

und die Gleichungen (297) und (298) werden dann:

$$(324)\quad \begin{aligned}&[s^2 + \mathfrak{L} + u^2\mathfrak{J}(1 - \varepsilon\mathrm{p} - \varepsilon'\mathrm{q})]\xi + (\mathfrak{L}_, + u^2\mathfrak{J}_,)\xi' = 0,\\ &[{}_,\mathfrak{L} + u^2{}_,\mathfrak{J}(1 - \varepsilon\mathrm{p} - \varepsilon'\mathrm{q})]\xi + (s^2 + \mathfrak{L}_{,,} + u^2\mathfrak{J}_{,,})\xi' = 0.\end{aligned}$$

(325)

$$\begin{aligned}&[s^2 + \mathfrak{E} - \mathfrak{S}(u^2 + w^2) + \mathfrak{J}(1 + \varepsilon\mathrm{p} + \varepsilon'\mathrm{q})(v^2 + w^2)]\xi\\ &\quad + [\mathfrak{E}_, - \mathfrak{S}_,(v^2 + w^2) + \mathfrak{J}_,(v^2 + w^2)(1 + \varepsilon\mathrm{p} + \varepsilon'\mathrm{q})]\xi' = 0,\\ &([{}_,\mathfrak{E} - {}_,\mathfrak{S}(v^2 + w^2)](1 - \varepsilon\mathrm{p} - \varepsilon'\mathrm{q}) + {}_,\mathfrak{J}(v^2 + w^2))\xi\\ &\quad + [s^2 + \mathfrak{E}_{,,} - \mathfrak{S}_{,,}(v^2 + w^2) + \mathfrak{J}_{,,}(v^2 + w^2)]\xi' = 0.\end{aligned}$$

Substituirt man die in den Gleichungen (315) und (319) gegebenen Werthe von $\mathfrak{J}$, $\mathfrak{J}_,$, ${}_,\mathfrak{J}$, $\mathfrak{J}_{,,}$, $\mathfrak{L}$, $\mathfrak{L}_,$, ${}_,\mathfrak{L}$, $\mathfrak{L}_{,,}$, so findet man:

(326)

$$\begin{aligned}\mathfrak{L} + u^2\mathfrak{J}(1 - \varepsilon\mathrm{p} - \varepsilon'\mathrm{q}) &= \mathfrak{E} + u^2\varepsilon(2 - \mathrm{p})\mathfrak{S} - \mathrm{q}\varepsilon' u^2\mathfrak{S}\\ &+ \frac{4\pi\mathfrak{D}}{15}\varepsilon k^2\mathrm{h}(\mathrm{r}_0') + \frac{8\pi\mathfrak{D}'}{3}\varepsilon'[\mathrm{c} + \mathrm{d}(\mathrm{r}_0'')]\\ &+ 8\pi\mathfrak{D}\varepsilon\int_{\mathrm{r}_0'}^{\mathrm{r}_\infty'}\mathrm{r}\,\mathrm{f}(\mathrm{r})\left(\frac{\sin(kr)}{kr} - 1\right)d\mathrm{r} - 8\pi\mathfrak{D}'\varepsilon'\int_{\mathrm{r}_0''}^{\mathrm{r}_\infty''}\mathrm{r}\,\mathrm{f}_,(\mathrm{r})d\mathrm{r},\end{aligned}$$

$$\mathfrak{L}_, + u^2\mathfrak{J}_, = \mathfrak{E}_, + 2\varepsilon^2\mathfrak{S}_, - \frac{8\pi\mathfrak{D}'}{3}\varepsilon'\mathrm{d}(\mathrm{r}_0'') + 8\pi\mathfrak{D}'\varepsilon'\int_{\mathrm{r}_0''}^{\mathrm{r}_\infty''}\mathrm{r}\,\mathrm{f}_,(\mathrm{r})\frac{\sin kr}{kr}d\mathrm{r},$$

$$,\mathfrak{L} + u^2,\mathfrak{J}(1 - \varepsilon\mathfrak{p} - \varepsilon'\mathfrak{q}) = ,\mathfrak{E} + u^2\varepsilon'(2 - \mathfrak{p}),\mathfrak{H} - \mathfrak{q}\varepsilon' u^2,\mathfrak{H}$$

$$- \frac{8\pi\mathfrak{D}}{3}\varepsilon\mathfrak{d}(\mathfrak{r}_o') + 8\pi\mathfrak{D}\varepsilon\int_{\mathfrak{r}_o'}^{\mathfrak{r}_\infty'} \mathfrak{r}\,\mathfrak{f}_,(\mathfrak{r})\frac{\sin k\mathfrak{r}}{k\mathfrak{r}}d\mathfrak{r},$$

$$\mathfrak{L}_{,,} + u^2\mathfrak{J}_{,,} = \mathfrak{E}_{,,} + 2\varepsilon' u^2\mathfrak{H}_{,,} + \frac{4\pi\mathfrak{D}'}{15}\varepsilon' k^2\mathfrak{g}(\mathfrak{r}_o'') + \frac{8\pi\mathfrak{D}}{3}\varepsilon[\mathfrak{c} + \mathfrak{d}(\mathfrak{r}_o')]$$

$$+ 8\pi\mathfrak{D}'\varepsilon'\int_{\mathfrak{r}_o''}^{\mathfrak{r}_\infty''} \mathfrak{r}\,\mathfrak{f}_{,,}(\mathfrak{r})\left(\frac{\sin k\mathfrak{r}}{k\mathfrak{r}} - 1\right)d\mathfrak{r} - 8\pi\mathfrak{D}\varepsilon\int_{\mathfrak{r}_o'}^{\mathfrak{r}_\infty'} \mathfrak{r}\,\mathfrak{f}_,(\mathfrak{r})d\mathfrak{r}.$$

Da nun die Phänomene der doppelten Brechung bei einaxigen Krystallen beweisen, dass der eine der beiden Strahlen eine von der Richtung des Strahls unabhängige Geschwindigkeit hat, und dieser Strahl, wie wir eben gesehen haben, nicht der vorher durch die Gleichung (322) bestimmte sein kann, so muss es nothwendig der durch die Gleichungen (324) bestimmte sein, und die Grössen (326) müssen folglich von u unabhängig sein. Man wird folglich die Bedingungen annehmen müssen:

$$\mathfrak{q} = o, \quad \mathfrak{p} = 2 + \frac{\mathfrak{h}(\mathfrak{r}_o') - \frac{1}{7}\mathfrak{m}(\mathfrak{r}_o')}{\mathfrak{h}(\mathfrak{r}_o') + \frac{15}{k^2}\int_{\mathfrak{r}_o'}^{\mathfrak{r}_\infty'} \mathfrak{r}^2\,\mathfrak{f}(\mathfrak{r})\mathfrak{d}_{\mathfrak{r}}\left(\frac{\sin k\mathfrak{r}}{k\mathfrak{r}}\right)d\mathfrak{r}},$$

$$(327) \qquad \int_{\mathfrak{r}_o}^{\mathfrak{r}_\infty} \mathfrak{r}^2\,\mathfrak{f}_,(\mathfrak{r})\mathfrak{d}_{\mathfrak{r}}\left(\frac{\sin k\mathfrak{r}}{k\mathfrak{r}}\right)d\mathfrak{r} = o,$$

$$\int_{\mathfrak{r}_o''}^{\mathfrak{r}_\infty''} \mathfrak{r}^2\mathfrak{f}_{,,}(\mathfrak{r})\mathfrak{d}_{\mathfrak{r}}\left(\frac{\sin k\mathfrak{r}}{k\mathfrak{r}}\right)d\mathfrak{r} = \div\,\frac{k^2}{30}[3\mathfrak{g}(\mathfrak{r}_o'') - \tfrac{1}{7}\mathfrak{n}(\mathfrak{r}_o'')].$$

Substituirt man diese Werthe, so findet man:

(328)

$$\mathfrak{E} - \mathfrak{H}(v^2 + w^2) + \mathfrak{J}(1 + \varepsilon\mathfrak{p} + \varepsilon'\mathfrak{q})(v^2 + w^2)$$
$$= \mathfrak{E} + \varepsilon\mathfrak{H}(k^2 - u^2)(\mathfrak{p} - 2),$$
$$[\mathfrak{E}_, - \mathfrak{H}_,(v^2 + w^2) + \mathfrak{J}_,(v^2 + w^2)](1 + \varepsilon\mathfrak{p} + \varepsilon'\mathfrak{q}) = \mathfrak{E}_, + \varepsilon\mathfrak{p}\mathfrak{E}_{,,},$$
$$[,\mathfrak{E} - ,\mathfrak{H}(v^2 + w^2)](1 - \varepsilon\mathfrak{p} - \varepsilon'\mathfrak{q}) + ,\mathfrak{J}(v^2 + w^2) = ,\mathfrak{E} - \varepsilon\mathfrak{p},\mathfrak{E},$$
$$\mathfrak{E}_{,,} - \mathfrak{H}_{,,}(v^2 + w^2) + \mathfrak{J}_{,,}(v^2 + w^2)$$
$$= \mathfrak{E}_{,,} + \varepsilon' . \frac{4\pi\mathfrak{D}'}{15}[\mathfrak{g}(\mathfrak{r}_o'') - \tfrac{1}{7}\mathfrak{n}(\mathfrak{r}_o'')](k^2 - u^2).$$

Damit jetzt die Gleichungen (299) stattfinden können, das heisst, damit die Gleichungen (324) und (325) identisch seien, muss man nothwendig annehmen:

(329)

$$[c + d(r_0')] - 3\int_{r_0'}^{r_\infty'} r f_,(r) dr = 0,$$

$$\frac{k^2 h(r_0')}{30}(3 - p) + \int_{r_0'}^{r_\infty'} r f(r)\left(\frac{\sin kr}{kr} - 1\right)dr + \frac{2-p}{2}\int_{r_0'}^{r_\infty'} r^2 f(r) dr\left(\frac{\sin kr}{kr}\right)dr = 0,$$

$$\int_{r_0'}^{r_\infty'} r f_,(r) \frac{\sin kr}{kr} dr - \frac{d(r_0')}{3} = 0,$$

$$\frac{k^2 g(r_0'')}{10}\int_{r_0''}^{r_\infty''} r f_{,,}(r)\left(\frac{\sin kr}{kr} - 1\right)dr + \int_{r_0''}^{r_\infty''} r f_{,,}(r) d_r\left(\frac{\sin kr}{kr}\right)dr = 0.$$

Um die zweite dieser Bedingungsgleichungen zu entwickeln, setze man:

$$\int_{r_0}^{r_\infty} r f(r)\left(\frac{\sin kr}{kr} - 1\right)dr = A_1(r_0)k^2 + A_2(r_0)k^4 + A_3(r_0)k^6 + \ldots.$$

so wird, weil $r d_r\left(\frac{\sin kr}{kr}\right) = k d_k\left(\frac{\sin kr}{kr}\right)$:

$$\int_{r_0}^{r_\infty} r^2 f(r) d_r\left(\frac{\sin kr}{kr}\right)dr = k d_k \int_{r_0}^{r_\infty} r f(r)\left(\frac{\sin kr}{kr} - 1\right)dr$$

$$= 2A_1(r_0)k^2 + 4A_2(r_0)k^4 + 6A_3(r_0)k^6 + \ldots$$

Die zweite der Gleichungen (329) wird folglich:

$$(3 - p)\left(A_1(r_0') + \frac{h(r_0')}{30}\right) + (5 - 2p) A_2(r_0')k^2 + (7 - 3p)A_3(r_0')k^4 + \ldots. = 0,$$

woraus hervorgeht:

$$(3 - p)\left(A_1(r_0') + \frac{h(r_0')}{30}\right) = 0,$$

$$(5 - 2p)A_2(r_0') = 0, \quad (7 - 3p)A_3(r_0') = 0, \ldots.$$

Aus der letzten dieser Gleichungen geht hervor, dass:

$$\int_{r_0}^{r_\infty} r^2 f(r) d_r\left(\frac{\sin kr}{kr}\right)dr = 2A_1(r_0)k^2.$$

Die erste Gleichung giebt ferner entweder:

$$A_1(r_0') = \frac{1}{2k^2}\int_{r'}^{r_\infty'} r^2 f(r) d_r\left(\frac{\sin kr}{kr}\right)dr = -\frac{h(r_0')}{30},$$

folglich wegen der Gleichungen (327) und weil, wie vorher gezeigt, nicht $\mathfrak{h}(\mathfrak{r}_o') - \frac{1}{7}\mathfrak{m}(\mathfrak{r}_o')$ gleich Null sein kann: $\mathfrak{p} = \infty$, was unmöglich ist, oder:

$$3 - \mathfrak{p} = o,$$

$$(330) \qquad \mathfrak{p} = 3.$$

Nun ist aber:

$$(327) \qquad \mathfrak{p} = 2 + \frac{\mathfrak{h}(\mathfrak{r}_o') - \frac{1}{7}\mathfrak{m}(\mathfrak{r}_o')}{\mathfrak{h}(\mathfrak{r}_o') + \frac{15}{k^2}\int\limits_{\mathfrak{r}_o'}^{\mathfrak{r}_\infty'} \mathfrak{r}^2 \mathfrak{f}(\mathfrak{r}) d_\mathfrak{r}\left(\frac{\sin k\mathfrak{r}}{k\mathfrak{r}}\right) d\mathfrak{r}},$$

woraus folgt, dass:

$$(331) \qquad \int\limits_{\mathfrak{r}_o}^{\mathfrak{r}_\infty} \mathfrak{r}^2 \mathfrak{f}(\mathfrak{r}) d_\mathfrak{r}\left(\frac{\sin k\mathfrak{r}}{k\mathfrak{r}}\right) = -\frac{k^2}{105}\mathfrak{m}(\mathfrak{r}_o),$$

und folglich:

$$(331') \qquad \int\limits_{\mathfrak{r}_o}^{\mathfrak{r}_\infty} \mathfrak{r}\,\mathfrak{f}(\mathfrak{r})\left(\frac{\sin k\mathfrak{r}}{k\mathfrak{r}} - 1\right) d\mathfrak{r} = -\frac{k^2}{210}\mathfrak{m}(\mathfrak{r}_o).$$

Die letzte der Gleichungen (329) mit der letzten der Gleichungen (327) verglichen, giebt ferner auf dieselbe Weise:

$$(332) \qquad \begin{aligned} &\int\limits_{\mathfrak{r}_o}^{\mathfrak{r}_\infty} \mathfrak{r}\,\mathfrak{f}_{,,}(\mathfrak{r}) d_\mathfrak{r}\left(\frac{\sin k\mathfrak{r}}{k\mathfrak{r}}\right) d\mathfrak{r} = -\frac{k^2\mathfrak{g}(\mathfrak{r}_o)}{15} = -\frac{k^2}{105}\mathfrak{n}(\mathfrak{r}_o), \\ &\mathfrak{g}(\mathfrak{r}_o) - \tfrac{1}{7}\mathfrak{n}(\mathfrak{r}_o) = o, \\ &\int\limits_{\mathfrak{r}_o}^{\mathfrak{r}_\infty} \mathfrak{r}\,\mathfrak{f}_{,,}(\mathfrak{r})\left(\frac{\sin k\mathfrak{r}}{k\mathfrak{r}} - 1\right) d\mathfrak{r} = -\frac{k^2\mathfrak{g}(\mathfrak{r}_o)}{30} = -\frac{k^2}{210}\mathfrak{n}(\mathfrak{r}_o). \end{aligned}$$

Die übrigen der Gleichungen (329) geben:

$$(332') \qquad \int\limits_{\mathfrak{r}_o}^{\mathfrak{r}_\infty} \mathfrak{r}\,\mathfrak{f}_,(\mathfrak{r}) d\mathfrak{r} = \tfrac{1}{3}[\mathfrak{c} + \mathfrak{d}(\mathfrak{r}_o)], \quad \int\limits_{\mathfrak{r}_o}^{\mathfrak{r}_\infty} \mathfrak{r}\,\mathfrak{f}_,(\mathfrak{r}) \frac{\sin k\mathfrak{r}}{k\mathfrak{r}} d\mathfrak{r} = \tfrac{1}{3}\mathfrak{d}(\mathfrak{r}_o).$$

Wegen der Gleichungen (332) werden:

$$\alpha_{,,,} = \delta_{,,,} = \lambda_{,,,} = o,$$

und die Gleichung (322) der Fortpflanzungsgeschwindigkeit des ausserordentlichen Strahls wird folglich:

$$(333)$$

$$s^4 - \alpha_, k^2 s^2 + \beta_, s^2 + \gamma_, - \delta_, k^2 + \lambda_, k^4 + \alpha_{,,} \varepsilon s^2 u^2 + \delta_{,,} \varepsilon u^2 - \lambda_{,,} \varepsilon k^2 u^2 = o,$$

woraus:

(333′)

$$\Omega_e^2 = \alpha - \varepsilon\alpha_{\prime\prime}\cos^2\alpha + \frac{[\delta_\prime - \alpha_\prime\beta_\prime - \varepsilon(\delta_{\prime\prime} - \alpha_{\prime\prime}\beta_\prime)\cos^2\alpha]s^2 - \gamma_\prime[\alpha_\prime - \varepsilon\alpha_{\prime\prime}\cos^2\alpha]}{s^4 + \beta_\prime s^2 + \gamma_\prime}$$
$$- \frac{(\lambda_\prime - \varepsilon\lambda_{\prime\prime}\cos^2\alpha)s^2}{(\alpha_\prime - \varepsilon\alpha_{\prime\prime}\cos^2\alpha)s^2 + (\delta_\prime - \varepsilon\delta_{\prime\prime}\cos^2\alpha)},$$

wo α den Winkel bezeichnet, welchen der Strahl mit der Axe bildet.

Die Gleichungen (324) und (325) geben die Fortpflanzungsgeschwindigkeit des ordentlichen Strahls durch die Gleichung:

(334)

$$s^4 - (\alpha_\prime - \alpha_{\prime\prime}\varepsilon)s^2k^2 + \beta_\prime s^2 + \gamma_\prime - (\delta_\prime - \varepsilon\delta_{\prime\prime})k^2 + (\lambda_\prime - \varepsilon\lambda_{\prime\prime})k^4 = 0$$

bestimmt, woraus: (334′)

$$\Omega_o^2 = \alpha - \varepsilon\alpha_{\prime\prime} + \frac{[\delta_\prime - \alpha_\prime\beta_\prime - \varepsilon(\delta_{\prime\prime} - \alpha_{\prime\prime}\beta_\prime)]s^2 - \gamma_\prime(\alpha_\prime - \varepsilon\alpha_{\prime\prime})}{s^4 + \beta_\prime s^2 + \gamma_\prime}$$
$$- \frac{(\lambda_\prime - \varepsilon\lambda_{\prime\prime})s^2}{(\alpha_\prime - \varepsilon\alpha_{\prime\prime})s^2 + \delta_\prime - \varepsilon\delta_{\prime\prime}}.$$

Untersuchen wir jetzt, ob die Gleichungen (287) stattfinden oder nicht. Die erste dieser Gleichungen wird:

$$\mathfrak{L} + u^2(1 - 4\varepsilon)\mathfrak{H} + \mathfrak{L}_{\prime\prime} + u^2(1 - 4\varepsilon')\mathfrak{H}_{\prime\prime} = \mathfrak{E} + \mathfrak{E}_{\prime\prime},$$

oder:

$$\mathfrak{E} + \frac{4\pi\mathfrak{D}}{15}\varepsilon\mathfrak{h}(\mathfrak{r}_0')k^2 + 8\pi\mathfrak{D}\varepsilon\int_{\mathfrak{r}_0'}^{\mathfrak{r}_\infty'} \mathfrak{r}\,\mathfrak{f}(\mathfrak{r})\left(\frac{\sin k\mathfrak{r}}{k\mathfrak{r}} - 1\right)d\mathfrak{r}$$
$$+ \frac{8\pi\mathfrak{D}'}{3}\varepsilon'[\mathfrak{c} + \mathfrak{d}(\mathfrak{r}_0'')] - 8\pi\mathfrak{D}'\varepsilon'\int_{\mathfrak{r}_0''}^{\mathfrak{r}_\infty''} \mathfrak{r}\,\mathfrak{f}_\prime(\mathfrak{r})d\mathfrak{r}$$
$$+ \mathfrak{E}_{\prime\prime} + 8\pi\mathfrak{D}'\varepsilon'\int_{\mathfrak{r}_0''}^{\mathfrak{r}_\infty''} \mathfrak{r}\,\mathfrak{f}_{\prime\prime}(\mathfrak{r})\left(\frac{\sin k\mathfrak{r}}{k\mathfrak{r}} - 1\right)d\mathfrak{r}$$
$$+ \frac{8\pi\mathfrak{D}}{3}\varepsilon[\mathfrak{c} + \mathfrak{d}(\mathfrak{r}_0')] - 8\pi\mathfrak{D}\varepsilon\int_{\mathfrak{r}_0'}^{\mathfrak{r}_\infty'} \mathfrak{r}\,\mathfrak{f}_\prime(\mathfrak{r})d\mathfrak{r} = \mathfrak{E} + \mathfrak{E}_{\prime\prime},$$

woraus hervorgeht:

(335) $$\mathfrak{h}(\mathfrak{r}_0') - \tfrac{1}{7}\mathfrak{m}(\mathfrak{r}_0') = 0,$$

welche Gleichung, wie vorher bewiesen, unmöglich ist. Die zweite der Gleichungen (287) würde dieselbe Bedingungsgleichung $\mathfrak{h}(\mathfrak{r}_0') - \frac{1}{7}\mathfrak{m}(\mathfrak{r}_0') = 0$ geben. Die Supposition der Gleichungen (287) ist erst von Cauchy*) aufgestellt worden, um die Bedingungs-

*) Eine im August 1836 lithographirte Abhandlung, welche 1841 von Xaver Moth in Linz herausgegeben worden ist, auch früher in einem Briefe an Libri, Pogg. Ann. 39.

gleichungen (289) nicht annehmen zu brauchen, und folglich den Fresnel'schen Satz, dass die Schwingungen im ungewöhnlichen Strahl (284) oder (322) im Hauptschnitte stattfinden, zu erhalten. Diese Annahme der Gleichungen (287) ist aber nicht nur, wie ich eben gezeigt habe, unmöglich, sondern sie würde nicht einmal ihren Zweck, den Beweis des Fresnel'schen Satzes, erreichen. Nimmt man nämlich an, dass die Gleichung (235) stattfinde, so würden in den Gleichungen (323) $\alpha'' = o$, $\delta'' = o$, folglich der Strahl (322) der gewöhnliche Strahl werden. Man würde also erhalten, dass die Schwingungen beim gewöhnlichen Strahle im Hauptschnitte stattfinden, nicht aber, wie bezweckt war, beim ungewöhnlichen. Man muss daher nothwendiger Weise annehmen, dass die Vibrationen eines polarisirten Strahls im Polarisationsplane stattfinden. Diese Meinung ist auch von Cauchy in seinen früheren Werken angenommen worden, und überhaupt von den meisten Mathematico-Physikern, während die meisten Physiker die Fresnel'sche Definition angenommen haben. Die durch die Erfahrung bestätigten Formeln der Intensität des reflectirten und gebrochenen Strahls, welche Fresnel erst aus seiner Definition des Polarisationsplans entwickelte, können in dieser Sache nichts entscheiden, weil sie ebenso gut aus der anderen Definition, deren Richtigkeit ich hier in aller Strenge bewiesen zu haben glaube, hergeleitet werden können, wie Neumann es in seiner Abhandlung: „Ueber den Einfluss der Krystallflächen bei der Reflexion des Lichts, und über die Intensität des gewöhnlichen und ungewöhnlichen Strahls", gezeigt hat.

Die Schwingungen im gewöhnlichen Strahl (333) finden folglich im Hauptschnitte statt, und bilden mit dem Wellenplane einen kleinen Winkel φ, der durch die Gleichung (300), oder weil $\mu = 3\varepsilon$, durch die Gleichung:

$$(336) \qquad \sin\varphi = \frac{3\varepsilon}{2}\sin 2\alpha$$

bestimmt wird, wo α den Winkel bezeichnet, welchen der Strahl mit der Krystallaxe macht. Construirt man folglich in dem durch den Strahl gehenden Hauptschnitt eine Ellipse, deren Centrum im Strahl ist, deren eine Axe der Krystallaxe parallel ist und die andere folglich senkrecht auf dieselbe, und bestimmt die Längen dieser Axen so, dass das Verhältniss der Quadrate der Axen gleich ist dem Verhältniss der Kuben des lineären Abstands der Aethermolekülen in den Richtungen der Axen, so werden die Schwingungen im Strahl der Tangente des Punkts, wo der Strahl die Ellipse schneidet, parallel sein.

Die Bedingungsgleichungen, welche für die Molekülarkräfte $f(r)$, $f_{,}(r)$, $f_{,,}(r)$ gefunden sind, werde ich jetzt hier zusammenstellen:

(337)

$$r_\infty^2 f(r_\infty) = o, \qquad r_\infty^4 d_{r_\infty}\left(\frac{f(r_\infty)}{r_\infty}\right) = \text{einer endlichen Grösse } e \text{ oder } = o,$$

$$r_o^4 f(r_o) = -h(r_o), \quad r_o^6 d_{r_o}\left(\frac{f(r_o)}{r_o}\right) = \text{einer endlichen Grösse } m(r_o) \text{ oder } = o,$$

$$\int_{r_o}^{r_\infty} r f(r)\left(\frac{\sin kr}{kr} - 1\right)dr = -\tfrac{1}{210}k^2 r_o^6 d_{r_o}\left(\frac{f(r_o)}{r_o}\right).$$

(338)

$$r_\infty^2 f_{,}(r_\infty) = c, \text{ von Null verschieden,} \qquad r_\infty^4 d_{r_\infty}\left(\frac{f_{,}(r_\infty)}{r_\infty}\right) = \text{einer endlichen Grösse } q \text{ oder } = o,$$

$$r_o^2 f_{,}(r_o) = -d(r_o), \text{ von Null verschieden,} \quad r_o^4 d_{r_o}\left(\frac{f_{,}(r_o)}{r_o}\right) = \text{einer endlichen Grösse } l(r_o) \text{ oder } = o,$$

$$\int_{r_o}^{r_\infty} r f_{,}(r)\frac{\sin kr}{kr}dr = -\tfrac{1}{3}r_o^2 f_{,}(r_o), \quad \int_{r_o}^{r_\infty} r f_{,}(r)dr = \tfrac{1}{3}r_\infty^2 f_{,}(r_\infty) - \tfrac{1}{3}r_o^2 f_{,}(r_c).$$

(339)

$$r_\infty^2 f_{,,}(r_\infty) = o, \quad r_\infty^4 d_{r_\infty}\left(\frac{f_{,,}(r_\infty)}{r_\infty}\right) = \text{einer endlichen Grösse } i \text{ oder } = o,$$

$$r_o^6 d_{r_o}\left(\frac{f_{,,}(r_o)}{r_o}\right) = o, \quad \int_{r_o}^{r_\infty} r f_{,,}(r)\left(\frac{\sin kr}{kr} - 1\right)dr = -\tfrac{1}{210}k^2 r_o^6 d_{r_o}\left(\frac{f_{,,}(r_o)}{r_o}\right),$$

$$r_o^4 f_{,,}(r_o) = -g(r_o) = \text{einer sehr kleinen Grösse oder gleich Null,}$$

$$r_o^6 d_{r_o}\left(\frac{f_{,,}(r_o)}{r_o}\right) = n(r_o) = \text{einer sehr kleinen Grösse oder gleich Null.}$$

§. 6. Bestimmung des Verhältnisses $\frac{\varepsilon}{\varepsilon'}$.

Subtrahirt man die Gleichungen (333′) und (334′) von einander, so erhält man:

$$\Omega_e^2 - \Omega_o^2 = \varepsilon \left\{ \alpha_{,,} + \frac{(\delta_{,,} - \alpha_{,,}\beta_{,})s^2 - \alpha_{,,}\gamma_{,}}{s^4 + \beta_{,}s^2 + \gamma_{,}} - \frac{\lambda_{,,}(\alpha_{,}s^2 + \delta_{,}) - \lambda_{,}(\alpha_{,,}s^2 + \delta_{,,})}{(\alpha_{,}s^2 + \delta_{,})^2} \right\} \sin^2\alpha.$$

Senkrecht auf der Axe ist $\alpha = 90^\circ$, folglich:

$$(339') \qquad \Omega_e^2 - \Omega_o^2 = \varepsilon \left\{ \alpha_{,,} + \frac{(\delta_{,,} - \alpha_{,,}\beta_{,})s^2 - \alpha_{,,}\gamma_{,}}{s^4 + \beta_{,}s^2 + \gamma_{,}} - \frac{\lambda_{,,}(\alpha_{,}s^2 + \delta_{,}) - \lambda_{,}(\alpha_{,,}s^2 + \delta_{,,})}{(\alpha_{,}s^2 + \delta_{,})^2} \right\} = \varepsilon C,$$

und hieraus ferner:

$$\Omega_e^2 = \Omega_o^2 + \varepsilon C,$$

$$\Omega_e = \Omega_o + \frac{\varepsilon C}{2\Omega_o}, \quad \frac{1}{\Omega_o} - \frac{1}{\Omega_e} = \frac{\varepsilon C}{2\Omega_o^3},$$

wenn man die höheren Potenzen von ε vernachlässigt.

Die Grösse $\frac{\varepsilon C}{2\Omega_o^3}$ kann durch Beobachtungen als eine Funktion von der Compression des Körpers bestimmt werden, und wird dann dem Compressionscoëfficienten e′ proportional gefunden. Der Zahlenwerth dieses Verhältnisses ist von Neumann*) für Spiegelglas folgender Weise bestimmt worden.

Nimmt man an, der Körper wäre ein rechtwinkliges Parallelepipedon, dessen Dimensionen wir durch H, B, D bezeichnen werden, und wird dieser Körper in der Richtung von H um die Grösse e′H zusammengedrückt, so werden die Dimensionen des Körpers nach dem Drucke $(1 - e')H$, $(1 + \frac{1}{4}e')B$, $(1 + \frac{1}{4}e')D$. Lässt man senkrecht durch dieses Parallelepipedon in der Richtung von D einen homogenen Lichtstrahl von der Undulationsdauer T hindurchgehen, dessen Polarisationsebene mit H den Winkel $+ 45^\circ$ bildet und analysirt man denselben nach seinem Durchgange mittelst eines Turmalins, dessen Polarisationsebene mit H den Winkel $- 45^\circ$ bildet, so ist die Intensität des durch den Turmalin durchgehenden Lichtes proportional mit:

$$\sin^2 \left\{ \frac{D(1 + \frac{1}{4}e')}{T} \left(\frac{1}{\Omega_o} - \frac{1}{\Omega_e} \right) \pi \right\}.$$

In der That, bezeichnen wir durch α die halbe Amplitude der Schwingungen im ursprünglichen Polarisationsplane des Strahls, so wird die Verrückung in diesem Plane:

---

*) Neumann, die Gesetze der Doppelbrechung des Lichts in comprimirten oder ungleichförmig erwärmten unkrystallinischen Körpern pag. 40—50.

[(175)] $$\vartheta = \alpha \cos\left\{2\pi\left(\frac{\varphi}{l} - \frac{t}{T}\right)\right\}.$$

Zerlegen wir diese nach der Richtung der x- und yAxe, welche wir als den Dimensionen H und B parallel annehmen, so werden:

$$\xi = \frac{\alpha}{\sqrt{2}}\cos\left\{2\pi\left(\frac{\varphi}{l} - \frac{t}{T}\right)\right\}, \quad v = \frac{\alpha}{\sqrt{2}}\cos\left\{2\pi\left(\frac{\varphi}{l} - \frac{t}{T}\right)\right\}.$$

Die erste dieser Schwingungen pflanzt sich mit der Geschwindigkeit Ω_o fort, und dieser Strahl durchläuft folglich den Körper, dessen Dimension in der Richtung des Strahls $D(1+\frac{1}{4}e')$ ist, in der Zeit $\frac{D(1+\frac{1}{4}e')}{\Omega_o}$. Die zweite Vibration pflanzt sich mit der Geschwindigkeit Ω_e fort, und dieser Strahl durchläuft folglich den Körper in der Zeit $\frac{D(1+\frac{1}{4}e')}{\Omega_e}$. Der letzte Strahl wird folglich um die Zeit $D(1+\frac{1}{4}e')\left(\frac{1}{\Omega_o} - \frac{1}{\Omega_e}\right)$ früher aus dem Körper heraustreten, als der erste Strahl, und wird während dieses Zeitraums das Stück $\delta = D(1+\frac{1}{4}e')\left(\frac{1}{\Omega_o} - \frac{1}{\Omega_e}\right)O$ durchlaufen, wo O die Geschwindigkeit des Lichts in der Luft ist. Nach dem Zeitraum $\frac{D(1+\frac{1}{4}e')}{\Omega_o}$ werden folglich die Verrückungen in beiden Strahlen:

$$\xi = \frac{\alpha}{\sqrt{2}}\cos\left\{2\pi\left(\frac{\varphi - D(1+\frac{1}{4}e')}{l} - \frac{t}{T}\right)\right\},$$

$$v = \frac{\alpha}{\sqrt{2}}\cos\left\{2\pi\left(\frac{\varphi - D(1+\frac{1}{4}e') - \delta}{l} - \frac{t}{T}\right)\right\}.$$

Wenn diese beiden Verrückungen nach dem zweiten analysirenden Polarisationsplane zerlegt werden, so findet man die Verrückungen in diesem Plane:

$$\vartheta' = \frac{\alpha}{\sqrt{2}}\left[\cos\left\{2\pi\left(\frac{\varphi - D(1+\frac{1}{4}e')}{l} - \frac{t}{T}\right)\right\} - \cos\left\{2\pi\left(\frac{\varphi - D(1+\frac{1}{4}e') - \delta}{l} - \frac{t}{T}\right)\right\}\right]$$

$$= \alpha \sin\left\{\frac{\pi D\left(\frac{1}{\Omega_o} - \frac{1}{\Omega_e}\right)(1+\frac{1}{4}e')}{T}\right\}\cos\left\{2\pi\left(\frac{\varphi - D(1+\frac{1}{4}e') - p}{l} - \frac{t}{T}\right)\right\},$$

wo:

$$\cos\left\{\frac{\pi D\left(\frac{1}{\Omega_o} - \frac{1}{\Omega_e}\right)(1+\frac{1}{4}e')}{T}\right\} = \sin\left\{\frac{2\pi p}{l}\right\}.$$

Die halbe Amplitude der Schwingungen nach dem Durchgange durch den analysirenden Turmalin wird folglich:

$$\alpha \, . \sin \left\{ \frac{\pi D (1 + \frac{1}{4} e') \left(\frac{1}{\Omega_o} - \frac{1}{\Omega_e} \right)}{T} \right\}.$$

Die Intensität des Lichts ist dem Quadrate der Amplitude der Schwingungen proportional; setzt man daher die Intensität des einfallenden Lichtes gleich 1, so wird die Intensität des durchgegangenen Lichtes:

$$\sin^2 \left\{ \frac{\pi D (1 + \frac{1}{4} e') \left(\frac{1}{\Omega_o} - \frac{1}{\Omega_e} \right)}{T} \right\}.$$

Wenn das durch das Parallelepipedon gehende Licht nicht homogen, sondern weisses Licht ist, so wird die Intensität und Farbe des durch den Turmalin gegangenen Lichtes proportional sein mit:

$$\Sigma \sin^2 \left\{ \frac{\pi D (1 + \frac{1}{4} e') \left(\frac{1}{\Omega_o} - \frac{1}{\Omega_e} \right)}{T} \right\},$$

worin das Σ sich auf alle T bezieht, die den im weissen Licht enthaltenen homogenen Strahlen angehören, und worin das Zeichen Σ die Operation bedeutet, durch welche man nach der Newton'schen Regel die Farbe erhält, welche aus mehreren einfachen Farben resultirt.

Die Farbe, welche eine dünne Luftlamelle der Dicke Θ im gewöhnlichen weissen Licht senkrecht reflectirt, ist proportional mit:

$$\Sigma \sin^2 \left(\frac{2\pi\Theta}{TO} \right).$$

Wenn also die dünne Luftlamelle Licht von derselben Farbe, welche das durch das comprimirte Glasparallelepipedon gegangene Licht besitzt, senkrecht reflectirt, so wird:

$$\frac{2\Theta}{O} = D (1 + \tfrac{1}{4} e') \left(\frac{1}{\Omega_o} - \frac{1}{\Omega_e} \right).$$

Nun ist aber:

$$\frac{1}{\Omega_o} - \frac{1}{\Omega_e} = \frac{\varepsilon C}{2\Omega_o^3},$$

folglich, wenn man das Produkt $\varepsilon e'$ vernachlässigt:

(339″) $$\frac{2\Theta}{O} = \frac{\varepsilon DC}{2\Omega_o^3}, \quad \varepsilon C = \frac{4\Theta\Omega^3}{OD}.$$

Um die directe Messung einer so kleinen Grösse, als e' ist, nicht ausführen zu brauchen, hat Neumann folgendes Mittel angewandt. Ein gerader Glasstreifen, dessen Querschnitt ein Rechteck ist, wurde an seinen beiden Enden auf feste Unterlagen gelegt und der mittlere Querschnitt dieses Streifens von beiden Unterlagen gleichweit entfernt um eine Grösse f, die direct gemessen wurde, heruntergedrückt. Denkt man sich die Unterlagen, um die Vorstellung zu fixiren, in einer horizontalen Ebene gelegen, so wird der untere Theil des Glasstreifens ausgedehnt, der obere Theil comprimirt werden. Die Theile, welche die Grenzen dieser beiden Hälften bilden, werden ihre ursprüngliche Entfernung von einander nicht ändern; sie werden eine cylindrische Fläche bilden, deren Gleichung, wenn der Anfangspunkt der Coordinaten in der Mitte des mittleren Querschnittes des Glasstreifens genommen wird, die xAxe horizontal, und den verticalen Seitenflächen des Glasstreifens parallel die yAxe vertical angenommen wird:

$$y = \tfrac{3}{2}f\left\{\left(\frac{x}{a}\right)^2 - \tfrac{1}{3}\left(\frac{x}{a}\right)^3\right\},$$

wo a den halben Abstand der Unterlagen bezeichnet. In einem Punkt des Glasstreifens, dessen Abscisse x und dessen Ordinate y' ist, wird folglich die Ausdehnung in der Richtung der Länge des Streifens:

$$e' = -\frac{y'}{R},$$

wo R den Krümmungsradius des Punktes in der cylindrischen Fläche, dessen Abscisse x ist, bezeichnet. Man hat jetzt:

$$R = \frac{\left\{4a^2 + 9f^2\left[2\frac{x}{a} - \left(\frac{x}{a}\right)^2\right]\right\}^{\frac{3}{2}}}{24f(a-x)};$$

folglich wenn man die höheren Potenzen von $\frac{x}{a}$ vernachlässigt:

$$e' = -\frac{3fy'}{a^2}\left(1 - \frac{x}{a}\right).$$

Wenn $x = 0$, erhält man im mittleren Querschnitte:

$$e' = -\frac{3fy'}{a^2},$$

und folglich:

$$\frac{\varepsilon C}{e'} = -\frac{4\Omega^3}{3OD} \cdot \frac{\Theta a^2}{fy'}.$$

Bei dem von Neumann angewandten Glasstreifen war.

$$\Omega = 0{,}654\,O, \quad D = 8''',53,$$

und nach 12 besonderen Beobachtungen:

Nummer der Beobachtung.	a	f	Θ	$-y'$	Woraus gefunden wird $\frac{\varepsilon C}{\varepsilon O^2}$.
1.	33	0,157	0,000126	0,419	0,0912
2.	33	0,157	0,000183	0,656	0,0842
3.	33	0,136	0,000126	0,463	0,0953
4.	28,12	0,136	0,000183	0,757	0,0846
5.	28,12	0,0675	0,000158	0,9795	0,0826
6.	28,12	0,0857	0,000183	0,9795	0,0754
7.	28,12	0,1146	0,000263	0,9795	0,0810
8.	28,12	0,1403	0,000305	0,9795	0,0767
9.	28,12	0,0516	0,000158	1,027	0,1031
10.	28,12	0,0623	0,000183	1,027	0,0989
11.	28,12	0,0873	0,000263	1,027	0,1014
12.	28,12	0,1069	0,000305	1,027	0,0961

wo alle Maassangaben in Pariser Linien angegeben sind. Als Mittel dieser 12 Beobachtungen erhält man:

$$\frac{\varepsilon C}{e'} = 0,0892 \,.\, O^2, \qquad (339''')$$

wo O die Geschwindigkeit des Lichts in der Luft bezeichnet.

Cap. III.

Gesetze der Fortpflanzung des Lichts bei natürlich einaxig krystallisirten Körpern.

§. 1. Gleichungen der unendlich kleinen Bewegungen zweier Systeme von Molekülen.

Wir haben bisher vorausgesetzt, die Molekülarkräfte f(r), f,(r), f,,(r) wären nur Funktionen des Abstandes r und unabhängig von der Richtung dieses Radius vector r. Dies kann man auch bei isophanen Körpern voraussetzen und folglich auch bei Körpern, die ursprünglich isophan durch Druck oder Erwärmung die Eigenschaften eines Krystalls erhalten haben. Bei den natürlichen Krystallen kann man dagegen nicht voraussetzen, dass die Kräfte f,,(r) und f,(r) blosse Funktionen von r seien, und der Allgemeinheit willen werden wir es auch nicht von der Molekülarkraft f(r) annehmen. Bei einaxigen Krystallen muss man dann annehmen, die Kräfte f(r), f,(r), f,,(r) seien Funktionen nicht allein des Abstandes r, sondern auch des Winkels, welchen dieser Radius vector r mit der Axe des Krystalls bildet. Nehmen wir, wie vorher, die xAxe als der Krystallaxe parallel an, so können diese drei Funktionen unter den folgenden Formen gesetzt werden:

(340)

$$\mathfrak{f}(r) = \mathfrak{f}(r,x) = \Sigma x^n \Phi_n(r),\quad f(r) = f(r,x) = \Sigma \frac{x^n}{r} \Phi_n(r) = \Sigma x^n \varphi_n(r),$$

$$\mathfrak{f}_,(r) = \mathfrak{f}_,(r,x) = \Sigma x^n \Phi'_n(r),\quad f_,(r) = f_,(r,x) = \Sigma \frac{x^n}{r} \Phi'_n(r) = \Sigma x^n \varphi'_n(r),$$

$$\mathfrak{f}_{,,}(r) = \mathfrak{f}_{,,}(r,x) = \Sigma x^n \Phi''_n(r),\quad f_{,,}(r) = f_{,,}(r,x) = \Sigma \frac{x^n}{r} \Phi''_n(r) = \Sigma x^n \varphi''_n(r).$$

Statt der Gleichungen [(17)] wird man dann die folgenden erhalten:

(341)

$$f(r+\varrho, x+\Delta\xi) = \Sigma x^n \varphi_n(r) + \varrho \Sigma x^n d_r \varphi_n(r) + \Delta\xi \Sigma n x^{n-1} \varphi_n(r),$$

$$f_,(r+\varrho_,, x+\xi'-\xi+\Delta\xi') = \Sigma x^n \varphi'_n(r) + \varrho \Sigma x^n d_r \varphi'_n(r) + (\xi'-\xi + \Delta\xi) \Sigma n x^{n-1} \varphi'_n(r), \text{ etc.}$$

Substituirt man diese Werthe in den Gleichungen [(8)], so erhält man statt der Gleichungen [(18)] die folgenden:

(342)

$$\begin{aligned}
d_t^2 \xi = {} & S[m\Sigma[x^n\varphi_n(r)]\Delta\xi] + S[m\Sigma[x^n d_r\varphi_n(r)]x\varrho] \\
& + S[m\Sigma[nx^{n-1}\varphi_n(r)]x\Delta\xi] + S[m'\Sigma[x^n\varphi'_n(r)](\xi'-\xi+\Delta\xi')] \\
& + S[m'\Sigma[x^n d_r\varphi'_n(r)]x\varrho_,] + S[m'\Sigma[nx^{n-1}\varphi'_n(r)]x(\xi'-\xi+\Delta\xi')], \\
d_t^2 v = {} & S[m\Sigma[x^n\varphi_n(r)]\Delta v] + S[m\Sigma[x^n d_r\varphi_n(r)]y\varrho] \\
& + S[m\Sigma[nx^{n-1}\varphi_n(r)]y\Delta\xi] + S[m'\Sigma[x^n\varphi'_n(r)](v'-v+\Delta v')] \\
& + S[m'\Sigma[x^n d_r\varphi'_n(r)]y\varrho_,] + S[m'\Sigma[nx^{n-1}\varphi'_n(r)]y(\xi'-\xi+\Delta\xi')], \\
d_t^2 \zeta = {} & S[m\Sigma[x^n\varphi_n(r)]\Delta\zeta] + S[m\Sigma[x^n d_r\varphi_n(r)]z\varrho] \\
& + S[m\Sigma[nx^{n-1}\varphi_n(r)]z\Delta\xi] + S[m'\Sigma[x^n\varphi'_n(r)](\zeta'-\zeta+\Delta\zeta')] \\
& + S[m'\Sigma[x^n d_r\varphi'_n(r)]z\varrho_,] + S[m'\Sigma[nx^{n-1}\varphi'_n(r)]z(\xi'-\xi+\Delta\xi')], \\
d_t^2 \xi' = {} & S[m\Sigma[x^n\varphi'_n(r)](\xi-\xi'+\Delta\xi)] + S[m\Sigma[x^n d_r\varphi'_n(r)]x_,\varrho] \\
& + S[m\Sigma[nx^{n-1}\varphi'_n(r)]x(\xi-\xi'+\Delta\xi)] + S[m'\Sigma[x^n\varphi''_n(r)]\Delta\xi'] \\
& + S[m'\Sigma[x^n d_r\varphi''_n(r)]x\varrho_{,,}] + S[m'\Sigma[nx^{n-1}\varphi''_n(r)]x\Delta\xi'], \\
d_t^2 v' = {} & S[m\Sigma[x^n\varphi'_n(r)](v-v'+\Delta v)] + S[m\Sigma[x^n d_r\varphi'_n(r)]y_,\varrho] \\
& + S[m\Sigma[nx^{n-1}\varphi'_n(r)]y(\xi-\xi'+\Delta\xi)] + S[m'\Sigma[x^n\varphi''_n(r)]\Delta v'] \\
& + S[m'\Sigma[x^n d_r\varphi''_n(r)]y\varrho_{,,}] + S[m'\Sigma[nx^{n-1}\varphi''_n(r)]y\Delta\xi'],
\end{aligned}$$

$$d_t^2\zeta' = S[m\Sigma[x^n\varphi'_n(r)](\zeta-\zeta'+\Delta\zeta)] + S[m\Sigma[x^n d_r\varphi'_n(r)]z{,}\varrho]$$
$$+ S[m\Sigma[nx^{n-1}\varphi'_n(r)](\xi-\xi'+\Delta\xi)] + S[m'\Sigma[x^n\varphi''_n(r)]\Delta\zeta']$$
$$+ S[m'\Sigma[x^n d_r\varphi''_n(r)]z\varrho_{,,}] + S[m'\Sigma[nx^{n-1}\varphi''_n(r)]z\Delta\xi'].$$

Betrachtet man in den Funktionen (340) der Kürze des Ausdruckes willen, r und x als unabhängige Variabeln, und setzt:

(343)

$$\mathfrak{h} = S\left\{\frac{m}{x}d_x f(r)\left(e^{ux+vy+wz}-1-(ux+vy+wz)-\frac{(ux+vy+wz)^2}{2}\right)\right\}$$
$$- S\left\{\frac{m'}{x}d_x f_{,}(r)\frac{(ux+vy+wz)^2}{2}\right\} = \mathfrak{h}\left(\frac{d_x f(r)}{x}\right) - \mathfrak{h}\left(\frac{d_x f_{,}(r)}{x}\right),$$
$$\mathfrak{h}_{,} = S\left\{\frac{m'}{x}d_x f_{,}(r)\left(e^{ux+vy+wz}-1-(ux+vy+wz)\right)\right\} = \mathfrak{h}_{,}\left(\frac{d_x f_{,}(r)}{x}\right),$$
$${}_{,}\mathfrak{h} = S\left\{\frac{m}{x}d_x f_{,}(r)\left(e^{ux+vy+wz}-1-(ux+vy+wz)\right)\right\} = {}_{,}\mathfrak{h}\left(\frac{d_x f_{,}(r)}{x}\right),$$
$$\mathfrak{h}_{,,} = S\left\{\frac{m'}{x}d_x f_{,,}(r)\left(e^{ux+vy+wz}-1-(ux+vy+wz)-\frac{(ux+vy+wz)^2}{2}\right)\right\}$$
$$- S\left\{\frac{m}{x}d_x f_{,}(r)\frac{(ux+vy+wz)^2}{2}\right\} = \mathfrak{h}_{,,}\left(\frac{d_x f_{,,}(r)}{x}\right) - \mathfrak{h}_{,,}\left(\frac{d_x f(r)}{x}\right),$$

(344)

$$\mathfrak{l} = d_u^2\mathfrak{h}, \quad \mathfrak{l}_{,} = d_u^2\mathfrak{h}_{,}, \quad {}_{,}\mathfrak{l} = d_u^2\,{}_{,}\mathfrak{h}, \quad \mathfrak{l}_{,,} = d_u^2\mathfrak{h}_{,,},$$
$$\mathfrak{r} = d_u d_v\mathfrak{h}, \quad \mathfrak{r}_{,} = d_u d_v\mathfrak{h}_{,}, \quad {}_{,}\mathfrak{r} = d_u d_v\,{}_{,}\mathfrak{h}, \quad \mathfrak{r}_{,,} = d_u d_v\mathfrak{h}_{,,},$$
$$\mathfrak{q} = d_u d_w\mathfrak{h}, \quad \mathfrak{q}_{,} = d_u d_w\mathfrak{h}_{,}, \quad {}_{,}\mathfrak{q} = d_u d_v\,{}_{,}\mathfrak{h}, \quad \mathfrak{q}_{,,} = d_u d_v\mathfrak{h}_{,,},$$

und bezeichnet ferner durch l, $l_{,}$, ${}_{,}l$, $l_{,,}$, r, $r_{,}$, ${}_{,}r$, $r_{,,}$, q, $q_{,}$, ${}_{,}q$, $q_{,,}$ die charakteristischen Funktionen, welche hervorgehen, wenn man in den Grössen $\mathfrak{l}$, $\mathfrak{l}_{,}$, ${}_{,}\mathfrak{l}$, $\mathfrak{l}_{,,}$, $\mathfrak{r}$, $\mathfrak{r}$, etc. d_x, d_y, d_z statt u, v, w setzt, so werden die Gleichungen (342) statt unter den Formen [(21)], unter den folgenden gesetzt werden können:

(345)

$$(L + l - d_t^2)\xi + R\upsilon + Q\zeta + (L_{,} + l_{,})\xi' + R_{,}\upsilon' + Q_{,}\zeta' = o,$$
$$(R + r)\xi + (M - d_t^2)\upsilon + P\zeta + (R_{,} + r_{,})\xi' + M_{,}\upsilon' + P_{,}\zeta' = o,$$
$$(Q + q)\xi + P\upsilon + (N - d_t^2)\zeta + (Q_{,} + q_{,})\xi' + P_{,}\upsilon' + N_{,}\zeta' = o,$$
$$({}_{,}L + {}_{,}l)\xi + {}_{,}R\upsilon + {}_{,}Q\zeta + (L_{,,} + l_{,,} - d_t^2)\xi' + R_{,,}\upsilon' + Q_{,,}\zeta' = o,$$
$$({}_{,}R + {}_{,}r)\xi + {}_{,}M\upsilon + {}_{,}P\zeta + (R_{,,} + r_{,,})\xi' + (M_{,,} - d_t^2)\upsilon' + P_{,,}\zeta' = o,$$
$$({}_{,}Q + {}_{,}q)\xi + {}_{,}P\upsilon + {}_{,}N\zeta + (Q_{,,} + q_{,,})\xi' + P_{,,}\upsilon + (N_{,,} - d_t^2)\zeta' = o,$$

wo L, $L_{,}$ etc. durch die Gleichungen [(19)], und $f(r)$, $f_{,}(r)$, $f_{,,}(r)$ durch die Gleichungen (340) bestimmt sind.

Bei einaxigen Krystallen müssen die Grössen l, r, q, $l_{,}$, $r_{,}$, $q_{,}$ etc. charakteristische Funktionen von d_x und $d_y^2 + d_z^2$ sein.

und folglich $\mathfrak{h}$, $\mathfrak{h}_,$, $_,\mathfrak{h}$, $\mathfrak{h}_{,,}$ Funktionen von u und $k_,$. Setzt man jetzt:

$$(346)\quad \begin{aligned} i &= \frac{1}{u}d_u\left(\frac{1}{k_,}d_{k_,}\mathfrak{h}\right), & i_, &= \frac{1}{u}d_u\left(\frac{1}{k_,}d_{k_,}\mathfrak{h}_,\right), \\ {}_,i &= \frac{1}{u}d_u\left(\frac{1}{k_,}d_{k_,}{}_,\mathfrak{h}\right), & i_{,,} &= \frac{1}{u}d_u\left(\frac{1}{k_,}d_{k_,}\mathfrak{h}_{,,}\right), \end{aligned}$$

und bezeichnet durch i, $i_,$, $_,i$, $i_{,,}$ die entsprechenden charakteristischen Funktionen, wenn man d_x, d_y, d_z statt u, v, w setzt, so wird:

$$(347)\quad \begin{aligned} r &= d_x d_y i, & r_, &= d_x d_y i_,, & {}_,r &= d_x d_y {}_,i, & r_{,,} &= d_x d_y i_{,,}, \\ q &= d_x d_z i, & q_, &= d_x d_z i_,, & {}_,q &= d_x d_z {}_,i, & q_{,,} &= d_x d_z i_{,,}. \end{aligned}$$

Die Gleichungen (345) können folglich statt unter den Formen (271) unter den folgenden gesetzt werden:

$$(348)\quad \begin{aligned} &(L + l - d_t^2)\xi + d_x I(d_y v + d_z\zeta) + (L_, + l_,)\xi' + d_x I_,(d_y v' + d_z\zeta') = o, \\ &({}_,L + {}_,l)\xi + d_x{}_,I(d_y v + d_z\zeta) + (L_{,,} + l_{,,} - d_t^2)\xi' + d_x I_{,,}(d_y v' + d_z\zeta') = o, \\ &(E - d_t^2)v + d_y[(I + i)d_x\xi + F(d_y v + d_z\zeta)] + E_, v' \\ &\qquad + d_y[(I_, + i_,)d_x\xi' + F_,(d_y v' + d_z\zeta')] = o, \\ &{}_,E v + d_y[({}_,I + {}_,i)d_x\xi + {}_,F(d_y v + d_z\zeta)] + (E_{,,} - d_t^2)v' \\ &\qquad + d_y[(I_{,,} + i_{,,})d_x\xi' + F_{,,}(d_y v' + d_z\zeta')] = o, \\ &(E - d_t^2)\zeta + d_z[(I + i)d_x\xi + F(d_y v + d_z\zeta)] + E_, v' \\ &\qquad + d_z[(I_, + i_,)d_x\xi' + F_,(d_y v' + d_z\zeta')] = o, \\ &{}_,E\zeta + d_z[({}_,I + {}_,i)d_x\xi + {}_,F(d_y v + d_z\zeta)] + (E_{,,} - d_t^2)v' \\ &\qquad + d_z[(I_{,,} + i_{,,})d_x\xi' + F_{,,}(d_y v' + d_z\zeta')] = o. \end{aligned}$$

Setzt man wie vorher:

$$(272)\qquad d_y v + d_z\zeta = f, \quad d_y v' + d_z\zeta' = f',$$

so erhält man zwischen den Grössen ξ, ξ', f, f' die vier Gleichungen:

$$(349)\quad \begin{aligned} &(L + l - d_t^2)\xi + d_x I f + (L_, + l_,)\xi' + d_x I_, f' = o, \\ &({}_,L + {}_,l)\xi + d_x{}_,I f + (L_{,,} + l_{,,} - d_t^2)\xi' + d_x I_{,,} f' = o, \\ &d_x(I + i)(d_y^2 + d_z^2)\xi + [E - d_t^2 + F(d_y^2 + d_z^2)]f \\ &\qquad + d_x(I_, + i_,)(d_y^2 + d_z^2)\xi' + [E_, + F_,(d_y^2 + d_z^2)]f' = o, \\ &d_x({}_,I + {}_,i)(d_y^2 + d_z^2)\xi + [{}_,E + {}_,F(d_y^2 + d_z^2)]f \\ &\qquad + d_x(I_{,,} + i_{,,})(d_y^2 + d_z^2)\xi' + [E_{,,} - d_t^2 + F_{,,}(d_y^2 + d_z^2)]f' = o, \end{aligned}$$

und zwischen den Grössen $(\mathrm{d}_z v - \mathrm{d}_y \zeta)$ und $(\mathrm{d}_z v' - \mathrm{d}_y \zeta')$ die zwei Gleichungen:

$$
(274)\quad
\begin{aligned}
&(\mathbf{E} - \mathrm{d}_t^2)(\mathrm{d}_z v - \mathrm{d}_y \zeta) + \mathbf{E}_{,}(\mathrm{d}_z v' - \mathrm{d}_y \zeta') = \mathrm{o},\\
&{}_{,}\mathbf{E}(\mathrm{d}_z v - \mathrm{d}_y \zeta) + (\mathbf{E}_{,,} - \mathrm{d}_t^2)(\mathrm{d}_z v' - \mathrm{d}_y \zeta') = \mathrm{o}.
\end{aligned}
$$

§. 2. Allgemeine und particuläre Integrale der Differentialgleichungen der unendlich kleinen Bewegungen zweier einaxig krystallisirten Systeme von Molekülen.

Die allgemeinen Integrale der Differentialgleichungen (349) werden dieselbe Form haben, wie die im vorigen Capitel entwickelten allgemeinen Integrale (279), wenn man statt ∇'' den Ausdruck $\nabla_{,}''$ setzt, wo $\nabla_{,}'' = \mathrm{o}$ die charakteristische Gleichung ist, welche aus den Gleichungen (349) durch die Elimination der Grössen ξ, ξ', f, f′ hervorgeht, und statt α, β, γ, δ, $\alpha_{,}$, $\beta_{,}$ etc. die Coëfficienten α', β', γ', δ', $\alpha_{,}'$, $\beta_{,}'$ etc., wenn diese so bestimmt sind, dass der Ausdruck $\nabla_{,}''$ unter den folgenden Formen gesetzt werden kann:

(350)

$$
\begin{aligned}
\nabla_{,}'' &= \alpha'(\mathrm{L} + \mathrm{l} - \mathrm{d}_t^2)\xi + \beta'({}_{,}\mathrm{L} + {}_{,}\mathrm{l}) + \gamma'\mathrm{d}_x(\mathbf{I} + \mathrm{i})(\mathrm{d}_y^2 + \mathrm{d}_z^2) + \delta'\mathrm{d}_x({}_{,}\mathbf{I} + {}_{,}\mathrm{i})(\mathrm{d}_y^2 + \mathrm{d}_z^2)\\
&= \alpha_{,}'\mathrm{d}_x\mathbf{I} + \beta_{,}'\mathrm{d}_x{}_{,}\mathbf{I} + \gamma_{,}[\mathbf{E} - \mathrm{d}_t^2 + \mathbf{F}(\mathrm{d}_y^2 + \mathrm{d}_z^2)] + \delta_{,}'[{}_{,}\mathbf{E} + {}_{,}\mathbf{F}(\mathrm{d}_y^2 + \mathrm{d}_z^2)]\\
&= {}_{,}\alpha'(\mathrm{L}_{,} + \mathrm{l}_{,}) + {}_{,}\beta'(\mathrm{L}_{,,} + \mathrm{l}_{,,} - \mathrm{d}_t^2) + {}_{,}\gamma'\mathrm{d}_x(\mathbf{I}_{,} + \mathrm{i}_{,})(\mathrm{d}_y^2 + \mathrm{d}_z^2)\\
&\qquad + {}_{,}\delta'\mathrm{d}_x(\mathbf{I}_{,,} + \mathrm{i}_{,,})(\mathrm{d}_y^2 + \mathrm{d}_z^2)\\
&= \alpha_{,,}'\mathrm{d}_x\mathbf{I}_{,} + \beta_{,,}'\mathrm{d}_x\mathbf{I}_{,,} + \gamma_{,,}'[\mathbf{E}_{,} + \mathbf{F}_{,}(\mathrm{d}_y^2 + \mathrm{d}_z^2)] + \delta_{,,}'[\mathbf{E}_{,,} - \mathrm{d}_t^2 + \mathbf{F}_{,,}(\mathrm{d}_y^2 + \mathrm{d}_z^2)].
\end{aligned}
$$

Die particulären Integrale der Gleichungen (348) sind von der Form [(141)], wo s durch eine der Gleichungen:

$$(284)\qquad \mathrm{S}' = (\mathrm{s}^2 - \mathfrak{E})(\mathrm{s}^2 - \mathfrak{E}_{,,}) - \mathfrak{E}_{,}\cdot{}_{,}\mathfrak{E} = \mathrm{o},$$

oder:

$$(351)\qquad \mathrm{S}_{,}'' = \mathrm{o}$$

bestimmt ist, wo $\mathrm{S}_{,}''$ die Grösse bezeichnet, welche man aus der charakteristischen Funktion $\nabla_{,}''$ erhält, wenn man statt der Zeichen d_x, d_y, d_z, d_t die Grössen u, v, w, s setzt. Die Coëfficienten A, B, C, A′, B′, C′ sind durch die folgenden Gleichungen bestimmt:

(352)

$$
\begin{aligned}
&(\mathfrak{L} + \mathfrak{l} - \mathrm{s}^2)\mathrm{A} + \mathrm{u}\mathfrak{J}(\mathrm{vB} + \mathrm{wC}) + (\mathfrak{L}_{,} + \mathfrak{l}_{,})\mathrm{A}' + \mathrm{u}\mathfrak{J}_{,}(\mathrm{vB}' + \mathrm{wC}') = \mathrm{o},\\
&({}_{,}\mathfrak{L} + {}_{,}\mathfrak{l})\mathrm{A} + \mathrm{u}{}_{,}\mathfrak{J}(\mathrm{vB} + \mathrm{wC}) + (\mathfrak{L}_{,,} + \mathfrak{l}_{,,} - \mathrm{s}^2)\mathrm{A}' + \mathrm{u}\mathfrak{J}_{,,}(\mathrm{vB}' + \mathrm{wC}') = \mathrm{o},\\
&\mathrm{u}(\mathfrak{J} + \mathrm{i})(\mathrm{v}^2 + \mathrm{w}^2)\mathrm{A} + [\mathfrak{E} - \mathrm{s}^2 + \mathfrak{F}(\mathrm{v}^2 + \mathrm{w}^2)](\mathrm{vB} + \mathrm{wC})\\
&\qquad + \mathrm{u}(\mathfrak{J}_{,} + \mathrm{i}_{,})(\mathrm{v}^2 + \mathrm{w}^2)\mathrm{A}' + [\mathfrak{E}_{,} + \mathfrak{F}_{,}(\mathrm{v}^2 + \mathrm{w}^2)](\mathrm{vB}' + \mathrm{wC}') = \mathrm{o},
\end{aligned}
$$

$$u({}_{,}\mathfrak{J} + {}_{,}\mathfrak{i})(v^2 + w^2)A + [{}_{,}\boldsymbol{\mathfrak{L}} + {}_{,}\mathfrak{F}(v^2 + w^2)](vB + wC)$$
$$+ u(\mathfrak{J}_{,,} + \mathfrak{i}_{,,})(v^2 + w^2)A' + [\boldsymbol{\mathfrak{L}}_{,,} - s^2 + \mathfrak{F}_{,,}(v^2 + w^2)](vB' + wC') = o,$$
$$(\boldsymbol{\mathfrak{L}} - s^2)(wB - vC) + \boldsymbol{\mathfrak{L}}_{,}(wB' - vC') = o,$$
$${}_{,}\boldsymbol{\mathfrak{L}}(wB - vC) + (\boldsymbol{\mathfrak{L}}_{,,} - s^2)(wB' - vC') = o.$$

Wenn s der Gleichung (284) entspricht, können zwei Fälle stattfinden: entweder entsprechen die Coëfficienten $\mathfrak{L}$, $\mathfrak{l}$, $\mathfrak{L}_{,}$, $\mathfrak{l}_{,}$ .... den zwei Gleichungen:

(353)

$$\mathfrak{L} + \mathfrak{l} - \frac{u^2\mathfrak{J}(\mathfrak{J} + \mathfrak{i})}{\mathfrak{F}} + \mathfrak{L}_{,,} + \mathfrak{l}_{,,} - \frac{u^2\mathfrak{J}_{,,}(\mathfrak{J}_{,} + \mathfrak{i}_{,})}{\mathfrak{F}_{,}} = \boldsymbol{\mathfrak{L}} + \boldsymbol{\mathfrak{L}}_{,,},$$

$$\left(\mathfrak{L} + \mathfrak{l} - \frac{u^2\mathfrak{J}(\mathfrak{J} + \mathfrak{i})}{\mathfrak{F}}\right)\left(\mathfrak{L}_{,,} + \mathfrak{l}_{,,} - \frac{u^2\mathfrak{J}_{,,}(\mathfrak{J}_{,} + \mathfrak{i}_{,})}{\mathfrak{F}_{,}}\right)$$
$$-\left(\mathfrak{L}_{,} + \mathfrak{l}_{,} - \frac{u^2\mathfrak{J}_{,}(\mathfrak{J}_{,} + \mathfrak{i}_{,})}{\mathfrak{F}_{,}}\right)\left({}_{,}\mathfrak{L} + {}_{,}\mathfrak{l} - \frac{u^2{}_{,}\mathfrak{J}(\mathfrak{J} + \mathfrak{i})}{\mathfrak{F}}\right) = \boldsymbol{\mathfrak{L}}.\boldsymbol{\mathfrak{L}}_{,,} - \boldsymbol{\mathfrak{L}}_{,}.{}_{,}\boldsymbol{\mathfrak{L}},$$

und dann werden die Coëfficienten A, B, C, A', B', C' durch die folgenden Gleichungen bestimmt:

(354)

$$u(\mathfrak{J} + \mathfrak{i})A + \mathfrak{F}(vB + wC) = o,$$
$$u(\mathfrak{J}_{,} + \mathfrak{i}_{,})A' + \mathfrak{F}_{,}(vB' + wC') = o,$$
$$u({}_{,}\mathfrak{J} + {}_{,}\mathfrak{i})A + u(\mathfrak{J}_{,,} + \mathfrak{i}_{,,})A' + {}_{,}\mathfrak{F}(vB + wC) + \mathfrak{F}_{,,}(vB' + wC') = o,$$

oder auch sind die Coëfficienten A, B, C, A', B', C' durch die Gleichungen:

(289) $A = o, \quad vB + wC = o, \quad A' = o, \quad vB' + wC' = o,$

bestimmt.

Wenn s der Gleichung (351) entspräche, würde man die Gleichungen:

(290) $$\frac{B}{v} = \frac{C}{w}, \quad \frac{B'}{v} = \frac{C'}{w}$$

bekommen, und die vier ersten der Gleichungen (352) könnten unter die Form:

(355)

$$(\mathfrak{L} + \mathfrak{l} - s^2)A + \frac{u}{v}(v^2 + w^2)\mathfrak{J}B + (\mathfrak{L}_{,} + \mathfrak{l}_{,})A' + \frac{u}{v}(v^2 + w^2)\mathfrak{J}_{,}B' = o,$$

$$(\mathfrak{L}_{,} + \mathfrak{l}_{,})A + \frac{u}{v}(v^2 + w^2){}_{,}\mathfrak{J}B + (\mathfrak{L}_{,,} + \mathfrak{l}_{,,} - s^2)A' + \frac{u}{v}(v^2 + w^2)\mathfrak{J}_{,,}B' = o,$$

$$uv(\mathfrak{J} + \mathfrak{i})A + [\boldsymbol{\mathfrak{L}} - s^2 + \mathfrak{F}(v^2 + w^2)]B + uv(\mathfrak{J}_{,} + \mathfrak{i}_{,})A'$$
$$+ [\boldsymbol{\mathfrak{L}}_{,} + \mathfrak{F}_{,}(v^2 + w^2)]B' = o,$$

$$uv({}_{,}\mathfrak{J} + {}_{,}\mathfrak{i})A + [{}_{,}\boldsymbol{\mathfrak{L}} + {}_{,}\mathfrak{F}(v^2 + w^2)]B + uv(\mathfrak{J}_{,,} + \mathfrak{i}_{,,})A'$$
$$+ [\boldsymbol{\mathfrak{L}}_{,,} + \mathfrak{F}_{,,}(v^2 + w^2)]B' = o,$$

gebracht werden.

Setzt man wie vorher:

[(153)]

$$u = U + u\sqrt{-1}, \quad v = V + v\sqrt{-1}, \quad w = W + w\sqrt{-1}, \quad s = S + s\sqrt{-1},$$

so wird, wie im vorigen Capitel, die Gleichung (284) das Fortpflanzungsgesetz eines Strahls bestimmen, und, wenn die Gleichungen (353) nicht stattfinden, werden die Schwingungen in diesem Strahle senkrecht auf der Axe des Krystalls und im Wellenplane stattfinden. Die Gleichungen (355) werden das Fortpflanzungsgesetz eines zweiten Strahls bestimmen, in welchem die Verschiebungen im Hauptschnitte stattfinden werden, und, was die Molekülen des Aethers betrifft, einen kleinen Winkel φ mit der Axe machen, wo: $\sin\varphi = \frac{\mu}{2}\sin 2\alpha$, wenn α den Winkel, welchen der Strahl mit der Axe des Krystalls bildet, und μ eine sehr kleine Grösse bezeichnet, die so bestimmt werden muss, dass die Gleichungen:

(356)

$$\begin{aligned}
&\mathfrak{L} + \mathfrak{l} + (1-\mu)u^2\mathfrak{J} + \mathfrak{L}_{,,} + \mathfrak{l}_{,,} + u^2\mathfrak{J}_{,,} = \mathfrak{E} - \mathfrak{H}(v^2+w^2) \\
&\quad + \frac{v^2+w^2}{1-\mu}(\mathfrak{J}+\mathfrak{i}) + \mathfrak{E}_{,,} - \mathfrak{H}_{,,}(v^2+w^2) + (v^2+w^2)(\mathfrak{J}_{,,}+\mathfrak{i}_{,,}), \\
&[\mathfrak{L} + \mathfrak{l} + (1-\mu)u^2\mathfrak{J}](\mathfrak{L}_{,,} + \mathfrak{l}_{,,} + u^2\mathfrak{J}_{,,}) \\
&\qquad\qquad - (\mathfrak{L}_{,} + \mathfrak{l}_{,} + u^2\mathfrak{J}_{,})[{}_{,}\mathfrak{L} + {}_{,}\mathfrak{l} + (1-\mu)u^2{}_{,}\mathfrak{J}] \\
&\quad = \Big(\mathfrak{E} - \mathfrak{H}(v^2+w^2) + \frac{v^2+w^2}{1-\mu}(\mathfrak{J}+\mathfrak{i})\Big)[\mathfrak{E}_{,,} - \mathfrak{H}_{,,}(v^2+w^2) \\
&\quad + (v^2+w^2)(\mathfrak{J}_{,,}+\mathfrak{i}_{,,})] - [\mathfrak{E}_{,} - \mathfrak{H}_{,}(v^2+w^2) \\
&\quad + (\mathfrak{J}_{,}+\mathfrak{i}_{,})(v^2+w^2)]\Big({}_{,}\mathfrak{E} - {}_{,}\mathfrak{H}(v^2+w^2) + \frac{v^2+w^2}{1-\mu}({}_{,}\mathfrak{J} + {}_{,}\mathfrak{i})\Big),
\end{aligned}$$

stattfinden.

§. 3. Entwickelung der Funktionen $\mathfrak{E}$, $\mathfrak{E}_{,}$, ${}_{,}\mathfrak{E}$, $\mathfrak{E}_{,,}$, $\mathfrak{H}$, $\mathfrak{H}_{,}$, ${}_{,}\mathfrak{H}$, $\mathfrak{H}_{,,}$, $\mathfrak{J}$, $\mathfrak{J}_{,}$, ${}_{,}\mathfrak{J}$, $\mathfrak{J}_{,,}$, $\mathfrak{L}$, $\mathfrak{L}_{,}$, ${}_{,}\mathfrak{L}$, $\mathfrak{L}_{,,}$, $\mathfrak{i}$, $\mathfrak{i}_{,}$, ${}_{,}\mathfrak{i}$, $\mathfrak{i}_{,,}$, $\mathfrak{l}$, $\mathfrak{l}_{,}$, ${}_{,}\mathfrak{l}$, $\mathfrak{l}_{,,}$.

Denken wir uns, wie im vorigen Capitel, die Molekülen der beiden Systeme erst in gleichem Abstande von einander auf aequidistante Kugelflächen vertheilt, bezeichnen wir durch x' und x'' ihre mit der Krystallaxe parallelen Coordinaten und denken wir uns, dass diese Coordinaten im Zustande der Krystallisation in einem gewissen Verhältniss vermindert sind, so dass:

$$(301)\qquad \begin{aligned} x &= (1-\varepsilon)x' = (1-\varepsilon')x'', \\ \mathrm{x} &= (1-\varepsilon)\mathrm{x}' = (1-\varepsilon')\mathrm{x}''; \end{aligned}$$

setzen wir ferner, wie vorher, für durchsichtige Körper:

$$(306)\quad \mathrm{u}' = \mathrm{u}(1-\varepsilon) = u'\sqrt{-1}, \quad \mathrm{u}'' = \mathrm{u}(1-\varepsilon') = u''\sqrt{-1},$$

$$(307)\qquad \mathrm{r} = \mathrm{r}' - \frac{\varepsilon\mathrm{x}'^2}{\mathrm{r}'} = \mathrm{r}'' - \frac{\varepsilon'\mathrm{x}''^2}{\mathrm{r}''},$$ so wird:

(357)

$$f(r, x) = \Sigma[x^n \varphi_n(r)] = \Sigma(1 - n\varepsilon)x'^n \varphi_n\left(r' - \frac{\varepsilon x'^2}{r'}\right)$$

$$= \Sigma[x'^n \varphi_n(r')] - \varepsilon\Sigma[n x'^n \varphi_n(r')] - \varepsilon\Sigma\left(\frac{x'^{n+2}}{r'} d_{r'} \varphi_n(r')\right)$$

$$= \Sigma[x''^n \varphi_n(r'')] - \varepsilon\Sigma[n x''^n \varphi_n(r'')] - \varepsilon\Sigma\left(\frac{x''^{n+2}}{r''} d_{r''} \varphi_n(r'')\right).$$

Man erhält folglich:

(358)

$$\mathfrak{S} = \Sigma\mathfrak{S}[x'^n \varphi_n(r')] - \varepsilon\Sigma n\mathfrak{S}[x'^n \varphi_n(r')] - \varepsilon\Sigma\mathfrak{S}\left(\frac{x'^{n+2}}{r'} d_{r'} \varphi_n(r')\right)$$

$$-\Sigma\mathfrak{S}[x''^n \varphi'_n(r'')] - \varepsilon'\Sigma n\mathfrak{S}[x''^n \varphi'_n(r'')] - \varepsilon'\Sigma\mathfrak{S}\left(\frac{x''^{n+2}}{r''} d_{r''} \varphi'_n(r'')\right),$$

$$\mathfrak{S}_, = \Sigma\mathfrak{S}_,[x''^n \varphi'_n(r'')] - \varepsilon'\Sigma n\mathfrak{S}_,[x''^n \varphi'_n(r'')] - \varepsilon'\Sigma\mathfrak{S}_,\left(\frac{x''^{n+2}}{r''} d_{r''} \varphi_n(r'')\right),$$

. . . .

$$\mathfrak{H} = \Sigma\mathfrak{H}\left(\frac{x'^n}{r'} d_{r'} \varphi_n(r')\right) - \varepsilon\Sigma n\mathfrak{H}\left(\frac{x'^n}{r'} d_{r'} \varphi_n(r')\right)$$

$$-\varepsilon\Sigma\mathfrak{H}\left[\frac{x'^{n+2}}{r'} d_{r'}\left(\frac{d_{r'}\varphi_n(r')}{r'}\right)\right] - \Sigma\mathfrak{H}\left(\frac{x''^n}{r''} d_{r''} \varphi'_n(r'')\right)$$

$$-\varepsilon'\Sigma n\mathfrak{H}\left(\frac{x''^n}{r''} d_{r''} \varphi_n(r'')\right) - \varepsilon'\Sigma\mathfrak{H}\left[\frac{x''^{n+2}}{r''} d_{r''}\left(\frac{d_{r''}\varphi_n(r'')}{r''}\right)\right],$$

$$\mathfrak{H}_, = \Sigma\mathfrak{H}_,\left(\frac{x''^n}{r''} d_{r''} \varphi'_n(r'')\right) - \varepsilon'\Sigma n\mathfrak{H}_,\left(\frac{x''^n}{r''} d_{r''} \varphi'_n(r'')\right)$$

$$-\varepsilon'\Sigma\mathfrak{H}_,\left[\frac{x''^{n+2}}{r''} d_{r''}\left(\frac{d_{r''}\varphi'_n(r'')}{r''}\right)\right],$$

. . . .

$$\mathfrak{h} = \Sigma n\mathfrak{h}[x'^{n-2} \varphi_n(r')] - \varepsilon\Sigma n(n-2)\mathfrak{h}[x'^{n-2} \varphi_n(r')]$$

$$-\varepsilon\Sigma n\mathfrak{h}\left(\frac{x'^n}{r'} d_{r'} \varphi_n(r')\right) - \Sigma n\mathfrak{h}[x''^{n-2} \varphi'_n(r'')]$$

$$-\varepsilon'\Sigma n(n-2)\mathfrak{h}[x''^{n-2} \varphi'_n(r'')] - \varepsilon'\Sigma n\mathfrak{h}\left(\frac{x''^n}{r''} d_{r''} \varphi_n(r'')\right),$$

$$\mathfrak{h}_, = \Sigma n\mathfrak{h}_,[x''^{n-2} \varphi'_n(r'')] - \varepsilon\Sigma n(n-2)\mathfrak{h}_,[x''^{n-2} \varphi'_n(r')]$$

$$-\varepsilon\Sigma n\mathfrak{h}_,\left(\frac{x''^n}{r''} d_{r''} \varphi_n(r'')\right),$$

. . . .

Führt man hier die Summationen auf dieselbe Weise aus, wie im vorigen Capitel, so erhält man:

(359)

$$
\begin{aligned}
\mathfrak{G} = {} & \Sigma\Big\{d^{n}_{u'}S\Big[m\,\varphi_n(r')\Big(\frac{\sin k'r'}{k'r'}-1+\tfrac{1}{6}k'^2r'^2-\dots \\
& \qquad -\frac{1+(-1)^n}{2}\sqrt{-1}^{\,n}\frac{k'^n r'^n}{1.2.3\dots(n+1)}\Big)\Big]\Big\} \\
& -\varepsilon\Sigma\Big\{d^{n+2}_{u'}S\Big[\frac{m}{r'}d_{r'}\varphi_n(r')\Big(\frac{\sin k'r'}{k'r'}-1+\tfrac{1}{6}k'^2r'^2-\dots \\
& \qquad +\frac{1+(-1)^n}{2}\sqrt{-1}^{\,n}\frac{k'^{n+2} r'^{n+2}}{1.2.3\dots(n+3)}\Big)\Big]\Big\} \\
& \varepsilon\Sigma\Big\{n\,d^{n}_{u'}S\Big[m\,\varphi_n(r')\Big(\frac{\sin k'r'}{k'r'}-1+\tfrac{1}{6}k'^2r'^2-\dots \\
& \qquad -\frac{1+(-1)^n}{2}\sqrt{-1}^{\,n}\frac{k'^n r'^n}{1.2.3\dots(n+1)}\Big)\Big]\Big\} \\
& -\Sigma\Big\{d^{n}_{u'}S\Big[m'\varphi'_n(r'')\frac{1+(-1)^n}{2}\sqrt{-1}^{\,n}\frac{k''^n r''^n}{1.2.3\dots(n+1)}\Big]\Big\} \\
& -\varepsilon'\Sigma\Big\{d^{n+2}_{u''}S\Big[\frac{m'}{r''}d_{r''}\varphi'_n(r'')\frac{1+(-1)^n}{2}\sqrt{-1}^{\,n}\frac{k''^{n+2} r''^{n+2}}{1.2.3\dots(n+3)}\Big]\Big\} \\
& +\varepsilon'\Sigma\Big\{n\,d^{n}_{u'}S\Big[m'\varphi'_n(r'')\frac{1+(-1)^n}{2}\sqrt{-1}^{\,n}\frac{k''^n r''^n}{1.2.3\dots(n+1)}\Big]\Big\},
\end{aligned}
$$

$$
\begin{aligned}
\mathfrak{G}_, = {} & \Sigma\Big\{d^{n}_{u''}S\Big[m'\varphi'_n(r'')\frac{\sin k''r''}{k''r''}\Big]\Big\}-\varepsilon'\Sigma\Big\{d^{n+2}_{u''}S\Big[\frac{m'}{r''}d_{r''}\varphi'_n(r'')\frac{\sin k''r''}{k''r''}\Big]\Big\} \\
& -\varepsilon'\Sigma\Big\{n\,d^{n}_{u''}S\Big[m'\varphi'_n(r'')\frac{\sin k''r''}{k''r''}\Big]\Big\},
\end{aligned}
$$

. . . .

$$
\begin{aligned}
\mathfrak{H} = {} & \Sigma\Big\{d^{n}_{u'}S\Big[\frac{m}{r'}d_{r'}\varphi_n(r')\Big(\frac{\sin k'r'}{k'r'}-1+\tfrac{1}{6}k'^2r'^2-\dots \\
& \qquad +\frac{1+(-1)^n}{2}\sqrt{-1}^{\,n}\frac{k'^{n+2} r'^{n+2}}{1.2.3\dots(n+3)}\Big)\Big]\Big\} \\
& -\varepsilon\Sigma\Big\{d^{n+2}_{u'}S\Big[\frac{m}{r'}d_{r'}\Big(\frac{d_{r'}\varphi_n(r')}{r'}\Big)\Big(\frac{\sin k'r'}{k'r'}-1+\tfrac{1}{6}k'^2r'^2-\dots \\
& \qquad -\frac{1+(-1)^n}{2}\sqrt{-1}^{\,n}\frac{k'^{n+4} r'^{n+4}}{1.2.3\dots(n+5)}\Big)\Big]\Big\} \\
& -\varepsilon\Sigma\Big\{n\,d^{n}_{u'}S\Big[\frac{m}{r'}d_{r'}\varphi_n(r')\Big(\frac{\sin k'r'}{k'r'}-1+\tfrac{1}{6}k'^2r'^2-\dots \\
& \qquad +\frac{1+(-1)^n}{2}\sqrt{-1}^{\,n}\frac{k'^{n+2} r'^{n+2}}{1.2.3\dots(n+3)}\Big)\Big]\Big\} \\
& +\Sigma\Big\{d^{n}_{u''}S\Big[\frac{m'}{r''}d_{r''}\varphi'_n(r'')\frac{1+(-1)^n}{2}\sqrt{-1}^{\,n}\frac{k''^{n+2} r''^{n+2}}{1.2.3\dots(n+3)}\Big]\Big\} \\
& +\varepsilon'\Sigma\Big\{d^{n+2}_{u''}S\Big[\frac{m'}{r''}d_{r''}\Big(\frac{d_{r''}\varphi'_n(r'')}{r''}\Big)\frac{1+(-1)^n}{2}\sqrt{-1}^{\,n}\frac{k''^{n+4} r''^{n+4}}{1.2.3\dots(n+5)}\Big]\Big\} \\
& -\varepsilon'\Sigma\Big\{n\,d^{n}_{u''}S\Big[\frac{m'}{r''}d_{r''}\varphi'_n(r'')\frac{1+(-1)^n}{2}\sqrt{-1}^{\,n}\frac{k''^{n+2} r''^{n+2}}{1.2.3\dots(n+3)}\Big]\Big\},
\end{aligned}
$$

$$\mathfrak{H}_{,} = \Sigma \Big\{ d^{n}_{u''} S\Big[\frac{m'}{r''} d_{r''} \varphi'_{n}(r'')\Big(\frac{\sin k''r''}{k''r''} - 1 + \tfrac{1}{6}k''^{2}r''^{2} - \ldots$$
$$+ \frac{1+(-1)^{n-1}}{2}\sqrt{-1}^{\,n-1}\frac{k''^{n+1}r''^{n+1}}{1.2.3\ldots(n+2)}\Big)\Big]\Big\}$$
$$- \varepsilon'\Sigma \Big\{ d^{n+2}_{u''}\Big[\frac{m'}{r''} d_{r''}\Big(\frac{d_{r''}\varphi_{n}(r'')}{r''}\Big)\Big(\frac{\sin k''r''}{k''r''} - 1 + \tfrac{1}{6}k''^{2}r''^{2} - \ldots$$
$$- \frac{1+(-1)^{n-1}}{2}\sqrt{-1}^{\,n-1}\frac{k''^{n+3}r''^{n+3}}{1.2.3\ldots(n+4)}\Big)\Big]\Big\}$$
$$- \varepsilon'\Sigma \Big\{ n d^{n}_{u''} S\Big[\frac{m'}{r''} d_{r''} \varphi'_{n}(r'')\Big(\frac{\sin k''r''}{k''r''} - 1 + \tfrac{1}{6}k''r'' + \ldots$$
$$+ \frac{1+(-1)^{n-1}}{2}\sqrt{-1}^{\,n-1}\frac{k''^{n+1}r''^{n+1}}{1.2.3\ldots(n+2)}\Big)\Big]\Big\},$$

. . . .

$$\mathfrak{h} = \Sigma \Big\{ n d^{n-2}_{u'} S\Big[m\varphi_{n}(r')\Big(\frac{\sin k'r'}{k'r'} - 1 + \frac{k'^{2}r'^{2}}{6} - \ldots$$
$$- \frac{1+(-1)^{n}}{2}\sqrt{-1}^{\,n}\frac{k'^{n}r'^{n}}{1.2.3\ldots(n+1)}\Big)\Big]\Big\}$$
$$- \varepsilon\Sigma \Big\{ n(n-2) d^{n-2}_{u'} S\Big[m\varphi_{n}(r')\Big(\frac{\sin k'r'}{k'r'} - 1 + \frac{k'^{2}r'^{2}}{6} - \ldots$$
$$- \frac{1+(-1)^{n}}{2}\sqrt{-1}^{\,n}\frac{k'^{n}r'^{n}}{1.2.3\ldots(n+1)}\Big)\Big]\Big\}$$
$$- \varepsilon\Sigma \Big\{ n d^{n}_{u'} S\Big[\frac{m d_{r'}\varphi_{n}(r')}{r'}\Big(\frac{\sin k'r'}{k'r'} - 1 + \frac{k'^{2}r'^{2}}{2} \ldots$$
$$+ \frac{1+(-1)^{n}}{2}\sqrt{-1}^{\,n}\frac{k'^{n+2}r'^{n+2}}{1.2.3\ldots(n+3)}\Big)\Big]\Big\}$$
$$- \Sigma \Big\{ n d^{n-2}_{u''} S\Big[m'\varphi'_{n}(r'')\,\frac{1+(-1)^{n}}{2}\sqrt{-1}^{\,n}\frac{k''^{n}r''^{n}}{1.2.3\ldots(n+1)}\Big]\Big\}$$
$$+ \varepsilon'\Sigma \Big\{ n(n-2) d^{n-2}_{u''} S\Big[m'\varphi'_{n}(r'')\frac{1+(-1)^{n}}{2}\sqrt{-1}^{\,n}\frac{k''^{n}r''^{n}}{1.2.3\ldots(n+1)}\Big]\Big\}$$
$$- \Sigma \Big\{ n d^{n}_{u''} S\Big[\frac{m' d_{r''}\varphi'_{n}(r'')}{r''}\,\frac{1+(-1)^{n}}{2}\sqrt{-1}^{\,n}\frac{k''^{n+2}r''^{n+2}}{1.2.3\ldots(n+3)}\Big]\Big\},$$
$$\mathfrak{h}_{,} = \Sigma \Big\{ n d^{n-2}_{u''} S\Big[m'\varphi'_{n}(r'')\Big(\frac{\sin k''r''}{k''r''} - 1 + \frac{k''^{2}r''^{2}}{6} - \ldots$$
$$- \frac{1+(-1)^{n-1}}{2}\sqrt{-1}^{\,n-1}\frac{k''^{n-1}r''^{n-1}}{1.2.3\ldots n}\Big)\Big]\Big\}$$
$$- \varepsilon'\Sigma \Big\{ n(n-2) d^{n-2}_{u''} S\Big[m'\varphi'_{n}(r'')\Big(\frac{\sin k''r''}{k''r''} - 1 + \frac{k''^{2}r''^{2}}{6} - \ldots$$
$$- \frac{1+(-1)^{n-1}}{2}\sqrt{-1}^{\,n-1}\frac{k''^{n-1}r''^{n-1}}{1.2.3\ldots n}\Big)\Big]\Big\}$$

$$- \varepsilon' \Sigma \Big\{ n d^n_{u''} S \Big[\frac{m' d_{r''} \varphi'_n(r'')}{r''} \Big(\frac{\sin k'' r''}{k'' r''} - 1 + \frac{k''^2 r''^2}{6} - \ldots + \frac{1+(-1)^{n-1}}{2} \sqrt{-1}^{\,n-1} \frac{k''^{n+1} r''^{n+1}}{1.2.3\ldots n+2} \Big) \Big] \Big\},$$

. . . .

Bemerkt man jetzt, dass, wenn n eine gerade Zahl ist:

$$d^n_{u'} k'^n = \frac{1}{\sqrt{-1}^n} d^n_{u'} k'^n = \frac{1.2.3\ldots n}{\sqrt{-1}^n}, \quad d^n_{u'} k'^{n-2} = d^n_{u'} k'^{n-4} = \ldots = 0,$$

und wenn n eine ungerade Zahl ist:

$$d^n_{u'} k'^{n+1} = \frac{1.2.3\ldots n+1}{\sqrt{-1}^n} k' \sqrt{-1}, \quad d^n_{u'} k'^{n-1} = d^n_{u'} k'^{n-3} = \ldots = 0,$$

so findet man:

(360)

$$\mathfrak{E} = - \Sigma \Big\{ d^n_{u'} S \Big[\frac{m}{k'^2 r'^2} d_{r'} \Big(\Big(\cos k' r' - \frac{\sin k' r'}{k' r'} + \frac{1+(-1)^n}{2} \sqrt{-1}^{\,n} \frac{k'^{n+2} r'^{n+2}}{1.2.3\ldots(n+1)(n+3)} \Big) r' \varphi_n(r') \Big) \Big] \Big\}$$

$$+ \varepsilon \Sigma \Big\{ d^{n+2}_{u'} S \Big[\frac{m}{k'^2 r'^2} d_{r'} \Big(\Big(\cos k' r' - \frac{\sin k' r'}{k' r'} - \frac{1+(-1)^n}{2} \sqrt{-1}^{\,n} \frac{k'^{n+4} r'^{n+4}}{1.2.3\ldots(n+3)(n+5)} \Big) d_{r'} \varphi_n(r') \Big) \Big] \Big\}$$

$$+ \varepsilon \Sigma \Big\{ n d^n_{u'} S \Big[\frac{m}{k'^2 r'^2} d_{r'} \Big(\Big(\cos k' r' - \frac{\sin k' r'}{k' r'} + \frac{1+(-1)^n}{2} \sqrt{-1}^{\,n} \frac{k'^{n+2} r'^{n+2}}{1.2.3\ldots(n+1)(n+3)} \Big) r' \varphi_n(r') \Big) \Big] \Big\}$$

$$- \Sigma \Big\{ \frac{1+(-1)^n}{2} S \Big[\frac{m'}{r''^2} d_{r''} \Big(\frac{r''^{n+3} \varphi'_n(r'')}{(n+1)(n+3)} \Big) \Big] \Big\}$$

$$+ \varepsilon' \Sigma \Big\{ \frac{1+(-1)^n}{2} S \Big[\frac{m'}{r''^2} d_{r''} \Big(\frac{r''^{n+4} d_{r''} \varphi'_n(r'')}{(n+3)(n+5)} \Big) \Big] \Big\}$$

$$+ \varepsilon' \Sigma \Big\{ n \frac{1+(-1)^n}{2} S \Big[\frac{m'}{r''^2} d_{r''} \Big(\frac{r''^{n+3} \varphi'_n(r'')}{(n+1)(n+3)} \Big) \Big] \Big\},$$

$$\mathfrak{E}_{,} = - \Sigma \Big\{ d^n_{u''} S \Big[\frac{m'}{k''^2 r''^2} d_{r''} \Big(\Big(\cos k'' r'' - \frac{\sin k'' r''}{k'' r''} \Big) r'' \varphi'_n(r'') \Big) \Big] \Big\}$$

$$+ \varepsilon' \Sigma \Big\{ d^{n+2}_{u''} S \Big[\frac{m'}{k''^2 r''^2} d_{r''} \Big(\Big(\cos k'' r'' - \frac{\sin k'' r''}{k'' r''} \Big) d_{r''} \varphi'_n(r'') \Big) \Big] \Big\}$$

$$+ \varepsilon' \Sigma \Big\{ n d^n_{u''} S \Big[\frac{m'}{k''^2 r''^2} d_{r''} \Big(\Big(\cos k'' r'' - \frac{\sin k'' r''}{k'' r''} \Big) d_{r''} \varphi'_n(r'') \Big) \Big] \Big\},$$

(361)

$$\mathfrak{H} = -\ \Sigma\left\{ d^{n}_{u'} S\left[\frac{m r' d_{r'} \varphi_n(r')}{k'^2}\left(\frac{\sin k'r'}{k'r'} + 3\frac{\cos k'r'}{k'^2 r'^2} - 3\frac{\sin k'r'}{k'^3 r'^3}\right)\right]\right\}$$

$$+ \varepsilon\Sigma\left\{ d^{n+2}_{u'} S\left[\frac{m r' d_{r'}\left(\frac{d_{r'}\varphi_n(r')}{r'}\right)}{k'^2}\left(\frac{\sin k'r'}{k'r'} + 3\frac{\cos k'r'}{k'^2 r'^2} - 3\frac{\sin k'r'}{k'^3 r'^3}\right)\right]\right\}$$

$$+ \varepsilon\Sigma\left\{ n d^{n}_{u'} S\left[\frac{m r' d_{r'} \varphi_n(r')}{k'^2}\left(\frac{\sin k'r'}{k'r'} + 3\frac{\cos k'r'}{k'^2 r'^2} - 3\frac{\sin k'r'}{k'^3 r'^3}\right)\right]\right\},$$

. . . .

(362) $\mathfrak{J} = (1 - 2\varepsilon)\mathfrak{H}, \quad \mathfrak{J}_, = (1 - 2\varepsilon')\mathfrak{H}_, \ \ldots.$

(363)

$$\mathfrak{L} = \mathfrak{E} - (1 - 2\varepsilon)u'^2\mathfrak{H} + 2\varepsilon\Sigma\left\{ d^{n}_{u'} S\left[\frac{m}{k'^2}\frac{d_{r'}\varphi_n(r')}{r'}\left(\cos k'r'\right.\right.\right.$$

$$\left.\left.\left. - \frac{\sin k'r'}{k'r'} + \frac{1+(-1)^n}{2}\sqrt{-1}^{\,n}\frac{k'^{n+2} r'^{n+2}}{1.2.3\ldots(n+1)(n+3)}\right)\right]\right\}$$

$$+ 2\varepsilon'\Sigma\left\{\frac{1+(-1)^n}{2} S\left[m' d_{r''}\varphi_n'(r'')\frac{r''^{n+1}}{(n+1)(n+3)}\right]\right\},$$

$$\mathfrak{L}_, = \mathfrak{E}_, - (1 - 2\varepsilon')u''^2\mathfrak{H}_,$$

$$+ 2\varepsilon'\Sigma\left\{ d^{n}_{u'} S\left[\frac{m'}{k''^2}\frac{d_{r''}\varphi_n(r'')}{r''}\left(\cos k''r'' - \frac{\sin k''r''}{k''r''}\right)\right]\right\},$$

. . . .

(364)

$$\mathfrak{l} = \Sigma\left\{ n d^{n}_{u'} S\left[m\varphi_n(r')\left(\frac{\sin k'r'}{k'r'} - \frac{1+(-1)^n}{2}\sqrt{-1}^{\,n}\frac{k'^n r'^n}{1.2.3\ldots(n+1)}\right)\right]\right\}$$

$$- \varepsilon\Sigma\left\{ n(n-2) d^{n}_{u'} S\left[m\varphi_n(r')\left(\frac{\sin k'r'}{k'r'}\right.\right.\right.$$

$$\left.\left.\left. - \frac{1+(-1)^n}{2}\sqrt{-1}^{\,n}\frac{k'^n r'^n}{1.2.3\ldots(n+1)}\right)\right]\right\}$$

$$- \varepsilon\Sigma\left\{ n d^{n+2}_{u'} S\left[\frac{m d_{r'}\varphi_n(r')}{r'}\left(\frac{\sin k'r'}{k'r'} + \frac{1+(-1)^n}{2}\sqrt{-1}^{\,n}\frac{k'^{n+2} r'^{n+2}}{1.2.3\ldots(n+3)}\right)\right]\right\}$$

$$- \Sigma\left\{ n\frac{1+(-1)^n}{2} S\left[m'\varphi_n'(r'')\frac{r''^n}{n+1}\right]\right\}$$

$$+ \varepsilon'\Sigma\left\{ n(n-2)\frac{1+(-1)^n}{2} S\left[m\varphi_n'(r'')\frac{r''^n}{n+1}\right]\right\}$$

$$+ \varepsilon'\Sigma\left\{ n\frac{1+(-1)^n}{2} S\left[m' d_{r''}\varphi_n'(r'')\frac{r''^{n+1}}{n+3}\right]\right\},$$

$$\mathfrak{l}_, = \Sigma\left\{ n d^{n}_{u''} S\left[m'\varphi_n'(r'')\frac{\sin k''r''}{k''r''}\right]\right\} - \varepsilon'\Sigma\left\{ n(n-2) d^{n}_{u''} S\left[m'\varphi_n'(r'')\frac{\sin k''r''}{k''r''}\right]\right\}$$

$$- \varepsilon'\Sigma\left\{ n d^{n+2}_{u''} S\left[\frac{m' d_{r''}\varphi_n'(r'')}{r''}\frac{\sin k''r''}{k''r''}\right]\right\},$$

. . . .

(365)

$$\mathfrak{i} = -\Sigma\left\{ n d_{u'}^{n-2} S\left[\frac{m\varphi_n(r')r'^2}{k'^2}\left(\frac{\sin k'r'}{k'r'} + 3\frac{\cos k'r'}{k'^2r'^2} - 3\frac{\sin k'r'}{k'^3r'^3}\right)\right]\right\}$$
$$+\varepsilon\Sigma\left\{ n(n-2) d_{u'}^{n-2} S\left[\frac{m\varphi_n(r')r'^2}{k'^2}\left(\frac{\sin k'r'}{k'r'} + 3\frac{\cos k'r'}{k'^2r'^2} - 3\frac{\sin k'r'}{k'^3r'^3}\right)\right]\right\}$$
$$+\varepsilon\Sigma\left\{ n d_{u'}^{n} S\left[\frac{m\, d_{r'}\varphi_n(r')r'}{k'}\left(\frac{\sin k'r'}{k'r'} + 3\frac{\cos k'r'}{k'^2r'^2} - 3\frac{\sin k'r'}{k'^3r'^3}\right)\right]\right\},$$

. . . .

Bezeichnen wir jetzt, wie vorher, durch $\mathfrak{D}$ die Dichtigkeit des ersten Systems von Molekülen, durch $\mathfrak{D}'$ diejenige des zweiten, durch r_0' und r_0'' die kleinste, durch r_∞' und r_∞'' die grösste Distanz der Molekülen der respectiven Systeme in einem auf der Axe senkrechten Plane, so findet man, weil, wie in Cap. I. gezeigt worden ist:

$$S[mF(r')] = 4\pi\mathfrak{D}(1-\varepsilon)\int_{r_0'}^{r_\infty'} r^2F(r)dr,$$
(251)
$$S[m'F(r'')] = 4\pi\mathfrak{D}'(1-\varepsilon')\int_{r_0''}^{r_\infty''} r^2F(r)dr.$$

(366)

$$\mathfrak{L} = -4\pi\mathfrak{D}\Sigma\left\{\frac{1+(-1)^n}{2}\left[\frac{r_\infty'^{n+2}\Phi_n(r_\infty')}{(n+1)(n+3)} - \frac{(k'^2+nu'^2)r_0'^{n+4}\Phi_n(r_0')}{2(n+1)(n+3)(n+5)}\right] + \frac{1+(-1)^{n+1}}{2}\sqrt{-1}\,\frac{u'r_0'^{n+3}\Phi_n(r_0')}{(n+2)(n+4)}\right\}$$
$$+4\pi\mathfrak{D}\varepsilon\Sigma(n+1)\left\{\frac{1+(-1)^n}{2}\left[\frac{r_\infty'^{n+2}\Phi_n(r_\infty')}{(n+1)(n+3)} - \frac{(k'^2+nu'^2)r_0'^{n+4}\Phi_n(r_0')}{2(n+1)(n+3)(n+5)}\right] + \frac{1+(-1)^{n+1}}{2}\sqrt{-1}\,\frac{u'r_0'^{n+3}\Phi_n(r_0')}{(n+2)(n+4)}\right\}$$
$$+4\pi\mathfrak{D}\varepsilon\Sigma\left\{\frac{1+(-1)^n}{2}\left[\frac{r_\infty'^{n+4}d_{r_\infty'}\varphi_n(r_\infty')}{(n+3)(n+5)} - \frac{(k'^2+(n+2)u'^2)r_0'^{n+6}d_{r_0'}\varphi_n(r_0')}{2(n+3)(n+5)(n+7)}\right] + \frac{1+(-1)^{n+1}}{2}\sqrt{-1}\,\frac{u'r_0'^{n+5}d_{r_0'}\varphi_n(r_0')}{(n+4)(n+6)}\right\}$$
$$-4\pi\mathfrak{D}'\Sigma\left\{\frac{1+(-1)^n}{2}\left[\frac{r_\infty''^{n+2}\Phi_n'(r_\infty'') - r_0''^{n+2}\Phi_n'(r_0'')}{(n+1)(n+3)}\right]\right\}$$
$$+4\pi\mathfrak{D}'\varepsilon'\Sigma(n+1)\left\{\frac{1+(-1)^n}{2}\left[\frac{r_\infty''^{n+2}\Phi_n'(r_\infty'') - r_0''^{n+2}\Phi_n'(r_0'')}{(n+1)(n+3)}\right]\right\}$$
$$+4\pi\mathfrak{D}'\varepsilon'\Sigma\left\{\frac{1+(-1)^n}{2}\left[\frac{r_\infty''^{n+4}d_{r_\infty''}\varphi_n'(r_\infty'') - r_0''^{n+4}d_{r_0''}\varphi_n'(r_0'')}{(n+3)(n+5)}\right]\right\};$$

$$\mathfrak{L}_{\prime} = -4\pi\mathfrak{D}'\Sigma\Big\{d^n_{u''}\Big(\frac{\cos k''r''_\infty}{k''^2}\Phi'_n(r''_\infty)\Big) + \frac{1+(-1)^n}{2}\frac{r''_o\Phi'_n(r''_o)}{(n+1)(n+3)} + \frac{1+(-1)^{n+1}}{2}\sqrt{-1}\frac{u'r''^{n+3}_o\Phi'_n(r''_o)}{(n+2)(n+4)}\Big\}$$

$$+ 4\pi\mathfrak{D}'\varepsilon'\Sigma(n+1)\Big\{d^n_{u''}\Big(\frac{\cos k''r''_\infty}{k''^2}\Phi'_n(r''_\infty)\Big) + \frac{1+(-1)^n}{2}\frac{r''_o\Phi'_n(r''_o)}{(n+1)(n+3)} + \frac{1+(-1)^{n+1}}{2}\sqrt{-1}\frac{u'r''^{n+3}_o\Phi'_n(r''_o)}{(n+2)(n+4)}\Big\}$$

$$+ 4\pi\mathfrak{D}'\varepsilon'\Sigma\Big\{d^{n+2}_{u''}\Big(\frac{\cos k''r''_\infty}{k''^2}d_{r''}\varphi'_n(r''_\infty)\Big) + \frac{1+(-1)^n}{2}\frac{r''^{n+4}_o d_{r''_o}\varphi'_n(r''_o)}{(n+3)(n+5)} + \frac{1+(-1)^{n+1}}{2}\sqrt{-1}\frac{u'r''^{n+5}_o d_{r''}\varphi'_n(r''_o)}{(n+4)(n+6)}\Big\};$$

. . . .

(367)

$$\mathfrak{F} = -4\pi\mathfrak{D}\Sigma\Big\{d^n_{u'}\Big(\frac{r'_\infty\sin k'r'_\infty}{k'^3}\Phi_n(r'_\infty)\Big) + \frac{1+(-1)^n}{2}\frac{r'^{n+4}_o\Phi_n(r'_o)}{(n+1)(n+3)(n+5)} + \frac{1+(-1)^{n+1}}{2}\sqrt{-1}\frac{u'r'^{n+5}_o\Phi_n(r'_o)}{(n+2)(n+4)}\Big\}$$

$$+ 4\pi\mathfrak{D}\varepsilon\Sigma(n+1)\Big\{d^n_{u'}\Big(\frac{r'_\infty\sin k'r'_\infty}{k'^3}\Phi_n(r'_\infty)\Big) + \frac{1+(-1)^n}{2}\frac{r'^{n+4}_o\Phi_n(r'_o)}{(n+1)(n+3)(n+5)} + \frac{1+(-1)^{n+1}}{2}\sqrt{-1}\frac{u'r'^{n+5}_o\Phi_n(r'_o)}{(n+2)(n+4)(n+6)}\Big\}$$

$$+ 4\pi\mathfrak{D}\varepsilon\Sigma\Big\{d^{n+2}_{u'}\Big(\frac{r'_\infty\sin k'r'_\infty d_{r'_\infty}\varphi_n(r'_\infty)}{k'^3}\Big) + \frac{1+(-1)^n}{2}\frac{r'^{n+6}_o d_{r'_o}\varphi_n(r'_o)}{(n+3)(n+5)(n+7)} + \frac{1+(-1)^{n+1}}{2}\sqrt{-1}\frac{u'r'^{n+7}_o d_{r'_o}\varphi_n(r'_o)}{(n+4)(n+6)(n+8)}\Big\}$$

$$+ 4\pi\mathfrak{D}\Sigma\Big\{d^n_{u'}\int_{r'_o}^{r'_\infty}\frac{r^2}{k'^2}\Phi_n(r)d_r\Big(\frac{\sin k'r}{k'r}\Big)dr\Big\}$$

$$- 4\pi\mathfrak{D}\varepsilon\Sigma\Big\{(n+1)d^n_{u'}\int_{r'_o}^{r'_\infty}\frac{r^2}{k'^2}\Phi_n(r)d_r\Big(\frac{\sin k'r}{k'r}\Big)dr\Big\}$$

$$- 4\pi\mathfrak{D}\varepsilon\Sigma\Big\{d^{n+2}_{u'}\int_{r'_o}^{r'_\infty}\frac{r^2}{k'^2}d_r\varphi_n(r)d_r\Big(\frac{\sin k'r}{k'r}\Big)dr\Big\};$$

. . . .

(368)

$$\mathfrak{L} = \mathfrak{E} - (1-2\varepsilon)u'^2\mathfrak{S} + 8\pi\mathfrak{D}\varepsilon\Sigma\left\{\frac{1+(-1)^n}{2}\left[\frac{r_\infty'^{n+2}\Phi_n(r_\infty')}{(n+1)(n+3)}\right.\right.$$

$$\left.\left.-\frac{(k'^2+nu'^2)r_o'^{n+4}\Phi_n(r_o')}{2(n+1)(n+3)(n+5)}\right] + \frac{1+(-1)^{n+1}}{2}\sqrt{-1}\,\frac{u'r_o'^{n+3}\Phi_n(r_o')}{(n+2)(n+4)}\right\}$$

$$+ 8\pi\mathfrak{D}\varepsilon\Sigma\left\{d_{u'}^n\int_{r'}^{r_\infty'} r\,\Phi_n(r)\frac{\sin k'r}{k'r}\,dr\right\}$$

$$- 8\pi\mathfrak{D}\varepsilon\Sigma\left\{\frac{1+(-1)^n}{2(n+1)}\int_{r_o'}^{r_\infty'} r^{n+1}\Phi_n(r)\,dr\right\}$$

$$+ 8\pi\mathfrak{D}'\varepsilon'\Sigma\left\{\frac{1+(-1)^n}{2}\,\frac{r_\infty''^{n+2}\Phi_n'(r_\infty'') - r_o''^{n+2}\Phi_n'(r_o'')}{(n+1)(n+3)}\right\}$$

$$- 8\pi\mathfrak{D}'\varepsilon'\Sigma\left\{\frac{1+(-1)^n}{2}\int_{r_o''}^{r_\infty''} r^{n+1}\Phi_n'(r)\,dr\right\},$$

$$\mathfrak{L}_, = \mathfrak{E}_, - (1-2\varepsilon')u''^2\mathfrak{S}_, + 8\pi\mathfrak{D}'\varepsilon'\Sigma\left\{d_{u''}^n\left(\frac{\cos k''r_\infty''}{k''^2}\Phi_n'(r_\infty'')\right)\right.$$

$$\left.+\frac{1+(-1)^n}{2}\,\frac{r_o''^{n+2}\Phi_n'(r_o'')}{(n+1)(n+3)} + \frac{1+(-1)^{n+1}}{2}\sqrt{-1}\,\frac{u''r_o''^{n+3}\Phi_n'(r_o'')}{(n+2)(n+4)}\right\}$$

$$+ 8\pi\mathfrak{D}'\varepsilon'\Sigma\left\{d_{u''}^n\int_{r_o''}^{r_\infty''} r\,\Phi_n'(r)\,\frac{\sin k''r}{k''r}\,dr\right\},$$

. . . .

(369)

$$\mathfrak{l} = 4\pi\mathfrak{D}\Sigma\left\{n d_{u'}^n\int_{r_o'}^{r_\infty'}\left(r\Phi_n(r)\frac{\sin k'r}{k'r}\,dr\right)\right.$$

$$\left.-\frac{1+(-1)^n}{2}\,\frac{n}{n+1}\int_{r_o'}^{r_\infty'}\left(r^{n+1}\Phi_n(r)\,dr\right)\right\}$$

$$-4\pi\mathfrak{D}\varepsilon\Sigma\left\{n(n-1)d_{u'}^n\int_{r_o'}^{r_\infty'}\left(r\,\Phi_n(r)\frac{\sin k'r}{k'r}\,dr\right)\right.$$

$$\left.-\frac{1+(-1)^n}{2}\,\frac{n(n-1)}{n+1}\int_{r_o'}^{r_\infty'}\left(r^{n+1}\Phi_n(r)\,dr\right)\right\}$$

$$- 4\pi\mathfrak{D}\varepsilon\Sigma\Big\{ n d_{u'}^{n+2}\int_{r_0'}^{r_\infty'}\Big(r\,d_r\,\varphi_n(r)\frac{\sin k'r}{k'r}\,dr\Big)$$

$$+\frac{1+(-1)^n}{2}\,n\int_{r_0'}^{r_\infty'}\Big(r^{n+1}\Phi_n(r)\,dr\Big)$$

$$-\frac{1+(-1)^n}{2}\,\frac{n}{n+3}\Big(r_\infty'^{\,n+2}\Phi_n(r_\infty')-r_0'^{\,n+2}\Phi_n(r_0')\Big)\Big\}$$

$$- 4\pi\mathfrak{D}'\Sigma\Big\{\frac{n}{n+1}\,\frac{1+(-1)^n}{2}\int_{r_0''}^{r_\infty''}\Big(r^{n+1}\Phi_n'(r)\,dr\Big)\Big\}$$

$$- 4\pi\mathfrak{D}'\varepsilon'\Sigma\Big\{\frac{3n}{n+1}\,\frac{1+(-1)^n}{2}\int_{r_0''}^{r_\infty''}\Big(r^{n+1}\Phi_n'(r)\,dr\Big)\Big\}$$

$$+ 4\pi\mathfrak{D}'\varepsilon'\Sigma\Big\{\frac{n}{n+3}\,\frac{1+(-1)^n}{2}\Big(r_\infty''^{\,n+2}\Phi_n'(r_\infty'')-r_0''^{\,n+2}\Phi_n'(r_0'')\Big)\Big\},$$

$$\mathfrak{l}_{,} = 4\pi\mathfrak{D}'\Sigma\Big\{ n d_{u''}^{n}\int_{r_0''}^{r_\infty''}\Big(r\,\Phi_n'(r)\frac{\sin k''r}{k''r}\,dr\Big)\Big\}$$

$$- 4\pi\mathfrak{D}'\varepsilon'\Sigma\Big\{ n(n-1)d_{u''}^{n}\int_{r_0''}^{r_\infty''}\Big(r\,\Phi_n'(r)\,\frac{\sin k''r}{k''r}\,dr\Big)\Big\}$$

$$- 4\pi\mathfrak{D}'\varepsilon'\Sigma\Big\{ n d_{u''}^{n+2}\int_{r_0''}^{r_\infty''}\Big(r\,d_r\,\varphi_n'(r)\,\frac{\sin k''r}{k''r}\,dr\Big)\Big\},$$

. . . .

(370)

$$\mathfrak{l} = 4\pi\mathfrak{D}\Sigma\Big\{ n d_{u'}^{n-2}\Big[\frac{1}{u'^2}d_{u'}^2\int_{r_0'}^{r_\infty'}\Big(r\,\Phi_n(r)\,\frac{\sin k'r}{k'r}\,dr\Big)$$

$$+\frac{1}{u'^2k'^2}\int_{r_0'}^{r_\infty'}\Big(r^2\,\Phi_n(r)\,d_r\Big(\frac{\sin k'r}{k'r}\Big)dr\Big)\Big]\Big\}$$

$$- 4\pi\mathfrak{D}\varepsilon\Sigma\Big\{ n(n+1)\,d_{u'}^{n-2}\Big[\frac{1}{u'^2}d_{u'}^2\int_{r_0'}^{r_\infty'}\Big(r\,\Phi_n(r)\,\frac{\sin k'r}{k'r}\,dr\Big)$$

$$+\frac{1}{u'^2k'^2}\int_{r_0'}^{r_\infty'}\Big(r^2\,\Phi_n(r)\,d_r\Big(\frac{\sin k'r}{k'r}\Big)dr\Big)\Big]\Big\}$$

$$+ 4\pi\mathfrak{D}\varepsilon\Sigma \Big\{ n d_{u'}^{n} \left[\frac{r_\infty' \sin k' r_\infty'}{k'^2} \Phi(r_\infty') \right] + \frac{1+(-1)^n}{2} \frac{n r_o'^{n+4} \Phi_n(r_o')}{(n+1)(n+3)(n+5)}$$

$$+ \frac{1+(-1)^n}{2} \sqrt{-1}^{\,n} \frac{u' r_o'^{n+5} \Phi_n(r_o')}{(n+2)(n+4)(n+6)} \Big\},$$

. . . .

Bei der Entwickelung dieser letzten Formel bemerke man, dass:

$$d_{u'}^2 \left(\frac{\sin k' r'}{k' r'} \right) = - \frac{k'^2 + 3u'^2}{k'^2} \left(\cos k' r' - \frac{\sin k' r'}{k' r'} \right) - \frac{u'^2}{k'^2} k' r' \sin k' r',$$

folglich:

(371)

$$d_{u'}^2 \int_{r_o'}^{r_\infty'} \left(r \Phi_n(r) \frac{\sin k' r}{k' r} dr \right) = - \frac{k'^2 + 3u'^2}{k'^2} \int_{r_o'}^{r_\infty'} \left(r^2 \Phi_n(r) d_r \left(\frac{\sin k' r}{k' r} \right) dr \right)$$

$$- \frac{u'^2}{k'^2} \int_{r_o'}^{r_\infty'} \left(r^3 \Phi_n(r) \frac{\sin k' r}{k' r} dr \right);$$

und:

$$\int_{r_o'}^{r_\infty'} \left(r^3 \Phi_n(r) \frac{\sin k' r}{k' r} dr \right) = - \frac{k'^2}{u'^2} d_{u'}^2 \int_{r_o'}^{r_\infty'} \left(r \Phi_n(r) \frac{\sin k' r}{k' r} dr \right)$$

$$- \frac{k'^2 + 3u'^2}{u'^2} \int_{r_o'}^{r_\infty'} \left(r^2 \Phi_n(r) d_r \left(\frac{\sin k' r}{k' r} \right) dr \right).$$

§. 4. Fortpflanzungsgeschwindigkeiten des gewöhnlichen und ungewöhnlichen Strahls bei natürlichen einaxigen Krystallen.

Betrachten wir jetzt den Fall, dass die Molekülarkräfte gerade Funktionen von x seien, und folglich n nur gerade Werthe hat. Es sei $n = 2t$, und ferner:

(372)

$$\begin{aligned}
r_\infty^{2t+2} \Phi_{2t}(r_\infty) &= a_{2t}, & r_\infty^{2t+4} d_r \varphi_{2t}(r_\infty) &= e_{2t}, \\
r_o^{2t+4} \Phi_{2t}(r_o) &= - h_{2t}(r_o), & r_o^{2t+6} d_r \varphi_{2t}(r_o) &= m_{2t}(r_o), \\
r_\infty^{2t+2} \Phi_{2t}'(r_\infty) &= c_{2t}, & r_\infty^{2t+4} d_r \varphi_{2t}'(r_\infty) &= q_{2t}, \\
r_o^{2t+2} \Phi_{2t}'(r_o) &= - d_{2t}(r_o), & r_o^{2t+4} d_r \varphi_{2t}'(r_o) &= l_{2t}(r_o), \\
r_\infty^{2t+2} \Phi_{2t}''(r_\infty) &= b_{2t}, & r_\infty^{2t+4} d_r \varphi_{2t}''(r_\infty) &= i_{2t}, \\
r_o^{2t+4} \Phi_{2t}''(r_o) &= - g_{2t}(r_o), & r_o^{2t+6} d_r \varphi_{2t}''(r_o) &= n_{2t}(r_o).
\end{aligned}$$

so erhält man:

(373)

$$\mathfrak{E} = -4\pi\mathfrak{D}\Sigma\left\{\frac{a_{2t}}{(2t+1)(2t+3)} + \frac{h_{2t}(r_0')(k^2+2tu^2)}{2(2t+1)(2t+3)(2t+5)}\right\}$$

$$+ 4\pi\mathfrak{D}\varepsilon\Sigma\left\{\frac{a_{2t}}{2t+3} + \frac{\left(k^2+2(t+1)u^2\right)\left(h_{2t}(r_0') - \frac{1}{2t+7}m_{2t}(r_0')\right)}{2(2t+3)(2t+5)} + \frac{e_{2t}}{(2t+3)(2t+5)}\right\}$$

$$- 4\pi\mathfrak{D}'\Sigma\left\{\frac{c_{2t}+d_{2t}(r_0'')}{(2t+1)(2t+3)}\right\} + 4\pi\mathfrak{D}'\varepsilon'\Sigma\left\{\frac{c_{2t}+d_{2t}(r_0'')}{2t+3} + \frac{q_{2t}-l_{2t}(r_0'')}{(2t+3)(2t+5)}\right\},$$

$$\mathfrak{E}_{,} = 4\pi\mathfrak{D}'\Sigma\left\{\frac{d_{2t}(r_0'')}{(2t+1)(2t+3)}\right\} + 4\pi\mathfrak{D}'\varepsilon'\Sigma\left\{\frac{l_{2t}(r_0'')}{(2t+3)(2t+5)} - \frac{d_{2t}(r_0'')}{2t+3}\right\},$$

$$_{,}\mathfrak{E} = 4\pi\mathfrak{D}\Sigma\left\{\frac{d_{2t}(r_0')}{(2t+1)(2t+3)}\right\} + 4\pi\mathfrak{D}\varepsilon\Sigma\left\{\frac{l_{2t}(r_0')}{(2t+3)(2t+5)} - \frac{d_{2t}(r_0')}{2t+3}\right\},$$

$$\mathfrak{E}_{,,} = -4\pi\mathfrak{D}'\Sigma\left\{\frac{b_{2t}}{(2t+1)(2t+3)} + \frac{g_{2t}(r_0'')(k^2+2tu^2)}{2(2t+1)(2t+3)(2t+5)}\right\}$$

$$+ 4\pi\mathfrak{D}'\varepsilon'\Sigma\left\{\frac{b_{2t}}{2t+3} + \frac{\left(k^2+2(t+1)u^2\right)\left(g_{2t}(r_0'') - \frac{1}{2t+7}n_{2t}(r_0'')\right)}{2(2t+3)(2t+5)} + \frac{i_{2t}}{(2t+3)(2t+5)}\right\}$$

$$- 4\pi\mathfrak{D}\Sigma\left\{\frac{c_{2t}+d_{2t}(r_0')}{(2t+1)(2t+3)}\right\} + 4\pi\mathfrak{D}\varepsilon\Sigma\left\{\frac{c_{2t}+d_{2t}(r_0')}{2t+3} + \frac{q_{2t}-l_{2t}(r_0')}{(2t+3)(2t+5)}\right\}.$$

Wie wir gleich nachher (378) sehen werden, ist:

$$\Sigma\left\{\frac{2t\,h_{2t}(r_0)}{(2t+1)(2t+3)(2t+5)}\right\} = 0, \quad \Sigma\left\{\frac{2t\,g_{2t}(r_0)}{(2t+1)(2t+3)(2t+5)}\right\} = 0,$$

$$\Sigma\left\{\frac{(t+1)\left(g_{2t}(r_0) - \frac{1}{2t+7}n_{2t}(r_0)\right)}{(2t+3)(2t+5)}\right\} = 0.$$

Die Gleichung (284) wird dann:

(374)

$$s^4 - \overline{\alpha}k^2s^2 + \overline{\beta}s^2 + \overline{\gamma} - \overline{\delta}k^2 + \overline{\lambda}k^4 + \overline{\alpha}_{,}\varepsilon s^2u^2 + \overline{\delta}_{,}\varepsilon u^2 + \overline{\lambda}_{,}\varepsilon k^2u^2 = 0,$$

wo der Kürze wegen:

(375)

$$\overline{\alpha} = 2\pi\mathfrak{D}\Sigma\left\{\frac{h_{2t}(r_0')}{(2t+1)(2t+3)(2t+5)}\right\} - 2\pi\mathfrak{D}\varepsilon\Sigma\left\{\frac{h_{2t}(r_0') - \frac{1}{2t+7}m_{2t}(r_0')}{(2t+3)(2t+5)}\right\}$$

$$+ 2\pi\mathfrak{D}'\Sigma\left\{\frac{g_{2t}(r_0'')}{(2t+1)(2t+3)(2t+5)}\right\},$$

$$\overline{\beta} = -\,4\pi\mathfrak{D}\sum\left\{\frac{\mathfrak{a}_{2t}}{(2t+1)(2t+3)} + \frac{\mathfrak{c}_{2t}+\mathfrak{d}_{2t}(\mathfrak{r}_0')}{(2t+1)(2t+3)}\right\}$$
$$-\,4\pi\mathfrak{D}'\sum\left\{\frac{\mathfrak{b}_{2t}}{(2t+1)(2t+3)} + \frac{\mathfrak{c}_{2t}+\mathfrak{d}_{2t}(\mathfrak{r}_0'')}{(2t+1)(2t+3)}\right\}$$
$$+\,4\pi\mathfrak{D}\varepsilon\sum\left\{\frac{\mathfrak{a}_{2t}}{2t+3} + \frac{\mathfrak{e}_{2t}}{(2t+3)(2t+5)} + \frac{\mathfrak{c}_{2t}+\mathfrak{d}_{2t}(\mathfrak{r}_0')}{2t+3} + \frac{\mathfrak{q}_{2t}-\mathfrak{l}_{2t}(\mathfrak{r}_0')}{(2t+3)(2t+5)}\right\}$$
$$+\,4\pi\mathfrak{D}'\varepsilon'\sum\left\{\frac{\mathfrak{b}_{2t}}{2t+3} + \frac{\mathfrak{i}_{2t}}{(2t+3)(2t+5)} + \frac{\mathfrak{c}_{2t}+\mathfrak{d}_{2t}(\mathfrak{r}_0'')}{2t+3} + \frac{\mathfrak{q}_{2t}-\mathfrak{l}_{2t}(\mathfrak{r}_0'')}{(2t+3)(2t+5)}\right\},$$

$$\overline{\gamma} = 16\pi^2\mathfrak{D}^2\sum\left\{\frac{\mathfrak{a}_{2t}}{(2t+1)(2t+3)}\right\}\sum\left\{\frac{\mathfrak{c}_{2t}+\mathfrak{d}_{2t}(\mathfrak{r}_0')}{(2t+1)(2t+3)}\right\}$$
$$+\,16\pi^2\mathfrak{D}'^2\sum\left\{\frac{\mathfrak{b}_{2t}}{(2t+1)(2t+3)}\right\}\sum\left\{\frac{\mathfrak{c}_{2t}+\mathfrak{d}_{2t}(\mathfrak{r}_0'')}{(2t+1)(2t+3)}\right\}$$
$$+\,16\pi^2\mathfrak{D}\mathfrak{D}'\sum\left\{\frac{\mathfrak{c}_{2t}}{(2t+1)(2t+3)}\right\}\sum\left\{\frac{\mathfrak{c}_{2t}+\mathfrak{d}_{2t}(\mathfrak{r}_0')+\mathfrak{d}_{2t}(\mathfrak{r}_0'')}{(2t+1)(2t+3)}\right\}$$
$$-\,16\pi^2\mathfrak{D}^2\varepsilon\Bigg[\sum\left\{\frac{\mathfrak{a}_{2t}}{(2t+1)(2t+3)}\right\}\sum\left\{\frac{\mathfrak{c}_{2t}+\mathfrak{d}_{2t}(\mathfrak{r}_0')}{2t+3} + \frac{\mathfrak{q}_{2t}-\mathfrak{l}_{2t}(\mathfrak{r}_0')}{(2t+3)(2t+5)}\right\}$$
$$+\sum\left\{\frac{\mathfrak{a}_{2t}}{2t+3} + \frac{\mathfrak{e}_{2t}}{(2t+3)(2t+5)}\right\}\sum\left\{\frac{\mathfrak{c}_{2t}+\mathfrak{d}_{2t}(\mathfrak{r}_0')}{(2t+1)(2t+3)}\right\}\Bigg]$$
$$-\,16\pi^2\mathfrak{D}'^2\varepsilon'\Bigg[\sum\left\{\frac{\mathfrak{b}_{2t}}{(2t+1)(2t+3)}\right\}\sum\left\{\frac{\mathfrak{c}_{2t}+\mathfrak{d}_{2t}(\mathfrak{r}_0'')}{2t+3} + \frac{\mathfrak{q}_{2t}-\mathfrak{l}_{2t}(\mathfrak{r}_0'')}{(2t+3)(2t+5)}\right\}$$
$$+\sum\left\{\frac{\mathfrak{b}_{2t}}{2t+3} + \frac{\mathfrak{i}_{2t}}{(2t+3)(2t+5)}\right\}\sum\left\{\frac{\mathfrak{c}_{2t}+\mathfrak{d}_{2t}(\mathfrak{r}_0'')}{(2t+1)(2t+3)}\right\}\Bigg]$$
$$-\,16\pi^2\mathfrak{D}\mathfrak{D}'\varepsilon\Bigg[\sum\left\{\frac{\mathfrak{b}_{2t}}{(2t+1)(2t+3)}\right\}\sum\left\{\frac{\mathfrak{a}_{2t}}{2t+3} + \frac{\mathfrak{e}_{2t}}{(2t+3)(2t+5)}\right\}$$
$$+\sum\left\{\frac{\mathfrak{c}_{2t}}{(2t+1)(2t+3)}\right\}\sum\left\{\frac{\mathfrak{c}_{2t}+\mathfrak{d}_{2t}(\mathfrak{r}_0')}{2t+3} + \frac{\mathfrak{q}_{2t}-\mathfrak{l}_{2t}(\mathfrak{r}_0')}{(2t+3)(2t+5)}\right\}$$
$$+\sum\left\{\frac{\mathfrak{d}_{2t}(\mathfrak{r}_0'')}{(2t+1)(2t+3)}\right\}\sum\left\{\frac{\mathfrak{c}_{2t}}{2t+3} + \frac{\mathfrak{q}_{2t}-\mathfrak{l}_{2t}(\mathfrak{r}_0')}{(st+3)(2t+5)}\right\}\Bigg]$$
$$-\,16\pi^2\mathfrak{D}\mathfrak{D}'\varepsilon'\Bigg[\sum\left\{\frac{\mathfrak{a}_{2t}}{(2t+1)(2t+3)}\right\}\sum\left\{\frac{\mathfrak{b}_{2t}}{2t+3} + \frac{\mathfrak{i}_{2t}}{(2t+3)(2t+5)}\right\}$$
$$+\sum\left\{\frac{\mathfrak{c}_{2t}}{(2t+1)(2t+3)}\right\}\sum\left\{\frac{\mathfrak{c}_{2t}+\mathfrak{d}_{2t}(\mathfrak{r}_0'')}{2t+3} + \frac{\mathfrak{q}_{2t}-\mathfrak{l}_{2t}(\mathfrak{r}_0'')}{(2t+3)(2t+5)}\right\}$$
$$+\sum\left\{\frac{\mathfrak{d}_{2t}(\mathfrak{r}_0')}{(2t+1)(2t+3)}\right\}\sum\left\{\frac{\mathfrak{c}_{2t}}{2t+3} + \frac{\mathfrak{q}_{2t}-\mathfrak{l}_{2t}(\mathfrak{r}_0'')}{(2t+3)(2t+5)}\right\}\Bigg],$$

$$\overline{\delta} = -\,8\pi^2\mathfrak{D}^2\sum\left\{\frac{\mathfrak{h}_{2t}(\mathfrak{r}_0')}{(2t+1)(2t+3)(2t+5)}\right\}\sum\left\{\frac{\mathfrak{c}_{2t}+\mathfrak{d}_{2t}(\mathfrak{r}_0')}{(2t+1)(2t+3)}\right\}$$
$$-\,8\pi^2\mathfrak{D}'^2\sum\left\{\frac{\mathfrak{g}_{2t}(\mathfrak{r}_0'')}{(2t+1)(2t+3)(2t+5)}\right\}\sum\left\{\frac{\mathfrak{c}_{2t}+\mathfrak{d}_{2t}(\mathfrak{r}_0'')}{(2t+1)(2t+3)}\right\}$$
$$+\,8\pi^2\mathfrak{D}^2\varepsilon\Bigg[\sum\left\{\frac{\mathfrak{h}_{2t}(\mathfrak{r}_0')}{(2t+1)(2t+3)(2t+5)}\right\}\sum\left\{\frac{\mathfrak{c}_{2t}+\mathfrak{d}_{2t}(\mathfrak{r}_0')}{2t+3} + \frac{\mathfrak{q}_{2t}-\mathfrak{l}_{2t}(\mathfrak{r}_0')}{(2t+3)(2t+5)}\right\}$$

$$+ \Sigma \left\{ \frac{c_{2t} + d_{2t}(r_0')}{(2t+1)(2t+3)} \right\} \Sigma \left\{ \frac{h_{2t}(r_0') - \frac{1}{2t+7} m_{2t}(r_0')}{(2t+3)(2t+5)} \right\} \Bigg]$$

$$+ 8\pi^2 \mathfrak{D}'^2 \varepsilon' \Sigma \left\{ \frac{g_{2t}(r_0'')}{(2t+1)(2t+3)(2t+5)} \right\} \Sigma \left\{ \frac{c_{2t} + d_{2t}(r_0'')}{2t+3} + \frac{q_{2t} - l_{2t}(r_0'')}{(2t+3)(2t+5)} \right\}$$

$$- 8\pi^2 \mathfrak{D}\mathfrak{D}' \varepsilon' \Sigma \left\{ \frac{h_{2t}(r_0')}{(2t+1)(2t+3)(2t+5)} \right\} \Sigma \left\{ \frac{h_{2t}}{2t+3} + \frac{i_{2t}}{(2t+3)(2t+5)} \right\}$$

$$- 8\pi^2 \mathfrak{D}\mathfrak{D}' \varepsilon \Sigma \left\{ \frac{g_{2t}(r_0'')}{(2t+1)(2t+3)(2t+5)} \right\} \Sigma \left\{ \frac{g_{2t}}{2t+3} + \frac{e_{2t}}{(2t+3)(2t+5)} \right\},$$

$$\lambda = 4\pi^2 \mathfrak{D}\mathfrak{D}' \Sigma \left\{ \frac{h_{2t}(r_0')}{(2t+1)(2t+3)(2t+5)} \right\} \Sigma \left\{ \frac{g_{2t}(r_0'')}{(2t+1)(2t+3)(2t+5)} \right\}$$

$$- 4\pi^2 \mathfrak{D}\mathfrak{D}' \varepsilon \Sigma \left\{ \frac{g_{2t}(r_0'')}{(2t+1)(2t+3)(2t+5)} \right\} \Sigma \left\{ \frac{h_{2t}(r_0') - \frac{1}{2t+7} m_{2t}(r_0')}{(2t+3)(2t+5)} \right\},$$

$$\overline{\alpha}_{,} = 2\pi \mathfrak{D} \Sigma \left\{ \frac{(2t+2)\left(h_{2t}(r_0') - \frac{1}{2t+7} m_{2t}(r_0')\right)}{(2t+3)(2t+5)} \right\},$$

$$\overline{\delta}_{,} = - 8\pi^2 \mathfrak{D}^2 \Sigma \left\{ \frac{c_{2t} + d_{2t}(r_0')}{(2t+1)(2t+3)} \right\} \Sigma \left\{ \frac{(2t+2)\left(h_{2t}(r_0') - \frac{1}{2t+7} m_{2t}(r_0')\right)}{(2t+3)(2t+5)} \right\},$$

$$\overline{\lambda}_{,} = 8\pi^2 \mathfrak{D}\mathfrak{D}' \Sigma \left\{ \frac{g_{2t}(r_0'')}{(2t+1)(2t+3)(2t+5)} \right\} \Sigma \left\{ \frac{(t+1)\left(h_{2t}(r_0') - \frac{1}{2t+7} m_{2t}(r_0')\right)}{(2t+3)(2t+5)} \right\}.$$

Da hier die Grössen $\overline{\alpha}_{,}$ und $\overline{\delta}_{,}$ nicht Null sein können für alle Werthe von r_0', so muss dieser Strahl der ungewöhnliche sein. Die Fortpflanzungsgeschwindigkeit des zweiten Strahls wird durch die Gleichung (355) bestimmt, wo:

(376)

$$\frac{B}{w} = \frac{C}{v} = - \frac{uA(1 - \varepsilon p - \varepsilon' q)}{v^2 + w^2}, \quad \frac{B'}{w} = \frac{C'}{v} = - \frac{uA'}{v^2 + w^2}$$

zu setzen ist, weil man $1 - \mu = 1 - \varepsilon p - \varepsilon' q$ annehmen kann. Die Geschwindigkeit dieses zweiten Strahls soll von u unabhängig sein und diese Bedingung, so wie die Bedingungsgleichungen (356) werden jetzt gewisse Bedingungen für die Molekülarkräfte geben. Man hat nämlich:

(377)

$$\mathfrak{L} + \mathfrak{l} + (1 - \mu)u^2 \mathfrak{J} = \mathfrak{E} - \varepsilon(p - 2)u^2 \mathfrak{H} - \varepsilon' q u^2 \mathfrak{H}$$

$$+ 4\pi\mathfrak{D}\Sigma \left\{ 2t\, d_{u'}^{2t} \int_{r_0'}^{r_\infty'} \left(r\Phi_{2t}(r) \frac{\sin k'r}{k'r} dr \right) - \frac{2t}{2t+1} \int_{r_0'}^{r_\infty'} [r^{2t+1} \Phi_{2t}(r) dr] \right\}$$

$$+ 8\pi\mathfrak{D}\varepsilon\Sigma\left\{\frac{a_{2t}}{(2t+1)(2t+3)} + \frac{(k^2+2tu^2)h_{2t}(r'_o)}{2(2t+1)(2t+3)(2t+5)}\right\}$$

$$+ 8\pi\mathfrak{D}\varepsilon\Sigma\left\{d_u^{2t}\int_{r'_o}^{r'_\infty}\left(r\,\Phi_{2t}(r)\frac{\sin kr}{kr}dr\right) - \frac{1}{2t+1}\int_{r'_o}^{r'_\infty} r^{2t+1}\Phi_{2t}(r)dr\right\}$$

$$- 4\pi\mathfrak{D}\varepsilon\Sigma\left\{2t(2t-1)d_u^{2t}\int_{r'_o}^{r'_\infty}\left(r\,\Phi_{2t}(r)\frac{\sin kr}{kr}dr\right)\right.$$

$$\left. - \frac{2t(2t-1}{2t+1}\int_{r'_o}^{r'_\infty}[r^{2t+1}\Phi_{2t}(r)\,dr]\right\}$$

$$- 4\pi\mathfrak{D}\varepsilon\Sigma\left\{2t\,d_u^{2t+2}\int_{r'_o}^{r'_\infty} r\,d_r\varphi_{2t}(r)\frac{\sin kr}{kr}dr\right.$$

$$\left. + 2t\int_{r'_o}^{r'_\infty} r^{2t+1}\Phi_{2t}(r)dr - \frac{2t}{2t+3}a_{2t}\right\}$$

$$- 4\pi\mathfrak{D}'\Sigma\left\{\frac{2t}{2t+1}\int_{r''_o}^{r''_\infty} r^{2t+1}\Phi'_{2t}(r)dr\right\}$$

$$+ 8\pi\mathfrak{D}'\varepsilon'\Sigma\left\{\frac{c_{2t}+d_{2t}(r''_o)}{(2t+1)(2t+3)} - \int_{r''_o}^{r''_\infty} r^{2t+1}\Phi'_{2t}(r)\,dr\right\}$$

$$+ 4\pi\mathfrak{D}'\varepsilon'\Sigma\left\{\frac{2t}{2t+3}[c_{2t}+d_{2t}(r''_o)] - \frac{6t}{2t+1}\int_{r''_o}^{r''_\infty} r^{2t+1}\Phi'_{2t}(r)dr\right\},$$

$$\mathfrak{L}_, + \mathfrak{l}_, + u^2\mathfrak{J}_, = \mathfrak{LE}_, + 2\varepsilon' u^2\mathfrak{H}_, + 4\pi\mathfrak{D}'\Sigma\left\{2t\,d_{u''}^{2t}\int_{r''_o}^{r''_\infty}\left(r\Phi'_{2t}(r)\frac{\sin k''r}{k''r}dr\right)\right\}$$

$$- 8\pi\mathfrak{D}'\varepsilon'\Sigma\left\{\frac{d_{2t}(r''_o)}{(2t+1)(2t+3)} - d_{u''}^{2t}\int_{r''_o}^{r''_\infty}\left(r\,\Phi'_{2t}(r)\frac{\sin kr}{kr}dr\right)\right.$$

$$- 4\pi\mathfrak{D}'\varepsilon'\Sigma\left\{2t(2t-1)d_u^{2t}\int_{r''_o}^{r''_\infty}\left(r\Phi'_{2t}(r)\frac{\sin kr}{kr}dr\right)\right.$$

$$\left. + 2t\,d_u^{2t+2}\int_{r''_o}^{r''_\infty}\left(r\,d_r\varphi'_{2t}(r)\frac{\sin kr}{kr}dr\right)\right\},$$

$$
\begin{aligned}
&{}_{,}\mathfrak{L} + {}_{,}\mathfrak{l} + (1-\mu)u^2{}_{,}\mathfrak{J} = {}_{,}\mathfrak{E} - \varepsilon(p-2)u^2{}_{,}\mathfrak{H} - \varepsilon' q\,{}_{,}\mathfrak{H} \\
&\quad + 4\pi\mathfrak{D}\Sigma\left\{2t\,d_{u'}^{2t}\int_{r'_0}^{r'_\infty}\left(r\,\Phi'_{2t}(r)\frac{\sin k'r}{k'r}\,dr\right)\right\} \\
&\quad - 8\pi\mathfrak{D}\varepsilon\Sigma\left\{\frac{d_{2t}(r'_0)}{(2t+1)(2t+3)} - d_u^{2t}\int_{r'_0}^{r'_\infty}\left(r\,\Phi'_{2t}(r)\frac{\sin kr}{kr}\,dr\right)\right\} \\
&\quad - 4\pi\mathfrak{D}\varepsilon\Sigma\left\{2t(2t-1)\,d_u^{2t}\int_{r'_0}^{r'_\infty}\left(r\,\Phi'_{2t}(r)\frac{\sin kr}{kr}\,dr\right)\right. \\
&\qquad\qquad\left. + 2t\,d_u^{2t+2}\int_{r'_0}^{r'_\infty}\left(r\,d_r\,\varphi'_{2t}(r)\frac{\sin kr}{kr}\,dr\right)\right\},
\end{aligned}
$$

$$
\begin{aligned}
&\mathfrak{L}_{,,} + \mathfrak{l}_{,,} + u^2\mathfrak{J}_{,,} = \mathfrak{E}_{,,} + 2\varepsilon' u^2\mathfrak{H}_{,,} \\
&\quad + 4\pi\mathfrak{D}'\Sigma\left\{2t\,d_{u''}^{2t}\int_{r''_0}^{r''_\infty}\left(r\,\Phi''_{2t}(r)\frac{\sin k''r}{k''r}\,dr\right) - \frac{2t}{2t+1}\int_{r''_0}^{r''_\infty}[r^{2t+1}\Phi''_{2t}(r)\,dr]\right\} \\
&\quad + 8\pi\mathfrak{D}'\varepsilon'\Sigma\left\{\frac{b_{2t}}{(2t+1)(2t+3)} + \frac{(k^2+2tu^2)\,g_{2t}(r''_0)}{2(2t+1)(2t+3)(2t+5)}\right\} \\
&\quad + 8\pi\mathfrak{D}'\varepsilon'\Sigma\left\{d_u^{2t}\int_{r''_0}^{r''_\infty}\left(r\,\Phi''_{2t}(r)\frac{\sin kr}{kr}\,dr\right) - \frac{1}{2t+1}\int_{r''_0}^{r''_\infty}[r^{2t+1}\Phi''_{2t}(r)\,dr]\right\} \\
&\quad - 4\pi\mathfrak{D}'\varepsilon'\Sigma\left\{2t(2t-1)\,d_u^{2t}\int_{r''_0}^{r''_\infty}\left(r\,\Phi_{2t}(r)\frac{\sin kr}{kr}\,dr\right)\right. \\
&\qquad\qquad\left. - \frac{2t(2t-1)}{2t+1}\int_{r''_0}^{r''_\infty}[r^{2t+1}\Phi_{2t}(r)\,dr]\right\} \\
&\quad - 4\pi\mathfrak{D}'\varepsilon'\Sigma\left\{2t\,d_u^{2t+2}\int_{r''_0}^{r''_\infty}\left(r\,d_r\,\varphi_{2t}(r)\frac{\sin kr}{kr}\,dr\right) + 2t\int_{r''_0}^{r''_\infty}[r^{2t+1}\Phi''_{2t}(r)\,dr]\right\} \\
&\quad - 4\pi\mathfrak{D}\Sigma\left\{\frac{2t}{2t+1}\int_{r'_0}^{r'_\infty} r^{2t+1}\Phi'_{2t}(r)\,dr\right\} \\
&\quad + 8\pi\mathfrak{D}\varepsilon\Sigma\left\{\frac{c_{2t}+d_{2t}(r'_0)}{(2t+1)(2t+3)} - \int_{r'_0}^{r'_\infty}[r^{2t+1}\Phi'_{2t}(r)\,dr]\right\} \\
&\quad + 4\pi\mathfrak{D}\varepsilon\Sigma\left\{\frac{2t}{2t+3}[c_{2t}+d_{2t}(r'_0)] - \frac{6t}{2t+1}\int_{r'_0}^{r'_\infty}[r^{2t+1}\Phi'_{2t}(r)\,dr]\right\}.
\end{aligned}
$$

Wegen der Unabhängigkeit dieser Grössen von u erhält man die folgenden Bedingungsgleichungen:

(378)

$$\Sigma\left\{\frac{2t\,\mathfrak{h}_{2t}(r_o)}{(2t+1)(2t+3)(2t+5)}\right\} = o,$$

$$\Sigma\left\{2t\,d_u^{2t}\int\limits_{r_o}^{r_\infty}\left(r\,\Phi_{2t}(r)\frac{\sin kr}{kr}\,dr\right)\right\} = \text{einer von u und folglich auch von } k \text{ unabhängigen Grösse} = p(r_o),$$

$$\Sigma\left\{d_u^{2t}\int\limits_{r_o}^{r_\infty}\left(r\,\Phi_{2t}(r)\frac{\sin kr}{kr}\,dr\right)\right\} - \Sigma\left\{t(2t-1)d_u^{2t}\int\limits_{r_o}^{r_\infty}\left(r\,\Phi_{2t}(r)\frac{\sin kr}{kr}\,dr\right)\right\}$$

$$-\,\Sigma\left\{t\,d_u^{2t+2}\int\limits_{r_o}^{r_\infty}\left(r\,d_r\,\varphi_{2t}(r)\frac{\sin kr}{kr}\,dr\right)\right\} = \text{einer von u und folglich auch, was die Glieder betrifft, wo nicht}$$

$$t = o, \text{ von } k \text{ unabhängigen Grösse} = t(r_o) + \int\limits_{r_o}^{r_\infty}\left(r\,\Phi_o(r)\frac{\sin kr}{kr}\,dr\right),$$

$$p = 2 + \frac{\Sigma\left\{\dfrac{(t+1)\left(\mathfrak{h}_{2t}(r_o) - \dfrac{1}{2t+7}\,m(r_o)\right)}{(2t+3)(2t+5)}\right\}}{\Sigma\left\{\dfrac{\mathfrak{h}_{2t}(r_o)}{(2t+1)(2t+3)(2t+5)}\right\} + \Sigma\left\{d_u^{2t}\displaystyle\int\limits_{r_o}^{r_\infty}\frac{r^2}{k^2}\Phi_{2t}(r)\,d_r\left(\frac{\sin kr}{kr}\right)dr\right\}},$$

$$q = o,$$

$$\Sigma\left\{2t\,d_u^{2t}\int\limits_{r_o}^{r_\infty}\left(r\,\Phi'_{2t}(r)\frac{\sin kr}{kr}\,dr\right)\right\} = \text{einer von u und folglich auch von } k \text{ unabhängigen Grösse} = p'(r_o),$$

$$\Sigma\left\{d_u^{2t}\int\limits_{r_o}^{r_\infty}\left(r\,\Phi'_{2t}(r)\frac{\sin kr}{kr}\,dr\right)\right\} - \Sigma\left\{t(2t-1)d_u^{2t}\int\limits_{r_o}^{r_\infty}\left(r\,\Phi'_{2t}(r)\frac{\sin kr}{kr}\,dr\right)\right\}$$

$$-\,\Sigma\left\{t\,d_u^{2t+2}\int\limits_{r_o}^{r_\infty}\left(r\,d_r\,\varphi'_{2t}(r)\frac{\sin kr}{kr}\,dr\right)\right\} = \text{einer von u und folglich auch, was die Glieder betrifft, wo nicht}$$

$$t = o, \text{ von } k \text{ unabhängigen Grösse} = t'(r_o) + \int\limits_{r_o}^{r_\infty}\left(r\,\Phi'_o(r)\frac{\sin kr}{kr}\,dr\right),$$

$$\Sigma\left\{d_u^{2t}\int\limits_{r_o}^{r_\infty}\left[\frac{r^2}{k^2}\Phi''(r)\,d_r\left(\frac{\sin kr}{kr}\right)dr\right]\right\} = o,$$

$$\Sigma\left\{d_u^{2t}\int_{r_0}^{r_\infty}\left(r\Phi''_{2t}(r)\frac{\sin kr}{kr}dr\right)\right\}-\Sigma\left\{t(2t-1)d_u^{2t}\int_{r_0}^{r_\infty}\left(r\Phi''_{2t}(r)\frac{\sin kr}{kr}dr\right)\right\}$$

$$-\Sigma\left\{td_u^{2t+2}\int_{r_0}^{r_\infty}\left(rd_r\varphi''_{2t}(r)\frac{\sin kr}{kr}dr\right)\right\}=$$ einer von u und folglich auch, was die Glieder betrifft, wo nicht

$t = o$, von k unabhängigen Grösse $= t''(r_0)+\int_{r_0}^{r_\infty}\left(r\Phi''_0(r)\frac{\sin kr}{kr}dr\right)$,

$$\Sigma\left\{2t\,d_u^{2t}\int_{r_0}^{r_\infty}\left(r\Phi''_{2t}(r)\frac{\sin kr}{kr}dr\right)\right\}=$$ einer von u und folglich auch von k unabhängigen Grösse $= p''(r_0)$,

$$\Sigma\left\{\frac{2t\,g_{2t}(r_0)}{(2t+1)(2t+3)(2t+5)}\right\}=o,\quad \Sigma\left\{d_u^{2t}\int_{r_0}^{r_\infty}\left[\frac{r^2}{k^2}\Phi''_{2t}(r)d_r\left(\frac{\sin kr}{kr}\right)dr\right]\right\}$$

$$=-\Sigma\left\{\frac{g_{2t}(r_0)}{(2t+1)(2t+3)(2t+5)}\right\}-\tfrac{1}{2}\Sigma\left\{\frac{(t+1)\left(g_{2t}(r_0)-\frac{1}{2t+7}n(r_0)\right)}{(2t+3)(2t+5)}\right\}.$$

Man erhält folglich auch ferner:

(379)

$$\mathfrak{E}-\mathfrak{H}(v^2+w^2)+\frac{v+w^2}{1-\mu}(\mathfrak{J}+\varepsilon)=\mathfrak{E}+\varepsilon(p-2)\mathfrak{H}k^2-\varepsilon(p-2)u^2\mathfrak{H}$$

$$+4\pi\mathfrak{D}(k^2-u^2)\Sigma\left\{2t\,d_{u'}^{2t-2}\left[\frac{1}{u'^2}d_{u'}^2\int_{r'_0}^{r'_\infty}\left(r\Phi_{2t}(r)\frac{\sin k'r}{k'r}dr\right)\right.\right.$$

$$\left.\left.+\frac{1}{u'^2k'^2}\int_{r'_0}^{r'_\infty}\left(r^2\Phi_{2t}(r)d_r\left(\frac{\sin k'r}{k'r}\right)dr\right)\right]\right\}$$

$$+4\pi\mathfrak{D}(k^2-u^2)p\varepsilon\Sigma\left\{2t\,d_u^{2t-2}\left[\frac{1}{u^2}d_u^2\int_{r'_0}^{r'_\infty}\left(r\Phi_{2t}(r)\frac{\sin kr}{kr}dr\right)\right.\right.$$

$$\left.\left.+\frac{1}{u^2k^2}\int_{r'_0}^{r'_\infty}\left(r^2\Phi_{2t}(r)d_r\left(\frac{\sin kr}{kr}\right)dr\right)\right]\right\}$$

$$-4\pi\mathfrak{D}(k^2-u^2)\varepsilon\Sigma\left\{2t(2t+1)d_u^{2t-2}\left[\frac{1}{u^2}d_u^2\int_{r'_0}^{r'_\infty}\left(r\Phi_{2t}(r)\frac{\sin kr}{kr}dr\right)\right.\right.$$

$$\left.\left.+\frac{1}{u^2k^2}\int_{r'_0}^{r'_\infty}\left(r^2\Phi_{2t}(r)d_r\left(\frac{\sin kr}{kr}\right)dr\right)\right]\right\},$$

$$\mathfrak{L}_{,} - \mathfrak{H}_{,}(v^2+w^2) + (v^2+w^2)(\mathfrak{J}_{,}+\mathfrak{i}_{,}) = \mathfrak{L}_{,} - 2\varepsilon'\mathfrak{H}_{,}k^2 + 2\varepsilon'\mathrm{u}^2\mathfrak{H}_{,}$$

$$+ 4\pi\mathfrak{D}'(k^2-\mathrm{u}^2)\,\Sigma\Big\{2\mathrm{t}\,\mathrm{d}_{\mathrm{u}''}^{2\mathrm{t}-2}\Big[\frac{1}{\mathrm{u}''^2}\mathrm{d}_{\mathrm{u}''}^2\int_{\mathrm{r}_0''}^{\mathrm{r}_\infty''}\Big(\mathrm{r}\,\Phi_{2\mathrm{t}}'(\mathrm{r})\,\frac{\sin k''\mathrm{r}}{k''\mathrm{r}}\,\mathrm{dr}\Big)$$

$$+ \frac{1}{\mathrm{u}''^2 k''^2}\int_{\mathrm{r}_0''}^{\mathrm{r}_\infty''}\Big(\mathrm{r}^2\,\Phi_{2\mathrm{t}}'(\mathrm{r})\,\mathrm{d}_{\mathrm{r}}\Big(\frac{\sin k''\mathrm{r}}{k''\mathrm{r}}\Big)\mathrm{dr}\Big)\Big]\Big\}$$

$$- 4\pi\mathfrak{D}'(k^2-\mathrm{u}^2)\varepsilon'\,\Sigma\Big\{2\mathrm{t}(2\mathrm{t}+1)\,\mathrm{d}_{\mathrm{u}}^{2\mathrm{t}-2}\Big[\frac{1}{\mathrm{u}^2}\mathrm{d}_{\mathrm{u}}^2\int_{\mathrm{r}_0''}^{\mathrm{r}_\infty''}\Big(\mathrm{r}\,\Phi_{2\mathrm{t}}'(\mathrm{r})\frac{\sin k\mathrm{r}}{k\mathrm{r}}\mathrm{dr}\Big)$$

$$+ \frac{1}{\mathrm{u}^2 k^2}\int_{\mathrm{r}_0''}^{\mathrm{r}_\infty''}\Big(\mathrm{r}^2\,\Phi_{2\mathrm{t}}'(\mathrm{r})\,\mathrm{d}_{\mathrm{r}}\Big(\frac{\sin k\mathrm{r}}{k\mathrm{r}}\Big)\mathrm{dr}\Big)\Big]\Big\},$$

$$_{,}\mathfrak{L} - {}_{,}\mathfrak{H}(v^2+w^2) + \frac{v^2+w^2}{1-\mu}({}_{,}\mathfrak{J}+{}_{,}\mathfrak{i}) = {}_{,}\mathfrak{L} + \varepsilon k^2\,{}_{,}\mathfrak{H}(\mathrm{p}-2) - \varepsilon(\mathrm{p}-2)\mathrm{u}^2\,{}_{,}\mathfrak{H}$$

$$+ 4\pi\mathfrak{D}(k^2-\mathrm{u}^2)\,\Sigma\Big\{2\mathrm{t}\,\mathrm{d}_{\mathrm{u}'}^{2\mathrm{t}-2}\Big[\frac{1}{\mathrm{u}'^2}\mathrm{d}_{\mathrm{u}'}^2\int_{\mathrm{r}_0'}^{\mathrm{r}_\infty'}\Big(\mathrm{r}\,\Phi_{2\mathrm{t}}'(\mathrm{r})\frac{\sin k'\mathrm{r}}{k'\mathrm{r}}\,\mathrm{dr}\Big)$$

$$+ \frac{1}{\mathrm{u}'^2 k'^2}\int_{\mathrm{r}_0'}^{\mathrm{r}_\infty'}\Big(\mathrm{r}^2\,\Phi_{2\mathrm{t}}'(\mathrm{r})\,\mathrm{d}_{\mathrm{r}}\Big(\frac{\sin k'\mathrm{r}}{k'\mathrm{r}}\Big)\mathrm{dr}\Big)\Big]\Big\}$$

$$+ 4\pi\mathfrak{T}(k^2-\mathrm{u}^2)\mathrm{p}\varepsilon\,\Sigma\Big\{2\mathrm{t}\,\mathrm{d}_{\mathrm{u}}^{2\mathrm{t}-2}\Big[\frac{1}{\mathrm{u}^2}\mathrm{d}_{\mathrm{u}}^2\int_{\mathrm{r}_0'}^{\mathrm{r}_\infty'}\Big(\mathrm{r}\,\Phi_{2\mathrm{t}}'(\mathrm{r})\,\frac{\sin k\mathrm{r}}{k\mathrm{r}}\,\mathrm{dr}\Big)$$

$$+ \frac{1}{\mathrm{u}^2 k^2}\int_{\mathrm{r}_0'}^{\mathrm{r}_\infty'}\Big(\mathrm{r}^2\,\Phi_{2\mathrm{t}}'(\mathrm{r})\,\mathrm{d}_{\mathrm{r}}\Big(\frac{\sin k\mathrm{r}}{k\mathrm{r}}\Big)\mathrm{dr}\Big)\Big]\Big\}$$

$$- 4\pi\mathfrak{D}(k^2-\mathrm{u}^2)\varepsilon\,\Sigma\Big\{2\mathrm{t}(2\mathrm{t}+1)\,\mathrm{d}_{\mathrm{u}'}^{2\mathrm{t}-2}\Big[\frac{1}{\mathrm{u}'^2}\mathrm{d}_{\mathrm{u}}^2\int_{\mathrm{r}_0'}^{\mathrm{r}_\infty'}\Big(\mathrm{r}\,\Phi_{2\mathrm{t}}'(\mathrm{r})\frac{\sin k\mathrm{r}}{k\mathrm{r}}\mathrm{dr}\Big)$$

$$+ \frac{1}{\mathrm{u}^2 k^2}\int_{\mathrm{r}_0'}^{\mathrm{r}_\infty'}\Big(\mathrm{r}^2\,\Phi_{2\mathrm{t}}'(\mathrm{r})\,\mathrm{d}_{\mathrm{r}}\Big(\frac{\sin k\mathrm{r}}{k\mathrm{r}}\Big)\mathrm{dr}\Big)\Big]\Big\},$$

$$\mathfrak{L}_{,,} - \mathfrak{H}_{,,}(v^2+w^2) + (\mathfrak{J}_{,,}+\mathfrak{i}_{,,})(v^2+w^2) = \mathfrak{L}_{,,} - 2\mathfrak{H}_{,,}(k^2-\mathrm{u}^2)\varepsilon'$$

$$+ 4\pi\mathfrak{D}'(k^2-\mathrm{u}^2)\,\Sigma\Big\{2\mathrm{t}\,\mathrm{d}_{\mathrm{u}''}^{2\mathrm{t}-2}\Big[\frac{1}{\mathrm{u}''^2}\int_{\mathrm{r}_0''}^{\mathrm{r}_\infty''}\Big(\mathrm{r}\,\Phi_{2\mathrm{t}}''(\mathrm{r})\frac{\sin k''\mathrm{r}}{k''\mathrm{r}}\,\mathrm{dr}\Big)$$

$$+ \frac{1}{\mathrm{u}''^2 k''^2}\int_{\mathrm{r}''}^{\mathrm{r}_\infty''}\Big(\mathrm{r}^2\,\Phi_{2\mathrm{t}}''(\mathrm{r})\,\mathrm{d}_{\mathrm{r}}\Big(\frac{\sin k''\mathrm{r}}{k''\mathrm{r}}\Big)\mathrm{dr}\Big)\Big]\Big\}$$

$$- 4\pi\mathfrak{D}'(k^2 - u^2)\varepsilon' \Sigma \Big\{ 2t(2t+1) d_u^{2t-2} \Big[\frac{1}{u^2} d_u^2 \int_{r''_0}^{r''_\infty} \Big(r\, \Phi''_{2t}(r) \frac{\sin kr}{kr} dr \Big)$$

$$+ \frac{1}{u^2 k^2} \int_{r''_0}^{r''_\infty} \Big(r^2 \Phi''_{2t}(r)\, d_r \Big(\frac{\sin kr}{kr}\Big) dr \Big) \Big] \Big\}.$$

Die Gleichungen (356) geben ferner die Bedingungsgleichungen:

(380)

$$\Sigma \Big\{ \frac{2t}{2t+1} \int_{r_0}^{r_\infty} \Big(r^{2t+1} \Phi_{2t}(r) dr \Big) \Big\} = \Sigma \Big\{ 2t d_u^{2t} \int_{r_0}^{r_\infty} \Big(r \Phi_{2t}(r) \frac{\sin kr}{kr} dr \Big) \Big\} = p(r_0),$$

$$\Sigma \Big\{ 2t\, d_u^{2t-2} \Big[\frac{1}{u^2} d_\mu^2 \int_{r_0}^{r_\infty} \Big(r\, \Phi_{2t}(r) \frac{\sin kr}{kr} dr \Big)$$

$$+ \frac{1}{u^2 k^2} \int_{r_0}^{r_\infty} \Big(r^2 \Phi_{2t}(r) d_r \Big(\frac{\sin kr}{kr}\Big) dr \Big) \Big] \Big\} = o,$$

$$\Sigma \Big\{ 2t(2t+1) d_u^{2t-2} \Big[\frac{1}{u^2} d_u^2 \int_{r_0}^{r_\infty} \Big(r\, \Phi_{2t}(r) \frac{\sin kr}{kr} dr \Big)$$

$$+ \frac{1}{u^2 k^2} \int_{r_0}^{r_\infty} \Big(r^2 \Phi_{2t}(r)\, d_r \Big(\frac{\sin kr}{kr}\Big) dr \Big) \Big] \Big\} = o,$$

$$\Sigma \Big\{ \frac{2t}{2t+1} \int_{r_0}^{r_\infty} \Big(r^{2t+1} \Phi''_{2t}(r) dr \Big) \Big\} = \Sigma \Big\{ 2t\, d_u^{2t} \int_{r_0}^{r_\infty} \Big(r \Phi''_{2t}(r) \frac{\sin kr}{kr} dr \Big) \Big\} = p''(r_0),$$

$$\Sigma \Big\{ 2t\, d_u^{2t-2} \Big[\frac{1}{u^2} d_u^2 \int_{r_0}^{r_\infty} \Big(r\, \Phi''_{2t}(r) \frac{\sin kr}{kr} dr \Big)$$

$$+ \frac{1}{u^2 k^2} \int_{r_0}^{r_\infty} \Big(r\, \Phi_{2t}(r) d_r \Big(\frac{\sin kr}{kr}\Big) dr \Big) \Big] \Big\} = o,$$

$$\Sigma \Big\{ 2t(2t+1) d_u^{2t-2} \Big[\frac{1}{u^2} d_u^2 \int_{r_0}^{r_\infty} \Big(r\, \Phi''_{2t}(r) \frac{\sin kr}{kr} dr \Big)$$

$$+ \frac{1}{u^2 k^2} \int_{r_0}^{r_\infty} \Big(r^2 \Phi''_{2t}(r)\, d_r \Big(\frac{\sin kr}{kr}\Big) dr \Big) \Big] \Big\} = o,$$

$$(3-p)\Sigma\left\{\frac{k^2 h_{2t}(r_0)}{2(2t+1)(2t+3)(2t+5)}\right\} + t(r_0) + \int\limits_{r_0}^{r_\infty}\left(r\,\Phi_0(r)\frac{\sin kr}{kr}\,dr\right)$$

$$+\Sigma\left\{\frac{[t(2t+1)+1]\,a_{2t}(r_0)}{(2t+1)(2t+3)}\right\} - \Sigma\left\{\int\limits_{r_0}^{r_\infty}\left(r^{2t+1}\,\Phi_{2t}(r)\,dr\right)\right\}$$

$$+\frac{2-p}{2}\Sigma\left\{d_u^{2t}\int\limits_{r_0}^{r_\infty}\left(r^2\,\Phi_{2t}(r)\,d_r\left(\frac{\sin kr}{kr}\right)dr\right)\right\} = 0,$$

$$3\,\Sigma\left\{\frac{k^2 g_{2t}(r_0)}{2(2t+1)(2t+3)(2t+5)}\right\} + t''(r_0) + \int\limits_{r_0}^{r_\infty}\left(r\,\Phi_0''(r)\frac{\sin kr}{kr}\,dr\right)$$

$$+\Sigma\left\{\frac{t(2t+1)+1}{(2t+1)(2t+3)}\,b_{2t}(r_0)\right\} - \Sigma\left\{\int\limits_{r_0}^{r_\infty}\left(r^{2t+1}\,\Phi_{2t}''(r)\,dr\right)\right\}$$

$$+\Sigma\left\{d_u^{2t}\int\limits_{r_0}^{r_\infty}\left(r^2\,\Phi_{2t}''(r)\,d_r\left(\frac{\sin kr}{kr}\right)dr\right)\right\} = 0,$$

$$\Sigma\left\{\frac{1+t(2t+1)}{(2t+1)(2t+3)}[c+d_{2t}(r_0)]\right\} - \Sigma\left\{\frac{3t+1}{2t+1}\int\limits_{r_0}^{r_\infty}[r^{2t+1}\,\Phi_{2t}'(r)\,dr]\right\} = 0,$$

$$\Sigma\left\{2t\,d_u^{2t}\int\limits_{r_0}^{r_\infty}\left(r\,\Phi_{2t}'(r)\,d_r\left(\frac{\sin kr}{kr}\right)dr\right)\right\} = p'(r_0) = 0,$$

$$\Sigma\left\{2t\,d_u^{2t-2}\left[\frac{1}{u^2}d_u^2\int\limits_{r_0}^{r_\infty}\left(r\,\Phi_{2t}'(r)\,\frac{\sin kr}{kr}\,dr\right)\right.\right.$$

$$\left.\left.+\frac{1}{u^2 k^2}\int\limits_{r_0}^{r_\infty}\left(r^2\,\Phi_{2t}(r)\,d_r\left(\frac{\sin kr}{kr}\right)dr\right)\right]\right\} = 0,$$

$$\Sigma\left\{2t(2t+1)\,d_u^{2t-2}\left[\frac{1}{u^2}d_u^2\int\limits_{r_0}^{r_\infty}\left(r\,\Phi_{2t}'(r)\,\frac{\sin kr}{kr}\,dr\right)\right.\right.$$

$$\left.\left.+\frac{1}{u^2}\int\limits_{r_0}^{r_\infty}\left(r^2\,\Phi_{2t}'(r)\,d_r\left(\frac{\sin kr}{kr}\right)dr\right)\right]\right\} = 0,$$

$$t'(r_0) + \int\limits_{r_0}^{r_\infty}\left(r\,\Phi_0'(r)\,\frac{\sin kr}{kr}\,dr\right) - \Sigma\left\{\frac{d_{2t}(r_0)}{(2t+1)(2t+3)}\right\} = 0.$$

Aus der siebenten dieser Gleichungen geht hervor, dass:

$$\Sigma\left\{d_u^{2t}\int_{r_0}^{r_\infty} r^2 \Phi_{2t}(r)\, d_r\left(\frac{\sin kr}{kr}\right)dr\right\}$$ von u unabhängig sein muss, folglich

$$= \tau(r_0) + \int_{r_0}^{r_\infty} r^2 \Phi_0(r)\, d_r\left(\frac{\sin kr}{kr}\right)dr.$$

Setzt man jetzt:

$$\int_{r_0}^{r_\infty} r\Phi_0(r)\frac{\sin kr}{kr}\,dr = B(r_0) + B_1(r_0)k^2 + B_2(r_0)k^4 + \ldots.$$

so wird:

$$\int_{r_0}^{r_\infty} r^2\Phi_0(r)\,d_r\left(\frac{\sin kr}{kr}\right)dr = 2B_1(r_0)k^2 + 4B_2(r_0)k^4 + \ldots.$$

und die siebente der Gleichungen (380) giebt dann:

$$\left[t(r_0) + \Sigma\left\{\frac{[2t(2t+1)+1]a_{2t}(r_0)}{(2t+1)(2t+3)}\right\} - \Sigma\left\{\int_{r_0}^{r_\infty} r^{2t+1}\Phi_{2t}(r)\,dr\right\} + B(r_0)\right]$$

$$+ (3-p)\left[\Sigma\left\{\frac{h_{2t}(r_0)}{2(2t+1)(2t+3)(2t+5)}\right\} + B_1(r_0)\right]k^2$$

$$+ (5-2p)B_2(r_0)k^4 + \ldots. = o,$$

woraus gefunden wird:

(381)

$$t(r_0) + \Sigma\left\{\frac{[2t(2t+1)+1]a_{2t}(r_0)}{(2t+1)(2t+3)}\right\} - \Sigma\left\{\int_{r_0}^{r_\infty} r^{2t+1}\Phi_{2t}(r)\,dr\right\} + B(r_0) = o,$$

$$(3-p)\left[\Sigma\left\{\frac{h_{2t}(r_0)}{2(2t+1)(2t+3)(2t+5)}\right\} + B_1(r_0)\right] = o,$$

$$(5-2p)B_2(r_0) = o \text{ etc.}$$

und hieraus ferner:

$$B_2(r_0) = o,\quad B_3(r_0) = o \text{ etc., folglich:}$$

$$\int_{r_0}^{r_\infty} r^2\Phi_0(r)\,d_r\left(\frac{\sin kr}{kr}\right)dr = 2B_1(r_0)k^2.$$

Die zweite der Gleichungen (381) giebt dann entweder:

$$B_1(r_0) = \tfrac{1}{2}\int_{r_0}^{r_\infty}\frac{r^2}{k^2}\Phi_0(r)\,d_r\left(\frac{\sin kr}{kr}\right)dr = -\tfrac{1}{2}\Sigma\left\{\frac{h_{2t}(r_0)}{(2t+1)(2t+3)(2t+5)}\right\},$$

und die vierte der Gleichungen (378) giebt dann $p = \infty$, was unmöglich ist, oder $p - 3 = o$, folglich:

(382) $$p = 3.$$

Die vierte der Gleichungen (378) giebt dann:

(383)

$$2B_1(r_o)k^2 = \Sigma\int_{r_o}^{r_\infty} r^2\,\Phi_o(r)\,d_r\left(\frac{\sin kr}{kr}\right)dr = k^2\left[\Sigma\left\{\frac{t\,h_{2t}(r_o)}{(2t+1)(2t+5)}\right\} - \Sigma\left\{\frac{(t+1)\,m_{2t}(r_o)}{(2t+3)(2t+5)(2t+7)}\right\}\right].$$

Die achte der Gleichungen (380) auf dieselbe Weise behandelt giebt:

(384)

$$\Sigma\left\{\frac{(t+1)\left(g_{2t}(r_o)-\frac{1}{2t+7}n(r_o)\right)}{(2t+3)(2t+5)}\right\} = o,$$

$$\Sigma\left\{d_u^{2t}\int_{r_o}^{r_\infty} r^2\,\Phi_{2t}(r)\,d_r\left(\frac{\sin kr}{kr}\right)dr\right\} = \tau''(r_o) + k^2\left[\Sigma\left\{\frac{t\,g_{2t}(r_o)}{(2t+1)(2t+5)}\right\} - \Sigma\left\{\frac{(t+1)\,h_{2t}(r_o)}{(2t+3)(2t+5)(2t+7)}\right\}\right].$$

Die Gleichungen (355) geben jetzt die Fortpflanzungsgeschwindigkeit des gewöhnlichen Strahls, durch die folgende Formel bestimmt:

(384)

$$s^4 - (\overline{\alpha} - \overline{\alpha},\varepsilon)s^2k^2 + \overline{\beta}s^2 + \overline{\gamma} - (\overline{\delta} - \overline{\delta},\varepsilon)k^2 + (\overline{\lambda} - \overline{\lambda},\varepsilon)k^4 = o.$$

Wir werden jetzt untersuchen, ob die Gleichungen (353) stattfinden können oder nicht. Die erste dieser Gleichungen giebt:

$$\mathfrak{L} + \mathfrak{l} + u^2(1-4\varepsilon)\mathfrak{H} + u^2(1-2\varepsilon)\mathfrak{i} + \mathfrak{L}_{,,} + \mathfrak{l}_{,,} + u^2(1-4\varepsilon')\mathfrak{H}_{,,} + u^2\frac{(1-2\varepsilon)\mathfrak{i}_,\mathfrak{H}_{,,}}{\mathfrak{H}_,} = \mathfrak{E} + \mathfrak{E}_{,,},$$

oder:

$$\mathfrak{E} + 8\pi\mathfrak{D}\varepsilon\Sigma\left\{\frac{a_{2t}(r_o')}{(2t+1)(2t+3)}\right\} + 4\pi\mathfrak{D}\varepsilon\Sigma\left\{\frac{k^2\,h_{2t}(r_o')}{(2t+1)(2t+3)(2t+5)}\right\}$$

$$+ 8\pi\mathfrak{D}\varepsilon\Sigma\left\{d_u^{2t}\int_{r_o'}^{r_\infty'}\left(r\,\Phi_{2t}(r)\frac{\sin kr}{kr}dr\right)\right\}$$

$$- 4\pi\mathfrak{D}\varepsilon\Sigma\left\{\frac{1}{2t+1}\int_{r_o'}^{r_\infty'} r^{2t+1}\Phi_{2t}(r)dr\right\}$$

$$+ 8\pi\mathfrak{D}'\varepsilon'\Sigma\left\{\frac{c_{2t}+d_{2t}(r_o'')}{(2t+1)(2t+3)}\right\} - 8\pi\mathfrak{D}'\varepsilon'\Sigma\left\{\int_{r_o''}^{r_\infty''}\left(r^{2t+1}\Phi_{2t}'(r)\,dr\right)\right\}$$

$$+ \mathfrak{E}_{,,} + 8\pi\mathfrak{D}'\varepsilon'\Sigma\left\{\frac{b_{2t}(r_o'')}{(2t+1)(2t+3)}\right\} + 4\pi\mathfrak{D}'\varepsilon'\Sigma\left\{\frac{k^2\,g_{2t}(r_o'')}{(2t+1)(2t+3)(2t+5)}\right\}$$

$$+ 8\pi\mathfrak{D}'\varepsilon'\Sigma\left\{d_u^{2t}\int_{r_0''}^{r_\infty''}\left(r\,\Phi_{2t}''(r)\frac{\sin kr}{kr}\,dr\right)\right\}$$

$$- 4\pi\mathfrak{D}'\varepsilon'\Sigma\left\{\frac{1}{2t+1}\int_{r_0''}^{r_\infty''}[r^{2t+1}\,\Phi_{2t}''(r)\,dr]\right\}$$

$$+ 8\pi\mathfrak{D}\,\varepsilon\,\Sigma\left\{\frac{c_{2t}+d_{2t}(r_0')}{(2t+1)(2t+3)}\right\} - 8\pi\mathfrak{D}\varepsilon\Sigma\left\{\int_{r_0'}^{r_\infty'}[r^{2t+1}\Phi_{2t}'(r)dr]\right\} = \mathfrak{E}+\mathfrak{E}_{,,},$$

woraus folgt:

$$\Sigma\left\{\frac{(t+1)\left(h_{2t}(r_0)-\frac{1}{2t+7}\,m(r_0)\right)}{(2t+3)(2t+5)}\right\} = o,$$

welche Gleichung, wie schon öfter bemerkt, unmöglich ist.

Cap. IV.

Gesetze der Fortpflanzung des Lichts bei circularpolarisirenden isophanen Körpern.

§. 1. Theorie der circularpolarisirenden isophanen Körper.

Wir haben bisher unter den isophanen Körpern nur diejenigen betrachtet, in welchen die einfachen transversalen Bewegungen sich alle mit derselben Geschwindigkeit fortpflanzen. Indem wir vorausgesetzt haben, die Molekülarkräfte seien nur Funktionen des Abstandes, und die Form der Molekülen sei ohne Einfluss, haben wir gefunden, dass dies nothwendig der Fall sein musste. Es finden sich indessen isophane Körper, in welchen die einfachen transversalen Bewegungen sich mit verschiedener Geschwindigkeit fortpflanzen, und zwar so, dass die zwei in entgegengesetzter Richtung circularpolarisirten Strahlen, woraus jeder geradlinig polarisirter zusammengesetzt gedacht werden kann, sich mit ungleicher Geschwindigkeit fortpflanzen. Diese isophanen Medien werden deswegen circularpolarisirende genannt. Sie sind zuerst von Biot entdeckt worden. Solche sind Terpenthinöl und seine Dämpfe, Campher und Zucker im unkrystallinischen Zustande, Citronenöl u. m. a.

Die physischen Ursachen dieser Erscheinungen sind noch nicht gefunden worden. Dagegen ist eine Form der Differentialgleichungen der unendlich kleinen Bewegungen eines Systems von Molekülen, welche diesen Erscheinungen entspricht, erst von Mac-Cullogh und später von Cauchy gegeben worden. Weil es anzunehmen ist, dass die Molekülarkräfte des Aethers in allen Körpern dieselben sind, werde ich hier die Idee der von Cauchy gegebenen Gleichungen, welche sich nur auf ein System von Molekülen beziehen, auf zwei Systeme von Molekülen ausdehnen. Es ist also noch übrig, die Art der Molekülarkräfte der circularpolarisirenden Körper, oder wahrscheinlicher die Form dieser Molekülen zu bestimmen, welche den Differentialgleichungen der unendlich kleinen Bewegungen diese Form geben würde. Die Molekülarkräfte der Aethermolekülen können als dieselben wie in andern Körpern angenommen werden.

Die Differentialgleichungen der unendlich kleinen Bewegungen zweier Systeme von Molekülen, welche den Erscheinungen der circularpolarisirenden isophanen Körper entsprechen, sind:

(385)

$$(E - d_t^2)\xi + F d_x D + E_,\xi' + F_, d_x D' = K_,(d_y\zeta' - d_z v'),$$
$$(E - d_t^2)v + F d_y D + E_, v' + F_, d_y D' = K_,(d_z\xi' - d_x\zeta'),$$
$$(E - d_t^2)\zeta + F d_z D + E_,\zeta' + F_, d_z D' = K_,(d_x v' - d_y\xi'),$$
$${}_,E\xi + {}_,F d_x D + (E_{,,} - d_t^2)\xi' + F_{,,} d_x D' = K_{,,}(d_y\zeta' - d_z v'),$$
$${}_,E v + {}_,F d_y D + (E_{,,} - d_t^2)v' + F_{,,} d_y D' = K_{,,}(d_z\xi' - d_x\zeta'),$$
$${}_,E\zeta + {}_,F d_z D + (E_{,,} - d_t^2)\zeta' + F_{,,} d_z D' = K_{,,}(d_x v' - d_y\xi'),$$

wo der Kürze wegen:

(209) $D = d_x\xi + d_y v + d_z\zeta,\quad D' = d_x\xi' + d_y v' + d_z\zeta'$

und $E, E_{,,} \ldots F, F_{,,} \ldots K, K_{,,} \ldots$ charakteristische Funktionen von $d_x^2 + d_y^2 + d_z^2$ bezeichnen. Wenn K und $K_{,,}$ gleich Null wären, würden sie mit den Gleichungen (208) übereinstimmen. Die particulären Integrale der Gleichungen (383), welche die einfache Bewegung darstellen, sind:

[(141)]

$$\xi = Ae^{ux+vy+wz-st},\quad v = Be^{ux+vy+wz-st},\quad \zeta = Ce^{ux+vy+wz-st},$$
$$\xi' = A'e^{ux+vy+wz-st},\quad v' = B'e^{ux+vy+wz-st},\quad \zeta' = C'e^{ux+vy+wz-st},$$

wo s, A, B, C, A', B', C' den folgenden Gleichungen genügen müssen:

(386)

$$(\mathfrak{E} - s^2)A + \mathfrak{F}u(uA + vB + wC) + \mathfrak{E}_,A'$$
$$+ \mathfrak{F}_,u(uA' + vB' + wC') = \mathfrak{K}_,(vC' - wB'),$$

$$(\mathfrak{E} - s^2)B + \mathfrak{F}v(uA + vB + wC) + \mathfrak{E}_, B' + \mathfrak{F}_, v(uA' + vB' + wC') = \mathfrak{K}_, (wA' - uC'),$$
$$(\mathfrak{E} - s^2)C + \mathfrak{F}w(uA + vB + wC) + \mathfrak{E}_, C' + \mathfrak{F}_, w(uA' + vB' + wC') = \mathfrak{K}_, (uB' - vA'),$$
$$_,\mathfrak{E}A + {}_,\mathfrak{F}u(uA + vB + wC) + (\mathfrak{E}_{,,} - s^2)A' + \mathfrak{F}_{,,}u(uA' + vB' + wC') = \mathfrak{K}_{,,}(vC' - wB'),$$
$$_,\mathfrak{E}B + {}_,\mathfrak{F}v(uA + vB + wC) + (\mathfrak{E}_{,,} - s^2)B' + \mathfrak{F}_{,,}v(uA' + vB' + wC') = \mathfrak{K}_{,,}(wA' - uC'),$$
$$_,\mathfrak{E}C + {}_,\mathfrak{F}w(uA + vB + wC) + (\mathfrak{E}_{,,} - s^2)C' + \mathfrak{F}_{,,}w(uA' + vB' + wC') = \mathfrak{K}_{,,}(uB' - vA'),$$

wenn man durch $\mathfrak{E}$, $\mathfrak{E}_{,,}$ ... $\mathfrak{F}$, $\mathfrak{F}_{,}$ ... $\mathfrak{K}_{,}$, $\mathfrak{K}_{,,}$ die Grössen bezeichnet, welche man durch Substitution der Grössen u, v, w statt der Zeichen d_x, d_y, d_z in den charakteristischen Funktionen E, $E_{,}$, ... F, $F_{,}$, ... K, $K_{,}$, ... erhält.

Weil die Dilatation des zweiten Systems von Molekülen gleich Null ist, so hat man:

$$uA' + vB' + wC' = o,$$

und, wenn man nur die transversalen Bewegungen des ersten Systems von Molekülen betrachtet, ebenso:

$$uA + vB + wC = o.$$

Die Gleichungen (386) werden dann:

$$(387)\quad \begin{cases} (\mathfrak{E} - s^2)A + \mathfrak{E}_, A' = \mathfrak{K}_, (vC' - wB'), \\ (\mathfrak{E} - s^2)B + \mathfrak{E}_, B' = \mathfrak{K}_, (wA' - uC'), \\ (\mathfrak{E} - s^2)C + \mathfrak{E}_, C' = \mathfrak{K}_, (uB' - vA'), \\ _,\mathfrak{E}A + (\mathfrak{E}_{,,} - s^2)A' = \mathfrak{K}_{,,}(vC' - wB'), \\ _,\mathfrak{E}B + (\mathfrak{E}_{,,} - s^2)B' = \mathfrak{K}_{,,}(wA' - uC'), \\ _,\mathfrak{E}C + (\mathfrak{E}_{,,} - s^2)C' = \mathfrak{K}_{,,}(uB' - vA'). \end{cases}$$

Eliminirt man aus diesen Gleichungen die Grössen A, B, C, A′, B′, C′, so erhält man:

$$(388)$$
$$[(\mathfrak{E} - s^2)(\mathfrak{E}_{,,} - s^2) - \mathfrak{E}_{,} \cdot {}_,\mathfrak{E}]^2 = -[(\mathfrak{E} - s^2)\mathfrak{K}_{,,} - {}_,\mathfrak{E}\mathfrak{K}_,]^2 (u^2 + v^2 + w^2),$$

durch welche Gleichung s bestimmt wird.

Ferner findet man durch Elimination der Grössen A, B, C die Gleichungen:

$$(389)$$
$$[(\mathfrak{E} - s^2)(\mathfrak{E}_{,,} - s^2) - \mathfrak{E}_{,} \cdot {}_,\mathfrak{E}]A' = [(\mathfrak{E} - s^2)\mathfrak{K}_{,,} - {}_,\mathfrak{E}\mathfrak{K}_,](vC' - wB'),$$
$$[(\mathfrak{E} - s^2)(\mathfrak{E}_{,,} - s^2) - \mathfrak{E}_{,} \cdot {}_,\mathfrak{E}]B' = [(\mathfrak{E} - s^2)\mathfrak{K}_{,,} - {}_,\mathfrak{E}\mathfrak{K}_,](wA' - uC'),$$
$$[(\mathfrak{E} - s^2)(\mathfrak{E}_{,,} - s^2) - \mathfrak{E}_{,} \cdot {}_,\mathfrak{E}]C' = [(\mathfrak{E} - s^2)\mathfrak{K}_{,,} - {}_,\mathfrak{E}\mathfrak{K}_,](uB' - vA').$$

Multiplicirt man diese Gleichungen respective mit den Grössen

A′, B′, C′ und addirt, so erhält man, wenn die Grössen $\mathfrak{K}_{,}$, $\mathfrak{K}_{,,}$ nicht gleich Null sind:

$$(390) \qquad A'^2 + B'^2 + C'^2 = o.$$

Ferner erhält man aus den Gleichungen (387) und (388):

$$(391)$$

$$\frac{A}{A'} = \frac{\mathfrak{K}_{,}[(\mathfrak{G}-s^2)(\mathfrak{G}_{,,}-s^2) - \mathfrak{G}_{,\cdot,}\mathfrak{G}] - \mathfrak{G}_{,}[(\mathfrak{G}-s^2)\mathfrak{K}_{,,} - {}_{,}\mathfrak{G}\mathfrak{K}_{,}]}{(\mathfrak{G}-s^2)[(\mathfrak{G}-s^2)\mathfrak{K}_{,,} - {}_{,}\mathfrak{G}\mathfrak{K}_{,}]} = \frac{B}{B'} = \frac{C}{C'},$$

folglich auch:

$$(392) \qquad A^2 + B^2 + C^2 = o,$$

$$(393) \qquad AA' + BB' + CC' = o.$$

Wenn die Systeme vollkommen diaphan wären, so kann man setzen:

$$u = u\sqrt{-1}, \quad v = v\sqrt{-1}, \quad w = w\sqrt{-1}, \quad s = s\sqrt{-1}.$$

$$[(153)] \qquad \begin{aligned} A &= a e^{\lambda\sqrt{-1}}, & B &= b e^{\mu\sqrt{-1}}, & C &= c e^{\nu\sqrt{-1}}, \\ A' &= a' e^{\lambda'\sqrt{-1}}, & B' &= b' e^{\mu'\sqrt{-1}}, & C' &= c' e^{\nu'\sqrt{-1}}, \end{aligned}$$

ferner der Kürze willen:

$$[(169)] \qquad u^2 + v^2 + w^2 = k^2,$$

$$[(154)] \qquad ux + vy + wz = \varrho, \quad [(198)] \; r = \frac{\varrho}{k}.$$

Die reellen Theile von ξ, v, ζ, ξ', v', ζ', welche noch den Differentialgleichungen (385) Genüge leisten, werden dann:

$$(235) \qquad \begin{aligned} \xi &= a\cos(kr - st + \lambda), \\ v &= b\cos(kr - st + \mu), \\ \zeta &= c\cos(kr - st + \nu), \\ \xi' &= a'\cos(kr - st + \lambda'), \\ v' &= b'\cos(kr - st + \mu'), \\ \zeta' &= c'\cos(kr - st + \nu'). \end{aligned}$$

Die Gleichungen (392) und (390) geben jetzt:

$$(394)$$

$$a^2\cos[2(kr-st+\lambda)] + b^2\cos[2(kr-st+\mu)] + c^2\cos[2(kr-st+\nu)] = o,$$

$$a'^2\cos[2(kr-st+\lambda')] + b'^2\cos[2(kr-st+\mu')] + c'^2\cos[2(kr-st+\nu')] = o,$$

und wegen dieser Gleichungen erhält man ferner:

$$(395) \qquad \begin{aligned} \xi^2 + v^2 + \zeta^2 &= \tfrac{1}{2}(a^2 + b^2 + c^2), \\ \xi'^2 + v'^2 + \zeta'^2 &= \tfrac{1}{2}(a'^2 + b'^2 + c'^2). \end{aligned}$$

Aus diesen letzten Gleichungen und wegen der Gleichungen:

$$u\xi + vv + w\zeta = o,$$

$$u\xi' + vv' + w\zeta' = o,$$

geht hervor, dass die Molekülen in beiden Systemen sich in Kreisen bewegen, deren Ebene im Wellenplane sich befindet und deren Radien respective gleich $\sqrt{\frac{a^2+b^2+c^2}{2}}$ und $\sqrt{\frac{a'^2+b'^2+c'^2}{2}}$ sind. Die Gleichung (386) giebt jetzt:

$$(396)\quad (s^2+\mathfrak{G})(s^2+\mathfrak{G}_{,,})-\mathfrak{G}_{,}\,{}_{,}\mathfrak{G} = \pm[(s^2+\mathfrak{G})\mathfrak{K}_{,,}-{}_{,}\mathfrak{G}\mathfrak{K}_{,}]k.$$

Die Gleichungen (387) und (389) geben ferner:

$$\frac{vC'-wB'}{A'} = \frac{wA'-uC'}{B'} = \frac{uB'-vA'}{C'} = \mp k\sqrt{-1},$$

folglich:

$$\frac{B'}{A'} = -\frac{uv \mp wk\sqrt{-1}}{v^2+w^2},\quad \frac{C'}{A'} = -\frac{uw \pm vk\sqrt{-1}}{v^2+w^2},$$

$$\frac{A}{A'} = \frac{\pm\mathfrak{K}_{,}k-\mathfrak{G}_{,}}{\mathfrak{G}+s^2},\quad \frac{B}{A'} = -\frac{\pm\mathfrak{K}_{,}k-\mathfrak{G}_{,}}{\mathfrak{G}+s^2}\,\frac{uv \mp wk\sqrt{-1}}{v^2+w^2},$$

$$\frac{C}{A'} = -\frac{\pm\mathfrak{K}_{,}k-\mathfrak{G}_{,}}{\mathfrak{G}+s^2}\,\frac{uw \pm vk\sqrt{-1}}{v^2+w^2}.$$

Wenn man den vom Radius der dem ersten Systeme gehörigen Molekülen beschriebenen Kreis auf die Ebene (v, ζ) projicirt, so wird sein Differential in Bezug auf die Zeit t (s. Bd. V. S. 147):

$$\tfrac{1}{2}(\zeta d_t v - v d_t \zeta) = \tfrac{1}{2} s b c \sin(\mu-\nu),$$

und die Bewegung dieses Radius in der (y, z) Ebene wird folglich direct oder retrograd sein, je nachdem $\sin(\mu-\nu)$ positiv oder negativ ist. Nun ist aber:

$$\frac{B}{C} = \frac{b}{c}e^{(\mu-\nu)\sqrt{-1}} = -\frac{vw \pm uk\sqrt{-1}}{u^2+v^2},$$

folglich:

$$\sin(\mu-\nu) = \mp\frac{c}{b}\,\frac{uk}{u^2+v^2}.$$

Wenn man folglich in der Gleichung (396) rechter Seite das Zeichen + annimmt, so findet man die Fortpflanzungsgeschwindigkeit des circularpolarisirten Strahls, dessen Bewegung auf die (y, z) Ebene projicirt eine retrograde ist; nimmt man das Zeichen — an, so erhält man die Fortpflanzungsgeschwindigkeit eines zweiten circularpolarisirten Strahls, dessen Bewegung auf die (y, z) Ebene projicirt eine directe ist. Nimmt man an, die xAxe wäre die Richtung des Strahls, so bewegen sich im ersten Falle die Molekülen von der positiven yAxe zur positiven zAxe, im zweiten Falle von der positiven zAxe zur positiven yAxe, oder, wenn die yAxe zur rechten Seite des Anfangspunktes der Coordinaten positiv gerechnet wird, und die positive zAxe über dem Anfangspunkt liegt, so findet man die Geschwindigkeit des rechts polarisirten Strahls, wenn man in der Gleichung (394) das obere Zeichen + annimmt, diejenige des links polarisirten, wenn man das untere Zeichen — annimmt.

Stellen wir uns einen von zwei parallelen Ebenen begrenzten circularpolarisirenden isophanen Körper vor, und denken wir uns einen geradlinig polarisirten Strahl senkrecht auf die eine Ebene einfallend. Dieser kann dann aus zwei circularpolarisirten Strahlen zusammengesetzt gedacht werden, die sich in dem Körper mit verschiedenen Geschwindigkeiten, $\Omega_{,}$ und $\Omega_{,,}$, bewegen, und wie sie aus dem Körper heraustreten wieder einen geradlinig polarisirten Strahl bilden, dessen Polarisationsebene aber mit derjenigen des einfallenden Strahls einen Winkel bildet. Dieser Winkel ϱ wird der Rotationswinkel genannt.

Es sei χ der Winkel, welchen die Polarisationsebene des einfallenden linearpolarisirten Strahls mit der yAxe bildet, so ist:

$$\begin{aligned} v &= \mathrm{b}\cos(k\mathrm{r} - \mathrm{st} + \lambda), \\ \zeta &= \mathrm{c}\cos(k\mathrm{r} - \mathrm{st} + \lambda), \end{aligned} \tag{397}$$

wo:

$$\begin{aligned} \mathrm{b} &= 2\mathrm{p}\cos\chi, \\ \mathrm{c} &= 2\mathrm{p}\sin\chi. \end{aligned}$$

Dieser linearpolarisirte Strahl kann jetzt in zwei in entgegengesetzten Richtungen circularpolarisirte Strahlen getheilt werden. Man hat nämlich, wenn man die Werthe von b und c substituirt:

$$\begin{aligned} v &= \mathrm{p}\cos(k\mathrm{r} - \mathrm{st} + \lambda - \chi) + \mathrm{p}\cos(k\mathrm{r} - \mathrm{st} + \lambda + \chi), \\ \zeta &= -\mathrm{p}\sin(k\mathrm{r} - \mathrm{st} + \lambda - \chi) + \mathrm{p}\sin(k\mathrm{r} - \mathrm{st} + \lambda + \chi). \end{aligned}$$

Die Verschiebungen im ersten circularpolarisirten Strahl sind folglich:

$$\begin{aligned} v &= \mathrm{p}\cos(k\mathrm{r} - \mathrm{st} + \lambda - \chi) = \mathrm{p}\cos\left\{2\pi\left(\frac{\varphi}{\mathrm{l}} - \frac{\mathrm{t}}{T}\right)\right\}, \\ \zeta &= -\mathrm{p}\sin(k\mathrm{r} - \mathrm{st} + \lambda - \chi) = -\mathrm{p}\sin\left\{2\pi\left(\frac{\varphi}{\mathrm{l}} - \frac{\mathrm{t}}{T}\right)\right\}, \end{aligned} \tag{398}$$

und im zweiten:

$$\begin{aligned} v &= \mathrm{p}\cos(k\mathrm{r} - \mathrm{st} + \lambda + \chi) = \mathrm{p}\cos\left\{2\pi\left(\frac{\varphi + \frac{\mathrm{l}\chi}{\pi}}{\mathrm{l}} - \frac{\mathrm{t}}{T}\right)\right\}, \\ \zeta &= \mathrm{p}\sin(k\mathrm{r} - \mathrm{st} + \lambda + \chi) = \mathrm{p}\sin\left\{2\pi\left(\frac{\varphi + \frac{\mathrm{l}\chi}{\pi}}{\mathrm{l}} - \frac{\mathrm{t}}{T}\right)\right\}, \end{aligned} \tag{399}$$

wo:

$$\varphi = \frac{k\mathrm{r} + \lambda - \chi}{k}, \quad k = \frac{2\pi}{\mathrm{l}}.$$

Wenn die yAxe zur rechten Seite des Anfangspunktes der Coordinaten positiv gerechnet wird, und der positive Theil der zAxe über dem Anfangspunkt liegt, so ist der erste dieser Strahlen linksdrehend, der zweite rechtsdrehend. Der Radius der beschriebenen Kreise ist p.

Bezeichnet man durch Ω_1 die Geschwindigkeit des ersten Strahls, durch Ω_2 diejenige des zweiten, so ist Ω_1 durch die Gleichung (396) bestimmt, wenn rechter Seits das Zeichen — gewählt wird, Ω_2 durch dieselbe Gleichung, wenn rechter Seits das Zeichen + gewählt wird. Bezeichnet man durch Θ den Abstand der zwei begrenzenden Ebenen, auf welchen sich der Strahl senkrecht bewegt, so wird der erste Strahl den Körper in der Zeit $\frac{\Theta}{\Omega_1}$ durchlaufen, der zweite in der Zeit $\frac{\Theta}{\Omega_2}$. Der erste Strahl wird folglich um die Zeit $\frac{\Theta}{\Omega_1} - \frac{\Theta}{\Omega_2} = \delta$ später als der zweite aus dem Körper heraustreten. Während dieses Zeitraums δ wird der zweite Strahl sich in der Luft um das Stück δO bewegen, wenn man durch O die Geschwindigkeit des Lichts in der Luft bezeichnet. Nach der Zeit $\frac{\Theta}{\Omega_1}$ werden folglich die Verschiebungen im ersten Strahl:

$$(400) \quad \begin{aligned} v &= p' \cos\left\{2\pi\left(\frac{\varphi - \Theta}{l} - \frac{t}{T}\right)\right\}, \\ \zeta &= -p' \sin\left\{2\pi\left(\frac{\varphi - \Theta}{l} - \frac{t}{T}\right)\right\}, \end{aligned}$$

und im zweiten:

$$(401) \quad \begin{aligned} v &= p' \cos\left\{2\pi\left(\frac{\varphi + \frac{l\chi}{\pi} - \Theta - \delta O}{l} - \frac{t}{T}\right)\right\}, \\ \zeta &= p' \sin\left\{2\pi\left(\frac{\varphi + \frac{l\chi}{\pi} - \Theta - \delta O}{l} - \frac{t}{T}\right)\right\}. \end{aligned}$$

Diese zwei, in entgegengesetzten Richtungen polarisirten Strahlen können nun wieder zu einem linearpolarisirten zusammengesetzt werden, dessen Polarisationsebene mit der yAxe den Winkel $\chi - \frac{\delta\pi O}{l}$ bildet. Der Polarisationsplan des Strahls ist folglich um einen Winkel $\frac{\delta\pi O}{l}$ gedreht worden, und wenn δ positiv ist, das heisst, wenn der rechts drehende circularpolarisirte Strahl sich mit der grössten Geschwindigkeit bewegt, findet die Rotation des Polarisationsplans zur rechten Seite statt; wenn δ negativ ist, das heisst, wenn der links drehende circularpolarisirte

Strahl sich mit der grössten Geschwindigkeit bewegt, wird der Polarisationsplan auch links gedreht. Der Rotationswinkel ist:

$$(402) \qquad \varrho = \frac{\pi \delta \mathrm{O}}{\mathrm{l}}.$$

Nimmt man an, die Grössen $\mathfrak{E}$, $\mathfrak{E}_{,}$, $_{,}\mathfrak{E}$, $\mathfrak{E}_{,,}$ wären von derselben Form wie bei den gewöhnlichen isophanen Körpern, deren Theorie im Cap. I. entwickelt ist, so wird die Gleichung (396):

$$(403)$$

$$s^4 - \alpha s^2 k^2 + \beta s^2 + \gamma - \delta k^2 + \lambda k^4 = \pm [(s^2 + \mathfrak{E})\mathfrak{K}_{,,} - {}_{,}\mathfrak{E}\mathfrak{K}_{,}]k.$$

Hieraus findet man:

$$(404)$$

$$\Omega_1^2 = \alpha + \frac{(\delta - \alpha\beta)s^2 - \alpha\gamma}{s^4 + \beta s^2 + \gamma} - \frac{\lambda s^2}{\alpha s^2 + \delta} - \frac{[(s^2 + \mathfrak{E})\mathfrak{K}_{,,} - {}_{,}\mathfrak{E}\mathfrak{K}_{,}]s^2}{k(s^4 + \beta s^2 + \gamma)},$$

$$\Omega_2^2 = \alpha + \frac{(\delta - \alpha\beta)s^2 - \alpha\gamma}{s^4 + \beta s^2 + \gamma} - \frac{\lambda s^2}{\alpha s^2 + \delta} + \frac{[(s^2 + \mathfrak{E})\mathfrak{K}_{,,} - {}_{,}\mathfrak{E}\mathfrak{K}_{,}]s^2}{k(s^4 + \beta s^2 + \gamma)}.$$

Setzt man der Kürze wegen:

$$(405) \qquad \mathrm{a}^2 = \alpha - \frac{(\delta - \alpha\beta)s^2 - \alpha\gamma}{s^4 + \beta s^2 + \gamma} - \frac{\lambda s^2}{\alpha s^2 + \delta}$$

und bemerkt, dass a stets sehr gross in Bezug auf den Ausdruck $\frac{[(s^2 + \mathfrak{E})\mathfrak{K}_{,,} - {}_{,}\mathfrak{E}\mathfrak{K}_{,}]}{k(s^4 + \beta s^2 + \gamma)}$ ist, so findet man:

$$(406) \qquad \begin{aligned} \Omega_1 &= \mathrm{a} - \frac{[(s^2 + \mathfrak{E})\mathfrak{K}_{,,} - {}_{,}\mathfrak{E}\mathfrak{K}_{,}]s^2}{2\mathrm{a}k(s^4 + \beta s^2 + \gamma)}, \\ \Omega_2 &= \mathrm{a} + \frac{[(s^2 + \mathfrak{E})\mathfrak{K}_{,,} - {}_{,}\mathfrak{E}\mathfrak{K}_{,}]s^2}{2\mathrm{a}k(s^4 + \beta s^2 + \gamma)}, \end{aligned}$$

und hieraus:

$$(407) \qquad \delta = \frac{\Theta}{\Omega_1} - \frac{\Theta}{\Omega_2} = \frac{\Theta[(s^2 + \mathfrak{E})\mathfrak{K}_{,,} - {}_{,}\mathfrak{E}\mathfrak{K}_{,}]s^2}{\mathrm{a}^2 k(s^4 + \beta s^2 + \gamma)}.$$

Nun ist aber: $k = \frac{s}{\mathrm{a}} = \frac{2\pi\mathrm{O}}{\mathrm{a\,l}}$, folglich wird:

$$(408) \qquad \varrho = \frac{\pi\delta\mathrm{O}}{\mathrm{l}} = \frac{\Theta[(s^2 + \mathfrak{E})\mathfrak{K}_{,,} - {}_{,}\mathfrak{E}\mathfrak{K}_{,}]s^2}{2\mathrm{a}^2(s^4 + \beta s^2 + \gamma)}.$$

Die Beobachtungen über die den verschiedenen Farben entsprechenden Rotationswinkel haben gezeigt, dass dieser direct proportional mit Θ ist, und umgekehrt proportional mit dem Quadrate der Wellenlängen, oder, was dasselbe ist, direct proportional mit dem Quadrate von k. Man muss folglich annehmen:

$$(409) \qquad \mathfrak{K}_{,} = \mathfrak{k}_{,}k^2, \quad \mathfrak{K}_{,,} = \mathfrak{k}_{,,}k^2,$$

und dass der Ausdruck:

$$\frac{[(\mathfrak{E} + s^2)\mathfrak{k}_{,,} - {}_{,}\mathfrak{E}\mathfrak{k}_{,}]s^2}{s^4 + \beta s^2 + \gamma}$$

sich nur wenig mit der Farbe ändert, das heisst für die verschiedenen Werthe von s. Setzt man der Kürze wegen:

(410) $$C = \frac{[(\mathfrak{E} + s^2)\mathfrak{f}_{,,} - {}_{,}\mathfrak{E}\mathfrak{f}_{,}]s^2}{s^4 + \beta s^2 + \gamma},$$

so wird:

(411) $$\varrho = \frac{2\Theta\pi^2 CO^2}{\mathrm{a}^4 \mathrm{l}^2}.$$

Wenn C positiv ist, die Stellung der Coordinatenaxen wie vorher angenommen, wird der Polarisationsplan rechts, wenn C negativ ist, links gedreht.

Wenn man die Dispersion des Lichts vernachlässigt, und folglich a als von der Farbe unabhängig ansieht, so werden, wegen der Formel (411), für verschiedene Farben die Rotationswinkel in einem für die verschiedenen Körper constanten Verhältniss stehen. Dies bestätigt auch die Erfahrung, ausser bei einem Körper, der Weinsäure im flüssigen Zustande, was bei diesem Körper dadurch erklärt werden kann, dass die Grösse C sich hier bedeutend mit der Farbe ändere. Da indessen die Beobachtungen bei diesem Körper noch nicht hinlänglich bestimmt sind, so kann hierüber keine bestimmte Hypothese aufgestellt werden.

§. 2. Die Grösse der rotirenden Molekülarkraft und deren Anwendung zur Bestimmung der in einer Auflösung enthaltenen Quantität eines circularpolarisirenden Stoffes.*)

Wenn ein Fluidum, welches die rotirende Eigenschaft besitzt, mit einem anderen Fluidum gemengt wird, welchem diese rotirende Eigenschaft fehlt, und welches nicht chemisch auf das erste Fluidum einwirkt und folglich nur als Verdünnungsmittel dient, so wird bei derselben Länge der Röhren, worin die Fluiden beobachtet werden, der Rotationswinkel proportional mit dem Mischungsverhältnisse des rotirenden Fluidums sein. Man benennt mit dem Ausdruck rotirende Molekülarkraft einer Substanz den Winkel, um welchen die Substanz den Polarisationsplan des rothen Strahls C im Sonnenspectrum dreht, wenn die Länge der Röhre die Längeneinheit, z. B. 1 Millimetre, und der Abstand der Molekülen ein solcher wäre, dass die Dichtigkeit der Substanz gleich 1 wäre.

Bezeichnet man diese rotirende Molekülarkraft einer gegebenen Substanz durch $[\varrho]$, durch ε das Gewichtsverhältniss, worin

*) Biot, Compt. rend.: Tome 15, p. 523—542, 619—639, 693—712; Tome 16, p. 619—639; Tome 18, 4. Nov.; T. 19, 23. Juni; T. 20, 7. Juli.

die rotirende Substanz in einer Auflösung vorkommt, durch δ die Dichtigkeit der Auflösung, durch Θ die Länge der Röhre, durch m den Coëfficienten, wodurch der Werth des Rotationswinkels eines Strahls auf denjenigen des rothen Strahls C zurückgeführt wird, und durch ϱ den beobachteten Rotationswinkel, wenn die übrigen Bestandtheile der Auflösung nicht rotirend sind, oder wenn dies der Fall sein sollte, den Theil des beobachteten Rotationswinkels, welcher durch die gegebene Substanz verursacht wird, so ist:

(412) $$[\varrho] = \frac{m\,\varrho}{\Theta\,\varepsilon\,\delta}.$$

Weil bei verschiedenen Farben die Rotationswinkel sehr verschieden sind, so wird bei einfallendem weissen Licht das durch das analysirende doppeltbrechende Prisma, Nicol'sche Prisma oder Turmalinplatte beobachtete Bild nie verschwinden, sondern seine Farbe mit der Stellung des Prismas oder Turmalins immer ändern. Unter diesen verschiedenen Farben ist eine violette, welche den Uebergang vom reinen Blau zum Roth und Orange bildet. Diese wird von Biot die „teinte de passage" genannt, und der dazu gehörige Rotationswinkel kann ziemlich scharf bestimmt werden. Der dieser Farbe entsprechende Werth von m ist von Biot auf $\frac{23}{30}$ angegeben worden und entspricht dem Verschwinden der orangegelben Strahlen im Sonnenspectrum.

Nach den Beobachtungen Biot's hat man für diese violette teinte de passage, wo $m = \frac{23}{30}$:

	$\frac{m}{[\varrho]} = \frac{\Theta\varepsilon\delta}{\varrho}$	$100\,[\varrho]$
für krystallisirbaren Rohrzucker	+ 1,4	+ 54°,76
- Traubenzucker	+ 1,28	+ 59°,8
Dextrin	+ 0,552	+138°,68
- Diabeteszucker	+ 2,176	+ 35°,23
- Stärkezucker, verschiedene Arten . .		+ 39°,43 + 47°,19 + 77°,19
Terpenthinöl, verschiedene Arten, die Dichtigkeit δ zu 0,872 angenommen .	— 2,83 — 3,05	— 27°,1 — 25°,1
Terpenthinöl, durch wiederholte Destillationen gereinigt	— 2,68	— 28°,6
Citronenöl, δ zu 0,847 angenommen . .	+ 1,70	+ 45°,0

Das Zeichen + bezeichnet, dass die Deviation zur rechten Seite, das Zeichen —, dass sie zur linken Seite des Beobachters stattfindet.

Aus der Gleichung (412) kann man jetzt umgekehrt, wenn $[\varrho]$ bekannt ist, finden:

$$(413) \qquad \varepsilon\delta = \frac{\mathfrak{m}}{[\varrho]} \cdot \frac{\varrho}{\Theta},$$

und hierdurch die Gewichtsmenge der in einer Auflösung befindlichen einzigen rotirenden Substanz, wenn ihre Art durch irgend andere Versuche schon bestimmt ist.

Mehrere Substanzen ändern unter Einfluss von Säuren ihre rotirende Eigenschaft. Am merkwürdigsten verhält sich hier der krystallisirbare Rohrzucker. Wenn man einer Auflösung dieses Zuckers eine Quantität Hydrochlorsäure oder Schwefelsäure zusetzt, ohne Erhöhung der Temperatur und mit der nothwendigen Vorsicht, damit die Säure nicht plötzlich auf etliche isolirte Theile der Auflösung wirke, sondern sich gleichmässig durch die ganze Masse verbreite ohne sie augenblicklich zu färben: so findet man, dass die Deviation der Polarisationsebene, welche ursprünglich nach rechter Seite des Beobachters stattfand, gradweise abnimmt, nachher in entgegengesetzter Richtung stattfindet und nach kürzerer oder längerer Zeit ein Maximum zur linken Seite erreicht, welches immer in einem für dieselbe Farbe constanten, für jede Säure aber verschiedenen Verhältnisse zur ursprünglichen Deviation steht, wenn man beide Beobachtungen durch Rechnung auf denselben Grad der Auflösung reducirt. Dieses Verhältniss ist für Hydrochlorsäure und für die violette teinte de passage — 0,38 und mit einer Quantität von $\frac{1}{10}$ des Volumens der ursprünglichen Auflösung wird das Maximum der Interversion schon in etlichen Stunden erreicht. Für Schwefelsäure ist dasselbe Verhältniss — 0,3867. Wenn nach längerer Zeit die Auflösung sich zu färben anfängt, wird diese intervertirte Deviation immer schwächer, bis endlich die Auflösung undurchsichtig wird. Bei keiner anderen Art von Zucker wird die rotirende Kraft ohne Temperaturerhöhung und ohne scheinbare Aenderung des physischen Zustandes der Auflösung intervertirt, und diese Eigenschaft kann folglich dazu dienen, die in einer Auflösung vorkommende Quantität des krystallisirbaren Rohrzuckers sehr genau zu bestimmen. Bezeichnet man nämlich die beobachtete Rotation der Polarisationsebene bei einer gegebenen Auflösung durch ϱ, den Theil hiervon, welcher vom krystallisirbaren Rohrzucker herrührt, durch S, den übrigen Theil durch D, so ist:

$$S + D = \varrho.$$

Setzt man jetzt Hydrochlorsäure oder eine andere Säure zu und bezeichnet die intervertirte Rotation, wenn diese durch Rechnung auf denselben Grad der Verdünnung reducirt wird, durch $-\varrho'$, setzt $-r = \frac{+\varrho}{-\varrho'}$, und bezeichnet durch $-r'$ den Inferversions-coëfficienten des krystallisirbaren Rohrzuckers, folglich für Salzsäure und die violette teinte de passage $-r' = -0{,}38$, so wird:

$$-r'S + D = -r\varrho.$$

Aus diesen beiden Gleichungen findet man:

$$(414) \qquad S = \left(\frac{1+r}{1+r'}\right)\varrho, \quad D = \left(\frac{r'-r}{r'+r}\right)\varrho.$$

Die positiven Rotationswinkel bezeichnen hier, dass die Rotation zur rechten, die negativen, dass sie zur linken Seite des Beobachters stattfindet.

Um aus den vorhergehenden Formeln (414) wieder das Gewichtsverhältniss, worin der krystallisirbare Rohrzucker in der Auflösung vorkommt, zu bestimmen, hat man für die violette teinte de passage:

$$(415) \qquad \varepsilon = 1{,}4\frac{S}{\Theta\delta}.$$

Bei etlichen Arten von Traubenzucker findet man, dass wenn sie längere Zeit hindurch kochend in einer wässerigen Auflösung im Beisein von Säuren gehalten werden, ihre Rotationskraft, die immer zur rechten Seite gerichtet ist, mehrere plötzliche Verminderungen erleidet und endlich ein gewisses Minimum erreicht. Bei Acacia Gummi wird die Rotation, welche ursprünglich links stattfindet, unter dem Einfluss von Säuren nach rechter Seite intervertirt, aber unter einem Ueberfluss von niederschlagender Materie.

Unter den übrigen organischen Alkalien hat Bonchardat die folgenden in Hinsicht auf ihre rotirende Eigenschaft untersucht:

Das Morphin, sowohl allein als in einer sauren und alkalischen Auflösung, dreht immer die Polarisationsebene links. Nur die längere Einwirkung eines Alkali ändert seine rotirende Eigenschaft auf eine bleibende Weise.

Das Opian bewirkt in seinen Auflösungen eine starke Deviation der Polarisationsebene zur linken Seite. Unter Einfluss von Säuren geht diese Deviation zur rechten Seite über, und geht nicht zur linken zurück, wenn die Säure durch Ammoniak gesättigt wird.

Das Strychnin bewirkt in seinen Auflösungen eine starke Deviation zur linken Seite. Der Zusatz von Säuren schwächt die rotirende Kraft sehr, ohne indessen ihre Richtung zu ändern. Wenn die Säure durch Ammoniak gesättigt wird, erhält sie ihre frühere Intensität wieder. Ein Ueberschuss von Ammoniak bewirkt keine fernere Aenderung.

Das Brucin bewirkt, in Alcohol aufgelöst, eine Deviation zur linken Seite. Ein Zusatz von Hydrochlorsäure schwächt augenblicklich die rotirende Kraft, ohne ihre Richtung zu ändern. Wenn die Säure durch Ammoniak gesättigt wird, kommt die ursprüngliche rotirende Kraft wieder und wird durch einen Ueberschuss von Ammoniak noch vergrössert.

Das Cinchonin äussert in seinen Auflösungen eine starke rotirende Kraft zur rechten Seite. Ein Zusatz von Säure schwächt diese rotirende Kraft, ohne ihre Richtung zu ändern. Wenn die Säure gesättigt wird, scheint die rotirende Kraft wieder ihre frühere Intensität anzunehmen.

Das Chinin bewirkt in seinen Auflösungen eine Deviation zur linken Seite. Unter Einfluss von Säure wird diese rotirende Kraft bedeutend erhöhet, nimmt aber, wenn die Säure durch Ammoniak gesättigt wird, ihre frühere Intensität wieder an. Ein Ueberschuss von Ammoniak bringt keine fernere Aenderung hervor. Eine Erhöhung der Temperatur schwächt die rotirende Kraft des Chinins.

Das Amygdalin und die Amygdalinsäure drehen die Polarisationsebene zur linken Seite.

Cap. V.

Gesetze der Fortpflanzung des Lichts bei circularpolarisirenden einaxig krystallisirten Körpern.

§. 1. Theorie der Fortpflanzung des Lichts in circularpolarisirenden einaxigen Krystallen.

Wir haben im Cap. III. die Theorie der gewöhnlichen einaxigen Krystalle entwickelt. In diesen theilet sich ein jeder Strahl in zwei Strahlen, welche im allgemeinen sich mit ungleicher Geschwindigkeit fortpflanzen und nur längs der Axe zusammenfallen. Ein jeder dieser Strahlen ist linearpolarisirt, und zwar der eine, der gewöhnliche, im Hauptschnitte des Krystalls, der andere, der ungewöhnliche, in einer auf dem Hauptschnitte senkrechten Ebene. Im Bergkrystall dagegen theilt ein jeder Strahl sich in zwei elliptisch-polarisirte, die sich mit ungleicher Geschwindigkeit fortpflanzen und in entgegengesetzter Richtung drehen. Die eine Axe jeder Ellipse fällt in den Hauptschnitt und ist, wenigstens annäherungsweise, der senkrecht darauf liegenden Axe der anderen Ellipse gleich. Bei einigen Individuen pflanzen sich die rechtsdrehenden Strahlen mit grösserer Geschwindigkeit fort, bei anderen die linksdrehenden, und man kann diese öfters durch die äussere Krystallform von einander unterscheiden. Es finden sich auch Zwillingskrystalle, die aus rechts- und linkspolarisirenden Theilen bestehen, und ein dem Bergkrystall nahestehender Körper, der Amethyst, besteht aus lauter solchen sehr kleinen Zwillingskrystallen.

Die Differentialgleichungen der unendlich kleinen Bewegungen zweier Systeme von Molekülen, welche den Erscheinungen der circularpolarisirenden Krystalle entsprechen, sind, wenn die xAxe als Krystallaxe angenommen wird:

(416)

$$\begin{aligned}
&(L + l - d_t^2)\xi + d_x I(d_y v + d_z\zeta) + (L_{,} + l_{,})\xi' \\
&\qquad + d_x I_{,}(d_y v' + d_z\zeta') = K_{,}(d_y\zeta' - d_z v'), \\
&({}_{,}L + {}_{,}l)\xi + d_x\,{}_{,}I(d_y v + d_z\zeta) + (L_{,,} + l_{,,} - d_t^2)\xi' \\
&\qquad + d_x I_{,,}(d_y v' + d_z\zeta') = K_{,,}(d_y\zeta' - d_z v'), \\
&(E - d_t^2)v + d_y[(I + i)d_x\xi + F(d_y v + d_z\zeta)] + E_{,}v' \\
&\qquad + d_y[(I_{,} + i_{,})d_x\xi' + F_{,}(d_y v' + d_z\zeta')] = K_{,}(d_z\xi' - d_x\zeta'), \\
&{}_{,}Ev + d_y[({}_{,}I + {}_{,}i)d_x\xi + {}_{,}F(d_y v + d_z\zeta)] + (E_{,,} - d_t^2)v' \\
&\qquad + d_y[(I_{,,} + i_{,,})d_x\xi' + F_{,,}(d_y v' + d_z\zeta')] = K_{,,}(d_z\xi' - d_x\zeta'), \\
&(E - d_t^2)\zeta + d_z[(I + i)d_x\xi + F(d_y v + d_z\zeta)] + E_{,}\zeta' \\
&\qquad + d_z[(I_{,} + i_{,})d_x\xi' + F_{,}(d_y v' + d_z\zeta')] = K_{,}(d_x v' - d_y\xi'), \\
&{}_{,}E\zeta + d_z[({}_{,}I + {}_{,}i)d_x\xi + {}_{,}F(d_y v + d_z\zeta)] + (E_{,,} - d_t^2)\zeta' \\
&\qquad + d_z[(I_{,,} + i_{,,})d_x\xi' + F_{,,}(d_y v' + d_z\zeta')] = K_{,,}(d_x v' - d_y\xi'),
\end{aligned}$$

wo L, $L_{,}$, ... l, $l_{,}$, ... E, $E_{,}$, ... F, $F_{,}$, ... I, $I_{,}$, ... i, $i_{,}$, ... $K_{,}$, $K_{,,}$ charakteristische Funktionen von d_x^2 und $d_y^2 + d_z^2$ sind.

Wenn $\mathfrak{K}_{,}$ und $\mathfrak{K}_{,,}$ Null wären, so würden diese Gleichungen mit den Gleichungen (348) übereinstimmen.

Die particulären Integrale der Gleichungen (395) sind:

(235)

$$\xi = a\cos(kr - st + \lambda),$$
$$v = b\cos(kr - st + \mu) = b\cos(kr - st + \lambda)\cos(\mu - \lambda) - b\sin(kr - st + \lambda)\sin(\mu - \lambda),$$
$$\zeta = c\cos(kr - st + \nu) = c\cos(kr - st + \lambda)\cos(\nu - \lambda) - c\sin(kr - st + \lambda)\sin(\nu - \lambda),$$
$$\xi' = a'\cos(kr - st + \lambda'),$$
$$v' = b'\cos(kr - st + \mu') = b'\cos(kr - st + \lambda')\cos(\mu' - \lambda') - b'\sin(kr - st + \lambda')\sin(\mu' - \lambda'),$$
$$\zeta' = c'\cos(kr - st + \nu') = c'\cos(kr - st + \lambda')\cos(\nu' - \lambda') - c'\sin(kr - st + \lambda')\sin(\nu' - \lambda'),$$

wo wie vorher:

[(169)] $$kr = ux + vy + wz, \quad k^2 = u^2 + v^2 + w^2.$$

Weil die Dilatation des zweiten Systems von Molekülen gleich Null ist, hat man:

(417) $$u\xi' + vv' + w\zeta' = 0,$$

und wenn man nur die transversalen oder beinahe transversalen Bewegungen des ersten Systems betrachtet:

(418) $$u\xi + vv + w\zeta = u\mu\xi,$$

wo μ entweder gleich Null oder gleich einer sehr kleinen Grösse ist. Substituirt man hier die Werthe von ξ, v, ζ, ξ', v', ζ', so erhält man:

$$u(1 - \mu)a + vb\cos(\mu - \lambda) + wc\cos(\nu - \lambda) + [vb\sin(\mu - \lambda) + wc\sin(\nu - \lambda)]\tang(kr - st + \lambda) = 0,$$
$$ua' + vb'\cos(\mu' - \lambda') + wc'\cos(\nu' - \lambda') + [vb'\sin(\mu' - \lambda') + wc'\sin(\nu' - \lambda')]\tang(kr - st + \lambda') = 0,$$

und hieraus, weil diese Gleichungen für jeden Werth von t stattfinden sollen:

(419)

$$u(1 - \mu)a + vb\cos(\mu - \lambda) + wc\cos(\nu - \lambda) = 0,$$
$$vb\sin(\mu - \lambda) + wc\sin(\nu - \lambda) = 0,$$
$$ua' + vb'\cos(\mu' - \lambda') + wc'\cos(\nu' - \lambda') = 0,$$
$$vb'\sin(\mu' - \lambda') + wc'\sin(\nu' - \lambda') = 0.$$

Bezeichnet man jetzt wie vorher durch $\mathfrak{L}$, $\mathfrak{L}_{,}$, ... $\mathfrak{E}$, $\mathfrak{E}_{,}$, ... $\mathfrak{H}$, $\mathfrak{H}_{,}$, ... $\mathfrak{J}$, $\mathfrak{J}_{,}$, ... $\mathfrak{l}$, $\mathfrak{l}_{,}$, ... $\mathfrak{i}$, $\mathfrak{i}_{,}$, ... $\mathfrak{K}_{,}$ und $\mathfrak{K}_{,,}$ die Grössen, welche man aus den charakteristischen Funktionen L, $L_{,}$, ... E, $E_{,}$, ... $K_{,}$, $K_{,,}$ durch Substitution der Grössen $u = u\sqrt{-1}$,

$\mathrm{v} = v\sqrt{-1}$, $\mathrm{w} = w\sqrt{-1}$ statt der Zeichen d_x, d_y, d_z erhält, so wird durch Substitution der Werthe (235) in den Gleichungen (416), wenn man die Gleichungen (419) berücksichtigt und der Kürze wegen: $\frac{\cos(k\mathrm{r} - st + \lambda)}{\cos(k\mathrm{r} - st + \lambda')} = \mathrm{m}$ setzt:

(420)

$$\begin{aligned}
&[\mathfrak{L} + \mathfrak{l} + s^2 + \mathrm{u}^2(1-\mu)\mathfrak{J}]\mathrm{ma} + [\mathfrak{L}_{,} + \mathfrak{l}_{,} + \mathrm{u}^2\mathfrak{J}_{,}]\mathrm{a}' \\
&\quad = -\mathfrak{K}_{,}[v\mathrm{c}'\sin(\nu'-\lambda') - w\mathrm{b}'\sin(\mu'-\lambda')] \\
&\qquad - \mathfrak{K}_{,}[v\mathrm{c}'\cos(\nu'-\lambda') - w\mathrm{b}'\cos(\mu'-\lambda')]\operatorname{tang}(k\mathrm{r} - st + \lambda'), \\
&[{}_{,}\mathfrak{L} + {}_{,}\mathfrak{l} + \mathrm{u}^2(1-\mu){}_{,}\mathfrak{J}]\mathrm{ma} + [\mathfrak{L}_{,,} + \mathfrak{l}_{,,} + s^2 + \mathrm{u}^2\mathfrak{J}_{,,}]\mathrm{a}' \\
&\quad = -\mathfrak{K}_{,,}[v\mathrm{c}'\sin(\nu'-\lambda') - w\mathrm{b}'\sin(\mu'-\lambda')] \\
&\qquad - \mathfrak{K}_{,,}[v\mathrm{c}'\cos(\nu'-\lambda') - w\mathrm{b}'\cos(\mu'-\lambda')]\operatorname{tang}(k\mathrm{r} - st + \lambda'),
\end{aligned}$$

(421)

$$\begin{aligned}
&\left[\mathfrak{E} + s^2 + \left(\frac{\mathfrak{J} + \mathrm{i}}{1-\mu} - \mathfrak{S}\right)(v^2 + w^2)\right](1-\mu)\mathrm{ma} + [\mathfrak{E}_{,} + (\mathfrak{J}_{,} + \mathrm{i}_{,} \\
&\qquad - \mathfrak{S}_{,})(v^2 + w^2)]\mathrm{a}' = -\mathfrak{K}_{,}[v\mathrm{c}'\sin(\nu'-\lambda') - w\mathrm{b}'\sin(\mu'-\lambda')] \\
&\qquad - \mathfrak{K}_{,}[v\mathrm{c}'\cos(\nu'-\lambda') - w\mathrm{b}'\cos(\mu'-\lambda')]\operatorname{tang}(k\mathrm{r} - st + \lambda'), \\
&\left[{}_{,}\mathfrak{E} + \left(\frac{{}_{,}\mathfrak{J} + {}_{,}\mathrm{i}}{1-\mu} - {}_{,}\mathfrak{S}\right)(v^2 + w^2)\right](1-\mu)\mathrm{ma} + [\mathfrak{E}_{,,} + s^2 + (\mathfrak{J}_{,,} + \mathrm{i}_{,,} \\
&\qquad - \mathfrak{S}_{,,})(v^2 + w^2)]\mathrm{a}' = -\mathfrak{K}_{,,}[v\mathrm{c}'\sin(\nu'-\lambda') - w\mathrm{b}'\sin(\mu'-\lambda')] \\
&\qquad - \mathfrak{K}_{,,}[v\mathrm{c}'\cos(\nu'-\lambda') - w\mathrm{b}'\cos(\mu'-\lambda')]\operatorname{tang}(k\mathrm{r} - st + \lambda'),
\end{aligned}$$

(422)

$$\begin{aligned}
&\mathrm{m}(\mathfrak{E} + s^2)\big([v\mathrm{c}\sin(\nu-\lambda) - w\mathrm{b}\sin(\mu-\lambda)] \\
&\quad + [v\mathrm{c}\cos(\nu-\lambda) - w\mathrm{b}\cos(\mu-\lambda)]\operatorname{tang}(k\mathrm{r} - st + \lambda)\big) \\
&\quad + \mathfrak{E}_{,}\big([v\mathrm{c}'\sin(\nu'-\lambda') - w\mathrm{b}'\sin(\mu'-\lambda')] + [v\mathrm{c}'\cos(\nu'-\lambda') \\
&\qquad - w\mathrm{b}'\cos(\mu'-\lambda')]\operatorname{tang}(k\mathrm{r} - st + \lambda')\big) = -\mathfrak{K}_{,}k^2\mathrm{a}', \\
&\mathrm{m}\,{}_{,}\mathfrak{E}\big([v\mathrm{c}\sin(\nu-\lambda) - w\mathrm{b}\sin(\mu-\lambda)] \\
&\quad + [v\mathrm{c}\cos(\nu-\lambda) - w\mathrm{b}\cos(\mu-\lambda)]\operatorname{tang}(k\mathrm{r} - st + \lambda)\big) \\
&\quad + (\mathfrak{E}_{,,} + s^2)\big([v\mathrm{c}'\sin(\nu'-\lambda') - w\mathrm{b}'\sin(\mu'-\lambda')] + [v\mathrm{c}'\cos(\nu'-\lambda') \\
&\qquad - w\mathrm{b}'\cos(\mu'-\lambda')]\operatorname{tang}(k\mathrm{r} - st + \lambda')\big) = -\mathfrak{K}_{,,}k^2\mathrm{a}'.
\end{aligned}$$

Weil diese Gleichungen für jeden Werth von t stattfinden sollen, muss nothwendig:

$$(423)\qquad \begin{aligned}
&v\mathrm{c}\cos(\nu-\lambda) - w\mathrm{b}\cos(\mu-\lambda) = 0, \\
&v\mathrm{c}'\cos(\nu'-\lambda') - w\mathrm{b}'\cos(\mu'-\lambda') = 0.
\end{aligned}$$

Setzt man jetzt:

$$(424)\qquad \begin{aligned}
&\mathrm{a} = \frac{\mathrm{p}\sqrt{v^2 + w^2}}{k\left(1 - \mu\frac{\mathrm{u}^2}{k^2}\right)}, &&\mathrm{a}' = \frac{\mathrm{p}'\sqrt{v^2 + w^2}}{k}, \\
&\mathrm{b}\sin(\mu-\lambda) = -\frac{\mathrm{q}w}{\sqrt{v^2+w^2}}, &&\mathrm{b}'\sin(\mu'-\lambda') = -\frac{\mathrm{q}'w}{\sqrt{v^2+w^2}},
\end{aligned}$$

und substituirt die neuen Variabeln p, p, p′, q′ statt a, b, a′, b′, so findet man aus den Gleichungen (418) und (423):

(425)

$$b\cos(\mu-\lambda)=-\frac{\mathrm{p}\,\mathrm{u}\,v(1-\mu)}{k\sqrt{v^2+w^2}\left(1-\mu\frac{\mathrm{u}^2}{k^2}\right)},\quad b'\cos(\mu'-\lambda')=-\frac{\mathrm{p}'\mathrm{u}\,v}{k\sqrt{v^2+w^2}},$$

$$c\cos(\nu-\lambda)=-\frac{\mathrm{p}\,\mathrm{u}\,w(1-\mu)}{k\sqrt{v^2+w^2}\left(1-\mu\frac{\mathrm{u}^2}{k^2}\right)},\quad c'\cos(\nu'-\lambda')=-\frac{\mathrm{p}'\mathrm{u}\,w}{k\sqrt{v^2+w^2}},$$

$$c\sin(\nu-\lambda)=\frac{\mathrm{q}\,v}{\sqrt{v^2+w^2}},\qquad c'\sin(\nu'-\lambda')=\frac{\mathrm{q}'v}{\sqrt{v^2+w^2}}.$$

Diese Werthe in den Gleichungen (235) substituirt geben:

(426)

$$\xi=\frac{\mathrm{p}\sqrt{v^2+w^2}}{k\left(1-\mu\frac{\mathrm{u}^2}{k^2}\right)}\cos(\varrho-st+\lambda),$$

$$v=\frac{\mathrm{q}w}{\sqrt{v^2+w^2}}\sin(\varrho-st+\lambda)-\frac{\mathrm{p}\,\mathrm{u}\,v(1-\mu)}{k\sqrt{v^2+w^2}\left(1-\mu\frac{\mathrm{u}^2}{k^2}\right)}\cos(\varrho-st+\lambda),$$

$$\zeta=-\frac{\mathrm{q}v}{\sqrt{v^2+w^2}}\sin(\varrho-st+\lambda)-\frac{\mathrm{p}\,\mathrm{u}\,w(1-\mu)}{k\sqrt{v^2+w^2}\left(1-\mu\frac{\mathrm{u}^2}{k^2}\right)}\cos(\varrho-st+\lambda),$$

$$\xi'=\frac{\mathrm{p}'\sqrt{v^2+w^2}}{k}\cos(\varrho-st+\lambda'),$$

$$v'=\frac{\mathrm{q}'w}{\sqrt{v^2+w^2}}\sin(\varrho-st+\lambda')-\frac{\mathrm{p}'\mathrm{u}\,v}{k\sqrt{v^2+w^2}}\cos(\varrho-st+\lambda'),$$

$$\zeta'=-\frac{\mathrm{q}'v}{\sqrt{v^2+w^2}}\sin(\varrho-st+\lambda')-\frac{\mathrm{p}'\mathrm{u}\,w}{k\sqrt{v^2+w^2}}\cos(\varrho-st+\lambda').$$

Diese Werthe der Verschiebungen bezeichnen, dass die Molekülen beider Systeme Ellipsen beschreiben. Die eine Axe ist im ersten Systeme gleich p, im zweiten gleich p′, liegt im Hauptschnitte und bildet im ersten Systeme einen Winkel φ mit der Wellenebene m, wo $\sin\varphi=\frac{\mu\mathrm{u}\sqrt{v^2+w^2}}{k^2}=\frac{\mu}{2}\sin 2\psi$, wenn ψ den Winkel, welchen der Strahl mit der Krystallaxe bildet, bezeichnet; im zweiten Systeme dagegen liegt sie in der Wellenebene. Die zweite Axe ist im ersten Systeme gleich q, im zweiten gleich q′ und steht senkrecht auf dem Hauptschnitte.

Die Gleichungen (398), (399) und (400) werden jetzt:

(427)

$$[\mathfrak{L}+\mathfrak{l}+s^2+\mathrm{u}^2(1-\mu)\mathfrak{J}]\frac{m\mathrm{p}}{1-\mu\frac{\mathrm{u}^2}{k^2}}+[\mathfrak{L}_,+\mathfrak{l}_,+\mathrm{u}^2\mathfrak{J}_,]\mathrm{p}'=-\mathfrak{K}_,\mathrm{q}'k,$$

$$[{}_{,}\mathfrak{L} + {}_{,}\mathfrak{l} + \mathfrak{u}^2(1-\mu){}_{,}\mathfrak{J}]\frac{\mathfrak{m}\mathfrak{p}}{1-\mu\frac{\mathfrak{u}^2}{k^2}} + [\mathfrak{L}_{,,} + s^2 + \mathfrak{u}^2\mathfrak{J}_{,,}]\mathfrak{p}' = -\mathfrak{K}_{,,}\mathfrak{q}'k,$$

(428)

$$\left[\mathfrak{E} + s^2 + \left(\frac{\mathfrak{J}+\mathfrak{i}}{1-\mu} - \mathfrak{S}\right)(v^2 + w^2)\right]\frac{\mathfrak{m}\mathfrak{p}}{1-\mu\frac{\mathfrak{u}^2}{k^2}}$$
$$+ \left[\frac{\mathfrak{E}_{,} + (\mathfrak{J}_{,} + \mathfrak{i}_{,} - \mathfrak{S}_{,})(v^2 + w^2)}{1-\mu}\right]\mathfrak{p}' = -\frac{\mathfrak{K}_{,}\mathfrak{q}'k}{1-\mu},$$

$$\left[{}_{,}\mathfrak{E} + \left(\frac{{}_{,}\mathfrak{J}+{}_{,}\mathfrak{i}}{1-\mu} - {}_{,}\mathfrak{S}\right)(v^2 + w^2)\right]\frac{(1-\mu)\mathfrak{p}\mathfrak{m}}{1-\mu\frac{\mathfrak{u}^2}{k^2}}$$
$$+ [\mathfrak{E}_{,,} + s^2 + (\mathfrak{J}_{,,} + \mathfrak{i}_{,,} - \mathfrak{S}_{,,})(v^2 + w^2)]\mathfrak{p}' = -\mathfrak{K}_{,,}\mathfrak{q}'k,$$

$$(429)\qquad \begin{aligned}(\mathfrak{L} + s^2)\mathfrak{m}\mathfrak{q} + \mathfrak{L}_{,}\mathfrak{q}' &= -\mathfrak{K}_{,}\mathfrak{p}'k,\\ {}_{,}\mathfrak{L}\mathfrak{m}\mathfrak{q} + (\mathfrak{L}_{,,} + s^2)\mathfrak{q}' &= -\mathfrak{K}_{,,}\mathfrak{p}'k.\end{aligned}$$

Hier muss man wie im Cap. III. annehmen, die Gleichungen (427) und (428) seien identisch, und die Grössen s^2, $\frac{\mathfrak{p}}{\mathfrak{q}}$, $\frac{\mathfrak{p}'}{\mathfrak{q}}$, $\frac{\mathfrak{p}}{\mathfrak{p}'}$ werden dann durch die vier Gleichungen (428) und (429) bestimmt. Eliminirt man p und q, so erhält man:

(430)

$$\Big\{\left[\mathfrak{L}+s^2+\left(\frac{\mathfrak{J}+\mathfrak{i}}{1-\mu}-\mathfrak{S}\right)(v^2+w^2)\right][\mathfrak{L}_{,,}+s^2+(\mathfrak{J}_{,,}+\mathfrak{i}_{,,}-\mathfrak{S}_{,,})(v^2+w^2)]$$
$$-[\mathfrak{L}_{,}+(\mathfrak{J}_{,}+\mathfrak{i}_{,}-\mathfrak{S}_{,})(v^2+w^2)]\left[{}_{,}\mathfrak{L}+\left(\frac{{}_{,}\mathfrak{J}+{}_{,}\mathfrak{i}}{1-\mu}-{}_{,}\mathfrak{S}\right)(v^2+w^2)\right]\Big\}$$
$$= -\frac{\mathfrak{q}'}{\mathfrak{p}'}k\Big\{\mathfrak{K}_{,,}(\mathfrak{E}+s^2) - \mathfrak{K}_{,}\cdot{}_{,}\mathfrak{E} + \left[\mathfrak{R}_{,,}\left(\frac{\mathfrak{J}+\mathfrak{i}}{1-\mu}-\mathfrak{S}\right)\right.$$
$$\left.-\mathfrak{K}_{,}\left(\frac{{}_{,}\mathfrak{J}+{}_{,}\mathfrak{i}}{1-\mu}-{}_{,}\mathfrak{S}\right)(v^2+w^2)\right]\Big\},$$

$$\{[\mathfrak{E}+s^2][\mathfrak{E}_{,,}+s^2]-\mathfrak{E}_{,}\cdot{}_{,}\mathfrak{E}\} = -\frac{\mathfrak{p}'}{\mathfrak{q}'}k[\mathfrak{K}_{,,}(\mathfrak{E}+s^2)-\mathfrak{R}_{,}\cdot{}_{,}\mathfrak{E}].$$

Nimmt man jetzt an, $\mathfrak{L}$, $\mathfrak{L}_{,}$, ... $\mathfrak{S}$, $\mathfrak{S}_{,}$, ... $\mathfrak{J}$, $\mathfrak{J}_{,}$, ... $\mathfrak{i}$, $\mathfrak{i}_{,}$, ... haben dieselbe Form wie im Cap. III., so wird:

$$\Big\{\left[\mathfrak{L}+s^2+\left(\frac{\mathfrak{J}+\mathfrak{i}}{1-\mu}-\mathfrak{S}\right)(v^2+w^2)\right][\mathfrak{L}_{,,}+s^2+(\mathfrak{J}_{,,}+\mathfrak{i}_{,,}-\mathfrak{S}_{,,})(v^2+w^2)]$$
$$-[\mathfrak{L}_{,}+(\mathfrak{J}_{,}+\mathfrak{i}_{,}-\mathfrak{S}_{,})(v^2+w^2)]\left[{}_{,}\mathfrak{L}+\left(\frac{{}_{,}\mathfrak{J}+{}_{,}\mathfrak{i}}{1-\mu}-{}_{,}\mathfrak{S}\right)(v^2+w^2)\right]\Big\}$$
$$= s^4 - [\overline{\alpha} - \varepsilon(\overline{\mathfrak{p}}-2)\overline{\alpha_{,}}]s^2k^2 + \overline{\beta}k + \overline{\gamma} - [\overline{\delta} - \varepsilon(\overline{\mathfrak{p}}-2)\overline{\delta_{,}}]k^2$$
$$+ [\overline{\lambda} - \varepsilon(\overline{\mathfrak{p}}-2)\overline{\lambda_{,}}]k^4,$$

$$[\mathfrak{L}+s^2][\mathfrak{L}_{,,}+s^2] - \mathfrak{L}_{,}\cdot{}_{,}\mathfrak{L} = s^4 - \overline{\alpha}k^2s^2 + \overline{\beta}s^2 + \overline{\gamma} - \overline{\delta}k^2$$
$$+ \varepsilon\overline{\alpha_{,}}s^2u^2 + \varepsilon\overline{\delta_{,}}u^2 = s^4 - (\overline{\alpha} - \varepsilon\overline{\alpha_{,}}\cos^2\psi)s^2k^2 + \overline{\beta}s^2 + \overline{\gamma}$$
$$- (\overline{\delta} - \varepsilon\overline{\delta_{,}}\cos^2\psi)k^2 + (\overline{\lambda} - \varepsilon\overline{\lambda_{,}}\cos^2\psi)k^4,$$

wo: $\mu = \varepsilon \overline{\mathrm{p}}$, und ε das Verhältniss zwischen der Differenz des Abstandes der Aethermolekülen senkrecht auf der Axe und längs derselben und diesem ersten Abstand ist. Substituirt man diese Werthe, so erhält man:

(431)

$$s^4 - [\overline{\alpha} - \varepsilon(\overline{\mathrm{p}} - 2)\overline{\alpha_{,}}]s^2k^2 + \overline{\beta}k^2 + \overline{\gamma} - [\overline{\delta} - \varepsilon(\overline{\mathrm{p}} - 2)\overline{\delta_{,}}]k^2$$
$$+ [\overline{\lambda} - \varepsilon(\overline{\mathrm{p}} - 2)\overline{\lambda_{,}}]k^4 = -\frac{\mathrm{q}'}{\mathrm{p}'}k\Big\{[\mathfrak{K}_{,,}(\mathfrak{L} + s^2) - \mathfrak{K}_{,\cdot,}\mathfrak{L}]$$
$$+ \Big[\mathfrak{K}_{,,}\Big(\frac{\mathfrak{J} + \mathrm{i}}{1 - \mu} - \mathfrak{S}\Big) - \mathfrak{K}_{,}\Big(\frac{{}_{,}\mathfrak{J} + {}_{,}\mathrm{i}}{1 - \mu} - {}_{,}\mathfrak{S}\Big)\Big](v^2 + w^2)\Big\},$$

$$s^4 - (\overline{\alpha} - \varepsilon\overline{\alpha_{,}}\cos^2\psi)s^2k^2 + \overline{\beta}k^2 + \overline{\gamma} - (\overline{\delta} - \varepsilon\overline{\delta_{,}}\cos^2\psi)k^2$$
$$+ (\overline{\lambda} - \varepsilon\overline{\lambda_{,}}\cos^2\psi)k^4 = -\frac{\mathrm{p}'}{\mathrm{q}'}k[\mathfrak{K}_{,,}(\mathfrak{E} + s^2) - \mathfrak{K}_{,\cdot,}\mathfrak{L}].$$

Subtrahirt man diese Gleichungen, so wird man finden, dass man $\mathfrak{K}_{,}$ und $\mathfrak{K}_{,,}$ als sehr kleine Grössen derselben Ordnung wie μ oder ε ansehen muss. Setzt man demnach:

(432) $$\mathfrak{K}_{,} = \varepsilon\mathfrak{G}_{,}, \quad \mathfrak{K}_{,,} = \varepsilon\mathfrak{G}_{,,},$$

und bemerkt, dass die Grössen $\frac{\mathfrak{J} + \mathrm{i}}{1 - \mu} - \mathfrak{S}$ und $\frac{{}_{,}\mathfrak{J} + {}_{,}\mathrm{i}}{1 - \mu} - {}_{,}\mathfrak{S}$ auch sehr kleine Grössen derselben Ordnung sind, so erhält man durch Subtraction der Gleichungen (409), durch Division mit εk^2 und Vernachlässigung der noch mit ε multiplicirten Glieder:

(433)

$$(s^2\overline{\alpha_{,}} + \overline{\delta_{,}} - \overline{\lambda_{,}}k^2)[\sin\psi + (\overline{\mathrm{p}} - 3)]$$
$$+ \frac{[\mathfrak{G}_{,,}(\mathfrak{L} + s^2) - \mathfrak{G}_{,\cdot,}\mathfrak{L}]}{k}\Big(\frac{\mathrm{p}'}{\mathrm{q}'} - \frac{\mathrm{q}'}{\mathrm{p}'}\Big) = 0.$$

Man sieht hieraus, dass, weil die demselben Werth von s entsprechenden zwei Werthe von k nicht sehr verschieden sind, $\frac{\mathrm{p}'}{\mathrm{q}'}$ zwei Werthe hat, annäherungsweise von der Form e und $-\frac{1}{\mathrm{e}}$.

Substituirt man in den Gleichungen (428) und (429) $\mathrm{p}' = \mathrm{e}\mathrm{q}'$, wo e eine Wurzel der Gleichung (433) oder:

(434) $$\mathrm{e}^2 + \frac{k(s^2\overline{\alpha_{,}} + \overline{\delta_{,}} - \overline{\lambda_{,}}k^2)[\sin^2\psi + (\overline{\mathrm{p}} - 3)]}{[\mathfrak{G}_{,,}(\mathfrak{L} + s^2) - \mathfrak{G}_{,\cdot,}\mathfrak{L}]}\mathrm{e} - 1 = 0$$

ist, so erhält man:

$$\Big[\mathfrak{L} + s^2 + \Big(\frac{\mathfrak{J} + \mathrm{i}}{1 - \varepsilon\overline{\mathrm{p}}} - \mathfrak{S}\Big)(v^2 + w^2)\Big]\frac{\mathrm{mp}}{1 - \varepsilon\overline{\mathrm{p}}\frac{\mathrm{u}^2}{k^2}}$$
$$= -\Big\{\frac{[\mathfrak{L}_{,} + (\mathfrak{J}_{,} + \mathrm{i}_{,} - \mathfrak{F}_{,})(v^2 + w^2)]\mathrm{c} + \varepsilon\mathfrak{G}_{,}k}{1 - \varepsilon\overline{\mathrm{p}}}\Big\}\mathrm{q}',$$

$$[\mathfrak{L} + s^2]\mathrm{mq} = -[\mathfrak{E}_{,} + \varepsilon\mathfrak{G}_{,}k\mathrm{e}]\mathrm{q}',$$

folglich: (435)

$$\frac{\mathrm{p}}{\mathrm{q}} = \frac{(\mathfrak{L} + s^2)\left(1 - \varepsilon\overline{\mathrm{p}}\frac{\mathrm{u}^2}{k^2}\right)}{\mathfrak{L} + s^2 + \left(\frac{\mathfrak{J} + \mathrm{i}}{1 - \varepsilon\overline{\mathrm{p}}} - \mathfrak{F}\right)(v^2 + w^2)} \cdot \frac{[\mathfrak{L}_, + (\mathfrak{J}_, + \mathrm{i}_, - \mathfrak{F}_,)(v^2 + w^2)]\mathrm{e} + \varepsilon\mathfrak{S}_, k}{(1 - \varepsilon\overline{\mathrm{p}})[\mathfrak{L}_, + \varepsilon\mathfrak{S}_, k\,\mathrm{e}]},$$

oder, wenn man die mit ε multiplicirten Glieder vernachlässigt:

$$(436) \qquad \frac{\mathrm{p}}{\mathrm{q}} = \mathrm{e} = \frac{\mathrm{p}'}{\mathrm{q}'}.$$

Wenn man die von einer dem ersten Systeme gehörigen Moleküle beschriebene Ellipse, deren eine im Hauptschnitte liegende Axe $= \mathrm{p}$, die zweite auf dem Hauptschnitte senkrechte Axe $= \mathrm{q}$ ist und $\frac{\mathrm{p}}{\mathrm{q}} = \mathrm{e}$, auf die Ebene (v, ζ) projicirt, so wird ihr Differential in Bezug auf die Zeit t:

$$\tfrac{1}{2}(\zeta \mathrm{d}_t v - v \mathrm{d}_t \zeta) = \frac{\frac{1}{2} s\,\mathrm{pqu}(1 - \varepsilon\overline{\mathrm{p}})w^2}{k\left(1 - \varepsilon\overline{\mathrm{p}}\frac{\mathrm{u}^2}{k^2}\right)},$$

$$= \tfrac{1}{2} s\,\mathrm{eq}^2 \cos\psi,$$

wenn man ε vernachlässigt. Weil nun die zwei Werthe von e entgegengesetzte Zeichen haben, so geht hieraus hervor, dass die zwei Ellipsen in entgegengesetzter Richtung beschrieben werden. Bezeichnet man die zwei Werthe von e durch $+\mathrm{e}_,$ und $-\mathrm{e}_{,,} = -\frac{1}{\mathrm{e}_,}$, so wird die Geschwindigkeit des ersten links drehenden Strahls durch die Gleichung:

(437)

$$s^4 - (\overline{\alpha} - \varepsilon\overline{\alpha}_, \cos^2\psi)s^2k^2 + \overline{\beta}k^2 + \overline{\gamma} - (\overline{\delta} - \varepsilon\overline{\delta}_, \cos^2\psi)k^2$$
$$+ (\overline{\lambda} - \varepsilon\overline{\lambda}_, \cos^2\psi)k^4 + \varepsilon\mathrm{e}_, k[\mathfrak{S}_{,,}(\mathfrak{E} + s^2) - \mathfrak{S}_{,.,}\mathfrak{E}] = \mathrm{o},$$

bestimmt, die des zweiten rechts drehenden Strahls durch die Gleichung:

(438)

$$s^4 - (\overline{\alpha} - \varepsilon\overline{\alpha}_, \cos^2\psi)s^2k^2 + \overline{\beta}k^2 + \overline{\gamma} - (\overline{\delta} + \varepsilon\overline{\delta}_, \cos^2\psi)k^2$$
$$+ (\overline{\lambda} - \varepsilon\overline{\lambda}_, \cos^2\psi)k^4 + \varepsilon\mathrm{e}_{,,} k[\mathfrak{S}_{,,}(\mathfrak{E} + s^2) - \mathfrak{S}_{,.,}\mathfrak{E}] = \mathrm{o},$$

oder, was damit identisch ist:

(439)

$$s^4 - [\overline{\alpha} - \varepsilon(\overline{\mathrm{p}} - 2)\overline{\alpha}_,]s^2k^2 + \overline{\beta}k^2 + \overline{\gamma} - [\overline{\delta} - \varepsilon(\overline{\mathrm{p}} - 2)\overline{\delta}_,]k^2$$
$$+ (\overline{\lambda} - \varepsilon\overline{\lambda}_, \cos^2\psi)k^4 - \varepsilon\mathrm{e}_, k[\mathfrak{S}_{,,}(\mathfrak{E} + s^2) - \mathfrak{S}_{,.,}\mathfrak{E}] = \mathrm{o}.$$

Weil längs der Axe die Ellipsen sich in Kreise verwandeln müssen, so muss man für $\psi = \mathrm{o}$, $\mathrm{e} = \pm 1$ haben, und folglich in der Gleichung (434) $\overline{\mathrm{p}} = 3$ setzen. Diese Gleichung wird dann:

(440) $$e^2 + \frac{k(s^2\overline{\alpha}_, + \overline{\delta}_,)\sin^2\psi}{[\mathfrak{E}_{,,}(\mathfrak{E} + s^2) - \mathfrak{E}_{,\cdot,}\mathfrak{E}]}\, e - 1 = 0.$$

Bezeichnet man durch $\mathfrak{e}_,$, $\mathfrak{e}_{,,}$, $\mathfrak{l}_,$, $_,\mathfrak{l}$ die Werthe von $\mathfrak{E}_,$, $\mathfrak{E}_{,,}$, $\mathfrak{L}_,$, $_,\mathfrak{L}$, wenn man in denselben k statt u setzt und bemerkt, dass der Unterschied zwischen $\mathfrak{E}$ und $\mathfrak{e}$ von derselben Ordnung wie ε ist, und dass $_,\mathfrak{E} = {}_,\mathfrak{e}$, so wird längs der Axe, wo folglich $\psi = 0$, $u = k$ ist, die Geschwindigkeit des ersten zur linken Seite drehenden Strahls $\Omega_, = \frac{s}{k}$ durch die folgende Gleichung bestimmt:

(441)
$$s^4 - (\overline{\alpha} - \varepsilon\overline{\alpha}_,)s^2k^2 + \overline{\beta}s^2 + \overline{\gamma} - (\overline{\delta} - \varepsilon\overline{\delta}_,)k^2 + (\overline{\lambda} - \varepsilon\overline{\lambda}_,)k^4$$
$$+ \varepsilon k[\mathfrak{e}_{,,}(\mathfrak{L} + s^2) - \mathfrak{e}_{,\cdot,}\mathfrak{L}] = 0,$$

und die Geschwindigkeit $\Omega_2 = \frac{s}{k}$ des zweiten zur rechten Seite drehenden Strahls durch die Gleichung

(442)
$$s^4 - (\overline{\alpha} - \varepsilon\overline{\alpha}_,)s^2k^2 + \overline{\beta}s^2 + \overline{\gamma} - (\overline{\delta} - \varepsilon\overline{\delta}_,)k^2 + (\overline{\lambda} - \varepsilon\overline{\lambda}_,)k^4$$
$$- \varepsilon k[\mathfrak{e}_{,,}(\mathfrak{L} + s^2) - \mathfrak{e}_{,\cdot,}\mathfrak{L}] = 0,$$

oder, wenn man der Kürze wegen setzt:

(443)
$$\overline{\alpha}^2 = (\overline{\alpha} - \varepsilon\overline{\alpha}_,) + \frac{[(\overline{\delta} - \varepsilon\overline{\delta}_,) - \overline{\beta}(\overline{\alpha} - \varepsilon\overline{\alpha}_,)]s^2 - \overline{\gamma}(\overline{\alpha} - \varepsilon\overline{\alpha}_,)}{s^4 + \overline{\beta}s^2 + \overline{\gamma}}$$
$$- \frac{(\overline{\lambda} - \varepsilon\overline{\lambda}_,)s^2}{(\overline{\alpha} - \varepsilon\overline{\alpha}_,)s^2 + (\overline{\delta} - \varepsilon\overline{\delta}_,)},$$

(444)
$$\Omega_1^2 = \overline{\alpha}^2 - \varepsilon\frac{[\mathfrak{e}_{,,}(\mathfrak{L} + s^2) - \mathfrak{e}_{,\cdot,}\mathfrak{L}]s^2}{k(s^4 + \overline{\beta}s^2 + \overline{\gamma})},$$
$$\Omega_2^2 = \overline{\alpha}^2 + \varepsilon\frac{[\mathfrak{e}_{,,}(\mathfrak{L} + s^2) - \mathfrak{e}_{,\cdot,}\mathfrak{L}]s^2}{k(s^4 + \overline{\beta}s^2 + \overline{\gamma})},$$

und hieraus wieder.

(445)
$$\Omega_1 = \overline{\alpha} - \varepsilon\frac{[\mathfrak{e}_{,}(\mathfrak{L} + s^2) - \mathfrak{e}_{,\cdot,}\mathfrak{L}]s^2}{2\overline{\alpha}k(s^4 + \overline{\beta}s^2 + \overline{\gamma})},$$
$$\Omega_2 = \overline{\alpha} + \varepsilon\frac{[\mathfrak{e}_{,,}(\mathfrak{L} + s^2) - \mathfrak{e}_{,\cdot,}\mathfrak{L}]s^2}{2\overline{\alpha}k(s^4 + \overline{\beta}s^2 + \overline{\gamma})}.$$

Bezeichnet man durch Θ die Dicke einer durch zwei auf der Axe senkrechte Ebenen begrenzten Platte von Bergkrystall, durch ϱ den Rotationswinkel, so ist nach der im Cap. IV. entwickelten Theorie:

(402) $$\varrho = \frac{\pi 0}{1}\left(\frac{\Theta}{\Omega_1} - \frac{\Theta}{\Omega_2}\right),$$

und, wenn man die Werthe von Ω_1 und Ω_2 substituirt.

(446) $$\varrho = \frac{\varepsilon\Theta[\mathfrak{e}_{,,}(\mathfrak{L} + s^2) - \mathfrak{e}_,\mathfrak{L}]s^2}{2\overline{\alpha}^2(s^4 + \overline{\beta}s^2 + \overline{\gamma})}.$$

Die Beobachtungen zeigen, dass dieser Winkel direct proportional mit der Dicke Θ der Platte und umgekehrt proportional mit dem Quadrate der Wellenlänge ist. Setzt man folglich:

$$(447)\qquad \mathfrak{c}_{,,} = \mathfrak{k}_{,} k^2, \quad \mathfrak{c}_{,} = \mathfrak{k}_{,} k^2,$$

und der Kürze wegen:

$$\overline{\mathrm{C}} = \varepsilon \frac{[\mathfrak{k}_{,,}(\mathfrak{L} + s^2) - \mathfrak{k}_{,,}\mathfrak{L}] s^2}{s^4 + \overline{\beta} s^2 + \overline{\gamma}},$$

und bemerkt, dass wenn die Geschwindigkeit des Lichts in der Luft durch O, die Wellenlänge durch l bezeichnet wird:

$$k = \frac{s}{\overline{\alpha}} = \frac{2\pi \mathrm{O}}{\overline{\alpha}\,\mathrm{l}},$$

so erhält man:

$$(448)\qquad \varrho = \frac{2\Theta \pi^2 \overline{\mathrm{C}}\, \mathrm{O}^2}{\overline{\alpha}^4 \mathrm{l}^2}.$$

Wenn senkrecht auf der Axe beide Strahlen linear polarisirt sein sollen, was beim Bergkrystall genau der Fall zu sein scheint, so muss in der Gleichung (440), wenn $\psi = 90^\circ$, der Coëfficient, welcher zu e gehört, unendlich gross sein, und man muss folglich annehmen:

$$(449)\qquad \mathfrak{S}_{,} = \mathfrak{k}_{,} \mathrm{u}^2 = \mathfrak{k}_{,} k^2 \cos^2\psi, \quad \mathfrak{S}_{,,} = \mathfrak{k}_{,,} k^2 \cos^2\psi.$$

Diese Werthe und der Werth von $\overline{\mathrm{C}}$ in der Gleichung (440) substituirt, geben:

$$(450)\qquad \mathrm{e}^2 + \varepsilon \operatorname{tang}^2\psi \frac{\overline{\alpha}\,\mathrm{l}\, s^2 (\overline{\alpha}_{,} s^2 + \overline{\delta}_{,} - \overline{\lambda}_{,} k^2)}{2\pi \mathrm{O}\, \overline{\mathrm{C}} (s^4 + \overline{\beta} s^2 + \overline{\gamma})} \mathrm{e} - 1 = \mathrm{o}.$$

Wegen der Gleichung (443) bezeichnet $\overline{\mathfrak{a}}$ die Geschwindigkeit des gewöhnlichen Strahls senkrecht auf der Axe; bezeichnet man in derselben Richtung die Geschwindigkeit des ungewöhnlichen Strahls durch $\overline{\mathfrak{b}}$, so wird:

$$(451)\qquad \overline{\mathfrak{b}}^2 = \overline{\alpha} + \frac{(\overline{\delta} - \overline{\beta}\overline{\alpha}) s^2 - \overline{\gamma}\overline{\alpha}}{s^2 + \overline{\beta} s^2 + \overline{\gamma}} - \frac{\overline{\lambda} s^2}{\overline{\alpha} s^2 + \overline{\delta}},$$

oder, wenn man die höheren Potenzen von $\overline{\lambda}$ vernachlässigt:

$$(452)\qquad \begin{aligned} \overline{\mathfrak{b}}^2 &= s^2 \left\{ \frac{\overline{\alpha} s^2 + \overline{\delta} - \overline{\lambda} k^2}{s^4 + \overline{\beta} s^2 + \overline{\gamma}} \right\}, \\ \overline{\mathfrak{a}}^2 &= s^2 \left\{ \frac{(\overline{\alpha} - \varepsilon \overline{\alpha}_{,}) s^2 + (\overline{\delta} - \varepsilon \overline{\delta}_{,}) - (\overline{\lambda} - \varepsilon \overline{\lambda}_{,}) k^2}{s^4 + \overline{\beta} s^2 + \overline{\gamma}} \right\}, \end{aligned}$$

und hieraus findet man:

$$(453)\qquad \overline{\mathfrak{a}}^2 - \overline{\mathfrak{b}}^2 = -\varepsilon s^2 \left\{ \frac{\overline{\alpha}_{,} s^2 + \overline{\delta}_{,} - \overline{\lambda}_{,} k^2}{s^4 + \overline{\beta} s^2 + \overline{\gamma}} \right\}.$$

Dies in Gleichung (450) eingesetzt, giebt, wenn der Kürze wegen:

(454) $$\mu = \frac{\bar{\mathfrak{a}}\,\mathfrak{l}(\bar{\mathfrak{a}}^2 - \bar{\mathfrak{b}}^2)}{2\pi O \bar{C}},$$

(455) $$e^2 - \mu \operatorname{tang}^2 \psi e - 1 = o.$$

§. 2. Bestimmung der rotirenden Molekülarkraft des Bergkrystalls durch eine neue, auf alle chromatischen Phänomene anwendbare Beobachtungsmethode.

Alle chromatischen Phänomene sind bisher auf die Weise beobachtet worden, dass die beobachtete Farbe mit den Farben der Newton'schen Farbenringe verglichen und die Dicke einer dünnen Luftlamelle angegeben wird, welche im gewöhnlichen weissen Lichte dieselbe Farbe senkrecht reflectirt. Man sieht indessen leicht, dass diese Beobachtungsmethode weder, wenn sie anwendbar ist, sehr genau sein kann, weil die Newton'schen Farben durch unmerkliche Nüancen in einander übergehen, noch immer anwendbar ist, wenn die Farben zu denjenigen der höheren Ordnungen gehören, wo sie zu bleich sind, um von einander unterschieden zu werden.

Was speciell die Anwendung dieser Beobachtungsmethode auf die Rotationskraft der circularpolarisirenden Körper betrifft, so ist ihre Unsicherheit viel zu gross, als dass die Richtigkeit der in dem vorigen Paragraphen entwickelten Theorie derselben dadurch experimentell entschieden werden könnte. Auch nicht durch Anwendung des monochromen Lichts kann ein genügendes Resultat erhalten werden, weil das am meisten monochrome Licht doch immer einen grossen Theil des Sonnenspectrums umfasst.

Ich habe daher zur Bestimmung der rotirenden Molekülarkraft des Bergkrystalls, und um experimentell die Richtigkeit der Formel (451) zu beweisen, eine von der bisher gebrauchten Beobachtungsmethode ganz verschiedene Methode angewandt. Diese Methode ist auch sehr gut zur Beobachtung aller chromatischen Phänomene geeignet und kann mit der allergrössten Genauigkeit ausgeführt werden.

Das von mir angewandte Instrument besteht aus zwei Nicol'schen Prismen, auf ein Stativ so angebracht, dass ihre Axen in dieselbe gerade Linie zusammenfallen. Das erste Nicol ist um seine Axe drehbar und der Drehungswinkel kann auf einem eingetheilten Kreise bis auf einzelne Minuten abgelesen werden. Zwischen den beiden Nicol'schen Prismen befestigte ich auf einer durchbohrten Platte eine Bergkrystallplatte, welche senkrecht auf die Axe geschliffen war. Die durchbohrte Scheibe ist in jeder Richtung drehbar und wird so eingestellt, dass ein durch die Axen der beiden Nicol'schen Prismen gehender Lichtstrahl auch durch die des Bergkrystalls geht. Der ganze Apparat wird auf eine feine Spalte gerichtet, durch welche das Sonnenlicht einfällt. Dicht vor das dem Beobachter zunächst stehende Nicol'sche Prisma wird ein Glasprisma so gestellt, dass seine brechende Kante der Spaltenöffnung parallel ist. In dem Spectrum der feinen Spalte, welches von dem durch die beiden Nicolschen Prismen und die Bergkrystallplatte gehenden Licht gebildet wird, sieht man dann die Frauenhofer'schen Linien, und zugleich einen, oder wenn die Bergkrystallplatte dicker ist, mehrere breitere schwarze Streifen. Wird das zweite Nicol'sche Prisma um seine Axe gedreht, so wandern diese schwarzen Streifen von einem Ende des Spectrums zum andern. Sie geben die Farben an, welche durch den Durchgang des Lichts durch das zweite Nicol ausgelöscht worden sind, und der Drehungswinkel dieses Prismas von der Stellung, wo ihre Polarisationsebene senkrecht auf derjenigen des ersten Nicol'schen Prismas steht, ist der Rotationswinkel jener Farbe. Um zur gleichen Zeit den schwarzen Streifen im Spectrum des durch den Bergkrystall gegangenen Lichtes und die Frauenhofer'schen Linien, welche denselben Platz im Sonnenspectrum einnehmen, beobachten zu können, befestigte ich die Bergkrystallplatte so, dass sie nur die halbe Oeffnung bedeckte.

Auf diese Weise habe ich die Rotationswinkel der Frauenhofer'schen Linien B, C, D, E, F, G bestimmt. Den zur Linie A gehörigen Rotationswinkel habe ich auch ein Paar Mal bestimmt, doch nicht mit hinlänglicher Genauigkeit. Da der Theil des Sonnenspectrums, wo H liegt, sehr dunkel ist, so habe ich nicht den dazu gehörigen Rotationswinkel bestimmen können. Ich zweifle nicht, dass durch die Anwendung eines Fernrohrs dies auch geschehen kann, so wie auch die übrigen Rotationswinkel dadurch viel genauer bestimmt werden könnten.

Die Resultate dieser Beobachtungen sind in der folgenden Tabelle angegeben, wo die beobachteten Rotationswinkel mit der Dicke der Bergkrystallplatte dividirt sind.

Nummer.	Dicke in Millimetern.	Dreht	Rotationswinkel für 1^{mm} Dicke und für die Strahlen.					
			B	C	D	E	F	G
1	6,920	links	15°,23	17°,32	21°,57	27°,41	32°,5	42°,96
2	6,920	—	15°,34	16°,94	21°,73	27°,53	32°,87	41°,38
3	4,266	—	15°,59	17°,35	21°,68	27°,31	32°,39	42°,03
4	4,266	—	15°,43	17°,60	21°,56	27°,46	32°,27	—
5	4,266	—	15°,54	17°,24	21°,59	27°,38	31°,93	41°,92
6	4,266	—	14°,45	17°,07	21°,68	27°,74	32°,62	42°,50
7	5,862	—	14°,86	16°,84	21°,60	27°,69	32°,97	41°,88
8	5,862	—	15°,41	—	21°,66	27°,36	32°,74	—
9	4,050	—	—	—	21°,36	27°,22	32°,12	—
10	4,050	—	15°,31	17°,45	21°,72	27°,16	32°,35	42°,35
11	4,802	rechts	15°,41	16°,94	21°,43	27°,11	32°,17	41°,79
12	4,248	—	15°,36	17°,32	21°,74	27°,64	32°,04	42°,02
13	4,248	—	15°,14	17°,69	21°,89	27°,58	32°,88	42°,37
14	7,614	—	15°,30	17°,18	21°,64	27°,15	32°,19	—
15	7,614	—	15°,76	17°,21	21°,67	27°,79	33°,07	42°,18
16	7,328	—	15°,73	17°,27	21°,81	27°,65	32°,70	41°,66
17	7,328	—	15°,02	—	21°,20	27°,50	32°,99	43°,18
18	7,328	—	15°,19	17°,20	21°,77	27°,56	32°,19	42°,52
Mittelzahl			15°,30	17°,24	21°,67	27°,46	32°,50	42°,20
Mittlere Fehler einer einzigen Beobachtung			0°,32	0°,24	0°,14	0°,21	0°,36	0°,49
Wahrscheinliche Fehler einer einzigen Beobachtung . .			0°,22	0°,16	0°,09	0°,14	0°,25	0°,33
Wahrscheinliche Fehler der Mittelzahl			0°,05	0°,04	0°,02	0°,03	0°,06	0°,09

Es ist jetzt nach Frauenhofer:

für B, $l = 0^{mm},0006878$,

für C, $l = 0^{mm},0006564$,

für D, $l = 0^{mm},0005888$,

für E, $l = 0^{mm},0005260$,

für F, $l = 0^{mm},0004843$,

für G, $l = 0^{mm},0004291$,

für H, $l = 0^{mm},0003928$.

Nach Rudberg ist, wenn n und n' die Brechungscoëfficienten des ordinären und extraordinären Strahls bezeichnen:

für B, n = 1,54090, n′ = 1,54990,
für C, n = 1,54181, n′ = 1,55085,
für D, n = 1,54418, n′ = 1,55328,
für E, n = 1,54711, n′ = 1,55631,
für F, n = 1,54965, n′ = 1,55894,
für G, n = 1,55425, n′ = 1,56365,
für H, n = 1,55817, n′ = 1,56772.

Setzt man jetzt die beobachteten Werthe von ϱ° und die entsprechenden Werthe von l und n in die Formel (451), und bemerkt, dass $\varrho = \varrho^\circ \frac{\pi}{180}$, $\bar{n} = \frac{O}{n}$, so erhält man:

	B	C	D	E	F	G
$\log \varrho^\circ =$	.18463	.23656	.33580	.43865	.51188	.62937
$\log l^2 =$	.67499	.63440	.53990	.44192	.37020	.26503
$\log \varrho^\circ l^2 =$	.85962	.87096	.87570	.88057	.88208	.89440
$\log n^4 =$	.75110	.75212	.75479	.75808	.76093	.76608
$\log \frac{\varrho l^2}{n^4} =$	.10852	.11884	.12091	.12249	.12115	.12832
$\log (360\,\pi) =$	.05345	.05345	.05345	.05345	.05345	.05345
$\log\left(\frac{\bar{C}}{O^2}\right) =$	.05507	.06539	.06746	.06904	.06770	.07487
$10^8 \frac{\bar{C}}{O^2} =$	0,1135	0,1162	0,1168	0,1172	0,1169	0,1188
Wahrscheinlicher Fehler =	0,0004	0,0003	0,0001	0,0001	0,0002	0,0003

Bei Berechnung der wahrscheinlichen Fehler des Werthes von $10^8 \frac{\bar{C}}{O^2}$ sind die von Frauenhofer angegebenen Werthe von l und die von Rudberg angegebenen Werthe von n als absolut richtig angenommen. Der wahrscheinliche Fehler ist deshalb ein wenig, vielleicht 0,0001, grösser als der hier angegebene.

Nach Biot sollte ϱl^2 eine constante Grösse sein. Es ist aber aus den obigen Resultaten klar, dass dies bei Weitem nicht der Fall ist. Ich werde auch gleich zeigen, dass die von Biot angegebenen Werthe der Rotationswinkel bedeutend von den von mir gefundenen abweichen. Die von Mac-Cullagh aufgestellte Formel, welche er, indem er nur ein System von Molekülen betrachtet, auf eine übrigens der im vorigen Paragraph angewandten analoge Weise entwickelt hat, weicht nur von der Formel (451) insofern ab, dass bei ihm $\overline{C}$ eine constante Grösse bezeichnet, während sie bei meiner Theorie, weil ich zwei Systeme von Molekülen angewandt habe, mit der Farbe variiren kann. **Die obigen Resultate bestätigen auf das vollständigste meine Theorie.** Die Grösse $\overline{C}$ wächst augenscheinlich vom rothen zum violetten Ende des Spectrums. Bei F ist freilich der Werth von $\overline{C}$ etwas kleiner als bei E, aber diese Differenz ist kleiner als die Summe der wahrscheinlichen Fehler beider Werthe, besonders wenn man berücksichtigt, dass die Werthe von l und n auch nicht absolut genau gegeben sind.

Ich werde jetzt die von mir angegebenen Werthe der Rotationswinkel mit den von **Biot** gegebenen vergleichen. Diese letzten sind nach der von ihm angenommenen Formel, ϱl^2 gleich constans, corrigirt und geben die Werthe der Rotationswinkel für die Grenzen der verschiedenen Farben an. An einer andern Stelle giebt er die Wellenlänge dieser Grenzen an. Die von ihm angenommenen Werthe sind in der folgenden Tabelle angegeben:

Aeusserstes Roth		$\varrho = 17°,4964$,	$l = 0^{mm},0006344$,
Zwischen Roth und Orange		$\varrho = 20°,4798$,	$l = 0^{mm},0005864$,
—	Orange und Gelb	$\varrho = 22°,3138$,	$l = 0^{mm},0005618$,
—	Gelb und Grün	$\varrho = 25°,6752$,	$l = 0^{mm},0005237$,
—	Grün und Blau	$\varrho = 30°,0460$,	$l = 0^{mm},0004841$,
—	Blau und Indigo	$\varrho = 34°,5717$,	$l = 0^{mm},0004513$,
—	Indigo und Violet	$\varrho = 37°,6829$,	$l = 0^{mm},0004323$,
Aeusserstes Violet		$\varrho = 44°,0827$,	$l = 0^{mm},0003997$.

Die hier angegebenen Farbengrenzen und Wellenlängen stimmen gar nicht mit den von **Frauenhofer** angegebenen Wellenlängen und den von mir beobachteten Farbengrenzen überein. Es ist nach diesen ungefähr:

Aeusserstes Roth		$l = 0^{mm},00074$,	
Zwischen Roth und Orange		$l = 0^{mm},00066$	bei C,
—	Orange und Gelb	$l = 0^{mm},00059$	bei D,
—	Gelb und Grün	$l = 0^{mm},00056$,	
—	Grün und Blau	$l = 0^{mm},00050$,	zwischen E und F,
—	Indigo und Violet	$l = 0^{mm},00043$	bei G.

Nimmt man jetzt die von Biot angegebenen Farbengrenzen als Argument, so ist:

	nach mir:	nach Biot:
Aeusserstes Roth	$\varrho = 12^{\circ},5$,	$\varrho = 17^{\circ},5$,
Zwischen Roth und Orange	$\varrho = 17^{\circ},2$,	$\varrho = 20^{\circ},5$,
— Orange und Gelb	$\varrho = 21^{\circ},6$,	$\varrho = 22^{\circ},3$,
— Gelb und Grün .	$\varrho = 23^{\circ},0$,	$\varrho = 25^{\circ},7$,
— Grün und Blau .	$\varrho = 30^{\circ},0$,	$\varrho = 30^{\circ},0$,
— Blau und Violet .	$\varrho = 42^{\circ},2$,	$\varrho = 37^{\circ},7$.

Nimmt man die von Biot angegebenen Wellenlängen als Argument, so erhält man:

	nach mir:	nach Biot:
Für $l = 0^{mm},0006344$,	$\varrho = 18^{\circ},5$,	$\varrho = 17^{\circ},5$,
— $l = 0^{mm},0005864$,	$\varrho = 21^{\circ},8$,	$\varrho = 20^{\circ},5$,
— $l = 0^{mm},0005618$,	$\varrho = 23^{\circ},8$,	$\varrho = 22^{\circ},3$,
— $l = 0^{mm},0005237$,	$\varrho = 27^{\circ},5$,	$\varrho = 25^{\circ},7$,
— $l = 0^{mm},0004841$,	$\varrho = 32^{\circ},5$,	$\varrho = 30^{\circ},0$,
— $l = 0^{mm},0004513$,	$\varrho = 37^{\circ},6$,	$\varrho = 34^{\circ},6$,
— $l = 0^{mm},0004323$,	$\varrho = 41^{\circ},5$,	$\varrho = 37^{\circ},7$,
— $l = 0^{mm},0003997$,	$\varrho = 49^{\circ},1$,	$\varrho = 44^{\circ},1$.

Man sieht hieraus gleich, welcher grosse Unterschied zwischen den von mir und den von Biot erhaltenen Resultaten stattfindet. Die durch die von mir angegebenen wahrscheinlichen Fehler meiner Resultate ausser allen Zweifel gestellte Ungenauigkeit in Biot's Resultaten zeigt aufs deutlichste den Vorzug der von mir angewandten Beobachtungsmethode, welche noch durch Anwendung des Fernrohrs ungemein geschärft werden kann.

Setzt man in der Formel (454):

$$\overline{a} = \frac{O}{n}, \quad \overline{b} = \frac{O}{n},$$

so erhält man:

$$\mu = \frac{l\left(\frac{1}{u^2} - \frac{1}{u'^2}\right)}{2\pi n} \frac{O^2}{C}.$$

Setzt man hier die von mir berechneten Werthe von $\frac{O^2}{C}$ ein, so erhält man:

	B	C	D	E	F	G
$\mu =$	305,2	285,0	254,5	227,3	210,6	186,0
Wahrscheinlicher Fehler	1,1	0,7	0,2	0,2	0,4	0,5

Das specifische Gewicht des Bergkrystalls ist: $\delta = 2{,}658$,
der zum Strahl C gehörige Rotationswinkel: $\varrho = 17^\circ{,}24$.
Hieraus findet man:

die rotirende Molekülarkraft des Bergkrystalls

$$[\varrho] = 6{,}48,$$

und der wahrscheinliche Fehler dieses Resultats:

0,02.

Berichtigungen und Druckfehler zum V. Bande.

Seite 89 Zeile 22: „das Potenzial der Kraft $f(r)$" wird ausgelassen.

- 91 - 20: „Bildet man jetzt die Potenzialen dieser Kräfte, oder" wird ausgelassen.
- 94 - 4: „$\frac{myz}{r}$", soll heissen: „$\frac{myx}{r}$".
- 98 - 18: „differentialen", soll heissen: „Differentialen".
- 99 - 7: „mehreren", soll heissen: „mehrere".
- 134 - 4 und 5: „$ux + vy + wz$", soll heissen: „$\mathrm{ux} + \mathrm{vy} + \mathrm{wz}$".
- 151 - 22: „$\frac{\varphi + 1\frac{\pi}{2}}{1}$", soll heissen: „$\frac{\varphi + \frac{1}{4}}{4}$".
- 151 - 29: „$\frac{1\pi}{2}$", soll heissen: „$\frac{1}{4}1$".

Achtzehnter Abschnitt.

Allgemeine Physik.

Bearbeitet von

Dir. Dr. Knochenhauer.

Elasticität.

Ueber die Elasticität der Metalle und ihrer Legirungen hat G. Werthheim in den Ann. de chim. et de phys. Ser. III. T. XII. p. 385 u. p. 581 eine grosse Reihe von Versuchen mitgetheilt, deren Resultate in den folgenden Tafeln zusammengestellt sind. Die erste Tafel giebt die Elasticitätsgränze der Metalle bei verschiedenen Temperaturen an, nämlich das Gewicht in Kilogrammen, durch welches ein 1 □Millimeter im Querschnitt haltender Stab eine bleibende Verlängerung von 0,00005 seiner Länge erlangt, ebenso die grösste bleibende Verlängerung in Millimetern, die er auf eine Länge von 1^{m} vor dem Zerreissen erfährt. Die zweite Tafel zeigt die Gewichte in Kilogrammen an, durch welche bei langsamerer oder schnellerer Belastung das Zerreissen bewirkt wird. Die dritte Tafel stellt für eine Temperatur von 15—20° C. die Elasticitätscoëfficienten zusammen, d. h. die Gewichte in Kilogrammen, durch welche die Stäbe von der genannten Stärke, bliebe ihre Elasticität unverändert, eine doppelte Länge erlangen würden; diese Coëfficienten wurden theils durch Transversal-, theils durch Longitudinal-Schwingungen, theils durch direkte Belastung bestimmt. Die aus ihnen theoretisch abgeleitete Schnelligkeit des Schalls ist nebst dem beobachteten specifischen Gewichte zu gleicher Zeit angegeben. Die letzte Tafel endlich stellt die Resultate derselben Beobachtungen an Legirungen bei gewöhnlicher Temperatur dar.

I. Tafel.

Elasticitätsgränze und Verlängerung im Maximum.

Metalle.	Elasticitätsgränze.			Verlängerung im Maximum.		
	15—20° C.	100° C.	200° C.	15—20° C.	100° C.	200° C.
Blei, gegossen .	<0,5	—	—	0,040	—	—
gezogen . .	0,25	<0,1	—	0,243	—	—
angelassen .	0,20	<0,1	—	0,614	0,085	—
Zinn, gezogen .	0,4—0,5	—	—	0,430	—	—
angelassen .	0,2	<0,1	—	0,230	0,302	—
Kadmium, gezog.	0,12	—	—	0,446	—	—
angelassen .	<0,1	<0,1	—	0,412	0,022	—
Gold, gezogen .	13,5	—	—	0,0008	—	—
angelassen .	3	6	<4	0,046	0,068	0,150
Silber, gezogen	11,0—11,5	—	—	0,0045	—	—
angelassen .	2,5—3,0	<3	<1	0,168	0,017	0,176
Zink, gezogen .	0,75	—	—	0,505	—	—
angelassen .	1,0	<1	—	0,270	0,152	0,154
gegossen . .	3,0—3,5	—	—	0,0015	—	—
Palladium, gezogen	18	—	—	0,0002	—	—
angelassen .	<5	—	—	0,205	—	—
Kupfer, gezogen	12	—	—	0,003	—	—
angelassen .	<3	<2	<1	0,220	0,250	0,250
Platin, gezogen .	26	—	—	0,0009	—	—
angelassen .	14,5	13	11—12	0,0023	0,003	0,005
Eisen, gezogen .	32,5	—	—	0,026	—	—
angelassen .	<5	<5	<5	0,109	0,025	0,061
Gussstahl, gezogen	55,60	—	—	0,003	—	—
angelassen .	<5	<10	<10	0,011	—	—
Stahldraht, gezogen . . .	42,5—45	—	—	0,0006	—	—
angelassen .	15	10	<10	0,0044	0,0025	0,025

II. Tafel.

Gewicht zum Zerreissen bei 15—20° C.

Metalle.	Langsame Belastung.	Schnelle Belastung.	100°	200°
Blei, gegossen	1,25	2,21	—	—
gezogen	2,07	2,36	—	—
angelassen	1,80	2,04	0,54	—
Zinn, gegossen	3,40	4,16	—	—
gezogen	2,45	2,94—3,00	—	—
angelassen	1,70	3,57—3,62	0,85	—
Kadmium, gezogen . .	2,24	—	—	—
angelassen	—	4,81	2,60	—

Metalle.	Langsame Belastung.	Schnelle Belastung.	100°	200°
Gold, gezogen	27,00	26,6—28,4	—	—
angelassen	10,08	11,0—11,1	12,60	12,06
Silber, gezogen	29,00	29,6	—	—
angelassen	16,02	16,3—16,5	14,00	14,00
Destill. Zink, gegossen .	1,50	—	—	—
Gewöhnl. Zink, gezogen	12,80	15,77	—	—
angelassen	—	14,40	12,20	7,27
Palladium, gezogen . .	—	27,20	—	—
angelassen	27,40	—	—	—
Kupfer, gezogen . . .	40,30	41,00	—	—
angelassen	30,54	31,55 - 31,68	22,10	—
Platin, gezogen	34,10	35,00	—	—
angelassen	23,50	25,8—27,7	22,60	19,70
Eisen, gezogen	61,10	62,5 – 65,1	—	—
angelassen	46,88	50,25	51,10	46,90
Gussstahl, gezogen . .	—	83,80	—	—
angelassen	65,70	—	—	—
Stahldraht, gezogen . .	70,00	85,9 – 99,1	—	—
angelassen	40,00	53,90	59,10	50,90
Antimon, gegossen . .	—	0,65—0,70	—	—
Wismuth, gegossen . .	—	0,97	—	—

III. Tafel.

Elasticitätscoëfficienten und Geschwindigkeit des Schalls.

Metalle.	Elasticitätscoëfficienten			Geschwindigkeit des Schalls			Spec. Gewicht.
	nach d. Längen-Schwing.	nach d. Transversal-Schwing.	nach d. Ausdehnung.	nach d. Längen-Schw.	nach d. Transversal-Schw.	nach d. Ausdehn.	
Blei, gegossen .	1993,4	1985,2	1775,0	3,974	3,966	3,561	11,215
gezogen . .	2278,0	1781,2	1883,0	4,257	3,764	3,787	11,169
angelassen .	2146,0	1854,2	1727,5	4,120	3,841	3,697	11,232
zerrissen . .	—	1788,6	—	—	3,749	—	11,308
Zinn, gezogen .	4006,0	3839,7	—	7,480	6,829	—	7,313
angelassen .	4418,0	3703,4	—	7,338	6,719	—	7,290
Gewöhnl. Zinn,							
gegossen . .	4643,0	4172,0	—	7,465	7,076	—	7,404
gezogen . .	4564,0	4148,0	—	7,401	7,086	—	7,342
zerrissen . .	—	3918,0	—	—	6,909	—	7,293
Kadmium, gezog.	6090,3	5424,0	—	7,903	7,456	—	8,665
angelassen .	4241,0	5313,0	—	6,651	7,444	—	8,520
zerrissen . .	—	4084,0	—	—	6,518	—	8,541
Gold, gezogen .	8599,0	8644,6	8131,5	6,424	6,441	6,247	18,541
angelassen .	6372,0	5989,0	5584,6	5,603	5,432	5,245	18,035
zerrissen . .	—	5833,0	—	—	5,212	—	19,077
Silber, gezogen .	7576,0	7820,4	7357,7	8,057	8,186	7,940	10,369
angelassen .	7242,0	7533,0	7140,5	7,903	8,060	7,847	10,304
zerrissen . .	—	7648,0	—	—	8,115	—	10,320

Metalle.	Elasticitätscoëfficienten			Geschwindigkeit des Schalls			Spec. Gewicht.
	nach d. Längen-Schwing.	nach d. Transversal-Schw.	nach d. Ausdehnung.	nach d. Längen-Schw.	nach d. Transversal-Schw.	nach d. Ausdehn.	
Destill. Zink, in Sand gegoss.	7536,0	6778,0	—	9,683	9,188	—	7,134
in die Form gegossen . . .	9338,0	9423,0	9021,0	10,774	10,823	10,591	7,146
Gewöhnl. Zink, gezogen . .	9555,0	8793,6	8734,5	11,007	10,560	10,524	7,008
angelassen .	9292,0	9641,0	—	10,814	11,061	—	7,060
zerrissen . .	—	9324,0	—	—	10,882	—	6,997
Palladium, gezog.	—	12395	11759	—	10,066	9,804	11,350
angelassen .	—	11281	9789,0	—	9,450	8,803	11,225
Kupfer, gezogen	12536	12513	12449	11,167	11,157	11,128	8,933
angelassen .	12540	11833	10519	11,167	10,847	10,703	8,936
zerrissen . .	—	12040	—	—	10,970	—	8,890
Platin, fein. Draht	16176	15928	—	8,241	8,177	—	21,166
angelassen .	14292	14373	—	7,823	7,845	—	20,753
mittelstarker Dr.	17165	17153	17044	8,467	8,456	8,437	21,275
angelassen .	15611	15355	15518	8,111	8,045	8,078	21,083
starker Draht .	16159	15814	—	8,218	8,130	—	21,259
angelassen .	15560	15683	—	8,074	8,106	—	21,207
zerrissen . .	—	16748	—	—	8,421	—	20,987
Eisen von Berry, gezogen . .	19903	18547	20869	15,108	14,584	15,472	7,748
angelassen .	19925	19410	20794	15,108	14,913	15,433	7,757
zerrissen . .	—	17538	—	—	14,179	—	7,751
Gewöhnl. Eisendraht . . .	—	—	18613	—	—	14,798	7,553
Gussstahl, gezog.	19823	18247	19549	15,108	14,495	15,003	7,717
angelassen .	19828	18811	19561	15,108	14,716	15,006	7,719
zerrissen . .	—	16728	—	—	13,965	—	7,710
Stahldraht, gezog.	19445	20714	18809	14,961	15,442	14,716	7,718
angelassen .	19200	21070	17278	14,961	14,673	14,193	7,622
zerrissen . .	—	16728	—	—	13,965	—	7,710
Gew. Stahldr. blau angelass.	—	—	18045	—	—	14,700	7,420

Aus den mitgetheilten Tafeln lassen sich folgende Schlüsse ziehen: 1) der Elasticitätscoëfficient ist für dasselbe Metall nicht constant; alle Umstände, welche die Dichtigkeit des Metalls vermehren, vergrössern ihn auch. 2) Die Transversal- und Longitudinal-Schwingungen führen im Allgemeinen zu demselben Coëfficienten, und zwar zu einem um etwas grössern, als ihn die Beobachtungen der Ausdehnung geben. 3) Bleibende Verlängerungen stellen sich schon bei den geringsten Belastungen ein. 4) Die Ausdehnung im Maximum sowie die Festigkeit des Metalls werden durch ein schnelleres oder langsameres Belasten bedingt.

IV. Tafel.

Legirungen.

Metalle.	Zusammensetzung.	Specif. Gewicht.	Elasticitätscoëff. nach Schwing.	Elasticitätscoëff. nach Ausdehn.	Geschwindigkeit des Schalls nach Schwing.	Geschwindigkeit des Schalls nach Ausdehn.	Elasticitätsgränze.	Verläng. im Maxim.	Cohäsion.
Blei, Zinn	$Pb_{16}\ Sn_{13}$	10,073	2596	—	4,786	—	< 0,2	0,552	0,93
	$Pb\ Sn$	9,408	2969	—	5,295	—	< 0,2	2,077	2,46
	$Pb_3\ Sn_7$	8,750	3512	—	5,973	—	< 0,1	1,591	2,07
	$Pb_2\ Sn_7$	8,378	3700	—	6,265	—	< 0,2	0,340	1,07
Blei, Wismuth	$Pb_{12}\ Bi_7$	11,037	2021	—	4,034	—	< 0,2	0,262	1,52
	$Pb\ Bi$	10,790	2367	—	4,415	—	0,1	0,440	1,79
	$Pb\ Bi_2$	10,403	2838	—	4,923	—	—	0,025	5,22
Blei, Antimon	$Pb_2\ Sb$	10,101	2183	—	4,382	—	—	—	1,87
	$Pb\ Sb$	10,064	2592	—	4,784	—	—	—	5,59
	$Pb\ Sb_2$	8,946	3242	—	5,674	—	—	—	—
	$Pb\ Sb_3$	8,499	3536	—	6,080	—	—	—	—
Blei, Gold	$Pb_{20}\ Au$	11,301	2227	—	4,185	—	—	0,055	4,74
Blei, Silber	$Pb_3\ Ag_2$	10,743	3095	—	5,060	—	—	—	—
Blei, Platin	$Pb_{85}\ Pt$	10,473	2684	—	4,560	—	0,4—0,6	0,026	1,65
	$Pb_6\ Pt$	12,207	3107	—	4,756	—	—	—	—
Blei, Zink	$Pb_6\ Zc$	11,199	2144	—	4,125	—	—	0,069	2,75
	$Pb_4\ Zc$	11,172	2493	—	4,454	—	0,1	0,060	2,02
	$Pb_2\ Zc$	11,130	2833	—	4,756	—	0,2	0,060	2,02
	$Pb\ Zc$	9,430	4007	—	6,145	—	—	—	3,47
	$Pb_2\ Zc_3$	9,043	6647	—	8,081	—	—	—	3,40
	$Pb\ Zc_5$	8,397	6108	—	8,039	—	—	—	—
	$Pb\ Zc_{10}$	7,910	7352	—	9,088	—	—	0,004	4,40
Blei, Kupfer	$Pb_5\ Cu$	11,165	2113	—	4,100	—	—	0,043	2,13

Metalle.	Zusammensetzung.	Specif. Gewicht.	Elasticitätscoëff. nach Schwing.	Elasticitätscoëff. nach Ausdehn.	Geschwindigkeit des Schalls nach Schwing.	Geschwindigkeit des Schalls nach Ausdehn.	Elasticitätsgränze.	Verläng. im Maxim.	Cohäsion.
Zinn, Wismuth	Sn_9 Bi_{10}	8,685	3610	—	6,078	—	—	0,028	8,19
	Sn_3 Bi_{14}	8,890	2874	—	5,360	—	—	0,015	6,63
Zinn, Antimon	Sn_4 Sb	7,211	4033	—	7,050	—	—	—	8,86
	Sn_8 Sb_5	7,052	4695	—	7,692	—	—	0,010	7,82
	Sn_3 Sb_2	7,007	5168	—	8,096	—	—	—	—
Zinn, Zink	Sn_2 Zc	7,366	5336	—	8,023	—	0,2	0,246	5,78
	Sn_3 Zc	7,255	5982	—	8,560	—	< 0,2	0,252	5,00
	Sn Zc	7,143	6453	—	8,959	—	0,2—0,5	0,036	4,68
	Sn_3 Zc_7	7,193	7113	—	9,376	—	0,3—0,5	0,124	2,44
	Sn Zc_3	6,746	6976	—	9,525	—	0,2	0,082	4,32
	Sn Zc_5	6,957	7314	—	9,665	—	0,4	0,023	7,52
Zinn, Platin	Sn_{50} Pt	7,578	5309	—	7,890	—	—	—	4,75
Zinn, Kupfer	Sn_5 Cu_6	8,332	6113	—	8,074	—	—	—	—
	Sn Cu_2	8,531	8280	—	9,287	—	—	—	—
	Sn Cu_7	8,813	9784	—	9,932	—	—	—	—
	dass. gehärtet	8,686	7716	—	8,884	—	—	—	—
	Sn Cu_{22}	8,738	8115?	—	9,085?	—	—	—	—
	dass. gehärtet	8,537	6734?	—	8,372?	—	—	—	—
Zinn, Eisen	Sn_{20} Fe	7,266	4881	—	7,726	—	—	—	—
	Sn_{11} Fe	7,418	5001	—	7,740	—	—	—	2,40
Silber, Palladium	Ag_2 Pd_3	10,903	10003	—	9,029	—	20,23	0,004	50,46
Silber, Kupfer	Ag_5 Cu	10,121	8913	—	8,846	—	—	—	44,05
	Ag Cu	9,603	8590	—	8,915	—	21,25	0,002	51,97
Gold, Platin	Au_7 Pt_2	10,650	9844	—	6,848	—	—	—	7,12
Gold, Eisen	Au_{19} Fe_2	18,842	9024	—	6,524	—	—	0,016	20,41
Zink, Kupfer	Zc_{18} Cu_4	7,301	7678	—	9,667	—	—	—	4,10

	$Zc\ Cu$	8,265	8774	—	9,713	—	—	—	18,68
	$Zc_3\ Cu_4$	8,310	9105	—	9,867	—	—	—	36,80
	$Zc_1\ Cu_2$	8,606	10163	8543	10,244	9,392	15	—	60,2
	" "	8,655	11218	—	10,732	—	16,20	0,140	32,5
	$Zc_8\ Cu_{17}$	8,427	9823	9277	10,177	9,890	25	0,002	65,1
	$Zc_2\ Cu_{11}$	8,670	10290	9394	10,270	9,812	30—40	0,003	48,3
	$Zc\ Cu_6$	8,636	9778	8644	10,031	9,431	40	0,001	51,9
Blei, Wismuth, Zinn . . .	$Pb_2\ Bi_3\ Sn_2$	9,795	2626	—	4,881	—	< 0,2	0,695	1,74
Blei, Antimon, Zinn	$Pb_4\ Sb_2\ Sn_5$	9,196	2735	—	5,141	—	—	0,032	7,80
	$Pb\ Sb\ Sn_3$	8,317	3232	—	5,876	—	—	—	5,62
Blei, Zinn, Zink	$Pb_{14}\ Sn_4\ Zc_9$	10,212	2486	—	4,651	—	< 0,2	0,162	1,44
Zinn, Antimon, Kupfer . .	$Sn_4\ Sb_2\ Cu_3$	7,751	5770	—	8,133	—	—	—	4,17
Zink, Kupfer, Nickel . . .	$Zc_9.Cu_{15}\ Ni_2$	8,403	9517	9261	10,032	9,896	20—30	0,001	—
	$Zc_4\ Cu_{13}\ Ni_5$	8,541	10227	10788	10,315	10,594	19—24	0,001	61,88
	$Zc_5\ Cu_6\ Ni_3$	8,436	11722	11500	11,112	11,006	30—40	0,001	55,0
	$Zc_2\ Cu_5\ Ni_3$	8,615	12250	10333	11,240	10,324	45	0,002	68,1

Die Elasticitätscoëfficienten der Legirungen lassen sich aus den Coëfficienten der Bestandtheile mit ziemlicher Genauigkeit berechnen; dagegen ist dies nicht der Fall mit der Elasticitätsgränze, der Ausdehnung im Maximum und der Cohäsion.

Ueber die Elasticität des Holzes sind von G. Hagen einige Versuche angestellt worden (Pogg. Ann. LVIII. p. 125). Er wandte dazu grade prismatische Stäbe von quadratischem oder oblongem Querschnitt an, die aus trocknem, gesundem und möglichst geradfaserigem Holze geschnitten waren; sie wurden gewöhnlich am unteren Ende fest geklemmt und am obern durch Gewichte abwechselnd nach der einen und der andern Seite gezogen. Ein Zeiger markirte die Ausweichung. Bei der Berechnung des Elasticitätsmodulus, d. h. des Gewichtes in preuss. Pfunden, welches bei unveränderter Elasticität einen Stab von 1 □Zoll Querschnitt auf seine doppelte Länge ausdehnen würde, wurde die neutrale Axe in der Mitte des Stabes angenommen oder der Widerstand der Holzfasern gegen Ausdehnung und Compression als gleich gross betrachtet. Zur Prüfung dieser Annahme wurde an einem stark harzigen Kiefernholze der Elasticitätsmodulus durch einen direkten Versuch über die Ausdehnung zu 2035000 Pfund gefunden, während die Ausbiegungen nach den Seiten 2025000 und 2088000 Pfund gegeben hatten. Ebenso lieferten zwei senkrecht gegen die Richtung der Fasern geschnittene Stäbe desselben Holzes nach der erstern Weise einen Modulus = 37600, nach der andern = 39500. Diese Versuche bestätigen also die Voraussetzung. Ausserdem bestimmte Hagen die relative Ausdehnung der Stäbe, bei welcher das Zerreissen eintritt.

I. In der Längenrichtung der Holzfaser.

	Anzahl der Versuche.	Elasticitäts-Modulus.	Gränze der Ausdehnung.
1) Kiefer (pinus sylvestris) . .	9	1760000	0,0115
2) Fichte (pinus abies)	1	1945000	0,0107
3) Eiche	5	1537000	0,0139
4) Rothbuche	2	2168000	0,0118
5) Weissbuche	2	2145000	0,0124

II. In der Richtung quer gegen die Holzfaser.

1) Kiefer	2	37000	0,0268
2) Fichte	1	23000	0,0303

	Anzahl der Versuche.	Elasticitäts-Modulus.	Gränze der Ausdehnung.
3) Eiche	2	105000	0,0190
4) Rothbuche	2	97000	0,0500
5) Weissbuche	1	94500	0,0250

Der wahrscheinliche Fehler der einzelnen Bestimmungen des Elasticitätsmodulus kann auf $\frac{1}{6}$, doch bei Stäben aus demselben Stücke nur auf $\frac{1}{20}$ gesetzt werden. Die Gränze der Ausdehnung ist weniger sicher. Für nasse Stäbe gelten kleinere Zahlen, denn in der Richtung der Fasern sinkt bei Kiefernholz der Modulus etwa auf $\frac{11}{12}$, gegen die Faser auf $\frac{5}{8}$. — Wenn die Axe des Stabes unter einem Winkel φ gegen die Fasern geneigt ist, so kann man den Modulus e aus dem Modulus in der Längenrichtung der Fasern e' und demjenigen in der darauf senkrechten Richtung e'' mittelst der Gleichung:

$$e = \frac{e' e''}{e' \sin^3 \varphi + e'' \cos^3 \varphi}$$

herleiten.

Bei den Metallen bemerkt man nach den Beobachtungen Wertheim's eine Abhängigkeit der bleibenden Ausdehnung sowohl von der Grösse der Belastung als auch von der Zeit, wie lange dieselbe gewirkt hat; denn bei langsamer Belastung reisst derselbe Stab durch ein kleineres Gewicht und wird zu gleicher Zeit mehr verlängert. Ob dagegen auch innerhalb der Gränzen der vollkommenen Elasticität die Zeit einen Einfluss ausübe, weisen die Versuche nicht nach; dieser Fall findet indess bei vegetabilischen Stoffen statt, wie W. Weber (Pogg. Ann. LIV. p. 1.) durch Beobachtungen an Seidenfäden dargethan hat. Er hing einen Spiegel an zwei parallelen Schnüren von der Decke des Zimmers herab und beschwerte ihn unten mit einem Gewichte; zugleich konnte er ihn durch vier ungedrehte, in horizontaler Richtung laufende Seidenfäden nach der Seite ablenken, wodurch einestheils die Seidenfäden, je mehr sie den Spiegel ablenkten, desto stärker angespannt wurden, anderntheils die Grösse der Ablenkung durch die Reflexion des Lichtes im Spiegel mittelst eines Fernrohrs gemessen und dadurch das die Seidenfäden anspannende Gewicht berechnet werden konnte. Waren die Fäden eine längere Zeit schlaff gewesen und wurden sie auf einmal straff gespannt, so bemerkte man, dass sie sich nach und nach dehnten, obschon das spannende Gewicht hierdurch nach und nach geringer wurde. Waren dagegen dieselben Fäden zuvor eine längere Zeit gespannt geblieben und verminderte man nun schnell durch Nachlassen ihre Spannung um einen Theil, so zogen sie sich nach und nach wieder zusammen und lenkten den Spiegel aus der senkrechten Lage mehr ab, wiewohl dadurch das spannende Gewicht vergrössert wurde. Diese Nachwirkung währte in beiden Fällen über 24 Stunden hinaus.

Ueber die Bewegung tropfbarer Flüssigkeiten.

A. Ausfluss des Wassers durch enge Röhren.

Ueber den Ausfluss des Wassers durch enge Röhren haben schon früher Dubuat (Principes d'hydraulique T. II. p. 1.), Gerstner (Gilbert's Annalen Bd. V. pag. 160.) und Girard (Mouvement des fluides dans les tubes capillaires: Mémoires de l'Institut 1813—1816) Versuche angestellt, doch haben sie einestheils die Verhältnisse bei engeren und weiteren Röhren nicht streng von einander geschieden, anderntheils die Druckhöhen nicht hinreichend verändert. Neue Versuche lieferten hierauf G. Hagen (Pogg. Ann. Bd. XLVI. p. 423.) und Poiseuille (Commissionsbericht Annales de chimie et de physique Ser. III. T. VII. p. 50.; Pogg. Ann. Bd. LVIII. p. 424.). Der letztere wandte Capillarröhren aus Glas von einer solchen Länge an, dass das Wasser nicht mehr frei in einem Strahle, sondern nur tropfenweise abzufliessen vermochte; bei dem ersteren waren die messingenen Röhren etwas weiter und lieferten einen ruhigen Strahl, der an der Mündung wie ein Glasfaden erschien; erst wenn die Druckhöhen bedeutender wurden, traten stossweise Bewegungen ein, die dann nach andern als den in Untersuchung gezogenen Gesetzen erfolgten. Beide Beobachter liessen übrigens das Wasser nicht frei in die Luft, sondern in ein Gefäss mit constanter Wasserhöhe ausmünden; Hagen maass hierbei das ausgeflossene Wasser, das in einer bestimmten Zeit in ein untergestelltes Gefäss hineinlief, Poiseuille hingegen beobachtete das ausfliessende destillirte Wasserquantum an einer gläsernen mit engen Röhrenansätzen oben und unten versehenen Kugel, durch welche es beim Abfliessen hindurchging, und erzeugte deshalb den erforderlichen Druck durch comprimirte Luft, deren Spannkraft er theils durch ein Wasser-, theils durch ein Quecksilber-Manometer mit offenem Schenkel bestimmte. Nach Poiseuille findet man die durch Capillarröhren in einer Secunde ausgeflossene Wassermenge vermittest der Formel:

$$Q = 1836{,}724(1 + 0{,}0336793\,T + 0{,}0002209936\,T^2)\frac{HD^4}{L};$$

in ihr bezeichnet Q das Wasserquantum in Kubikmillimetern, H die Druckhöhe in Quecksilber bei 0° Temperatur, D den Durchmesser und L die Länge der Röhre, sämmtlich in Millimetern gemessen; ferner bestimmt der in der Parenthese enthaltene Faktor die erforderliche Correction bei verschiedenen Wärmegraden T nach der hunderttheiligen Scala. Zur Prüfung der Formel stellte die Commission (Arago, Babinet, Piobert und Regnault) noch folgende Versuche an:

1. Veränderung der Druckhöhen.

a) Röhre V. Länge $108^{mm},24$;
Temperatur $= 14°,75$ C;
Durchmesser $\begin{cases} D = 0^{mm},277; & D' = 0^{mm},272\text{*)}; \\ d = \quad 0,234; & d' = \quad 0,232; \end{cases}$
Mittlerer Durchmesser $= 0^{mm},252899$.

No.	Druck in destillirtem Wasser.	Ausflusszeit beobachtet.	Ausflusszeit berechnet von No. 1 aus.
4	$522^{mm},10$	1784″ 15‴	1785″,9
3	1040,80	895 0	896,2
2	1472,45	633 0	633,4
1	2002,75	465 45	—

b) Röhre U. Länge $107^{mm},9$;
Temperatur $= 14°,75$ C;
Durchmesser $\begin{cases} D = 0^{mm},1400; & D' = 0^{mm},133; \\ d = \quad 0,1384; & d' = \quad 0,132; \end{cases}$
Mittlerer Durchmesser $= 0^{mm},135848$.

*) An beiden Enden der Röhre wurden zwei zu einander senkrechte Durchmesser gemessen und der mittlere Durchmesser aus $\frac{\sqrt{d \times d'} + \sqrt{D \times D'}}{2}$ entnommen.

No.	Druck in Quecksilber.	Ausflusszeit beobachtet.	Ausflusszeit berechnet von No. 3 aus.
3	146mm,22	5664″ 0‴	—
2	573,63	1445 45	1443″,8
1	773,85	1069 0	1070,2
5	740,80	1121 0	1118,0
4	1515,18	546 15	546,59
3	2273,08	365 30	364,34
2	3049,45	273 30	271,58
1	3513,54	237 0	235,71

2. Veränderung der Röhrenlängen.

Dieselbe Röhre wurde nach und nach verkürzt und man maass die Durchmesser jedesmal von neuem.

Druck in destillirtem Wasser = 1472mm,45.

Temperatur = 14°,75 C.

$D' = 0^{mm},277$; $d' = 0^{mm},234$.

No.	Länge.	Durchmesser.	Ausfluss-zeit beob.
2	108mm,24	$D = 0^{mm},272$; $d = 0^{mm},232$	633″
5	84,52	$D =$ 0,2728; $d =$ 0,232	492,3
6	54,0	$D =$ 0,276; $d =$ 0,233	314,3
7	9,0	$D =$ 0,277; $d =$ 0,234	71,5

Die Berechnung giebt

No. 5 verglichen mit No. 2: 492″,28
No. 6 - - No. 5: 314,53
No. 6 - - No. 2: 315,80
No. 7 - - No. 2: 52,63.

Die Röhre war offenbar bei 9mm Länge schon zu kurz und bot jetzt andere, der Voraussetzung nicht mehr entsprechende Verhältnisse dar. In den übrigen Fällen findet die Formel ihre Bestätigung.

3. Veränderung der Durchmesser.

Nach 1 b. giebt die Röhre U von 107mm,9 Länge und 0mm,135848 mittlerem Durchmesser D_1 bei einem Druck von 1984mm,75 destillirten Wassers das Wasserquantum in 5664″; nach 1 a. Röhre V von 108mm,24 Länge und 0mm,252899 mittlerem Durchmesser D_2 bei einem Druck von 2002mm,75 dasselbe

Quantum in 465″,75 oder in 468″,50 bei gleicher Länge und gleichem Drucke wie U. Es verhält sich aber

$$(D_1)^4 : (D_2)^4 = 471'',57 : 5664'',$$

wonach die Differenz gegen 468″,50 gering ist.

4. Veränderung der Temperatur.

Länge der Röhre 73^{mm}, Durchmesser $D = 0^{mm},27$, $d = 0^{mm},23$ ungefähr. Gewicht des in der Kugel bei 10° C. enthaltenen Wassers $= V^{gr}$.

No.	Temperatur.	Ausflusszeit unter $1320^{mm},5$ Druck.	Gewicht des ausgeflossenen Wassers in 300″.
2	2°,57	610″,15	$V^{gr} \times 0,491704$
1	10,20	484,13	$V \times 0,619526$
3	18,14	393,19	$V \times 0,762010$
4	26,55	322,00	$V \times 0,928726$

Der Faktor $(1 + 0,0336793\,T + 0,0002209936\,T^2)$ in der obigen Formel ist für

No. 2 = 1,0880154
No. 1 = 1,3665282
No. 3 = 1,6836624
No. 4 = 2,0499593,

somit sind die Gewichtsverhältnisse in 300″

von	No. 3 : No. 4.	beob. = 1,2187	berechn.	= 1,2176
-	No. 2 : No. 4.	- = 1,88879	-	= 1,8841
-	No. 1 : No. 3.	- = 1,22998	-	= 1,2321
-	No. 2 : No. 1.	- = 1,2599	-	= 1,2550,

wodurch sich auch hier die empirische Formel bestätigt.

Ausserdem stellte Poiseuille noch eine Versuchsreihe mit Alkohol an, der, sowohl rein als in verschiedenen Verhältnissen mit Wasser gemischt, langsamer als destillirtes Wasser ausfliesst. Er fand:

No.	Gewicht des Wassers auf 73,512 Gew. Alkohol.	Spec. Gew. der Mischung bei 10°C.	Ausfluss-zeit eines gleichen Volums.	Capillarität in einer Röhre von 0mm,36 Durchmesser.
1	0	0,8001	682″	32mm,20
2	26,487	0,8557	1158	33,60
3	36,487	0,8793	1336	34,60
4	76,487	0,9293	1731	35,45
5	86,487	0,9311	1732	36,35
6	106,487	0,9349	1726	—
7	126,487	0,9400	1723	—
8	226,487	0,9606	1444	—
9	276,487	0,9627	1326	43,35
10	356,487	0,9734	1237	—
11	676,487	0,9798	841	54,85
12	1026,487	0,9820	760	58,05
13	1276,487	0,9893	694	61,30

Destillirtes Wasser floss in 523″ ab und zeigte eine Capillarhöhe von 80mm,65. Die geringste Ausflussschnelligkeit findet bei einem Gemenge von 73,51 Gewichtstheilen Alkohol und 76,49 Wasser statt, wo beide nach Rudberg in ihrer Mischung die grösste Contraction erleiden. —

Die Versuche von Hagen wurden mit 3 Messingröhren, *a* von 17,483 pariser Zoll Länge und 0,0471 Radius, *b* von 40,262 Länge und 0,0741 Radius, *c* von 38,667 Länge und 0,10905 Radius, angestellt. Er erhielt, wenn *h* die Druckhöhe des Wassers in par. Zollen und *M* das in einer Secunde ausgeflossene Wasserquantum in preuss. Lothen angiebt:

1. Reihe.

Röhre *a*. Temp. +8°,2R.

h	*M*
0,895	0,0262
3,621	0,0995
7,613	0,1906
11,044	0,2594
14,887	0,3288

2. Reihe.

Röhre *b*. Temp. +8°,4R.

h	*M*
0,491	0,0384
3,565	0,2523
7,750	0,4897

3. Reihe.

Röhre *c*. Temp. +8°,8R.

h	*M*
0,265	0,1022
0,907	0,3109
1,085	0,3605
2,649	0,7250
3,120	0,3221

4. Reihe.

Röhre *b*. Temp. +6°,1R.

h	*M*
0,657	0,0472
1,654	0,1157
3,508	0,2330
5,566	0,3500

5. Reihe. Röhre *b*. Temp. $+1^{\circ},0$ R.

h	M
0,868	0,0505
2,201	0,1256
4,220	0,2307
6,570	0,3453

Aus diesen Reihen ergiebt sich nach Zuziehung dreier einzelner Versuche mit der Röhre b bei $+12^{\circ},1$, $+13^{\circ},2$ und $+15^{\circ},2$ R. die Formel:

$$h = \frac{1}{\varrho^4}[(0,0000172\text{G} - 0,000000785\,l + 0,0000000216\,t^2)\,lq + 0,0003886\,q^2];$$

hierin ist in par. Zollen gemessen h die Druckhöhe, ϱ der Radius und l die Länge der Röhre, q die in einer Secunde ausgeflossene Wassermenge in Kubikzollen (1 Lth. = 0,73795 Kubikzoll) und t die Temperatur des Wassers in Graden der Reaum. Scale. Diese Formel mit der obigen von Poiseuille verglichen, umfasst wegen der weiteren Röhren ein neues Glied mit dem Faktor q^2; lässt man dieses zunächst fort, so wird durch Einführung des Durchmessers d statt des Radius ϱ und der Centesimalgrade T statt der Reaumurschen t;

$$q = 3621,1\,(1 + 0,036384\,T + 0,000523\,T^2)\,\frac{hd^4}{l}.$$

Misst man überdies q, h, d und l in Millimetern, bestimmt die Druckhöhe durch Quecksilber bei 0° (spec. Gew. = 13,598), und bezeichnet die Grössen deshalb mit Q, H, D und L, so folgt:

$$Q = 1819,0\,(1 + 0,036384\,T + 0,000523\,T^2)\,\frac{HD^4}{L},$$

eine Formel, die nahe genug mit der von Poiseuille übereinstimmt und nur in der Wärmecorrection wegen der nicht hinreichend ausgedehnten Versuche keine ganz vollkommene Befriedigung darbietet. —

Die den vorstehenden Beobachtungen entsprechenden Verhältnisse giebt Hagen folgendermaassen an. Das aus einer engen Röhre ausfliessende Wasser bewegt sich so lange, als nicht bei zunehmender Druckhöhe ein stossweises Ausfliessen eintritt, von dem mittleren Wasserfaden an bis zu dem an der Röhrenwand still stehenden Mantel mit abnehmender Schnelligkeit und tritt in Form eines Kegels aus. Ist die mittlere Schnelligkeit der ganzen Wassermenge = k, die des Centralfadens = c, so ist zunächst $k = \frac{1}{3}c$ und die um x vom Centrum abstehende Wasserröhre von der Dicke dx besitzt bei einem Querschnitt von $2x\pi dx$ eine Schnelligkeit $v = \frac{(\varrho - x)c}{\varrho}$. Nach dem Princip von der Erhaltung der lebendigen Kräfte wird zur Bewegung sämmtlicher Wasserröhren eine Druckhöhe h'' erfordert, die aus

$$h''\varrho^2\pi k = \int\frac{v^2 dM}{4g} = \int\frac{2x\pi dx(\varrho - x)^3 c^3}{4g\varrho^3}$$

folgt. Das Integral von $x = 0$ bis $x = \varrho$ genommen, giebt, wenn man $\frac{1}{4g}$ in par. Zollen $= 0{,}00138$ setzt,

$$h'' = 0{,}00138 \,.\, 2{,}7 \,.\, k^3,$$

oder, da $q = k\varrho^2\pi$ ist,

$$h'' = 0{,}00037752\,\frac{q^2}{\varrho^4},$$

ein Resultat, das im Ganzen mit der empirischen Formel übereinstimmt.

Der noch übrige Theil h' der Druckhöhe wird durch den Widerstand vernichtet, welchen die einzelnen Wasserröhren beim Gleiten über einander erfahren. Man nehme also an, dass zur Bildung des ausströmenden Wasserkegels $n\varrho$ Wasserröhren beitragen, jede von der Dicke $= \frac{1}{n}$, und dass der Widerstand dem Quadrate der Schnelligkeit proportional sei, wobei m den Reibungscoëfficienten auf der Flächeneinheit bezeichne, so hat diejenige Röhre, welche um x vom Centrum absteht, eine Schnelligkeit $= \frac{(\varrho - x)c}{\varrho}$, die nach der Peripherie zu ihr folgende eine Schnelligkeit $= \frac{\left(\varrho - x - \frac{1}{n}\right)c}{\varrho}$, und jene eilt mit einer Schnelligkeit $= \frac{c}{n\varrho}$ voran, erleidet also auf ihrer ganzen Länge einen Widerstand $= \frac{2mx\pi lc^2}{n^2\varrho^2}$. Zur Ueberwindung der gesammten Widerstände gehört eine lebendige Kraft

$$h'\varrho^2\pi k = \frac{2m\pi lc^2}{n^2\varrho^2}\,\Sigma x.$$

Es ist aber $\Sigma x = \frac{1}{n}(1 + 2 + 3 + 4 \ldots\ldots + n\varrho) = \frac{\varrho^2 n}{2}$, demnach

$$h' = \frac{9mlk}{n\varrho^2} = \frac{9m}{n\pi}\,.\,\frac{lq}{\varrho^4}.$$

Der Faktor $\frac{lq}{\varrho^4}$ entspricht der empirischen Formel vollkommen; allein in dem andern Faktor $\frac{9m}{n\pi}$ lassen sich die Grössen *m* und *n* nicht von einander trennen, also auch beide nicht einzeln erhalten, wodurch man in *m* den sicher darin enthaltenen Zusammenhang der Reibung mit der Capillaranziehung nachweisen könnte.

B. Ausfluss des Wassers durch Einschnitte.

Wenn sich das Wasser durch einen oben offenen Einschnitt in einer dünnen Wand ergiessen kann, so senkt sich bekanntlich der Spiegel schon vor dem Einschnitte und ausserdem findet an den Seiten eine mehr oder minder grosse Contraction des Strahles statt, je nachdem nämlich die Wände des Kanals weiter von dem Einschnitte zurückstehen oder, wie bei einem blossen Ueberfalle, näher an ihn herantreten. Theoretisch sieht man den Einschnitt als eine Oeffnung in dünner Wand an, deren Höhe dem Wasserstande über der Schwelle gleich ist. Vernachlässigt man dann die Schnelligkeit des Wassers vor dem Einschnitte, dessen Höhe $= H$ und Breite $= B$ sei, und bezeichnet den Contractionscoëfficienten mit m, so ist das in einer Secunde abfliessende Wasserquantum

$$Q = \tfrac{2}{3} m \sqrt{4g} \, . \, BH\sqrt{H}.$$

Zur Bestätigung dieser Formel und namentlich zur Bestimmung des Coëfficienten m, so wie auch um die Tiefe und Weite der Einsenkung des Wassers am Einschnitte zu messen, hat Castel zu Toulouse eine Reihe sorgfältiger Versuche ausgeführt (Expériences faites au château d'eau de Toulouse sur l'écoulement de l'eau par les déversoirs. Ann. de chimie et de phys. 1836. T. LXII. p. 31.). Er leitete das Wasser zuerst in einen rechtwinkligen, aus Bohlen gezimmerten Kanal von $5^m,96$ Länge, $0^m,74$ Breite und $0^m,55$ Tiefe, und brachte es darin theils durch langsames Einströmen, theils durch Zwischenplatten zur Ruhe. Vor demselben stand das Aichgefäss, ein mit Zink ausgeschlagener Kasten, 4^m lang, 1^m breit und $0^m,80$ tief; ein beweglicher Trog schüttete das durch den Einschnitt gegangene Wasser hinein, und man notirte die Zeit und den Inhalt, sobald der Kasten bis zu $\frac{4}{5}$ gefüllt war. Die Höhe des Wasserspiegels und seine Einsenkung wurden sorgfältig mit 10 von oben herabgehenden, unten zugespitzten Stäben gemessen. Die Einschnitte selbst befanden sich anfänglich in einzölligen Bohlen, später zur grösseren Genauigkeit in Kupferplatten. — Die nachstehende Tafel giebt von der Einsenkung des Wassers die grösste Tiefe über der Schwelle und die Weite oder Entfernung von dem Einschnitte an, bis wohin sie sich noch bemerklich machte. Sämmtliche Dimensionen sind nach Metern genommen und die ausgeflossene Wassermenge in Litern (1 litre = 0,001 Kubikmeter) angegeben, zur Berechnung von m wurde überdies $\frac{2}{3}\sqrt{4g} = 2,953$ angesetzt.

Breite des Einschnitts *B*.	Höhe des Wasserstandes *H*.	Einsenkung.		Ausfluss-zeit.	Wasser-menge in 1 Sec.	Contractions-coëff *m*.
		Tiefe.	Weite.			
0,1004	0,2404	0,0164	0,345	142″	20,80	0,5952
	0,2203	0,0129	0,300	161,5	18,22	0,5942
	0,1987	0,0117	0,300	190	15,59	0,5936
	0,1802	0,0107	0,250	219	13,47	0,5938
	0,1587	0,0098	0,250	266	11,10	0,5921
	0,1387	0,0092	0,250	325,6	9,066	0,5919
	0,1199	0,0087	0,250	406	7,259	0,5897
	0,1005	0,0081	0,200	530	5,581	0,5909
	0,0795	0,0075	0,200	106,5	3,958	0,5923
	0,0607	0,0068	0,150	150,3	2,637	0,5947
	0,0506	0,0063	0,150	200	2,014	0,5968
	0,0425	0,0056	0,150	251,5	1,581	0,6043
	0,0302	0,0049	0,150	432,7	0,961	0,6174
0,1999	0,2068	0,0201	0,417	88	32,98	0,5955
	0,1779	0,0164	0,350	113	26,28	0,5947
	0,1595	0,0150	0,350	131,5	22,31	0,5947
	0,1406	0,0130	0,300	160,5	18,40	0,5926
	0,1195	0,0131	0,250	204,5	14,91	0,5922
	0,0996	0,0119	0,250	268,5	10,97	0,5926
	0,0802	0,0106	0,250	370	7,951	0,5945
	0,0598	0,0093	0,200	563	5,197	0,6028
	0,0515	0,0077	0,200	97,7	4,204	0,6110
	0,0396	0,0067	0,200	141,5	2,872	0,6189
	0,0303	0,0057	0,150	206,7	1,938	0,6240
0,3002	0,1380	0,0172	0,417	108,2	27,41	0,6031
	0,1205	0,0152	0,300	121,7	22,40	0,6040
	0,0995	0,0135	0,300	174,3	16,81	0,6040
	0,0793	0,0119	0,250	246,5	11,98	0,6051
	0,0605	0,0098	0,250	367	8,049	0,6101
	0,0507	0,0080	0,200	473	6,235	0,6162
	0,0409	0,0067	0,200	92,5	4,537	0,6232
	0,0316	0,0055	0,200	132	3,141	0,6307

Breite des Einschnitts *B*.	Höhe des Wasserstandes. *H*.	Einsenkung.		Ausflusszeit.	Wassermenge in 1 Sec.	Contractionscoëff. *m*.
		Tiefe.	Weite.			
0,3998	0,1240	0,0182	0,417	91,2	32,04	0,6215
	0,1051	0,0160	0,345	118,3	25,00	0,6214
	0,0805	0,0125	0,300	176,7	16,72	0,6200
	0,0598	0,0100	0,250	273	10,75	0,6225
	0,0485	0,0079	0,200	372,7	7,893	0,6359
	0,0399	0,0066	0,200	498	5,947	0,6320
	0,0308	0,0054	0,200	728,5	4,060	0,6362
0,5024	0,0973	0,0154	0,345	104,5	28,42	0,6311
	0,0805	0,0123	0,300	137,7	31,42	0,6321
	0,0607	0,0092	0,250	209,3	14,02	0,6318
	0,0503	0,0079	0,250	281	10,59	0,6327
	0,0407	0,0062	0,250	381	7,753	0,6364
	0,0313	0,0050	0,200	560	5,275	0,6420
0,6001	0,0991	0,0150	0,417	82,5	35,61	0,6441
	0,0809	0,0123	0,300	112	26,28	0,6444
	0,0602	0,0092	0,250	173,2	16,88	0,6448
	0,0517	0,0079	0,250	222,7	13,41	0,6437
	0,0388	0,0062	0,200	343	8,729	0,6445
	0,0311	0,0050	0,200	466,5	6,331	0,6513
0,6804	0,0931	0,0142	0,417	78,7	37,48	0,6566
	0,0796	0,0120	0,350	99,3	29,59	0,6557
	0,0606	0,0090	0,260	150,1	19,65	0,6555
	0,0501	0,0077	0,250	199,7	14,77	0,6555
	0,0414	0,0063	0,200	265	11,10	0,6558
	0,0288	0,0049	0,150	353,5	6,477	0,6596

Der Contractionscoëfficient m nimmt hier, wie es in den ähnlichen Fällen bei Oeffnungen in dünner Wand Statt findet, mit abnehmender Druckhöhe etwas zu; wenn er indessen auch bei den breitern Einschnitten wächst, so liegt der Grund darin, dass bei diesen die Wände des Kanals den Seiten der Einschnitte näher rückten und dadurch die vollständige Contraction verhinderten. Nach Castel möchte der Gränzwerth von $m = 0{,}67$ sein.

C. Ausfluss des Wassers bei unvollkommener Contraction.

Ueber den Ausfluss des Wassers unter sehr verschiedenen Umständen hat J. Weisbach zwei grössere Versuchsreihen angestellt und in zwei Heften: — Versuche über den Ausfluss des Wassers durch Schieber, Hähne, Klappen und Ventile, Leipzig 1842; Versuche über die unvollkommene Contraction des Wassers beim Ausfluss aus Röhren und Gefässen, Leipzig 1843 — bekannt gemacht. Die erstere Abhandlung dürfte zunächst nur für die Praxis einen Werth haben, die andere bietet dagegen mehrere Partieen dar, die auch für die Theorie eine Bedeutung ansprechen können. Auf diesen Punkt hat indess Weisbach bei der Berechnung sein Augenmerk weniger gerichtet. — Das ausfliessende Wasser befand sich in einem rechtwinkligen Kasten von 90 Centimeter Höhe und 0,43944 Quadratmeter Querschnitt, der in seinem Innern mit 6 unter einander stehenden Spitzen versehen war, um daran die Quantität des ausgeflossenen Wassers zu bestimmen, denn der Spiegel sank beim Ausfluss. Ist A also der Querschnitt des Gefässes, a die Fläche der Oeffnung, m der Contractionscoëfficient und h_1 und h_2 die Höhen im Kasten, zwischen welchen das Wasser in t Sekunden abfliesst, so hat man $-Adh = ma\sqrt{4gh}\,.\,dt$ oder

$$m = \frac{2A}{at\sqrt{4g}}(\sqrt{h_1} - \sqrt{h_2}).$$

Hätte sich aber der Wasserstand H beim Versuche nicht geändert, und wäre doch gleichviel Wasser in gleicher Zeit ausgeflossen, so hätte man $A(h_1 - h_2) = mat\sqrt{4gH}$ bekommen, oder

$$m = \frac{A(h_1 - h_2)}{at\sqrt{4gH}}.$$

Beide Gleichungen geben die mittlere Druckhöhe

$$H = \left(\frac{\sqrt{h_1}+\sqrt{h_2}}{2}\right)^2.$$

a) Unvollkommene Contraction bei kreisförmigen Mündungen.

Zu diesen Versuchen wurde an den Wasserkasten entweder ein 4,032 Centimeter weites und $27\frac{1}{2}$ Centimeter langes Messingrohr gesetzt, das auch mit einer konoidischen Einmündung versehen werden konnte; oder es wurde noch überdies ein 60 Centimeter langes und nahe an 4 Centimeter weites Eisenrohr davorgesetzt. Vor dem offenen Ende dieser Röhren befanden sich dünne Platten, die verschieden grosse kreisrunde Oeffnungen enthielten, an denen die unvollkommene Contraction beobachtet wurde. Setzt man den Querschnitt des Rohrs $= a_1$, und der Oeffnung in der Platte $= a$, so gebe der Versuch, wenn das Wasser aus dem Rohre allein in t_1 Sekunden unbehindert ausfliesst,

$$\mu_1 = \frac{2A}{a_1 t_1 \sqrt{4g}} (\sqrt{h_1} - \sqrt{h_2}),$$

dagegen, wenn die Platte davor ist und das Wasser nun t_2 Sekunden zum Ausfliessen braucht,

$$\mu_2 = \frac{2A}{a'_2 \sqrt{4g}} (\sqrt{h_1} - \sqrt{h_2}).$$

Das Rohr bleibt in beiden Fällen gefüllt, demnach hat das Wasser in ihm im erstern Falle eine mittlere Schnelligkeit $v_1 = \mu_1 \sqrt{4gH}$, im andern eine mittlere Schnelligkeit $v'_1 = \mu_2 \frac{a}{a_1} \sqrt{4gH}$. Durch diese Schnelligkeit verliert das bis zur Mündung gelangende Wasser einen Theil seiner Druckhöhe $= \frac{v'^2_1}{\mu^2_1 4g}$, gewinnt aber durch eben diese Schnelligkeit wieder einen Zuwachs an Druckhöhe $= \frac{v'^2_1}{4g}$, die noch vorhandene mittlere Druckhöhe ist also $= H - \left(\frac{1}{\mu^2_1} - 1\right)\frac{v'^2_1}{4g} = H\left\{1 - \left(\frac{1}{\mu^2_1} - 1\right)\frac{\mu^2_2 a^2}{a^2_1}\right\}$.

Wenn man hiernach voraussetzt, wie dies sonst beim Ausströmen des Wassers aus Oeffnungen in dünner Wand gebräuchlich ist, dass sich der Strahl in der Mündung nur zusammenzieht, an Schnelligkeit aber keine Einbusse erleidet, so ist das in 1 Sekunde ausfliessende Wasserquantum

$$q = \mu a \sqrt{4gH} \cdot \sqrt{\left\{1 - \left(\frac{1}{\mu^2_1} - 1\right)\frac{\mu^2_2 a^2}{a^2_1}\right\}},$$

sofern μ den Coëfficienten der unvollkommenen Contraction bezeichnet. Da aber auch $q = \mu_2 a \sqrt{4gH}$ ist, so folgt

$$\mu = \frac{\mu_2}{\sqrt{\left\{1 - \left(\frac{1}{\mu^2_1} - 1\right)\left(\frac{\mu_2 a}{a_1}\right)^2\right\}}}.$$

Mittelst dieser Gleichung hat Weisbach μ aus den Versuchen selbst hergeleitet. Die folgende Tafel stellt diese Versuche zusammen, in denen auch der Coëfficient der vollkommenen Contraction μ_0 durch unmittelbares Einsetzen der Platten in die Wand des Wasserkastens bestimmt wurde; der Kürze wegen sind die Angaben bei drei verschiedenen Druckhöhen zusammengezogen. Die erste Columne giebt die Nummer der Mündungen an, die zweite unter *R* das Rohr, welches sich zwischen der Mündung und dem Wasserkasten befand, nämlich *M* das einfache, C das mit konoidischer Einmündung versehene Messingrohr, E das noch daran geschobene Eisenrohr; die folgende Columne giebt die Verhältnisse zwischen den Querschnitten des Rohrs und der Mündung an, μ_0 bezeichnet den Coëfficienten der vollkommenen, μ der unvollkommenen Contraction, der mit Hülfe der obigen Formel aus den Versuchen abgeleitet wurde, die letzte Spalte endlich enthält den für μ berechneten Werth, wie er sich nach der später angegebenen Weise ergab.

No.	*R*	$\frac{a}{a_1}$	μ_0	μ	μ Mittel.	μ berechn.
1	*M*	0,046	0,666	0,666	0,666	0,670
2	*M*	0,063	0,644	0,648	0,648	0,650
3	*M*	0,094	0,632	0,643	0,643	0,642
4	*M*	0,141	0,630	0,639	0,637	0,646
	C	0,141		0,638		
	E	0,140		0,635		
5	*M*	0,187	0,627	0,643	0,646	0,649
	C	0,187		0,651		
	E	0,186		0,643		
6	*M*	0,238	0,624	0,645	0,648	0,655
	E	0,237		0,652		
7	*M*	0,276	0,617	0,652	0,652	0,655
8	*M*	0,339	0,610	0,656	0,656	0,661
9	*M*	0,381	0,621	0,683	0,680	0,677
	C	0,381		0,679		
	E	0,380		0,678		
10	*M*	0,437	0,619	0,695	0,692	0,689
	C	0,437		0,688		
11	*M*	0,510	0,622	0,701	0,703	0,710
	C	0,510		0,705		
	E	0,507		0,704		
12	*M*	0,582	0,617	0,727	0,726	0,728
	C	0,582		0,724		
	E	0,579		0,726		
13	*M*	0,651	0,616	0,759	0,761	0,752
	C	0,651		0,769		
	E	0,648		0,755		
14	*M*	0,712	0,616	0,776	0,777	0,776
	C	0,712		0,777		
	E	0,709		0,777		
15	*M*	0,795	0,615	0,815	0,814	0,817
	C	0,795		0,816		
	E	0,792		0,810		
16	*M*	0,834	0,615	0,841	0,840	0,840
	C	0,834		0,838		
	E	0,830		0,841		
17	*M*	0,864	0,614	0,880	0,881	0,865
	E	0,860		0,883		

Zur Hervorbringung der Contraction μ wirkt unstreitig das schon in Bewegung gesetzte Wasser anders als das noch in der Ruhe befindliche; während dieses die vollkommene Contraction μ_0 erleidet, wird jenes mehr oder weniger frei ausströmen, je nachdem das Verhältniss $\frac{a}{a_1}$ grösser oder kleiner ist. Es sei also v die Schnelligkeit des Wassers im Rohre, w in der Mündung, so ist in dieser ein Zuwachs an Schnelligkeit $= w - v$, und folglich erleidet der $\frac{w-v}{w}$te Theil des Wassers die vollkommene Contraction, deren Coëfficient $= \mu_0$ ist, der übrige $\frac{v}{w}$ te Theil eine Contraction, deren Coëfficient $= m$ sei; somit ist

$$\mu = m\frac{v}{w} + \mu_0\left(\frac{w-v}{w}\right).$$

Nur die Bestimmung von m bleibt misslich. Setzt man $\frac{a}{a_1} = 1$ oder $w = v$, so muss $m = 1$ werden; will man indess diesen Werth durchgängig anwenden, so fällt μ bei kleinen Oeffnungen etwas zu gross aus. Man unterscheide daher in diesem Gliede abermals zwei Theile, welche von dem gegenseitigen Verhältnisse der beiden Querschnitte des fliessenden Wassers abhängen, einen $= \frac{\mu a}{a_1}$, den andern $= 1 - \frac{\mu a}{a_1}$, und lasse m für den ersten $= 1$, für den andern $= \nu$ kleiner als 1 sein, so bekommt man

$$\mu = \left[\nu + (1-\nu)\frac{\mu a}{a_1}\right]\frac{v}{w} + \mu_0\frac{w-v}{w},$$

oder da $\frac{v}{w} = \frac{\mu a}{a_1}$ ist,

$$\mu = \frac{\mu_0}{1 - (\nu - \mu_0)\frac{a}{a_1} - (1-\nu)\frac{\mu a^2}{a_1^2}}.$$

Nach dieser Formel ist oben μ versuchsweise berechnet worden, indem den Beobachtungen entsprechend $\nu = 0{,}79$ gesetzt und der Bequemlichkeit wegen in dem Gliede $(1-\nu)\frac{\mu a^2}{a_1^2}$ das noch unbekannte μ unmittelbar aus den Versuchen genommen wurde. Nach der Uebereinstimmung mit den Versuchen zu urtheilen, kann die empirische Formel den richtigen Ausdruck nicht bedeutend verfehlen. — Die oben angewandte Methode, den

Coëfficienten μ aus den Beobachtungen herzuleiten, setzt die Schnelligkeit des Strahls $= \sqrt{4gH}\sqrt{\left\{1-\left(\frac{1}{\mu_1^2}-1\right)\frac{\mu_2^2 a^2}{a_1^2}\right\}}$ voraus, welche aus der Annahme hervorgeht, dass die Schnelligkeit des Strahls bei Oeffnungen in dünnen Platten unmittelbar von der Druckhöhe abhängt, möge sich die Platte am Wasserkasten selbst oder vor einer dazwischen eingeschobenen Röhre befinden. Zur Bestätigung dieser Annahme maass Weisbach den Durchmesser des ausfliessenden Strahls in beiden Fällen und verglich seinen Querschnitt mit dem Contractionscoëfficienten; er bediente sich hierzu einer besonderen Vorrichtung, durch welche er auf die engste Stelle des Strahls einander diametral gegenüberstehende Spitzen fest einstellen und ihren Abstand von einander bestimmen konnte. Die beiden nachstehenden Tafeln geben die Resultate.

α) Vollkommene Contraction.

No.	Durchm. der Mündung in Centimet.	Durchm. d. contrah. Strahls in Centimet.	Gemessener Contractions-coëff. α	Angenommener Contract. Coëff. μ	$\frac{\mu}{\alpha}$
1	0,866	0,720	0,691	0,659	0,954
3	1,234	1,025	0,670	0,628	0,937
4	1,512	1,212	0,643	0,626	0,974
5	1,742	1,385	0,632	0,624	0,987
6	1,967	1,555	0,625	0,619	0,990
7	2,117	1,710	0,652	0,612	0,939
8	2,348	1,846	0,619	0,606	0,979
9	2,490	2,021	0,659	0,619	0,939
10	2,666	2,167	0,661	0,617	0,933
11	2,878	2,275	0,625	0,619	0,990
12	3,075	2,439	0,629	0,614	0,976
18	3,965	3,186	0,646	0,603	0,941
19	3,328	2,661	0,639	0,609	0,953
20	3,584	2,838	0,627	0,610	0,973

Mittel $\frac{\mu}{\alpha} = 0,961$.

β) Unvollkommene Contraction.

No.	$\frac{a}{a_1}$	Durchm. der Mündung in Centimet.	Durchm. d. Strahls in Centim.	Gemessener Contractions-coëff. α	Angenommener Contract. Coëff. μ	$\frac{\mu}{\alpha}$
4	0,141	1,512	1,229	0,661	0,634	0,959
5	0,187	1,742	1,404	0,650	0,640	0,986
6	0,238	1,967	1,602	0,663	0,646	0,974
7	0,276	2,117	1,743	0,678	0,647	0,954
8	0,339	2,348	1,919	0,668	0,651	0,975
9	0,381	2,490	2,115	0,721	0,675	0,936
10	0,437	2,666	2,266	0,722	0,691	0,957
11	0,509	2,878	2,465	0,734	0,696	0,944
12	0,582	3,075	2,663	0,750	0,721	0,961
13	0,651	3,253	2,921	0,806	0,750	0,931
14	0,712	3,403	3,056	0,806	0,767	0,952
15	0,795	3,596	3,274	0,829	0,809	0,976
16	0,834	3,683	3,393	0,849	0,828	0,975
17	0,864	3,748	3,350	0,887	0,868	0,979

Mittel $\frac{\mu}{\alpha} = 0,961.$

Aus diesen Versuchen ergiebt sich, dass in beiden Fällen zu derselben Annahme der gleiche Grund vorhanden ist.

b) Unvollkommene Contraction bei kurzen cylindrischen Ansätzen.

Es wurden ferner 5 kurze cylindrische Ansätze, die etwa 3 mal so lang als weit waren, theils vor die Röhren gesetzt, um den Coëfficienten μ der unvollkommenen Contraction zu bestimmen, theils an den Wasserkasten selbst, um μ_0 zu erhalten. Die nachstehende Tafel giebt wieder die Mittelwerthe aus den Versuchen bei drei verschiedenen Druckhöhen.

No.	Durchm. in Centim.	R	$\frac{a}{a_1}$	μ_0	μ	μ berechnet.
1	1,064	M	0,0696	0,851	0,852	0,855
		E	0,0693		0,851	
2	1,934	M	0,2301	0,832	0,857	0,852
		E	0,2289		0,856	
3	2,672	M	0,4392	0,813	0,874	0,865
		E	0,4370		0,871	
4	2,925	M	0,5146	0,813	0,873	0,878
5	3,302	M	0,6846	0,817	0,912	0,911
		E	0,6812		0,896	

Die Berechnung von μ ist nach der obigen Formel

$$\mu = \frac{\mu_0}{1-(\nu-\mu_0)\frac{a}{a_1}-(1-\nu)\frac{\mu a^2}{a_1^2}}$$

ausgeführt, in der ν den Werth 0,92 hat.

c) Unvollkommene Contraction bei rechtwinkligen Mündungen.

Um die unvollkommene Contraction auch bei rechtwinkligen Mündungen kennen zu lernen, kamen 5 Mündungen in Anwendung, deren Höhe zur Breite sich etwa wie 1 : 2 verhielt. Sie wurden entweder wieder unmittelbar in die Wand des Wasserkastens eingesetzt, wodurch sich μ_0 ergab, oder sie befanden sich vor einem 32 Centimeter langen, rechtwinkligen Messingrohre, von 5 Centimeter Breite, und 2,5 Centimeter Höhe. Dies Rohr allein gab den Coëfficienten 0,7821.

No.	Breite der Mündung in Centimet.	Höhe der Mündung in Centimet.	$\frac{a}{a_1}$	μ_0	μ	μ berechnet.
1	2,020	0,976	0,1585	0,624	0,645	0,647
2	2,222	1,120	0,2001	0,649	0,675	0,675
3	2,444	1,177	0,2313	0,656	0,689	0,687
4	2,812	1,337	0,3023	0,631	0,672	0,678
5	3,568	1,729	0,4962	0,622	0,728	0,721

Zur Berechnung von μ bekam ν den Werth 0,825, der etwas grösser als 0,79 ist, wie auch μ_0 durchschnittlich etwas grösser als bei den kreisförmigen Mündungen ausfällt.

d) Unvollkommene Contraction bei Verengerungen in den Röhren.

Die Mündungen in den dünnen Platten, welche zu den früheren Versuchen gedient hatten, kamen hierauf unmittelbar an den Wasserkasten und davor das Messingrohr, oder sie befanden sich im Innern desselben. Waren die Mündungen klein, so erreichte der Strahl in freier Luft bisweilen die Wandung der Röhre nicht und der Versuch musste unter Wasser angestellt werden. In der Tafel sind diese Fälle mit * bezeichnet. Der Einfluss der Messingröhre ist in beiden Fällen derselbe: die Wandung zieht den Strahl an und beschleunigt entweder seine Geschwindigkeit in der Mündung oder sie breitet ihn bei gleichbleibender Schnelligkeit aus und vergrössert so das geförderte

Wasserquantum. Wahrscheinlich finden beide Wirkungen zu gleicher Zeit statt und es möchte bei dem jetzigen Stande der Theorie unräthlich erscheinen, die eine oder die andere Annahme mehr zu begünstigen. Deshalb mag es auch genügen, in der folgenden Tafel allein aus den Versuchen bei hohem Drucke die Zunahme des Wasserquantums anzugeben, die durch die vorgesetzte Messingröhre gegen den Fall eintritt, wenn die Platte in der ersten Reihe unmittelbar am Wasserkasten ohne Röhre davor, in der andern Reihe am Ende des Messingrohrs gesessen hätte.

No.	I. Vergrösserung des Wasserquantums.	II. Vergrösserung des Wasserquantums.
1*	0,957	1,010
3*	1,033	1,023
4*	—	1,053
5	1,087	1,095
6	1,136	—
9*	1,227	1,166
10	1,256	1,277
11	1,310	1,325
12	1,347	1,342
13	1,354	1,367
13*	1,375	—
14	1,378	1,354
15	1,379	1,342
16	1,359	1,285
17	—	1,257

D. Theoretische Herleitung des Contractionscoëfficienten bei Oeffnungen in dünner Wand.

Zur Erklärung des Contractionscoëfficienten für Oeffnungen in dünner Wand, welches der Grundfall beim Ausfluss des Wassers ist, liegen aus neuerer Zeit die Abhandlungen von Buff (Pogg. Ann. XLVI. p. 227) und O. v. Feilitsch (Pogg. Ann. LXIII. p. 1) vor. Buff geht von folgender Ansicht aus. Da das Wasser, welches aus einer kreisförmigen Oeffnung f vom Durchmesser d mit einer Schnelligkeit $= \sqrt{4gh}$ strömt, in diese Bewegung von dem Zustande der Ruhe aus übergeht, so könne in 1 Sekunde nur ein mittleres Quantum $= f\sqrt{gh}$ ausfliessen, und folglich werde das Wasser, das sich zusammenhält, nur die halbe Fläche f oder eine Kreisfläche vom Radius $\frac{1}{4}d\sqrt{2}$ ausfüllen. In den noch übrigen Theil der Oeffnung trete darauf das Wasser von den Seiten her ein und nehme, je nachdem es eine längere oder kürzere Zeit dem Andrange der ganzen Wassermasse ausgesetzt war, eine grössere oder geringere Ausflussgeschwindigkeit an, die von 0 am Rande der Oeffnung bis da, wo der innere Cylinder anfängt, auf $\sqrt{4gh}$ steige. Hiernach bilde das ausfliessende Wasser einen abgestumpften Kegel von der Höhe $\sqrt{4gh}$, der unteren Basis $\frac{1}{4}d^2\pi = f$, und der oberen Basis $\frac{1}{8}d^2\pi = \frac{1}{2}f$ und gebe ein Quantum $= 0{,}74f\sqrt{4gh}$. Wenn indess aus den Versuchen noch ein kleinerer Coëfficient folge, so liege der Grund in der Adhäsion und der daraus entspringenden Reibung, die gleichfalls die Gestalt des ausfliessenden Strahles verändere. — Gegen diese Ansicht der Sache lassen sich vornehmlich zwei Einwendungen machen; zuvörderst ist nicht erwiesen, dass das von den Seiten her strömende Wasser durch die Gewalt des übrigen gerade die Schnelligkeit annehmen müsse, welche ihm beigelegt wird, und zweitens ist der angenommene Uebergang von der Ruhe in die Bewegung in soweit nur scheinbar, als die ganze Masse offenbar schon vor der Mündung in eine solche Bewegung gesetzt wird, dass sie die Stelle des abfliessenden Wassers wiederum ausfüllt. Diese Bewegung kann um so weniger fehlen, als in ihr der Verlust an lebendiger Kraft liegt, welche in dem ausfliessenden Strahle enthalten ist. —

Nach den von Feilitsch aufgestellten Principien bekommen wir folgenden Gang der Entwickelung. Es sei *EFCD* (Fig. 1) der senkrechte Durchschnitt durch ein Gefäss mit Wasser und *AB* durch die kreisrunde Oeffnung im Boden. Ein beliebiges Wassertheilchen *M*, das, ehe die Oeffnung vorhanden war, von allen Seiten gleichmässig gedrückt und in Ruhe erhalten wurde, tritt, wenn nach hergestellter Oeffnung der Druck aus dem Winkelraum *AMB* aufhört, seine Bewegung in einer Linie an, welche den Winkel *AMB* halbirt; nach *M'* gekommen ändert es mit dem Winkel *AM'B* seine Richtung und folgt wiederum der Halbirungslinie; auf gleiche Weise fortschreitend durchläuft es die Hyperbel *ML*, deren Brennpunkte *A* und *B* sind, und gelangt senkrecht gegen *AB* in *L* aus der Oeffnung. Da alle übrigen Theilchen gleichfalls Hyperbeln beschreiben, so lässt sich die ganze Wassermasse, deren horizontale Ausdehnung unbeschränkt sei, in eine unendliche Zahl von hyperbolischen

Schichten zerlegen, von denen jede durch einen besonderen Ring der Oeffnung senkrecht gegen dieselbe hindurchgeht. Es ist aber der Zug, welchen M von der Oeffnung erfährt, proportional zum Quadrate des Sinns vom halben Winkel AMB, also wenn man diesen Winkel mit α und mit C eine Constante bezeichnet, $= C\sin^2\frac{\alpha}{2}$. Man setze $OB = OA = r$, $OL = x$, MN perpendikulär zu $CD = h$, $BN = y$, $AM = a$ und $BN = b$, so ist $\cos\alpha = \frac{a^2+b^2-4r^2}{2ab}$ und $\sin^2\frac{\alpha}{2} = \frac{r^2-x^2}{ab}$, weil $a - b = 2x$. Ferner ist $b^2 = h^2+y^2$, $a^2 = h^2+(2r+y)^2$, also $y = \frac{bx-(r^2-x^2)}{r}$; substituirt man diesen Werth in die erstere Gleichung, so erhält man b^2+2bx oder $ab = \frac{h^2r^2+(r^2-x^2)^2}{r^2-x^2}$ und demnach den Zug auf $M = C\frac{(r^2-x^2)^2}{h^2r^2+(r^2-x^2)^2}$. Die ganze hyperbolische Schicht, zu welcher M gehört, hat in der Höhe h eine Breite $= dy$ oder eine Flächenausdehnung $= 2\pi(r+y)dy = 2\pi x dx\,.\frac{h^2r^2+(r^2-x^2)^2}{(r^2-x^2)^2}$; sie erfährt also einen Zug $= C\,.\,2\pi x dx$; da aber diese ganze Schicht durch einen Ring in $AB = 2\pi x dx$ hindurchgeht und in demselben Verhältniss ein Quantum ausfliessenden Wassers hergiebt, so ist die bewegende Kraft in jeder hyperbolischen Schicht bei gleichem Abstande von der Oeffnung constant in Bezug auf ein bestimmtes ausfliessendes Wasserquantum als Einheit. Aus dieser Betrachtung ergiebt sich, dass sämmtliche hyperbolische Schichten mit gleicher Schnelligkeit aus der Oeffnung treten, da von der wirkenden Kraft, die sich stetig im Bogen der Hyperbel fortpflanzt, kein Theil verschwindet. Allein es sind hierbei Kräfte unberücksichtigt geblieben, welche diesen gleichmässigen Ausfluss stören und dadurch die Contraction des Strahles bedingen. Zuerst übt jede hyperbolische Schicht einen senkrecht zu ihrer krummen Oberfläche ausgehenden Druck gegen die von ihr umschlossenen inneren Schichten aus, da der Zug auf M bei dem Uebergange in die neue Richtung bei M' aus seiner Zerfällung eine gegen die Oberfläche der Curve senkrechte Kraft hergiebt. Zweitens entspringt aus der krummlinigen Bewegung sämmtlicher Schichten nach der Oeffnung zu eine Centrifugalkraft, welche die äusseren Schichten ebenfalls senkrecht gegen ihre Bahn nach innen zu forttreibt. Endlich bewegen sich die inneren Schichten in ihrer Bahn mit grösserer Schnelligkeit als die äusseren, obschon beide an der Oeffnung selbst die gleiche Endschnelligkeit erreichen; sie üben deshalb einen geringeren Druck nach den Seiten aus und veranlassen abermals die äusseren Schichten zu einem Andrange nach innen. Diese drei Umstände zusammen geben unter dem nicht zu vernachlässigenden Einflusse der Reibung den contrahirten Strahl, und es würde nur noch darauf ankommen, die diesen Verhältnissen entsprechenden mathematischen Formeln zu entwickeln — Dies scheint der Gang zu sein, auf welchen die von Feilitsch eingeleitete Entwickelung hinführt. Er selbst weicht von seiner Grundlage ab, denn, nachdem er die Bahn des Punktes M als Hyperbel bestimmt hat, lässt er den Zug von AB aus auf M bleibend nach MT gerichtet sein, macht also die Druckhöhe für M von $h \sin \varphi$ abhängig ($\angle MTB = \varphi$), und giebt damit dem bei L austretenden Wasser eine Schnelligkeit $= \sqrt{4gh \sin \varphi}$. Seine Formeln geben bei $h = \infty$ einen Contractionscoëfficienten $= 0{,}8$, der allein schon sie als ungenügend bezeichnet.

Ausfluss der Luft aus Oeffnungen in dünner Wand.

Durch die Versuche, die Saint-Venant und Wantzel (Comptes rendus XVII. p. 1140) über den Ausfluss der Luft aus Oeffnungen in dünner Wand unter stärkerem Druck unternommen haben, ist die Unzulänglichkeit der von Navier aufgestellten Formel dargethan worden. Bekanntlich beruht diese Formel auf dem Princip von der Erhaltung der lebendigen Kräfte. Strömt nämlich durch eine der Flächeneinheit gleiche Oeffnung aus dem Innern eines Gefässes, worin die Luft unter dem Druck P steht, ein darin abgemessenes Quantum S in einen Raum aus, in welchem die Luft unter dem Drucke P' steht, und erlangt dabei eine Schnelligkeit $= v$, so besitzt es eine lebendige Kraft $= \frac{v^2 S \varDelta}{4g}$, sofern $\varDelta$ das Gewicht einer Kubikeinheit Luft von der Spannkraft P bezeichnet. Dieselbe Kraft muss aufgewandt werden, um die jetzt einen Raum $S\frac{P}{P'}$ erfüllende Luft auf den Raum S zusammenzupressen; man habe sie also auf einen Raum s unter den Druck p gebracht, so ist die zur Zusammendrückung um einen weiteren Raum ds erforderliche Kraft $= -pds$, demnach die gesammte Kraft $= -\int pds$, integrirt von $s = S\frac{P}{P'}$ bis $s = S$. Es verhält sich aber $s : S = P : p$, folglich ist $-\int pds = -SP\int\frac{ds}{s}$ $= SP \log\text{nat}\frac{P}{P'}$ und $v = \sqrt{4g\frac{P}{\varDelta}\log\text{nat}\frac{P}{P'}}$. Bestimmt man das Quantum V_r der aus der Flächeneinheit ausgeflossenen Luft als ein Quantum unter dem Druck P stehend, so erhält man

$$V_r = \frac{P'}{P}\sqrt{\left\{4g\frac{P}{\varDelta}\log\text{nat}\frac{P}{P'}\right\}}.$$

Dass diese Formel nicht der richtige mathematische Ausdruck ist, geht unstreitig daraus hervor, dass sie $V_r = 0$ für $P' = 0$ giebt und ferner ein Maximum von V_r bei $P' = 0{,}60653\,P$. Später hat Holtzmann (Pogg. Ann. LXI. p. 466) der Formel dadurch nachzuhelfen gesucht, dass er die Dichtigkeit der ausströmenden Luft nicht von P', sondern von $\frac{P+P'}{2}$ abhängig setzt, also

$$V_r = \frac{P+P'}{2P}\sqrt{\left\{4g\frac{P}{\varDelta}\log\text{nat}\frac{2P}{P+P'}\right\}}$$

annimmt. Allein diese Formel kann ebenso wenig der richtige mathematische Ausdruck sein, da sie ein Maximum von V_r bei $P' = 0{,}21306\,P$ giebt, was der Natur der Sache gleichfalls widerstreitet. Offenbar liegt der Fehler der Navierschen Gleichung nicht allein in einer falschen Annahme der Dichtigkeit, welche die ausströmende Luft besitzt, sondern auch in einer nicht richtigen Anwendung des ihr zum Grunde liegenden Principes, weil dabei übersehen worden ist, dass sich die Luft aus einem Raum $S\frac{P}{P'}$ auf einen Raum S nicht zusammendrücken lässt, ohne Wärme zu entwickeln, und ebenso wenig eine Verdünnung der ausströmenden Luft ohne Wärmeverlust Statt findet. In dieser Wärme liegt eine Kraft, die nicht übergangen werden darf, wenn man ein richtiges Resultat erlangen will.

Die Versuche von Saint-Venant und Wantzel wurden mit einem Dampfkessel von 1186 Litres Inhalt angestellt, in welchem sie die Luft verdichteten und aus einer Oeffnung in dünner Wand ausströmen liessen; sie beobachteten die beim Ausströmen nach und nach sinkende Spannkraft im Innern an einem Manometer und leiteten daraus V_r für verschiedene Druckhöhen her, indem sie den Meter als Maasseinheit annahmen. Obschon sie drei Versuchsreihen anstellten, so legen sie doch selbst nur, weil der Dampfkessel nicht ganz dicht war, auf die erste Werth, bei welcher die kreisrunde Oeffnung eine Fläche von $19^{mm},517$ besass. Ihre Beobachtungen gaben:

$\frac{p'}{p}$	Verflossene Zeit von Anfang des Ausströmens an.	$\frac{p'}{p}$	Verflossene Zeit von Anfang des Ausströmens an.	$\frac{p'}{p}$	Verflossene Zeit von Anfang des Ausströmens an.	$\frac{p'}{p}$	Verflossene Zeit von Anfang des Ausströmens an.
0,305	0″	0,431	134″	0,592	267″	0,800	419″
0,314	10	0,443	144	0,607	279	0,821	435
0,323	21	0,454	154	0,622	290	0,844	453
0,332	31	0,465	164	0,637	302	0,867	472
0,342	41	0,477	174	0,652	312	0,892	494
0,351	52	0,489	184	0,668	324	0,918	523
0,361	62	0,501	195	0,685	336	0,938	571
0,371	73	0,513	205	0,703	350	0,945	584
0,381	83	0,525	215	0,721	362	0,969	603
0,391	93	0,538	225	0,739	375	0,985	631
0,400	103	0,550	235	0,759	389	0,995	653
0,411	113	0,564	246	0,779	405	0,999	701
0,421	123	0,577	257				

Hieraus folgt:

$\frac{p'}{p}$	V_r	$\frac{p'}{p}$	V_r	$\frac{p'}{p}$	V_r	$\frac{p'}{p}$	V_r
0,30	158	0,50	144	0,65	128	0,80	105
0,35	156	0,55	138	0,70	123	0,85	87
0,40	154	0,60	134	0,75	115	0,90	71
0,45	149						

Zur Berechnung dient die empirische Formel

$$V_r = 0{,}61 \sqrt{2 \frac{p}{\Delta}} \cdot \frac{\sqrt{1 - \frac{p'}{p}}}{1 + 0{,}58 \left(1 - \frac{p'}{p}\right)^{\frac{3}{2}}}.$$

Capillarität.

Bezeichnet man mit δ die Depression des Scheitels der Quecksilbersäule im Barometer unterhalb derjenigen Horizontal-Ebene, welche das Niveau ohne Einwirkung der Capillarität einnehmen würde, mit v die Neigung eines beliebigen Elements der die Kuppe durch ihre Drehung um die Röhrenaxe erzeugenden Curve gegen die Horizontale, mit u den Abstand dieses Elements von der Röhrenaxe und mit z den Abstand von der oben genannten Horizontalebene, ist ferner b der Krümmungshalbmesser der Curve an dieser Stelle und B derselbe im Scheitel, so giebt Laplace nach seiner Theorie:

$$\frac{1}{b} = \frac{2z}{a^2} - \frac{\sin v}{u},$$

worin a^2 eine Constante bedeutet, deren Werth er auf 6,5 setzt, und ausserdem für die Variationen Δu, Δz die Gleichungen:

$$\Delta u = 2b \sin\frac{\Delta v}{2} \cos\left(v + \frac{\Delta v}{2}\right),$$

$$\Delta z = 2b \sin\frac{\Delta v}{2} \sin\left(v + \frac{\Delta v}{2}\right).$$

Nach diesen Formeln hat Bouvard (Conn. des Temps 1812) seine Tafel der Depression des Quecksilbers in verschieden weiten Barometerröhren berechnet, indem er zunächst für B im Scheitel einen willkürlichen Werth annahm, dann v nach und nach um kleine, gleiche Invervalle Δv anwachsen liess, dazu u und z aus den Variationen Δu und Δz berechnete und hiermit wieder die jedesmaligen Krümmungshalbmesser bestimmte; er setzte die Rechnung bis $v = V = 46^\circ.48'$ fort, weil dieser Winkel als die constante Neigung des an die Röhrenwand stossenden Curvenelements angesehen wurde, und fand demnach bei diesem Endwerthe in u den Radius der Röhre U und in $z-\delta$ die Höhe des Meniscus oder den Pfeil. Aus einer hinreichenden Anzahl solcher Berechnungen, die hinreichend verschiedene Werthe für die Radien der Röhren geben, leitete er umgekehrt durch Interpolation die jedem gegebenen Radius entsprechende Depression des Scheitels ab. — Gegen diese so construirte Tafel erhebt Bravais (Ann. de chim. et de phys. S. III. T. V. p. 492; Pogg. Ann. LVII. p. 519) mit Recht zwei Einwürfe. Einmal werde zum Krümmungshalbmesser b bei jeder neuen Variation

Δv derjenige genommen, welcher zur Curve im Anfangspunkte des Elements gehöre, während man genauer den zur Mitte desselben gehörigen, nämlich $b + \frac{\Delta b}{2}$ annehmen sollte; zweitens werde die Neigung V der Curve an der Berührungsstelle mit der Röhrenwand durchgehends = 46° 48′ gesetzt, obschon die Beobachtungsn zeigen, dass diese Neigung zwischen ziemlich weiten Gränzen im Vacuum schwanken kann. Bravais selbst fand an 4 Barometern, die sämmtlich von Ernst gearbeitet waren, dass die Neigung des Endelements zwischen 27° 32′ und 40° 52′ variirte. Mit dem veränderten Neigungswinkel hängen aber besonders in engeren Röhren sehr ungleiche Depressionen zusammen, wie man schon daraus ersieht, dass sich dieser Neigungswinkel durch längeres Auskochen auf 0°, ja selbst auf einen negativen Werth herabdrücken lässt, und dass also für diese Fälle entweder keine Depression oder selbst eine Erhebung des Scheitels eintritt. Freilich müssen, um ein zu starkes Anhaften des Quecksilbers am Glase zu verhüten, diese so eben berührten Fälle vermieden, und, wo sie vorkommen, durch Einlassen von etwas Luft, die wieder entfernt wird, fortgeschafft werden, indessen bleiben doch immer bei verschiedenen Barometern noch so weite Grenzen für die Endwerthe von v bestehen, dass diese Differenz volle Beachtung verdient. In Rücksicht darauf hat Bravais die nachfolgende Tafel berechnet, in der er die Depression zu gleicher Zeit von der Weite der Röhre und dem Endwerthe V abhängig macht; er hat in ihr $a^2 = 6{,}258$ angenommen, welche Zahl das Mittel zwischen den Versuchen Gay-Lussac's und Schleiermacher's hält, und die Werthe für $b + \frac{\Delta b}{2}$ aus der Reihe der der jedesmaligen Stelle zunächst vorhergehenden Krümmungshalbmesser gefolgert.

Capillardepression der Barometersäule in Millimetern.

Radius d. Röhre.	V											
	15°	18°	21°	24°	27°	30°	33°	36°	39°	42°	45°	48°
2mm,0	0,733	0,869	1,003	1,135	1,265	1,392	1,516	1,635	1,749	1,857	1,962	2,063
2,2	0,643	0,765	0,836	1,003	1,115	1,225	1,334	1,441	1,542	1,638	1,729	1,817
2,4	0,566	0,677	0,786	0,891	0,991	1,088	1,185	1,278	1,365	1,450	1,530	1,607
2,6	0,506	0,604	0,700	0,794	0,884	0,971	1,055	1,137	1,214	1,289	1,361	1,429
2,8	0,451	0,539	0,625	0,709	0,791	0,869	0,943	1,015	1,033	1,150	1,214	1,274
3,0	0,405	0,483	0,560	0,636	0,709	0,780	0,845	0,909	0,970	1,028	1,084	1,138
3,2	0,364	0,434	0,503	0,571	0,637	0,700	0,759	0,816	0,871	0,923	0,972	1,020
3,4	0,327	0,390	0,452	0,514	0,573	0,629	0,682	0,734	0,784	0,831	0,874	0,917
3,6	2,294	0,351	0,407	0,462	0,515	0,566	0,614	0,661	0,706	0,748	0,787	0,825
3,8	0,266	0,317	0,367	0,416	0,463	0,510	0,554	0,596	0,637	0,674	0,710	0,744
4,0	0,239	0,285	0,330	0,374	0,417	0,459	0,499	0,538	0,574	0,608	0,640	0,670
4,2	0,215	0,257	0,298	0,338	0,377	0,414	0,450	0,485	0,518	0,549	0,578	0,605
4,4	0,195	2,232	0,269	0,305	0,340	0,374	0,406	0,438	0,467	0,495	0,521	0,546
4,6	0,176	0,210	0,244	0,276	0,307	0,337	0,367	0,395	0,422	0,447	0,471	0,493
4,8	0,159	0,190	0,220	0,249	0,277	0,305	0,332	0,357	0,381	0,404	0,425	0,445
5,0	0,144	0,172	0,199	0,225	0,250	0,275	0,299	0,322	0,344	0,365	0,384	0,402
5,2	0,131	0,156	0,180	0,204	0,227	0,249	0,270	0,291	0,311	0,330	0,347	0,363
5,4	0,119	0,142	0,164	0,185	0,205	0,225	0,244	0,263	0,281	0,299	0,314	0,328
5,6	0,108	0,128	0,148	0,167	0,185	0,203	0,221	0,238	0,254	0,270	0,284	0,296
5,8	0,097	0,116	0,134	0,151	0,167	0,184	0,200	0,215	0,230	0,244	0,256	0,268
6,0	0,088	0,105	0,122	0,138	0,153	0,167	0,181	0,195	0,208	0,221	0,232	0,242
6,5	0,068	0,081	0,094	0,106	0,118	0,129	0,140	0,151	0,161	0,170	0,178	0,187
7,0	0,052	0,062	0,073	0,083	0,092	0,101	0,109	0,117	0,125	0,131	0,138	0,144
7,5	0,040	0,048	0,056	0,064	0,071	0,078	0,084	0,090	0,096	0,101	0,106	0,111
8,0	0,031	0,037	0,043	0,049	0,054	0,060	0,065	0,070	0,074	0,078	0,082	0,086
8,5	0,024	0,028	0,033	0,038	0,042	0,046	0,050	0,054	0,057	0,060	0,063	0,066
9,0	0,018	0,021	0,025	0,029	0,032	0,035	0,038	0,041	0,044	0,047	0,049	0,051
9,5	0,014	0,016	0,019	0,022	0,024	0,027	0,029	0,032	0,034	0,036	0,038	0,040
10,0	0,011	0,013	0,015	0,017	0,019	0,021	0,023	0,025	0,026	0,028	0,029	0,031

Um den Winkel V aus unmittelbarer Beobachtung zu finden, schlägt Bravais folgenden Gang vor. Man bringe hinter dem Barometer eine senkrechte, durch Horizontalstriche eingetheilte weisse Tafel an und befestige am Nonius einen dunklen Schirm, der sich gleichfalls hinter dem Barometer befindet. Beobachtet man nun den Theilstrich p, welcher mit der Basis des Meniscus in gleicher Horizontale ist, und hält hierauf das Auge etwas unter der Basis, wodurch man sie im Theilstrich P erblickt, so bekommt man den Winkel h, welchen die letztere Sehlinie mit der Horizontalen bildet, aus

$$\operatorname{tang} h = \frac{P-p}{f+U},$$

worin f den Abstand der weissen Tafel von der Axe der Barometerröhre, δU ihren Radius bezeichnet. Bei gleicher Stellung des Auges bewege man ferner den dunklen Schirm so weit in die Höhe, bis er die dem Beobachter zugewandte Beleuchtung der Quecksilberkuppe vollständig aufhebt; liegt hierbei die obere Kante des Schirms mit dem Theilstrich S der Tafel in gleicher Höhe und steht der Schirm um f' von der Röhrenaxe ab, so bildet der letzte Strahl von der Tafel aus, der über den Schirm hinweg von der Basis des Meniscus ins Auge gelangt, mit der Horizontalen einen Winkel H, der durch

$$\operatorname{tang} H = \frac{S-p}{f'+U}$$

bestimmt wird. Aus beiden Daten folgt $V = \frac{H+h}{2}$.

Statt die Veränderlichkeit des Neigungswinkels V zu einem Argumente der Tafel der Depression der Barometersäule zu machen, kann man mit gleichem Rechte die Höhe des Meniscus dafür einsetzen, die sich mit Berücksichtigung der Irradiation ebenfalls leicht messen lässt. Die nachstehende, so construirte Tafel hat Delcros (Mém. de l'Acad. de Bruxelles T. XIV.) nach Schleiermacher's Formeln geliefert, und sie stimmt nach Bravais mit der seinigen vollkommen überein.

Capillardepression der Barometersäule in Millimetern.

Durchmesser der Röhre.	Höhe des Meniscus in Millimetern.								
	0,1	0,2	0,3	0,4	0,5	0,6	0,7	0,8	0,9
1mm,0	1,268	2,460	3,516	4,396	5,085				
1,2	0,876	1,715	2,484	3,162	3,728	4,190			
1,4	0,638	1,256	1,836	2,363	2,825	3,218	3,542		
1,6	0,484	0,955	1,404	1,820	2,196	2,528	2,812	3,050	
1,8	0,378	0,747	1,103	1,437	1,746	2,024	2,270	2,483	2,662
2,0	0,302	0,598	0,885	1,158	1,413	1,648	1,859	2,046	2,209
2,2	0,245	0,487	0,723	0,948	1,161	1,360	1,541	1,705	1,851
2,4	0,203	0,403	0,599	0,787	0,966	1,135	1,292	1,436	1,565
2,6	0,170	0,337	0,502	0,661	0,813	0,958	1,093	1,218	1,332
2,8	0,143	0,285	0,425	0,560	0,691	0,815	0,932	1,041	1,142
3,0	0,122	0,243	0,362	0,478	0,591	0,698	0,800	0,896	0,985
3,2	0,105	0,209	0,312	0,412	0,509	0,602	0,691	0,776	0,855
3,4	0,091	0,181	0,269	0,356	0,441	0,523	0,601	0,675	0,745
3,6	0,079	0,157	0,234	0,310	0,384	0,455	0,524	0,590	0,652
3,8	0,069	0,137	0,205	0,271	0,336	0,399	0,459	0,517	0,572
4,0	0,060	0,120	0,180	0,238	0,295	0,350	0,404	0,455	0,504
4,2	0,053	0,106	0,158	0,210	0,260	0,309	0,356	0,402	0,446
4,4	0,047	0,094	0,140	0,185	0,230	0,273	0,315	0,356	0,395
4,6	0,042	0,083	0,124	0,164	0,204	0,242	0,280	0,316	0,351
4,8	0,037	0,074	0,110	0,146	0,181	0,215	0,249	0,281	0,312
5,0	0,033	0,065	0,098	0,130	0,161	0,192	0,221	0,250	0,278
5,2	0,029	0,058	0,087	0,116	0,144	0,171	0,198	0,224	0,248
5,4	0,026	0,052	0,078	0,103	0,128	0,153	0,177	0,200	0,222
5,6	0,023	0,047	0,070	0,092	0,115	0,137	0,158	0,179	0,199
5,8	0,021	0,042	0,062	0,083	0,103	0,122	0,142	0,160	0,178
6,0	0,019	0,037	0,056	0,074	0,092	0,110	0,127	0,144	0,160
6,2	0,017	0,034	0,050	0,067	0,083	0,099	0,114	0,129	0,144
6,4	0,015	0,030	0,045	0,060	0,074	0,089	0,103	0,116	0,130
6,6	0,014	0,027	0,041	0,054	0,067	0,080	0,093	0,105	0,11[illegible]
6,8	0,012	0,024	0,037	0,049	0,061	0,072	0,084	0,095	0,10[illegible]
7,0	0,011	0,022	0,033	0,044	0,055	0,065	0,075	0,085	0,09[illegible]

Durchmesser der Röhre.	Höhe des Meniscus in Millimetern.								
	1,0	1,1	1,2	1,3	1,4	1,5	1,6	1,7	1,8
2mm,0	2,348								
2,2	1,978	2,087							
2,4	1,680	1,780	1,866						
2,6	1,436	1,528	1,608	1,676					
2,8	1,235	1,318	1,392	1,456	1,511				
3,0	1,068	1,143	1,210	1,270	1,322	1,368			
3,2	0,928	0,995	1,057	1,112	1,161	1,203	1,238		
3,4	0,810	0,871	0,926	0,976	1,021	1,061	1,095		
3,6	0,710	0,764	0,814	0,860	0,901	0,938	0,970		
3,8	0,624	0,673	0,718	0,760	0,797	0,831	0,861	0,887	
4,0	0,551	0,594	0,635	0,673	0,707	0,738	0,766	0,790	
4,2	0,487	0,526	0,563	0,597	0,628	0,657	0,682	0,705	
4,4	0,432	0,467	0,500	0,531	0,559	0,585	0,609	0,630	
4,6	0,384	0,416	0,445	0,437	0,499	0,522	0,544	0,563	

Durchmesser der Röhre.	Höhe des Meniscus in Millimetern.								
	1,0	1,1	1,2	1,3	1,4	1,5	1,6	1,7	1,8
4mm,8	0,342	0,370	0,397	0,422	0,445	0,467	0,486	0,504	
5,0	0,305	0,330	0,354	0,377	0,398	0,418	0,436	0,452	
5,2	0,272	0,295	0,317	0,337	0,356	0,374	0,390	0,405	0,418
5,4	0,244	0,264	0,284	0,302	0,319	0,336	0,350	0,364	0,376
5,6	0,218	0,237	0,255	0,271	0,287	0,301	0,315	0,327	0,338
5,8	0,196	0,213	0,228	0,243	0,257	0,271	0,283	0,294	0,304
6,0	0,176	0,191	0,205	0,219	0,231	0,243	0,254	0,264	0,273
6,2	0,158	0,172	0,185	0,197	0,208	0,219	0,229	0,238	0,246
6,4	0,142	0,154	0,166	0,177	0,187	0,197	0,206	0,214	0,221
6,6	0,128	0,139	0,150	0,160	0,169	0,178	0,186	0,193	0,200
6,8	0,116	0,126	0,135	0,144	0,153	0,160	0,168	0,174	0,180
7,0	0,105	0,114	0,122	0,130	0,138	0,145	0,152	0,158	0,163

Ueber das capillare Aufsteigen mehrerer Flüssigkeiten in engeren Röhren liegen von J. F. **Artur** in seiner Schrift: Théorie élémentaire de la Capillarité, Paris 1842, zahlreiche Versuche vor, die auf einige bisher nicht in Betracht gezogene Punkte aufmerksam machen. Uebergeht man nämlich die in der Schrift enthaltenen theoretischen Ansichten, die für das ganze Gebiet doch nicht ausreichen möchten, und berücksichtigt nur den auch sonst angenommenen Satz, dass in engeren Röhren die gehobene Höhe der Flüssigkeit $h = \frac{C}{r} - \frac{1}{3} r$ ist, worin C eine für jede Flüssigkeit besonders zu bestimmende Constante bezeichnet, so folgert **Artur** aus seinen Versuchen, dass man von dem Gewichte der gehobenen Säule denjenigen Cylinder abziehen müsse, der die Röhrenwand benetzend durch die vom Glase ausgehenden Kräfte gehalten werde und erst selbst wieder die übrige Säule trage. In der That benetzt die Flüssigkeit die ganze Röhre und bekleidet sie mit einer Schicht von einer gewissen Dicke; die übrige Flüssigkeit dagegen steigt auf, gehoben von dieser Schicht und erreicht eine solche Höhe, dass ihre Schwere mit der von der Schicht ausgehenden Attractionskraft im Gleichgewichte steht. Setzt man die Dicke dieser Schicht $= e$, so ändert sich die obige Gleichung in: $h = \frac{C}{r - e} - \frac{1}{3}(r - e)$ und für eine zweite Röhre ist $h' = \frac{C}{r' - e} - \frac{1}{3}(r' - e)$, wonach man mit hinreichender Genauigkeit

$$e = \frac{(3h + r)r - (3h' + r')r'}{3h + 2r - 3h' - 2r'}$$

erhält. Zu den Versuchen dienten 8 Röhren, deren Durchmesser, in Millimetern gemessen, folgende Werthe hatten: No. I. 1,718, No. II. 1,468, No. III. 1,443, No. IV. 1,431, No. V. 1,429, No. VI. 1,416, No. VII. 0,387, No. VIII. 0,383. Nimmt man die in den beiden letzten Röhren gemessenen Capillarhöhen als *h* an, und die in den 6 ersteren nach und nach als *h'*, so ergeben sich die Berechnungen von *e* in den nachstehenden Tafeln.

1. Destillirtes Wasser. Mittel aus 4 Reihen. Temp. $9\frac{1}{2}$—$10\frac{3}{4}$° C.

Röhre.	*h*	*e* berechnet aus VII.	*e* berechnet aus VIII.
I.	7^{mm},225	0^{mm},048	0^{mm},049
II.	8,887	0,037	0,039
III.	9,250	0,028	0,029
IV.	9,331	0,028	0,030
V.	9,350	0,028	0,029
VI.	9,500	0,026	0,027
VII.	38,300	—	—
VIII.	38,637	—	—

Mittel $e = 0^{mm},033$.

2. Absoluter Alkohol. Mittel aus 2 Reihen. Temp. $15\frac{1}{2}$—18° C.

Röhre.	*h*	*e* berechnet aus VII	*e* berechnet aus VIII.
I.	2^{mm},550	0^{mm},037	0^{mm},030
II.	3,000	0,060	0,053
III.	3,200	0,043	0,036
IV.	3,050	0,066	0,060
V.	3,200	0,049	0,042
VI.	3,300	0,041	0,034
VII.	14,600	—	—
VIII.	15,000	—	—

Mittel $e = 0^{mm},046$.

3. Reiner Schwefeläther. Mittel aus 2 Reihen. Temp. $12\frac{1}{2}-13\frac{1}{2}$ °C.

Röhre.	h	e berechnet aus VII.	e berechnet aus VIII.
I.	$2^{mm},200$	$0^{mm},033$	$0^{mm},032$
II.	2,675	0,046	0,045
III.	2,750	0,045	0,044
IV.	2,775	0,045	0,045
V.	2,737	0,052	0,051
VI.	2,812	0,046	0,045
VII.	13,000	—	—
VIII.	13,175	—	—

Mittel $e = 0^{mm},044$.

4. Reines Terpentinöl. Mittel aus 2 Reihen. Temp. $15\frac{1}{4}-17\frac{3}{4}$ ° C.

Röhre.	h	e berechnet aus VII.	e berechnet aus VIII.
I.	$2^{mm},750$	$0^{mm},040$	$0^{mm},040$
II.	3,450	0,038	0,035
III.	3,550	0,036	0,033
IV.	3,550	0,040	0,037
V.	3,600	0,035	0,032
VI.	3,875	0,008	0,004
VII.	15,887	—	—
VIII.	16,175	—	—

Mittel $e = 0^{mm},032$.

5. Concentrirte Ammoniak - Flüssigkeit. Mittel aus 2 Reihen. Temp. $21\frac{1}{3}-22\frac{3}{4}$ ° C.

Röhre.	h	e berechnet aus VII.	e berechnet aus VIII.
I.	$6^{mm},462$	$0^{mm},056$	$0^{mm},052$
II.	8,037	0,043	0,038
III.	8,125	0,047	0,042
IV.	8,287	0,043	0,037
V.	8,137	0,051	0,046
VI.	8,375	0,043	0,038
VII.	34,775	—	—
VIII.	35,575	—	—

Mittel $e = 0^{mm},045$.

6. Concentrirte Schwefelsäure. Mittel aus 2 Reihen.
Temp. $12\frac{1}{4}$—$12\frac{1}{2}$° C.

Röhre.	h	e berechnet aus VII.	e berechnet aus VIII.
I.	2^{mm},587	0^{mm},103	0^{mm},089
II.	3,287	0,098	0,084
III.	2,950	0,138	0,126
IV.	3,275	0,111	0,097
V.	2,987	0,138	0,126
VI.	3,200	0,122	0,109
VII.	17,000	—	—
VIII.	17,925	—	—

Mittel $e = 0^{mm}$,112.

Die letzte Flüssigkeit trennte sich bisweilen vom Glase, noch mehr fand dies bei Salpeter- und Salzsäure statt, weshalb die Versuche unbrauchbar wurden. — Ausserdem veränderte Artur die Temperatur der Flüssigkeiten und fand die gehobenen Höhen h bei gesteigerter Wärme durchgehends kleiner. Nach Mittelwerthen aus vielen Beobachtungen kann man folgende Tabellen zusammenstellen:

1. Destillirtes Wasser.

Temperat.	Specif. Gewicht.	h in VII.	h in VIII.
0° C.	0,9999	39^{mm},24	39^{mm},47
10	0,9998	38,89	39,10
20	0,9985	38,76	38,61
30	0,9960	37,94	38,02
40	0,9922	37,22	37,40
50	0,9877	36,65	36,75
60	0,9825	36,04	35,73
70	0,9765	36,10	35,93
80	0,9699	34,80	35,30
90	0,9628	34,00	34,18
100	0,9553	32,40	32,80

2. Alkohol.

Temperat.	Spec. Gewicht nach Gay-Lussac.	*h* in VII.	*h* in VIII.
—13° C.	0,8179	15mm,64	16mm,00
0	0,8070	15,09	15,30
10	0,7987	14,87	15,13
20	0,7906	14,47	14,72
30	0,7824	14,07	14,27
40	0,7735	13,73	14,00
50	0,7648	13,40	13,80
60	0,7564	12,67	12,93
78	0,7387	12,00	12,00

3. Schwefeläther.

Temperat.	Spec. Gewicht nach Gay-Lussac.	*h* in VII.	*h* in VIII.
—15° C.	0,7309	14mm,17	14mm,40
—10	0,7258	13,82	14,02
0	0,7155	13,30	13,47
10	0,7059	12,91	13,14
20	0,6951	12,64	13,00
30	0,6838	11,80	12,20
35	0,6783	11,20	11,60

Man kann die Beobachtungen nach Poisson's Formel für gemischte Flüssigkeiten berechnen, indem man die Flüssigkeit bei der niedrigsten und bei der höchsten Temperatur als die beiden Bestandtheile der Mischung ansieht, durch welche man die übrigen Temperaturen herstellt. Die Berechnung stimmt mit den Beobachtungen im Allgemeinen gut überein; dasselbe findet auch bei den Versuchen statt, die mit Mischungen aus Alkohol und Wasser, desgleichen aus Schwefelsäure und Wasser angestellt wurden, weshalb sie hier übergangen werden können.

Der Leidenfrostsche Versuch.

Das Leidenfrostsche Phänomen ist wiederholt der Gegenstand neuerer Versuche gewesen, die indess auf die schon bekannte Thatsache zurückkommen, dass die in sphäroidaler Form befindliche Flüssigkeit nicht ganz oder höchstens bis zur Temperatur ihrer Siedhitze gelangt, weil sie wegen der aufgehobenen Cohäsion mit der weniger oder mehr erhitzten Gefässwand nur so viele Wärme empfängt, als zu ihrem langsameren oder schnelleren Verdampfen erforderlich ist. Denn benetzt, wie es der Versuch lehrt, der Tropfen die erhitzte Oberfläche nicht mehr, so muss einestheils die Mittheilung der Wärme vermindert werden, anderntheils kann die Verdampfung, wie gross auch diese Mittheilung noch sein mag, nur an der Oberfläche des Tropfens erfolgen, da nach Magnus sich jede Flüssigkeit leichter in Berührung mit Luft oder mit Metall als in ihrem Innern selbst in Dampf verwandelt; es wird also hier, wo die Berührung mit Metall fehlt, selbst das Kochen, sollte anders die Flüssigkeit bis zur Siedhitze gelangen, nur an der Oberfläche entstehen, sich demnach der Beobachtung entziehen, oder sich nur in der Formveränderung des Tropfens wahrnehmen lassen. — Bemerkenswerth möchten die Versuche von Boutigny sein (Ann. de chim. et de phys. Ser. III. T. IX. p. 350), nach welchen die Gefässe gar keine so bedeutende Temperatur zu erlangen brauchen, um das Phänomen zu veranlassen; bei Wasser tritt es ein bei einer Temperatur noch unter 200° C., mit Alkohol bis 134°, mit Aether bis 61°, mit schwefliger Säure unter 100°. Eine interessante Erscheinung bietet überhaupt die schweflige Säure dar, denn da sich ihre Temperatur in einem glühenden Gefässe etwa auf —10°,5 hält, so geht Wasser, welches man ihr beimischt, in Eis über und man sieht demzufolge Eis in einem weiss glühenden Platintiegel. — Mit Schwefeläther lässt sich das Phänomen auch auf Flüssigkeiten hervorbringen, auf Wasser, Quecksilber, Brennöl, rauchende Salpetersäure, wenn man sie bis auf 54° C. erwärmt (Compt. rend. XIX. p. 581).

Diffusion der Flüssigkeiten.

Aus seiner Dissertation (De diffusione humorum per septa mortua et viva, Berlin 1841) theilt E. Brücke in Pogg. Ann. LVIII. p. 77 denjenigen Abschnitt mit, welcher vorzugsweise in das Gebiet der Physik gehört. Er zieht aus den bisherigen

Versuchen folgende Sätze, die zur Vervollständigung des bereits in Bd. I. des Repertoriums Mitgetheilten dienen können. 1) Zwei verschiedene Flüssigkeiten, die mit einander mischbar sind, gleichen, wenn sie durch eine für beide oder durch eine von ihnen durchdringliche Scheidewand getrennt sind, ihre chemischen Differenzen nach und nach aus. 2) Hierbei vermehrt gewöhnlich die eine Flüssigkeit ihr Volum auf Kosten der andern, indem in gleichen Zeiträumen von beiden Seiten ungleiche Volume durch die Scheidewand gehen. 3) Besteht die Scheidewand aus einer thierischen Membran z. B. einem Stück Harnblase, und befindet sich auf der einen Seite Wasser, auf der andern Alkohol, so geht der stärkere Strom vom Wasser aus; besteht dagegen bei denselben Flüssigkeiten die Scheidewand aus einer Cautschuklamelle, so geht der stärkere Strom vom Alkohol aus. 4) Ist auf der einen Seite der Scheidewand eine wässerige Lösung irgend eines Alkalis oder Salzes, von Zucker, arabischem Gummi oder Eiweiss, auf der andern eine verdünntere wässrige Lösung derselben Substanz oder auch reines Wasser, so nimmt immer die concentrirtere Lösung an Volum zu, an specifischem Gewicht ab, die verdünntere oder das Wasser an specifischem Gewicht zu, an Volum aber ab, woraus auch die Scheidewand bestehen möge. 5) Wenn man zwei wässrige Lösungen von zwei verschiedenen der genannten Substanzen, die gleiches specifisches Gewicht haben, durch eine poröse Scheidewand trennt, so nimmt bisweilen während der Diffusion die eine eine Zeit lang an specifischem Gewichte zu, die andere ab. 6) Trennt man die wässerige Lösung einer Säure durch Blase oder eine poröse Thonwand von Wasser, so findet, wenn die Lösung einen gewissen, bei niedrigen Temperaturen stets höheren Concentrationsgrad nicht überschreitet, eine Volumzunahme auf Seiten des Wassers statt; was aber niemals beobachtet werden soll, wenn man eine vegetabilische Membran als Scheidewand anwendet. 7) Erhöhung der Temperatur beschleunigt im Allgemeinen die Diffusion und die damit verbundenen Erscheinungen; die Versuche hierüber gehen jedoch nicht über +25°C. hinaus.

Zur Erklärung dieser Sätze sollen nach Brücke bei der Diffusion zweier mit einander mischbarer Flüssigkeiten folgende Umstände zu berücksichtigen sein. Wenn zunächst jede der beiden Flüssigkeiten durch die capillaren Poren der Scheidewand hindurchgehen kann, so wird doch immer die eine die Poren leichter benetzen als die andere; hierdurch bilden sich in dem Kanal zwei Schichten, eine Wandschicht, die allein von der ersteren, und eine mittlere Schicht, die von beiden sich mischenden Flüssigkeiten eingenommen wird. In der mittleren Schicht erfolgt bei gleicher Anziehung von beiden Seiten die Diffusion mit gleicher Schnelligkeit, in der Wandschicht schreitet aber nur die sie benetzende Flüssigkeit vor und so gelangt von ihr ein grösseres Volum auf die andere Seite. (Hierbei möchte indess übersehen sein, dass die Wandschicht auf eine der beiden Flüssigkeiten wieder eine grössere capillare Anziehung ausüben und dadurch ihren Durchgang durch den Kanal beschleunigen könnte.) Wenn dagegen die eine der beiden Flüssigkeiten fast nur allein durch die Scheidewand dringt, so kann auch diese bei der Diffusion fast nur allein hindurchgehen; so quillt z. B. thierische Blase kaum auf merkliche Weise in Alkohol, aber sehr leicht in Wasser auf, und das Entgegengesetzte findet bei einer Cautschuklamelle statt. Bei wässerigen Lösungen von ungleicher Concentration nimmt Brücke an, dass die concentrirtere Lösung der anderen Wasser entzieht und dagegen etwas von der aufgelösten Substanz abgiebt, dass also eine eigentliche Diffusion beider Flüssigkeiten in einander ausgeschlossen bleibe; er hat hierzu einen Fall beobachtet, der ein Ineinanderströmen nicht zulässt. Senkte er einen mit Blase unten unterbundenen und mit einer starken Lösung von drittel-essigsaurem Bleioxyd gefüllten Cylinder, nachdem schon die Flüssigkeit durch die Blase gedrungen war, in eine Lösung von doppelt-chromsaurem Kali (eine concentrirte kaustische Lösung mit einem Dritttheil Wasser verdünnt), so entstand nur ein Niederschlag in der Substanz der Blase, aber beide Flüssigkeiten selbst blieben vollkommen klar; fügte er auf der einen Seite eine Zuckerauflösung hinzu, so trat Wasser auf diese Seite über zum Zeichen, dass die Blase noch durchdringlich war; ebenso fand eine Diffusion statt, wenn er den Cylinder in reines Wasser senkte. Zur Erklärung des sechsten und siebenten Satzes bieten sich noch keine sicheren Ausgangspunkte dar, und hier möchten neue, umfangreiche Versuche am meisten verlangt werden.

Barometer.

Delcros (Pogg. Ann. LX. p. 374 aus Bulletin de la Société géologique de France T. XII. p. 446) hat zwei Arten von Gefässbarometern beschrieben und von Ernst ausführen lassen, die in ihrer Construction einiges Eigenthümliche besitzen. Das erstere ist dem Fortinschen Barometer ziemlich ähnlich, indem das untere Niveau ebenfalls durch Auf- oder Niederschrauben des in einem Ledersacke befindlichen Quecksilbers auf den Nullpunkt der Scala eingestellt und dazu die Berührung desselben mit einer Elfenbeinspitze beobachtet wird; es unterscheidet sich aber dadurch, dass man sowohl die Barometerröhre als auch den unteren Glascylinder leicht herausnehmen kann. Das zweite Gefässbarometer besitzt eine unten zusammengezogene Röhre und ein nur so weites gläsernes Gefäss, dass die Capillardepression des Quecksilbers in ihm der Depression in der Röhre ziemlich gleich ist; nur wo die Beobachtungen eine besondere Schärfe erreichen sollen, müssen beide gesondert in Anrechnung gebracht werden. —

Zu Höhenmessungen empfiehlt Kopp (Pogg. Ann. LVI. p. 513) die von ihm construirten abgekürzten Barometer, unter denen er das nachfolgende für das zweckmässigste erachtet. Eine gläserne Röhre *A* von 11—12 Zoll Länge und $\frac{1}{2}$—$\frac{3}{4}$ Zoll Durchmesser wird oben mit einem Deckel luftdicht verschlossen, durch welchen eine engere an beiden Seiten offene Röhre *C* hindurchgeht; ihr oberes Ende ragt nur wenig über den Deckel hinaus, ihr unteres, in eine Spitze zusammengezogen, steht ungefähr 1 Zoll von dem unteren Ende der sie umschliessenden Röhre *A* ab. In einer zweiten cylindrischen Röhre *B*, die etwa ebenso weit aber nur halb so lang ist als *A*, lässt sich ein Korkstempel mittelst einer Stange quecksilberdicht auf und nieder bewegen. Diese beiden Röhren sind an den unteren Enden durch einen kleinen gekrümmten Kanal verbunden, sonst luftdicht verschlossen. Füllt man nun die Röhre *B* mit Quecksilber an und drückt den Stempel langsam hinunter, so geht dieses durch den Kanal nach *A*, verschliesst die Steigröhre *C* und sperrt damit ein bestimmtes Volum Luft = *V* ab; je weiter man den Stempel niederdrückt, um desto mehr wird diese Luft comprimirt und um desto höher steigt das Quecksilber in die Steigröhre auf. Bis wohin man aber die Luft zu einem Volum v zusammendrücken darf, ehe auch bei dem höchsten Barometerstande das Quecksilber das obere Ende der Steigröhre erreicht, ist im Innern von A eine nach unten gekehrte Platinspitze befestigt. Steht dieselbe nun m Linien unter dem Nullpunkt der auf C befindlichen Scala und beobachtet man bei einem bekannten Barometerstande H die in der Steigröhre erhobene Höhe des Quecksilbers h, sobald die Spitze berührt wird, so verhält sich $V : v = H + h + m : H$ und man erhält $\frac{v}{V - v} = \frac{H}{h + m} = M$. Mittelst dieser Grösse giebt dann jede andere Beobachtung, in der das Quecksilber in C die Höhe h' erreicht, den unbekannten Barometerstand $H' = M(h' + m)$. Zur Sicherstellung gegen zufällige Veränderungen des Instrumentes kann man auch zwei Spitzen in A anbringen und doppelte Beobachtungen anstellen. Nach Kopp's Angaben würde das Instrument den Barometerstand bis auf $1\frac{1}{2}$ Linie genau angeben, und sich deshalb des leichteren Transportes wegen zu Höhenmessungen in vielen Fällen empfehlen.

Specifisches Gewicht.

A. Bestimmung des specif. Gewichts von Dämpfen nach den Angaben der Beobachtung.

Band XLI. p. 449 seiner Annalen hat Poggendorf eine Anleitung und Tafeln gegeben, um aus den Daten der Beobachtung das specifische Gewicht der Dämpfe, vornehmlich der organischen Substanzen, leichter zu berechnen. Die Operationen bei der Beobachtung sind in der Regel folgende. Man wägt einen offenen Glasballon bei einem Barometerstande b und einer Temperatur t; füllt ihn bei einer Temperatur t' und einem Barometerstande b' mit der Gasart und schmilzt ihn zu; abgekühlt wägt man ihn wieder bei b'' und t'' und erhält eine Gewichtszunahme von P Grammen; darauf öffnet man ihn bei b''' und t''' über Wasser oder Quecksilber, lässt die Flüssigkeit eintreten, soweit es die noch im Ballon zurückgebliebene Luft gestattet, und bestimmt das Gewicht der Flüssigkeit; zuletzt füllt man den

Ballon ganz mit der Flüssigkeit und bestimmt das Gewicht von Neuem. Nimmt man an, dass sich der Barometerstand während der ganzen Zeit wenig geändert habe und $= b$ geblieben sei, dass auch $t = t'' = t'''$ gesetzt werden dürfe, denn ein kleines Schwanken in diesen Grössen wird nur eine unbedeutende Correktion herbeiführen, so sei V das Volum des Ballons in Kubikcentimetern bei t C, v das Volum der zurückgebliebenen Luft bei gleicher Temperatur, ein Kubikcentimeter Luft wiege bei b und t s Grammen, von der Gasart dagegen σ Grammen, ausserdem seien α und δ die Ausdehnungscoëfficienten von Luft (Dampf) und Glas; so wog zunächst die anfänglich im Ballon enthaltene Luft Vs; später bei t' hatte der Ballon eine Capacität $= V\frac{1+\delta t'}{1+\delta t}$, davon nahm die noch zurückgebliebene Luft einen Raum $v\frac{1+\alpha t'}{1+\alpha t}$ ein und der Dampf erfüllte einen Raum $W = V\frac{1+\delta t'}{1+\delta t} - v\frac{1+\alpha t'}{1+\alpha t}$; bei der Temperatur t geht dieses Volum auf $W\frac{1+\alpha t}{1+\alpha t'}$ zurück und wiegt $W\frac{1+\alpha t}{1+\alpha t'}\sigma$; da nun überdies die noch vorhandene Luft vs wiegt, so erhält man:

$$W\frac{1+\alpha t}{1+\alpha t'}\sigma + vs = Vs + P,$$

und hieraus das specifische Gewicht des Dampfes

$$\frac{\sigma}{s} = \frac{V - v + \frac{P}{s}}{V\left(\frac{1+\delta t'}{1+\delta t}\right)\left(\frac{1+\alpha t}{1+\alpha t'}\right) - v} = \frac{1 + \frac{P}{(V-v)s}}{1 - \frac{V}{V-v}\left(1 - \frac{(1+\delta t')(1+\alpha t)}{(1+\delta t)(1+\alpha t')}\right)}$$

oder

$$\frac{\sigma}{s} = \frac{1 + \frac{P}{(V-v)s}}{1 - \frac{V}{V-v}\cdot\frac{(\alpha-\delta)(t'-t)}{1+\alpha t'}},$$

in sofern man bei $1+\alpha t'$ den unbedeutend von 1 abweichenden Faktor $1+\delta t$ vernachlässigt. Nach den Bestimmungen von Magnus und Regnault ist $\alpha = 0{,}003665$ und δ kann im Mittelwerthe $= 0{,}000025$ gesetzt werden; mittelst dieser Zahlen geht die vorstehende Gleichung über in:

$$\frac{\sigma}{s} = \frac{1 + \frac{P}{(V-v)s}}{1 - \frac{V}{V-v}\cdot\frac{t'-t}{274{,}7 + 1{,}007t'}}.$$

Wurden V und v durch das Gewicht des diese Räume ausfüllenden Wassers bestimmt, nämlich V durch R und $V-v$ durch Q Grammen, so sei q das relative specifische Gewicht des Wassers gegen Luft, beide bei einer Temperatur t genommen, dann ist $V=\frac{R}{qs}$ und $V-v=\frac{Q}{qs}$, also auch

$$\frac{\sigma}{s}=\frac{1+\frac{Pq}{Q}}{1-\frac{R}{Q}\cdot\frac{t'-t}{274{,}7+1{,}007t'}}.$$

Die Grösse q erhält man aus der Gleichung $q=c\frac{1+\alpha t}{1+f(t)}\cdot\frac{760}{b}-1$, worin c das absolute specifische Gewicht bei 0° gegen Luft bei 0° und $0^{m},760$ Barometerstand, $f(t)$ die Volumenveränderung des Wassers bei t gegen 0° ausdrückt. Zur Erleichterung der Rechnung entlehnen wir von Poggendorf die Tafeln für $\frac{1}{s}$ und q, in denen c aus Biot's Angabe und $f(t)$ aus den letzten Versuchen von Hallström (Pogg. Ann. XXXIV. p. 220) entnommen ist.

I. Gewicht eines Kubikcentimeters Luft in Grammen = s.

t C	$\log\frac{1}{s}$ $b=760^{mm}$	Diff.	t C.	$\log\frac{1}{s}$ $b=760^{mm}$	Diff.	t C.	$\log\frac{1}{s}$ $b=760^{mm}$	Diff.
0	2,88637		10	2,90193	153	20	2,91697	148
1	2,88795	158	11	2,90346	153	21	2,91844	147
2	2,88953	158	12	2,90498	152	22	2,91991	147
3	2,89110	157	13	2,90650	152	23	2,92137	146
4	2,89266	156	14	2,90801	151	24	2,92283	146
5	2,89422	156	15	2,90952	151	25	2,92429	146
6	2,89577	155	16	2,91102	150	26	2,92574	145
7	2,89732	155	17	2,91251	149	27	2,92719	145
8	2,89886	154	18	2,91400	149	28	2,92863	144
9	2,90040	154	19	2,91549	149	29	2,93006	143

II. Wassergewicht, dividirt durch Luftgewicht, $= q$.

t C.	log *q*	Diff.	*t* C.	log *q*	Diff.	*t* C.	log *q*	Diff.
0	2,88576		10	2,90128	150	20	2,91570	140
1	2,88736	160	11	2,90277	149	21	2,91708	138
2	2,88896	160	12	2,90425	148	22	2,91846	138
3	2,89054	158	13	2,90571	146	23	2,91983	137
4	2,89211	157	14	2,90717	146	24	2,92119	136
5	2,89366	155	15	2,90862	145	25	2,92253	134
6	2,89521	155	16	2,91006	144	26	2,92387	134
7	2,89675	154	17	2,91149	143	27	2,92520	133
8	2,89827	152	18	2,91290	141	28	2,92653	133
9	2,89978	151	19	2,91430	140	29	2,92785	132

III. Berichtigung zu II. und III. wegen *b*.

Millimet.	über 760^{mm} subtractio, unter 760^{mm} additio	Millimet.	über 760^{mm} subtractio, unter 760^{mm} additio	Millimet.	über 760^{mm} subtractio, unter 760^{mm} additio
1	0,00057	4	0,00228	7	0,00399
2	0,00114	5	0,00285	8	0,00456
3	0,00171	6	0,00342	9	0,00513

B. Bestimmung des specifischen Gewichts poröser und fasriger Substanzen.

Das specifische Gewicht poröser und fasriger Substanzen kann man entweder so bestimmen, dass die poröse oder fasrige Struktur als zum Wesen dieser Körper gehörig bei Feststellung des Volums eingeschlossen wird, oder dass man das Volum sucht, welches der Stoff für sich allein einnimmt, also mit Ausschluss der Poren, die er nicht ausfüllt. Der erstere Werth des specifischen Gewichts kommt bei der praktischen Verwendung der Körper in Anschlag, der andere dürfte zur näheren Kenntniss des Stoffes selbst Interesse besitzen. Zu diesem Behufe hat Kopp (Ann. de chim. et de phys. Ser. III. T VI. p. 380) einen Volummesser construirt. Die beiden gläsernen, durch den Kanal *p* verbundenen Cylinder *A* und *B* (Fig. 2) sind in ihrem unteren Theile mit Quecksilber angefüllt; durch den Deckel *E* geht eine oben und unten offene, mit einer Scala versehene Röhre *fc*, desgleichen eine offene Röhre *b*, welche mit dem Behälter *C* in Verbindung steht; dieser Behälter kann durch die Platte *m* luftdicht geschlossen werden, indem man die elastische Scheibe *n* mittelst der Schraube *o* darauf drückt. Bewegt man den Stempel

D nach unten, so sperrt das in B übergehende Quecksilber mit seinem Eintritt in fc einen mit Luft erfüllten Raum x in B und C ab, der sich auf y zusammenzieht, wenn bei fortgesetztem Niederdrücken des Stempels das Quecksilber die Platinspitze a erreicht. Es sei bei diesem Stande β die Angabe des Barometers und $\frac{1}{n}\beta$ die Höhe des Quecksilbers in fc, so ist $\frac{y}{x-y}\beta = \frac{1}{n}\beta$ oder $y = \frac{x}{n+1}$. Hiernach mache man zwei Versuche; zuerst lege man in C einen dichten Körper von einem bekannten Volum z, und comprimire die Luft bis a, wo das Quecksilber in fc eine Höhe $= h\beta$ erreiche, so erhält man $\frac{\frac{x}{n+1}}{x - z - \frac{x}{n+1}}\beta = h\beta$ oder $x = \frac{(n+1)h}{hn-1}z$; zweitens lege man in C die zu untersuchende Substanz mit dem unbekannten Volum z_1, und bringe die gleiche Compression der Luft hervor, wobei die Höhe in $fc = h_1\beta$ werde, so ist weder $x = \frac{(n+1)h_1}{h_1 n - 1}z_1$. Die Gleichstellung der beiden Werthe von x giebt z_1 durch z, also das Volum z_1 und daraus nach dem bekannten absoluten Gewicht der Substanz ihr specifisches Gewicht. Kopp hat mit diesem Instrumente die nachstehenden Versuche gemacht, bei welchen die Holzarten zuvor fein geraspelt und bei 100° C. getrocknet worden waren.

Substanz.	Spec. Gew.	Substanz.	Spec. Gew.
Bimstein	2,15	Lindenholz	1,13
Buchenasche	2,85	Tannenholz	1,16
Weizenmehl	1,49	Nussbaumholz	1,17
Stärke	1,56	Apfelbaumholz	1,20
Leinen	1,45	Pflaumenbaumholz	1,23
Seide	1,56	Birnbaumholz	1,23
Baumwolle	1,27	Eichenholz	1,27
Wolle	1,29	Buchenholz	1,29
Kork	0,33		

C. Berechnung des specifischen Gewichts der Gasarten.

Die Beobachtung Mitscherlich's, dass das specifische Gewicht der Gasarten unmittelbar aus ihrer chemischen Zusammensetzung folge, indem sich die Bestandtheile in ihrer Verbindung nach einfachen Verhältnissen zusammenziehen oder in einzelnen Fällen auch ausdehnen, ist seit der Zeit durch viele neue Versuche bestätigt und erweitert worden. Wie man aus der folgenden Tafel sieht, geschieht die Verdichtung in der Regel nach gleichen Gesetzen, jedoch unter der schon von Berzelius angegebenen Bedingung, dass die einfachen Stoffe (Schwefel, Phosphor, Arsenik, Quecksilber), deren Volum in Gasform ihrem Atomgewichte nicht entspricht, mit ihrem theoretischen Werthe beibehalten werden. Die wenigen Ausnahmen, die noch übrig bleiben, werden vielleicht späterhin entweder ihre richtige Erklärung finden, oder als Ausnahmen sich charakteristischer hervorstellen; denn für jetzt, wo die chemische Zusammensetzung der organischen Substanzen noch verschiedene Ansichten zulässt, kann die Zusammenstellung der bisherigen Resultate ohnedies nur als ein blosser Versuch zur Lösung der Aufgabe betrachtet werden. — In der nachstehenden Tabelle enthält die erste Rubrik die Namen der Gase; die zweite ihre chemischen Formeln, wie sie namentlich in physikalischer Hinsicht als die passendsten erschienen, und wobei diejenigen, in welchen Substitutionen eines Bestandtheils für einen andern vorkommen, durch ein vorgesetztes * bezeichnet sind. Unter der Rubrik Verdichtung findet man zuerst die Volume, die sich aus der chemischen Formel ergeben, darauf hinter dem : die Anzahl der Volume, in welche sie in ihrer Verbindung übergehen; erfolgt dieser Uebergang nicht nach den sonst durchgehenden Regeln, so deutet ein vorgesetztes * die Ausnahme an; findet dagegen ein Verdichtungsgrad statt, der nur wieder auf einem besonderen Gesetze beruht, so ist durch ein zweites : diese neue Volumzahl hervorgehoben worden. So oft indess der Bestandtheil in andere Verbindungen eintritt, so gelten wieder die erste Volumzahl und das ihr entsprechende specifische Gewicht als diejenigen, mit welchen es in dieselben eintritt. Der leichteren Uebersicht wegen sind mehrere organische Substanzen, vornehmlich die verschiedenen Kohlenwasserstoffe, über deren Zusammensetzung zu 1 Atom man noch nicht einig ist, oder die isolirt stehend zum Nachweise eines durchgehenden Gesetzes doch nicht herbeigezogen werden können, ganz übergangen worden. — Was die Atomgewichte der Substanzen betrifft, so hat man die von Berzelius eingeführten beibehalten, nur nach Liebig und Redtenbacher das Atomgewicht der Kohle = 75,854 angenommen, welche Zahl das Mittel zwischen den Angaben von Berzelius und den neueren von Dumas hält; ausserdem ist das Atomgewicht des Bor auf $\frac{1}{2}$, des Kiesels auf $\frac{2}{3}$ und des Wismuths nach Regnault und Jacquelin, womit sich auch später Berzelius übereinstimmend erklärt hat, auf $\frac{3}{2}$ gestellt. — Eine vollständige Tafel der Gase und Dämpfe bis zum Jahre 1840 findet man bei Poggendorff (Ann. XLIX. p. 417), welche zu der folgenden Zusammenstellung vornehmlich benutzt worden ist.

No.	Namen der Gase.	1 Atom.	Verdichtung.	Specifisches Gew. berechnet.	Specifisches Gew. beobachtet.	Beobachter.
1	Sauerstoff	O	1 : 1	—	1,1057	Dumas u. Boussingault.
2	Wasserstoff	H	1 : 1	0,0691	0,069	
3	Stickstoff	N	1 : 1	—	0,9720	
4	Wasser	H_2O	2+1 : 2	0,6220	0,6235	Gay-Lussac.
5	Phosphor	P	1 : 1 : $\frac{1}{4}$	4,3372	4,58	Mitscherlich.
					4,338	Dumas.
6	Schwefel	S	1 : 1 : $\frac{1}{3}$	6,6729	6,90	Mitscherlich.
					6,551	Dumas.
7	Chlor	Cl	1 : 1	2,4472	2,47	Gay-Lussac u. Thénard.
8	Brom	Br	1 : 1	5,4153	5,54	Mitscherlich.
9	Jod	J	1 : 1	8,7322	8,716	Dumas.
10	Fluor	Fl	1 : 1	1,2925	—	
11	Kohlenstoff	C	1 : 1	0,8387	—	
12	Bor	B	1 : 1	1,5060	—	
13	Kiesel	Si	1 : 1	2,0442	—	
14	Schweflige Säure	SO_2	1+2 : 2	2,2178	2,247	Berzelius.
15	Schwefelsäure	SO_3	1+3 : 2	2,7707	3,01	Mitscherlich.
16	Chlorschwefelsäure	$^*SO_2Cl_2$	: 2	4,6650	4,665	Regnault.
17	Stickstoffoxydul	N_2O	2+1 : 2	1,5248	1,5204	Berzelius.
18	Stickstoffoxyd	N_2O_2	2+2 : 4	1,0388	1,0380	Berzelius.
19	Salpetersäure, salp.	N_2O_4	2+4 : 4	1,5917	1,715	Mitscherlich.
20	„ „	N_2O_5	2+5 : 2	3,7362	—	
21	„ „ , wasserh.	$N_2O_5 + 4H_2O$	2+8 : 10	1,2448	1,273	Bineau.
22	Chloroxyd	Cl_2O_4	2+4 : 4	2,3293	2,27	H. Davy.
23	Chlorige Säure	Cl_2O_3	2+3 : 3	2,7372	2,646	Millon.
24	Kohlenoxyd	CO	1+1 : 2	0,9769	0,9678	Cruikshank.
25	Kohlensäure	CO_2	1+2 : 2	1,5297	1,5245	Berzelius u. Dulong.
26	Chlorkohlenoxyd	$^*COCl_2$	: 2	3,4241	—	
27	Schwefelwasserstoff	H_2S	2+1 : 2	1,1812	1,1912	Gay-Lussac u. Thénard.

28	Chlorwasserstoff	$H_2 Cl_2$	2+2:4	1,2581	1,2474	Biot u. Arago.
29	„ „ , wasserh.	$H_2 Cl_2 + 16 H_2 O$	4+32:36	0,6927	0,69	Bineau.
30	Bromwasserstoff	$H_2 Br_2$	2+2:4	2,7422	—	
31	„ „ , wasserh.	$H_2 Br_2 + 10 H_2 O$	4+20:24	0,9754	0,975	Bineau.
32	Jodwasserstoff	$H_2 J_2$	2+2:4	4,4006	4,346	Gay-Lussac.
33	„ „ , wasserh.	$H_2 J_2 + 11 H_2 O$	4+22:26	1,2033	1,20	Bineau.
34	Phosphorwasserstoff	$P_2 H_6$	2+6:4	1,1879	1,147	H. Rose.
35	Ammoniak	$N_2 H_6$	2+6:4	0,5896	0,5967	Biot u. Arago.
36	Cyan	CN	1+1:2:1	1,8107	1,8064	Gay-Lussac.
37	Cyanwasserstoff	$CN + H$	2+1:2	0,9399	0,9476	Gay-Lussac.
38	Ammoniak, chlorwasserstoffsaures	$N_2 H_6 + H_2 Cl_2$	4+4:8	0,9238	0,89	Bineau.
39	„ , cyanwasserstoffsaures	$N_2 H_6 + 2 CNH$	4+4:8	0,7647	0,8021	Bineau.
40	„ , kohlensaures neutr.	$N_2 H_6 + CO_2$	*4+2:6	0,9014	0,8992	H. Rose.
41	„ , schwefelsaures saures	$N_2 H_6 + 2 H_2 S$	4+4:8	0,8854	0,9011	Bineau.
42	Phosphorchlorür	$P_2 Cl_6$	2+6:4	4,7551	4,875	Dumas.
43	Phosphorchlorid	$P_2 Cl_{10}$	*2+10:12:6	4,8015	4,85	Mitscherlich.
44	Cyanchlorür	$CN + Cl$	2+1:2:1	6,3821	6,35	Bineau.
45	Borchlorid	$B_4 Cl_{12}$	4+12:8	4,0473	3,942	Dumas.
46	Borfluorid	$B_4 Fl_{12}$	4+12:8	2,3152	2,3124	Dumas.
47	Kieselchlorid	$Si Cl_4$	1+4:2	5,9165	5,939	Dumas.
48	Kieselfluorid	$Si Fl_4$	1+4:2	3,6071	3,600	Dumas.
49	Zinn	Sn	1:1	8,1301	—	
50	Zinnchlorid	$Sn Cl_4$	1+4:2	8,9594	9,1997	Dumas.
51	Wismuth	Bi	1:1	14,7099	—	
52	Wismuthchlorid	$Bi_2 Cl_6$	2+6:4	11,0257	11,16	Jacquelin.
53	Quecksilber	Hg	1:1:2	6,9980	7,03	Mitscherlich.
					6,976	Dumas.
54	Quecksilberchlorür	$Hg Cl$	1+1:2	8,2216	8,35	Mitscherlich.
55	Quecksilberchlorid	$Hg Cl_2$	1+2:2	9,4452	9,8	Mitscherlich.
56	Quecksilberbromür	$Hg Br$	1+1:2	9,7057	10,11	Mitscherlich.
57	Quecksilberbromid	$Hg Br_2$	1+2:2	12,4133	12,16	Mitscherlich.
58	Quecksilberjodid	$Hg J_2$	1+2:2	15,7302	16,2	Mitscherlich.

No.	Namen der Gase.	1 Atom.	Verdichtung.	Specifisches Gew. berechnet.	Specifisches Gew. beobachtet.	Beobachter.
59	Quecksilbersulfid	$Hg S$	*1+1 : 3	5,4068	5,95	Mitscherlich.
60	Titan	Ti	1 : 1	3,3576	—	
61	Titanchlorür	$Ti Cl_4$	1+4 : 2	6,5732	6,836	Dumas.
62	Chrom	Cr	1 : 1	3,8900	—	
63	Chromsäure	$Cr O_3$	1+3 : 2	3,6035	—	
64	Chromoxydchlorid	* $Cr O_2 Cl_2$	: 2	5,4979	5,9	Walter.
					5,5	Dumas.
65	Antimon	Sb	1 : 1	8,9168	—	
66	Antimonchlorür	$Sb_2 Cl_6$	2+6 : 4	8,1292	7,8	Mitscherlich.
67	Arsen	As	1 : 1 : $\frac{1}{2}$	10,3944	10,65	Mitscherlich.
68	Arsenige Säure	$As_2 O_3$	2+3 : 2 : 1	13,7115	13,85	Mitscherlich.
69	Arsenwasserstoff	$As_2 H_6$	2+6 : 4	2,7022	2,695	Dumas.
70	Arsenchlorür	$As_2 Cl_6$	2+6 : 4	6,2694	6,3006	Dumas.
71	Arsenjodür	$As_2 J_6$	2+6 : 4	15,6969	16,1	Mitscherlich.
72	Selen	Se	1 : 1	5,4685	—	
73	Selenige Säure	$Se O_2$	1+2 : 2	3,8399	4,03	Mitscherlich.
74	Aethyl (hyp.)	$C_4 H_{10}$	: 2	2,0229	—	
75	Aethylchlorür	$C_4 H_{10} + Cl_2$	2+2 : 4	2,2350	2,219	Thénard.
76	Aethylchloridid A.	* $C_4 H_8 Cl_2 + Cl_2$	2+2 : 4	3,4241	3,478	Regnault.
77	„ „ B.	* $C_4 H_6 Cl_4 + Cl_2$	2+2 : 4	4,6132	4,530	Regnault.
78	„ „ C.	* $C_4 H_4 Cl_6 + Cl_2$	2+2 : 4	5,8023	5,799	Regnault.
79	„ „ D.	* $C_4 H_2 Cl_8 + Cl_2$	2+2 : 4	6,9914	6,795	Regnault.
80	Kohlenhyperchlorür	* $C_4 Cl_{10} + Cl_2$	2+2 : 4	8,1803	8,157	Regnault.
81	Aethyljodür	$C_4 H_{10} + J_2$	2+2 : 4	5,3775	5,4749	Gay-Lussac.
82	Aethylsulfid	$C_4 H_{10} + S$	2+1 : 2	3,1350	3,100	Regnault.
83	Mercaptan	$C_4 H_{10} S + H_2 S$	2+2 : 4	2,1581	2,201	Liebig.
					2,188	Regnault.
84	Aether (Aethyloxyd)	$C_4 H_{10} + O$	2+1 : 2	2,5757	2,586	Gay-Lussac.
85	Chloräthereal	* $C_4 H_8 Cl_2 + O$	2+1 : 2	4,9538	4,93	d'Arcet.

86	Alkohol	$C_4H_{10}O + H_2O$	2+2:4	1,5988	1,6133	Gay-Lussac.
87	Salpeteräther	$C_4H_{10}O + N_2O_3$	2+2:4	2,6031	2,626	Dumas.
88	Oxalsäure	C_2O_3	2+3:2	2,5066	—	
89	Oxaläther	$C_4H_{10}O + C_2O_3$	2+2:4:2	5,0729	5,087	Dumas.
90	Kohlensäureäther	$C_4H_{10}O + CO_2$	2+2:4:2	4,1017	4,293	Ettling.
					4,09	Cahours.
91	Chlorkohlensäureäther	$C_4H_{10}OCO_2 + COCl_2$	4+2:4	3,7611	3,823	Dumas.
92	Urethan	$*C_4H_{10}OCO_2 + CO_2(NH_2)$	4+2:4	3,0926	3,14	Dumas.
93	Essigäther	$C_4H_{10}O + C_4H_6O_3$	2+2:4	3,0594	3,067	Dumas.
94	Chloressigäther	$*C_4H_{10}O + C_4Cl_6O_3$	2+2:4	6,6266	6,64	Leblanc.
95	Ameisenäther	$C_4H_{10}O + C_2H_2O_3$	2+2:4	2,5720	2,593	Liebig.
96	Benzoëäther	$C_4H_{10}O + C_{14}H_{10}O_3$	2+2:4	5,2253	5,409	Dumas.
97	Bernsteinsäure	$C_4H_4 + O_3$	2+3:2	3,4741	—	
98	Bernsteinäther	$C_4H_{10}O + C_4H_4O_3$	2+2:4:2	6,0498	6,22	d'Arcet.
					6,11	Cahours.
99	Oenanthsäure	$C_{14}H_{26} + O_2$	2+2:4	3,9375	—	
100	Oenanthäther	$C_4H_{10}O + C_{14}H_{26}O_2$	2+4:4:2	10,4506	10,508	Liebig u. Pelouze.
101	Brenzschleimsäure	$C_{10}H_6 + O_5$	2+5:2	7,1675	—	
102	Brenzschleimäther	$C_4H_{10}O + C_{10}H_6O_5$	2+2:4	4,8716	4,859	Malaguti.
103	Kümmeläther	$C_4H_{10}O + C_{20}H_{22}O_3$	2+2:4	6,6906	6,65	Gerhard u. Cahours.
104	Valerianäther	$C_4H_{10}O + C_{10}H_{18}O_3$	2+2:4	4,5240	4,558	Otto.
105	Elayl	C_4H_8	:2:4	0,9769	0,9852	Saussure.
106	Elaylbromür	$C_4H_8 + Br_4$	2+4:4	6,3922	6,485	Regnault.
107	Elaylchlorür	$C_4H_8 + Cl_4$	2+4:4	3,4241	3,478	Regnault.
108	Acetyl (hyp.)	C_4H_6	:2	1,8847	—	
109	Acetylbromür	$C_4H_6 + Br_2$	2+2:4	3,6500	3,691	Regnault.
110	Acetylchlorür	$C_4H_6 + Cl_2$	2+2:4	2,1659	2,116	Regnault.
111	Acetylchlorid	$C_4H_6 + Cl_6$	2+6:4	4,6131	4,697	Regnault.
112	Acetyljodür	$C_4H_6 + J_2$	2+2:4	5,3064	4,78	Regnault.
113	Aldehyd	$C_4H_6O + H_2O$	2+2:4	1,5298	1,532	Liebig.
114	Chloral	$*C_4Cl_6O + H_2O$	2+2:4	5,0969	5,05	Dumas.
115	Chloralhydrat	$C_4Cl_6O + 3H_2O$	2+6:8	2,8594	2,76	Dumas.

No.	Namen der Gase.	1 Atom.	Verdichtung.	Specifisches Gew. berechnet.	Specifisches Gew. beobachtet.	Beobachter.
116	Essigsäure	$C_4 H_6 + O_3$	2+3 : 2	3,5442	—	
117	„ , wasserh.	$C_4 H_6 O_3 + H_2 O$	*2+2 : 3	2,7768	2,74	Dumas.
118	Chloressigsäure, wasserh.	*$C_4 Cl_6 O_3 + H_2 O$	2+2 : 4	5,6498	5,3	Dumas.
119	Methyl (hyp.)	$C_2 H_6$	: 2	1,0460	—	
120	Methylchlorür	$C_2 H_6 + Cl_2$	2+2 : 4	1,7466	1,731	Dumas.
121	Methyljodür	$C_2 H_6 + J_2$	2+2 : 4	4,8891	4,883	Dumas.
122	Methylfluorür	$C_2 H_6 + Fl_2$	2+2 : 4	1,1692	1,186	Dumas.
123	Methylsulfid	$C_2 H_6 + S$	2+1 : 2	2,1581	2,115	Regnault.
124	Holzäther (Methyloxyd)	$C_2 H_6 + O$	2+1 : 2	1,5988	1,624	Dumas.
125	Holzgeist	$C_2 H_6 O + H_2 O$	2+2 : 4	1,1104	1,120	Dumas.
126	Methyloxydid A.	*$C_2 H_4 Cl_2 + O$	2+1 : 2	3,9779	3,909	Regnault.
127	„ „ B.	*$C_2 H_2 Cl_4 + O$	2+1 : 2	6,3550	6,367	Regnault.
128	„ „ C.	*$C_2 Cl_6 + O$	*2+1 : 2 : 4	4,3665	4,670	Regnault.
129	Methyloxyd, schwefels.	$C_2 H_6 O + SO_3$	2+2 : 4 : 2	4,3695	4,565	Dumas.
130	„ , salpeters.	$C_2 H_6 O + N_2 O_5$	2+2 : 4	2,6675	2,640	Dumas.
131	„ , essigs.	$C_2 H_6 O + C_4 H_6 O_3$	2+2 : 4	2,5710	2,563	Dumas.
132	„ , ameisens.	$C_2 H_6 O + C_2 H_2 O_3$	2+2 : 4	2,0825	2,084	Dumas.
133	„ , benzoës.	$C_2 H_6 O + C_{14} H_{10} O_3$	2+2 : 4	4,7369	4,717	Dumas.
134	„ , salicyls.	$C_2 H_6 O + C_{14} H_{10} O_5$	2+2 : 4	5,2897	5,32	Cahours.
135	Methylen	$C_2 H_4$	: 2	0,9769	—	
136	Methylenchlorür	$C_2 H_4 + Cl_4$	2+4 : 4	2,9356	3,012	Regnault.
137	Formyl (hyp.)	$C_2 H_2$	: 2	0,9078	—	
138	Formylchlorür	$C_2 H_2 + Cl_2$	2+2 : 4 : 2	3,3550	3,321	Regnault.
139	Kohlenchlorür	*$C_2 Cl_2 + Cl_2$	2+2 : 4 : 2	5,7331	5,82	Regnault.
140	Formylhyperchlorür	$C_2 H_2 + Cl_4$	2+4 : 4 : 2	5,8022	5,767	Regnault.
141	Kohlenhyperchlorür	*$C_2 Cl_2 + Cl_4$	2+4 : 4 : 2	8,1803	8,157	Regnault.
142	Formylchlorid	$C_2 H_2 + Cl_6$	2+6 : 4	4,1247	4,199	Dumas.
					4,192	Liebig.
143	Kohlenchlorid	*$C_2 Cl_2 + Cl_6$	2+6 : 4	5,3137	5,330	Regnault.

144	Ameisensäure	$C_2 H_2 + O_3$	2+3 : 2	2,5663	—	
145	Ameisensäure, wasserh.	$C_2 H_2 O_3 + H_2 O$	2+2 : 4	1,5941	1,5	Bineau.
146	Mesityl (hyp.)	$C_6 H_{10}$	: 2	2,8616	—	
147	Mesityloxyd	$C_6 H_{10} + O$	2+1 : 2	3,4144	—	
148	Essiggeist	$C_6 H_{10} O + H_2 O$	2+2 : 4	2,0182	2,019	Dumas.
149	Mesitylen	$C_6 H_6$	: 2	2,7925	2,914	Cahours.
150	Amyl (hyp.)	$C_{10} H_{22}$	: 2	4,9536	—	
151	Amyljodür	$C_{10} H_{22} + J_2$	2+2 : 4	6,8429	6,675	Cahours.
152	Amyloxyd	$C_{10} H_{22} + O$	2+1 : 2	5,5064	—	
153	Fuselöl	$C_{10} H_{22} O + H_2 O$	2+2 : 4	3,0642	3,147	Dumas.
154	Amilen	$C_{10} H_{20}$	: 2	4,8845	5,061	Cahours.
155	Valeriansäure, wasserh.	$C_{10} H_{18} O_3 + H_2 O$	2+2 : 4	3,5471	3,67	Dumas u. Stas.
156	Benzoën	$C_{14} H_{16}$	: 2 : 4	3,2118	3,260	Deville.
157	Protonitro-benzoën	$C_{14} H_{14} 2(NO_2)$	: 2 : 4	4,7692	4,95	Deville.
158	Benzoësäure, wasserh.	$C_{14} H_{10} O_3 + H_2 O$	2+2 : 4	4,2485	4,27	Mitscherlich.
159	Benzin	$C_{12} H_{12}$	: 2 : 4	2,7234	2,77	Mitscherlich.
160	Nitrobenzid	*$C_{12} H_{10} 2(NO_2)$	: 2 : 4	4,2805	4,40	Mitscherlich.
161	Chlorbenzid	*$C_{12} H_6 Cl_6$	: 2 : 4	6,2906	6,37	Mitscherlich.
162	Cumin	$C_{18} H_{24}$	: 2 : 4	4,1887	3,96	Gerhard u. Cahours.
163	Cuminol	$C_{20} H_{22} O + H_2 O$	2+2 : 4	5,1609	5,24	Gerhard u. Cahours.
164	Camphogen	$C_{20} H_{28}$	: 2 : 4	4,6772	4,78	Delalande.
165	Campher	$C_{20} H_{30} O + H_2 O$	2+2 : 4	5,2992	5,468	Dumas.
					5,337	Dumas.
166	Campholen	$C_{18} H_{32}$	: 2 : 4	4,3370	4,353	Delalande.
167	Campholensäure, wasserh.	$C_{20} H_{34} O_3 + H_2 O$	2+2 : 4	5,9211	6,058	Delalande.
168	Cedren	$C_{32} H_{52}$	: 2 : 4	7,6079	7,9	Walter.
169	Cederöl	$C_{32} H_{54} O + H_2 O$	2+2 : 4	8,2298	8,4	Walter.
170	Cacodyl	$C_4 H_{12} As_2$	: 2	7,2892	7,1	Bunsen.
171	Alkarsin	$C_4 H_{12} As_2 + O$	2+1 : 2	7,8420	7,555	Bunsen.
172	Cacodylsulfid	$C_4 H_{12} As_2 + S$	2+1 : 2	8,4013	7,72	Bunsen.
173	Cacodylcyanür	$C_4 H_{12} As_2 + C_2 N_2$	2+4 : 4	4,5499	4,63	Bunsen.
174	Cacodylchlorür	$C_4 H_{12} As_2 + Cl_2$	2+2 : 4	4,8682	4,56	Bunsen.
175	Cacodyloxychlorür	$C_4 H_{12} As_2 O + 3(C_4 H_{12} As_2 Cl_2)$	*2+12 : 14	5,2928	5,46	Bunsen.

Unter den einfachen Stoffen, die sich in Dampfform darstellen lassen, ziehen sich Phosphor und Arsenik auf den halben, Schwefel auf den dritten Theil des Volums zusammen, das sie nach ihrem Atomgewicht einnehmen müssten, Quecksilber dehnt sich auf den doppelten Raum aus. Nach dieser Grundlage dürfen wir auch bei den übrigen chemischen Verbindungen dergleichen Zusammenziehungen oder Ausdehnungen als begründet oder regelrecht ansehen; wir finden deren mehrere im Verhältniss von 2 : 1 und 1 : 2; die Fälle von 1 : 3 und umgekehrt sind dagegen nirgends recht evident und gehören zunächst unter die Ausnahmen. Aus der obigen Tafel ergeben sich folgende Regeln: 1) Verbinden sich zwei Bestandtheile mit gleicher Volumzahl, so findet keine Zusammenziehung statt; dasselbe ist der Fall, wenn, abgesehen von der Volumzahl, der eine Bestandheil Wasser ist. Gegen diese Regel verstösst nur Essigsäurehydrat (No. 117), was um so auffallender ist, als die Chloressigsäure (No. 118) eine regelrechte Zusammenziehung erfährt *). Nach den Hydraten gehen auch kohlensaures Ammoniak (No. 40), Phosphorchlorid (No. 43) und Cacodyloxychlorür (No. 175). 2) Die Verbindung zweier Bestandtheile mit ungleichen Volum-

*) Später hat Bineau (Comptes rendus T. XIX. p. 769) eine gleiche Zusammenziehung von 4 : 3 auch bei Ameisensäurehydrat $C_2H_2O_3 + H_2O$ (spec. Gew ber. 2,1255, beob. 2,128) und Schwefelsäurehydrat $SO_3 + H_2O$ (spec. Gew. ber. 2,1618, beob. 2,203) gefunden. Dagegen hat Cahours (Compt. rendus XX. p. 51) beobachtet, dass sich die Dichtigkeit der Essigsäure mit der Temperatur ändert, bei welcher die Bestimmung vorgenommen wird; es ergab sich ihm

Temp.	Dichtigkeit.	Temp.	Dichtigkeit.	Temp.	Dichtigkeit.	Temp.	Dichtigkeit.
125°C.	3,20	160°C.	2,48	219°C.	2,17	300°C.	2,08
130	3,12	171	2,42	230	2,09	321	2,08
140	2,90	190	2,30	250	2,08	327	2,08
150	2,75	200	2,22	280	2,08	338	2,08

Das specifische Gewicht 2,08 entspricht einer Condensation auf 4 Volume berechnet zu 2,0826. Dasselbe Verhalten zeigten auch Buttersäure und, etwas weniger beträchtlich, die neutralen Oele des Anises und Fenchels. Somit würde die regelwidrige Condensation der Essigsäure in der bei niederer Temperatur noch nicht vollkommen aufgehobenen Cohäsion des Dampfes begründet sein.

zahlen verdichtet sich auf $2n$ Volume, wenn n den gemeinsamen Faktor der beiden Volumzahlen bezeichnet. 3) Chemische Verbindungen, die durch Substitutionen entstehen, folgen denjenigen Verbindungen, von welchen sie abstammen. Eine Ausnahme macht Methyloxydid *C* (No. 128), das vom Holzäther abweicht. 4) Alle organischen Radikale, zwei- und dreigliedrige, gehen auf 2 Volume über, desgleichen die verschiedenen Kohlenwasserstoffe, die indess sich mehrfach wieder auf 4 Volume ausdehnen. Ganz unregelmässig erfolgt die Verdichtung bei der chlorigen Säure (No. 23) und beim Quecksilbersulfid (No. 59), in welchem letzteren Falle indess die beiden Bestandtheile den Grund leichter erkennen lassen.

D. Berechnung des specif. Gewichts fester Körper.

Da das specifische Gewicht der Gase sich aus ihren Bestandtheilen herleiten lässt, so liegt die Frage nahe, ob nicht ein ähnliches Verfahren auch bei den festen und flüssigen Substanzen in Anwendung kommen könne. Mit dieser Untersuchung haben sich vornehmlich Kopp und Schröder beschäftigt. Es leuchtet hier offenbar ein, dass man zunächst bei den festen Körpern nicht von einem Zustande der Bestandtheile in Gasform ausgehen dürfe, sondern die Verdichtung in die feste Form unmittelbar als gegeben ansehen müsse. Man bestimmt also den faktischen Verdichtungsgrad dadurch, dass man den Quotienten aus dem specifischen Gewicht in das Atomgewicht als das Atomvolum aufsucht. Indess muss man sogleich bei dieser Bestimmung beachten, dass sowohl die Atomgewichte als die specifischen Gewichte nur in Verhältnisszahlen bestehen, indem bei den ersten der Sauerstoff = 100, bei den andern das Wasser = 1 gesetzt wird, dass also auch die Atomvolume relative Zahlen sind, die je grösser sie ausfallen, eine desto geringere Contraction des Stoffes aus dem theils nachgewiesenen, theils vorausgesetzten Zustande in Gasform in die feste Form angeben. Nähme man für die Atomgewichte andere Verhältnisszahlen oder bezöge man die specifischen Gewichte auf eine andere Einheit als Wasser, so würde man auch andere Werthe für die Atomvolume erhalten, ebensowohl Brüche als ganze Zahlen. Zweitens verdient es berücksichtigt zu werden, dass die Dichtigkeit der Dämpfe auf Luft bezogen wird, die beide ziemlich dieselbe

Volumvergrösserung durch die Wärme erhalten, dass man dagegen eine kleine Differenz im specifischen Gewichte der festen Körper bekommt, je nach der Temperatur, bei welcher die Bestimmung vorgenommen ist. Mit dem specifischen Gewicht ändern sich wieder die Atomvolume; wollte man daher streng vergleichbare Zahlen haben, so müsste man die specifischen Gewichte bei wechselnden Temperaturen ermitteln, die man bis jetzt nicht nachzuweisen im Stande ist. Es folgt hieraus, dass die Zahlen für die Atomvolume zunächst nur annähernde sein können, bei denen man sich füglich mit ganzen Zahlen begnügt. — Nehmen wir nun z. B. schwefelsaures Kupferoxyd, $CuO+SO_3$, so hat Kupfer Cu ein Atomgewicht = 396, ein specifisches Gewicht = 8,96 nach Berzelius, folglich annähernd ein Atomvolum = 44; das schwefelsaure Kupferoxyd hat bei einem Atomgewicht = 997 ein specifisches Gewicht = 3,57 nach Karsten, folglich ein Atomvolum = 279. Das Atomvolum des hinzugetretenen Bestandtheils SO_4 lässt sich des Sauerstoffs wegen nicht unmittelbar bestimmen, es fragt sich also, wie man die Differenz 279 − 44 = 235 auf dasselbe beziehen solle. Es sind hier für ähnliche chemische Verbindungen drei Annahmen möglich. Entweder behalten beide Bestandtheile durch alle Verbindungen hindurch das gleiche Atomvolum, so dass dasselbe für SO_4 immer = 235 bliebe, oder der eine Bestandtheil hat ein veränderliches, oder endlich beide zugleich haben ein veränderliches Atomvolum. Da die erste Annahme sich nicht durchführen lässt und nur die Wahl zwischen den beiden andern freisteht, so kommt es offenbar auf eine zweckmässige Beschränkung der Veränderlichkeit der Atomvolume an, wenn man anders nicht der Willkür ganz freien Spielraum gewähren will. Kopp, der zuerst von der dritten Annahme ausging (Pogg. Ann. XLVII p. 133), liess bei beiden Bestandtheilen, denen er feste Atomvolume bestimmte, Uebergänge in andere nach den einfachsten Zahlenverhältnissen zu. Erwägt man indessen, dass die gefundenen specifischen Gewichte der Substanzen nicht fehlerfrei sind, dass also auch die Berechnung das Atomvolum nur annähernd zu finden hat, so war dieses Verfahren sehr vag und man konnte mit leichter Mühe mehrere Lösungen beibringen, die einen gleichen Werth hatten. Hierauf machte Schröder (Pogg. Ann. L. p. 553) die Entdeckung, dass man in den meisten Verbindungen den Metallen ihr unverändertes Atomvolum lassen könne, und dann für den andern Bestandtheil ein Atomvolum finde, dass immer für mehrere Verbindungen ein gleiches in seiner Veränderlichkeit nur wenige verschiedene Zahlen bedinge. Dadurch wurde die zweite der obigen Annahmen hervorgehoben. Die Wichtigkeit dieser Entdeckung war einleuchtend; deshalb ging auch Kopp auf diesem Wege weiter und suchte nur noch mehr die Veränderlichkeit im Atomvolum des zweiten Bestandtheils zu beschränken, was er dadurch erreichte, dass er den leichten Metallen in ihren Verbindungen ein hypothetisches Atomvolum gab, also bei ihnen eine gewisse Veränderlichkeit zugestand. Man findet seine Untersuchungen in der Schrift: Ueber das specifische Gewicht der chemischen Verbindungen, 1841. Nach diesem Vorgange war es auffallend, dass Schröder in seiner neuesten Schrift: Die Molekularvolume der chemischen Verbindungen, 1843, den von ihm zuerst angebahnten Weg wieder verliess und sich zur dritten Annahme, einer Veränderlichkeit beider Faktoren, zurückwandte. Zwar nimmt er bestimmte stufenweise Verdichtungen an, Veränderungen der Volume von 4 zu 4, oder von 8 zu 8, oder endlich von 16 zu 16, doch lässt sich, selbst ohne die volle Willkür in diesen Zahlen hervorzuheben, kaum ein Gewinn absehen, welchen die Wissenschaft aus seiner Betrachtungsweise ziehen soll. Nach ihm müsste man durchaus die ganze Untersuchung fallen lassen, da man von jedem Stoffe erst das Atomvolum anzugeben im Stande wäre, wenn man das specifische Gewicht wüsste, also weder irgend eine Controlle für die Richtigkeit der Beobachtung gewänne, noch ein allgemeines Gesetz, unter welches sich die einzeln stehenden Thatsachen subsummirten. — Wir werden also im Folgenden die von Kopp gefundenen Resultate angeben und nur in wenigen Fällen seine Zahlen der Atomvolume um ein Unbedeutendes ändern, weil dadurch noch eine Thatsache hervortritt, die eine nähere Beachtung zu verdienen scheint.

1. Ursprüngliche Atomvolume der einfachen Körper.

Substanz.	1 Atom.	Atomgewicht.	Atomvolum.	Specifisches Gewicht berechn.	Specifisches Gewicht beobachtet.
Antimon	*Sb*	806	120	6,72	6,70 Karsten; 6,61 Breithaupt; 6,85 Musschenbroek.
Arsen	*As*	470	80	5,87	5,70 bis 5,96 Guibourt; 5,62 Karsten; 5,67 Herapath.
Blei	*Pb*	1294	114	11,35	11,33 Kupffer; 11,39 Karsten; 11,35 Herapath.
Brom	*Br*	489	160	3,06	2,99 Löwig; 2,97 Balard.
Cadmium	*Cd*	697	81	8,60	8,66 Herapath; 8,63 Karsten; 8,60 Stromeyer; 8,53 Kopp.
Chlor	*Cl*	221	160	1,38	1,33 Faraday.
Chrom	*Cr*	352	69	5,10	5,10 Thomson.
Cyan	*Cy*	165	160	1,03	0,9 (ungef.) Faraday.
Eisen	*Fe*	339	44	7,70	7,6 bis 7,8 Broling; 7,79 Karsten.
Gold	*Au*	1243	65	19,1	19,26 Brisson.
Jod	*J*	789	160	4,93	4,95 Gay Lussac.
Iridium	*Jr*	1233	57	21,6	19,5 Mohs; 23,5 Breithaupt.
Kalium	*K*	490	583	0,84	0,86 Gay-Lussac u. Thénard; 0,87 Sementini.
Kobalt	*Co*	369	44	8,39	8,49 Brunner; 8,51 Berzelius; 8,71 Lampadius.
Kohle	*C*	76	36	2,11	Graphit: 2,14 Breithaupt; 2,33 Karsten. Kohle: 2,10 Scholz.
Kupfer	*Cu*	396	44	9,00	8,96 Berzelius; 9,00 Musschenbroek; 8,72 Karsten.
Mangan	*Mn*	346	44	7,86	8,03 Bachmann; 8,01 John.
Molybdän	*Mo*	599	69	8,68	8,62 bis 8,64 Bucholz.
Natrium	*Na*	291	292	0,99	0,97 Gay-Lussac u. Thénard.
Nickel	*Ni*	370	44	8,41	8,40 Turte; 8,38 Tupputi; 8,60 Brunner.
Osmium	*Os*	1244	57	24,8	natürl.: 19,5 Thénard.
Palladium	*Pd*	666	57	11,7	11,3 Wollaston; 12,1 Lowry.
Phosphor	*P*	196	111	1,77	1,77 Berzelius.
Platin	*Pt*	1233	57	21,6	21,0 Borda; 21,5 Berzelius; 23,5 Cloud.
Quecksilber	*Hg*	1266	93	13,6	13,6 Kupffer; Karsten; Cavallo.
Rhodium	*R*	651	57	11,4	11,0 Wollaston; 11,2 Cloud.

Schwefel	*S*	201	101	1,99	1,99 bis 2,05 Karsten; 1,99 Breithaupt.
Selen	*Se*	495	115	4,30	4,30 bis 4,32 Berzelius; 4,31 Boullay.
Silber	*Ag*	1352	130	10,4	10,4 Karsten.
Titan	*Ti*	304	57	5,33	5,3 Wollaston; 5,28 Karsten.
Wismuth	*Bi*	1330	135	9,85	9,88 Thénard; 9,83 Herapath; 9,65 Karsten.
Wolfram	*W*	1183	69	17,1	17,2 Allan und Aiken; 17,4 Bucholz.
Zink	*Zn*	403	58	6,95	6,92 Karsten; 6,86 bis 7,21 Berzelius.
Zinn	*Sn*	735	101	7,28	7,28 Herapath; 7,29 Kupffer; Karsten.

2. Angenommene Atomvolume der leichten Metalle in ihren Verbindungen.

Substanz.	1 Atom.	Atomvolum.
Ammonium	*Am*	218
Baryum	*Ba*	143
Calcium	*Ca*	60
Kalium	*K*	234
Magnesium	*Mg*	40
Natrium	*Na*	130
Strontium	*Sr*	108

Mit den angegebenen Zahlen für die Atomvolume lässt sich das specifische Gewicht der nachfolgenden chemischen Verbindungen berechnen, wenn man dem zweiten Bestandtheil das bei jeder Reihe besonders angegebene Atomvolum beilegt.

3. Kohlensaure Salze.

a) Atomvolum von $CO_3 = 150$.

Substanz.	1 Atom.	Atom-gewicht	Atom-volum.	Specifisches Gewicht berechn.	beobachtet.
Kohlensaures Bleioxyd . . .	$Pb + CO_3$	1670	264	6,32	künstl.: 6,43 Karsten; natürl.: 6,47 Breithaupt.
„ Cadmiumoxyd .	$Cd + CO_3$	1073	231	4,65	künstl.: 4,42 Herapath; 4,49 Karsten.
„ Eisenoxyd . .	$Fe + CO_3$	715	194	3,69	natürl.: 3,83 Mohs; 3,87 Neumann.
„ Manganoxydul .	$Mn + CO_3$	722	194	3,72	natürl.: 3,55 bis 3,59 Mohs.
„ Silberoxyd . .	$Ag + CO_3$	1728	280	6,17	künstl.: 6,08 Karsten.
„ Baryt	$Ba + CO_3$	1233	293	4,20	künstl.: 4,30 Karsten; nat.: 4,24 Breithaupt; 4,30 Mohs.
„ Kalk	$Ca + CO_3$	632	210	3,01	Arragonit: 3,00 Breithaupt; 2,93 Mohs. Kalkspath: 2,70 Karsten; 2,72 Beudant; 2,72 Kopp.
„ Kali	$K + CO_3$	866	384	2,26	2,26 Karsten.
„ Magnesia . . .	$Mg + Co_3$	534	190	2,81	2,61 Breithaupt; 2,98 Stromeyer.
„ Natron . . .	$Na + CO_3$	667	280	2,38	2,47 Karsten.
„ Strontian . . .	$Sr + CO_3$	923	258	3,57	natürl.: 3,60 Mohs; 3,62 Karsten.
„ Bitterkalk . .	$\{Mg + CO_3 / Ca + CO_3\}$	1166	400	2,91	natürl.: 2,88 Mohs.
„ Mesitin . . .	$\{Mg + CO_3 / Fe + CO_3\}$	1250	384	3,25	natürl.: 3,35 Mohs.

b) Atomvolum von $CO_3 = 120$.

Kohlensaures Zinkoxyd . . .	$Zn + CO_3$	779	179	4,38	natürl.: 4,44 Mohs; 4,4 bis 4,5 Neumann.

4. Salpetersaure Salze.

Atomvolum von $N_2O_6 = 358$.

Salpetersaures Bleioxyd . .	$Pb + N_2O_6$	2071	472	4,40	4,40 Karsten; 4,77 Breithaupt; 4,34 Kopp.
„ Silberoxyd .	$Ag + N_2O_6$	2129	488	4,36	4,36 Karsten.

"	Ammoniak . .	$Am + N_2 O_6$	1004	576	1,74	1,74 Kopp.
"	Baryt . . .	$Ba + N_2 O_6$	1634	501	3,20	3,19 Karsten.
"	Kali	$K + N_2 O_6$	1267	592	2,14	2,10 Karsten; 2,06 Kopp.
"	Natron . . .	$Na + N_2 O_6$	1068	488	2,19	2,19 Marx; 2,20 Kopp; 2,26 Karsten.
"	Strontian . .	$Sr + N_2 O_6$	1324	466	2,84	2,89 Karsten.

5. Schwefelsaure Salze.

a) Atomvolum von $SO_4 = 235$.

Schwefelsaur.	Kupferoxyd .	$Cu + SO_4$	997	279	3,57	3,57 Karsten.
"	Silberoxyd .	$Ag + SO_4$	1953	365	5,35	5,34 Karsten.
"	Zinkoxyd . . .	$Zn + SO_4$	1004	293	3,43	3,40 Karsten.
"	Kalkerde . .	$Ca + SO_4$	857	295	2,91	2,96 Neumann; 2,93 Karsten.
"	Magnesia . .	$Mg + SO_4$	759	275	2,76	2,61 Karsten.
"	Natron . . .	$Na + SO_4$	892	365	2,45	2,46 Mohs; 2,63 Karsten.

b) Atomvolum von $SO_4 = 188$.

Schwefelsaur.	Bleioxyd . .	$Pb + SO_4$	1895	302	6,27	6,30 Mohs; 6,17 Karsten.
"	Baryt . . .	$Ba + SO_4$	1458	331	4,40	4,45 Mohs; 4,20 Karsten.
"	Kali	$K + SO_4$	1091	418	2,59	2,62 Karsten; 2,66 Kopp.
"	Strontian . .	$Sr + SO_4$	1148	292	3,88	3,95 Breithaupt; 2,59 Karsten.

6. Chromsaure Salze.

Atomvolum von $CrO_4 = 228$.

Chromsaures	Bleioxyd . . .	$Pb + CrO_4$	2046	342	5,98	5,95 Breithaupt; 6,00 Mohs.
"	Kali	$K + CrO_4$	1241	462	2,69	2,64 Karsten; 2,70 Kopp.

7. Wolframsaure Salze.

Atomvolum von $WO_4 = 244$.

Wolframsaur.	Bleioxyd . .	$Pb + WO_4$	2877	358	8,04	8,0 Gmelin; 8,1 Leonhard.
"	Eisenoxydul .	$Fe + WO_4$	1922	288	6,67	7,1 Gmelin.
"	Kalkerde . .	$Ca + WO_4$	1839	304	6,05	6,04 Karsten; 6,03 Meissner.

8. Chlormetalle.

a) Atomvolum von $Cl_2 = 245$.

Substanz.	1 Atom.	Atom-gewicht.	Atom-volum.	Specifisches Gewicht berechn.	Specifisches Gewicht beobachtet.
Chlorammonium	$Am + Cl_2$	669	463	1,44	1,45 Wattson; 1,50 Kopp; 1,53 Mohs.
Chlorcalcium	$Ca + Cl_2$	698	305	2,29	2,21 bis 2,27 Boullay; 1,92 Karsten.
Chlorkalium	$K + Cl_2$	932	479	1,94	1,94 Kopp; 1,92 Karsten.
Chlorkupfer	$2 Cu + Cl_2$	1234	333	3,70	3,68 Karsten.
Chlorquecksilber	$Hg + Cl_2$	1708	338	5,05	5,14 Gmelin; 5,42 Boullay; 5,40 Karsten.
	$2 Hg + Cl_2$	2974	431	6,90	6,99 Karsten; 6,71 Herapath; 7,14 Boullay.
Chlorstrontium	$Sr + Cl_2$	989	353	2,80	2,80 Karsten.

b) Atomvolum von $Cl_2 = 196$.

Substanz.	1 Atom.	Atom-gewicht.	Atom-volum.	Specifisches Gewicht berechn.	Specifisches Gewicht beobachtet.
Chlorblei	$Pb + Cl_2$	1736	310	5,60	5,68 bis 5,80 Karsten; 5,24 bis 5,34 Monro.
Chlorsilber	$Ag + Cl_2$	1794	326	5,50	5,50 bis 5,57 Karsten; 5,55 Boullay; 5,13 Herapath.
Chlorbaryum	$Ba + Cl_2$	1299	339	3,83	3,86 Boullay; 3,70 Karsten.
Chlornatrium	$Na + Cl_2$	733	326	2,25	natürl.: 2,26 Mohs. künstl.: 2,15 Kopp; 2,08 Karsten.

9. Jodmetalle.

a) Atomvolum von $J_2 = 450$.

Substanz.	1 Atom.	Atom-gewicht.	Atom-volum.	Specifisches Gewicht berechn.	Specifisches Gewicht beobachtet.
Jodkalium	$K + J_2$	2068	684	3,02	2,91 Karsten; 3,08 bis 3,10 Boullay.
Jodsilber	$Ag + J_2$	2930	580	5,05	5,03 Karsten; 5,61 Boullay.

b) Atomvolum von $J_2 = 360$.

Substanz.	1 Atom.	Atom-gewicht.	Atom-volum.	Specifisches Gewicht berechn.	Specifisches Gewicht beobachtet.
Jodblei	$Pb + J_2$	2872	474	6,06	6,02 Karsten; 6,11 Boullay.
Jodquecksilber	$Hg + J_2$	2844	453	6,28	6,32 Boullay; 6,20 Karsten.
	$2 Hg + J_2$	4110	546	7,53	7,64 Karsten; 7,75 Boullay.

10. Brommetalle.

a) Atomvolum von $Br_2 = 290$.

Bromquecksilber	$Hg + Br_2$	2244	383	5,85	5,92 Karsten.
	$2Hg + Br_2$	3510	476	7,37	7,31 Karsten.

b) Atomvolum von $Br_2 = 232$.

Bromblei	$Pb + Br_2$	2272	346	6,57	6,63 Karsten.
Bromsilber	$Ag + Br_2$	2330	362	6,43	6,35 Karsten.

Zu dieser Reihe gehört noch Bromkalium, dessen spec. Gewicht 2,41 nach Karsten eine neue Annahme für Br_2 verlangt, die sich aber ohne weitere Belege gegenwärtig noch nicht mit hinreichender Sicherheit machen lässt.

In den vorstehenden Tafeln haben die ihrem Atomvolum nach veränderlichen Bestandtheile fast überall zwei Werthe erhalten; dieselben sind dadurch mit einander verbunden, dass der zweite genau $\frac{4}{5}$ des ersten ist; es ist nämlich $120 = \frac{4}{5} . 150$; $188 = \frac{4}{5} . 235$; $196 = \frac{4}{5} . 245$; $360 = \frac{4}{5} . 450$ und $232 = \frac{4}{5} . 290$. Dieser durchgehenden Regel wegen konnte es nicht bedenklich sein, für das schwefelsaure Zinkoxyd, das sich bei Kopp nicht einreihen will, das neue Atomvolum von $CO_3 = 120$ aufzunehmen.

In den Oxyden tritt der Sauerstoff in einer andern Bedeutung auf; sein Atomvolum steigt von 16 zu 32 zu 64, worunter 32 die Stammzahl zu sein scheint. Leider sind von einzelnen Oxyden die specifischen Gewichte nicht sicher genug bestimmt, um beurtheilen zu können, ob nicht noch andere Zahlen zulässig werden, was für die Schwefelverbindungen von Wichtigkeit sein würde. Die folgende Tafel giebt ohne Aenderung die Zusammenstellung, wie sie sich bei Kopp findet.

11. Oxyde der schweren Metalle.

a) Atomvolum von $O = 32$.

Substanz.	1 Atom.	Atom-gewicht.	Atom-volum.	Specifisches Gewicht berechn.	Specifisches Gewicht beobachtet.
Bleioxyd	$Pb + O$	1394	146	9,55	9,50 Boullay; 9,28 Herapath; 9,21 Karsten.
Cadmiumoxyd	$Cd + O$	797	113	7,05	6,95 Karsten.
Kupferoxyd	$Cu + O$	496	76	6,53	6,43 Karsten; 6,13 Boullay; 6,40 Herapath.
Manganoxydul	$Mn + O$	446	76	5,87	5,73 Herapath.
Quecksilberoxyd	$Hg + O$	1366	125	10,9	11,0 Boullay; 11,1 Herapath; 11,2 Karsten.
Zinkoxyd	$Zn + O$	503	90	5,48	5,43 Mohs; 5,60 Boullay; 5,73 Karsten.
Zinnoxydul	$Sn + O$	835	133	6,28	6,67 Herapath.
Molybdänoxyd	$Mo + 2O$	799	133	6,01	5,67 Bucholz.
Titansäure	$Ti + 2O$	504	121	4,16	4,18 Klaproth; 4,20 bis 4,25 Breithaupt.
Bleihyperoxyd	$Pb + 2O$	1494	178	8,40	8,90 Herapath; 8,92 Karsten.
Antimonoxyd	$2Sb + 3O$	1913	336	5,69	5,78 Boullay; 5,57 Mohs.
Bleihyperoxydul	$2Pb + 3O$	2889	324	8,91	8,94 Musschenbroek; 8,60 Karsten; 9,20 Boullay.
Eisenoxyd	$2Fe + 3O$	978	184	5,31	5,23 Boullay; 5,25 Mohs.
Kobaltoxyd	$2Co + 3O$	1038	184	5,64	5,32 Herapath; 5,60 Boullay.
Ilmenit	$\left\{ \begin{matrix} Fe \\ Ti \end{matrix} \right\} + 3O$	942	197	4,78	4,73 bis 4,79 Breithaupt; 4,75 bis 4,78 Kupffer.
Wismuthoxyd	$2Bi + 3O$	2960	366	8,09	8,17 Karsten; 8,21 Herapath; 8,45 Royer; 8 Dumas.

b) Atomvolum von $O = 16$.

Substanz.	1 Atom.	Atom-gewicht.	Atom-volum.	Specifisches Gewicht berechn.	Specifisches Gewicht beobachtet.
Antimonige Säure	$Sb + 2O$	1006	154	6,53	6,53 Boullay; 6,70 Karsten.
Zinnoxyd	$Sn + 2O$	935	133	7,03	6,96 Mohs; 6,90 Boullay; 6,64 Herapath.
Chromoxyd	$2Cr + 3O$	1003	186	5,39	5,21 Wöhler.

c) Atomvolum von $O = 64$.

Kupferoxydul	$2Cu+O$	892	152	5,87	5,75 Karsten; Royer und Dumas; 6,05 Herapath.
Quecksilberoxydul	$2Hg+O$	2632	250	10,5	10,69 Herapath; 8,95 Karsten.
Silberoxyd	$Ag+O$	1452	194	7,48	7,14 Herapath; 7,25 Boullay; 8,26 Karsten.
Molybdänsäure	$Mo+3O$	899	261	3,44	3,46 Bergmann; 3,49 Berzelius.
Wolframsäure	$W+3O$	1483	261	5,68	5,27 Herapath; 6,12 Berzelius; 7,14 Karsten.

Die Oxyde der leichten Metalle hat Kopp übergangen, da er sie unter eine gleiche Form nicht zu bringen vermochte. Erwägt man indess das Verhalten des Sauerstoffs in den Oxyden, wie er in seinem Atomvolum selbstständiger auftritt, so möchte man die Veränderlichkeit auf die leichten Metalle legen und folgende Tafel entwerfen.

12. Oxyde der leichten Metalle.

Substanz.	1 Atom.	Atomgewicht.	Atomvolum.	Specifisches Gewicht	
				berechn.	beobachtet.
Baryt	$Ba+O$	957	179 + 32 = 211	4,54	4,73 Karsten.
Natron	$Na+O$	391	104 + 32 = 136	2,88	2,81 Karsten.
Kali	$K+O$	590	187 + 32 = 219	2,69	2,66 Karsten.
Strontian	$Sr+O$	647	135 + 32 = 167	3,88	3,93 Karsten.
Magnesia	$Mg+O$	258	50 + 32 = 82	3,15	3,20 Karsten.
Kalk	$Ca+O$	356	75 + 32 = 107	3,33	3,18 Boullay; 3,16 Karsten.

In dieser Tafel ist das Atomvolum von $O = 32$ angenommen und von $Ba = 179 = \frac{5}{4} . 143$, von $Na = 104 = \frac{4}{5} . 130$, von $K = 187 = \frac{4}{5} . 234$, von $Sr = 135 = \frac{5}{4} . 108$, von $Mg = 50 = \frac{5}{4} . 40$, von $Ca = 75 = \frac{5}{4} . 60$. Erschiene die Differenz beim Kalk zu gross, denn das spec. Gewicht der Baryterde ist nach Karsten selbst nicht ganz zuverlässig, so müsste man $O = 64$ und $Ca = 48 = \frac{4}{5} . 60$ ansetzen, wodurch man das spec. Gewicht auf 3,18 berechnete. Die doppelten Atomvolume der leichten Metalle, unter einander durch das Verhältniss von 4 : 5 verbunden, kann nach den früheren Vorlagen kaum bedenklich erscheinen.

Von den Schwefelmetallen giebt Kopp folgende Zusammenstellung.

13. Schwefelmetalle.

a) Atomvolum von $S = 53$.

Substanz.	1 Atom.	Atom-gewicht.	Atom-volum.	Specifisches Gewicht berechn.	Specifisches Gewicht beobachtet.
Schwefelnickel	$Ni + S$	571	97	5,86	geschmolzen: 5,76 Breithaupt.
Eisenkies	$Fe + 2S$	741	150	4,94	natürl.: 4,90 Karsten; 5,0 Breithaupt; Mohs. künstl.: 4,5 Breithaupt.
b) Atomvolum von $S = 78$.					
Schwefelblei	$Pb + S$	1495	192	7,78	natürl.: 7,76 Beudant. künstl.: 7,51 Karsten.
Kupferglanz	$2Cu + S$	993	166	5,97	natürl.: 5,74 Mohs; 5,57 Herapath. künstl.: 5,98 Karsten.
Molybdänglanz	$Mo + S$	1001	225	4,45	natürl.: 4,44 Seibert; 4,59 Mohs.
Doppelt Schwefelzinn	$Sn + S$	1137	257	4,43	künstl.: 4,42 Boullay; 4,60 Karsten.
Wismuthglanz	$2Bi + 3S$	3263	504	6,47	natürl.: 6,55 Mohs; 6,4 Glocker. künstl.: 7,0 Karsten.
Antimonglanz	$2Sb + 3S$	2215	474	4,67	nat.: 4,62 Mohs; 4,63 Breithaupt. künstl.: 4,75 Karsten.
c) Atomvolum von $S = 94$.					
Einfach Schwefelkupfer	$Cu + S$	597	138	4,33	künstl.: 4,16 Karsten.
Manganglanz	$Mn + S$	547	138	3,96	natürl.: 3,95 bis 4,01 Leonhard.
Schwefelzink	$Zn + S$	604	152	3,91	künstl.: 3,92 Karsten. natürl.: 4,03 Mohs.
Einfach Schwefelzinn	$Sn + S$	936	195	4,80	künstl.: 4,85 Karsten. natürl.: 4,35 Leonhard.
Schwefelsilber	$Ag + S$	1553	224	6,93	künstl : 6,85 Karsten. natürl.: 6,9 bis 7,2 Leonhard; 7,19 Mohs.
Zinnober	$Hg + S$	1467	187	7,84	natürl.: 8,1 Mohs. künstl.: 8,0 Karsten; 8,1 Boullay.
Silberkupferglanz	$\left\{ \begin{matrix} 2Cu \\ Ag \end{matrix} \right\} + 2S$	2546	406	6,26	natürl.: 6,26 Stromeyer.
Buntkupfererz	$\left\{ \begin{matrix} Fe \\ 4Cu \end{matrix} \right\} + 3S$	2526	502	5,03	natürl.: 5,00 Mohs; 5,0 Gmelin.
Kupferkies	$\left\{ \begin{matrix} Fe \\ Cu \end{matrix} \right\} + 2S$	1137	276	4,12	natürl.: 4,17 Mohs; 4,16 Gmelin.

d) Atomvolum von $S = 110$.

Schwefelcadmium	$Cd + S$	898	191	4,70	natürl.: 4,8 Brooke u. Connel. künstl.: 4,61 Karsten.
Schwefelplatin	$Pt + S$	1434	167	8,53	künstl.: 8,5 Böttger.

Von den Zahlen, die das Atomvolum des Schwefels ausdrücken, scheint $94 = \frac{5}{4} . 78$ zu sein und $110 = 2 . 53$; dann würde man hier ein Verhalten theils wie bei den Salzen, theils wie bei den Oxyden finden und es bleibe nur zu untersuchen übrig, wie 53 und 78 mit einander verbunden sind, die sich wie 2 : 3 verhalten.

Ueber die Arsenverbindungen liegt folgende Tafel vor.

14. Arsenverbindungen.

a) Atomvolum von $As = 119$, von $O = 32$ und von $S = 78$.

Substanz.	1 Atom.	Atom-gewicht.	Atom-volum.	Specifisches Gewicht berechn.	Specifisches Gewicht beobachtet.
Arsenige Säure	$2 As + 3 O$	1240	334	3,71	3,70 bis 3,72 Karsten; 3,69 bis 3,74 Guibourt.
Arseniksäure	$2 As + 5 O$	1440	398	3,87	3,73 Karsten.
Realgar	$As + S$	671	197	3,41	3,34 Brisson; 3,54 Karsten; 3,56 Mohs.
Auripigment	$2 As + 3 S$	1543	472	3,27	3,31 Musschenbroek; 3,46 Karsten; 3,48 Mohs.
b) Atomvolum von $As = 74$.					
Kupfernickel	$Ni + As$	840	118	7,11	natürl.: 7,29 Berthier.
Speiskobalt	$Co + 2 As$	1309	192	6,82	natürl.: 6,46 Gmelin; 6,6 Leonhard.
c) Atomvolum von $As = 74$ und von $S = 53$.					
Arsenikkies	$\left\{\begin{matrix} Fe + 2 As \\ Fe + 2 S \end{matrix}\right\}$	2020	342	5,91	natürl.: 5,84 Breithaupt.
Nickelglanz	$\left\{\begin{matrix} Ni + 2 As \\ Ni + 2 S \end{matrix}\right\}$	2082	342	6,09	natürl.: 6,09 bis 6,13 Pfaff; 6,23 bis 6,33 Breithaupt.
Kobaltglanz	$\left\{\begin{matrix} Co + 2 As \\ Co + 2 S \end{matrix}\right\}$	2080	342	6,08	natürl.: 6,04 bis 6,07 Breithaupt.

Auch in der vorstehenden Tafel scheint 119 = 2 . $\frac{4}{5}$. 74 zu sein. Endlich stellt Kopp noch eine Tafel der Hydrate auf, in welchen er das Atomvolum von H_2O theils = 84, theils = 96 setzt, zwei Zahlen, die unter einander nicht nach der früheren Regel verbunden sind.

15. Hydrate von Salzen.

a) Atomvolum von H_2O = 84.

Substanz.	1 Atom.	Atom-gewicht.	Atom-volum.	Specifisches Gewicht berechn.	Specifisches Gewicht beobachtet.
Krystallisirtes Chlorbaryum .	$BaCl_2 + 2H_2O$	1524	507	3,00	3,05 Karsten.
Schwefelsaurer Kalk . . .	$Ca_2SO_4 + H_2O$	1826	676	2,70	2,76 Mitscherlich.
Gyps	$CaSO_4 + 2H_2O$	1082	464	2,33	3,33 Beudant; 2,31 Breithaupt.
Schwefelsaur. Kupfer . . .	$CuSO_4 + 5H_2O$	1569	700	2,24	2,23 Hoffmann; 2,27 Kopp.
„ Mangan . . .	$MnSO_4 + 5H_2O$	1509	700	2,15	2,10 Kopp.
„ Nickel . . .	$NiSO_4 + 7H_2O$	1758	868	2,03	2,04 Kopp.
„ Zink . . .	$ZnSO_4 + 7H_2O$	1792	882	2,03	2,04 Mohs.
„ Magnesia . .	$MgSO_4 + 7H_2O$	1546	864	1,79	1,75 Mohs.
b) Atomvolum von H_2O = 96.					
Kohlensaur. Natron	$NaCO_3 + 8H_2O$	1563	1049	1,49	1,51 Clarke.
	$NaCO_3 + 10H_2O$	1787	1241	1,44	1,42 Haidinger.
„ Kalk	$CaCO_3 + 5H_2O$	1192	691	1,73	1,75 Mitscherlich.
Salpetersaur. Kupfer . . .	$CuN_2O_6 + 3H_2O$	1510	690	2,19	2,17 Gehler.
„ Magnesia . .	$MgN_2O_6 + 4H_2O$	1383	782	1,78	1,74 Gmelin.
Schwefelsaures Eisen . . .	$FeSO_4 + 6H_2O$	1614	856	1,89	1,88 Musschenbroek; 1,83 Mohs.
„ Natron . . .	$NaSO_4 + 10H_2O$	2017	1426	1,41	1,48 Mohs; 1,45 Kopp.

E. Berechnung des specifischen Gewichts der Flüssigkeiten.

Dass auch das specifische Gewicht der Flüssigkeiten von ihren Bestandtheilen abhängt, hat Kopp zuerst dadurch erwiesen, dass er bestimmte Differenzen im Atomvolum mehrerer chemischen Verbindungen nachwies, so zwischen den Säurehydraten und den Verbindungen dieser Säuren mit Aethyl- und Methyloxyd, zwischen den einander entsprechenden Aethyl- und Methylverbindungen, und endlich zwischen den Substanzen, in welchen Wasserstoff durch Chlor ersetzt wird. Diese Untersuchungen hat er später erweitert (Annalen der Chemie und Pharmacie L. pag. 71); ebenso haben sich damit auch Schröder (Pogg. Ann. LXII. p. 341 und in seiner Schrift: Ueber die Siedhitze der Kohlenwasserstoffverbindungen) und Löwig (Pogg. Ann. LXIV. p. 209 u. p. 515) beschäftigt. Bis jetzt haben indess diese Forschungen nur zu dem einen gemeinsamen Resultate geführt, dass man die Atomvolume der Flüssigkeiten bei einander entsprechenden Temperaturen festsetzen müsse, für welche Temperaturen man diejenigen ansieht, bei welchen die Dämpfe gleiche Elasticität besitzen, also am einfachsten die Siedpunkte. Da indess für diese Temperaturen die specifischen Gewichte der Flüssigkeiten selten bestimmt sind, so reducirt man die beobachteten Werthe darauf vermittelst der von Gay-Lussac über die Ausdehnung des Weingeistes angegebenen Zahlen, oder, was dasselbe ist, man corrigirt hiernach die Atomvolume der Bestandtheile, die für alle Flüssigkeiten bei ihrer Siedhitze dieselben sich in dem Masse ändern, als die Temperatur, bei welcher das specifische Gewicht genommen ist, von der Temperatur des Siedpunktes abweicht. In allen übrigen Stücken weichen die Ansichten gänzlich von einander ab, und doch ist noch keine von ihnen so evident durchgeführt, dass man ihr schon jetzt vor den andern den Vorzug einräumen könnte. Unter solchen Umständen mag es genügen, die Grundzüge der bisherigen Behandlungsweisen kurz anzugeben, und dabei selbst nur auf diejenigen organischen Verbindungen Rücksicht zu nehmen, die allein Kohlenstoff, Wasserstoff und Sauerstoff enthalten. Kopp, der die gewöhnlichen Atomgewichte beibehält, setzt für die Siedpunkte durchgängig das Atomvolum von $O = 6 \times 9{,}75$, von $H = 3 \times 9{,}75$

und von $C = 8 \times 9{,}75$. Die Uebereinstimmung der beobachteten und berechneten specifischen Gewichte ist nicht überall ganz befriedigend, wenngleich den Beobachtungsfehlern noch ziemlich weite Grenzen gesteckt sein mögen. Schröder nimmt der leichtern Rechnung wegen das Atomgewicht von $H_2 = 1$ an, hiernach von $C = 6$ und von $O = 8$, und lässt die Atomvolume derselben durchgängig einander gleich sein, nämlich bei der Siedhitze das Atomvolum von $C_2 = O_2 = H_4 = 10{,}379$. Diese Ansicht empfiehlt sich unstreitig durch ihre Einfachheit, auch wird sie dadurch nicht besonders beschränkt, dass Schröder in Bezug auf die Atomgewichte die chemischen Formeln der Substanzen so schreibt, wie sie 4 Vol. in Gasform geben, denn ohne die Zulässigkeit dieser Formeln für 1 Atom einzuräumen, dürfte man in diesen Fällen nur Verdichtungen von 2 : 1 einsetzen. Ueberdies giebt diese Ansicht das specifische Gewicht vieler Substanzen mit grosser Genauigkeit an, allein leider lässt sie sich bis jetzt nicht überall anwenden und verlangt demnach noch eine Ergänzung, die sie selbst vielleicht wieder modificiren möchte. Nach Löwig endlich haben wir die Atomgewichte, ähnlich wie bei Schröder, auf das Atomgewicht von H_2 als Gewichtseinheit (G. E.) und die Atomvolume auf Raumeinheiten (R. E.) zu reduciren, und zwar ist eine G. E. $= 12{,}5$, eine R. E. bei dem Siedpunkte der Substanz $= 22{,}56$. Das Atomvolum von H_2 wird hierauf variabel zu $1\frac{1}{2}$ oder 2 R. E. angesetzt, ebenso das Atomvolum von $C = 6$ oder 4 R. E, und von Hydratwasser $H_2O = 5$ R. E., dagegen soll das Atomvolum von O theils ganz verschwinden theils einer R. E. gleich sein. Diese Ansicht lässt, wie man sieht, eine gewisse Willkür zu, da sie die Wahl zwischen mehreren Zahlen frei stellt; indess das grösste Bedenken gegen sie liegt offenbar in der Stellung, die sie dem Sauerstoff anweist, eine Stellung, die weder in der Berechnung bei den Dämpfen noch bei den festen Körpern eine Stütze findet.

Thermometer.

Das Quecksilberthermometer ist in den letzten Jahren wiederholt der Gegenstand genauer Untersuchungen geworden, besonders um den wahren Werth seiner Angaben scharf zu bestimmen.

Graduirung. Rudberg (Pogg. Ann. XL. p. 39 u. p. 562 nach Kongl. Vetensk. Acad. Handling. f. 1834 p. 354) hat zunächst einige Mittel zur Graduirung desselben mitgetheilt. Er bedient sich dazu wie gewöhnlich eines abgetrennten Quecksilberfadens, den er aber noch so lang lässt, dass er auch in engen Röhren leicht verschoben werden kann; denselben bekommt er von der gerade zweckdienlichen Länge, wenn er eine Stelle der Röhre erhitzt, darauf die Kugel erwärmt, bis der erforderliche Faden über die Stelle gegangen ist, und nun die Röhre neigt, wobei die Trennung immer an dem erhitzten Orte erfolgt. Sind also der Gefrier- und der Siedepunkt der Röhre auf die herkömmliche Weise bestimmt und das Thermometer auf einer genau, aber beliebig eingetheilten Scale befestigt, so trennt er einen Faden, der so genau als möglich die Hälfte der Röhre von 0° bis 100° einnimmt, stellt sein unteres Ende auf 0 ein und notirt den Theilstrich, auf welchem das obere Ende steht; hierauf bringt es dieses auf 100 und notirt den Stand des untern Endes. Der 50ste Grad liegt in der Mitte beider Notirungen, da überall nur ziemlich gleich weite Röhren gebraucht werden. Ein Faden ferner, der nahe $\frac{1}{3}$ des Fundamentalabstandes besitzt, bestimmt durch Einstellen seines untern Endes auf 0, dann auf den Stand des obern Endes, also durch seine Verdopplung von 0 ab, und durch Einstellen seines obern Endes auf 100 den dritten Theil der Röhre. Zur Controle kann man die Verdopplung des Fadens von 100 ab nehmen. Den sechsten Theil der Röhre bekommt man hierauf durch Einstellen desselben Fadens von 50 ab, und ebenso geben Fäden von $\frac{5}{12}$, $\frac{11}{24}$, $\frac{23}{48}$ u. s. w. Länge die weitern Eintheilungen in 12, 24, 48 u. s. w. gleiche Theile.

Ort des Nullpunktes. Schon früher war es bekannt, dass der Nullpunkt der Scale im Laufe der Zeit seinen Ort verändert; aus den näheren Untersuchungen von Legrand (Ann. de chim. et de phys. T. LXIII. p. 368) und von Despretz (l. c. T. LXIV. p. 312) lassen sich darüber folgende Resultate entnehmen. Der Nullpunkt steigt nach der Verfertigung des Instruments und erreicht nach dem ersten Beobachter etwa nach Verlauf von 4 Monaten, nach dem andern erst in späterer Zeit das Maximum seiner Erhebung, das bei verschiedenen Instrumenten verschieden und geringer bei Crystallglas sich im Allgemeinen bis auf $\frac{1}{2}^{0}$ belaufen kann. Erwärmt man das Thermometer später wieder bis zur Siedhitze des Wassers, so nimmt der Nullpunkt den frühern niedrigen Stand ein; doch kommen hierbei kleine Differenzen vor, selbst bei demselben Glase und bei gleicher Behandlungsweise. Diese Erhebung des Nullpunktes wird sicher nicht allein durch den äussern Luftdruck hervorgebracht, da sie gleichfalls bei Instrumenten stattfindet, die oben offen bleiben oder einen Luftbehälter besitzen. Sollte sich die Beobachtung von Legrand bestätigen, dass an einem Thermometer, welches bis zu 300° in Oel erwärmt und ganz langsam abgekühlt wird, der Nullpunkt bis über 1° steigt, aber später bei den gewöhnlichen Lufttemperaturen unverändert bleibt, so muss der Hauptgrund der Erscheinung in der schnellen Abkühlung des Glases gesucht werden, wodurch die Theile desselben in eine Spannung versetzt werden und erst nach und nach, sei es schneller oder langsamer, diejenige Zusammenziehung erlangen, welche der Temperatur entspricht. Auf jeden Fall verlangt die Thatsache bei Temperaturbeobachtungen, die auf einen höhern Grad von Genauigkeit Anspruch machen, volle Berücksichtigung. So oft also nur niedere Temperaturen beobachtet werden, kann es genügen, die Fixirung des Nullpunktes erst längere Zeit nach Verfertigung des Instruments vorzunehmen und die Scale öfter zu revidiren; unternimmt man dagegen Beobachtungen, die höhere und niedere Temperaturen in schnellerm Wechsel umfassen, so ist es besser, erst den Siedpunkt und hinterher den Nullpunkt zu bestimmen, der jetzt zwar niedriger ausfällt, aber in dem kürzern Verlauf der Beobachtungen seine Stelle weniger verändert.

Uebereinstimmung der Thermometerangaben. Misslicher steht es nach Regnault (Ann. de chim. et de phys. S. III. T. V. p. 83) mit den Angaben der Quecksilberthermometer bei höhern Temperaturen. Denn wenn zwei Thermometer verschiedene Formen besitzen, noch mehr wenn sie aus ungleichem Glase gemacht sind, so zeigen sich bei höhern Wärmegraden nicht unbedeutende Differenzen in ihren Angaben, obschon eine vollständige Uebereinstimmung bei 0° und 100° stattfindet. Ja bei anscheinend ganz gleichen Instrumenten bleiben hier kleine Abweichungen nicht aus. Zum Belege machte Regnault eine Versuchsreihe mit drei Ausflussthermometern, die in einem mit Oel gefüllten Behälter standen und, um jede Temperaturdifferenz zu vermeiden, im Kreise herumgedreht wurden. Das erste war aus einer Röhre von gemeinem Glase zur Kugel ausgeblasen, das zweite bestand aus einem kleinen Ballon ebenfalls von gemeinem Glase, das dritte war aus einer Crystallröhre zur Kugel geblasen. Diese Thermometer lieferten folgende Angaben:

1. Therm.	2. Therm.	3. Therm	Untersch. zwischen 1. u. 3.
0°	0°	0°	0°
100	100	100	0
190,51	190,84	191,66	+1,15
246,68	247,02	249,36	+2,68
251,87	252,06	254,57	+2,70
279,08	279,31	282,50	+3,42
310,69	311,14	315,28	+4,59
333,72	333,76	340,07	+6,35

Eine Wiederholung dieser Versuche durch J. J. Pierre (Ann. de chim. et de phys. S. III. T. V. p. 427) führte zu demselben Resultate; es zeigten sich selbst zwischen 0° und 100° in den Angaben zweier Thermometer aus gemeinem und Crystallglase Differenzen bis auf 0°,15.

Vergleichung des Quecksilber- und des Luftthermometers. Nach den Resultaten der vorstehenden Untersuchung kann eine Vergleichung des Quecksilberthermometers mit dem Luftthermometer nur unsichere Angaben liefern, da die ungleiche Ausdehnung des Glases besonders im letztern Instrumente einen nicht unbedeutenden Einfluss ausübt; wenn demnach zwei Beobachter mit verschiedenem Glase operiren, werden sie sicher auch verschiedene Reductionstafeln aufstellen. Diese Erwartung bestätigt sich in den Arbeiten von Magnus (Pogg. Ann. LVII. p. 177) und Regnault (Ann. de chim. et de phys. S. III. T. V. p. 83). Der erstere erzeugte die constante höhere Temperatur in dem Blechkasten, worin er die Spannung der Wasserdämpfe bestimmt hatte; dem Luftthermometer standen hierin zwei Ausflussthermometer zur Seite. Aus den Versuchen ergab sich durch Interpolation folgende Tabelle:

Anscheinende Ausdehn. des Quecksilb.	Anscheinende Ausdehnung der Luft.	Absolute Ausdehn. der Luft.
100° C.	100° C.	100° C.
150	148,07	148,74
200	196,34	197,49
250	242,97	245,39
300	291,16	294,51
330	316,94	320,92

Diese Tafel stimmt ziemlich genau mit den Angaben von Dulong und Petit überein, obschon diese als Ausdehnungscoëfficienten der Luft 0.375 gebraucht haben müssen. — Regnault erzeugte die constante Temperatur in Oel und bedient sich gleichfalls der Ausflussthermometer; er fand:

Luftherm.	Quecksilber-Therm.	Unterschied.
0° C.	0° C.	0° C.
50	50,2	+0,2
100	100,0	0
150	150,0	0
200	200,0	0
250	250,3	+0,3
300	301,2	+1,2
325	326,9	+1,9
350	353,3	+3,3

Die Differenzen gegen die vorige Tabelle erklären sich, wie schon bemerkt wurde, einestheils aus der unregelmässigen Ausdehnung des Glases, anderntheils mögen aber auch, wie Regnault vermuthet, der Luftbehälter und die Thermometer bei Magnus durch die Wärmestrahlung ungleich afficirt worden sein. Zur Sicherstellung seiner Beobachtungen lieferte der erstere noch zwei Versuche in dem Dampf von kochendem Terpenthinöl und Quecksilber. Hierin fand er:

Quecksilberthermometer: 161°,36; 161°,78;
Luftthermometer: 161,58; 161,93;

ferner:

Quecksilberthermometer: 363°,39; 361°,54; 363°,33; 363°,09;
Luftthermometer: 357,76; 356,78; 358,57; 357,98.

Diese Beobachtungen stimmen mit den obigen ziemlich genau überein.

Metastatische Thermometer. Walferdin in Paris

bläst an seinen Thermometern, die besonders geschätzt werden, den Quecksilberbehälter so aus der Röhre, dass er in der Peripherie nicht hervortritt, sondern nur durch Verminderung der Glasstärke entsteht; er calibrit ferner seine Röhren sehr sorgfältig und passt ihnen die Scale an; auch nimmt er sie nicht von grösserer Länge als 14 bis 15 Zoll, damit sie bei der Normirung des Siedepunkts ganz in den Dampf des kochenden Wassers gesenkt werden können. Da indess diese Thermometer sich für Beobachtungen geringer Temperaturdifferenzen nicht eignen, so verfertigt er hierzu besondere metastasische Thermometer, deren Röhren gewöhnlich nur 10 bis 20 Grad umfassen und oben eine birnförmige Erweiterung haben. Will man mit einem solchen Instrumente, dessen Scale 20 Grad enthalte, Beobachtungen zwischen 30 und 50 Grad z. B. anstellen, so erwärmt man es zuerst bis etwas über 50°, wendet es gegen das birnförmige Gefäss um, wodurch das darin bereits eingetretene Quecksilber hinabfällt und kühlt es wieder ab; der Quecksilberfaden in der Röhre zieht sich zurück und das oben befindliche Quecksilber bleibt selbst bei senkrechtem Stande des Instrumentes in der birnförmigen Erweiterung. Mittelst eines Normalthermometers bestimmt man hiernach den Werth des untersten und obersten Theilstrichs, wonach die Scale die dazwischen liegenden Grade angiebt. Aehnliche Instrumente, die oft nur wenige Grade umfassen, sind mit Weingeist gefüllt, bei denen man aus einem kleinen Säckchen zur Seite der obern Erweiterung ein Quecksilbertröpfchen in die Röhre eintreten lassen kann, das bei den Beobachtungen als Index dient.

Die Angaben des Magnetpyrometers und Weingeistthermometers bei niedrigen Temperaturen verglichen mit denen des Luftthermometers. Um die bedeutend niedrigen Temperaturen, die sich durch Kohlensäure in starrem und durch Stickstoffoxydul in starrem und flüssigem Zustande hervorbringen lassen, auf eine bequeme Weise zu bestimmen, hat **Pouillet** (Compt. rend. 1837 I. p. 513; Poggendorf's Annalen. XLI. p. 144.) die Angaben des Luftthermometers, des Magnetpyrometers und des Weingeistthermometers mit einander verglichen. Bei dem ersten Instrumente betrug das durch Quecksilber abgesperrte Luftvolum 91,57 *CC* bei 0° und 760mm Barometerstand, davon fasste der gläserne

Behälter, der abgekühlt wurde, 56,825 *CC*, das Verbindungsrohr 2,415 *CC* und den übrigen Theil eine graduirte Röhre. Als der Behälter mit einem Brei aus Kohlensäure und Aether umgeben war, blieben in der graduirten Röhre 8,78 *CC* Luft; die äussere Temperatur betrug 11°,3 *C*° und der Barometerstand war 764^{mm},65 bei 13°,3 Wärme des Quecksilbers. Hiernach besass der Brei eine Temperatur von —78°,85 *C*. Ein anderes Luftthermometer mit einem Platinbehälter gab —78°,87 *C*. — Das Magnetpyrometer wurde aus einer thermoelektrischen Kette von Wismuth und Kupfer gebildet, deren Stromstärke mittelst der Sinusbussole gemessen wurde. Die Ablenkung der Nadel zeigte sich zwischen + 17° und + 77° der Wärme proportional: berechnet man also nach den gefundenen Werthen die Ablenkung von 63°, die stattfand, als die eine Löthstelle auf 0° erhalten wurde und die andere mit dem genannten Brei umgeben war, ebenso die Ablenkung von 27° 20′, als die eine Löthstelle sich im schmelzenden Quecksilber befand, so erhält man die Temperatur des Breies = —78°,75 und des schmelzenden Quecksilbers = —40°,5. — Von Weingeistthermometern kamen 6 von Bunten gefertigte in Anwendung; die ersten drei waren mit Alkohol von 40° *B.*, die andern drei mit gewöhnlichem Weingeist von 36° *B.* gefüllt. Sie wurden zuerst in schmelzenden Schnee, dann in den Brei und in schmelzendes Quecksilber getaucht, und man zeichnete die Abstände nach der Scale auf. So ergab sich:

No. der Thermom.		Abstand des Nullpunktes v. d. Temperatur des Breies.	Abstand des Nullpunktes v. d. Temperatur d. schmelzend. Quecksilbers.	Verhältniss der beiden Abstände.
Alkohol 40° B.	1	178^{mm},00	92^{mm},00	78,36 : 40,5
	2	183,30	94,20	78,81 : 40,5
	3	188,60	96,00	79,56 : 40,5
Alkohol 36° B.	4	165,40	85,80	78,07 : 40,5
	5	155,50	80,40	78,33 : 40,5
	6	138,90	72,40	77,70 : 40,5
			Mittel	78,47 : 40,5.

Also stellt sich auch hier ziemlich genau das richtige Verhältniss der beiden untersuchten Temperaturen heraus. — Man würde nach dieser Vergleichung ein sehr günstiges Urtheil über die Anwendbarkeit der beiden letztern Instrumente zur Beobachtung niedriger Temperaturen fallen müssen, wenn nicht Pouillet die Angaben des Luftthermometers mit dem damals noch gebräuchlichen Ausdehnungscoëfficienten 0,375 berechnet hätte; nimmt man statt desselben 0,3665 an, so gab das Luftthermometer die Temperatur des Breies zu — 80°,75 *C.* an, und hiernach möchte eine neue Vergleichung der drei Instrumente wohl wünschenswerth sein. —

Ausdehnung der Körper durch die Wärme.

A. Ausdehnung der trocknen atmosphärischen Luft.

Die Ausdehnung der trocknen atmosphärischen Luft durch Erwärmung von 0° bis 100° C. war bisher nach den zahlreichen Versuchen von Gay-Lussac zu 0,375 angenommen worden, womit auch die freilich auf einem Rechnungsfehler beruhenden Angaben von Dalton völlig übereinstimmten. Im Jahre 1837 machte F. Rudberg auf die Unsicherheit dieser Constante aufmerksam und setzte ihren Werth nur zu 0,364 bis 0,365 an (Pogg. Ann. XLI. p. 271 und XLIV. p. 119). Er wandte bei seinen Versuchen zwei verschiedene Methoden an; einestheils maass er die Ausdehnung der Luft bei nahe constantem Drucke, anderntheils leitete er ihre Ausdehnung aus der vermehrten Spannkraft bei ziemlich unverändertem Volumen ab. Nach der erstern Methode verband er eine Glaskugel (Kaliglas), die 150 bis 200 Grammen Quecksilber fasste, mit einer längern Thermometerröhre und trocknete die darin enthaltene Luft wohl aus, indem er den mit einer Chlorcalciumröhre verbundenen Apparat mehrere (an 50) Male erhitzte und wieder abkühlte, oder auch ebenso oft auspumpte und sich wieder füllen liess. Während darauf die Kugel noch mit der Chlorcalciumröhre verbunden blieb, brachte er sie in den Dampf von siedendem Wasser, der, um jene Abkühlung zu verhüten, aus einem doppeltem Mantel ausströmte, und bestimmte die Temperatur desselben T aus dem Barometerstande H', den er in dem Augenblicke nahm, wo er die Termometerröhre zublies. Nach erfolgter Abkühlung senkte er dann diese Röhre mittelst eines besondern Gestells in ein Gefäss mit trockenem Quecksilber ziemlich tief ein und brach die untere Spitze ab; jetzt trat das Quecksilber hinein und füllte, während die Temperatur der Kugel durch darumgelegten und nach und nach erneuerten Schnee auf 0° erhalten wurde, denjenigen Raum aus, um welchen sich die Luft bei der Siedhitze ausgedehnt hatte. Nachdem der Apparat längere Zeit in diesem Zustande geblieben war, waren noch folgende Operationen zu thun übrig: zuerst die Höhe h genau zu messen, um welche das Quecksilber in der Kugel höher stand, als im Gefässe, und den Stand des Barometers H'' zu dieser Zeit aufzuzeichnen; zweitens das Gewicht p des eingetretenen Quecksilbers zu bestimmen, endlich den ganzen Apparat bei 0° mit Quecksilber zu füllen, den bei der Siedhitze T' ausfliessenden Theil w' desselben und ebenso mittelst des Rückstandes die ganze eingefüllte Masse P zu wägen. Aus diesen Daten lässt sich sofort die Ausdehnung der Luft zwischen 0° und 100° *C.* berechnen. Denn ist das Volumen der Kugel sammt Thermometerröhre bei 0° $= V$, die Ausdehnung der Luft für 1° $= \alpha$, des Glases $= \delta$, ferner das Gewicht einer Raumeinheit Luft bei 0° und 760^{mm} Druck $= a$, so war das Volumen der Kugel bei der Siedhitze $T = V(1+\delta T)$, ferner stand die darin befindliche Luft unter einem Drucke $= H'$ und war im Verhältniss von $1:1+\alpha T$ ausgedehnt, also wog sie $aV\frac{H'}{760}\cdot\frac{1+\delta T}{1+\alpha T}$; nach ihrer Abkühlung auf 0° füllte sie nur noch einen Raum v aus und stand unter einem Drucke $= H''-h$, sie wog demnach $av\frac{H''-h}{760}$; da diese beiden Gewichte einander gleich sind, so bekommt man

$$1+\alpha T = \frac{V}{v}\cdot\frac{H'}{H''-h}(1+\delta T),$$

welche Gleichung α giebt, wenn $\frac{V}{v}$ und δ bekannt sind. Es ist aber unmittelbar $\frac{V}{v} = \frac{P}{P-p}$ und δ lässt sich aus dem Quecksilber w' herleiten, das bei der Temperatur T' aus der bei 0° mit P gefüllten Kugel abfloss. Denn da die absolute Ausdehnung des Quecksilbers aus den Untersuchungen von Dulong und Petit bekannt ist, welche sie unabhängig von der Ausdehnung des Glases zwischen 0° und 100° zu 0,018018 bestimmten, die also auf 1° Δ betragen mag, so nahm das Quecksilber P, das bei 0° den Raum V ausfüllte, bei T' einen Raum $V(1 + \varDelta T')$ ein, dagegen bot die Kugel nur einen Raum $= V(1 + \delta T')$ dar, und es musste ein Theil $V(\varDelta - \delta)T'$ abfliessen, der sich zur ganzen Masse wie w' zu P verhält. Hieraus folgt $V(\varDelta - \delta)T' : V(1 + \varDelta T') = w' : P$ oder

$$(\varDelta - \delta)T' = \frac{w'}{P}(1 + \varDelta T').$$

Aus 24 Versuchen fand **Rudberg** $100(\varDelta - \delta) = 0{,}015733$, also:

$$100\,\delta = 0{,}002285,$$

wogegen **Dulong** und **Petit** für das von ihnen gebrauchte Glas $100\delta = 0{,}002546$ erhalten hatten. — Die sämmtlichen nach dieser Methode angestellten Beobachtungen ergeben:

P	$P-p$	H'	H''	h	T	$100\,\alpha$
166gr,6891	133gr,1409	765mm,28	742mm,77	39mm,3	100°,20	0,3643
173,4432	131,7215	763,62	775,84	38,1	100,13	0,3654
183,4963	143,2124	757,02	759,65	46,9	99,89	0,3644
154,2360	120,6356	772,30	759,10	35,0	100,45	0,3650
174,6862	134,9876	779,85	777,48	38,1	100,73	0,3653
198,8099	172,7273	764,42	762,71	117,0	100,16	0,3651
184,4872	146,6123	758,11	753,42	52,5	99,93	0,3643
191,1037	178,9558	757,79	761,05	166,5	99,92	0,3645

Mittel $100\,\alpha = 0{,}3648$.

Die zweite Methode, die **Rudberg** anwandte, lässt, wenn die Ausdehnung des Glases vorher bestimmt ist, die Versuche in kürzerer Zeit und dennoch mit grosser Sicherheit vollenden. Man nimmt einen Glascylinder AB (Fig. 3), verbindet ihn mit einer Capillarröhre bd, und diese wieder mit einer weitern Röhre C. Diese so wie eine zweite oben offene Röhre ED von ungefähr 50 Centimeter Länge kittet man in den Deckel einer Dose FG ein, welche trocknes Quecksilber in einem ledernen Beutel enthält, und das man mittelst der Schraube M in die Höhe und dadurch in beide Röhren bringen kann. Der Cylinder AB muss vorher auf die frühere Weise mit trockner Luft gefüllt sein und die deswegen unten an C befindliche und zugeblasene Spitze erst in der Dose unter Quecksilber abgebrochen werden. Hat man nun hinter ED und bd eine Scale angebracht, auch auf bd einen feinen Strich bei c gezogen und den Unterschied e der Capillardepression in den beiden Röhren bestimmt, so kühle man AB durch umgelegten Schnee bis 0° ab und stelle durch die Schraube M das Queck silber auf α ein; steht es in ED auf a' und beläuft sich der Höhenunterschied $a'a$ auf h' bei einem Barometerstande $= H'$, so findet sich die Luft in AB unter einem Drucke $= H' + h' - e$. Hierauf bringe man AB in den Dampf von siedendem Wasser, dessen Temperatur T der Barometerstand H'' angiebt; man schraube das Quecksilber wieder bis auf α hinauf und dadurch in ED bis a'', wo $a''\alpha = h''$ sei, so steht die erhitzte Luft unter einem Druck $H'' + h'' - e$ und erfüllt einen im Verhältniss von 1 zu $1 + \delta T$ grösseren Raum; ihre Ausdehnung findet man also aus

$$1 + \alpha T = \frac{H'' + h'' - e}{H' + h' - e}(1 + \delta T).$$

Aus den 12 Versuchen, die Rudberg mit diesem Apparat anstellte, und in denen die Barometerstände von $752^{mm},92$ bis $783^{mm},72$ variirten, erhielt er folgende Werthe für α:

No. des Vers.	100 α	No. des Vers.	100 α	No. des Vers.	100 α	No. des Vers.	100 α
1	0,3640	4	0,3648	7	0,3643	10	0,3640
2	0,3648	5	0,3640	8	0,3648	11	0,3664
3	0,3641	6	0,3656	9	0,3653	12	0,3645

Mittlerer Werth von $100\alpha = 0,3646$.

Die Wichtigkeit des Gegenstandes veranlasste Magnus und Regnault zur Wiederholung dieser Versuche, die sie unabhängig von einander zu derselben Zeit anstellten. Magnus (Pogg. Ann. LV. p. 1) prüfte zunächst Gay-Lussac's Verfahren, welcher die Ausdehnung der Luft direkt gemessen hatte; er hatte nämlich eine mit trockner Luft gefüllte Kugel mit einer 1 — 2,5 Millim. weiten Röhre verbunden und den innern Raum durch einen Quecksilbertropfen abgesperrt, darauf die Kugel erst auf 0° gebracht, dann den Dämpfen von kochendem Wasser ausgesetzt, und aus der Verschiebung des Quecksilbers die Raumvergrösserung der Luft ermittelt. Bei der Revision zeigte sich, dass weder zwei Röhren, die dicht neben einander beobachtet wurden, gleiche Resultate lieferten, noch ein und dieselbe bei Wiederholung der Operation; ja wenn die Kugel erst auf 0° abgekühlt, darauf den Dämpfen von kochendem Wasser ausgesetzt und wieder auf 0° gebracht wurde, nahm der Quecksilbertropfen nicht mehr die anfängliche Stelle ein, so dass man einen ungenügenden Verschluss voraussetzen muss. Die erhaltenen

Resultate schwankten für 100α zwischen 0,35500 und 0,38769, aus denen selbst der Mittelwerth zur Entscheidung der vorliegenden Frage nicht genügen kann. Hiernach befolgte Magnus das zweite Verfahren, dessen sich Rudberg bedient hatte; sein Apparat, dem beschriebenen ähnlich, besass noch einige Schutzmittel, um diejenigen Theile, in welchen sich das Quecksilber befindet, gegen die strahlende Wärme zu sichern. Die Temperatur des Dampfes bestimmte er gleichfalls nach dem Barometerstande, und zwar nach der von Egen aufgestellten Formel *). Nachdem für die Ausdehnung des Glases mit Hülfe eines Ausflussthermometers $100\delta = 0,002547$ gefunden war, gaben die Versuche mit Beibehaltung der obigen Bezeichnungen folgende Resultate:

No.	H'	h'	H''	h''	e	T	100α
1	333''',32	+1''',75	333''',82	122''',83	0''',25	99°,82	0,367241
2	334,95	+0,5	334,95	121,6	0,25	99,92	0,365032
3	335,29	+5,0	335,33	128,0	0,75	99,95	0,366033
4	339,36	+0,5	339,45	123,75	0,75	100,28	0,366164
5	333,38	+6,25	332,92	129,9	0,75	99,75	0,367899
6	332,51	+5,9	332,51	127,93	0,75	99,70	0,365948
7	333,90	+2,5	333,65	124,4	0,75	99,81	0,366596
8	342,87	-- 6,5	341,70	117,3	0,75	100,47	0,367154

Mittel $100\alpha = 0,366508$.

Dies Mittel ist um weniges grösser, als das von Rudberg gefundene.

Regnault (Ann. de Chimie et de Phys. S. III. T. IV. p. 5 und Pogg. Ann. LV. p. 391) stellte seine Versuche nach vier verschiedenen Verfahrungsarten an. Die beiden ersten waren der ersten Methode von Rudberg ähnlich, doch gebrauchte er statt der Kugel einen grössern Cylinder, welcher die trockne Luft enthielt, dann ebenfalls eine ziemlich bedeutende Kugel, die jedoch mit einer so langen Thermometerröhre verbunden war, dass beim Abkühlen auf 0° das Queksilber nicht in die Kugel trat. Sein drittes Verfahren stimmte wieder im Ganzen mit dem

*) Rudberg gebrauchte die Formel: $\tau = 0,37818d - 0,0018563d^2$, in welcher τ die Temperatur des Dampfes über 100°C und d den Luftdruck in Centimetern über 76 centim. bezeichnet; diese Form statt $0,037818d$ rechtfertigt sich aus seinen Berechnungen bei der Construction des Thermometers und stimmt mit der Egenschen Gleichung fast vollkommen überein.

zweiten Rudberg'schen überein, ebenso das vierte, nur dass hier die Luft bei 100° C. unter dem gewöhnlichen Drucke der Atmosphäre, bei 0° unter einem geringern stand. Der Apparat hatte hierzu folgende Einrichtung (Fig. 4). Ein Glasballon *A* von 800—1000 Kubikcentimetern Inhalt, der die Luft enthielt, war mit einer Thermometerröhre von 20 Centim. Länge verbunden; bei *C* fand eine Unterbrechung durch eine kurze kupferne Röhre statt, um die Capillarröhre *p* einmünden zu lassen, und am Ende *E* folgte eine weitere Röhre *FG*, die mittelst *GH* und der Fassung *HI* mit der oben offnen Röhre *LI* communicirte, so dass aus beiden zugleich das darin befindliche Quecksilber durch den Hahn *K* abgelassen werden konnte. War der Ballon durch *p* mit trockner Luft gefüllt und der Siedhitze ausgesetzt, so wurde in *L* soviel Quecksilber eingeschüttet, dass es in *FG* bis α stieg; hierauf wurde *p* zugeblasen, der Stand des Quecksilbers auf α hergestellt und die Höhendifferenz in beiden Röhren gemessen. Dies gab mit Berücksichtigung des Barometerstandes den Druck, unter welchem die Luft bei der Siedhitze stand. Als hiernach *A* auf 0° abgekühlt wurde, zog sich die Luft zusammen und würde das Quecksilber über *E* hinweggeführt haben, wenn man nicht den Hahn geöffnet und so grade so viel hätte abfliessen lassen, dass es wieder bis α stand. Der Höhenunterschied in beiden Röhren und der neue Barometerstand geben also wieder den Druck an, unter welchem die Luft bei 0° stand. Aus den Versuchen nach diesen vier Methoden erhielt Regnault folgende Mittelwerthe:

aus 14 Versuchen nach Methode	I.	$100\alpha = 0{,}36629$,
- 18 - - -	II.	$100\alpha = 0{,}36633$,
- 12 - - -	III.	$100\alpha = 0{,}36678$,
- 6 - - -	IV.	$100\alpha = 0{,}36665$,
	Mittel	$100\alpha = 0{,}3665$.

Diese Zahl stimmt mit der Angabe von Magnus vollkommen überein, wonach bei Rudberg ein constanter kleiner Fehler in die Resultate gekommen sein muss. —

Zum Abschluss der Untersuchung liegen noch die beiden Fragen vor, ob verdünnte und verdichtete Luft eine gleiche Ausdehnung erfahren, und zweitens ob das Mariottesche Gesetz, dessen strenge Gültigkeit bei der Berechnung der bisherigen Versuche vorausgesetzt wurde, wirklich dieser Voraussetzung entspricht. Regnault ist auf beide Fragen näher eingegangen. In Betracht des erstern Punktes füllte er den Ballon *A* (Fig. 4) durch *p* theils mit verdünnter, theils mit verdichteter Luft und stellte, wie vorhin, bei 0° und bei 100° das Quecksilber in *FG* auf α; er erhielt so in Mittelwerthen aus mehreren Versuchen:

Druck bei 0°.	Druck bei 100°.	Dichte der Luft bei 0°, wenn dieselbe bei 0° und 760mm Bar. = 1.	100 α
109mm,72	149mm,31	0,1444	0,36482
174,36	237,17	0,2294	0,36513
266,06	395,07	0,3501	0,36542
374,67	510,35	0,4930	0,36587
375,23	510,97	0,4937	0,36572
760,00	....	1,0000	0,36650
1678,40	2286,09	2,2084	0,36760
1692,53	2306,23	2,2270	0,36800
2144,18	2924,04	2,8213	0,36894
3655,56	4992,09	4,8100	0,37091

Hiernach würde sich verdichtete Luft etwas mehr aus dehnen.

Zur Prüfung des Marriotteschen Gesetzes maass Regnault unmittelbar die Ausdehnung der Luft bei nahe constantem Drucke. Der angeführte Apparat wurde hierzu in so weit geändert, dass auch die Röhre *GH* einen besondern Hahn erhielt, welcher sowohl das Quecksilber aus dieser Röhre allein abfliessen liess, als auch eine Communication mit *LI* gestattete. War die Luft auf 0° abgekühlt, so nahm sie den Ballon und die Röhre *FG* bis α ein; wurde sie aber bis 100° erhitzt, so dehnte sie sich bis β aus und stand unter nahe demselben Drucke. Zugleich waren die Röhren *EH* und *LI* mit Wasser umgeben, wodurch man die Temperatur der Luft in *FH* mit Sicherheit bestimmen konnte. Es sei diese $= t$, wenn der Ballon auf 0° abgekühlt, und $= t'$, wenn er der Siedhitze des Wassers ausgesetzt war; überdies seien die Druckhöhen, unter welchen in beiden Fällen die eingeschlossene Luft stand, $= H + h$ und $H' + h'$, die Capacität des Ballons *A* bei 0° $= V$, der Röhre *EH* bis $\alpha = v$ und bis $\beta = v'$, so folgt unter Beibehaltung der vorher angenommenen Bezeichnungen:

$$\left(V\frac{1+\delta T}{1+\alpha T} + v'\frac{1}{1+\alpha t'}\right)(H'+h') = \left(V + v\frac{1}{1+\alpha t}\right)(H+h),$$

also

$$1+\alpha T=\frac{(H'+h')(1+\delta T')}{H+h+\frac{v}{V}\frac{H+h}{1+\alpha t}-\frac{v'}{V}\frac{H'+h'}{1+\alpha t'}}.$$

Der Apparat gestattete auch hier die Anwendung von verdichteter Luft. Bei atmosphärischem Drucke gaben die Versuche $100\alpha = 0{,}36706$, bei einem Druck von $2526^{mm},42$ $100\alpha = 0{,}36944$ und bei einem Druck von $2621^{mm},74$ $100\alpha = 0{,}36964$, also gegen früher nur sehr unbedeutend grössere Zahlen.

B. Ausdehnung verschiedener Gase.

Die beiden vorher genannten Physiker dehnten zu gleicher Zeit ihre Versuche auf andere Gasarten aus, da die bisherige Annahme, dass alle unter dem Einfluss der Wärme sich in ganz gleichem Maasse ausdehnen, mit den jetzt verbesserten Messapparaten controlirt werden musste. Magnus erhielt:

Namen der Gase.	Anzahl der Versuche.	100α im Mittel.
Wasserstoff . . .	4	0,36566
Kohlensäure . . .	4	0,36909
Schweflige Säure .	3	0,38562

Ebenso fand Regnault, der vornehmlich die letzte Untersuchungsmethode anwandte, weil sie bei denjenigen Gasen, die dem Mariotteschen Gesetze nicht folgen, allein vergleichbare Resultate liefert, folgende Zahlen:

Namen der Gase.	Anzahl der Versuche.	100α im Mittel.
Wasserstoff . . .	3	0,36613
Kohlensäure . .	5	0,37099
Stickstoffoxydul .	2	0,37195
Kohlenoxyd . . .	2	0,36688
Schweflige Säure .	3	0,39028
Cyan	2	0,38767

Bei veränderter Spannkraft gemessen betrug die Ausdehnung der Kohlensäure 0,36896, der schwefligen Säure 0,38290, des Cyangases 0,38290, welche Zahlen merklich kleiner sind, als die vorstehenden. Mit der Dichtigkeit der Gase wuchs auch hier wieder die Ausdehnung, so gab die Kohlensäure unter $2523^{mm},48$ Druck $100\alpha = 0{,}38455$. Diese im Ganzen übereinstimmenden Versuche beider Beobachter lehren, dass die verschiedenen Gase eine etwas verschiedene Ausdehnung erfahren, indem diejenigen, welche in flüssigen Zustand versetzt werdes können, sich etwas mehr als die atmosphärische Luft ausdehnen.

C. Ausdehnung des Glases.

Die bereits vorliegenden Angaben über die Ausdehnung des Glases zeigen schon hinreichend, dass dieselbe innerhalb gewisser Grenzen schwankt und selbst bei derselben Glassorte von der Form des Gefässes abhängt. Zum nähern Nachweise dieser Verhältnisse machte **Regnault** (Ann. de Chimie et de Phys. S. III. T. IV. p. 64; Pogg. Ann. LV. p. 584) eine ausgedehntere Versuchsreihe. Bezeichnet P das Gewicht des Quecksilbers, welches das Gefäss bei 0° füllt, p die bei der Siedhitze des Wassers ausfliessende Quantität, H' den Barometerstand, aus welchem die Temperatur T' der Siedhitze folgt, so ergab sich:

Glas.	P	p	H'	T'	100δ
Weisses Glas. Röhre .	296^{gr},804	4^{gr},464	749^{mm},42	99°,61	0,002648
do. Kugel v. 46^{mm} Drchm.	757,800	11,450	752,12	99,71	0,002592
do. - - 33 - -	244,063	3,7125	756,78	99,88	0,002514
Grünes Glas. Röhre . .	352,011	5,414	749,25	99,60	0,002299
do. Kug. v. 36^{mm} Durchm.	309,315	4,809	746,38	99,49	0,002132
Schwed. Glas. Röhre .	633,962	9,742	758,14	99,93	0,002363
do. Kug v. 34^{mm} Durchm.	251,739	3,849	757,62	99,91	0,002441
do. - - 32 - -	221,980	3,395	753,96	99,77	0,002411
Unschmelzb. franz. Glas, Röhre	568,564	8,855	756,57	99,87	0,002142
do. Kug v. 32^{mm} Durchm.	258,443	3,996	754,06	99,77	0,002242
Gewöhnl. Krystallglas, Röhre	644,643	10,055	753,72	99,76	0,002102
do. Kug. v. 39^{mm} Durchm.	397,342	6,112	754,88	99,81	0,002330

Aus diesen Versuchen geht augenscheinlich hervor, dass man bei genauern Messungen die Ausdehnung der gläsernen Apparate besonders bestimmen müsse.

D. Ausdehnung des flüssigen Schwefels.

Während der Ausdehnungscoëfficient der flüssigen und festen Körper bei höherer Temperatur grösser zu werden pflegt, zeigt der flüssige Schwefel nach **Despretz** (Compt. rend. T. VII. p. 589; Pogg. Ann. XLVI. p. 134) den entgegengesetzten Fall. Nach ihm ist der Coëfficient für 1°

= 0,000622 zwischen 110° und 130°C.
= 0,000582 - 110 - 150 -
= 0,000454 - 110 - 200 -
= 0,000428 - 110 - 250 -

E. Die grösste Dichtigkeit des Wassers und einiger anderer Flüssigkeiten.

Im 1sten Bande des Repert. p. 146 sind bereits die Angaben der verschiedenen Beobachter über die Temperatur, bei welcher Wasser das Maximum seiner Dichtigkeit erlangt, zusammengestellt worden. Seit der Zeit hat Despretz (Ann. de chim. et de phys. T. LXII. p. 5 und T. LXXIII. p. 296) denselben Gegenstand noch einmal einer Prüfung unterworfen. Er operirte nach zwei verschiedenen Methoden. Zuerst verglich er den Gang eines Wasserthermometers mit den Angaben eines Quecksilberthermometers, die sich beide in demselben mit Wasser gefüllten Gefässe befanden. Er bestimmte hierzu die kubische Ausdehnung seines Glases zwischen 0° und 28°C. zu 0,0000255 und zwischen 28° und 100° zu 0,0000258 für 1°C., ermittelte ferner die Capacität eines Theilstrichs der Röhre gegen den Inhalt der Kugel und trug nun die scheinbare Ausdehnung des Wassers als Curve auf, deren Abscissen die wechselnden Temperaturen, die Ordinaten die scheinbaren Volume des Wassers waren; ebenso verzeichnete er in grader Linie die scheinbare Abnahme des Wasservolums, wie sie allein durch die Ausdehnung des Glases bedingt wird. Beide Linien in Beziehung gebracht geben in ihrem gemeinsamen Punkt den Ort des gesuchten Maximums der Dichtigkeit an, da sich in diesem Punkte das Volum des Wassers grade so verändert, wie es die Ausdehnung des Glases verlangt, als hier weder Ausdehnung noch Zusammenziehung des Wassers stattfindet. Mit 4 verschiedenen Thermometern fand er der Reihe nach das Maximum im Mittel aus 7 Versuchen bei 3°,99C., aus 7 Versuchen bei 4°,02, aus 2 Versuchen bei 4°,01, aus 2 Versuchen bei 3°,96, im Gesammtmittel bei 4°,007. — Sollte man es vorziehen, die Temperatur des Maximums aus den Beobachtungen durch Rechnung herzuleiten, so bezeichne y das Volum des Wassers bei einer Wärme von $x°$, welches durch

$$y = ax^3 + bx^2 + cx + d$$

ausgedrückt werde. Nachdem hierin die 4 Constanten a, b, c, d

durch die vier aus den Beobachtungen gezogenen Gleichungen $y_1 = ax_1^3 + bx_1^2 + cx_1 + d$, $y_2 = ax_2^3 + bx_2^2 + cx_2 + d$ u. s. w. bestimmt sind, setze man $\frac{dy}{dx} = 0$ und suche aus dieser quadratischen Gleichung den Werth x für das Minimum des Volums. Zur Abkürzung der Rechnung kann man sich der von Lagrange angegebenen Interpolationsformel

$$y = X_1 y_1 + X_2 y_2 + X_3 y_3 + X_4 y_4$$

bedienen, in welcher

$$X_1 = \frac{(x-x_2)(x-x_3)(x-x_4)}{(x_1-x_2)(x_1-x_3)(x_1-x_4)},\quad X_2 = \frac{(x-x_1)(x-x_3)(x-x_4)}{(x_2-x_1)(x_2-x_3)(x_2-x_4)},$$

$$X_3 = \frac{(x-x_1)(x-x_2)(x-x_4)}{(x_3-x_1)(x_3-x_2)(x_3-x_4)},\quad X_4 = \frac{(x-x_1)(x-x_2)(x-x_3)}{(x_4-x_1)(x_4-x_2)(x_4-x_3)},$$

ist. Die Rechnung gab aus 8 neuen Versuchen das Maximum im Mittel bei 4°,004. — Das zweite Verfahren bestand darin, dass Despretz in ein Fayencegefäss von 270^{mm} Höhe und 160^{mm} Durchmesser vier Thermometer, zwei von jeder Seite, in horizontaler Lage einfügte, welche um 54^{mm} von einander abstanden, und das mit kaltem Wasser gefüllte, durch einen Deckel verschlossene Gefäss an drei Schnüren in einem Zimmer von etwa 19° Wärme aufhing Die vier Thermometer stiegen ungleich, indem sich die bis zum Maximum der Dichtigkeit gelangenden Schichten nach unten senkten. Er verzeichnete darauf die vier Curven, welche den Gang der Thermometer darstellten, und nahm 1) das Mittel aus den Temperaturen, wo die Curven plötzlich ihre Richtung veränderten, 2) das Mittel aus den Temperaturen, bei welchen sich je zwei Curven durchschnitten, 3) das Mittel aus den Durchschnittspunkten der einzelnen Curven mit der aus allen entnommenen mittleren Curve. Der Mittelwerth aus diesen Mitteln wieder war nach 2 Versuchen = 4°,063 oder, wenn man die Correction wegen der horizontalen Lage der Thermometer und wegen des Theils, der in freier Luft war, anbringt, = 3°,974. -- Nach allen diesen Versuchen dürfte man also die Temperatur des Maximums der Dichtigkeit auf 4° C. feststellen, wie dies auch schon aus den Angaben der frühern Beobachter mit der grössten Wahrscheinlichkeit folgte.

Die bisher verschieden beantwortete Frage (s. Erman in Pogg. Ann. XLI. p. 72), ob Meerwasser ein Maximum der Dichtigkeit besitze, hat Despretz gleichfalls durch eine Reihe von

Versuchen, in die er auch andere Flüssigkeiten hineinzog, für das Vorhandensein eines Maximums entschieden. Er verglich 4 Quecksilberthermometer mit 4 Thermometern, welche die jedesmal in Betracht gezogenen Flüssigkeiten enthielten, verzeichnete die Curve der scheinbaren Ausdehnung, desgleichen die gerade Linie der Veränderung des Glases, und bestimmte wieder aus ihrem Berührungspunkte die Temperatur, bei welcher das Maximum eintritt. Ausserdem beobachtete er den Gefrierpunkt, wenn er die Flüssigkeit in Bewegung erhielt und notirte den Grad, wo die Erstarrung eintrat, obschon sich in demselben Momente das Thermometer wieder um etwas erhob. Aus seinen Beobachtungen entlehnen wir nachstehende Tafel:

Flüssigkeit.	Spec. Gewicht.	Gefrier-punkt.	Temper. des Max. d. Dicht.	Anzahl der Versuche.
Meerwasser	1,0273 bei 20°	−2°,55	−3°,67	5
Kochsalz.				
12gr,346 auf 997gr,450 Wass.	1,009 „ 6°,26	−1,206	+ 1,19	4
24,692 „ „ „	1,018 „ 6,26	−2,24	− 1,69	4
37,039 „ „ „	1,0269 „ 6,60	−2,77	− 4,75	6
74,078 „ „ „	— —	−4,3	−16,0 ungef.	7
Chlorcalcium.				
6gr,173 auf 997gr,450 Wass.	1,0052	−0,22	+ 3,24	1
12,346 „ „ „	1,0103	−0,53	+ 2,05	2
24,692 „ „ „	1,0204	−1,03	+ 0,06	2
37,039 „ „ „	1,0314	−3,92	− 2,43	2
74,087 „ „ „	1,0601	−5,28	−10,43	2
Schwefelsaures Kali.				
6gr,173 auf 997gr,450 Wass.	1,0051	−0,15	+ 2,92	1
12,346 „ „ „	1,0102	−0,27	+ 1,91	1
24,692 „ „ „	1,0201	−0,55	− 0,11	2
37,039 „ „ „	1,0298	−2,09	− 2,28	2
74,087 „ „ „	1,0579	−4,08	− 8,37	4
Schwefelsaures Natron.				
6gr,173 auf 997gr,450 Wass	1,0059	−0,17	+ 2,52	1
12,346 „ „ „	1,0116	−0,36	+ 1,15	1
24,692 „ „ „	1,0225	−0,68	− 1,51	2
37,039 „ „ „	1,0339	−2,30	− 4,33	2
74,078 „ „ „	1,0657	−2,39	−12,26	2
Kohlensaures Kali.				
37gr,039 auf 997gr,450 Wass.	1,0328	−3,21	− 3,95	2
74,078 „ „ „	1,0640	−2,25	−12,41	2
Kohlensaures Natron.				
37gr,039 auf 997gr,450 Wass.	1,0387	−2,85	− 7,01	2
74,078 „ „ „	1,0746	−2,20	−17,30	2

Flüssigkeit.	Spec. Gewicht.	Gefrier-punkt.	Temper. des Max. d. Dicht.	Anzahl der Versuche.
Schwefels. Kupferoxyd *).				
57gr,996 auf 997gr,450 Wass.	—	—1°,32	—0°,62	—
Aetzkali.				
37gr,039 auf 997gr,450 Wass.	1,0319	—2,10	— 5,64	2
74,078 „ „ „	1,0619	—4,33	—15,95	3
Alkohol.				
74gr,078 auf 997gr,450 Wass.	—	—2,83	+ 2,30	2
Schwefelsäure.				
6gr,173 auf 997gr,450 Wass.	1,0043	—0,21	+ 2,18	1
12,346 „ „ „	1,0084	—0,44	+ 0,60	1
24,692 „ „ „	1,0165	—1,09	— 1,92	2
37,039 „ „ „	1,0241	—1,34	— 5,02	2
74,078 „ „ „	1,0464	—2,75	—13,72	2

Nach diesen Versuchen haben Meerwasser und alle wässrige Lösungen ein Maximum der Dichtigkeit; die Temperatur, bei welcher dies Maximum eintritt, sinkt schneller als der Gefrierpunkt, beide indess ziemlich proportional zur Menge des dem Wasser zugesetzten Stoffes, wenn man von 0° und +4° an rechnet.

F. Ausdehnung des Wassers.

Mit seinen Wasserthermometern stellte Despretz auch eine Reihe Beobachtungen über die Ausdehnung des Wassers an, woraus sich die nachstehende Tafel ergiebt, die besonders in den niedern Temperaturen Beachtung verdient.

Temp.	Vol. bei 4° = 1.	Vol. bei 0° = 1.	Temp.	Vol. bei 4° = 1.	Vol. bei 0° = 1.
—9° C.	1,0016311	1,0015040	+ 4° C.	1,0000000	0,9998731
—8	1,0013734	1,0012463	5	1,0000082	0,9998813
—7	1,0011354	1,0010184	6	1,0000309	0,9999040
—6	1,0009184	1,0007914	7	1,0000708	0,9999439
—5	1,0006987	1,0005717	8	1,0001216	0,9999947
—4	1,0005619	1,0004349	9	1,0001879	1,0000610
—3	1,0004222	1,0002953	10	1,0002684	1,0001415
—2	1,0003077	1,0001808	11	1,0003598	1,0002329
—1	1,0002138	1,0000869	12	1,0004724	1,0003455
0	1,0001269	1,0000000	13	1,0005862	1,0004590
+1	1,0000730	0,9999561	14	1,0007146	1,0005876
2	1,0000331	0,9999062	15	1,0008751	1,0007481
3	1,0000083	0,9998814	16	1,0010215	1,0008945

*) Die Gläser zersprangen bei schwachem Niederschlage des Salzes.

Temp.	Vol. bei 4° = 1.	Vol. bei 0° = 1.	Temp.	Vol. bei 4° = 1.	Vol. bei 0° = 1.
+17° C.	1,0012067	1,0010797	+59° C.	1,01645	1,01632
18	1,00139	1,00126	60	1,01697	1,01684
19	1,00159	1,00146	61	1,01750	1,01737
20	1,00180	1,00167	62	1,01803	1,01790
21	1,00201	1,00188	63	1,01857	1,01834
22	1,00223	1,00210	64	1,01912	1,01899
23	1,00246	1,00233	65	1,01968	1,01955
24	1,00269	1,00256	66	1,02025	1,02012
25	1,00293	1,00280	67	1,02083	1,02070
26	1,00318	1,00305	68	1,02141	1,02128
27	1,00344	1,00331	69	1,02200	1,02187
28	1,00371	1,00358	70	1,02259	1,02246
29	1,00399	1,00386	71	1,02319	1,02306
30	1,00428	1,00415	72	1,02379	1,02366
31	1,00458	1,00445	73	1,02440	1,02427
32	1,00489	1,00476	74	1,02501	1,02488
33	1,00521	1,00508	75	1,02562	1,02549
34	1,00544	1,00541	76	1,02624	1,02611
35	1,00588	1,00575	77	1,02687	1,02674
36	1,00623	1,00610	78	1,02751	1,02738
37	1,00659	1,00646	79	1,02816	1,02803
38	1,00696	1,00683	80	1,02882	1,02869
39	1,00734	1,00721	81	1,02949	1,02936
40	1,00773	1,00760	82	1,03015	1,03002
41	1,00813	1,00800	83	1,03084	1,03071
42	1,00854	1,00841	84	1,03153	1,03140
43	1,00895	1,00882	85	1,03223	1,03210
44	1,00937	1,00924	86	1,03293	1,03280
45	1,00979	1,00966	87	1,03361	1,03348
46	1,01022	1,01009	88	1,03432	1,03419
47	1,01065	1,01052	89	1,03503	1,03490
48	1,01109	1,01096	90	1,03574	1,03561
49	1,01153	1,01140	91	1,03646	1,03633
50	1,01198	1,01185	92	1,03719	1,03706
51	1,01243	1,01230	93	1,03792	1,03779
52	1,01299	1,01286	94	1,03866	1,03853
53	1,01346	1,01333	95	1,03939	1,03928
54	1,01394	1,01381	96	1,04013	1,04000
55	1,01443	1,01410	97	1,04088	1,04065
56	1,01493	1,01480	98	1,04163	1,04150
57	1,01543	1,01530	99	1,04239	1,04226
58	1,01594	1,01581	100	1,04315	1,04302

Gebundene Wärme.

A. Gebundene Wärme des Wassers.

Die gebundene Wärme des Wassers ist durch die Versuche von de la Provostage und P. Desains (Ann. de chim. et de phys. S. III. T. VIII. p. 5; Pogg. Ann. LXII. p. 30) von Neuem bestimmt und damit der Werth dieser Constante genauer festgesetzt worden. Sie wandten die Mischungsmethode an. Sie füllten ein kleines Gefäss von dünnem Messing mit warmem Wasser, wogen es sammt dem Thermometer und setzten es schnell auf ein Gestell von Holz oder Glas, das es nur mit drei feinen Spitzen berührte. Der eine Beobachter notirte hierauf die Zeit und die abnehmende Temperatur von zehntel zu zehntel Graden, und nahm in dem Momente, wo der andere ein reines blasenfreies und zwischen Fliesspapier sorgsam abgetrocknetes Stück Eis hineinlegte, die Anfangstemperatur T. Mit diesen Notirungen der Zeit und der Temperatur fuhr man fort, bis das Eis vollkommen geschmolzen war; jetzt bestimmte man die Endtemperatur ϑ und wiederum das Gewicht des Gefässes. Die erste Wägung giebt das Gewicht des Wassers M, welches durch das Eis abgekühlt wird, sofern man das Gewicht des Thermometers und des Gefässes abzieht und die diesen Grössen an Wärmecapacität entsprechende Quantität Wasser hinzunimmt, auch den geringen, durch direkte Versuche vorher festgestellten Verlust in Anschlag bringt, den das Wasser nach der Wägung bis zum Einbringen des Eises durch Verdampfen erleidet. Die zweite Wägung giebt durch den Ueberschuss gegen die erste das Gewicht m des Eises an, wobei man jedoch wieder den geringen Verlust durch Verdampfung in Anrechnung bringen muss. Aus den Grössen T, ϑ, M, m folgt die latente Wärme L des Wassers unmittelbar nach

$$\frac{M}{m}(T - \vartheta) = L + \vartheta.$$

Da man das Verhältniss $\frac{M}{m}$ nicht zu klein wählen kann, am besten zwischen 6 und 10, so hängt die Genauigkeit des für L gefundenen Werthes hauptsächlich von einer genauen Bestimmung von T und ϑ ab. Die beiden Beobachter bedienten sich deshalb zweier genau calibrirter Thermometer, deren Nullpunkte sie mehrfach revidirten, und deren Angaben sie bis auf $\frac{1}{100}$ Grad ablesen konnten. Ausserdem suchten sie die Correction in ϑ wegen der Wärmestrahlung durch direkte. Versuche so scharf als möglich zu ermitteln, sorgten auch dafür, dass ϑ wenig von der Temperatur der umgebenden Luft abwich. Endlich überzeugten sie sich noch davon, dass der Fehler, der etwa durch ein wenig am Eise haftendes Wasser veranlasst werden konnte, ausser alle Betrachtung fiel. Ihre Versuche gaben folgende Resultate:

No.	*L*	No.	*L*	No.	*L*	No.	*L*
1	78°,92	6	78°,75	10	79°,25	14	78°,77
2	79,19	7	79,00	11	79,21	15	78,91
3	79,07	8	79,22	12	79,46	16	78,92
4	79,33	9	79,06	13	79,18	17	79,29
5	78,86						
						Mittel	79°,09 C.

Corrigirt man dieses Mittel in der Rücksicht, dass sich die Thermometerröhre nicht in gleicher Temperatur wie die Kugel befand, so kann man die latente Wärme des Wassers zu 79°,25 C. ansetzen.

Regnault (Ann. de chim. et de phys. S. III. T. VIII. p. 19) wiederholte diese Versuche und operirte auf ganz ähnliche Weise. Vier Beobachtungen, in denen reiner crystallischer Schnee angewandt wurde, gaben im Mittel $L = 77°,24$ C., 13 andere mit Eis 79°,06 C., welche Zahlen mit der vorstehenden Angabe gut übereinstimmen.

B. Gebundene Wärme des Dampfes verschiedener Flüssigkeiten.

Ueber die latente Wärme der Dämpfe verschiedener Flüssigkeiten hat Brix (Pogg. Ann. LV. p. 341) eine Versuchsreihe unternommen. Er bediente sich dazu des in Fig. 5 dargestellten Apparates. In einem Gefässe *ABCD* aus dünnem Messing, das auf drei kleinen Holzfüssen steht, befindet sich die in der Mitte hohle Büchse *EFHG*; in ihr werden die aus der Retorte *Q* ausströmenden Dämpfe condensirt, indem das durch den Rührer *RR* bewegte Kühlwasser, dessen Temperatur man an dem Thermometer *TT* beobachtet, sie in *ABCD* umgiebt. Es sei das Gewicht dieses Kühlwassers, vermehrt um die an Wärmecapacität äquivalente Grösse des Metalls und des Thermometers, $= M$, das Gewicht des condensirten Dampfes, gefunden aus dem Gewicht der Retorte vor und nach dem Ausströmen, $= m$, die Anfangstemperatur des Kühlwassers $=$ T, die Endtemperatur desselben $= \vartheta$, endlich die specifische Wärme der verdampfenden Flüssigkeit gegen Wasser $= \sigma$ und ihre Siedtemperatur $= t$, so folgt die latente Wärme L aus:

$$M(\mathrm{T} - \vartheta) = Lm + \sigma m\,(t - \vartheta),$$

oder

$$L = \frac{M}{m}(\mathrm{T} - \vartheta) - \sigma(t - \vartheta).$$

Diese Gleichung verlangt jedoch noch mehrere Correctionen. Zunächst wird der kurze Theil der Retorte von P an bis N von den Dämpfen erwärmt, die dadurch theilweise condensirt in den Kühlapparat gelangen und nicht mehr ihre ganze latente Wärme besitzen. Beträgt die Temperatur der umgebenden Luft t_1^0, so kann man die Erwärmung von NP auf $t - t_1$ ansetzen, damit nach dem Gewichte dieses Theils und der specifischen Wärme des Glases die absorbirte Wärme zu g berechnen, und man wird folglich der obigen Gleichung das Glied $\frac{g}{m}$ hinzufügen. Ferner verliert das Kühlwasser einen Theil seiner Wärme durch Strahlung; diesen Verlust berechnet man zwar am sichersten nach direkten Beobachtungen, doch hat es Brix vorgezogen, sich der von Neumann aufgestellten Formel zu bedienen und nur den constanten Faktor aus eigenen Beobachtungen zu entnehmen; da er indess bei den Wasserdämpfen nach Rumford's Methode den Verlust durch Ausstrahlung beschränkte, und die übrigen Flüssigkeiten die Temperatur des Kühlwassers weniger änderten, so scheint er auch auf seinem Wege keine erheblichen Fehler begangen zu haben. Der auf die eine oder die andere Weise berechnete Wärmeverlust γ giebt der obigen Gleichung als Correction das Glied $\alpha \frac{\gamma}{m}$. Endlich bleibt noch der Wärmeverlust φ übrig, den NP durch Ausstrahlung erleidet; dieser Verlust ist am schwierigsten direkt zu bestimmen; da man aber voraussetzen darf, dass er zur Zeit Z, wie lange die Dämpfe einströmten, und zu $t - t_1 = x$ proportional ist, so hat Brix das Glied $\frac{Zx}{m}$ hinzugefügt und damit die obige Gleichung unter die Form

$$L = L_1 + \frac{Z}{m} x$$

gebracht, in der L_1 die bereits nach den beiden erstern Angaben corrigirte latente Wärme bezeichnet. Nachdem mehrere Versuche über dieselben Dämpfe vorlagen, wurden L und x nach der Methode der kleinsten Quadrate berechnet. Die Correction der Siedhitze t nach dem Barometerstande ist unberücksichtigt geblieben. Die sämmtlichen Versuche, zu deren Berechnung die specifische Wärme σ vom Wasser = 1, Alkohol = 0,6, Schwefeläther = 0,55, Terpenthinöl = 0,41, Citronenöl = 0,45 angenommen wurde, gaben folgende Resultate:

1. Wasser.

	Diff.
$L = 430°,36$ R. $+ 5,32x$	—2,23
428,09 - $+ 3,23x$	+1,50
430,22 - $+ 3,21x$	—0,60
428,73 - $+ 3,63x$	+0,27
423,23 - $+ 6,26x$	+2,35

$L = 433°,83$ R.; $x = 1,322$.

2. Wasser.

	Diff.
$L = 430°,73$ R. $+ 2,00x$	+0,65
429,49 - $+ 1,84x$	—0,73
429,40 - $+ 3,34x$	+0,57
427,50 - $+ 4,47x$	—0,31
428,60 - $+ 3,54x$	+0,04
429,41 - $+ 2,52x$	+0,18

$L = 431°,95$ R.; $x = 0,93$.

3. Alkohol.

	Diff.
$L = 167°,72$ R. $+ 1,73x$	+0,65
166,95 - $+ 1,81x$	+0,19
166,11 - $+ 1,95x$	+0,17
166,17 - $+ 2,10x$	+0,16
165,21 - $+ 2,27x$	—0,30
167,98 - $+ 1,21x$	—0,34

$L = 171°,4$ R.; $x = 2,57$.

4. Schwefeläther.

	Diff.
$L = 71°,50$ R. $+ 1,57x$	—0,18
71,14 - $+ 1,35x$	+0,27
71,92 - $+ 1,28x$	—0,47
71,10 - $+ 1,46x$	+0,27
71,14 - $+ 0,97x$	—0,43
72,00 - $+ 0,96x$	+0,43

$L = 71°,97$ R.; $x = 0,394$.

5. Terpenthinöl.

	Diff.
$L = 59°,54$ R. $+ 0,79x$	+0,02
60,16 - $+ 1,29x$	+0,46
59,83 - $+ 1,41x$	+0,12
59,60 - $+ 1,19x$	—0,06
59,15 - $+ 1,25x$	—0,57
59,51 - $+ 0,81x$	+0,01

$L = 59°,23$ R.; $x = —0,35$.

6. Citronenöl.

	Diff.
$L = 60°,64$ R. $+ 0,93x$	—0,93
57,50 - $+ 2,08x$	—1,23
58,19 - $+ 2,11x$	—0,48
61,86 - $+ 1,03x$	+0,54
61,80 - $+ 1,12x$	+0,69
61,90 - $+ 1,04x$	+0,60
57,42 - $+ 2,99x$	+0,91

$L = 63°,85$ R.; $x = 2,446$.

Wenngleich in diesen Reihen x keinen erheblichen Werth besitzt, so zeigt sich doch die Unzulänglichkeit dieser Correction darin, dass nach den Werthen von $t - t_1$, die bekannt sind, nämlich in Reihe 1 = 67°,6, in Reihe 2 = 63°,1, in Reihe 3 = 51°,3, in Reihe 4 = 16°,0, in Reihe 5 = 115°,9, in Reihe 6 = 131°,0, auch x in gleichem Verhältnisse stehen müsste; am grössten ist die Differenz beim Alkohol und Terpenthinöl. Deshalb möchte es zunächst zweckmässig sein, für diese beiden Dämpfe $x = 1{,}02$ und $x = 2{,}3$ zu setzen und danach L zu berechnen; man berechnet auf diese Weise die latente Wärme des Dampfes von

Wasser	=	432,°89 R.,
Alkohol	=	168,57 - ,
Schwefeläther	=	71,97 - ,
Terpenthinöl	=	62,25 - ,
Citronenöl	=	63,85 - .

Der zu den Versuchen angewandte Alkohol enthielt etwa $\frac{1}{2}$ Procent Wasser dem Volum nach.

Spannkräfte des Wasserdampfs.

Wenngleich wir zahlreiche Versuche über die Spannkräfte des Wasserdampfs besitzen, so lässt sich doch nicht leugnen, dass die in Anwendung gekommenen Methoden besonders in Rücksicht auf die Bestimmung der dem Dampfe angehörigen Temperatur noch manches zu wünschen übrig lassen, und dass demnach die bisher angegebenen Zahlen noch nicht den Grad von Genauigkeit erreichen, den die Wissenschaft fordert und der sich mit den jetzigen Hülfsmitteln wirklich erlangen lässt. Um so erfreulicher ist es, dass Magnus und Regnault zu gleicher Zeit diese Untersuchung von Neuem aufgenommen haben, indem der erstere die Spannkräfte des Wasserdampfs von —7° bis + 105° C., der andere von —32° bis + 148° C. gemessen hat. — Magnus (Pogg. Ann. LXI. p. 225) bediente sich zu seinen Versuchen eines Blechkastens aus 4 in einander gesetzten und durch Luftschichten von einander getrennten Hüllen, in deren Mitte er durch zwei untergesetzte Spirituslampen eine constante Temperatur erzeugen konnte. Er maass diese durch ein Luftthermometer, das dieselbe Einrichtung hatte, wie das bei den Versuchen über die Ausdehnung der Luft gebrauchte, nur hatte der Luftbehälter eine gabelförmige Form, um zwischen seine beiden Arme die gläserne Röhre zu stellen, in welcher sich die Wasserdämpfe erzeugten. Diese Röhre war etwa 4 Zoll lang, $\frac{1}{2}$ Zoll weit und U förmig gebogen; ihr einer Schenkel war oben verschlossen und kugelförmig ausgeblasen, der andere rechtwinklig umgebogen stand mit einer engen Röhre in Verbindung, die aus dem Kasten herausführte und zu einer Luftpumpe ging. In den verschlossenen Schenkel war etwas Wasser über Quecksilber so eingebracht worden, dass man erst das Quecksilber darin auskochte, dann Wasser, das $\frac{1}{2}$ bis $\frac{3}{4}$ Stunden vorher gekocht hatte, durch Neigen der Röhre in die kugelförmige Erweiterung einführte. War nun die Temperatur im Kasten auf eine constante Temperatur gekommen, was die Beobachtung des Luftthermometers angab, so wurde die Luft im zweiten Schenkel nach und nach so weit verdünnt, bis das Wasser in Dampf überging und das Quecksilber in beiden Schenkeln der Röhre gleich oder nahe gleich hoch stellte. Dieser Dampf besass genau die Temperatur, welche das Luftthermometer anzeigte, es kam also nur noch darauf an, die Niveaudifferenz des Quecksilbers in der Uförmigen Röhre zu messen und die Spannung der Luft zu beobachten, welche dem Dampf das Gleichgewicht hielt. Um die erstere Messung vorzunehmen, war der Kasten mit zwei einander diametral gegenüberstehenden und $1\frac{1}{4}$ Zoll weiten Röhren versehen, die mit Glasscheiben verschlossen eine gleichzeitige Beobachtung der beiden Quecksilberoberflächen mittelst eines Fernrohrs gestatteten. Die Spannung der Luft gab ferner ein gewöhnlicher Druckmesser an, eine zweischenklige mit Quecksilber gefüllte Röhre, von denen der eine Schenkel oben offen blieb, der andere durch einen Kanal mit der Luftpumpe communicirte; durch ein Kathetometer maass man die Niveaudifferenz des Quecksilbers in beiden Schenkeln, mit einem gewöhnlichen Barometer den Druck der Atmosphäre, und mit zwei Thermometern, die oben und unten in dem mit Glastafeln umschlossenen Mantel hingen, welcher das Barometer und den Druckmesser enthielt, die Temperatur des Quecksilbers in diesen Instrumenten. Da der Apparat auch die Luft zu verdichten gestattete, so liessen sich die Spannkräfte des Dampfes selbst über 100° C. bestimmen. — Zur Berechnung des Dampfdrucks nach den Beobachtungen, die übrigens einfach ist, sei das Luftthermometer bei 0° und H Barometerstand auf die Marke eingestellt worden, und die Höhendifferenz im andern Schenkel habe mit Ausschluss der Capillardepression e noch h betragen, so ergiebt sich für jede andere Beobachtung die Temperatur Θ im Kasten aus dem neuen Barometerstande H' und der Höhendifferenz h', wenn α und δ die Ausdehnung der Luft und des Glases für 1° C. zeichnen, nach:

$$1 + \alpha\Theta : 1 = \frac{H' + h' - e}{1 + \delta\Theta} : H + h - e,$$

also

$$\Theta = \frac{(H' + h' - e) - (H + h - e)}{\alpha(H + h - e) - \delta(H' + h' - e)}.$$

Die Spannkraft des Dampfes bekommt man unmittelbar aus $H' - h, - h_{,,}$, worin H' den Barometerstand, $h,$ die Höhendifferenz im Druckmesser, und $h_{,,}$ dieselbe in der Uförmigen Röhre mit Einschluss der kleinen Wasserschicht angiebt. Die nachstehende Tafel enthält die sämmtlichen Beobachtungen, denen die nach der sogleich folgenden Formel berechneten Werthe beigefügt sind.

No.	Temperat.	Spannkräfte beob.	Spannkräfte berechn.	Differenz.
1	—6°,61	2mm,75	2mm,75	0mm,00
2	—5,31	2,95	3,04	+0,09
3	—3,64	3,45	3,45	0,00
4	—0,99	4,15	4,21	+0,06
5	0,00	4,59	4,525	—0,065
6	0,00	4,59	4,525	—0,065
7	0,00	4,44	4,525	+0,085
8	0,00	4,54	4,525	+0,015
9	0,00	4,49	4,525	+0,035
10	0,00	4,49	4,525	+0,035
11	0,00	4,54	4,525	—0,015
*	Mittel	4,525		
12	+8,01	7,93	7,97	+0,04
13	8,05	8,07	7,99	—0,08
14	8,05	8,22	7,99	—0,23
*15	11,34	9,43	9,97	+0,54
16	11,36	9,48	9,99	+0,51
17	11,93	9,88	10,37	+0,49
*18	11,98	9,88	10,41	+0,53
19	12,07	9,93	10,47	+0,54
20	12,27	9,88	10,61	+0,73

No.	Temperat.	Spannkräfte beob.	Spannkräfte berechn.	Differenz.
21	+12°,31	10mm,28	10mm,64	+0mm,36
22	13,06	10,48	11,17	+0,69
23	13,10	10,58	11,20	+0,62
24	16,82	13,52	14,24	+0,72
25	23,30	21,80	21,29	−0,51
26	23,43	21,82	21,38	−0,44
27	23,83	22,93	21,99	−0,94
*28	23,85	22,24	22,02	−0,22
29	35,95	43,96	44,15	+0,19
30	43,13	63,58	64,83	+1,25
31	44,89	71,01	71,02	+0,01
*32	44,90	71,20	71,06	−0,14
33	45,26	71,90	72,39	+0,49
34	45,46	73,14	73,13	−0,01
*35	45,70	73,74	74,04	+0,30
36	45,77	73,94	74,31	+0,37
37	51,19	96,35	97,54	+1,19
38	51,36	96,48	98,36	+1,88
39	52,12	101,40	102,12	+0,72
40	54,16	110,46	112,73	+2,27
41	54,24	111,79	113,17	+1,38
42	54,54	113,10	114,81	+1,71
43	54,64	113,57	115,37	+1,80
44	54,70	114,55	115,70	+1,15
*45	54,74	114,65	115,92	+1,27
46	54,80	115,15	116,26	+1,11
47	54,83	115,35	116,42	+1,07
48	55,39	118,61	119,59	+0,98
49	55,39	118,86	119,59	+0,73
50	55,56	118,93	120,57	+1,64
51	58,19	135,45	136,55	+1,10
52	58,68	139,13	139,72	+0,59
53	72,59	258,28	260,00	+1,72
54	72,95	265,34	264,02	−1,32
55	73,19	269,74	266,72	−3,02
56	74,00	274,63	276,03	+1,40
57	74,08	275,60	276,96	+1,36
58	74,13	276,53	277,55	+1,02
59	74,47	281,57	281,55	−0,02
*60	74,83	284,97	285,84	+0,87
61	75,36	288,99	292,27	+3,28
62	75,63	290,72	295,59	+4,87
63	76,26	300,44	303,46	+3,02
64	76,74	309,55	309,58	+0,03
65	76,79	308,97	310,22	+1,25
66	77,47	320,41	319,08	−1,33
67	77,70	321,01	322,12	+1,11
68	78,33	330,13	330,58	+0,45
69	78,72	332,01	335,91	+3,90
70	81,77	379,54	380,17	+0,63
71	81,89	382,18	382,01	−0,17
72	81,95	385,34	382,93	−2,41
73	82,12	384,33	385,55	+1,22
74	82,12	385,85	385,55	−0,30

No.	Temperat.	Spannkräfte beob.	Spannkräfte berechn.	Differenz.
*75	+82°,25	387mm,15	387mm,56	+0mm,41
76	82,84	397,82	396,81	−1,01
77	84,26	420,37	419,85	−0,52
78	84,29	421,61	420,35	−1,26
79	84,56	426,65	424,86	−1,79
80	84,68	427,60	426,88	−0,72
81	84,99	428,89	432,13	+3,24
82	85,12	431,05	434,34	+3,29
83	85,32	434,44	437,77	+3,33
84	85,91	444,69	448,02	+3,33
85	86,21	450,64	453,31	+2,67
86	86,23	450,54	453,67	+3,13
87	86,29	449,90	454,73	+4,83
88	86,29	450,04	454,73	+4,69
89	86,29	450,70	454,73	+4,03
90	86,33	452,05	455,44	+3,39
91	88,79	504,27	501,00	−3,27
92	89,05	506,96	506,03	−0,93
93	89,64	518,07	517,61	−0,46
*94	90,80	542,54	541,01	−1,53
95	91,34	553,03	552,20	−0,83
*96	91,81	563,50	562,10	−1,40
97	93,57	601,56	600,51	−1,05
98	93,66	601,08	602,53	+1,45
99	93,66	601,78	602,53	+0,75
100	97,85	708,50	703,15	−5,35
101	98,40	722,91	717,35	−5,56
102	98,90	736,90	730,46	−6,44
103	99,03	739,40	733,90	−5,50
104	99,39	743,56	743,49	−0,07
105	99,40	743,10	743,76	+0,66
106	99,47	745,22	745,64	+0,42
107	99,66	746,99	750,76	+3,77
108	100,52	780,06	774,29	−5,77
109	100,87	779,73	784,07	+4,34
110	104,64	901,70	895,83	−5,87
111	104,68	904,15	897,08	−7,07

Den so eben mitgetheilten Beobachtungen schliesst sich keine Formel genauer an als die zuerst von **Roche** vorgeschlagene, nämlich

$$e = ab^{\frac{t}{\gamma + t}},$$

in der e die Spannkraft des Dampfes in Millimetern, t die Temperatur desselben in Graden der hunderttheiligen Scale und a, b, γ constante Werthe bezeichnen. Da für $t = 0°$ die Beobachtungen $e = 4^{mm},525$ geben und für $t = 100°$ $e = 760^{mm},00$ sein muss, so folgt unmittelbar $a = 4,525$, $760 = 4,525 \,.\, b^{\frac{100}{\gamma + 100}}$ und es bedarf nur noch einer Gleichung, die b und γ enthält. Magnus wählte hierzu die 10 mit * bezeichneten Beobachtungen aus und bestimmte aus ihnen γ nach der Methode der kleinsten Quadrate; er erhielt $\gamma = 234{,}69$, damit $\log b = 7{,}4475$ und folglich die vollständige Gleichung

$$e = 4^{mm}{,}525 \,.\, 10^{\frac{7{,}4475\,t}{234{,}69+t}}$$

Nach dieser Gleichung ist die obige Berechnung geführt worden, die nur Differenzen darbietet, wie sie bei derartigen Versuchen kaum vermieden werden können.

Die folgende Tabelle enthält die nach derselben Formel berechneten Spannkräfte für alle Grade von —20° bis +118° C.

t	*e*	*t*	*e*	*t*	*e*	*t*	*e*
° C.		° C.		° C.		° C.	
—20	0mm,916	+15	12mm,677	+50	91mm,965	+85	432mm,295
—19	0,999	16	13,519	51	96,630	86	449,603
—18	1,089	17	14,409	52	101,497	87	467,489
—17	1,186	18	15,351	53	106,572	88	485,970
—16	1,290	19	16,345	54	111,864	89	505,060
—15	1,403	20	17,396	55	117,378	90	524,775
—14	1,525	21	18,505	56	123,124	91	545,133
—13	1,655	22	19,675	57	129,109	92	566,147
—12	1,796	23	20,909	58	135,341	93	587,836
—11	1,947	24	22,211	59	141,829	94	610,217
—10	2,109	25	23,582	60	148,579	95	633,305
— 9	2,284	26	25,026	61	155,603	96	657,120
— 8	2,471	27	26,547	62	162,908	97	681,683
— 7	2,671	28	28,148	63	170,502	98	707,000
— 6	2,886	29	29,832	64	178,397	99	733,100
— 5	3,115	30	31,602	65	186,601	100	760,000
— 4	3,361	31	33,464	66	195,124	101	787,718
— 3	3,624	32	35,419	67	203,975	102	816,273
— 2	3,905	33	37,473	68	213,166	103	845,683
— 1	4,205	34	39,630	69	222,706	104	875,971
0	4,525	35	41,893	70	232,606	105	907,157
+ 1	4,867	36	44,268	71	242,877	106	939,260
2	5,231	37	46,758	72	253,530	107	972,296
3	5,619	38	49,368	73	264,577	108	1006,300
4	6,032	39	52,103	74	276,029	109	1041,278
5	6,471	40	54,969	75	287,898	110	1077,261
6	6,939	41	57,969	76	300,193	111	1114,268
7	7,436	42	61,109	77	312,934	112	1152,321
8	7,964	43	64,396	78	326,127	113	1191,444
9	8,525	44	67,833	79	339,786	114	1231,660
10	9,126	45	71,427	80	353,926	115	1272,986
11	9,751	46	75,185	81	368,558	116	1315,462
12	10,421	47	79,111	82	383,697	117	1359,094
13	11,130	48	83,212	83	399,357	118	1403,915
14	11,882	49	87,494	84	415,552		

Regnault (Ann. de chim. et de phys. S. III. T. XI. p. 273) wandte bei seinen Versuchen drei verschiedene Methoden an. Für gewöhnliche Temperaturen verglich er den Stand zweier Barometer, deren eines etwas Wasser im Vacuum enthielt; da aber die Bestimmung der Temperatur hierbei bekanntlich unsicher wird, wenn man sie aus der Temperatur der umgebenden Luft ableitet, so umschloss er den obern Theil beider Barometer mit einem Glaskasten und füllte ihn mit Wasser an, dessen Wärme ein eingesenktes Thermometer bestimmte. Für andere Temperaturen leerte er einen mitten in Wasser befindlichen Ballon von Luft und liess hierin sich die Dämpfe entwickeln, deren Spannkraft ein Druckmesser angab. Für die höhern Temperaturen endlich bestimmte er den Druck des Dampfs aus dem Siedpunkte, indem er das Wasser in einem Gefässe kochen liess, das mit zwei Thermometern im Dampfe und mit zweien im Wasser versehen war; dieses Gefäss stand durch eine kalt gehaltene Röhre mit einem grössern Ballon in Verbindung, in dem die Luft nach Belieben verdichtet und ihre Spannkraft durch ein offenes Quecksilbermanometer gemessen werden konnte. Diese Methode kam später auch für gewöhnliche Temperaturen in Anwendung.

Zur Berechnung seiner nach allen Beziehungen sorgfältig corrigirten Beobachtungen verwarf Regnault die jedenfalls nur empirische Formel $e = ab^{\frac{t}{m+nt}}$, weil nach ihr bei $t = -\frac{m}{n}$ die die Spannkräfte darstellende Curve abspringt und bei $t = \frac{m(\log a - 2n)}{2n^2}$ eine Inflexion gegen die Axe der t bekommt; er wählte vielmehr für die Temperaturen zwischen 0° und 100° C. die von Biot aufgestellte Gleichung:

$$\log e = a + b\alpha_1^t - c\beta_1^t,$$

in der er aus den Beobachtungen $e = 4^{mm}60$ für $t = 0°$, $e = 23^{mm},55$ für $t = 25°$, $e = 91^{mm},98$ für $t = 50°$, $e = 288^{mm},50$ für $t = 75°$ und $e = 760^{mm}00$ für $t = 100°$

$$a = +4{,}7384380$$
$$\log \alpha_1 = 0{,}006865036$$
$$\log \beta_1 = 0{,}9967249 - 1$$
$$\log b = 0{,}1340339 - 2$$
$$\log c = 0{,}6116485$$

annahm. Da indess dieselbe Formel weder für die niedern noch für die höhern Temperaturen passte, so stellte er für jene die Formel:

$$\log e = a + b\alpha^x$$

auf, in der $x = t - 32^\circ$ ist und aus $e = 0^{mm},31$ für $x = 0$, $e = 1^{mm},18$ für $x = 16$ und $e = 4^{mm}60$ für $x = 32$

$$a = +0,0131765$$
$$\log b = 0,4724984 - 1$$
$$\log \alpha = 0,0371566,$$

für die Temperaturen dagegen über 100° C. die Gleichung:

$$\log e = a - b\alpha^x,$$

in der $x = t - 100^\circ$ und aus $e = 760^{mm},00$ für $t = 100^\circ$, $e = 1621^{mm},0$ für $t = 123^\circ$ und $e = 3177^{mm},0$ für $t = 146^\circ$

$$a = +5,8267890$$
$$\log \alpha = 0,9977641 - 1$$
$$\log b = 0,4692291.$$

Die folgende Tabelle giebt zunächst die Spannkräfte des Wasserdampfes bis 100° C., wie sie von Grad zu Grad aus den beiden ersten Gleichungen folgen.

Spannkräfte des Wasserdampfs von −32° bis +100° C.

t	*e*	*t*	*e*	*t*	*e*	*t*	*e*
—32°C	0^{mm},310	— 6°C	2^{mm},758	+20°C	17^{mm},391	+46°C	75^{mm},158
—31	0,336	— 5	3,004	21	18,495	47	79,093
—30	0,365	— 4	3,271	22	19,659	48	83,204
—29	0,397	— 3	3,553	23	20,888	49	87,499
—28	0,431	— 2	3,879	24	22,184	50	91,982
—27	0,468	— 1	4,224	25	23,550	51	96,661
—26	0,509	0	4,600	26	24,988	52	101,543
—25	0,553	+ 1	4,940	27	26,505	53	106,636
—24	0,602	2	5,302	28	28,101	54	111,945
—23	0,654	3	5,687	29	29,782	55	117,478
—22	0,711	4	6,097	30	31,548	56	123,244
—21	0,774	5	6,534	31	33,406	57	129,251
—20	0,841	6	6,998	32	35,359	58	135,505
—19	0,916	7	7,492	33	37,411	59	142,015
—18	0,996	8	8,017	34	39,565	60	148,791
—17	1,084	9	8,574	35	41,827	61	155,839
—16	1,179	10	9,165	36	44,201	62	163,170
—15	1,284	11	9,792	37	46,691	63	170,791
—14	1,398	12	10,457	38	49,302	64	178,714
—13	1,521	13	11,162	39	52,039	65	186,945
—12	1,656	14	11,908	40	54,906	66	195,496
—11	1,803	15	12,699	41	57,910	67	204,376
—10	1,963	16	13,536	42	61,055	68	213,596
— 9	2,137	17	14,421	43	64,346	69	223,165
— 8	2,327	18	15,357	44	67,790	70	233,093
— 7	2,533	19	16,346	45	71,391	71	243,393

t	e	t	e	t	e	t	e
°C.		°C.		°C.		°C.	
+72	254mm,073	+80	354mm,643	+87	468mm,221	+94	610mm,740
73	265,147	81	369,287	88	486,687	95	633,778
74	276,624	82	384,435	89	505,759	96	657,535
75	288,517	83	400,101	90	525,450	97	682,029
76	300,838	84	416,298	91	545,778	98	707,280
77	313,600	85	433,041	92	566,757	99	733,305
78	326,811	86	450,344	93	588,406	100	760,000
79	340,488						

Die Vergleichung der vorstehenden Tabelle zwischen 0° und 100° mit der von **Magnus** berechneten bietet eine sehr befriedigende Uebereinstimmung dar, da die Differenzen überall innerhalb der Grenzen der Beobachtungsfehler liegen. Wegen der kleinen Differenz bei 0° ist zu bemerken, dass **Regnault** seinen Werth als Mittel aus 63 Beobachtungen genommen hat, die zwischen 4mm,50 und 4mm,695 schwanken. Nicht ganz auf gleiche Weise scheint die Formel von **Magnus** auf die niedern Temperaturen zu passen, doch ist hier ein Urtheil über ihre Zulässigkeit schwieriger zu fällen; leichter stellt es sich heraus, wenn man die Angaben der Spannkräfte für höhere Temperaturen bei **Regnault** beachtet. Die folgenden Tafeln geben zunächst seine Beobachtungen und ihre Berechnung nach der vorher mitgetheilten dritten Gleichung.

Temperat. Mitt. nach 4 Therm.	Spannkräfte		Temperat. Mitt. nach 4 Therm.	Spannkräfte	
	beob.	berechn.		beob.	berechn.
99°,83	751mm,61		138°,32	2561mm,50	
100,71	776,03		140,95	2758,69	2757mm,93
100,74	777,09	779mm,86	140,93	2756,17	
105,08	904,87	905,45	143,92	2997,75	2991,67
105,08	904,32		143,84	2992,79	
111,74	1131,60	1131,35	145,65	3150,42	
111,74	1131,34		145,67	3149,41	3148,28
116,07	1302,37	1302,37	145,69	3149,73	
116,06	1302,23		147,48	3307,33	3308,86
122,59	1601,25	1600,52	147,48	3306,52	
122,59	1601,25		147,48	3306,39	
128,50	1925,20	1918,02	128,32	1908,81	1907,64
128,50	1925,48		128,32	1910,09	
128,62	1931,14		128,27	1908,90	
128,57	1929,36		126,18	1794,11	1788,76
131,35	2094,69	2090,72	126,17	1793,47	
131,38	2096,47		126,18	1793,12	
135,68	2373,03	2372,33	122,89	1620,04	1615,01
135,68	2373,03		122,85	1618,54	
138,30	2561,73	2560,18	122,84	1618,70	

Temperat. Mitt. nach 4 Therm.	Spannkräfte beob.	Spannkräfte berechn.	Temperat. Mitt. nach 4 Therm.	Spannkräfte beob.	Spannkräfte berechn.
119°,25	1447mm,30	1442mm,28	110°,68	1095mm,44	1091mm,58
119,25	1447,37		110,66	1094,68	
117,45	1364,90	1361,68	99,75	753,96	
117,44	1364,78				

Therm. im Dampf.	Therm. im Wasser.	Spannkräfte beob.	Spannkräfte berechn.
121°,13	121°,16	1530mm,27	1530mm,68
121,13	121,16	1529,96	
121,11	121,16	1529,18	
123,91	123,90	1668,71	1668,88
123,91	123,94	1670,34	
123,91	123,94	1670,32	
128,47	128,40	1915,12	1912,25
128,47	128,38	1915,96	
130,18	130,12	2012,51	2013,65
130,20	130,15	2015,34	
131,57	131,45	2097,93	2095,07
131,57	131,45	2097,93	
131,63	131,51	2098,28	
133,32	133,21	2209,20	2207,00
133,28	133,20	2209,08	
136,09	135,92	2387,99	2382,84
136,02	135,85	2386,07	
136,00	135,83	2386,81	
137,52	137,75	2514,79	
137,54	137,77	2515,30	2520,10
137,54	137,77	2515,30	
137,54	137,77	2514,99	
138,89	138,90	2599,23	2603,04
138,89	138,90	2599,18	
138,87	138,88	2597,97	
138,82	138,84	2597,34	
138,80	138,82	2596,43	
138,75	138,66	2591,65	
138,74	138,66	2591,65	
138,74	138,65	2591,29	
138,73	138,64	2590,61	
141,59	141,61	2803,05	
141,54	141,57	2799,68	
141,56	141,58	2801,18	2808,62
141,56	141,58	2801,77	
141,56	141,59	2802,03	
144,15	144,10	3010,19	3015,93
144,17	144,12	3010,73	
144,17	144,12	3009,44	
145,98	145,88	3161,67	3166,64
145,98	145,88	3161,63	
145,98	145,88	3161,66	
148,30	148,20	3360,74	3374,53
148,30	148,20	3361,36	
148,30	148,20	3361,36	
148,30	148,24	3361,03	
148,26	148,20	3359,54	

Aus beiden Tabellen erhellt die Gültigkeit der angewandten Formel innerhalb der Temperaturgrenzen, welche die Beobachtungen umfassen; man bekommt also nach ihr von Grad zu Grad folgendermaassen die

Spannkräfte des Wasserdampfs von 100° bis 150° C.

t	*e*	*t*	*e*	*t*	*e*	*t*	*e*
100°C	760^{mm},00	113°C	1179^{mm},04	126°C	1777^{mm},87	139°C	2610^{mm},50
101	786,94	114	1218,09	127	1832,88	140	2685,96
102	814,69	115	1258,22	128	1889,24	141	2763,19
103	843,27	116	1299,45	129	1947,13	142	2842,24
104	872,70	117	1341,81	130	2006,44	143	2923,12
105	902,99	118	1385,32	131	2067,21	144	3005,87
106	934,17	119	1430,01	132	2129,53	145	3090,52
107	966,26	120	1475,90	133	2193,39	146	3177,11
108	999,27	121	1523,00	134	2258,80	147	3265,19
109	1033,24	122	1571,39	135	2325,83	148	3356,65
110	1068,18	123	1621,03	136	2394,47	149	3448,76
111	1104,11	124	1671,98	137	2464,78	150	3543,37
112	1141,06	125	1724,24	138	2536,78		

Stellt man eine Berechnung nach der Formel von Magnus an, so bekommt man:

t	*e* Regnault.	*e* Magnus.	Diff.
110° C	1068^{mm},18	1077^{mm},26	+9^{mm},08
120	1475,90	1497,12	+21,22
130	2006,44	2043,66	+37,22
140	2685,96	2743,59	+57,63
150	3543,37	2627,28	+83,91

wonach diese Formel offenbar nur den Werth einer empirischen ansprechen kann, da sie sich allein innerhalb bestimmter Temperaturgrenzen bewährt. — Häufig wird indess diese Formel als der theoretische Ausdruck der zwischen der Temperatur und der Spannkraft des Dampfes bestehenden Relation angesehen und ist als als solcher auch von Wrede (Pogg. Ann. LIII. p. 225) hergeleitet worden; es möchte demnach wohl zweckmässig sein, den Gang desselben einer nähern Prüfung zu unterwerfen. Wrede geht von dem von Clement und Desormes zuerst aufgestellten Satze aus, dass der Wasserdampf im Maximum seiner Dichtigkeit immer eine gleiche Wärmemenge besitzt, welches auch die freie Temperatur desselben sei, und reiht daran die Folgerung von Pambour, dass Wasserdampf im Maximum seiner Dichtigkeit, wenn er keine Wärme abgeben kann, bei einer erzwungenen Volumsveränderung das Verhältniss seiner freien und gebundenen Wärme so umgestaltet, dass es immer im Maximum der Dichtigkeit bleibt; er nimmt hiernach ein Volum v Wasserdampf an, dessen Temperatur $= t$ und dessen Spannkraft $= p$ ist und theilt ihm eine Wärmemenge $c\Delta t$ mit, indem c die Wärmecapacität des Dampfes bei constantem Drucke bezeichnet. Durch diesen Zuwachs an Wärme dehnt sich bei gleich bleibendem Drucke das Volum auf $v + dv$ aus und die Temperatur steigt auf $t + \Delta t$; wird dieser Dampf hiernach wieder auf das ursprüngliche Volum comprimirt, so wächst die Spannkraft auf $p + dp$ und die Wärme geht in $t + \Delta t + dt$ über; bezeichnet also α die Ausdehnung des Dampfs (gleich der Ausdehnung der Luft) für jeden Grad der hunderttheiligen Scala und folgt der Dampf im Maximum der Dichtigkeit den Gesetzen der Luft, so bekommt man:

$$p : p + dp = 1 + \alpha t : 1 + \alpha(t + \Delta t + dt)$$

oder

$$\frac{dp}{p} = \frac{\alpha(\Delta t + dt)}{1 + \alpha t}.$$

Es sei c' die Wärmecapacität des Dampfs bei constantem Volum, so ist auch $c\Delta t = c'(\Delta t + dt)$ oder $\Delta t + dt = \frac{1}{1 - \frac{c'}{c}} dt$, folglich

$$\frac{dp}{p} = \frac{\alpha dt}{\left(1 - \frac{c'}{c}\right)(1 + \alpha t)}.$$

Wäre nun nach Gay-Lussac $\frac{c'}{c}$ ein constantes Verhältniss, so gäbe die Integration der vorstehenden Gleichung, wenn $p = 1$ bei $t = 100°$ C. ist,

$$p = \left(\frac{1 + \alpha t}{1 + 100\alpha}\right)^{\frac{c}{c - c'}}$$

und man bekäme eine Formel, welche durchaus nicht zu den Beobachtungen stimmt. Demnach werde $\frac{c'}{c}$ als von der Temperatur abhängig angenommen, nämlich $\frac{c'}{c} = m - nt$, worin m und n constante Werthe besitzen, so wird

$$\frac{dp}{p} = \frac{\alpha dt}{(1 - m + nt)(1 + \alpha t)},$$

woraus durch Integration zwischen den Grenzen p', t' und p, t

$$\log \frac{p}{p'} = \frac{1}{1-m} \cdot \frac{\alpha}{\alpha - \frac{n}{1-m}} \left\{ \log \frac{1+\alpha t}{1+\frac{n}{1-m}t} - \log \frac{1+\alpha t'}{1+\frac{n}{1-m}t'} \right\}$$

folgt. Zur Vereinfachung dieser Gleichung kann man den Siedpunkt des Wassers als Anfangspunkt der Temperaturen ansehen und die Spannkraft des Dampfs nach Atmosphärendruck berechnen, wonach $p' = 1$ bei $t' = 0$ ist, also

$$\log p = \frac{1}{1-m} \cdot \frac{\alpha}{\alpha - \frac{n}{1-m}} \log \frac{1+\alpha t}{1+\frac{n}{1-m}t}.$$

In dieser Gleichung sind m und n unbekannt und müssen nach den Beobachtungen bestimmt werden. Zu diesem Behufe stellt Wrede die Gleichung $\frac{dp}{p} = \frac{\alpha dt}{(1-m+nt)(1+\alpha t)}$ unter die Form $m - nt + P = 0$, worin P der Kürze wegen den Ausdruck $\frac{\alpha p}{(1+\alpha t)\frac{dp}{dt}} - 1$ bezeichnet, construirt eine Tafel der Spannkräfte durch eine Interpolationsformel, und bekommt so mit verschiedenen Werthen von t und den dazu gehörigen Grössen von $\frac{dp}{dt}$, eine Reihe Bedingungsgleichungen der Form:

$$m - nt' + P' = 0$$
$$m - nt'' + P'' = 0$$

u. s. w.

aus denen sich nach der Methode der kleinsten Quadrate m und n herleiten lassen. Die Messungen der französischen Academiker geben ihm annähernd ziemlich genau

$$\frac{n}{1-m} = \alpha.$$

Durch diesen Werth geht die obige Differentialgleichung über in:

$$\frac{dp}{p} = \frac{1}{1-m} \cdot \frac{\alpha dt}{(1+\alpha t)^2}$$

und giebt durch die Integration

$$\log p = \frac{\log e}{1-m}\left(\frac{\alpha t}{1+\alpha t}\right) = M\left(\frac{t}{\frac{1}{\alpha}+t}\right).$$

Hierin werde nach Rudberg $\alpha = \frac{0,003646}{1,3646} = 0,002672$ gesetzt, so ist:

$$\log p = M\left(\frac{t}{374,27+t}\right)$$

oder mit abermaliger Rücksicht auf die Versuche

$$\log p = \frac{5{,}61\,t}{374{,}27 + t}.$$

Diese Gleichung giebt die Beobachtungen ziemlich genau an; trennt man dagegen $\frac{n}{1-m}$ in $\alpha - \delta$ und sucht den passendsten Werth für die letztere Grösse, so kann man noch eine grössere Uebereinstimmung erzielen. — Dies ist der Gang, den **Wrede** befolgt, der aber bei genauerer Prüfung vom Thatbestande abweicht. Wenn nämlich das Volum v durch die mitgetheilte Wärme $c\Delta t$ in $v + dv$ übergegangen ist und die Wärme $t + \Delta t$ erlangt hat, so befindet es sich nicht mehr, wie vorausgesetzt wird, im Maximum seiner Dichtigkeit, denn Wasserdampf im Maximum der Dichtigkeit, dessen Volum vergrössert und dessen Temperatur erhöht wird bedarf eines Zuschusses an Dampf, um das Maximum der Dichtigkeit wieder zu erreichen. Ein Theil der Wärme $c\Delta t$ muss also dazu verwandt werden, um eine gewisse Quantität Wasser in Dampf zu verwandeln. Lässt man diesen Fehler ausser Acht und comprimirt das Volum $v + dv$, wie es ist, wieder auf v, so ist abermals dieses Volum Dampf nicht im Maximum seiner Dichtigkeit, da mit der ganzen Operation offenbar nichts anders erzielt ist, als dass man bei gleich bleibendem Volum dem Dampfe Wärme hinzugefügt und dadurch seine Spannkraft vermehrt hat; auch hier muss ein Theil der Wärme absorbirt werden, um neuen Dampf zu erzeugen. Bestimmen wir aber zu diesem Zweck einen Theil der Wärme, so wird zwar das ganze Dampfvolum immer noch auf eine höhere Temperatur steigen, welche seine Spannkraft wie bei der Luft vergrössert, allein es erhält zu gleicher Zeit eine grössere Dichtigkeit, die ebenfalls die Spannkraft vermehrt, und wir bleiben so in der bisherigen Lage, dass wir die Dichtigkeit des Dampfs in ihrem Maximum nicht als eine Funktion der Temperatur anzugeben vermögen.

Siedetemperatur der Flüssigkeiten.

Die Temperatur, bei welcher die verschiedenen Flüssigkeiten sieden, hängt bekanntlich von drei Umständen ab: von der Natur der Flüssigkeit selbst, von dem Barometerstande und von dem Gefässe. Der letztere Umstand, auf den schon Gay-Lussac hingewiesen hat, ist von F. Marcet in einer neuen sorgfältigen Untersuchung genauer als bisher erörtert worden, wobei er zugleich auf die Temperatur des entweichenden Dampfes sein Augenmerk richtete (Mém. de la Soc. de phys. et d'hist. nat. de Genève T. IX; Pogg. Ann. LVII. p. 218). Wir erhalten nach ihm folgende Resultate: Das Wasser siedet in einem Metall- und in einem Glasgefässe bei ungleichen Temperaturen; giebt jenes bei einem Barometerstande von 28 Zoll für die Siedhitze 100° C., so bekommt man in diesem nur dann eine nahe damit übereinstimmende Angabe, wenn man Hammerschlag einschüttet, unter andern Bedingungen dagegen von einander abweichende Zahlen. So steigt die Siedhitze in einem gewöhnlichen Kolben von dünnem grünen Glase etwas über 101° und noch höher in dickem weissen Glase; sie erhebt sich auf 102° bis 103°, wenn man den Kolben vorher mit einer concentrirten Lösung von ätzendem Kali reinigt, ja sie kommt bis auf 105° oder 106°, wenn man zur Reinigung heisse concentrirte Schwefelsäure anwendet. Grade der umgekehrte Fall lässt sich beobachten, sobald man den Kolben inwendig mit einer Schicht Schellack oder Schwefel überzieht, wobei die Siedhitze noch um 0°,15 bis 0°,20 niedriger als in einem Metallgefässe ausfällt. Der entwickelte Dampf dagegen besitzt in allen Fällen eine gleiche Temperatur, da die beobachteten kleinen Differenzen von dem Umstande abhängig sein möchten, dass sich die Thermometerkugel nur einen halben Zoll über dem siedenden Wasser befand. — Auch auf andere Flüssigkeiten, von denen Salzlösungen und Alkohol untersucht wurden, üben die Gefässe einen ähnlichen Einfluss aus; so siedete Alkohol in einem neuen Glaskolben bei 79°,5 und nach Reinigung desselben mittelst concentrirter Schwefelsäure bei 82°,5.

Zur Erklärung der angegebenen Thatsachen (vergl. Magnus: Ueber die Kraft, welche zur Erzeugung von Dämpfen erforderlich ist; Pogg. Ann. LXI. p. 248) hat man auf mehrere Punkte zu achten, zuvörderst auf die Erscheinungen, welche beim Kochen des Wassers in den verschiedenen Gefässen hervortreten. Siedet das Wasser in einem mit Schellack überzogenen Glaskolben oder in einem Metallgefässe, so steigen die Dampfblasen ruhig vom Boden auf und das eingesenkte Thermometer bleibt die ganze Zeit über stationär; siedet dagegen das Wasser bei höherer Temperatur, so ist die Dampfentwickelung mit eigenthümlichen Stössen verbunden, und das Thermometer schwankt. Dies zeigt sich am deutlichsten in einem mit Schwefelsäure gereinigten Kolben; bei allmählig gesteigerter Wärme gelangt das Wasser auf 105° — 106°, jetzt entwickeln sich Dampfblasen, die desto heftiger aufwallen, je stärker die Flamme ist, und die Temperatur des Wassers sinkt um 1° — 2°; sie erhebt sich wieder auf ihren frühern Stand, und neue Dampfblasen steigen auf, die ein neues Sinken des Thermometers veranlassen. Löscht man bei heftigem Sieden, wobei die Temperatur gefallen ist, die Flamme aus, so hört zwar das Kochen auf, aber die Wärme steigt noch um etwas. Ferner beachte man die folgende Thatsache, auf die Magnus aufmerksam gemacht hat. Wenn sich in dem geschlossenen Schenkel der U förmigen Röhre seines Apparates, mit welchem er die Spannkräfte des Wasserdampfs maass, nur etwas Luft über dem Wasser befand, so entwickelten sich die Dämpfe unmittelbar unter dem Drucke, welcher ihrer Temperatur entsprach; schloss dagegen das Wasser dicht an das Glas an, so musste man den Druck der entgegenwirkenden Luft oft bedeutend verringern, ehe die Dämpfe entstanden, die dann auch, weil sie entwickelt eine grössere Spannkraft besassen, das Quecksilber nicht selten aus der Röhre trieben. Endlich hat man die Beobachtung hinzuzunehmen, der gleichfalls Magnus erwähnt, dass die Dämpfe, die sich bei einer Temperatur von 100° C. in seiner geschlossenen Röhre aus Salzwasser entwickelten, eine um einige Zoll geringere Spannkraft besassen als Dämpfe aus destillirtem Wasser. Dasselbe bestätigen die Angaben von Marcet, der die Temperatur der Dämpfe aus Salzlösungen = 101°, 101°,45, 104°,20 fand, wenn die Siedhitze dieser Flüssigkeiten in einem Metallgefäss = 101°25, 101°70, 104°45 war, wennschon Rudberg keinen Unterschied in der Temperatur dieser Dämpfe und derer aus reinem Wasser gefunden hatte. — Die so eben mitgetheilten Beobachtungen lehren, dass man bei der Dampfbildung während des Kochens drei Punkte in Betrachtung zu ziehen habe: 1) die Temperatur, welche der Dampf erlangen muss, um der Spannkraft der äussern Luft das Gleichgewicht zu halten, 2) die Cohäsion der Flüssigkeit, durch welche sie die Dampfbildung zurückhält, 3) die Kraft derselben Flüssigkeit, mit welcher sie auf den schon entwickelten Dampf einwirkt und ihn wieder in den flüssigen Zustand zurückzuführen trachtet. Was den ersten Punkt betrifft, so kann man die in Frage stehende Temperatur bestimmen, wenn man ein Thermometer in den entweichenden Dampf senkt, nachdem er der Einwirkung der Flüssigkeit durch einen grössern Abstand entzogen, aber gegen Abkühlung sorgfältig geschützt ist. Es ist dies die Siedhitze des Wassers, welche zur Normirung des Thermometers dient und die bei allen Wasserdämpfen gleich ist, welches Salz auch dem kochenden Wasser beigemischt wurde. Dass ferner die Cohäsion der Flüssigkeit die Dampfbildung verzögert, zeigen die ungleichen Temperaturen, auf welche dieselbe Flüssigkeit gebracht werden muss, ehe die Dampfbildung eintritt. Denn nimmt man an, dass die Cohäsion der Flüssigkeit am stärksten wirkt, wenn sich der Dampf mitten in der Flüssigkeit selbst bilden soll, geringer dagegen, wenn er an den Stellen entsteht, wo die Flüssigkeit mit dem Boden des Gefässes oder mit der Luft in Berührung steht, so ist es natürlich, dass die Temperatur der Flüssigkeit bis zum Kochen desto höher ausfällt, je inniger die Verbindung mit dem Gefässe ist, und dass die letzte Grenze erst da liegt, wo sich der Dampf auch innerhalb der Flüssigkeit selbst bilden würde. Das Wasser muss also, um bei dieser Flüssigkeit zunächst zu bleiben, eine schwächere Cohäsion in Berührung mit Metall besitzen, als in Berührung mit Glas, bei diesem wieder eine desto stärkere, je mehr man es von allen fremdartigen Stoffen gereinigt, namentlich durch heisse Schwefelsäure davon befreit hat. Verbindet man nun mit dieser Annahme die schon den dritten Punkt berührende Ansicht, dass sich der Wasserdampf einmal gebildet im Wasser bei einer ziemlich gleichen Temperatur halten könne, welche er nach seiner völligen Entweichung in die Luft zeigt, so sind alle Erscheinungen klar, die sich beim Kochen darbieten. Das Wasser, welches sich in einem Metall- oder in einem mit Schellack überzogenen Glasgefässe befindet, setzt an den Berührungsstellen der Dampfbilduug eine unbedeutende Kraft entgegen; sobald also die Temperatur erreicht ist, wobei der Dampf der Spannkraft der Luft das Gleichgewicht halten kann, entwickeln sich die Dampfblasen; sie steigen auf ohne eine Einwirkung beim Durchgange durchs Wasser zu erfahren, und der ganze Hergang verläuft ruhig und stät. Befindet sich dagegen das Wasser in einem gereinigten Glaskolben, so übt die Cohäsion einen stärkern Einfluss; 105° — 106° müssen erzielt sein, ehe die Dampfblase entsteht; sie reisst sich vom Boden los, tritt in das Wasser ein, aber da sie mit grösserer Wärme und mit grösserer Spannkraft hineinkommt, als es die Gegenwirkungen der Luft und des Wassers verlangen, so dehnt sie sich aus, verliert einen Theil ihrer Wärme sammt Spannkraft, und kühlt das Wasser ab; daher das heftige Aufstossen und das Schwanken des Thermometers. Wollte man gegen die aufgestellte Ansicht geltend machen, dass die Cohäsion zwischen Wasser und Wasser geringer ist, als zwischen Wasser und Metall oder Glas, wie dies die zur Trennung beider erforderliche Kraft beweiset, so muss man sich erinnern, dass schon bei gewöhnlicher Temperatur das Wasser eine Glas- oder Metallfläche nie vollkommen benetzt, sondern sich an einzelnen Stellen zurückzieht, und ebenso dass Wärme, grade wie Elektricität, diese Cohäsion mannigfaltig ändert; an solchen Stellen also, wo die Cohäsion geringer ist, wird die Dampfbildung erfolgen. — Den dritten Umstand, die Wirkung der Flüssigkeit auf den bereits gebildeten Dampf, wodurch sie ihn wieder in dem flüssigen Zustand zurückzuführen sucht, bemerken wir, wie schon angeführt wurde, bei reinem Wasser sehr wenig, da in ihm der Dampf vielleicht nur nahe dieselbe Temperatur zu besitzen braucht, bei welcher er auch den Widerstand der äussern Luft überwindet; deutlich aber tritt diese Wirkung beim Salzwasser hervor, in welchem der Dampf, um sich zu erhalten, einen höhern Grad von Wärme besitzt, weil ihm durch die Attraktion der Flüssigkeit ein Theil seiner Spannkraft entzogen wird und er eben diesen Verlust nur durch eine höhere Temperatur und eine damit verbundene grössere Spannkraft ersetzen kann. Als daher Magnus die Dämpfe von kochendem Wasser mitten in eine bis 100° erwärmte Salzauflösung leitete, gingen sie so lange wieder in Wasser über, bis die dadurch frei gewordene Wärme das Ganze auf 107° gebracht hatte; erst jetzt fing das Kochen an d. h. erst jetzt konnte der eingeführte Dampf, nachdem er sich zusammengezogen und dadurch bis auf 107° erwärmt war, in der eben so heissen Flüssigkeit in seiner Dampfform bestehen. Dieser coërcirende Einfluss der Flüssigkeit muss sich aber auch noch auf den bereits in die Luft eingetretenen Dampf erstrecken, wenigstens erst in einem gewissen Abstande seine Wirkung verlieren; so allein erklären sich die höhern Temperaturen des Dampfes, die Marcet beobachtete, und ebenso die geringere Spannkraft bei 100° C., die Magnus in der verschlossenen Röhre fand. —

Neunzehnter Abschnitt.

Magnetismus der Erde,

(zweiter Bericht) *)

bearbeitet von

Dr. J. Lamont.

Einleitung.

1, Die Untersuchung des Erdmagnetismus ist in neuester Zeit mit einem Eifer und einem Kraft-Aufwande geführt worden, wie man sie vielleicht niemals früher einem so speciellen Zweige der Wissenschaft zugewendet hat. Der Erfolg ist auch von grosser Bedeutsamkeit gewesen. Man hat Methoden und Hülfsmittel einer sorgfältigen Prüfung unterworfen, Vieles dabei verbessert und umgestaltet; man hat eine grosse Menge von Beobachtungs-Daten gesammelt, und wenigstens vorläufig Erfahrungs-Sätze, die einer fernern Entwickelung der Theorie zur Grundlage dienen müssen, abgeleitet; man hat vor Allem durch eine Kette correspondirender Observatorien, welche bereits den ganzen Erdkreis umfasst, eben so grossartige, als wirksame Einrichtungen getroffen, um die magnetischen Phänomene zu ergründen.

In Folge der auf solche Weise begonnenen und ausgeführten Arbeiten hat die Lehre von dem Magnetismus der Erde eine so grosse Ausdehnung gewonnen, dass sie aus der untergeordneten Stellung, die sie bisher im Kreise der physikalischen Disciplinen eingenommen hatte, herausgetreten ist, und von nun an als ein eigenes Fach, gleich der Meteorologie, behandelt werden muss.

Ich beabsichtige in den folgenden Blättern, als Fortsetzung von Moser's Bericht im II. Bande dieses Repertoriums, von den Ergebnissen der neuesten magnetischen Arbeiten eine kurze Darstellung zu entwerfen; dabei setze ich, damit eine Uebersicht und

---

*) Der erste Bericht befindet sich im zweiten Bande des Repertoriums.

ein Zusammenhang möglich werde, folgende Ordnung der zu behandelnden Gegenstände fest:

I. Abschnitt. Instrumente, und deren Gebrauch;

II. Abschnitt. Theorie der Instrumente, und darauf bezügliche Untersuchungen;

III. Abschnitt. Magnetische Observatorien, und Beobachtungen;

IV. Abschnitt. Theorie des Erdmagnetismus, empirische Gesetze der magnetischen Erscheinungen.

Die Ergebnisse magnetischer Beobachtungen findet man in Zeitschriften, academischen Memoiren, und sonst umfangreichen Werken, überall zerstreut, unter verschiedenen Formen, und in verschiedenen Maass-Einheiten ausgedrückt. Wie hinderlich dieser Umstand bei magnetischen Untersuchungen ist, wird Jedem, der in diesem Fache gearbeitet hat, hinreichend bekannt sein. Ich glaubte deshalb ein Verdienst mir dadurch zu erwerben, dass ich die vollständigsten und zuverlässigsten Beobachtungs-Data, solche nämlich, die einen bleibenden Werth haben, und zur Grundlage jeder künftigen Theorie gehören, gesammelt, und sie in gleichförmig reducirte Tabellen gebracht habe. Diese Tabellen hatte ich ursprünglich, der vorhergehenden Eintheilung gemäss, im III. Abschnitte, und zwar einzeln einzuschalten beabsichtiget; da jedoch in dem Drucke Anstände hätten entstehen können, so schien es mir zuletzt am Zweckmässigsten, sie sämmtlich am Ende beizufügen.

I. Abschnitt.

Magnetische Instrumente, und deren Gebrauch.

Allgemeine Bemerkungen.

2. Zu jedem magnetischen Instrumente gehört als Haupt-Bestandtheil ein Magnet, der sehr leicht beweglich sein soll: die Beobachtung besteht darin, dass man die Richtung des Magnets angiebt. Die vollkommene Beweglichkeit suchte man in früherer Zeit bei horizontalen Magneten dadurch zu erzielen, dass man in der Mitte des Magnets ein Agathütchen befestigte, und ihn auf eine feine Spitze stellte. Dieses Mittel hat indessen dem Zwecke nicht hinlänglich entsprochen, und wird gegenwärtig nur mehr bei Seecompassen angewendet. Am zweckmässigsten ist es, um

den nöthigen Grad von Beweglichkeit zu erhalten, die Magnete an Coconfäden aufzuhängen. Da aber jeder Faden eine Torsions kraft hat, also die Richtung des Magnets zum Theile vom Faden abhängt, so muss hierauf durch Anwendung einer entsprechenden Correction Rücksicht genommen werden. Man muss suchen die Torsion so gering, als möglich zu machen, d. h. man nimmt den Faden so dünn, dass er gerade den Magnet mit Sicherheit tragen kann, und macht ihn so lang, als es mit sonstigen Bedingungen gut vereinbar ist. Anstatt der Coconfäden haben einige Physiker bei grossen Stäben Metallfäden (Stahldrath, Silberdrath, oder versilberten Kupferdrath) gebraucht, weil sie nicht, wie jene, hygrometrisch sind: dagegen ist die Torsionskraft grösser, und beträgt unter den gewöhnlich vorkommenden Umständen etwa $\frac{1}{23}$ von der Directionskraft des Stabes, während bei Coconfäden das Verhältniss $\frac{1}{900}$ bis $\frac{1}{250}$ ist. (Vergl. §. 49.)

3. Die Beobachtung besteht, wie oben bemerkt worden, darin, dass man die Richtung des Magnets, oder vielmehr zunächst die Richtung einer mit dem Magnete unveränderlich verbundenen Linie angiebt. Zu diesem Zwecke kann man entweder eine Linie wählen, welche durch zwei an den Enden des Magnets bezeichnete Puncte geht, und die Richtung durch Microscope ablesen, oder man kann einen Spiegel auf dem Magnete festmachen, und die Lage der auf der Spiegelfläche senkrechten Linie (welche ich im Folgenden immer die Axe des Spiegels nennen werde) messen, oder man kann den Magnet mit einem Collimator versehen, und die Richtung der optischen Axe des Collimators bestimmen. In allen drei Fällen muss der Winkel zwischen der Linie, auf welche sich zunächst die Beobachtung bezieht, und der magnetischen Axe bestimmt werden, was durch Umlegen der Drehungs-Axe erlangt wird. Die Drehungs-Axe ist bei der Inclinations-Nadel eine wirkliche Axe, und das Umlegen geschieht dadurch, dass der eine Zapfen auf das Lager gebracht wird, wo zuvor der andere sich befand. Bei einem horizontal aufgehängten Magnete ist die durch die Mitte des Magnets gehende, dem Faden parallele Linie, die Drehungs-Axe: beim Umlegen kommt die obere Seite hinunter, aber dieselbe Linie muss wieder mit dem Faden parallel sein.

4. Was die bemerkten drei Arten von Ablesung betrifft, so wird die erstere noch bei Inclinations-Nadeln so angewendet,

dass man die Stellung der beiden zugespitzten Enden des Magnets entweder mit dem freien Auge, oder mit einer Loupe beobachtet: ausserdem ist in neuerer Zeit dieselbe Ablesung mit einiger Modification bei dem Vertical-Intensitäts-Instrumente von Lloyd angewendet worden.

5. Die zweite Ablesungs-Art durch Spiegel, ursprünglich von Poggendorf eingeführt, ist bei magnetischen Instrumenten bei weitem die bequemste und die genaueste, theils, weil sie auf grössere Distanzen zu beobachten gestattet, theils, weil man nur eine Ablesung nöthig hat; während die vorhergehende Methode erfordert, dass an beiden Enden eine Ablesung gemacht werde, um die Excentricität zu eliminiren. Man denke sich (Fig. 1.) den Magnet *mm*, den daran befestigten Spiegel *ss*, das Ablesungs-Fernrohr *F*, und die Scala *SS* auf eine horizontale Ebene projicirt. Es sei *ab* die verlängerte optische Axe des Fernrohrs, die von dem Spiegel in der Richtung *bd* reflectirt würde, *bc* die senkrechte auf der Spiegelfläche, deren Richtung zu bestimmen ist; es stehe ferner die Scala *SS* auf *ab* senkrecht, so hat man nach den Reflexions-Gesetzen $abc = \frac{1}{2}abd$, und da $\operatorname{tg} abd = \frac{ad}{ab}$, so folgt $\operatorname{tg} 2abc = \frac{ad}{ab}$. In den gewöhnlich vorkommenden Fällen kann man $\operatorname{tg} abc = \frac{ad}{2ab}$, oder auch den Winkel $abc = \frac{1}{2ab} \cdot ad$ setzen. Sieht man durch das Fernrohr, so coincidirt der Punct *d* der Scala mit dem Faden des Fernrohres, und *ad* ist die Ablesung in Scalatheilen ausgedrückt: der Factor $\frac{1}{2ab}$ oder die Einheit durch die doppelte auf den Horizont projicirte Entfernung zwischen der Scala und der spiegelnden Fläche ist der Werth eines Scalatheils in Bogen ausgedrückt. Will man die Ablesung in Minuten oder Secunden verwandeln, so muss man als Werth eines Scalatheils $\frac{1}{2ab \sin 1'}$ oder $\frac{1}{2ab \sin 1''}$ gebrauchen.

Was die Scalen betrifft, so hat Gauss Papier-Scalen, auf Holz aufgezogen, gebraucht. Sie mussten bei Tage mit einem Beleuchtungs-Spiegel, und bei der Nacht mit intensivem Lampenlichte erhellt werden. Die Schwierigkeiten der Beleuchtung, und den nachtheiligen Einfluss der Feuchtigkeit habe ich beseitiget durch die Einführung der Glas-Scalen, hinter welchen ein Beleuchtungs-Spiegel (bei Tage ein gewöhnlicher Planspiegel, bei der Nacht füglicher ein Concavspiegel) angebracht ist.

6. Die dritte Art der Ablesung ist vorzüglich in den Brittischen Observatorien gebraucht worden, nämlich vermittelst eines Collimators. Es sei auf dem Magnete ein Objectiv *O* und in dessen Focus die Scala *S* befestiget: *be* sei die optische Axe dieses Objectivs, deren Richtung zu bestimmen wäre. Ist *dc* die verlängerte optische Axe des Ablesungs-Fernrohrs *F*, also *c* der Punct der Scala *S*, welcher mit dem Faden coincidirt, so hat man $\operatorname{tg} bac = \frac{bc}{ab}$. Dadurch ist der Winkel *bac* bestimmt; die weitern Beziehungen sind wie oben. Den Winkel $bac = dae$ kann man aber auch auf andere Art angeben; man dreht nämlich das Fernrohr *F* bis seine optische Axe parallel wird mit *ae*, d. h. bis der Faden mit dem Puncte *b* der Scala coincidirt, und liest den Winkel auf einem mit dem Fernrohre verbundenen horizontalen Kreise ab. Diese Beobachtungsart ist in Greenwich eingeführt.

7. Eine Modification der zweiten Ablesungs-Weise ist von mir eingeführt worden: sie besteht darin, dass man den Magnet, an dessen Mitte der Spiegel befestiget ist, auf einen Theodoliten stellt, und das excentrisch angebrachte und dem Spiegel gegenüberstehende Fernrohr dreht, bis seine optische Axe mit der auf dem Spiegel senkrechten Linie coincidirt. Zu diesem Behufe hat das Fernrohr (Fig. 13.) oben zwischen dem Faden und dem Ocular eine Oeffnung, in welche ein kleiner Spiegelstreifen hineingelegt wird, so dass er das von oben einfallende Licht gegen das Objectiv reflectirt, und den Faden beleuchtet. Das beleuchtete Fadenbild wird von dem Magnetspiegel in das Fernrohr wieder zurückgeworfen, und wenn man Faden und Bild zur Coincidenz bringt, so ist die optische Axe des Fernrohrs senkrecht auf der Spiegelfläche.

8. Bei der Ablesung magnetischer Instrumente ist noch auf den Umstand Rücksicht zu nehmen, dass sie, wenn die Luft Zutritt hat, in beständiger Oscillation sich befinden, mithin die eigentliche Richtung für einen gegebenen Augenblick nicht unmittelbar beobachtet wird, sondern aus mehreren Ablesungen abgeleitet werden muss. Das Einfachste ist, das Mittel zwischen zwei grössten Elongationen zu nehmen: auf diese Weise kann man

jedoch den Stand für einen beliebigen Augenblick nicht erhalten: zu letzterm Zwecke ist es nöthig, das von Gauss eingeführte Verfahren anzuwenden, und die Stände des Instruments, die den Zeiten $T-\frac{1}{2}t$ und $T+\frac{1}{2}t$ entsprechen, aufzuzeichnen (wo t die Schwingungsdauer bedeutet): das arithmetische Mittel von beiden ist der wahre Stand für die Zeit T. Gewöhnlich sind, um grössere Genauigkeit zu erhalten, mehrere solche Sätze (meistens fünf) vereinigt worden. Bei grösserer Luftbewegung werden die Oscillationen leicht so gross, dass eine genaue Beobachtung sehr schwierig, oder unmöglich wird: um diesen Uebelstand zu beseitigen, hat Gauss Anfangs die Oscillationen durch einen Hülfsstab vermindert, später aber die Beruhigung durch einen kupfernen Dämpfer (wozu ein Ring, ein Bügel, oder blosse Platten gebraucht werden können) eingeführt. Der Gebrauch des Dämpfers ändert an der Beobachtungs-Weise nichts, wohl aber wird dadurch eine verschiedene Berechnung nöthig gemacht, indem nicht mehr das einfache Mittel der zwei, um die Dauer einer Schwingung von einander entfernter Stände n und n' der Mittelrichtung gleich ist, sondern die Correction $(n'-n)\frac{q}{1+q}$ hinzugefügt werden muss, wo q das Verhältniss bedeutet, nach welchem die Schwingungs-Bogen abnehmen. (Result. des magnet. Vereins 1837. S. 78.)

9. Das von Gauss angewendete Verfahren hat Lloyd sehr vortheilhaft so modificirt, dass er die den Zeiten $T-t$, T, $T+t$ entsprechenden Stände n, n', n'' aufzeichnet, und als Resultat für die mittlere Zeit T, den Stand $\frac{1}{4}(n+2n'+n'')$ gelten lässt: er zeigt, dass auch in einem widerstehenden Mittel, folglich auch (bis auf gewisse Gränzen) unter dem Einflusse eines Dämpfers, dieses Verfahren richtig sei. Es kann übrigens hier bemerkt werden, dass die Bestimmung des Standes durch mehrfache Beobachtung, und die Dämpfung der Oscillationen nur dann nöthig ist, wenn man die Magnetstäbe nicht luftdicht einschliesst, oder wenn das Trägheits-Moment der Stäbe zu gross ist, als dass sie den vorkommenden magnetischen Bewegungen schnell genug folgen könnten. (Poggendorffs Annalen 61. S. 107.)

10. Nach diesen allgemeinen Angaben gehe ich zu den einzelnen Instrumenten über, und werde zuerst die Mittel zur Bestimmung der Variationen der magnetischen Elemente, dann, die Mittel zur Bestimmung der absoluten Werthe erwähnen; dabei

sollen vorzugsweise nur diejenigen Instrumente berücksichtigt werden, die in Observatorien gebraucht worden sind und Resultate geliefert haben, und deren Construction oder Gebrauch auf eigenthümlichen Untersuchungen beruhen: in einem Nachtrage werde ich über einige magnetische Vorrichtungen, die nicht unter diese Kategorie eingerechnet werden können, insbesondere über Reise-Instrumente nähere Angaben beifügen.

Variations-Instrumente für Declination.

11. Magnetometer von Gauss. Fig. 1. und 2, welche die Projection auf den Horizont, und die Ebene des magnetischen Meridians zeigen, werden eine hinreichend richtige Vorstellung von den wesentlichen Bedingungen des Magnetometers geben. Das Instrument besteht aus einem grossen Magnetstabe (gewöhnlich zu 4 Pfd., seltener zu 10 Pfd. und 25 Pfd.), an einem Bündel von Coconfäden, oder an einem Metalldrathe aufgehängt. Am Ende des Stabes ist der Spiegel angebracht, mittelst eines Spiegelhalters von Messing: die Lage des Spiegels kann durch Corrections-Schrauben geändert, und dessen Axe mit der magnetischen Axe parallel, oder nahe parallel gemacht werden. Mittelst eines am Magnetstabe befindlichen Torsionskreises, von welchem der Faden ausgeht, kann man dem Faden eine beliebige Drehung geben, und die Grösse der Drehung messen. Der Stab hängt in einem runden geräumigen Kasten mit einer Oeffnung vor dem Spiegel. In einer Distanz von etwa 5 Meter werden Scala und Ablesungs-Fernrohr festgemacht; die Scala unter dem Objective des Fernrohrs. Das Fernrohr muss eine verticale Axenbewegung haben, damit man es auf die hinter dem Magnetkasten (in der Verlängerung der Linie *aa*, Fig. 2.) befindliche fixe Mire richten, und sich von dem unveränderten Stande überzeugen kann. Die unveränderte Lage der Scala wird erkannt durch einen feinen am untern Ende mit einem Gewichte beschwerten Drath, der vom Objectiv des Fernrohrs hinunter geht, und auf einen gewissen Theilstrich der Scala treffen muss. Die Scalen sind in Millimeter getheilt: drückt man die Distanz $ab = e$ (§. 5.) auch in Millimetern aus, so ist der Werth eines Scalatheils, wie oben bereits angegeben wurde, in Secunden $= \frac{1}{2e \sin 1''}$. Dieser Werth wird durch die Torsionskraft des Fadens etwas vergrössert: hierüber,

wie über die Correction des Standes wegen der Torsion, folgen die näheren Bestimmungen weiter unten.

12. Declinations-Instrument von Lloyd. Fig. 4. stellt den Durchschnitt dieses, im Wesentlichen mit dem Magnetometer von Gauss übereinstimmenden Instrumentes dar. Der Stab ist (nach englischem Maasse) 15 Zoll lang, $\frac{7}{8}$ Zoll breit, $\frac{1}{4}$ Zoll dick, und mit einem Collimator und Scala versehen. Der Magnetkasten *AA* ist ungefähr in demselben Verhältnisse zum Stabe, wie bei dem Magnetometer von Gauss. Die Aufhängung geschieht aber nicht an der Decke des Zimmers, sondern es sind an dem Kasten selbst zwei Säulen *aa*, *bb* und oben ein Querstück *cc* mit dem Torsionskreise angebracht, von wo aus der Faden in dem Glasrohre *dd* herabgeht. Die Beleuchtung geschieht dadurch, dass man mittelst eines Spiegels das Tageslicht, oder das Licht einer Wachskerze durch die Scala gegen das Beobachtungs-Fernrohr richtet. Das erste Instrument dieser Art wurde im Jahre 1838 in Dublin aufgestellt; ähnliche Instrumente sind später für die Brittischen Colonial-Observatorien, dann für die Observatorien in Breslau, Cadix, Cambrigde (Nord-Amerika), Algier, Cairo, Irevandrum und Lucknow hergestellt worden.

13. Declinations-Instrument des Münchner Observatoriums. Gegen Ende des Jahres 1840 unternahm ich eine Reihe von Versuchen, wovon später eine kurze Uebersicht gegeben wird, und welche mich veranlasst haben, von den früher allgemein angenommenen Grundsätzen in mehreren wesentlichen Puncten abzuweichen. Die Form meiner Nadeln stellt Fig. 5. in halber Grösse dar. Die Nadel selbst ist aus einer starken Uhrfeder gemacht, der Spiegel in einen Ring einpolirt. Die Schwingungszeit beträgt gewöhnlich eine Secunde, oder etwas darüber. Zum Aufhängen wird ein einfacher Coconfaden angewendet. Die Grösse der Magnete ist nach meinen Versuchen nicht wesentlich, wohl ist es vortheilhaft kleinere Dimensionen zu wählen. Eine wesentliche Bedingung ist die Einschliessung des Magnets in einen engen Raum. Unter Berücksichtigung dieser Bedingung kann man dem Gehäuse jede beliebige Gestalt geben. Die gewöhnlichste Form ist Fig. 6. abgebildet: in einer mit drei Fussschrauben versehenen massiven Messingscheibe wird ein Schlitz *ab* ungefähr $\frac{1}{2}$ Zoll breit durchgebrochen, und oben und unten mit Glas verschlossen; in diesem Schlitze befindet sich der Magnet, dessen

Spiegel in dem Gehäuse *cd* ist. In einiger Entfernung wird auf einer isolirten steinernen Säule die Messingplatte *AB* festgemacht: unter der Platte ist das Ablesungs-Fernrohr *FF*, über derselben die Scala *SS* (von Glas), und hinter dieser der Beleuchtungs-Spiegel *ff* angebracht. Will man die Variationen der drei magnetischen Elemente zugleich beobachten, so werden auf derselben Platte (Fig. 7.) die drei Fernröhre F_1, F_2, F_3 nebst dem Versicherungs-Fernrohr F_4 (welches auf eine entfernte Mire gerichtet wird, und etwaige Aenderungen der Platte anzeigt) befestiget: darüber befinden sich die Scalen und Beleuchtungs-Spiegel. Auf drei hölzernen Säulen werden dann die Instrumente (*a* das Inclinations-Instrument, *b* das Declinations-Instrument, *c* das Intensitäts-Instrument) aufgestellt. In mancherlei Beziehung ist die von mir (Annalen f. Meteorologie u. Erdmagnet. I. S. 164.) beschriebene Einrichtung bequem, wo die Scala im Focus des Beobachtungs-Fernrohrs sich befindet: hiebei ist jedoch eine stärkere Beleuchtung nothwendig. Wo die Raum-Verhältnisse es zulassen, scheint mir die Fig. 7. abgebildete Einrichtung die zweckmässigste. Die ersten Instrumente dieser Art sind am Anfange des Jahres 1841 im Münchner Observatorium gebraucht worden.

14. Kleiner Declinations-Apparat der Brittischen Observatorien. Das Instrument (Fig. 8. a.) hat ein viereckiges Gehäuse von Kupfer, $3\frac{1}{2}$ Zoll lang, 2 Zoll breit, $1\frac{1}{2}$ Zoll hoch, inwendig mit Klötzchen, von der (Fig. 8. b.) dargestellten Form, ausgefüllt, so dass dem Magnete nur der zu seiner Bewegung nöthige freie Raum übrig bleibt: eine Glasglocke *ggg* hält die Luft ab. Fernrohr und Scala befinden sich in beliebiger Distanz vom Instrumente auf einem isolirten Postamente.

Variations-Instrumente für Horizontal-Intensität.

15. Bifilar-Magnetometer von Gauss. Die Bifilar-Suspension ist bekanntlich zuerst von Snow Harris als Torsionskraft in das Gebiet der Physik eingeführt worden. Ihre Anwendung zum Messen der Variationen der Intensität machte Gauss im Jahre 1837, und Lloyd bald darauf, ohne von der Göttinger Einrichtung Kenntniss erhalten zu haben*). Das Bi-

*) S. Lloyd, Account of the Dublin magnetic observatory. S. 28. Ein Instrument bestehend aus einem Magnet, den die Torsion eines

filar-Magnetometer besteht aus einem Magnetstabe, der durch die Torsionskraft zweier Fäden um 90° vom Meridian abgelenkt wird. Die in Betracht kommenden Verhältnisse sind: Länge und Entfernung der Fäden; Gewicht des Magnets; Torsionswinkel; Schwingungszeit. Die Torsionskraft ist der Länge der Fäden umgekehrt, und dem Quadrate ihrer Entfernung von einander direct, endlich dem Gewichte ebenfalls direct proportional. Man kann indessen das zweite Verhältniss wegen der Schwierigkeit der Messung kaum mit Sicherheit benutzen. Was die Schwingungszeiten betrifft, so hat man, wenn der Magnetstab im Meridian schwingt, und der Nordpol desselben nach Norden gerichtet ist, $S + MX = \frac{a}{\tau^2}$, wobei S die Torsionskraft der Suspension, M das magnetische Moment des Stabes, X die absolute Horizontal-Intensität, a eine Constante, τ die Schwingungszeit bedeuten. Dreht man die Fäden um 180°, und lässt den Stab wieder im Meridian schwingen, jedoch so, dass jetzt dessen Nordpol nach Süden gerichtet ist, so erhält man $S - MX = \frac{a}{t^2}$. Die Verbindung beider Gleichungen giebt $MX = S\frac{t^2 - \tau^2}{t^2 + \tau^2}$. Da die Torsionskraft dem Sinus des Winkels, um welchen man die Fäden an einem Ende dreht, proportional ist, so hat man, wenn die Fäden um den Winkel z gedreht werden müssen, damit der Magnetstab senkrecht auf der Richtung des magnetischen Meridians sei, $S \sin. z = MX \sin. 90°$. Betrachtet man hier z und X als veränderlich, so erhält man durch Differentiation $\frac{\delta X}{X} = \frac{\delta z}{\operatorname{tg} z}$; ferner ergiebt sich mit Zuziehung der vorhergehenden Gleichung $\sin. z = \frac{t^2 - \tau^2}{t^2 + \tau^2}$. Daraus folgt zur Einrichtung und zum Gebrauche des Bifilars folgende Anweisung: man bestimmt τ und t und dreht die Fäden an einem Ende um den Winkel z, dessen Sinus $= \frac{t^2 - \tau^2}{t^2 + \tau^2}$ ist; alsdann ist der abso-

---

Drathes senkrecht gegen den magnetischen Meridian hielt, war von Christie viele Jahre früher zur Messung der Intensitäts-Variationen ausgeführt worden. Bei seinen im Jahre 1825 angestellten Intensitäts-Beobachtungen gebrauchte Christie zwei Magnete, um eine freie Nadel senkrecht gegen den Meridian zu halten. Report of the third meeting of the British Association p. 119.

lute Werth eines Scalatheils gleich dessen Angulär-Werth, dividirt durch die Tangente des Torsionswinkels.

Die Bestimmung des Torsions-Winkels z erlangt **Lloyd** auf eine verschiedene Weise, indem er den magnetischen Meridian bestimmt, und das Collimator-Fernrohr ff (Fig. 9.) um 90° dreht, und dann, nachdem der Stab eingelegt ist, den Torsionskreis dreht, bis die Mitte der Scala auf den Faden des Beobachtungs-Fernrohrs trifft. Die Richtung des magnetischen Meridians erkennt man daran, dass derselbe Scalatheil auf den Faden des Beobachtungs-Fernrohrs trifft, wenn man den Magnetstab mit dem Torsionsstabe verwechselt. Eine vorhandene Torsion des einen oder andern Fadens verräth sich dadurch, dass eine gleich grosse Drehung der Fäden östlich und westlich vom Meridian nicht gleich grosse Ablenkungen hervorbringt. (**Makerstoun** Observations I. p. XXVII.)

Der Bifilarstab hängt in einem Kasten von derselben Form, wie bei dem Unifilar-Magnetometer. Zur Bestimmung der Temperatur wird ein Thermometer T Fig. 4. angebracht, dessen Kugel im Magnetkasten sich befindet. (Vergl. §. 38.) Nennt man den Werth eines Scalatheils ε, die Temperatur t, und die Factoren, womit das magnetische Moment, die Länge der Fäden, und ihre Entfernung zu multipliciren sind, $(1-\alpha t)$, $(1+\beta t)$, $(1+\beta' t)$, so ist die Reduction auf 0° in Scalatheilen ausgedrückt $= -\frac{\alpha+2\beta'-\beta}{\varepsilon}t$. In neuester Zeit sind in den Brittischen Observatorien kleine Bifilare mit dreizölligen Nadeln, analog mit den kleinen Declinations-Instrumenten (§. 11.) eingeführt worden.

16. **Variations-Instrument des Münchner Observatoriums** *). Dieses Instrument besteht in einer Nadel, welche durch zwei fixe Magnete vom magnetischen Meridian abge-

---

*) Im Jahre 1840 und einem Theil des Jahres 1841 wurde im Münchner Observatorium zur Messung der Intensitäts-Variationen ein 25pfündiger Stab gebraucht, der durch die Torsionskraft einer Englischen Chronometer-Feder senkrecht auf den Meridian gehalten wurde. Nähere Angaben finden sich in meiner Abhandlung „Ueber das Observatorium der königl. Sternwarte bei München." Auch die Bifilar-Einrichtung habe ich angewendet, glaube aber, dass die Veränderlichkeit der Suspension (insbesondere durch Drehung und Dehnung der Fäden) ein kaum zu beseitigender Uebelstand ist.

lenkt gehalten wird. Die Grösse und Aufstellungsweise der Nadel ist wie bei dem Declinations-Instrumente. Die Ablenkungs-Magnete sind senkrecht auf die Richtung der Nadel, und in derselben horizontalen Ebene. Fig. 10. stellt die Projection des Instruments auf eine horizontale Ebene vor: *mm* ist der freie Magnet, *MM*, *M'M'* die Ablenkungs-Magnete, *AC* der magnetische Meridian, und $A'CA = \varphi$ der Ablenkungswinkel. Nennt man das Drehungs-Moment, womit die fixen Magnete auf die Nadel wirken, μ, μ', die Temperatur-Coëfficienten a, a', die Temperatur t, so hat man:

$$X \sin.\varphi = \mu(1 - at) + \mu'(1 - a't),$$

woraus durch Differentiation folgt

$$\frac{\delta X}{X} = -\frac{\delta\varphi}{\operatorname{tg}\varphi} - \frac{\mu a + \mu' a'}{\mu + \mu'}\delta t.$$

Fügt man einen dritten fixen Magnet mit dem Drehungs-Momente μ'', und dem Temperatur-Coëfficienten a'' in solcher Weise hinzu, dass er den beiden andern entgegenwirkt, so hat man die Temperatur-Correction $= -\frac{\mu a + \mu' a' - \mu'' a''}{\mu + \mu' - \mu''}$ und es ist leicht die Verhältnisse so zu wählen, dass $\mu a + \mu' a' - \mu'' a'' = o$ sei. Hierauf beruht die von mir eingeführte Temperatur-Compensation: die Einrichtung wird übrigens gewöhnlich so gemacht, dass jedem von den Ablenkungs-Magneten ein compensirender Magnet beigefügt wird. Zugleich wird $\mu = \mu'$ gemacht *), in welchem Falle eine etwa vorkommende kleine Aenderung in der Suspension keinen Einfluss hat. Ich habe die fixen Magnete gewöhnlich auf hölzernen Unterlagen, die sich durch die Temperatur nicht ausdehnen, befestiget: gebraucht man Metall, so müssen die Magnete übercompensirt sein, so dass sie die Wirkung der Ausdehnung des Metalls ebenfalls aufheben. Von dem Ablenkungswinkel hängt die Empfindlichkeit des Instruments ab; ich habe gewöhnlich ungefähr $\varphi = 50^\circ$ gemacht. In der Formel $\frac{\delta X}{X} = \frac{\delta\varphi}{\operatorname{tg}\varphi}$ ist $\delta\varphi$ nicht von einem fixen Puncte der Scala, sondern vom magnetischen Meridian zu rechnen, der beständig wechselt, und dessen jedesmalige Lage durch das Declinations-Instrument angegeben wird. Man muss daher für $\delta\varphi$ den Unterschied zwischen der Ablesung des Declinations- und des Intensitäts-In-

---

*) Hier und im Folgenden werden μ, μ' für Drehungs-Momente der compensirten Magnete genommen.

struments setzen, weshalb bei beiden die Scalatheile denselben Angulärwerth haben sollen. Mann kann die Ablenkungs-Magnete so stark machen, dass sie die freie Nadel um 90° abgelenkt halten, alsdann muss man aber durch einen dritten fixen Magnet der Nadel eine Directionskraft, senkrecht auf dem magnetischen Meridian geben. Hier braucht man nicht mehr auf die Declinations-Aenderungen Rücksicht zu nehmen. Ein solches Instrument habe ich angewendet, halte aber die vorhergehende Einrichtung, weil sie einfacher ist, für die bessere *).

17. Kreil hat in Mailand die Schwingungsdauer des Declinations-Magnetometers zur Messung der Variationen der Intensität angewendet: man erhält jedoch auf diese Weise nicht die Intensität, die einem bestimmten Augenblicke entspricht, sondern die mittlere Intensität desjenigen Zeitintervalls, welchen die Schwingungen umfassen. Unter allen Einrichtungen zur Messung der Intensität ist übrigens diese diejenige, wobei am wenigsten Instrumental-Fehler zu befürchten sind. Differentiirt man die vollständige Gleichung für die Schwingungen eines Magnets, wie sie aus §. 23. hervorgeht, und betrachtet man dabei nur X, T und t als veränderlich, so ergiebt sich:

$$\frac{\delta X}{X} = -\frac{2\delta T}{T} + (\alpha + 2\beta')\delta t.$$

Anstatt δt kann man auch $t - t'$ schreiben, wenn t' die Normal-Temperatur, auf welche die Schwingungen reducirt werden sollen, bedeutet.

Variations-Instrumente für Inclination.

18. Variations-Instrumente für Inclination von Kupffer und Kreil. Ich stelle diese zwei Instrumente zusammen, weil sie im Grunde dieselbe Construction haben, nämlich eine Inclinations-Nadel von beträchtlicher Länge, in der gewöhnlichen Weise aufgestellt, und mit einer sehr feinen Bewegung, jedoch nur innerhalb ziemlich enger Gränzen. Die Bewegung bei dem Instrumente von Kupffer geschieht auf Messerschneiden,

*) Induction weicher Eisenstäbe habe ich in Vorschlag gebracht, und auch ein Instrument hiernach construirt, bei der Anwendung desselben aber keine Vortheile erkannt, die mich veranlasst hätten, dieser Einrichtung den Vorzug zu geben. Annalen f. Meteorologie u. Erdmagnetism. II. S. 181.

bei dem Instrumente von Kreil auf Spitzen. Das erste Instrument ist bereits Rep. II. S. 204. erwähnt worden, wegen des letztern verweise ich auf Kreils Beschreibung im I. Supplemento alle Effemeridi astron. di Milano und im I. Bde. der Prager Beobachtungen, und bemerke, dass Instrumente dieser Art kaum in allgemeinern Gebrauch kommen werden, weil es ein mechanisches Problem von äusserster Schwierigkeit ist, eine hinreichend feine Axenbewegung herzustellen, und weil sie auch auf längere Zeit sich nicht in Ordnung halten lässt. Sehr scharfsinnig und merkwürdig ist die Untersuchung von Kreil über die Gestalt der Spitzen, und deren Einfluss auf die Schwingungsdauer der Nadel. (Magnet. und meteorolog. Beobachtungen in Prag. Bd. II. S. 21.) Es wäre zu wünschen, dass überall, wo Instrumente mit ähnlicher Axenbewegung gebraucht worden sind, eine analoge Untersuchung stattgefunden hätte.

19. Variations-Instrument für Inclination von Lloyd. Das Instrument besteht aus einer freien Nadel, welche durch den, in einem verticalen weichen Eisenstabe, von der Erde inducirten Magnetismus vom magnetischen Meridian abgelenkt wird. Man denke sich in der, auf der Länge der abgelenkten Nadel, normalen Ebene, einen vertical gestellten Eisenstab, nenne das inducirte magnetische Moment, womit der Eisenstab die Nadel zu drehen sucht, AY, wo Y die verticale Componente des Erdmagnetismus bedeutet, setze ferner das Moment des eigenen permanenten Magnetismus des Stabes $= m$, den Temperatur-Coëfficienten $= \alpha$*), (wobei vorausgesetzt wird, dass das Moment mit der Temperatur zunimmt) den Ablenkungswinkel der Nadel $= \varphi$, die Temperatur $= t$, die Inclination $= i$, so hat man $X \sin.\varphi = (AY + m)(1 + \alpha t)$. Sucht man das Verhältniss der Aenderungen von i und φ und nimmt man dabei die immer sehr kleine Grösse $\frac{m}{AX}$ als constant an, so hat man

$$\delta i = \frac{\delta\varphi}{\text{tg.}\varphi}\left(\tfrac{1}{2}\sin 2i + \frac{m}{AX}\cos^2 i\right) + \tfrac{1}{2}\alpha t \sin 2i.$$

*) Gewöhnlich befestiget man den Eisenstab an einer hölzernen Unterlage, so dass die Entfernung des Stabes von der Nadel sich nicht mit der Temperatur ändert. Nimmt die Distanz bei der Temperatur t in dem Verhältnisse $1 : (1+\beta t)$ zu, so muss in der obigen Formel $\alpha - 3\beta$ anstatt α gesetzt werden.

Den permanenten Magnetismus *m* bestimmt man durch Umlegen des Stabes. — Lloyd stellte zuerst den weichen Eisenstab vertical in einer durch die Mitte der Nadel gehenden, und auf dem magnetischen Meridian senkrechten Ebene auf: bei dem Instrumente, welches ich für das Münchner Observatorium zu Anfange des Jahres 1843 ausführen liess, wandte ich zwei Eisenstäbe an, die in einer auf die Länge der Nadel senkrechten Ebene, auf beiden Seiten der freien Nadel sich befinden, so dass beide in gleichem Sinne wirken, und der eine aufwärts gehend mit einem Nordpole, der andere abwärts gehend mit einem Südpole, die Nadel ablenkt. Dadurch erhält man stärkere Induction, und kleine Aenderungen in der Aufhängung haben keinen Einfluss auf den Stand des Instruments. Diese später allgemein angenommene Einrichtung stellt Fig. 11. im Durchschnitte vor: *m* ist die freie Nadel, die senkrecht auf der Ebene der Zeichnung ist, *ab* und *a'b'* die Eisenstäbe.

Was die oben angezeigte Art und Weise betrifft, aus den Aenderungen des Ablenkungs-Winkels die Aenderungen der Inclination zu berechnen, so liegt dabei die nicht ganz richtige Voraussetzung zu Grunde, dass die Aenderungen der Induction zur ganzen Induction sich verhalten, wie die Aenderungen der inducirenden Kraft zu dieser Kraft selbst. Ich habe ein Mittel gefunden, um, mit Rücksichtnahme auf diesen Umstand, die Constanten des Inclinations-Instruments zu bestimmen. Man bringt nämlich über dem Instrumente einen kleinen Hülfsmagnet *AB* (Fig. 11.) an, der sich um eine horizontale Axe *C* in einer, auf die Richtung der freien Nadel normalen Ebene drehen lässt. Man sieht nun leicht ein, dass, wenn der Magnet vertical (in der Lage *AB*) gestellt wird, er bloss mittelbar, durch den Magnetismus, den er in den Stäben inducirt, auf die freie Nadel wirkt, wenn er aber horizontal (in der Lage *A'B'*) steht, die Induction aufhört, und nur die unmittelbare Wirkung statt findet. In letzterer Stellung giebt die Ablenkung ein Maass der Kraft des Magnets, in ersterer Stellung ein Maass des durch diese Kraft inducirten Magnetismus. Man erhält also die Induction, die eine Kraft von bekannter Grösse hervorbringt. Die Bestimmung selbst geschieht auf folgende Weise: man mache zwei Beobachtungen bei verticaler Stellung des Hülfs-Magnets, so dass einmal der Nordpol oben, einmal unten sich befinde, und es sei im ersten Falle die

Ablesung des Instruments $= n$, im zweiten $= n'$: hierauf mache man zwei Beobachtungen bei horizontaler Stellung des Hülfs-Magnets, so dass der Nordpol einmal westlich, einmal östlich gerichtet sei, und nenne die Ablesung des Instruments im ersten Falle n'', im zweiten Falle n'''. Bezeichnet man die Total-Intensität mit I, die Inclination mit i, den Ablenkungs-Winkel der freien Nadel mit φ, die Ablesung des Inclinations-Instruments (nach Einrechnung der Declinations-Aenderungen) mit N, den Angulärwerth eines Theilstriches mit ε, die Entfernung des Hülfs-Magnets von der freien Nadel mit e, die Entfernung der Mitte der weichen Eisenstäbe von der horizontalen Ebene, in welcher die Nadel sich befindet, mit h, und setzt man

$$p = \tfrac{1}{2}\frac{n'-n}{n'''-n''}\left(1-6\frac{h^2}{e^2}\right)$$

$$a = \frac{\sin\varphi \operatorname{tg} i + p}{p}\cos^2 i \qquad a' = \frac{\cos\varphi\cos i\sin i}{p}\varepsilon$$

$$b = \frac{\sin\varphi - p\operatorname{tg} i}{\operatorname{tg} i\sin\varphi + p} \qquad b' = \frac{\cos\varphi}{\operatorname{tg} i\sin\varphi + p}\varepsilon$$

so erhält man die Variationen der Total-Intensität und Inclination durch folgende Gleichungen

$$\frac{\delta I}{I} = a\frac{\delta X}{X} + a'N \qquad \delta i = b\frac{\delta I}{I} + b'N.$$

Unter dieser Form können die Variationen am Bequemsten berechnet werden. Weitere Entwickelungen finden sich in §. 61.

Variations-Instrumente für Vertical-Intensität.

20. Von dieser Art ist nur ein einziges Instrument bisher in Anwendung gekommen, nämlich die magnetische Waage von Lloyd (Fig. 12.). Der Name bezeichnet hinreichend die Construction: das Instrument besteht in einem magnetischen Waagbalken, dessen Bewegungs-Axe eine auf Agatplatten liegende Messerschneide ist. Die beiden Enden sind durchbrochen, und mit Fadenkreuzen versehen, deren Stellung mit Microscopen abgelesen wird. Wegen der weitern Beschreibung des Instruments und seines Gebrauches verweise ich auf Lloyd „Account of the magnetical Observatory of Dublin,“ und beziehe mich zugleich auf die oben, hinsichtlich der Inclinations-Instrumente von Kupffer und Kreil gemachte Bemerkung. Lloyd selbst betrachtet dies Instrument als minder zuverlässig.

Bestimmung der absoluten Declination.

21. Was die Bestimmung der absoluten Declination betrifft, so glaube ich nicht, dass irgend eine wesentliche Verbesserung in neuerer Zeit eingeführt worden ist. Die Collimation oder der Winkel der magnetischen Axe mit der Axe des Spiegels (oder wenn man einen Collimator gebraucht, mit der Axe des Collimators), wird durch Umlegen bestimmt: nach dem Gauss'schen Verfahren wird der Magnetstab umgelegt: bei dem magnetischen Theodoliten wird das Gehäuse sammt dem Magnet umgelegt, und so auch der Fehler des Parallelismus der Planglas-Flächen aufgehoben. Die Torsion ist wohl als eine Hauptfehlerquelle zu betrachten: einige Bemerkungen darüber werden weiter unten (§. 49 u. ff.) gegeben werden. Die meiste Verschiedenheit in Bestimmung der absoluten Declination bezieht sich auf die Art und Weise, den Winkel zu messen zwischen einer Linie, deren Position gegen die magnetische Axe bekannt ist, und einer terrestrischen Mire, oder dem astronomischen Meridian. Gauss bestimmt zunächst den Winkel zwischen einem entfernten terrestrischen Gegenstande und einer senkrechten Ebene, welche durch die magnetische Mire und durch einen bestimmten Punct der Scala geht; ein Lothfaden vom Objectiv des Theodoliten-Fernrohrs heruntergehend bezeichnet diesen Punct der Scala. Da das Ocular für den fernen Gegenstand und die nahe Mire verschieden gezogen sein muss, so werden die Einstellungen nicht auf dieselbe optische Axe des Fernrohrs, sondern auf diejenige Linie bezogen, welche durch die Mitte des Objectivs geht, und auf die Axe der verticalen Bewegung (Rotations-Axe des Fernrohrs) senkrecht ist; jede Messung muss desshalb zweifach gemacht und dazwischen das Fernrohr umgelegt werden, so zwar, dass die untere Seite des Fernrohrs hinaufkommt, aber die Zapfen in denselben Lagern bleiben. (Result. des magnet. Vereins. 1841. S. 1.) Bei dem magnetischen Theodoliten wird die Richtung der auf dem Spiegel senkrechten Linie gemessen, wie bereits oben bemerkt wurde. Airy bezieht die optische Axe des Magnet-Collimators auf Polarsterne, deren oberer und unterer Durchgang beobachtet wird: der dabei gebrauchte Theodolit hat ungefähr die Construction eines tragbaren Passage-Instruments. Simonoff schlägt vor, das vom Magnetspiegel reflectirte Sonnenbild zu beobachten

(Result. des magnet. Vereins 1841. S. 62.), eine Methode, die grosse practische Schwierigkeiten finden würde.

Bestimmung der absoluten Horizontal-Intensität.

22. Die Bestimmung der absoluten Horizontal-Intensität gehört zu den schwierigsten Problemen; und vielfache Versuche sind gemacht worden, theils durch neue Hülfsmittel die verschiedenen nöthigen Data herzustellen, theils die bereits bekannten Hülfsmittel und Methoden zu grösserer Vollkommenheit und Einfachheit zu bringen. Die Lösung des Problems hat Poisson im Wesentlichen gegeben, und als die durch Beobachtung zu bestimmenden Data bezeichnet:

1) Das Product des Magnetismus der Nadel und des Erdmagnetismus . . . MX.

2) Den Quotienten derselben Grössen . . . $\frac{M}{X}$.

Ich werde hier die verschiedenen Methoden und Instrumente, wodurch man die einzelnen Data zu erlangen gesucht hat, neben einander stellen, weil auf diese Weise eine bessere Uebersicht gegeben werden kann.

23. Bestimmung des Products MX. Nan kann zwar hiezu durch das Bifilar gelangen *), die practischen Hindernisse dürften indessen kaum beseitigt werden können, und das einzige bisher angewendete Mittel ist dasjenige, welches Poisson ursprünglich bezeichnet hat, nämlich die Schwingungsdauer eines horizontal oscillirenden Magnets. Nennt man die Dauer einer Schwingung T und das Trägheits-Moment des Magnets K, so hat man bekanntlich:

$$MX = \frac{\pi^2 K}{T^2}.$$

Gauss hat sich veranlasst gesehen, weil bei kleinen Schwingungs-Bogen, wegen der vorkommenden Störungen oder Unregelmässigkeiten in der Bewegung des Magnets, die Resultate unrichtig werden, die Magnete in grössern Bogen schwingen zu lassen, und die desshalb nöthige Correction der unmittelbar beobachteten Schwingungszeit zu berechnen. (Result. des magnet. Vereins

---

*) Royal Society, Report of the Committee of Physics. including Meteorology S. 28.

1837. S. 58.) Als in dem Münchner Observatorium eine luftdichte oder nahe luftdichte Einschliessung der Magnete eingeführt wurde, fiel die Nothwendigkeit weg, grössere Schwingungs-Bogen zu nehmen. Hält man die Luftvibration ab, so kann man einen Magnet mit Spiegel sehr wohl in Bogen von 10′ bis 20′ schwingen lassen, ohne dass eine Störung einträte, oder die Resultate einer Correction wegen der Schwingungsweite bedürften. Beobachtet man unter ähnlichen Bedingungen grosse Bogen mit freiem Auge, so bleibt die Abnahme der Bogen immer nahe gleich *), ein Umstand, den man zur bequemern Reduction benutzen kann, indem man den Reductions-Bogen unmittelbar beobachtet, anstatt ihn aus den am Anfange und Ende beobachteten Schwingungs-Bogen zu berechnen. (Vergl. §. 57.)

Die genaue Messung der Schwingungsdauer fordert noch die Berücksichtigung zweier Umstände: fürs erste nämlich hat der Faden, an welchem der Magnet hängt, eine gewisse Torsionskraft, um welche das Moment MX vermehrt wird; fürs zweite inducirt der Erdmagnetismus ein gewisses magnetisches Moment in dem schwingenden Magnete, wodurch wieder eine Vergrösserung von MX erfolgt. Wegen des erstern Umstandes muss man MX mit dem Factor $1+\gamma$ multipliziren, wenn γ das Verhältniss der Torsion zum Moment des Stabes ausdrückt, und wegen des letztern Umstandes muss $M+\mu X$ anstatt M gesetzt werden, wobei μ den Inductions-Coëfficienten bezeichnet. Demnach wird die vollständige Formel zur Bestimmung der Schwingungs-Dauer sich so gestalten:

$$(M+\mu X)(1+\gamma)X = \frac{\pi^2 K}{T^2}.$$

Die Bestimmung der Constante K, welche das Trägheitsmoment

*) In den Resultaten des magnetischen Vereins 1837. S. 70. wird angegeben, dass die Abnahme der Bogen sehr verschieden gefunden werde, und auch mit dem Umstande zusammenzuhängen scheine, ob der Himmel bedeckt sei, oder heiter. Ich habe im Jahre 1841 einen eigenen Apparat mit einem luftdicht eingeschlossenen Magnete hergestellt, und die Schwingungs-Abnahme längere Zeit hindurch täglich mehrmals im magnetischen Observatorium beobachtet, aber nie eine merkliche Verschiedenheit der Schwingungs-Abnahme gefunden. Es unterliegt nach meiner Meinung keinem Zweifel, dass die Unruhe der Luft, die bekanntlich bei heiterm Himmel viel beträchtlicher ist, bei dem Göttinger Apparate wirksam gewesen sein muss.

des Magnets bezeichnet, geschieht durch zwei Schwingungs-Beobachtungen, wobei der Magnet einmal allein, einmal belastet mit einem Körper von bekanntem Trägheits-Momente, welches wir R nennen wollen, schwingt. Dadurch erhält man die beiden Gleichungen $MX = \frac{\pi^2 K}{T_0^2}$ und $MX = \frac{\pi^2 (K+R)}{T_1^2}$, wobei vorausgesetzt wird, dass die Schwingungszeiten auf gleiche Temperatur und Intensität reducirt, und wegen der Torsionskraft des Fadens corrigirt seien. Als Resultat ergiebt sich:

$$K = \frac{RT_0^2}{T_1^2 - T_0^2}.$$

Poisson zeigte nur überhaupt die Belastung als Mittel zur Bestimmung des Trägheits-Moments an: Gauss gebrauchte Gewichte, die an einem Querstabe in bestimmten Distanzen hängen (worüber Rep. II. S. 153. bereits ausführlich berichtet worden). Weber hat über den Magnet (Fig. 15.) einen Coconfaden mit zwei messingnen Cylindern von gleichem Gewichte gelegt, welche über die beiden Enden des Magnets herabhängen. Von mir sind Ringe eingeführt worden (Fig. 14.), welche auf den Magnet gelegt werden. Ausserdem dass Ringe sehr genau durch die gewöhnlichen mechanischen Hülfsmittel hergestellt werden können, gewähren sie bei Bestimmung des Trägheits-Moments vor allen andern Formen, die man derselben Masse geben kann, den Vortheil, dass eine Abweichung von der ideellen Form und Homogenität der Masse am wenigsten Einfluss auf das Resultat hat. Bei Bestimmung des Trägheits-Moments verdient die Bemerkung von Gauss, dass „ein Mangel in der festen Verbindung der Theile des schwingenden Apparats unter einander immer eine schnelle und unregelmässige Abnahme der Schwingungsbogen zur Folge hat, und mithin der genauen Beobachtung hinderlich ist," (Result. des magnet. Vereins 1837. S. 70.) nicht ausser Acht gelassen zu werden.

24. Bestimmung des Quotienten $\frac{M}{X}$. Welche Einrichtungen von Gauss getroffen worden sind, um diesen Zweck zu erreichen, ist bereits im Rep. II. S. 159. dargelegt worden. Die Methode besteht im Wesentlichen darin, dass man die Winkel beobachtet, um welche ein horizontaler, senkrecht auf den magnetischen Meridian gestellter Magnetstab einen frei hängenden

Stab ablenkt. Dabei kann die Mitte des Ablenkungs-Stabes entweder in dem magnetischen Meridian des freien Stabs, oder in einer hierauf senkrechten, und durch die Mitte des freien Stabs gehenden Linie liegen. Jede Ablenkung wird in einer bestimmten Distanz vorgenommen, und erfordert eine vierfache Beobachtung, indem der Ablenkungsstab auf beiden Seiten des freien Stabs, und zwar das Nordende einmal westwärts, einmal ostwärts gerichtet aufzulegen ist: jede Ablenkung φ in der Distanz e giebt eine Gleichung von der Form:

$$\operatorname{tg}\varphi = \frac{M}{X}\frac{1}{e^3} + \frac{L}{e^5}.$$

Man bedarf, um L zu eliminiren, einer zweiten Ablenkung φ' in der Distanz e', und nimmt man mehrere Ablenkungen φ'', φ'''... in den Distanzen e'', e'''... vor, so lässt sich $\frac{M}{X}$ mittelst der Methode der kleinsten Quadrate bestimmen. Die vorzüglichste practische Schwierigkeit bei dieser Methode ist die hinreichend genaue Messung der Ablenkungen. Es wäre erforderlich, dass der freie Stab sich mit vollkommener Sicherheit jedesmal in die Richtung einstellte, welche er vermöge der combinirten Wirkung des Erdmagnetismus und des Ablenkungs-Magnets annehmen sollte; dass indessen dies nicht der Fall sei, sondern kleinere störende Ursachen immer vorhanden sind, hat sich dadurch herausgestellt, dass jedesmal bei Vergleichung zweier nahe an einander aufgestellten Magnetometer, Abweichungen vom parallelen Gange sich gezeigt haben.

Die Unsicherheit in der Beobachtung der Ablenkungen, welche bei den im Münchner Observatorium angestellten Versuchen eben sowohl, als an andern Anstalten sich zeigte, hat mich veranlasst, andere Methoden zu suchen: dabei erkannte ich bald, dass man wesentliche Vortheile erlange, wenn man den Ablenkungs-Magnet nicht senkrecht auf den Meridian, sondern senkrecht auf die Länge des abgelenkten Magnets stelle; dadurch wird nämlich die Entwickelung von $\frac{M}{X}$ nach Potenzen von e sehr vereinfacht, die Beobachtung grosser Ablenkungs-Winkel möglich gemacht, und die Entstehung eines durch gegenseitige Einwirkung inducirten Moments in den Magneten vermieden. Bei der Intensitäts-Bestimmung selbst gebrauche ich blos eine Ablenkung östlich und westlich, und zwar von 30°—50°: ich erhalte dadurch die Gleichung:

$$\frac{M}{X} = \frac{1}{2}\frac{e^3}{k}\sin\varphi$$

wo e die Distanz, und k eine Constante bedeutet. (Vergl. §. 43.) Verbindet man damit die Schwingungsgleichung $MX = \frac{\pi^2 K}{T^2}$, so ergiebt sich durch Elimination von M

$$\log X = Const. - \tfrac{1}{2}\log\sin\varphi - \log T.$$

Die Constante ist $= \log\pi\sqrt{\frac{2Kk}{e^3}}$.

Um auf die Variationen der Temperatur und Intensität Rücksicht zu nehmen, muss man bei der Schwingung: $M_0(1 - \alpha t)$, $X_0(1 + n\varepsilon)$, $K_0(1 + \beta' t)^2$ anstatt M, X, K, dann bei der Ablenkung: $M_0(1 - \alpha t')$, $X_0(1 + n'\varepsilon)$, $e_0(1 + \beta t')$ anstatt M, X, e setzen, wo α und β' den Temperatur- und Ausdehnungs-Coëfficienten des Magnets, n, n' die Ablesungen des Variations-Instruments, ε den Werth eines Theilstrichs, β den Ausdehnungs-Coëfficienten des Messings (wenn eine messingne Ablenkungs-Schiene gebraucht wird), t und t' die Temperaturen bedeuten: diese Substitution. und die Einführung der am Ende des vorigen §. gefundenen vollständigen Schwingungs-Gleichung giebt:

$$\log X_0 = Const. - \tfrac{1}{2}\log\sin\varphi - \log T - t'\log(1 + \tfrac{3}{2}\beta - \beta')$$
$$+ (t - t')\log(1 + \tfrac{1}{2}\alpha + \beta') + \tfrac{1}{2}(n + n')\log(1 + \varepsilon) - \log(1 + \tfrac{1}{2}\gamma)$$
$$- \log(1 + \tfrac{1}{2}\frac{\mu}{M}X).$$

Die Constante ist $= \log\pi\sqrt{\frac{2K_0 k}{e_0^3}}$; die letzte, und (wenn γ einen erheblichen Werth hat), die vorletzte Correction werden gewöhnlich in die Constante eingerechnet. Für Reaumur'sche Grade ist $\log(1 + \tfrac{3}{2}\beta - \beta') = 0.0000082$.

Was die Grösse k betrifft, so bestimme ich sie durch eine Combination von Ablenkungen östlich und westlich mit Ablenkungen nördlich und südlich auf folgende Weise: Ausser der Ablenkung φ in der Distanz e beobachtet man eine zweite Ablenkung φ' in einer grössern Distanz E: alsdann bestimmt man für dieselben Distanzen der correspondirenden Ablenkungen nördlich und südlich, nämlich ψ für die Distanz e, und ψ' für die Distanz E. Ist alsdann die Länge des freien Magnets $= l$, und setzt man $\frac{e}{E} = \eta$ und $\left(7 + 3\frac{l^2}{e^2}\cdot\frac{\eta^2}{1+\eta^2}\right)(1-\eta^4)\eta^3 = C$, so hat man (vergl. §. 47.):

$$\mathrm{k} = \frac{C\sin\varphi}{3\sin\psi + 8\sin\psi' - \eta^7(3\sin\varphi + 8\sin\varphi')}.$$

Als Bedingung ist hiebei vorausgesetzt, dass der freie Magnet sehr klein sei, im Verhältniss zu dem Ablenkungs-Magnete.

Der Sicherheit wegen ist es nothwendig, die Bestimmung von k wiederholt vorzunehmen: dabei bleibt der Werth von C immer unverändert. Die Ablenkungen φ, φ', ψ, ψ' müssen auf gleiche Temperatur und Intensität reducirt sein *).

Um dieselbe Zeit als die Untersuchungen, deren Ergebniss ich eben angegeben habe, ausgeführt wurden, beschäftigte sich Lloyd mit demselben Probleme, und gelangte unter der Voraussetzung, dass in Magnetstäben der Magnetismus von der Mitte nach beiden Enden gleichmässig zunehme, zu dem Resultate, dass, wenn die Quadrate der Längen des abgelenkten und ablenkenden

---

*) Da es häufig nöthig ist, Ablenkungen und Schwingungen auf eine Normal-Temperatur und Normal-Intensität zu reduciren, so führe ich hier die Formeln an:

Es sei bei der Temperatur t die rechtwinkliche Ablenkung φ und die Schwingungsdauer T beobachtet worden, so entspricht der Normal-Temperatur t_0

die Ablenkung ... $\varphi + (3\beta + \alpha)\operatorname{tg}\varphi(t - t_0)$, und

die Schwingungsdauer $T - (\beta' + \frac{1}{2}\alpha)T(t - t_0)$.

Hiebei bedeutet α den Temperatur-Coëfficienten des Magnets, β' dessen Ausdehnungs-Coëfficienten, und β den Ausdehnungs-Coëfficienten des Maassstabes, worauf die Distanz bei der Ablenkung gemessen wurde. Setzen wir ferner, dass die Ablenkung φ und die Schwingung T der Intensität $X = X_0(1 + n\varepsilon)$ entsprechen, wo n die Ablesung des Variations-Instruments, und ε den Werth eines Scalatheils bedeuten, so erhält man für die Intensität $X = X_0(1 + N\varepsilon)$

die Ablenkung ... $\varphi + \varepsilon\operatorname{tg}\varphi(n - N)$

die Schwingungsdauer $T + \frac{1}{2}\varepsilon T(n - N)$.

In den vorhergehenden Formeln ist die Reduction des Winkels in Bogen gegeben und muss erst durch Division mit sin 1′ oder sin 1″ in Minuten oder Secunden verwandelt werden. In der Praxis ist es zweckmässiger, alle hieher gehörigen Rechnungen mit Logarithmen zu führen, und nicht die Schwingungszeit und die Ablenkung, sondern $\log T$ und $\log\sin\varphi$ zu reduciren: man erhält auf solche Weise:

log Schwingungszeit $= \log T - (t - t_0)\log(1 + \beta + \frac{1}{2}\alpha) + (n - N)\log(1 + \frac{1}{2}\varepsilon)$

log sin Ablenkung.. $= \log\sin\varphi + (t - t_0)\log(1 + 3\beta + \alpha) + (n - N)\log(1 + \varepsilon)$

Magnets sich wie 2 : 3 verhalten, das zweite Glied in der Entwickelung von $\frac{M}{X}$ verschwinde, und man in jeder Distanz, die mehr als viermal die Länge des Ablenkungs-Magnets betrage, die einfache Gleichung erhalte: $\frac{M}{X} = \frac{1}{2} e^3 \operatorname{tg} \varphi$. Lloyd beschränkt die Gültigkeit dieses Verhältnisses auf kleine Magnete und beruft sich dabei auf Versuche von Biot*). (Vergl. §. .)

25. Was die Hülfsmittel betrifft, welche zur Bestimmung der absoluten Intensität angewendet worden sind, so hat Gauss das Magnetometer, wie bereits im II. Bde. des Repert. berichtet wurde, gebraucht: durch dasselbe Verfahren und gleiche Hülfsmittel ist in Mailand, Prag, Kremsmünster, Christiania, dann in den russischen, und, mit geringer Modification, am Anfange in den brittischen Observatorien die absolute Intensität gemessen worden. Zur Erfüllung der von mir dargestellten theoretischen Bedingungen habe ich den magnetischen Theodoliten (Fig. 13.) construirt. Auf der beweglichen Alhidade *aa* ist der runde Aufsatz *bb* festgemacht und darauf befindet sich in dem kleinen Gehäuse *c* der freie Magnet, der senkrecht auf der Ablenkungs-Schiene ist. Der Spiegel des freien Magnets ist über demselben angebracht und steht dem Objective des Fernrohres gegenüber in dem viereckigen Theile des Gehäuses: der Magnet macht mit dem Spiegel einen Winkel von 45°. Der Ablenkungsmagnet *mm* auf dem Schlitten festgemacht, wird in den bestimmten Distanzen aufgelegt: um den Indexstrich des Schlittens mit dem Theilstriche der Schiene in Coincidenz zu bringen, bedient man sich der Loupe *o*. Die eben angegebene Stellung der Schiene und der Magnete bezieht sich auf Ablenkungen Ost und West: um Ablenkungen Nord und Süd vorzunehmen, dreht man die Ablenkungs-Schiene 90° um den Aufsatz *bb* und bringt sie in die Richtung *ee*, zugleich wird der Magnet *mm* auf dem Schlitten um 90° gedreht und kommt

*) Lloyd, on the determination of the intensity of the earth's magnetic force in absolute measure. Der obige Ausdruck gilt für Ablenkungen Ost und West, senkrecht auf dem magnetischen Meridian: Lloyd setzte dabei nach dem von Gauss aufgestellten Satze voraus, dass, wenn die Distanz mehr als viermal die Länge des Ablenkungsmagnets betrage, das dritte Glied in der Entwickelung von $\frac{M}{X}$ vernachlässigt werden dürfe.

in die Lage *m'm'*. Die Einstellungen geschehen dadurch, dass man im Focus des Fernrohres den Faden mit seinem Bilde in Coincidenz bringt (§. 7.); die Beleuchtung, die nöthig ist um das Bild des Fadens sichtbar zu machen, geschieht durch den kleinen Spiegel *n*.

Analog mit dem magnetischen Theodoliten hat Lloyd sein Theodolite-Magnetometer construirt, welches jedoch, so viel ich weiss, nur für Ablenkungen Ost und West eingerichtet ist. Derselbe Zweck wird bis auf Ablenkungen von 6° bei den kleinen englischen Declinations-Instrumenten erreicht durch eine drehbare Schiene *AB* (Fig. 8a.), die unter dem Gehäuse des Magnets durchgeht und so gestellt werden kann, dass sie senkrecht auf der Richtung der freien Nadel steht. Die eben erwähnten Einrichtungen sind seit 1843 in den brittischen Observatorien eingeführt.

26. Es dürfte nicht unzweckmässig sein, hier einige Worte beizufügen über die Einheiten, welche der absoluten Messung der magnetischen Intensität zu Grunde gelegt werden. In der Natur kommt zwar positiver oder negativer Magnetismus nirgends für sich allein vor, in der Abstraction kann man sie aber trennen. Es seien demnach (Fig. .) *a* und *b* zwei materielle Puncte, wovon der erstere die Quantität Magnetismus $+\mu$, der letztere $-\mu'$ enthält, so werden sich diese zwei Puncte mit der Kraft $\frac{\mu\mu'}{(ab)^2}$ anziehen. Ist der Punct *a* fest, *b* dagegen frei, so wird eine Bewegung des letztern gegen *a* stattfinden, die Geschwindigkeit, die *b* dabei erlangt, wird der Anziehungskraft direct und seiner Masse (seinem Gewichte) umgekehrt proportional sein. Hier haben wir vorausgesetzt, dass die Puncte *a* und *b* ihrer Lage nach gegeben sind: es kann aber auch der Fall sein, dass *a* und μ einzeln nicht gegeben sind, sondern nur die Grösse $\frac{\mu}{(ab)^2}$, d. h. die Anziehung, welche im Puncte *b* ausgeübt wird. Dieser Fall findet bei dem Magnetismus der Erde statt, wo uns die Quelle, von welcher die Anziehung ausgeht, ganz unbekannt und nur die Grösse der Anziehung an einer bestimmten Stelle gegeben ist. Zur Bestimmung des Maasses, nach welchem wir die Anziehungskraft des Erdmagnetismus ausdrücken, dient die Definition: dass diejenige Kraft als Einheit genommen wird, welche im Stande ist der Einheit der Masse in der Einheit der Zeit eine Geschwin-

digkeit = der Längeneinheit zu geben. Setzt man demnach die Einheit der Masse = 1 milligramm, die Einheit der Zeit = 1 Secunde, die Längeneinheit = 1 millimeter, und nimmt man ferner an, dass der Erdmagnetismus $X = 1$ in der Richtung ab den Punct b anzieht, dessen Masse = 1 milligr. und dessen Magnetismus $\mu' = 1$ sei, so wird dieser Punct mit beschleunigter Bewegung gegen a fortrücken und am Ende der ersten Secunde eine Geschwindigkeit von 1 millimeter erlangt haben. Würde die Schwerkraft an der Oberfläche der Erde anstatt X den Punct b anziehen, so würde er bekanntlich am Ende der ersten Secunde eine Geschwindigkeit von 977,94 millimeter (am Aequator) und 977,94 $(1 + 0.00519 \sin^2 \varphi)$ (in der Breite φ) erlangen: dadurch ist ein Verhältniss der Schwerkraft zur Einheit der magnetischen Kraft gegeben *).

Aus dem Vorhergehenden erhellt, dass die Zahlen, welche die Kraft des Erdmagnetismus ausdrücken, je nach den zu Grunde gelegten Längen- und Gewichts-Einheiten verschieden sein werden. In Deutschland hat man überall, nach Gauss, Milligramm und Millimeter als Einheiten angenommen: bei den brittischen Messungen sind dafür der englische Fuss und das Grain, bei den russischen der russische Zoll und das russische Pfund substituirt worden; die ersteren müssen demnach mit 0.46108 (log 9.66378), die letzteren mit 126.98 (log 2.10372) multiplizirt werden, um sie auf die in Deutschland angenommene Einheit zu reduciren.

---

*) In einer Abhandlung von Poisson (Connoissance des Tems 1841. p. 113) findet man verschiedene Bedenken entwickelt, in wie fern unsere magnetischen Messungen mit Recht absolut zu nennen sind. Allerdings giebt es manche Verhältnisse, über welche erst mit der Zeit empirische Gewissheit zu erlangen ist, z. B. ob der Magnetismus wie er in verschiedenen Körpern vorkommt, derselbe sei, und ob nicht Magnete aus verschiedenen Stahlarten verschiedene Werthe der Intensität geben, desgleichen ob nicht im Verlaufe der Zeit die Gesetze und Constanten magnetischer Attraction und Repulsion eine Aenderung erleiden; vorläufig indessen sind wir durch die Erfahrung, so weit sie geht, und durch die Analogie hinreichend berechtigt anzunehmen, dass die Entscheidung jener Fragen in unseren Intensitäts-Bestimmungen und in der Bedeutung, die wir ihnen beilegen, keine Modification herbeiführen wird.

Bestimmung der absoluten Inclination.

27. Es ist in dieser Beziehung wenig zu erwähnen, da von denjenigen, welche sich mit Bestimmung der absoluten Inclination beschäftigt haben, fast überall die Methoden und Instrumente, deren man sich schon seit langer Zeit bedient hat, gebraucht worden sind. Als neu ist zu erwähnen: Das Oscillations-Inclinatorium von Sartorius v. Waltershausen. Man hat bereits früher das Verfahren gebraucht, eine Inclinations-Nadel zuerst in der Richtung der Totalkraft, dann horizontal schwingen zu lassen, und aus dem Verhältnisse der ganzen Kraft zu ihrer horizontalen Componente die Inclination abzuleiten. Sartorius v. Waltershausen und Listing haben zu demselben Zwecke auf ihrer Reise nach Italien 1834—1836 einen Stab, einmal horizontal, einmal vertical schwingen lassen: da aber im letztern Falle die Schwingungsaxe nicht durch den Schwerpunct ging, so musste der Einfluss dieses Umstandes eliminirt werden durch Wiederholung derselben Operation nach Umkehrung der Pole. Die erste horizontale Schwingung giebt die Gleichung:

$$MX = \frac{\pi^2 K}{T_1^2}.$$

Die verticale Schwingung, wobei der Nordpol abwärts gerichtet sein, und der Stab in einer auf dem magnetischen Meridian senkrechten Ebene schwingen muss, giebt:

$$\gamma + MY = \frac{\pi^2 K'}{T_2^2}$$

wo γ das Moment der Schwere, und K' das Trägheitsmoment, bezüglich auf die Schwingungsaxe bedeutet. Werden alsdann durch Streichen des Stabes die Pole umgekehrt, und setzt man das neue magnetische Moment $= M'$, so erhält man die analogen Gleichungen:

$$MX = \frac{\pi^2 K}{T_3^2} \text{ und } \gamma - M'Y = \frac{\pi^2 K'}{T_4^2}.$$

Es ist hier vorausgesetzt, dass die Entfernung der Schwingungs-Axe bei den verticalen Schwingungen von dem Schwerpuncte so gross sei, dass dasselbe Ende immer abwärts trachte, es mag dieses Ende ein Nordpol, oder ein Südpol sein. Durch Elimination der Unbekannten γ, M, M' erhält man:

$$\frac{Y}{X} = \operatorname{tg} i = \frac{K'}{K} \cdot \frac{\frac{1}{T_2^2} - \frac{1}{T_4^2}}{\frac{1}{T_1^2} + \frac{1}{T_3^2}}.$$

Die Bestimmung von $\frac{K'}{K}$ bietet keine Schwierigkeit dar. Als Schwingungs-Axe für die verticalen Schwingungen kann man eine runde Axe, oder eine Messerschneide, oder zwei Spitzen gebrauchen: v. Waltershausen und Listing haben Spitzen gebraucht, was bei Weitem den Vorzug verdient, indem man auf solche Weise versichert ist, genau dieselbe Schwingungs-Axe bei den beiden verticalen Schwingungen zu erhalten.

Practisch bietet die Methode Schwierigkeiten dar, wovon ich nur eine erwähnen will, nämlich jede Unregelmässigkeit der Lager und der Axe oder der Spitzen, worauf der Magnet bei verticaler Stellung schwingt, hat Einfluss auf die Schwingungsdauer. Den Einfluss solcher Unregelmässigkeiten kann man weder direct bestimmen, noch aus dem Resultate eliminiren *). (Vergl. §. 18.)

28. Gauss hat in den „Result. des magnetischen Vereins für 1841.“ S. 11. seine Inclinations-Messungen in Göttingen, wobei er ein Inclinatorium von Robinson gebrauchte, bekannt gemacht, und zugleich das Problem der Inclinations-Bestimmung selbst in umständlicher Entwickelung dargestellt, woraus die Haupt-Gleichungen später (§. 55.) mitgetheilt werden sollen. Das von Gauss angewendete Verfahren kommt im Wesentlichen auf Folgendes zurück: Man stelle den Verticalkreis in den Meridian, und beobachte die Neigung f_0, dann ändere man das Azimut um 180°, lege die Nadel wieder auf, so dass ihre Axe gegen die Weltgegenden wieder dieselbe Lage habe, und beobachte die Neigung $180° - f_1$, alsdann wird $\frac{1}{2}(f_0 + f_1) = f$ die von dem Fehler der Lager und des Nullpuncts befreite Neigung für die eine Stellung der Zapfen sein. Analog mit f erhält man eine zweite Bestimmung g, wenn man die Zapfen verwechselt, d. h. den Zapfen, der in den zwei ersten Messungen gegen Westen gerichtet war, nun nach Osten stellt. Dann muss die Nadel umgestrichen, und die mit f und g correspondirenden Winkel f' und g' bestimmt werden. Ausser diesen durch das Inclinatorium selbst gegebenen Daten muss man vermittelst eines eigenen Schwingungs-Apparats vor und nach dem Umstreichen die Schwingungszeiten T und T'

*) Ich habe selbst ein Oscillations-Inclinatorium hergestellt, aber nach vorgenommener umständlicher Untersuchung wegen des erwähnten Uebelstandes die Resultate als unsicher erkannt.

der Nadel in horizontaler Lage bestimmen. Um nun aus diesen sechs Grössen die wahre Neigung i zu finden, bildet Gauss folgende Gleichungen:

$$i = f + c - t\cos f + u\sin f$$
$$i = g - c - t\cos g - u\sin g$$
$$i = f' + c' - \lambda t\cos f' - \lambda u\sin f'$$
$$i = g' - c' + \lambda t\cos g' + \lambda u\sin g'.$$

Hier bedeuten c und c' den Collimations-Fehler der Nadel, d. h. den Winkel zwischen der magnetischen Axe und der durch die Spitzen der Nadel gehenden Linie vor und nach dem Umstreichen; t und u sind kleine Grössen, durch deren Elimination man den Werth von i findet, ohne dass ihre Bestimmung an und für sich von Interesse wäre; λ ist gleich $\frac{T_1^2}{T^2}$. In so fern man nicht durch besondere Hülfsmittel c und c' bestimmt*), muss man (was immerhin nahe richtig sein wird) $c = c'$ annehmen.

Reise-Apparate und sonst angewendete besondere Hülfsmittel magnetischer Messungen.

29. Von Brittischen Gelehrten und Seefahrern ist häufig die Belastung einer Inclinations-Nadel zur Bestimmung der totalen Intensität und Inclination angewendet worden. In den Transactions of the Royal Irish Academy Vol. XVII. hat Lloyd die für diesen Fall geltenden Formeln entwickelt, und die in der Praxis erreichbare Genauigkeit nachgewiesen. Nennt man die Inclination i, die Total-Intensität I, das magnetische Moment der Nadel M, das Moment von zwei der Nadel angefügten Gewichten p und p', die Neigungen der Nadel, wenn sie mit diesem Gewichte beschwert ist, u und u', so hat man:

$$p\cos u = IM\sin(u - i)$$
$$p'\cos u' = IM\sin(u' - i)$$

und demnach:

$$\frac{p}{p'} \cdot \frac{\cos u}{\cos u'} = \frac{\sin(u-i)}{\sin(u'-i)} \quad \ldots . \; (1)$$

$$I = \frac{p'}{M} \frac{\cos u'}{\cos(u'-i)} \quad \ldots .. \; (2).$$

---

*) Gauss bemerkt, dass man vor und nach dem Umstreichen die Nadel als Declinations-Magnet aufhängen, und durch Microscope c und c' bestimmen könne.

Lässt man für p das Moment der Nadel selbst, bezüglich auf ihre Drehungs-Axe gelten, welches immer sehr klein sein wird, so muss $u-i$ ein sehr kleiner Winkel sein, und man hat:

$$i = u - \frac{p}{p'} \frac{\cos u}{\cos u'} \sin(u' - i) \quad . \; . \; . \; (3).$$

Zur Berechnung des letzten Gliedes braucht man nur einen genäherten Werth von i zu haben. Diese Gleichung in Verbindung mit der Gleichung (2) reicht hin, die Inclination und Total-Intensität zu bestimmen, wenn $\frac{p}{p'}$ und $\frac{p'}{M}$ bekannt sind. Die Gleichung (3) bedarf keiner Correction wegen der Temperatur, wenn diese während des Experiments sich gleich bleibt. In der Gleichung (2) muss dagegen

$$\frac{p'_0(1+\beta t)}{M_0(1-\alpha t)}.$$

anstatt $\frac{p'}{M}$ substituirt werden, wobei β' den Ausdehnungs-Coëfficienten des Stahles *), α den Temperatur-Coëfficienten der Nadel, und t die Temperatur bedeuten, und p'_0 und M_0 für die Temperatur o gelten. Die oben beschriebene Messungs-Methode wird in Englischen Schriften Lloyd's statische Methode genannt. Als Gewichte brauchte Lloyd kleine Stückchen Messingdrath: die Nadel hatte Löcher in verschiedenen Entfernungen, wo die Drathstückchen hineingeschoben werden konnten.

30. Anstatt Gewichte an der Nadel anzubringen, hat Fox einen Coconfaden, an dessen Enden zwei kleine Gewichte angehängt waren, um den dickern Theil der Axe (in einer mit grosser Sorgfalt eingedrehten Vertiefung oder Nuth) herumgehen lassen. Die Differenz der Gewichte brachte ein constantes Drehungs-Moment $=q$ hervor. Ist p wie oben das Moment der Nadel selbst, so haben wir:

$$p \cos u = IM \sin(u - i)$$
$$q + p \cos u' = IM \sin(u' - i)$$

und demnach

$$i = u - \frac{p}{q} \cos u \sin(u' - i)\left(1 - \frac{p}{q} \cos u'\right)$$
$$I = \frac{q}{M \sin(u' - i)} + \frac{p \cos u'}{M \sin(u' - i)}.$$

M hängt von der Temperatur ab und ist $= M_0(1 - \alpha t)$. Der-

*) Lloyd hat die Ausdehnung des Stahls nicht berücksichtigt.

selbe Zweck, den die oben angeführten Methoden erreichen, kann auch durch Ablenkungs-Magnete erfüllt werden, denen man eine bestimmte Stellung gegen die Inclinations-Nadel giebt. Messungen nach der erstern Einrichtung sind vorzugsweise von Lloyd und Sabine in England, Irland und Schottland vorgenommen worden, die letztere Einrichtung ist von Fox und mit sehr günstigem Erfolge auf der Südsee-Expedition von Ross gebraucht worden. (Siehe Sabine, Contributions to terrestrial Magnetism. IV, VI Philos. Transact. 1842.)

31. Transportable Magnetometer von Weber. Dieser Apparat unterscheidet sich von dem Gauss'schen Magnetometer nur dadurch, dass er in kleinerm Maassstabe ausgeführt ist. Die Beschreibung findet sich in den Resultaten des magnetischen Vereins 1838. S. 68.

32. Inductions-Inclinatorium von Weber. Ein Kupferring wird mit gleichförmiger Geschwindigkeit um eine horizontale Axe, welche im magnetischen Meridian liegt und einen Durchmesser des Ringes bildet, gedreht, in der Mitte des Ringes und von diesem isolirt befindet sich eine feststehende Boussole. In dem Kupferringe inducirt der verticale Theil des Erdmagnetismus ein magnetisches Moment, welches den Dimensionen des Ringes und seiner Rotations-Geschwindigkeit proportional ist, und hiedurch wird die Nadel vom Meridian abgelenkt, während der horizontale Theil des Erdmagnetismus sie in den Meridian zurückzubringen strebt. Als Resultat ergiebt sich, dass die Tangente des Ablenkungs-Winkels, mit einer Constante multiplizirt, der Tangente der Inclination gleich ist. Da die Constante mit den bisher bekannten Hülfsmitteln nicht bestimmt werden kann, so dient das Instrument nur zu relativen Messungen. Resultate, welche damit erlangt worden wären, sind übrigens noch nicht bekannt gemacht worden *). (Result. des magnet. Vereins 1837. S. 81.)

33. Verbesserter Schwingungs-Apparat. Die Bestimmung der Horizontal-Intensität auf Reisen würde eben so ein-

*) Kupffer hat diesen Apparat als Variations-Instrument für Inclination anzuwenden versucht. (Result. des magnet. Vereins 1841. S. 99.) Der Versuch scheint nicht hinreichend entsprochen zu haben, da Kupffer sich später entschlossen hat, das Inclinations-Instrument von Lloyd einzuführen.

fach als sicher durch die Schwingungszeit eines kleinen Magnets geschehen können, wäre man im Stande einen Magnet von constantem Magnetismus zu bekommen, oder ihn vor allen Zufällen auf Reisen so zu schützen, dass kein Kraftverlust eintrete. Diess ist jedoch unmöglich, und es bleibt in den Resultaten immer mehr oder weniger Unsicherheit übrig. Um diesen Uebelstand zu beseitigen, habe ich einen Schwingungs-Apparat nach dem Prinzip der absoluten Intensitäts-Bestimmung construirt, wovon Fig. 16. denjenigen Durchschnitt zeigt, der bei der Aufstellung in den magnetischen Meridian kommt. Das Gestell *aaa* ist von Messing und trägt ein hölzernes Kästchen *bb*, worin man zuerst in der gewöhnlichen Weise einen Magnet *A* schwingen lässt: die Schwingungsdauer sei $=T_1$. Alsdann legt man den Magnet *B* auf (seine Stellung ist durch ein Widerlager bestimmt) und bringt mit der Fussschraube *F* die kleine Spitze *k* genau über den Strich *n*, dabei bedient man sich einer in der Seite des Kästchens festgemachten Loupe. Auf solche Weise befindet sich der freie Magnet in einer bestimmten Distanz von dem fixen, und schwingt unter dem combinirten Einflusse des Erdmagnetismus und des fixen Magnets. Seine Schwingungszeit sei T_2. Sobald T_1 und T_2 bestimmt sind, lässt man den aufgelegten Magnet *B* einmal für sich, und einmal unter dem combinirten Einflusse des Erdmagnetismus und des Magnets *A* schwingen, und erhält dadurch die analogen Schwingungs-Zeiten T_3 und T_4. Unter T_1, T_2, T_3, T_4 sind hier nicht die unmittelbar beobachteten, sondern die auf unendlich kleine Bogen reducirten Schwingungs-Zeiten verstanden. Vorschriften und Tabellen, um die Reduction leicht und genau vorzunehmen, finden sich weiter unten (§. 56.). Die vier beobachteten Schwingungs-Zeiten geben vier Gleichungen, woraus die magnetischen Momente der Magnete, und zwei unabhängige Werthe der absoluten Intensität abgeleitet werden können, vorausgesetzt, dass man die Constanten des Apparates durch Vergleichung mit einem magnetischen Theodoliten bestimmt habe. Nimmt man auf die Variationen der Temperatur und Intensität sowohl, als auf die Induction Rücksicht, so werden die Formeln ziemlich weitläufig; für Messungen, wie man sie auf kleinern Reisen vornimmt, gelten folgende Gleichungen:

$$1)\ MX = \frac{\pi^2 K}{T_1^2} \quad 2)\ MX + kMM' = \frac{\pi^2 K}{T_2^2}$$

$$3)\ M'X = \frac{\pi^2 K'}{T_3^2} \quad 4)\ M'X + k'MM' = \frac{\pi^2 K'}{T_4^2}$$

Wenn man $\frac{T_2}{T_1} = \cos x$, $\frac{T_4}{T_3} = \cos x'$ macht, so geben die drei ersten Gleichungen:

$$X = \frac{\pi\sqrt{K'k}}{T_3 \operatorname{tg} x}, \quad M' = \pi\sqrt{\frac{K'}{k}\frac{\operatorname{tg} x}{T_3}}$$

und die erste und zwei letzten Gleichungen:

$$X = \frac{\pi\sqrt{Kk'}}{T \operatorname{tg} x'}, \quad M = \pi\sqrt{\frac{K}{k'}\frac{\operatorname{tg} x'}{T_1}}$$

Setzt man die Temperatur $= t$, und bezeichnet $\frac{M}{\pi}\sqrt{\frac{k'}{K}}$, $\frac{M'}{\pi}\sqrt{\frac{k}{K'}}$ für 0° R mit μ und μ', $\pi\sqrt{K'k}$, $\pi\sqrt{Kk'}$ ebenfalls für 0° R mit C, C', so hat man:

$$X = \frac{C(1 - 0.0000187t)}{T_3 \operatorname{tg} x}, \quad \mu' = \frac{\operatorname{tg} x}{T_3}(1 + \alpha' t - 0.0000457t)$$

$$X = \frac{C'(1 - 0.0000187t)}{T_1 \operatorname{tg} x'}, \quad \mu = \frac{\operatorname{tg} x'}{T_1}(1 + \alpha t - 0.0000457t).$$

Auf einer Reise reicht es aus, diese vollständigen Beobachtungen an einigen Hauptstationen vorzunehmen, an den Zwischenstationen kann man einfache Schwingungs-Beobachtungen (oben T_1 und T_3) mit A oder B machen, und die Intensität berechnen nach den Formeln:

$$X = \frac{Q}{\mu T_1^2}(1 + \alpha t + 0.000027t), \quad X = \frac{Q'}{\mu' T_3^2}(1 + \alpha' t + 0.000027t)$$

wobei μ und μ' aus den an den Hauptstationen bestimmten Werthen interpolirt werden müssen.

34. Magnetischer Reisetheodolit. Die Construction dieses Instruments stimmt im Allgemeinen mit der §. 25. angegebenen Einrichtung überein, und unterscheidet sich hauptsächlich dadurch, dass 1) die Dimensionen kleiner sind; 2) der in der Mitte aufgestellte Magnet grösser ist und zugleich zur Messung der absoluten Declination dient; 3) die Ablenkungs-Schiene kurz ist, und nur in einer Distanz die Ablenkungen vorgenommen werden können. Bei den Declinations-Messungen wird die Torsion nach §. 51. bestimmt.

II. Abschnitt.

Theorie der Instrumente, und darauf bezügliche Untersuchungen.

Einfluss der Luft.

35. Zu wiederholten Malen findet man in den „Resultaten des magnet. Vereins" den Gebrauch sehr grosser Magnetstäbe als wesentliche Bedingung genauer Beobachtungen bezeichnet: andererseits hat Lloyd bei der Einrichtung der Brittischen Observatorien diese Bedingung nicht befolgt, und die Vortheile kleinerer Dimensionen hervorgehoben; weder von der einen, noch von der andern Seite sind indessen die aufgestellten Ansichten durch bestimmte Versuche bekräftigt worden, und man begnügte sich, Hoffnungen und Befürchtungen auszusprechen. Als ich im Jahre 1840 das Münchner Observatorium einrichtete, folgte ich zwar den von Gauss aufgestellten Ansichten und wählte 25pfündige Stäbe: indessen erkannte ich bald mancherlei Schwierigkeiten, die mit dem Gebrauche so grosser Stäbe verbunden sind, und theils dieser Umstand, theils die Ansicht, dass es von wesentlichem Nutzen sein werde, durch Experimente zu entscheiden, ob wirklich in der Bewegung grosser und kleiner Magnete ein wesentlicher Unterschied statt habe, bewog mich gegen Ende des Jahres 1840 Versuche anzustellen. Nach mehreren Reihen gleichzeitiger Beobachtungen mit einem 4pfündigen Stabe im Saale der Sternwarte, und mit dem 25pfündigen im Observatorium, wobei immer beträchtliche Differenzen zum Vorschein kamen, stellte ich im April 1841 einen kleinen Magnet von etwa 2 Grammes Gewicht und $2\frac{1}{2}$ Zoll Länge unter einer Glasglocke *aaa* (Fig. 17.), die auf einer Kupferscheibe *bbb* luftdicht aufgesetzt war, im magnetischen Observatorium auf, um den Gang desselben mit dem 25pfündigen Stabe zu vergleichen. Ich setzte voraus, dass wenn wirklich ein Unterschied im Gange grosser und kleiner Magnete bestände, derselbe bei so beträchtlicher Verschiedenheit der Grösse sich auffallend herausstellen werde.

Die ersten Beobachtungen waren merkwürdig in so fern, als bei der kleinen Nadel alle Oscillation aufhörte, und der Stand jedesmal durch eine einzige Ablesung bestimmt war, was ich einer Beruhigung durch das Kupfer zuschrieb. Nachdem aber die ersten Vergleichungen gezeigt hatten, dass der Gang des Instruments mit dem 25pfündigen Stabe nicht übereinstimmte, und ich einen nachtheiligen Einfluss des Kupfers vermuthete, so ersetzte ich die unter der Glocke befindliche Kupferplatte durch eine Glasplatte, und fand ganz gegen meine Erwartung, dass die Nadel eben so, wie zuvor, vollkommen frei von Oscillationen blieb. Hiemit war ein merkwürdiges Resultat erlangt, dass nämlich die Oscillationen nicht, wie man bis dahin geglaubt hatte, in der magnetischen Kraft, sondern in der Unruhe der Luft ihren Ursprung haben, und dass es, um sie zu beseitigen, nicht eines kupfernen Dämpfers, sondern einer luftdichten Einschliessung der Magnete bedürfe. Das neue Instrument zeigte übrigens, besonders in den Morgenstunden, einen höchst unruhigen Stand: in Zeit von wenigen Secunden bald mit grösserer, bald mit geringerer Schnelligkeit ging die Nadel vorwärts und rückwärts, und plötzliches Stillstehen und plötzliche Bewegung waren nicht selten zu bemerken*). Dieser Umstand veranlasste mich, einen zweiten Apparat von ähnlichen Dimensionen aufzustellen, um zu entscheiden, ob die bemerkten Bewegungen nicht anderswo, als in der magnetischen Kraft ihren Grund hätten. Die gleichzeitig in Intervallen von 10 Secunden und 15 Secunden aufgezeichneten Beobachtungen der beiden Apparate zeigten die vollkommenste Uebereinstimmung bis ins kleinste Detail; und zwar zeigte sich die Uebereinstimmung eben so vollkommen, es mochte der zweite Apparat im magnetischen Observatorium, oder in einem Zimmer der Sternwarte, oder auf einer Kuppel der Sternwarte aufgestellt sein. Hiemit war der Beweis gewonnen, dass kleine Nadeln nicht blos die Aenderungen der magnetischen Kraft rich-

*) Die hier bemerkte Bewegung ist nicht mit Oscillation zu verwechseln: die Oscillationszeit der Nadel betrug ungefähr 1″, die Dauer der magnetischen Wellen war immer zwischen 6″ und 10″. Wenn ich das Vorwärts- und Rückwärtsgehen der Nadel magnetische Wellen nenne, so ist diess, wie ich glaube, ein ganz naturgemässer Ausdruck: alle magnetischen Bewegungen geschehen, wie die einer flüssigen Masse. Besonders auffallend ist diess bei Störungen, wo die Nadel niemals in gleichmässiger Bewegung nach der einen oder andern Seite geht, sondern lebhaft an das Anschwellen einer grossen Wassermasse erinnert, wo jede folgende Welle etwas höher steigt, als die vorhergehende, und zwischen jedem Vorwärtsgehen ein kurzer Stillstand oder eine rückgängige Bewegung eintritt.

tig anzeigen, sondern dass sie auch die wahre Darstellung der Aenderungen geben, denen Stäbe von beträchtlichem Trägheitsmoment niemals genau nachkommen können. Die Beobachtungen, auf welche die eben ausgesprochenen Schlüsse begründet sind, dauerten höchstens 10 bis 15 Minuten, und der Erfolg war in jeder Beziehung befriedigend; anders verhielt es sich, wenn längere Zeiträume beobachtet und die stündlichen Aufzeichnungen verglichen wurden: die kleinen Magnete stimmten weder unter sich, noch mit dem 25pfündigen Stabe zusammen. Die Abweichungen betrugen im Maximum über 2 Minuten. Nachdem mehrere Wochen hindurch gleichzeitige Aufzeichnungen Tag und Nacht fortgesetzt worden waren (zu Einer Zeit fanden sich nicht weniger als fünf Nadeln aufgestellt, mit welchen gleichzeitige Beobachtungen gemacht wurden), ohne ein weiteres Resultat zu geben, als dass in den Differenzen eine 24stündige Periode im Allgemeinen sich herausstellte, kam ich auf den Gedanken, ein Paar Tropfen Weingeist auf eine Glasglocke, worin ein solcher Magnet eingeschlossen war, hinzuspritzen; und als ich hierauf in das Fernrohr hineinsah, bemerkte ich, wie der Magnet langsam und ohne Oscillation sich mehr als 10 Minuten von seiner Stellung entfernte, und erst nach langer Zeit allmälig wieder zurückkehrte. Wurde Weingeist auf die entgegengesetzte Seite der Glocke gespritzt, so erfolgte eine entgegengesetzte Bewegung der Nadel. Die Thatsachen deuteten auf die richtige Erklärung des Phänomens so entschieden hin, dass ein Zweifel nicht obwalten konnte. Ist eine Masse Luft eingeschlossen, und erkaltet man die eine Seite des einschliessenden Raumes, so fällt daselbst die Luft herab, die darüber befindliche folgt nach, während die darunter befindliche vorgedrängt wird. Auf solche Weise erzeugt sich eine regelmässige Strömung, die, wenn sie einmal hergestellt ist, lange Zeit andauert und hinreichend stark ist, eine frei hängende Magnet-Nadel um eine beträchtliche Grösse von der wahren Richtung abgelenkt zu halten. Es war leicht zu erkennen, dass den Differenzen, die bei den verschiedenen magnetischen Instrumenten zum Vorschein kamen, dieselbe Ursache zu Grunde lag; die tägliche Bewegung der Wärme, welche von der einen Seite eintretend nur nach und nach auf den ganzen Raum sich ausdehnte, brachte eine Strömung der unter den Glasglocken eingeschlossenen Luft hervor. Auch hatte es keine Schwierigkeit die einmal erkannte Fehlerquelle zu beseitigen. Es war bloss nöthig Schirmwände an den Seiten des Magnets und des Spiegels so anzubringen, dass eine Luftströmung dieselben nicht berühren konnte. Der Erfolg entsprach vollkommen, und die verschiedenen Nadeln zeigten nach dieser Veränderung einen parallelen Gang.

Hat die Luftströmung, die durch die tägliche Aenderung der Wärme erzeugt wird, einen so beträchtlichen Einfluss, so wird unter analogen Umständen bei grossen Stäben der Einfluss noch grösser sein, weil den letzteren, im Verhältnisse der Oberfläche, welche sie der Luft darbieten, kein so grosses magnetisches Moment gegeben werden kann. Der Versuch mit einem 25pfündigen Stabe hat diess auch bestätigt *). — Aus dem Vorhergehenden folgt als allgemeiner Grundsatz bezüglich auf die Construction magnetischer Instrumente, dass man die freien Magnete so eng als möglich von allen Seiten einschliessen müsse.

Der Fundamental-Versuch, dass nämlich zwei Declinations-Magnete in geräumigen Kasten, wie es früher gewöhnlich war, eingeschlossen, nicht parallelen Gang auf längere Zeit zeigen, ist in Brüssel, Cambridge (Nord-Amerika) und Greenwich angestellt worden, und überall mit demselben Erfolge: damit stimmen die Beobachtungen von Baily an dem Torsions-Pendel überein. (Poggendorffs Annalen Bd. 61. S. 95 – 99.) — Bei den von mir construirten Instrumenten ist durch den engen Raum der Magnet-Gehäuse, wie durch die Form derselben dem Entstehen einer Luftströmung vorgebeugt. Bei den Instrumenten, die man in England macht, werden die Gehäuse geräumig gelassen, damit man die Regulirung des Instruments um so bequemer ausführen könne: nach der Regulirung wird der überflüssige Raum durch hölzerne Klötzchen *nn* (Fig. 8. b.) ausgefüllt. Es ist vielleicht nicht überflüssig zu bemerken, dass eine luftdichte Einschliessung der Magnete im strengen Sinne des Worts nicht erforderlich ist.

*) Ueber das magnetische Observatorium der königl. Sternwarte bei München S. 29. Es ist nicht überflüssig zu bemerken, dass die Luftströmung nicht blos auf die senkrechten, sondern auch auf die horizontalen Seiten des Magnets einwirkt: hievon habe ich mich durch Versuche überzeugt.

Einfluss der Temperatur auf Magnete, Temperatur-Compensation.

36. Eine richtige Darstellung des Einflusses der Temperatur auf die Kraft der Magnete hat Christie im Jahre 1825. (Philos. Transact. 1825. p. I.) gegeben. In so fern es sich um practische Anwendung bei magnetischen Messungen handelt, folgt aus seinen Untersuchungen, dass bei mässiger Zunahme der Temperatur eine gleichmässige Abnahme des magnetischen Moments stattfindet, dass aber die Grösse der Abnahme bei verschiedenen Magneten verschieden ist; mit andern Worten, das magnetische Moment lässt sich für eine beliebige in der Luft vorkommende Temperatur t durch $M(1-at)$ darstellen, wo der Temperatur-Coëfficient a für jeden Magnet eigens bestimmt werden muss.

Sowohl sonstige Untersuchungen, als auch die Praxis der Beobachter stimmten hiemit überein, bis Weber in den „Resultaten des magnetischen Vereins" für 1837 eine Reihe von Versuchen bekannt machte, woraus er folgende Schlüsse zieht:

„1) die Variationen des Stabmagnetismus bei steigender Temperatur sind einem ganz andern Gesetze, als die bei sinkender Temperatur unterworfen;

2) derselbe Magnet hält sich sehr verschieden, je nach der Intensität seines Magnetismus, nämlich: wenn er viel Magnetismus besitzt, so hält er ihn sehr fest, und der Wechsel der Temperatur bringt nur kleine Vermehrungen oder Verminderungen hervor; dagegen wenn er wenig Magnetismus hat, wirkt die Temperatur weit stärker auf ihn;

3) die zusammengehörigen Temperatur- und Intensitäts-Aenderungen treten bei steigender Temperatur nicht gleichzeitig ein, sondern jede Temperatur-Erhöhung, nachdem sie schon eingetreten ist, wirkt längere Zeit noch auf die Intensität des Stabs fort, und vermindert sie Anfangs schnell, mit der Zeit aber immer langsamer."

Dass indessen diese Folgerungen auf Missverständnissen oder Missdeutungen beruhten, ist von mir (Gelehrte Anzeigen 18. December 1841.) und nahe gleichzeitig von Hansteen (De mutationibus virgae magneticae 1842.) nachgewiesen worden.

Hansteen's Versuchen zufolge drückt die bereits oben gegebene Formel $M(1-at)$ das magnetische Moment bei der Temperatur t vollständig aus, und zwar findet er a zwischen den

Gränzen 0.0007 und 0.0010 eingeschlossen: unterdessen habe ich anderswo *) nachgewiesen, dass für grössere Temperatur-Intervalle, wie sie bei magnetischen Beobachtungen bisweilen wohl auch im Freien vorkommen könnten, die Formel $M(1-\alpha t-\beta t^2)$ angewendet werden müsse. Bei allen von mir construirten Instrumenten habe ich übrigens die Einrichtung getroffen, dass eine Berücksichtigung des Gliedes βt^2 nicht mehr nöthig war.

37. Was den Temperatur-Coëfficienten α betrifft, so habe ich durch eine grosse Anzahl von Versuchen mit Magneten von verschiedenen Dimensionen und verschiedener Härte gefunden:

1) dass der Temperatur-Coëfficient um so kleiner ist, je härter der Magnet;

2) dass man nur ganz dünnen Magneten die grösste Härte geben könne, dickere Magnete aber im Innern nicht so hart werden, wie an der Oberfläche, desshalb auch immer einen grössern Temperatur-Coëfficienten haben;

3) dass bei dem grössten Grade von Härte, den man zu geben im Stande ist, ein Magnet von 0''',2 Dicke ungefähr den Temperatur-Coëfficienten 0.0002, ein Magnet von 1''' Dicke ungefähr 0.0004 haben wird, dass aber, wenn die Magnete blau angelassen werden, der Temperatur-Coëfficient immer zwischen 0.0007 und 0.0010 bleibt.

38. Zur Bestimmung der Temperatur des Bifilars hat man das Thermometer Anfangs in der Fig. 4. angedeuteten Weise angebracht: an den meisten Orten ist auch diese Einrichtung unverändert beibehalten worden, obwohl es bei näherer Betrachtung sogleich einleuchten wird, dass eine Aenderung der Temperatur die Thermometer-Kugel und den Stab nicht auf gleiche Weise afficiren wird. Diesen Umstand hat meines Wissens zuerst Lloyd beachtet: er liess desshalb in einen Messingstab von den Dimensionen des Magnetstabes eine eiserne mit Quecksilber gefüllte Kapsel einlegen, in welche die Thermometer-Kugel eingetaucht

*) Annalen f. Meteorologie u. Erdmagnetism. Heft I. S. 190. Hansteen hat mir später geschrieben, dass er ebenfalls bei der im Febr. 1844 eingetretenen grossen Kälte an den Beobachtungen des Bifilars die Nothwendigkeit erkannt habe, ein dem Quadrate der Temperatur proportionales Glied einzuführen. Er fand für die Temperatur t das Moment seines Bifilarstabes (25pfündiger Magnet)

$$=M(1-0.00089626t-0.000009077t^2).$$

war, und wendete die Ablesungen dieses Thermometers zur Correction des Bifilars an. Eine ähnliche Einrichtung machte Broun in Makerstoun (Observations in magnetism and meteorology. S. XXXI.). Die Differenzen, welche man in dem Gange der Bifilare wahrnimmt, hatten mich ebenfalls, ehe ich von Lloyd's Einrichtung Kenntniss erhielt, auf den Gedanken geführt, dass der hier angedeutete Umstand beträchtlichen Einfluss haben könne. Ich liess zu diesem Zwecke in die Mitte eines eisernen Prisma, dessen normaler Durchschnitt ein Quadrat von 11''' Seite bildete, ein Thermometer einlegen, und beobachtete 10 Tage hindurch den Unterschied zwischen diesem Thermometer und zwei neben dem Prisma befindlichen Thermometern. Als Resultat ergab sich, dass die Wendepuncte der täglichen Temperatur-Periode im Prisma um 2 Stunden verspätet, und die Grösse dieser Periode um $\frac{1}{4}$ vermindert wurde. Man sieht hieraus, dass der tägliche Gang der Intensität sehr unrichtig bestimmt wird, wenn man die Temperatur der Luft im Kasten für die Temperatur des Stabes nimmt: der Fehler wird um so beträchtlicher sein, je grösser der Magnetstab ist*).

39. Auf der oben bemerkten Verschiedenheit der Temperatur-Coëfficienten beruht die von mir eingeführte Temperatur-Compensation. Auf dem Haupt-Magnete *NS* (Fig. 20.), der sehr dünn und so hart als möglich sein soll, befestigt man einen kleinen dickern Magnet *ns*, der blau angelassen ist, so dass die entgegengesetzten Pole auf dieselbe Seite kommen. Ein Stückchen Messing verhindert die unmittelbare Berührung. Nennt man das magnetische Moment des Haupt-Magnets *M*, und seinen Temperatur-

*) Die Temperatur hat auf die Ablesungen des Bifilars Einfluss, nicht blos, weil das magnetische Moment des Stabes, sondern auch weil die Suspension (Länge und Entfernung der Fäden) davon abhängt, und das Thermometer im Kasten giebt eben so wenig die richtige Temperatur der Suspension, als des Stabes an. Quetelet und Broun haben den Corrections-Coëfficienten aus den Beobachtungen selbst abzuleiten gesucht, indem sie voraussetzen, dass der tägliche Gang oder die mittlere Intensität der kältern und wärmern Tage gleich sei; Hypothesen, die allenfalls angenommen werden dürfen, wenn man viele Beobachtungen vereinigt. Die Coëfficienten, die man so erhält, sind immer kleiner, als wenn man nach §. 15. α, β, β' bestimmt. (Transact. of the R. Society of Edinburgh. Vol. XXI. p. I. S. 67.)

Coëfficienten α, und bezeichnen m und α' die analogen Grössen für den Compensations-Magnet, so hat man das Moment des Systems für die Temperatur t

$$= M - m - (\alpha M - \alpha' m)t.$$

Ist $\alpha M - \alpha' m = o$, so ist die Compensation erreicht: practisch gelangt man zum Zwecke am leichtesten dadurch, dass man das magnetische Moment des Compensations-Magnets Anfangs etwas zu stark nimmt und es nach und nach schwächt, bis die von dem System hervorgebrachte Ablenkung einer freien Nadel beim Vertauschen von warmem und kaltem Wasser sich gleich bleibt.

40. Was die Bestimmung des Temperatur-Coëfficienten betrifft, so geschieht dieselbe am bequemsten mittelst eines magnetischen Theodoliten. Die nach meiner Anleitung gemachten magnetischen Theodoliten sind zu diesem Zwecke mit dem Apparate Fig. 19. versehen, der zugleich zur Bestimmung der Induction dient. Der freie Magnet hängt in dem Gehäuse *KK*: der Magnetspiegel, vor welchem das Planglas *C* sich befindet, kommt, wenn der Apparat auf den Theodoliten gesetzt wird, dem Fernrohre gegenüber zu stehen. Das hölzerne Querstück *DE*, über die Platte *PP* geklemmt, trägt den zu untersuchenden Magnet *NS*; *G* ist ein Gefäss, ruhend zunächst auf einer vom Theodoliten unabhängigen Unterlage, und so weit mit Wasser gefüllt, dass der Magnet *NS* sich unter dem Wasser befindet. Entfernt man nun, wie es leicht geschehen kann, ohne den Theodoliten zu erschüttern, das Gefäss *G*, indem man die Unterlage herauszieht, und bringt man ein anderes Gefäss mit Wasser von verschiedener Temperatur an seine Stelle, so zeigt die Bewegung des freien Magnets sogleich den Einfluss der Temperatur an.

Bezeichnet man für die Temperatur t und t' die Ablesungen des Theodoliten mit v' und v'', und die Ablesung, wenn der Magnet *NS* entfernt ist, mit v, so hat man:

$$M(1-\alpha t) = A \sin(v'-v), \quad M(1-\alpha t') = A \sin(v''-v)$$

wo A eine Constante ist. Hieraus folgt mit einer für alle Fälle genügenden Approximation:

$$\alpha = \frac{\sin(v'-v'')}{(t'-t)\operatorname{tg}\frac{1}{2}(v'+v''-2v)}.$$

Natürlich beschränkt man sich bei solchen Bestimmungen nicht auf eine einzige Abwechselung von kaltem und warmem Wasser, sondern wiederholt die Operation öfters. Bemerkenswerth ist, dass beim ersten Eintauchen in warmes Wasser der Magnet immer etwas von seiner Kraft verliert, auch wenn er sonst zu einem constanten magnetischen Momente gelangt ist.

41. Kupffer hat den wichtigen Umstand entdeckt, dass Magnetstäbe aus Bulat-Stahl (von Zlatoust) ihre Kraft wenig oder gar nicht ändern, wenn die Temperatur steigt oder fällt. Sabine bemerkt, dass diese Stäbe aus sehr dünnen parallelen Lagen von Stahl und Eisen bestehen. Der Umstand, dass die magnetische Kraft des Stahls bei der Wärme abnimmt, jene des Eisens zunimmt, erklärt die oben bemerkte Eigenthümlichkeit des Bulatstahls: diese Eigenthümlichkeit geht übrigens, nach Sabine's Angabe, verloren, sobald mrn den Bulatstahl nach der gewöhnlichen Weise schmiedet. (Sabine, Contributions to terrestrial Magnetism. Nr. IV.)

Entwickelung des Verhältnisses zwischen Distanz und Ablenkung bei Ablenkungs-Versuchen.

42. Im II. Bande des Rep. S. 159. ist nachgewiesen, wie Gauss die Tangente der Ablenkung in eine Reihe nach den negativen Potenzen der Distanz und mit unbestimmten Coëfficienten entwickelt hat; dabei wird als Gesetz angegeben, dass, wenn man die Distanz nicht kleiner, als die vierfache Länge des Ablenkungs-Magnets nimmt, die zwei ersten Glieder der Entwickelung ausreichen, und das dritte als unmerklich vernachlässigt werden könne.

Lloyd ist meines Wissens der erste, der die Form der Coëfficienten einigermassen berücksichtiget hat*). Eine vollständige Darstellung ist von mir im Jahre 1842 gegeben worden**). Bei der steten Anwendung, welche die Formeln in magnetischen Untersuchungen finden, wird es nicht unzweckmässig sein, hier die vorzüglichsten Fälle beizufügen.

43. Wie gewöhnlich bezeichne ich den Ablenkungs-Winkel mit φ, die Distanz mit e, den horizontalen Erdmagnetismus mit X, den freien Magnetismus eines Elements des Ablenkungs-Ma-

---

*) On the mutual action of permanent magnets.

**) Bestimmung der horizontalen Intensität des Erdmagnetismus nach absolutem Maasse, dann Annalen f. Meteorologie u. Erdmagnet. IV. Heft.

gnets in der Entfernung x von der Mitte des Magnets mit dm. Für den freien Magnet werden die analogen Bezeichnungen x' und dm' gebraucht. Endlich setze ich das magnetische Moment des Ablenkungs-Magnets $\int x dm = M$, und das magnetische Moment des freien Magnets $\int x' dm' = M'$, ferner $\int x^3 dm = M_3$, $\int x^5 dm = M_5$ u. s. w.

Hienach hat man bei rechtwinklicher Ablenkung:

1) wenn der Mittelpunct des freien Magnets in der verlängerten Axe des Ablenkungs-Magnets liegt:

$$\frac{1}{2}\frac{X}{M}e^3 \sin\varphi = 1 + \frac{p}{e^2} + \frac{q}{e^4}, \text{ wobei}$$

$$p = 2\frac{M_3}{M} - 3\frac{M'_3}{M'}, \quad q = 3\frac{M_5}{M} - 15\frac{M_3 M'_3}{MM'} + \frac{45}{8}\frac{M'_5}{M'}.$$

2) wenn der Mittelpunct des Ablenkungs-Magnets in der verlängerten Axe des freien Magnets liegt:

$$\frac{X}{M}e^3 \sin\varphi = 1 + \frac{p}{e^2} + \frac{q}{e^4}, \text{ wobei}$$

$$p = -\frac{3}{2}\frac{M_3}{M} + 6\frac{M'_3}{M'}, \quad q = \frac{15}{8}\frac{M_5}{M} - \frac{45}{2}\frac{M_3 M'_3}{MM'} + 15\frac{M'_5}{M'}.$$

3) wenn der Mittelpunct des ablenkenden Magnets senkrecht über oder unter dem Mittelpuncte des abgelenkten sich befindet:

$$\frac{X}{M}e^3 \sin\varphi = 1 + \frac{p}{e^2} + \frac{q}{e^4}, \text{ wobei}$$

$$p = -\frac{3}{2}\left(\frac{M_3}{M} + \frac{M'_3}{M'}\right), \quad q = \frac{15}{8}\left(\frac{M_5}{M} + 2\frac{M_3 M'_3}{MM'} + \frac{M'_5}{M'}\right).$$

4) wenn der Ablenkungs-Magnet vertical aufgestellt wird, und zwar in der auf die Länge des freien Magnets senkrechten und durch dessen Mitte gehenden Ebene, und wenn ferner die Axe des Ablenkungs-Magnets die horizontale Ebene, in welcher der freie Magnet liegt, in der Distanz h schneidet, der Mittelpunct in der Entfernung f über oder unter der eben genannten Ebene liegt und die Distanz der Mittelpuncte der beiden Magnete d. h. $\sqrt{h^2 + f^2} = e$ ist:

$$\frac{1}{3}\frac{X}{M}\sin\varphi\frac{e^5}{hf} = 1 + \frac{p}{e^2} + \frac{q}{e^4}, \text{ wobei}$$

$$p = -\frac{5}{2}\left(\frac{M_3}{M} + \frac{M'_3}{M'}\right), \quad q = \frac{35}{8}\left(\frac{M_5}{M} + 2\frac{M_3 M'_3}{MM'} + \frac{M'_5}{M'}\right) + \frac{35}{2}f^2\frac{M_3}{M}.$$

Bei den Ablenkungen nach der Methode von Gauss giebt die vollständige Entwickelung der drei ersten Glieder:

1) für Ablenkungen Ost und West:

$$\frac{1}{2}\frac{X}{M}e^3 \operatorname{tg}\varphi = 1 + \frac{p}{e^2} + \frac{q}{e^4}, \text{ wobei}$$

$$p = 2\frac{M_3}{M} - 3\frac{M'_3}{M'}(1 - 5\sin^2\varphi),\; q = 3\frac{M_5}{M} - 15\frac{M_3 M'_3}{M M'}(1 - 5\sin^2\varphi)$$
$$+ \frac{45}{8}\frac{M'_5}{M'}(1 - 14\sin^2\varphi + 21\sin^4\varphi)$$

2) für Ablenkungen Nord und Süd:

$$\frac{X}{M}e^3 \operatorname{tg}\varphi = 1 + \frac{p}{e^2} + \frac{q}{e^4}, \text{ wobei}$$

$$p = -\frac{3}{2}\frac{M_3}{M} + 6\frac{M'_3}{M'}\left(1 - \frac{15}{4}\sin^2\varphi\right),\; q = \frac{15}{8}\frac{M_5}{M} - \frac{45}{2}\frac{M_3 M'_3}{M M'}\left(1 - \frac{23}{6}\sin^2\varphi\right)$$
$$+ 15\frac{M'_5}{M'}\left(1 - \frac{21}{4}\sin^2\varphi + \frac{21}{8}\sin^4\varphi\right).$$

44. Nimmt man ein Gesetz an bezüglich auf die Vertheilung des Magnetismus in einem Stabe, so lassen sich darnach die Werthe von p und q berechnen: so hat Lloyd, indem er nach Biot eine gleichmässige Zunahme der Kraft von der Mitte nach beiden Enden nimmt, d. h. $dm = Axdx$ setzt und die von $\sin\varphi$ abhängigen Glieder der Entwickelung vernachlässigt, das in §. 24. angegebene Resultat erlangt, ein Resultat, welches von mir bereits früher unter einer weniger naturgemässen Voraussetzung gefunden und als Approximation benutzt worden war (Lloyd, on the absolute determination of the earths magnetic force, und meine Abhandlung über Bestimmung der absoluten Horizontal-Intensität S. 40.). So sehr übrigens für magnetische Messungen daran gelegen wäre, die Werthe von p und q auf directem Wege zu ermitteln, so bietet sich hiezu nach meinen Versuchen keine Hoffnung dar, vornämlich aus dem Grunde, weil die Vertheilung des Magnetismus in den Magneten verschieden ist. Was insbesondere die von Lloyd angenommene Hypothese betrifft, so habe ich gefunden, dass sie die Werthe von $\frac{M_3}{M}$, $\frac{M_5}{M}$ zu klein giebt.

Bei vielen Untersuchungen ist es nützlich für p und q wenigstens Gränzwerthe theoretisch zu bestimmen: zu diesem Behufe kann man zwei Hypothesen der Rechnung zu Grunde legen, einmal, dass aller Magnetismus in den Endpuncten angesammelt sei, dann dass der Magnetismus von der Mitte aus nach beiden Enden gleichmässig zunehme: die erstere Hypothese giebt entschieden für p und q zu grosse Werthe, von der letztern ist eben bemerkt worden, dass sie zu kleine Resultate giebt. Die in p

und q vorkommenden Grössen $\frac{M_3}{M}$, $\frac{M_5}{M}$ erhalten alsdann folgende Werthe:

a) nach der ersten Hypothese . . . $\frac{M_3}{M} = \frac{1}{4} l^2$ . . $\frac{M_5}{M} = \frac{1}{16} l^4$

b) nach der zweiten Hypothese . . $\frac{M_3}{M} = \frac{3}{20} l^2$ . . $\frac{M_5}{M} = \frac{3}{112} l^4$

wobei l die Länge des Magnets bedeutet.

Um hievon eine Anwendung zu geben, will ich die Frage untersuchen, ob bei der Intensitäts-Bestimmung nach der Methode von Gauss das dritte Glied $\frac{q}{e^4}$ vernachlässigt werden dürfe. Sind die beiden Magnete von gleicher Länge, und setzt man $e = 4l$, $\varphi = 2°\ 50'$, so finden sich für Ablenkungen Ost und West die Gränzwerthe

$$\frac{q}{e^4} = -0.001558 \ . \ . \ . \ \frac{q}{e^4} = -0.000419$$

für Ablenkungen Nord und Süd kann $\varphi = 1°\ 25'$ gesetzt werden, alsdann sind die Gränzwerthe:

$$\frac{q}{e^4} = -0.001369 \qquad \frac{q}{e^4} = -0.009214.$$

In keinem Falle darf also das dritte Glied in der Entwickelung von tg φ vernachlässigt werden*). Durch ähnliche Betrachtungen, wie die vorhergehenden, habe ich nachgewiesen, dass bei der Intensitäts-Methode, die ich im Münchner Observatorium eingeführt habe, das dritte Glied der Entwickelung in Rechnung zu bringen sei; dagegen das vierte Glied vernachlässigt werden könne **).

45. An das Vorhergehende knüpft sich noch die weitere Untersuchung an, in wie fern die Werthe von p und q bei allmäliger Abnahme der Kraft der Magnete eine Aenderung erleiden. Setzt man zu diesem Zwecke am Anfange $dm = (ax + bx^3$

---

*) In den „Resultaten des magnetischen Vereins" für 1840. S. 122. werden Intensitäts-Messungen, die in Göttingen gemacht wurden, umständlich entwickelt: dabei wurde die nächste Distanz, ungefähr gleich der dreifachen Länge des Ablenkungs-Magnets genommen, und dessen ungeachtet das dritte Glied in der Entwickelung von tg φ vernachlässigt, obwohl in diesem Falle der Betrag dreimal grösser gewesen sein muss, als unter den bei unserer Rechnung angenommenen Bedingungen.

**) Annalen f. Meteorol. u. Erdmagnet. IV. S. 223.

$+cx^5..)dx$ und nachdem der Magnet einen Theil seiner Kraft verloren hat $dm=(ax+bx^3+cx^5+..)(1-\alpha-\beta x^2-\gamma x^4..)dm$, wobei α, β, γ kleine Grössen sein sollen, und bezeichnet man $\int x\,dm$, $\int x^3\,dm$ im ersten Falle, wie oben, mit M, M_3, im letztern Falle mit (M), (M_3), so hat man:

$$\frac{(M_3)}{(M)}=\frac{M_3}{M}\cdot\frac{1-\alpha-\beta\frac{M_5}{M_3}-\gamma\frac{M_7}{M_3}-\ldots}{1-\alpha-\beta\frac{M_3}{M}-\gamma\frac{M_5}{M}-\ldots}.$$

Bei dem allmäligen Kraftverluste der Magnete ist es wohl der wahrscheinlichste Fall, dass die Kraft in allen Theilen nach demselben Verhältnisse abnehmen wird. In diesem Falle zeigt die Formel, dass $\frac{(M_3)}{(M)}=\frac{M_3}{M}$ ist, mithin die Werthe von p und q unverändert bleiben. So lange β, γ.. klein sind, wird man bei Bestimmung der damit multiplizirten Grössen M_3, M_5.. die Rechnung so führen dürfen, als wenn die ganze magnetische Kraft in zwei Puncten des Magnets und zwar nahe an beiden Enden concentrirt wäre: für diesen Fall hat man $\frac{M_5}{M_3}=\frac{M_3}{M}$, $\frac{M_7}{M_3}=\frac{M_5}{M}$ u. s. w., so dass wieder durch den Kraftverlust keine Aenderung im Werthe von p und q entsteht.

Gesetzt aber der ganze Verlust hinge von β ab, und man hätte für M den Verlust $\beta\frac{M_3}{M}=\frac{1}{40}M$, was schon sehr bedeutend ist, so würde man näherungsweise, unter Voraussetzung, dass $dm=Ax\,dx$ sei, $\beta\frac{M_5}{M_3}=\frac{5}{168}M$ setzen dürfen: alsdann hat man $\frac{(M_3)}{(M)}=\frac{M_3}{M}\left(1-\frac{1}{210}\right)$, und da $\frac{1}{c^2}\cdot\frac{M_3}{M}$ kaum mehr, als $\frac{1}{20}$ betragen wird, so folgt, dass in der absoluten Intensität ein Fehler von $\frac{1}{4200}$ entstehen kann. Aehnliche Verhältnisse finden bei $\frac{M_5}{M}$ statt. Man darf aus dem Vorhergehenden schliessen, dass in der Praxis kein Fall vorkommen wird, wo die Werthe von p und q in Folge des Kraftverlustes der Magnete eine Aenderung erleiden sollten. Diess stimmt auch vollkommen mit der Erfahrung überein; insbesondere können hier die Versuche von Ångström (Annalen f. Meteorologie und Erdmagnetism. IX. Heft. S. 189.) erwähnt werden.

46. In Beziehung auf die Bestimmung von p und q durch Ablenkungs-Versuche möchte es nicht unzweckmässig sein, den Umstand zu erwähnen, dass man die Ablenkungen nur in Distanzen, die wenig von einander verschieden sind, vornehmen kann: bei kleinen Distanzen lässt sich keine Ablenkung vornehmen, weil der Ablenkungs-Magnet stärker wird, als die magnetische Kraft der Erde, und in grössern Distanzen wird der Ablenkungs-Winkel zu klein, um mit der nöthigen Sicherheit beobachtet zu werden. Die Bestimmung von p und q ist also ein Problem von ähnlicher Art, als wenn ein kleines Stück einer parabolischen Linie gegeben wäre, und man hätte die Gleichung der Linie zu suchen, mit andern Worten, es werden jedesmal mehrere Gleichungen angegeben werden können, welche wenigstens innerhalb der Gränzen der Beobachtungs-Fehler Genüge leisten. Hätte man z. B. mit einem magnetischen Theodoliten, wie sie in England gebraucht werden, in den Distanzen 1.0, 1.2, 1.3, 1.4 die Winkel gemessen*):

12°	59′	50″
7	31	20
5	55	38
4	45	16,

so liessen sie sich durch die Formel

$$\sin\varphi = \frac{0.23424}{e^3}\left(1 - \frac{0.0700}{e^2} + \frac{0.0300}{e^4}\right),$$

so darstellen, dass die Differenz der Rechnung und Beobachtung in keinem Falle über 15″ ginge. Aber auch die Formel $\sin\varphi = \frac{0.22881}{e^3}\left(1 - \frac{0.0100}{e^2} - \frac{0.0075}{e^4}\right)$ stellt die beobachteten Winkel eben so gut dar. Die eine Formel giebt indessen den Werth von $\frac{M}{X}$ und $\frac{1}{43}$ grösser, als die andere.

47. Die durch dieses Beispiel angedeutete Unsicherheit in der Bestimmung von p und q hat mich veranlasst, den früher befolgten Weg zu verlassen, und durch eine Combination von

*) Das Beispiel ist nach Riddell, magnetical instructions S. 49. eingerichtet. Dass durch eine vortheilhaftere Wahl der Ablenkungs-Distanzen und durch Berechnung nach der Methode der kleinsten Quadrate der hier hervorgehobene Uebelstand vermindert aber nicht beseitigt werden könne, brauche ich kaum zu erwähnen.

Ablenkungen Nord und Süd, dann Ost und West, das zweite Glied, soweit es von dem Ablenkungs-Magnete abhängt, zu eliminiren. Hat man nämlich nach §. 24. in der Distanz e die Ablenkung φ östlich und westlich, und die Ablenkung φ' nördlich und südlich beobachtet, so erhält man nach dem vorhergehenden §. zwei Gleichungen, die im zweiten Gliede $\frac{1}{e^2}\frac{M_3}{M}$ enthalten: durch Elimination dieser Grösse ergiebt sich, wenn $\frac{15}{7}\frac{M'_3}{M}$ $= p$ und $\frac{33}{14}\frac{M_5}{M} - \frac{135}{7}\frac{M_3 M'_3}{M M'} + \frac{615}{56}\frac{M'_5}{M'} = q$ gesetzt wird:

$$\frac{1}{14}\frac{X}{M}e^3(3\sin\varphi + 8\sin\varphi') = 1 + \frac{p}{e^2} + \frac{q}{e^4}.$$

Die analogen Ablenkungen ψ und ψ' in der Distanz E geben eine zweite Gleichung von derselben Form, nämlich $\frac{1}{14}\frac{X}{M}E^3(3\sin\psi$ $+ 8\sin\psi') = 1 + \frac{p}{E^2} + \frac{q}{E^4}$. Je kleiner man den freien Magnet macht, desto kleiner werden die Grössen $\frac{p}{e^2}$ und $\frac{p}{E^2}$ sein. Man kann zwar den freien Magnet nicht wohl so klein machen, dass diese Grössen gänzlich vernachlässigt werden dürften, aber es ist leicht, die Verhältnisse so zu wählen, dass die Werthe mit der nöthigen Sicherheit theoretisch bestimmt werden können. Es ist bereits oben bemerkt worden, dass der Werth von p zu gross wird, wenn man voraussetzt, dass der ganze Magnetismus in den Enden des Magnets vereinigt sei, und zu klein, wenn man eine gleichmässige Zunahme von der Mitte aus gegen die beiden Enden annimmt. Die erste Hypothese giebt, wenn man die Länge des Magnets $= l$ setzt, $p = \frac{15}{28}l^2$, die letztere $p = \frac{9}{28}l^2$. Es lässt sich nun leicht nachweisen, dass, wenn man für p den Mittelwerth $\frac{3}{7}l^2$ nimmt, der mögliche Fehler immer weniger, als $\frac{1}{10.000}$ der Intensität betragen wird, so lange l kleiner ist, als $\frac{1}{9}e$. Bei dem magnetischen Theodoliten wird l zwischen $\frac{1}{15}e$ und $\frac{1}{30}e$ genommen; für diesen Fall also darf man unbedenklich $p = \frac{3}{7}l^2$ setzen, und wenn man ferner zu den eben gefundenen zwei Gleichungen die Gleichung $\frac{M}{X} = \frac{1}{2}\frac{e^3 \sin\varphi}{k}$ hinzufügt, dann $\frac{M}{X}$ und q eliminirt, so erhält man für k den Werth, den wir am Ende von §. 24. bereits angeführt haben.

Correction der Ablenkungen wegen Ungleichheit der Winkel.

48. Bei jeder Ablenkung legt man den Ablenkungs-Magnet viermal auf und liest vier Winkel ab. Die daraus abgeleiteten vier Ablenkungs-Winkel (wovon die eigentliche Ablenkung φ das arithmetische Mittel ist) würden einander gleich sein, wenn die Distanz bei den vier Einstellungen dieselbe wäre: diess ist aber fast niemals der Fall, und man muss desshalb an φ eine Correction anbringen, die auf folgende Weise bestimmt wird. Nennt man (unter Voraussetzung, dass die Kreis-Ablesungen von Nord über West zunehmen) die zwei Kreis-Ablesungen östlich v_0, v_1, die zwei Kreis-Ablesungen westlich v_2, v_3, und das Mittel aus diesen vier Ablesungen V, so hat man, wenn der freie Magnet bei den zwei ersten Einstellungen um δe, bei den zwei letzten um $\delta e'$ von der Mitte entfernt ist:

$$\frac{M}{X} = (e + \delta e)^3 \sin(V - v_0),\quad \frac{M}{X} = (e + \delta e')^3 \sin(v_2 - V),$$

$$\frac{M}{X} = (e - \delta e)^3 \sin(V - v_1),\quad \frac{M}{X} = (e - \delta e')^3 \sin(v_3 - V).$$

Setzt man $v_1 - v_0 = \delta v$, $v_3 - v_2 = \delta v'$, und eliminirt die unbekannten δe, $\delta e'$, so erhält man:

$$\frac{M}{X} = e^3 \sin\varphi \cos\left(V - \frac{v_0 + v_1 + v_2 + v_3}{4}\right)\left[1 - (\delta v^2 + \delta v'^2)(\tfrac{1}{16} - \tfrac{1}{12}\cos^2\varphi)\right].$$

Da man immerhin bei einem nur mit gewöhnlicher Sorgfalt regulirten Instrumente $\cos\left(V - \frac{v_0 + v_1 + v_2 + v_3}{4}\right) = 1$ setzen kann, so ergiebt sich die Correction von φ

$$= -(\tfrac{1}{16}\operatorname{tg}\varphi + \tfrac{1}{12}\operatorname{cotg}\varphi)(\delta v^2 + \delta v'^2).$$

Die Correction ist in dieser Form zur Anwendung bequem, wenn man blos die Ablenkung sucht: will man auch die Torsion des Fadens bestimmen, so ist es geeigneter die Mittel der Ablesungen, nämlich $\frac{1}{2}(v_0 + v_1)$ und $\frac{1}{2}(v_2 + v_3)$ jedes für sich zu corrigiren; zu diesem Zwecke muss man der ersten Grösse $+(\frac{1}{8}\operatorname{tg}\varphi + \frac{1}{6}\operatorname{cotg}\varphi)\,\delta v^2$ und der letztern $-(\frac{1}{8}\operatorname{tg}\varphi + \frac{1}{6}\operatorname{cotg}\varphi)\,\delta v'^2$ beifügen.

Wie die Correctionen sich gestalten, wenn man auf die während der Beobachtung vorkommenden Aenderungen der Temperatur und der magnetischen Kraft Rücksicht nimmt, habe ich (Annalen f. Meteorol. u. Erdmagnet. IX. S. 191.) entwickelt.

Torsion.

49. Zum Aufhängen grösserer Magnete braucht man eine Anzahl paralleler Coconfäden, bisweilen auch einen Stahldrath, oder einen versilberten Kupferdrath. Das Verhältniss der Torsions-Kraft des Fadens oder Drathes zu der Directions-Kraft des Magnets bestimmt man dadurch (Rep. Bd. II. S. 154.), dass man den Torsionskreis um n Grade dreht, und dann die Aenderung, welche dadurch im Stande des Magnets hervorgebracht wird, beobachtet. Ist diese Aenderung, in Graden ausgedrückt, $= m$, so drückt $\eta = \sin \frac{m}{n}$ das Verhältniss der Torsionskraft des Fadens oder Drathes zur Directions-Kraft des Magnets aus. Hängt man an die Stelle des Magnets einen unmagnetischen Messingstab von gleichem Gewichte ein, so wird er sich, falls die Torsion berichtigt ist, in den magnetischen Meridian stellen. Ist bei dem Versuche diess nicht der Fall, so muss entweder der Torsionskreis gedreht werden, bis der Messingstab in den magnetischen Meridian sich stellt, oder man vermindert, wenn der Stab um x Grade westlich vom magnetischen Meridian abweicht, die westliche Declination um ηx.

Auch auf den Werth eines Scalatheils hat die Torsion Einfluss: man muss nämlich den nach §. 5. bestimmten Werth mit dem Factor $1 + \eta$ multipliziren.

50. Ein wesentlicher Uebelstand bei grossen Magneten ist die Unbestimmtheit und Veränderlichkeit der Torsion. Gebraucht man Coconfäden, so wird der Torsionsstab jedesmal, so oft man ihn einhängt, eine etwas verschiedene Stellung annehmen, und wenn man ihn zur Ruhe kommen lässt und nach einer Stunde wieder nachsieht, so ist er nicht mehr an der vorigen Stelle. Ich habe hinreichend Gelegenheit gehabt, die Schwierigkeit der Torsionsberichtigung kennen zu lernen, während ich im Münchner Observatorium 25pfündige Stäbe aufgestellt hatte. Eine factische Nachweisung liefern die magnetischen Beobachtungen in Greenwich, wo in der Regel jede Woche die Torsion untersucht

und berichtigt wird. Vergleicht man aber die Beobachtungen mit denen anderer Observatorien, so muss man, um eine Uebereinstimmung herzustellen, annehmen, dass in Greenwich die Torsion gewöhnlich keine oder höchstens nur eine geringe Aenderung erlitten habe, und dass die oft sehr beträchtlichen Abweichungen, welche der Torsions-Stab anzeigte, und die auch wirklich corrigirt wurden, nur in der Unbestimmtheit der Torsion ihren Grund hatten, d. h. man muss die Beobachtungs-Resultate wegen der Fehler des Torsions-Stabes corrigiren. Dieselben Erfahrungen sind in Toronto und andern Observatorien, wo eine öftere Untersuchung der Torsion vorgenommen wurde, gemacht worden. (Vergl. §. 73.)

Ein Uebelstand bei Seidenfäden ist auch die Abhängigkeit der Torsion von dem Feuchtigkeits-Zustande der Luft. Bei Metallfäden hat die Feuchtigkeit keinen Einfluss, constant habe ich übrigens auch bei diesen die Torsion nicht gefunden. Metallfäden dehnen sich mit der Zeit um einen nicht unbeträchtlichen Theil ihrer Länge, eben so mit der Wärme, und es scheint, dass mit der Ausdehnung auch eine Drehung verbunden ist *).

Zur Torsions-Bestimmung hat man bisweilen Messingstäbe gebraucht, in denen kleine Magnete eingelassen sind, wodurch die Operation abgekürzt wird.

Auch bei ganz kleinen Magnetnadeln, wo die Torsion nur $\frac{1}{10000}$ von der Directionskraft der Nadel beträgt, ist sie nichts desto weniger von grossem Einflusse; insbesondere bringt eine Dehnung des Fadens, dadurch hervorgebracht, dass man ihn etwas spannt und wieder nachlässt, oder durch einen Stoss in verticaler Richtung, immer eine beträchtliche, meistens permanente Aenderung im Stande des Magnets hervor. Vorzüglich aus diesem Grunde ist es nöthig in magnetischen Observatorien zwei Systeme von Instrumenten zu haben, Differential-Instrumente, die nie gestört oder geändert werden, und absolute Instrumente, womit man die zur Bestimmung der Constanten oder absoluten Werthe nöthigen Operationen vornimmt. Um die Variationen mit der erforderlichen Feinheit und Sicherheit anzuge-

*) In der Vorrede zu Kupffer's Annuaire magnétique et météorologique, année 1841, finde ich die hier angeführten Ergebnisse meiner Untersuchungen über die Veränderlichkeit der Torsion vollkommen bestätigt.

ben, ist ein ungestörter Stand des Instruments nothwendig: bei den absoluten Bestimmungen muss die Unsicherheit der Torsion durch wiederholte Messungen eliminirt werden.

51. Eine neue Methode, die Torsion zu bestimmen, nämlich durch Ablenkungen, habe ich bei dem magnetischen Reise-Theodoliten in Anwendung gebracht: sie beruht darauf, dass die Directionskraft eines Magnets, der vom Meridian abgelenkt ist, im Verhältnisse des Cosinus der Ablenkung vermindert wird, mithin der Faden mit derselben Drehungskraft den Magnet weiter aus seiner Richtung bringt, wenn er abgelenkt wird, als wenn er im Meridian ist. Es seien v_0, v_1, v_2, v_3 die vier Ablesungen, die zu einer Ablenkung gehören (die ersten zwei östlich, die letzten zwei westlich), und v die freie Richtung des Magnets: bezeichnen wir nun die Torsion mit ϑ, die Ablenkung mit φ, und die wegen der Ungleichheit der Ablenkungen corrigirten Werthe von $\frac{1}{2}(v_0 + v_1)$, $\frac{1}{2}(v_2 + v_3)$ mit u und u', so haben wir folgende verbesserte Kreis-Ablesungen:

$$u + \frac{\vartheta}{\cos\varphi},\; v + \vartheta,\; u' + \frac{\vartheta}{\cos\varphi}.$$

Die Ablenkungen westlich und östlich vom Mittelstande müssen vollkommen gleich sein, woraus folgt:

$$\vartheta = \left(v - \frac{u + u'}{2}\right)\frac{\cos\varphi}{2\sin^2\frac{1}{2}\varphi}.$$

Wenn auf die während der Beobachtung eintretenden Aenderungen der Temperatur und der magnetischen Kraft Rücksicht genommen werden soll, so ist eine etwas umständlichere Entwickelung nöthig, die in den Annalen f. Meteorologie u. Erdmagnet. IX. S. 191. zu finden ist.

Kraft der Magnete, und deren allmälige Verminderung mit der Zeit.

52. Ob eine Nadel etwas mehr oder weniger Magnetismus besitze, ist ein Umstand, der auf die Resultate magnetischer Beobachtungen keinen wesentlichen Einfluss hat *). Die gewöhn-

*) In Beziehung auf die Brauchbarkeit verschiedener Stahlarten zu Magneten bemerke ich, dass ich bei meinen Versuchen keinen wesentlichen Unterschied gefunden habe. Nur eine Bedingung habe ich als nothwendig erkannt, dass der Stahl homogen sei. Wenn beim Härten, wie es bisweilen geschieht, einzelne Stellen weniger hart

lichen Magnetisirungs-Methoden geben immer so viel Kraft, als zum Erfolge magnetischer Messungen nöthig ist, und somit unterlasse ich hier die Mittel zu erwähnen, wodurch man die Kraft zu erhöhen gesucht hat. Wünschenswerth wäre es nur, dass man den Magneten eine constante Kraft vom Anfange geben könnte; allein diess ist noch Niemandem gelungen: jeder Magnet nimmt Anfangs weit mehr Magnetismus auf, als er im Verlaufe der Zeit behält.

Ueber den allmäligen Kraftverlust der Magnete hat Hansteen eine schätzbare Untersuchung geliefert in seiner Dissertation de mutationibus virgae magneticae. Er zeigt, dass das magnetische Moment durch die Formel

$$C + Be^{-qt}$$

wo C, B, q Constanten sind und t die Zeit bedeutet, dargestellt werden könne. Der constante Stand, zu welchem am Ende der Magnet gelangt, wird durch C ausgedrückt: diesen Stand erlangt der Magnet mehr oder minder schnell, je nachdem q einen grössern oder kleinern Werth hat: auch von B hängt das frühere oder spätere Erreichen eines constanten Standes ab. Hansteen führt 9 Magnete an, für welche er die Constanten bestimmt hat; dabei ersieht man, dass einige Magnete der wahren Gränze der Unveränderlichkeit sich bis auf 0.00001 (wo man sie schon für die Beobachtung als unveränderlich betrachten kann) in 200 Tagen oder in einem Jahre nähern, während andere erst in 12 und 14 Jahren dahin gelangen. Eben so ist der Verlust, den sie erleiden, bis sie constant werden, sehr verschieden.

Bei den Untersuchungen Hansteen's wird der Kraftverlust als eine Function der Zeit allein angenommen, ich habe jedoch bei den im Münchner Observatorium angewendeten Magneten bemerkt, dass der Verlust an Kraft auch in sehr beträchtlichem Maasse von der Temperatur abhängt und im Sommer weit grösser ist, als im Winter. Bei den zwei Ablenkungs-Magneten, die ich in den Jahren 1841 und 1842 an dem Intensitäts-Instrumente hatte, betrug der tägliche Kraftverlust:

---

werden, als andere, dann nimmt der Stab so wenig Magnetismus an, dass er unbrauchbar ist, zugleich hat er einen grossen Temperatur-Coëfficienten.

Nov.	1841.	0.00042	April	1842.	0.00005
Dec.	-	0.00010	Mai	-	0.00009
Jan.	1842.	0.00007	Juni	-	0.00011
Febr.	-	0.00004	Juli	-	0.00017.
März	-	0.00004			

Diese Magnete wurden später durch zwei neue ersetzt, und ein ähnlicher Erfolg trat ein: die letztern näherten sich indessen viel schneller, als die erstern, einem constanten Stande. — Um einen constanten Stand herbeizuführen, räth Hansteen, die Magnete vor dem Gebrauche längere Zeit in Wasser von ungefähr 30° R. zu legen: ich habe denselben Zweck durch wiederholtes Eintauchen abwechselnd in warmes und kaltes Wasser erreicht.

Induction in Magnetstäben, und deren Einfluss auf absolute Intensitäts-Bestimmungen.

53. Ueber das magnetische Moment, welches durch den Erdmagnetismus in den Magneten inducirt wird, waren entgegengesetzte Ansichten von Barlow und Kupffer aufgestellt worden: während nämlich der erstere aus seinen Versuchen den Schluss zog, dass die Erde keinen merklichen Magnetismus durch Induction im gehärteten und magnetisirten Stahl hervorrufe, gab der letztere als Erfahrungs-Resultat an, dass ein Stab im Meridian stärker sei, als senkrecht auf dem Meridian. Weder im einen, noch im andern Falle sind jedoch, wie es scheint, die Versuche als entscheidend betrachtet worden. Mit der weitern Untersuchung hierüber hat sich meines Wissens Niemand beschäftigt, auch hatte Niemand einen practischen Nutzen der Entscheidung dargethan, bis ich im Jahre 1842 Mittel fand, den inducirten Magnetismus mit aller Schärfe zu messen *), und die Nachweisung gab, dass eine beträchtliche Correction desshalb an die absoluten Intensitäts-Messungen angebracht werden müsse.

Die Methode besteht einfach darin, dass man den zu untersuchenden Magnetstab in die zwei entgegengesetzten Lagen *NS* und *N'S'* (Fig. 18.) bringt und die Winkel misst, um welche er

*) Später ist von Lloyd in den Revised Instructions eine Methode angegeben worden die Induction mit Hülfe des Bifilars zu messen: es sind jedoch practische Hindernisse damit verbunden. (S. Annalen f. Meteorol. u. Erdm. III. 208.) Dass die Methode angewendet worden wäre, ist mir nicht bekannt.

die frei hängende Nadel *ns* vom Meridian ablenkt. Der Stab wird dabei vertical in der auf der Mitte der freien Nadel senkrechten Ebene festgemacht, und ist im ersten Falle eben so viel über der durch *ns* gehenden Horizontal-Ebene, als er im zweiten Falle sich darunter befindet. Demnach wird der permanente Magnetismus des Stabes in beiden Fällen dieselbe Ablenkung der Nadel hervorbringen: was das inducirte Moment betrifft, welches durch den verticalen Erdmagnetismus hervorgerufen wird, so hat man in S einen Südpol, und in S' einen Nordpol; die Wirkung wird also im zweiten Falle eine entgegengesetzte sein. Stellt man das permanente Moment durch M, das inducirte durch μY (wo Y = verticaler Erdmagnetismus) vor, und nennt man die Ablenkungswinkel φ' und φ'', so hat man im ersten Falle: $M + \mu Y = A \sin \varphi'$ und im zweiten: $M - \mu Y = A \sin \varphi''$, woraus folgt

$$\frac{\mu}{M} = \frac{\operatorname{tg} \frac{1}{2}(\varphi' - \varphi'')}{Y \operatorname{tg} \frac{1}{2}(\varphi' + \varphi'')} \text{ oder } = \frac{1}{2} \frac{\operatorname{tg} \delta\varphi}{X \operatorname{tg} i \operatorname{tg} \varphi},$$

wo i die Inclination, φ die mittlere Ablenkung, und $\delta\varphi$ den Unterschied zwischen der Ablenkung oben und unten bedeuten.

Die Vorrichtung zum Messen des Inductions-Coëfficienten, die einen Theil des magnetischen Theodoliten bildet, stellt Fig. 19 dar. Der freie Magnet hängt in dem Gehäuse *KK*, der Ring *RR* wird auf die drei Schrauben *a*, *b*, *c* aufgelegt, und dessen innere Fläche steht gegen das Widerlager *d* an. Durch Umlegen des Ringes bringt man den Magnet *NS* in die Fig. 18 bezeichneten Stellungen. Da jedoch die hiebei vorausgesetzten Bedingungen, bezüglich auf den Ring und die damit verbundenen Theile, practisch nur näherungsweise erfüllt werden können, so ist es nöthig, die kleinen stattfindenden Abweichungen durch Messung in entgegengesetzten Lagen aufzuheben. Nimmt man an, dass die zwei Flächen des Ringes und die Fläche des Querstückes *AB*, an welcher der Magnet *NS* anliegt, Ebenen sind, was mechanisch mit hinreichender Genauigkeit zu erreichen ist, so erlangt man die Bestimmung der Induction durch 8 Messungen, die in folgender Ordnung gemacht werden:

Magnet auf Seite *A*, Nord inwendig	Nord unten *) . . v_1 Nord oben . . . . v_2
Magnet auf Seite *B*, Nord inwendig	Nord unten . . . v_3 Nord oben . . . . v_4
Magnet auf Seite *B*, Nord auswendig	Nord unten . . . v_5 Nord oben . . . . v_6
Magnet auf Seite *A*, Nord auswendig	Nord unten . . . v_7 Nord oben . . . . v_8.

Es ist alsdann $\varphi = \frac{1}{8}(v_5 + v_6 + v_7 + v_8 - v_1 - v_2 - v_3 - v_4)$ und $\delta\varphi = \frac{1}{4}(v_1 - v_2 + v_3 - v_4 + v_5 - v_6 + v_7 - v_8)$.

Die Entfernung des Magnets *NS* von der Mitte ist gleichgültig, wenn nur jedesmal beim Umkehren, wie beim Verlegen von der einen Seite auf die andere, dieselbe Entfernung genau eingehalten wird: weil indessen diess Schwierigkeiten hat, so ist es practisch vortheilhafter, die Entfernung zu suchen, wo die Ablenkung ein Maximum ist: alsdann braucht man auf eine so genaue Einstellung der Entfernung nicht mehr Rücksicht zu nehmen.

Anstatt die Richtigkeit des eben angegebenen Verfahrens nachzuweisen, lasse ich hier drei Messungen folgen, welche Dr. Langberg am 28. und 29. Aug. 1844 im Münchner Observatorium mit dem auf seiner magnetischen Reise gebrauchten Cylinder gemacht hat:

	I. Messung.	II. Messung.	III. Messung.
$v_1 =$	100° 1′ 0″	106° 24′ 32″	130° 42′ 16″
$v_2 =$	99 44 48	106 0 20	129 42 20
$v_3 =$	99 53 44	106 19 56	130 32 50
$v_4 =$	99 47 4	106 7 40	129 23 50
$v_5 =$	80 18 36	76 18 42	46 33 24
$v_6 =$	80 9 14	76 30 56	47 50 20
$v_7 =$	80 11 4	76 15 36	47 4 30
$v_8 =$	80 32 4	76 44 40	48 4 30
$\varphi =$	9 44	14 52	41 21
$\delta\varphi =$	13 19	19 24	1 6 28
$\frac{\mu}{M} =$	0.00274	0.00258	0.00267

*) Nord unten und Nord oben wird durch Umlegen des Ringes zu Stande gebracht.

Die Uebereinstimmung der drei Resultate ist so gross, als nur immer erwartet werden kann, wenn man bedenkt, dass die Induction nicht augenblicklich eintritt, sondern eine Function der Zeit bildet, was eigentlich bei den Messungen hätte berücksichtigt werden sollen, aber nicht berücksichtigt worden ist, weil die äusserste erreichbare Genauigkeit hier nicht erfordert wird. Der hier gefundene Werth von $\frac{\mu}{M}$ ist der grösste, der mir bisher vorgekommen ist, was davon herrührte, dass der Magnet ungewöhnlich schwach war. Für Magnete, wie sie gewöhnlich für Intensitäts-Bestimmungen gebraucht werden, variirt der Werth von $\frac{\mu}{M}$ zwischen 0,0006 und 0,0020, und hängt hauptsächlich, eben so wie der Temperatur-Coëfficient, von dem Grade der Härte ab. Man wird, wenn sonst kein Mittel da ist, die Induction zu bestimmen, näherungsweise $\frac{\mu}{M} = 2\alpha$ annehmen können, wenn α den Temperatur-Coëfficienten bedeutet. Bei einem 4pfündigen Stabe von Meyerstein in Göttingen habe ich die Induction $\frac{\mu}{M} = 0,00205$ gefunden.

54. Fast alle vorhandenen Intensitäts-Bestimmungen, die man blos durch Schwingungs-Beobachtungen hergestellt hat, sind nach der Formel $X = \frac{C}{T^2}$ berechnet worden, wobei C so gewählt wurde, dass die Formel die absolute Intensität der Central- oder Haupt-Station darstellte, ohne Rücksicht auf Induction. Mit Rücksicht auf Induction wäre $C\left((1 + \frac{\mu}{M} X_0\right)$ anstatt C zu setzen, wo X_0 die absolute Intensität der Centralstation bezeichnet, und alsdann hätte man die vollständige Gleichung:

$$X = \frac{C}{T^2}\left[1 + \frac{\mu}{M}(X_0 - X_1)\right].$$

An die nach der Formel $X = \frac{C}{T^2}$ berechneten Zahlen wäre also nachträglich die Correction $+ \frac{\mu}{M}(X_0 - X)X$ anzubringen. Der Betrag dieser Correction kann oft sehr beträchtlich sein. So gab z. B. die Nadel des Capt. Belcher die absolute Horizontal-Intensität in Woolwich (als Centralstation) = 3,720, und in Amboyna-Insel = 8,144 (in Englischen Einheiten). Die Correction der letztern Beobachtung wäre demnach $= - 36,03 \frac{\mu}{M}$, oder wenn $\frac{\mu}{M}$ denselben Betrag gehabt hätte, wie eben bei Dr. Langberg's Nadel gefunden wurde, $= - 0,096$.

Absolute Inclinations-Bestimmung.

55. Wir haben bereits in §. 22. der Methode erwähnt, welche Gauss zur Bestimmung der Inclination in Göttingen angewendet hat; es bleibt uns noch übrig, hier die Hauptgleichungen, die er bei dieser Gelegenheit entwickelt, zusammenzustellen. Bringt man das Inclinatorium in irgend ein Azimuth v und bestimmt die Neigung L der Nadel durch zwei Beobachtungen in derselben Weise, wie wir (§. 22.) bestimmt haben, so ist L der Winkel, den die durch beide Nadelspitzen gezogene Linie mit dem Horizonte macht. Wir wollen nun annehmen, dass eben diese Linie mit der magnetischen Axe der Nadel, und mit einer von der Axe zum Schwerpuncte gezogenen Linie, die Winkel c und Q mache, in der Weise, dass die Neigung der magnetischen Axe gegen den Horizont $L + c$ und die Neigung der Linie, die den Schwerpunct mit der Axe verbindet, $= L + Q$ sei. Ferner sei m das Product des magnetischen Moments der Nadel in die ganze Intensität (die Schwere als Einheit angenommen), und q das Product des Gewichts der Nadel in die Entfernung des Schwerpuncts von der Axe; endlich bezeichne man die Directionskraft der Nadel mit δ. Zerlegt man die totale Intensität in einen verticalen und horizontalen Theil, so entsteht aus dem erstern das Drehungsmoment positiv im Sinne wachsender L

$$m \sin i \cos (L + c);$$

aus den letztern das Drehungsmoment

$$- m \sin i \cos v \sin (L + c).$$

Die Schwere bewirkt das Drehungsmoment

$$q \cos (L + Q).$$

Das Gleichgewicht der drei Magnete giebt uns die Hauptgleichung:

$$m \sin i \cos (L+c) - m \cos i \cos v \sin (L+c) + q \cos (L + Q) = o \ldots (A.)$$

Bringt man die Nadel aus der Lage des Gleichgewichts um den kleinen Winkel z, so sucht sie mit der Kraft $\delta \sin z$ ihre vorige Lage zu gewinnen: für die Stellung $L + z$ wird also die Gleichung des Gleichgewichts sein:

$$m \sin i \cos (L + z + c) - m \cos i \cos v \sin (L + z + c)$$
$$+ q \cos (L + z + Q) + \delta \sin z = o,$$

oder wenn man den Ausdruck in zwei Theile mit den Factoren $\sin z$ und $\cos z$ zerlegt:

$$m \sin i \sin (L + c) + m \cos i \cos v \cos (L + c) + q \sin (L + Q)$$
$$- \delta = o \ldots (B),$$

indem der Multiplicator von $\cos z$ vermöge der Gleichung $(A) = o$ ist.

Bestimmt man für die Azimuthe $v = o°$, $v = 180°$, $v = 90°$ und $270°$ (bezogen auf bezeichnete Nadelfläche vorne); vor dem Umstreichen drei Werthe von L, nämlich $L = f$, $L = 180° - g$, $L = h$, und nach dem Umstreichen die drei correspondirenden Werthe $L = f'$, $L = 180° - g'$, $L = h'$, und nennt man die Werthe von c und m nach dem Umstreichen c' und m', so erhält man durch Substitution dieser Werthe in der Gleichung (B), unter Berücksichtigung des Umstandes, dass nach dem Umstreichen Q in $180° + Q$ sich verwandelt, folgende 6 Gleichungen:

$$\sin (f + c - i) = \frac{q}{m} \cos (f + Q) \ldots (1)$$

$$\sin (g - c - i) = \frac{q}{m} \cos (g - Q) \ldots (2)$$

$$\sin i \cos (h + c) = -\frac{q}{m} \cos (h + Q) \ldots (3)$$

$$\sin (f' + c' - i) = -\frac{q}{m'} \cos (f' + Q) \ldots (4)$$

$$\sin (g' - c' - i) = -\frac{q}{m'} \cos (g' - Q) \ldots (5)$$

$$\sin i \cos (h' + c') = \frac{q}{m'} \cos (h' + Q) \ldots (6).$$

Anstatt m' kann man $m \frac{T^2}{T'^2}$ setzen, wenn T und T' die Schwingungszeiten vor und nach dem Umstreichen bezeichnen.

Die in §. 28. gegebenen Gleichungen folgen unmittelbar aus (1), (2), (4), (5), wenn man anstatt der Sinusse von $f + c - i$, $g - c - i$, $f' + c' + i$, $g' - c' - i$ die Bogen setzt, dann $\frac{206265'' q \cos Q}{m} = t$, $\frac{206265'' q \sin Q}{m} = u$ und $\frac{T'^2}{T^2} = \lambda$ macht.

Wegen der verschiedenen Bestimmungsweise von i aus den sämmtlichen oben gegebenen Gleichungen, oder aus einem Theile derselben mit Einführung mehr oder minder willkührlicher Hypothesen, müssen wir auf die von Gauss gegebene Darstellung verweisen. (Resultate des magnet. Vereins 1841. S. 11.)

56. Die Erfahrung hat gezeigt, dass verschiedene Nadeln, auf dieselben Lager gelegt, sehr verschiedene Werthe der Inclination geben: die Unterschiede können bis 40 Minuten gehen. (Vergl. V Report, of the British Association S. 142.) Unterschiede bis 15′ habe ich selbst bei einem Inclinatorium von Repsold gefunden. Diese Unterschiede haben ihren Grund ohne Zweifel in der unvollkommenen Figur der Axen und der Lager. Bekanntlich ist es ein mechanisches Problem von grösster Schwierigkeit, runde Zapfen zu drehen; noch schwerer ist es die zwei Zapfen so zu drehen, dass ihre Axen in einer geraden Linie liegen*). Es ist leicht begreiflich, wie Fehler dieser Art einen beträchtlichen Einfluss auf die Inclinations-Bestimmungen haben können.

Bestimmungen der Schwingungsdauer eines Magnets.

57. Bei Bestimmung der Schwingungsdauer eines Magnets hat man in früherer Zeit die Momente der grössten Elongation notirt: das Intervall zwischen zwei beobachteten grössten Elongationen, dividirt durch die Zahl der Schwingungen, wurde als Dauer einer Schwingung betrachtet. Gauss hat anstatt der Momente der grössten Elongation die Durchgänge durch eine Mittelrichtung eingeführt, wobei dieselbe Schätzungs-Methode, die man bei Meridian-Durchgängen der Sterne anwendet, gebraucht wird. Die erstere Beobachtungsweise gewährt die heut zu Tage erforderliche Schärfe nicht mehr.

Lässt man einen Magnet in kleinen Bogen schwingen (etwa 10′ bis 20′), so bedarf es keiner Correction wegen der Schwingungsweite: ist der Schwingungsbogen gross und nennt man die unmittelbar gefundene Schwingungsdauer T', die auf unendlich kleine Bogen reducirte T, die Schwingungsweite (Entfernung der

---

*) Bei allen Reichenbachschen Meridiankreisen machen die zwei Zapfen, um welche sich das Fernrohr dreht, einen merklichen Winkel mit einander, ungeachtet nach den Hülfsmitteln und Vorsichtsmaassregeln, womit sie gedreht wurden, die Entstehung eines solchen Fehlers unbegreiflich scheint.

grössten Elongation von der Mittelrichtung) h, so hat man bekanntlich *):

$$T = \frac{T'}{1 + \frac{1}{16} h^2}.$$

Beobachtet man zwei Reihen von je l Durchgängen mit einem Intervall von n Schwingungen, so zwar, dass bei jeder Reihe der je $m$te Durchgang **) notirt wird, und ist beim ersten Durchgang die Schwingungsweite h_0, beim $n$ten h_1, so muss die unmittelbar abgeleitete Dauer einer Schwingung, um sie auf unendlich kleine Bogen zu reduciren, mit $1 + \frac{1}{16} \frac{h_0^2}{ln} \cdot \frac{1-q^{2lm}}{1-q^{2m}} \cdot \frac{1-q^{2n}}{1-q^2}$ dividirt werden, wobei q aus der Gleichung $\frac{h_1}{h_0} = q^n$ zu bestimmen ist.

Man kann $\frac{h_0^2}{ln} \cdot \frac{1-q^{2lm}}{1-q^{2m}} \cdot \frac{1-q^{2n}}{1-q^2} = h_0^2 \, q^{2r}$ d. h. gleich dem Quadrate des Bogens der $r$ten Schwingung setzen: bestimmt man demnach r aus dieser Gleichung und beobachtet den Schwingungsbogen, welcher bei der $r$ten Schwingung stattfindet, und den wir h nennen wollen, so hat man, wie oben:

$$T = \frac{T'}{1 + \frac{1}{16} h^2},$$

wo die unreducirte Schwingungsdauer mit T' bezeichnet ist.

Wir wollen hier noch den Fall erwähnen, wo ausser dem Erdmagnetismus ein zweiter fixer Magnet auf die schwingende Nadel wirkt. Ich habe diese Aufgabe umständlich entwickelt und das Resultat gefunden, dass die auf unendlich kleine Bogen reducirte Zeit durch die Formel:

$$T = \frac{T'}{1 + \frac{1}{16} a^2 h^2}$$

zu berechnen ist. Eine hinlänglich genaue Bestimmung der Constante a kann theoretisch nicht ermittelt werden, sondern man muss aus Beobachtungen, die bei grössern und kleinern Bogen gemacht sind, den Werth von a ableiten. Ich habe gefunden, dass bei demselben Magnete q als constant angesehen werden

---

*) Vergl. Resultate des magnetischen Vereins 1837. S. 65.

**) Beobachtet man mit Magneten, deren Schwingungsdauer 4″ beträgt, so kann man höchstens nur jeden dritten, bei 2″ jeden fünften Durchgang nehmen.

kann: man braucht desshalb diese Grösse nur ein für allemal zu bestimmen.

Ich füge hier zwei Tabellen bei, wovon die erste die Reduction auf unendlich kleine Bogen, die zweite den Werth von r angiebt.

Tabelle I.

Reduction der Schwingungen auf unendlich kleine Bogen.

ah	$\log(1+\frac{1}{16}a^2h^2)$	Diff. für 1°	ah	$\log(1+\frac{1}{16}a^2h^2)$	Diff. für 1°
1°	0.00001		31°	0.00787	50,5
2	3	3,0	32	839	52,0
3	7	5,0	33	891	53,0
4	13	7,0	34	945	55,0
5	21	8,5	35	1001	57,0
6	30	10,0	36	1059	58,0
7	41	11,5	37	1117	59,5
8	53	13,0	38	1178	61,5
9	67	15,0	39	1240	62,5
10	83	16,5	40	1303	64,0
11	100	18,0	41	1368	66,0
12	119	20,0	42	1435	67,0
13	140	21,5	43	1502	68,5
14	162	23,0	44	1572	70,5
15	186	24,5	45	1643	72,0
16	211	26,0	46	1714	73,0
17	238	28,0	47	1789	75,0
18	267	29,5	48	1864	76,0
19	297	31,0	49	1941	77,5
20	329	33,0	50	2019	79,0
21	363	34,5	51	2099	80,5
22	398	36,5	52	2180	82,0
23	436	38,0	53	2263	83,0
24	474	39,0	54	2346	84,5
25	514	41,5	55	2432	86,0
26	557	43,5	56	2518	87,5
27	599	44,0	57	2607	89,0
28	643	45,5	58	2696	90,0
29	690	47,5	59	2787	91,5
30	0.00738	48,5	60	2879	

Tabelle II.

Bestimmung des Werthes von *r*.

Hier bedeuten h_0 und h_1 die am Anfange und Ende eines Intervalls von 100 Schwingungen beobachteten Bogen. Wenn man den Bogen um *m* Schwingungen zu spät beobachtet hat, so muss $\log(1 + \frac{1}{16} a^2 h^2)$ multiplizirt werden mit $(1 + 2ms)$.

$\frac{h_0}{h_1}$	*s.*	Diff.	Werth von *r* für ein Intervall von 100 Schwingungen: wenn jeder dritte Durchgang beobachtet wird.	Werth von *r* für ein Intervall von 100 Schwingungen: wenn jeder fünfte Durchgang beobachtet wird.
1,1	0.00095		62,3	71,1
1,2	182	84	61,4	70,1
1,3	263	77	60,6	69,3
1,4	337	71	60,0	68,5
1,5	406	67	59,3	67,8
1,6	471	63	58,8	67,2
1,7	532	59	58,2	66,5
1,8	590	56	57,7	65,9
1,9	0.00644		57,2	65,4

Bei Bestimmung der Schwingungsdauer kann man entweder den Magnet mit einem Spiegel versehen und die Beobachtung mit einem Fernrohre vornehmen, oder man kann mit freiem Auge beobachten; im letztern Falle muss natürlich ein grösserer Schwingungs-Bogen genommen werden. Die erstere Methode ist bisher für genauer gehalten worden: indessen habe ich mich durch vielfache Versuche überzeugt, dass die Beobachtung mit freiem Auge eben so genaue Resultate gewährt; dabei hat sie den Vorzug der Einfachheit, der in Messungen dieser Art wesentlich ist. Eine Bedingung ist dabei sorgfältig zu berücksichtigen, dass nämlich der Magnet in einem geräumigen Gehäuse oder Kästchen schwingen und von den Wänden entfernt sein muss: auch die Spitze des Magnets, deren Durchgänge über einem Gradbogen beobachtet wird, soll wenigstens 2 Pariser Linien vom Gradbogen entfernt sein. Ueber den Einfluss, den eine Fläche auf einen darüber in kleiner Entfernung schwingenden Magnet ausübt, hat van Charante in Leyden schätzbare Versuche angestellt, wovon die Resultate in seiner im Jahre 1843 herausgegebenen Inaugural-Dissertation gegeben sind.

Correction der Beobachtungen wegen der in der Nähe befindlichen magnetischen Einflüsse.

58. Magnetische Beobachtungen werden in Observatorien gemacht, wo gewöhnlich mehrere Magnete vorhanden sind, oder in sonstigen Gebäuden, wo ausserdem Eisentheile sich vorfinden, oder auf Schiffen, wo das Eisen des Schiffes Einfluss hat: in allen diesen Fällen müssen an den Beobachtungen die entsprechenden Correctionen angebracht werden.

Betrachten wir zuerst den einfachsten Fall, wo auf einen freien Magnet *ns* (Fig. 22.) ein in derselben horizontalen Ebene befindlicher fixer Magnet *NS* einwirkt. Da die Wirkungen, um die es sich hier handelt, immer sehr klein sein werden, so reicht es hin, blos das erste Glied der nach den negativen Potenzen der Entfernung entwickelten Ausdrücke zu berücksichtigen. Bezeichnet man demnach die Momente von *ns* und *NS* mit *m* und *M*, und die Entfernung mit *e*, so giebt es vier Hauptfälle: nämlich zwei mit *ns* parallele Stellungen *NS* und N_1S_1, wo kein Drehungsmoment stattfindet, aber die Directionskraft von *ns* um die Grössen $+\frac{mM}{e^3}$ und $-\frac{mM}{e^3}$ vermehrt wird, dann zwei auf *ns* normale Stellungen N_2S_2 und N_3S_3, wo die Directionskraft keine Aenderung erleidet, aber ein Drehungsmoment $=\frac{mM}{e^3}$ und $\frac{2mM}{e^3}$ entsteht. Jede gegebene gegenseitige Lage der Magnete kann man auf diese vier Hauptfälle zurückführen, indem man anstatt der Magnete ihre Projectionen substituirt. So kann man z. B. anstatt *NS* (Fig. 23.) ein System zweier Magnete $N'S' = NS\cos\varphi$ mit dem Momente $M\cos\varphi$, und $N''S'' = NS\sin\varphi$ mit dem Momente $M\sin\varphi$, eben so anstatt *ns* ein System $n's'$ und $n''s''$ mit den Momenten $m\cos\psi$ und $m\sin\psi$ substituiren. Berechnet man dem Vorhergehenden zufolge den Einfluss von $N'S'$ und $N''S''$ auf $n's'$ und $n''s''$, so ergiebt sich, wenn wir die Directionskraft von *ns* mit *K* und den Winkel, um welchen *ns* durch *NS* aus seiner Richtung gebracht wird, mit α bezeichnen, eine Vermehrung der Directionskraft

$$\delta K = \frac{Mm}{e^3}(2\cos\varphi\cos\psi - \sin\varphi\sin\psi)$$

und ein Drehungs-Moment

$$K \sin \alpha = \frac{Mm}{e^3} (2 \sin \varphi \cos \psi + \cos \varphi \sin \psi).$$

Indem man den Magnet *NS* abwechselnd entfernt und wieder hinlegt, oder indem man ihn um 180° dreht, kann man α, somit auch $\frac{Mm}{e^3}$ bestimmen.

Als Resultat erhält man zuletzt, dass, wegen des Einflusses, den der Magnet *NS* ausübt, der Stand der Nadel *ns* (die Ablesung der Scala) um α vermindert und der Werth der Scalatheile mit $\frac{K}{K + \delta K}$ multiplizirt werden muss. Dasselbe Verfahren giebt allgemein die Wirkung eines Magnets, der nicht in der Ebene des freien Magnets sich befindet. Alsdann müssen die Magnete auf drei normale Coordinaten-Axen projicirt werden.

Ich begnüge mich damit, die Art und Weise in welcher der Einfluss eines fixen Magnets auf einen frei hängenden berücksichtigt werden kann, angedeutet zu haben, und bemerke, dass ausführliche Vorschriften von Gauss in den Resultaten des magnet. Ver. 1840. S. 26 zu finden sind. In demselben Jahre erschien eine Abhandlung von Lloyd, worin er von der allgemeinen Darstellung der Wirkung eines Magnets in der Ferne auf die Einrichtungen übergeht, die man treffen kann, um vorhandene gegenseitige Einflüsse durch einen fixen Corrections-Magnet aufzuheben. Insbesondere zeigt er, wie die magnetische Waage in einem Observatorium als Corrections-Magnet für den gegenseitigen Einfluss des Declinatoriums und des Bifilars benutzt werden kann.

59. Was das Eisenwerk in Gebäuden betrifft, wo magnetische Instrumente aufgestellt sind, so muss dessen Einfluss eben so, wie der Einfluss permanenter Magnete, in Rechnung gebracht werden; nur ist die Bestimmungsweise verschieden. Während nämlich bei permanenten Magneten der Einfluss (zunächst der Werth von α) durch veränderte Stellung der Magnete bestimmt werden kann, muss man, um den Einfluss der Eisentheile eines Gebäudes an einer bestimmten Stelle kennen zu lernen, zuerst an dieser Stelle, dann im Freien die Werthe der magnetischen Constanten bestimmen: die Unterschiede geben den gesuchten Einfluss. Im strengen Sinne wäre übrigens die Wirkung der Eisentheile eines Gebäudes nicht als constant zu betrachten, weil

der Magnetismus des Eisens mit der Zeit immer stärker wird, und die Stärke überdies von der Temperatur abhängt: berücksichtigt man indessen, welchen Theil des ganzen Effects die eben erwähnten Ursachen ausmachen, so wird man deren Berücksichtigung in allen Fällen als unnöthig anerkennen *).

60. Weit verwickelter, als bei einem Gebäude, ist die Berechnung des in einem Schiffe befindlichen Eisenwerks auf die zur See angestellten magnetischen Beobachtungen, weil das Schiff als drehbar um eine verticale Axe gedacht werden muss und der inducirte Magnetismus eine Function des Azimuths sein wird. Das Problem ist von Barlow practisch, und von Poisson theoretisch im Jahre 1824 in zwei Abhandlungen (Mémoires de l'Académie 1821.) entwickelt worden: im Jahre 1839 wurden neue theoretische und practische Untersuchungen von Airy unternommen, wovon die Resultate in seiner Abhandlung: Account of experiments on iron built ships instituted for discovering the deviation of the compass produced by the iron of the ships, gegeben sind. Wegen der Entwickelung des Problems verweise ich auf die erwähnten Arbeiten, und bemerke, dass Airy die Mittel angegeben hat, den inducirten Magnetismus des Schiffs-Eisens durch eine zusammengerollte Eisenplatte, und den permanenten Magnetismus durch einen fixen Magnet aufzuheben, so zwar, dass die Bewegungen des Compasses dieselben waren, als wenn kein Eisen auf dem Schiffe vorhanden gewesen wäre. Sehr ausführliche Versuche zur Bestimmung der Einflüsse des Eisenwerks auf den Schiffen der magnetischen Südsee-Expedition Erebus und Terror, so wie die Art und Weise die entsprechenden Correctionen zu berechnen, findet man in Sabine, Contributions to terrestrial magnetism. Nro V. Dabei wird als Erfahrungs-Satz

---

*) Es ist viel von der Nothwendigkeit eisenfreier Gebäude für magnetische Beobachtungen gesagt worden: in der That ist aber diese Nothwendigkeit nur vorhanden, wo man absolute Bestimmungen herstellen will. Wenn man hie und da die Besorgniss ausgedrückt findet, es möchte der tägliche Gang bei Variations-Instrumenten durch das Eisenwerk eines Gebäudes entstellt werden, oder wenn man bei wahrgenommenen Differenzen relativer Bestimmungen alle Schuld auf die veränderliche Einwirkung des Eisenwerkes der Gebäude legt, so lässt sich hierin nur der gänzliche Mangel präciser Begriffe erkennen.

angenommen, dass in den gewöhnlichen Schiffen alle magnetische Einwirkung als von Induction herrührend betrachtet werden könne. Bekanntlich hat Airy bei eisernen Schiffen den permanenten Magnetismus überwiegend gefunden.

Bestimmung des Widerstandes, den die Induction im weichen Eisen findet.

61. Als Lloyd im Jahre 1842 im Dubliner Observatorium die Induction eines weichen Eisenstabes zur Messung der Inclinations-Variationen anwenden wollte, nahm er zuerst einige Versuche vor *), um sich zu überzeugen, ob bei jeder vorkommenden Aenderung in der inducirenden Kraft eine correspondirende Aenderung des inducirten magnetischen Moments eintrete. Er gelangte dabei zu dem Schlusse, dass jede Aenderung der Kraft eine proportionale Aenderung des inducirten Moments, und zwar augenblicklich hervorrufe: die Mittel aber, die er hiebei angewendet hat, dürfen kaum als hinreichend fein zur Entscheidung der Frage angesehen werden. Zu Anfange des Jahres 1843 nahm ich die Untersuchung, aber mit feinern Hülfsmitteln vor. Ich brachte senkrecht über dem Inclinations-Instrument (Fig. 11.) einen Magnet *AB* an, der sich um eine horizontale Axe in der Ebene der Nadel drehen liess. Bei verticaler Stellung hatte der Magnet auf die freie Nadel keinen directen Einfluss, vermehrte aber den inducirten Magnetismus der Eisenstäbe, wenn sein Nordpol abwärts gerichtet war, und verminderte ihn in der entgegengesetzten Lage. Wenn man demnach schnell den Magnet um 180° drehte, so trat derselbe Erfolg ein, als wenn eine entsprechende Aenderung des verticalen Erdmagnetismus stattgefunden hätte, und die Beobachtung des Inclinations-Instruments musste also nachweisen, ob in solchem Falle die Aenderung des magnetischen Moments der Eisenstäbe auch augenblicklich hervorgerufen werde. Um zu zeigen, wie sich die Induction wirklich hiebei verhalte, führe ich folgende Versuchsreihe an:

---

*) Lloyd, on a new magnetical Instrument for the measurement of the Inclination and its changes in den Proceedings of the R. Irish Academy 1842.

Verflossene Zeit.	Ablesung	
	Nordpol unten.	Nordpol oben.
	Theilstriche.	Theilstriche.
1′	137,25	4,10
$1\frac{1}{2}$	138,90	3,60
2	139,65	2,10
$2\frac{1}{2}$	140,40	1,63
3	140,55	1,48
$3\frac{1}{2}$	140,70	1,20
4	140,90	1,20

Man sieht, dass die Induction nicht augenblicklich eintritt, sondern zu deren Entwickelung eine gewisse Zeit erfordert wird. Nennt man N die Anzahl Theilstriche der Scala des Inclinations-Instruments, um welche es bei einer plötzlichen Aenderung der inducirenden Kraft sich bewegen sollte, und hat sich das Instrument nach der Zeit t um x Theilstriche bewegt, so sollte, wie ich gezeigt habe*), $N - x = Ne^{-ht}$ sein: die vorhergehende Versuchsreihe, eben so wie die übrigen von mir angestellten Versuche, zeigen indessen, dass die Bewegung des Instruments Anfangs viel schneller, am Ende langsamer ist, als sie nach diesem Ausdrucke sein sollte. Modificirt man hiernach den Ausdruck, ohne die allgemeine Form zu ändern, so kann man den Versuchen Genüge leisten, wenn man $N - x = Ne^{-h\sqrt{t}}$ und für den gegenwärtigen Fall $h = 3.75$ setzt. — Es hat keine Schwierigkeit hienach die Correction zu berechnen, welche wegen des Widerstandes, den das weiche Eisen der Induction entgegenstellt, an die Ablesungen des Inclinations-Instruments angebracht werden müssen: ich unterlasse indessen die von mir am angeführten Orte entwickelten Ausdrücke hier beizufügen, weil mir noch kein Fall vorgekommen ist, wo eine Correction zu berücksichtigen gewesen wäre. Einige Versuche über den von der Erde im Eisen inducirten Magnetismus theilt Weber (Result. des magnetischen Vereins 1841. S. 85.) mit, welche übrigens keineswegs in der Weise eingerichtet sind, dass sie den nur im Allgemeinen

*) Gel. Anzeigen der Baier. Acad. 1843. No. 147.

von ihm ausgesprochenen Zweifel über die Brauchbarkeit des Lloyd'schen Instruments begründen könnten.

Bestimmung des absoluten Werthes der Theilstriche bei dem Variations-Instrumente für Inclination.

62. Der inducirte Magnetismus der Eisenstäbe ab, $a'b'$ Fig. 11. durch die Vertical-Intensität Y hervorgerufen, und als dieser Kraft proportional anzunehmen, lenkt die freie Nadel des Inclinations-Instruments vom Meridian ab, während die Horizontal-Intensität X sie in den Meridian zurückzubringen sucht: nennt man demnach den Ablenkungswinkel φ, so geht aus der Bedingung, dass die eben genannten Kräfte im Gleichgewichte sein sollen, eine Gleichung hervor von der Form: $aY = X \sin\varphi$, oder da $\frac{Y}{X} = \operatorname{tg} i$ ist, $a \operatorname{tg} i = \sin\varphi$, woraus durch Differentiation folgt:

$$\delta i = \tfrac{1}{2} \frac{\sin 2i}{\operatorname{tg}\varphi} \delta\varphi.$$

Diese Gleichung ist indessen aus doppeltem Grunde nicht brauchbar: fürs Erste nämlich haben die Eisenstäbe neben dem inducirten Magnetismus immer auch einigen permanenten Magnetismus, von welchem die Ablenkung zum Theile abhängt: fürs Zweite ist man nicht berechtigt anzunehmen, dass, wenn die inducirende Kraft um einen aliquoten Theil sich ändert, auch die Wirkung des inducirten magnetischen Moments der Eisenstäbe um denselben aliquoten Theil sich ändern werde. Eine vollkommene Proportionalität in letzterer Beziehung würde nicht blos der Erfahrung entgegen sein, dass die Induction im Eisen einen Widerstand erleidet, sondern würde auch eine besondere Vertheilung des Magnetismus in den Eisenstäben voraussetzen, zu deren Annahme kein hinlänglicher Grund vorhanden ist. Lloyd hat bei seinem Instrumente*) den permanenten Magnetismus des Eisenstabes durch Umlegen bestimmt. Der Stab liess sich nämlich um eine in der Horizontal-Ebene der Nadel befindliche und auf den magnetischen Meridian senkrechte Axe drehen: eine Drehung von 180° brachte somit ein entgegengesetztes inducirtes Moment hervor, während die Wirkung des permanenten Magne-

---

*) On a new magnetic instrument for the measurement of the Inclination and its changes (Proceedings of the R. Irish Academy 1842.)

tismus in den beiden Lagen dieselbe blieb. Auf solche Weise konnte die Trennung des inducirten und permanenten Magnetismus erlangt werden. Den zweiten eben berührten Umstand hat Lloyd unberücksichtigt gelassen.

63. Bei dem Inclinations-Instrumente des Münchner Observatoriums habe ich zur Bestimmung des Werthes der Theilstriche eine Methode in Anwendung gebracht, welche nicht blos den Einfluss des permanenten Magnetismus berücksichtigt, sondern auch unabhängig ist von jeder Voraussetzung, bezüglich auf das Verhältniss, nach welchem die Induction wirkt. Ich brachte nämlich vertical über dem Inclinations-Instrumente einen kleinen Magnetstab AB (Fig. 11.) an, der sich um eine mit der freien Nadel parallele Axe drehen liess. Um die Bedingungen des Gleichgewichts für den Fall, dass ausser dem Erdmagnetismus auch der Magnetstab auf die freie Nadel wirke, zu entwickeln, nenne ich den Ablenkungs-Winkel der Nadel φ (westlich positiv), ferner seien dm, dm', $d\mu$, $d\mu'$ Elemente der magnetischen Kraft des Magnetstabes, der freien Nadel, des östlichen und westlichen Eisenstabes, entsprechend den respectiven Entfernungen von der Mitte x, x', ξ, ξ', endlich seien die beiden Eisenstäbe gleich weit, nämlich um die Grösse k von der Nadel entfernt, und die Mitte des östlichen Eisenstabes befinde sich um die Grösse h über der Horizontal-Ebene der Nadel, die Mitte des westlichen Stabes eben so viel darunter. Betrachten wir nun die verschiedenen Kräfte, die auf die freie Nadel einwirken. Fürs Erste übt der horizontale Erdmagnetismus das Drehungsmoment $M'X$ aus, wo M' das magnetische Moment der Nadel bezeichnet. Was die Eisenstäbe betrifft, so kann man das durch sie hervorgebrachte Drehungs-Moment durch $M'P + M'p\delta Y$ darstellen, wo P sich auf die durch die mittlere Vertical-Intensität Y inducirte Kraft und auf den permanenten Magnetismus der Eisenstäbe bezieht, $p\delta Y$ aber die Zunahme, welche der Intensitäts-Zunahme δY entspricht, bedeuten. Der Magnetstab AB wird, wenn sein Nordpol den Winkel ψ (über Westen gezählt) mit der Verticalen macht, das Drehungsmoment $\iint \frac{xx' \sin \psi\, dm\, dm'}{\varrho^3}$ ausüben, wo ϱ die gegenseitige Entfernung der Elemente dm, dm' bedeutet. Ausser diesem directen Einflusse hat der Magnet AB auch indirecten Einfluss auf die Stellung der freien Nadel, indem er analog mit δY in

den Einsenstäben Magnetismus inducirt. Um die Grösse dieses indirecten Einflusses zu berechnen hat man in dem oben gefundenen Ausdrucke die Summe der Anziehung aller Elemente des Magnets in allen Puncten der Eisenstäbe zu substituiren. Nun ist die Anziehung des Elements dm in den Puncten $d\mu$ und $d\mu'$ der Eisenstäbe $= \frac{e-h+\xi+x\cos\psi}{f^3}\,dm$ und $\frac{e+h+\xi'+x\cos\psi}{f'^3}\,dm$ wo e die Entfernung des Magnets von der freien Nadel, f und f' die Entfernungen der Puncte $d\mu$, $d\mu'$ von dm bedeuten. Die Gesammtwirkung zu finden muss man anstatt ϱ, f, f' die Werthe

$$\varrho^2 = e^2 + x'^2 + x^2 \sin^2\psi,$$
$$f^2 = (e-h+\xi+x\cos\psi)^2 + (k+x\sin\psi)^2,$$
$$f'^2 = (e+h+\xi'+x\cos\psi)^2 + (k-x\sin\psi)^2$$

setzen und nach den negativen Potenzen von e bis zur fünften ausschliesslich entwickeln: die Integration hat alsdann keine Schwierigkeit und es ergiebt sich das direct und indirect (durch Induction) von dem Magnet AB auf die freie Nadel ausgeübte Drehungs-Moment

$$= \frac{MM'}{e^3}\sin\psi + 2\frac{MM'}{e^3}\,p\cos\psi\left(1+6\frac{h^2}{e^2}\right).$$

Dieses Moment trachtet den Ablenkungswinkel zu vermindern, eben so wie $M'X\sin\varphi$, während $M'P + M'p\delta Y$ in entgegengesetztem Sinne wirkt. Die Summe aller auf die Nadel wirkenden Kräfte muss $= o$ sein, woraus, wenn man $X = X_0 + \delta X$, $\varphi = \varphi_0 + \delta\varphi$ setzt und die Mittelwerthe φ_0, X_0, Y so wählt, dass $P - X\sin\varphi = o$ wird, folgt:

$$p\delta Y - \frac{M\sin\psi}{e^3} - \frac{2Mp\cos\psi}{e^3}\left(1+6\frac{h^2}{e^2}\right) - X_0\delta\varphi\cos\varphi_0$$
$$-\delta X\sin\varphi_0 = o \ldots (A).$$

Man setze nun $\psi = o°$, $\psi = 180°$, $\psi = 90°$, $\psi = 270°$, und es seien $\delta\varphi_1$, $\delta\varphi_2$, $\delta\varphi_3$, $\delta\varphi_4$ die entsprechenden Werthe von $\delta\varphi$, so erhält man vier Gleichungen: die Differenz der zwei ersten, dann der zwei letzten giebt

$$4\frac{Mp}{e^3}\left(1+6\frac{h^2}{e^2}\right) + X_0\cos\varphi_0\,(\delta\varphi_2 - \delta\varphi_1) = o$$

$$2\frac{M}{e^3} + X_0\cos\varphi_0\,(\delta\varphi_4 - \delta\varphi_3) = o.$$

Durch Elimination von M erhält man hieraus p: ferner giebt die Hauptgleichung (A) für den Fall, dass der Magnet AB entfernt wird

$$p\delta Y = X_0^? \cos\varphi_0\, \delta\varphi + \delta X \sin\varphi_0.$$

Substituirt man hier den Werth von p und setzt $\delta Y = \delta(X \operatorname{tg} i)$ $= \operatorname{tg} i\, \delta X + \frac{X}{\cos^2 i}\delta i$, so ergeben sich die Formeln, welche wir bereits in §. 15 angeführt haben.

Bestimmung der absoluten Inclination mittelst eines weichen Eisenstabes.

64. Das Instrument, womit Lloyd seine in §. 62 erwähnten Versuche über die Induction im weichen Eisen angestellt hat, bestand aus einer Nadel von 3 Zoll Länge und einem runden Eisenstabe von 12 Zoll Länge und $\frac{3}{4}$ Zoll Durchmesser, wovon das eine Ende in der horizontalen Ebene der Nadel eine Drehungs-Axe hatte. Die Axe war senkrecht auf dem magnetischen Meridian, und ihre Verlängerung ging durch die Mitte der freien Nadel, so dass also der Stab in der Ebene des magnetischen Meridians gedreht werden konnte. Da die inducirende Kraft, und nach Lloyd's Versuchen auch die Induction dem Cosinus des Winkels, den der Stab mit der Richtung der totalen Intensität macht, proportional ist, so darf man nur die Induction mittelst der hervorgebrachten Ablenkung der Nadel in zwei Stellungen des Stabes messen, um die Richtung der totalen Intensität, d. h. die Inclination zu bestimmen. Lloyd wählte zu diesem Zwecke die verticale und horizontale Stellung des Cylinders, wobei jedoch das Verhältniss zwischen dem magnetischen Moment und der Ablenkung etwas zu complicirt erscheint. Bei Experimenten, die ich in dieser Beziehung vorgenommen habe, suchte ich die Lage, wo der inducirte Magnetismus verschwindet, wo also der Cylinder auf die Richtung der Totalkraft senkrecht stehen wird*). Diese Methode bietet eben so wenig theoretisch, als practisch eine Schwierigkeit dar, besonders wenn man die freie Nadel schief stellt, so dass sie ungefähr in der Richtung der Totalkraft sich befindet und der Cylinder senkrecht darauf steht: allein der Erfolg wird dadurch unsicher, dass das Eisen zur magnetischen

*) Als ich im Jahre 1844 in Utrecht war, zeigte mir Prof. van Rees im physikalischen Cabinet daselbst eine magnetische Vorrichtung von Brugmann, welcher genau dieselbe Idee zu Grunde lag, und wovon die Beschreibung in „Brugmanni materia magnetica" zu finden ist.

Kraft sich verhält, wie ein unvollkommener elastischer Körper zu einem darauf ausgeübten Drucke, wo Druck und Einwirkung nur für kleine Aenderungen, nicht für grössere proportional sind, und nach Aufhebung des Druckes ein Theil der Einwirkung übrig bleibt, der nur nach und nach oder gar nicht mehr verschwindet. Ich habe jedoch Grund zu glauben, dass die angedeuteten Hindernisse noch beseitigt werden können.

III. Abschnitt.

Magnetische Observatorien und Beobachtungen.

65. Die magnetischen Beobachtungen, welche während der Dauer des im gegenwärtigen Berichte betrachteten Zeitraums hergestellt worden sind, zerfallen in drei Klassen: Termin-Beobachtungen, tägliche Beobachtungen, absolute Messungen.

Da die magnetischen Termine durch Gauss veranlasst und von ihm und Weber in den „Resultaten aus den Beobachtungen des magnetischen Vereins" bekannt gemacht worden sind, so schien es mir zweckmässig eine Uebersicht der Orte, wo diese Beobachtungen angestellt wurden, den Resultaten des Göttinger Observatoriums beizufügen und eine weitere Erwähnung bei den einzelnen Stationen nicht mehr vorzubringen. Uebrigens sind bisher die Terminbeobachtungen der von Gauss angedeuteten Bearbeitung (vergl. §. 86.) nicht unterzogen, auch sonst keine erheblichen Resultate bekannt gemacht worden, desshalb ist es nöthig die weitere Bericht-Erstattung über deren Erfolg einer künftigen Gelegenheit vorzubehalten.

Die täglichen Beobachtungen liefern zunächst zweierlei Data, worauf jede künftige Theorie gebaut werden muss; die regelmässigen Aenderungen, die mit der Zeit vor sich gehen, und die ausserordentlichen Zustände, die von Zeit zu Zeit eintreten. Die erstern sind durch die monatlichen Mittelwerthe gegeben, die letztern durch die Störungstage. Von den monatlichen Mitteln der bisher bekannt gewordenen Beobachtungen habe ich das Wichtigste in den am Ende beigefügten Tabellen zusammengetragen: die Ergebnisse der Störungen musste ich vorläufig unberücksichtigt lassen, weil die ausführliche Darstellung der Beobachtungen zu vielen Raum eingenommen haben würde, und die Theorie noch nicht festgesetzt hat, welche Bestimmungen als die wesentlichen hervorzuheben seien.

Absolute Messungen dienen zweierlei theoretischen Untersuchungen zur Grundlage, nämlich der Untersuchung über die Verbreitung der magnetischen Kraft auf der Erdoberfläche, und der Untersuchung über die Aenderungen, welche im Verlaufe längerer Perioden darin vorgehen. Mit Rücksicht auf diese Zwecke habe ich die sämmtlichen absoluten Messungen, die zu meiner Kenntniss gekommen sind, in den Tabellen IV—XXVI zusammengestellt.

Nach dieser allgemeinen Uebersicht lasse ich hier eine Aufzählung der vorzüglichsten magnetischen Observatorien und magnetischen Expeditionen folgen.

Göttingen.

66. Im Jahre 1833 liess Gauss in der Nähe der Göttinger Sternwarte ein magnetisches Observatorium von eigenthümlicher Einrichtung und mit eigenthümlichen Messungsmitteln versehen herstellen. Hiemit eröffnet sich eine neue Epoche in der Geschichte des Erdmagnetismus, characterisirt der frühern Zeit gegenüber durch grosse Schärfe und Feinheit der Instrumente, durch systematische Einrichtung der Beobachtungen und durch ein allgemeines Zusammenwirken der Beobachter in allen Theilen der Welt. Das Göttinger Observatorium bildet einen Saal von ungefähr 11 Meter Länge und 5 Meter Breite, und enthält ein Magnetometer mit 4pfündigem Stabe zu absoluter Declinations- und Intensitäts-Messung sowohl, als zu Variations-Beobachtungen der Declination anwendbar. Im Jahre 1834 machte Gauss den Anfang zu einer Reihe von täglichen Declinations-Beobachtungen, wovon die Resultate bis März 1842*) bekannt gemacht worden sind: die monatlichen Mittel findet man in Tab. V und VI. Die Jahres-Mittel geben:

1835	18° 39′, 33	1839	18° 21′, 57
1836	35, 05	1840	16, 04
1837	30, 82	1841	9, 62.
1838	26, 70		

*) Resultate 1836 und 184..

Die absolute Horizontal-Intensität wurde in Göttingen zum erstenmale von Gauss im Jahre 1834, später zu wiederholten Malen von Goldschmidt bestimmt; die Resultate sind:

1834	Jul. 19.	1.77480	1840	Sept. 20.	1.78173
1839	Sept. 10.	1.78200	1841	Aug. 1.	1.78477.

Die absolute Inclination hat Gauss mit einem Robinsonschen Inclinatorium bestimmt, und für Oct. 2. 1841 67° 42′ 39″ gefunden.

Nach mehreren vorläufigen Versuchen fingen im Jahre 1836 die Termin-Beobachtungen auf grosser Ausdehnung und mit gleichen Instrumenten an, bezogen sich aber im ersten Jahre nur auf Declination. Im Jahre 1837 wurde in der Göttinger Sternwarte ein Bifilar aufgestellt, und im folgenden Jahre an mehreren andern Stationen. Bis zum Jahre 1841 sind folgende Termine bekannt gemacht worden:

Alten	3	Dublin	6	Kuopio	1
Altona	1	Genf	3	Leipzig	27
Augsburg	2	Göttingen	28	Mailand	25
Bellsund	1	Greenwich	5	Marburg	25
Berlin	27	Haag	2	München	18
Breda	25	Hammerfest	1	Petersburg	9
Breslau	27	Hannover	4	Prag	9
Brüssel	8	Havösund	1	Seeberg	4
Christiania	3	Heidelberg	15	Stockholm	6
Copenhagen	24	Freiburg	5	Upsala	28.
Cracau	8	Kremsmünster	10		

Auch in dem Beobachtungs-Plane der Brittischen und Russischen Observatorien sind die Termine aufgenommen worden, und zwar so, dass jeden Monat ein Termintag gehalten werden sollte, während Gauss nur vier Tage des Jahres vorgeschrieben hatte. Ausser den brittischen und russischen Observatorien nahm man aber auch in folgenden Orten an diesen monatlichen Terminen Theil: Algier, Boston, Breslau, Brüssel, Christiania, Kremsmünster *), Mailand, München, Prag, Philadelphia.

In den „Resultaten" für 1840 sind einige Ergebnisse aus den Göttinger Termin-Beobachtungen bezüglich auf den täglichen Gang

*) Die monatlichen Termine von München, Kremsmünster, Prag, Mailand, finden sich in den Annalen f. Meteorol. u. Erdmagnetismus.

der Declination und ihre jährliche Aenderung entwickelt; es lässt sich jedoch nicht in Abrede stellen, dass die Beobachtungen von vier Tagen des Jahres nur über wenige der hieher gehörigen Fragen mit Sicherheit entscheiden können.

Mailand *).

67. Im Jahre 1836 wurden magnetische Instrumente von Kreil in der Mailänder Sternwarte aufgestellt, und von ihm, in Verbindung mit Della Vedova und andern Adjuncten der Sternwarte, drei Jahre hindurch die Declination und Inclination sechsmal, die Intensität aber zwölfmal des Tages beobachtet. Zu der Declination wurde ein Gauss'sches Magnetometer mit 4pfündigem Stabe verwendet, die Intensitäts-Variationen wurden durch die Oscillationszeit dieses selben Magnetometers bestimmt: zur Messung der Inclinations-Aenderungen stellte Kreil einen Magnet von $\frac{3}{4}$ Meter Länge auf Spitzen auf, so dass er sich in der Richtung der Totalkraft frei bewegen konnte. Vom 1. Januar bis 1. Juli 1836 befanden sich die Instrumente in einem Locale, wo die Anziehung des in der Nähe befindlichen Eisenwerks stark genug war, um das Magnetometer mehr als 4° aus dem magnetischen Meridian abzulenken und die Oscillations-Dauer in dem Verhältnisse von 1 : 0.98507 zu vermindern. Im später gewählten Locale scheint ein Einfluss des Eisenwerks, wodurch die Variationen merklich hätten geändert werden sollen, nicht stattgefunden zu haben. Den in Tab. I und II enthaltenen Resultaten der Mailänder Beobachtungen habe ich eine andere Form gegeben, als die, welche Kreil ursprünglich gewählt hat; ich beabsichtigte, dadurch deren Vergleichung mit den analogen Resultaten anderer Orte zu erleichtern. Bei den Intensitäts-Variationen habe ich die Temperatur-Correction nicht angebracht, sondern die Temperatur-Aenderungen beigefügt. Nach Kreil's Experimenten (Primo Supplem. alle Effemeridi Astronom. di Milano p. 168.) würde man $\alpha + 2\beta' = 0.000289$ (§. 17.) haben. Diese Grösse ist nun entschieden zu klein, dessenungeachtet werden die Correctionen zu gross, ohne Zweifel, weil die angegebene Temperatur nicht die des Ma-

*) Das Detail bezüglich auf das Mailänder Observatorium ist in Supplemento I und Supplemento II alle Effemeridi astron. di Milano zu finden.

gnetstabes war (§. 38). Man wird der Wahrheit vielleicht am nächsten kommen, wenn man voraussetzt, dass die Temperatur des Magnetstabes constant geblieben ist: alsdann stimmt der Gang der Intensität mit den neuern Beobachtungen ziemlich genau überein: wichtig sind aber die Mailänder Bestimmungen in so fern, als man daraus ersieht, dass in den Jahren 1837—1838 die Bewegung der Intensität, wie jene der Declination, viel grösser war, als sie jetzt ist.

Was die Inclinations-Variationen betrifft, so zeigen sie nur den Gang, nicht die absolute Grösse an, weil der Schwerpunct der Nadel nicht genau in die Bewegungs-Axe fiel.

Die absolute Intensität fand Kreil nach der Gauss'schen Methode:

1836	11—25. Oct.	2.01839	(9 Beobacht.)
1837	Mai, Juni, August	2.02598	(10 Beobacht.)
1838	April, Oct.	2.04231	(6 Beobacht.).

Ein Inclinatorium von Lenoir gab:

1836	Oct. 23—26. Mittags	63° . 44',6	(4 Beobacht.)
1837	Aug. 25—27 -	63° . 50',7	(3 Beobacht.)
1837	Dec. 5. -	63° . 55',1	(1 Beobacht.)
1838	Oct. 8—10. .	63° . 44',7	(4 Beobacht.).

Im Ganzen wird man die Mailänder Resultate als einen werthvollen Beitrag zur Kenntniss der täglichen Variationen der magnetischen Kraft anerkennen: zur Bestimmung der absoluten Werthe und ihrer jährlichen und secularen Aenderungen waren die sämmtlichen Verhältnisse minder günstig.

Prag*).

68. Was Kreil in Mailand begonnen hatte, setzte er in Prag in gleichem Sinne, aber in grösserer Ausdehnung fort. Ein Magnetometer und Bifilar nach Gauss und eine Inclinations-Nadel von der Grösse und Einrichtung, wie er in Mailand gehabt hatte, wurden in einem Saale aufgestellt, und Anfangs 13 Mal, später 10 Mal täglich aufgezeichnet. In der Tabelle I sind die Resultate der Declinations-Beobachtungen beigefügt; die wegen der Temperatur corrigirten Resultate der Intensitäts-Beobachtun-

*) Das Nähere in „Magnetische und meteorologische Beobachtungen in Prag," wovon bereits vier starke Quartbände erschienen sind.

gen hat Kreil noch nicht bekannt gemacht. Die absolute Intensität wurde an vier Tagen, vom 29. Juli bis 2. August 1843 mit einem magnetischen Theodoliten gemessen, und gab:

Mittlere Intensität für 1. Aug. 1843 *) . . 1.8831.

Die Inclinations-Messungen vom 14—18. Aug. 1843 geben:

Mittlere Inclination für 15. Aug. . . 66° . 9',4.

Der mit Kreil's Nadel No. II erhaltenen Bestimmung habe ich hier eine Correction von —7',7 beigefügt, um sie mit Robinson's Inclinatorium übereinstimmend zu machen**). Im Jahre 1843 hat Kreil eine magnetische Reise in Böhmen ausgeführt, wovon die Resultate in Tab. XVI gegeben sind.

Brüssel***).

69. Seit 1827 wurden an der Sternwarte in Brüssel magnetische Bestimmungen vorgenommen; eine regelmässige Reihe täglicher Beobachtungen fing aber erst im Jahre 1840 an. Die Variations-Instrumente, ein Magnetometer nach Gauss und ein Bifilar und eine magnetische Waage nach Lloyd wurden in einem Saale der Sternwarte aufgestellt: für absolute Messungen ist im Garten der Sternwarte ein eigenes magnetisches Häuschen (von Backsteinen und mit Zink gedeckt) gebaut worden. Seit der Mitte des Jahres 1841 hat Quetelet das vollständige System der Brittischen Observatorien ausgeführt. Die Resultate der Declinations-Beobachtungen, von 1840 anfangend, finden sich in Tabelle I und II. Die zweistündigen Beobachtungen der Horizontal- und Vertical-Intensität sind noch nicht reduzirt erschienen. Die absolute Horizontal-Intensität wurde von mir mit einem magnetischen Reise-Theodoliten = 1.7662 (für 1. Jan. 1845.) bestimmt. Das Verhältniss der Horizontal-Intensität in Brüssel und Paris ist theils von Quetelet, theils von andern Beobachtern sehr genau bestimmt worden: als End-Resultat ergiebt sich (Annuaire de l'Observatoire de Bruxelles 1845. S. 289.) 0.963 für Brüssel, wenn Paris = 1 gesetzt wird.

*) Die gleichzeitigen Beobachtungen in München geben: 1.9359 für die Intensität an letzterm Orte.

**) Magnetische und meteorologische Beobachtungen in Prag. IV. Bd. S. 5.

***) Näheres in den Mémoires de l'Académie de Bruxelles, und in den Annales de l'Observatoire de Bruxelles.

Die im Rep. II. S. 215 gegebene Reihe von Declinations- und Inclinations-Messungen hat Quetelet seither fortgesetzt, und findet:

Zeit der Beobachtungen.	Declination.		Inclination.	
1837 am Ende März	22°	4',1	68°	28',8
1838 - - -	22	3,7	68	26,1
1839 - - -	21	53,6	68	22,4
1840 im März	21	46,1	68	21,4
1841 - -	21	38,2	68	16,2
1842 - -	21	35,5	68	15,4
1843 - -	21	26,2	68	10,9
1844 - -	21	13,2	68	9,2
1845 . .	.	.	.	.

Die von Quetelet in den Jahren 1830 und 1839 ausgeführten Bestimmungen der horizontalen Intensität und Inclination finden sich in Tab. XIV und XV zusammengestellt.

Kremsmünster.

70. An der Sternwarte in Kremsmünster hat Koller magnetische Instrumente, nämlich ein Magnetometer und ein Bifilar, beide mit 25pfündigen Stäben aufgestellt, um die Termin-Beobachtungen auszuführen. Ausserdem hat er im Garten der Sternwarte die absolute Declination und absolute Intensität nach der Methode von Gauss bestimmt, und gefunden:

absolute Declination.

1841.	Juni	8h Morg.	15° . 38',5 . . .	2h Ab.	15° . 51',7
	Juli	- -	39,3	- -	51,5
	Aug.	- -	38,9	- -	51,0
	Sept.	- -	36,3	- -	47,1
	Oct.	- -	29,5	- -	38,1
	Nov.	- -	24,7	- -	29,8
	Dec.	- -	25,1	- -	26,0
1842.	Jan.	- -	24,7	- -	25,6
	Febr.	- -	23,3	- -	29,7
	März	- -	20,7	- -	29,8
	April	- -	26,8	- -	37,3
	Mai	- -	31,9	- -	42,1.

absolute Horizontal-Intensität.

1841. Juli 29. . . .	1,9423.	1842. Oct. 24. . . .	1,9418.
1842. Juli 1. . . .	1,9345.	Nov. 14. . . .	1,9488.
Oct. 15. . . .	1,9414.	Dec. 2. . . .	1,9582.

Die Declinationen sind das Mittel aus zwei gewöhnlich am Anfange und Ende des Monats gemachten Beobachtungen, und geben natürlich die monatlichen Aenderungen nicht mit Sicherheit an, dagegen wird das Mittel:

15° 34',15

für den 1. Dec. 1841 geltend, als sehr sicher angesehen werden dürfen*). Die Intensitäts-Bestimmungen sind um die Mittagszeit gemacht: die Messungen von 1842 geben im Mittel 1,9449 für 1842,72. Die Inclination hat Koller mit einem Brander'schen Inclinatorium gemessen und 64° 12',8 für 1842? gefunden.

Greenwich **).

71. Im Jahre 1837 liess Airy südöstlich von der Greenwicher Sternwarte ein magnetisches Observatorium errichten. Während der ersten Jahre wurden nur die Termine beobachtet, von 1841 anfangend sind aber ununterbrochene zweistündige Beobachtungen aufgezeichnet worden. Das Observatorium ist ein geräumiges hölzernes Gebäude: als Declinations-Magnet dient ein 4pfündiger Stab mit Collimator (S. §. 6.) an einem Seidenfaden aufgehängt, dessen Torsion sehr stark ($=\frac{1}{181}$) ist. Die Beobachtung geschieht mit einem Theodoliten, und die Richtung des astronomischen Meridians wird unmittelbar mittelst Durchgänge der Polarsterne bestimmt. Ein Bifilar ist zur Bestimmung der Horizontal-Intensitäts-Variationen, und eine magnetische Waage nach Lloyd zur Bestimmung der Aenderungen der Vertical-Intensität aufgestellt. Zur Messung der absoluten Horizontal-Intensität hat Airy ein kleines Pavillon herstellen lassen, worin die im Münchner Observatorium eingeführte Methode angewendet wird. Die Inclination wird ebenfalls in einem eigenen Pavillon mit einem Instrumente von Robinson bestimmt. Aus den zweistündlichen

*) Um die wahre mittlere Declination zu erhalten, müsste man noch eine Correction wegen der Beobachtungsstunden beifügen.

**) Näheres in Magnetical and Meteorological Observations in Greenwich, wovon zwei Bände (1841 und 1842) erschienen sind.

Beobachtungen des Jahres 1842 leitet Airy die mittlere Declination = 23° . 14′,5 ab.

Dublin.

72. Das Observatorium in Dublin ist von Lloyd im Jahre 1838 vollständig mit Instrumenten eingerichtet worden; eine Beschreibung des Observatoriums und der Instrumente erschien im Jahre 1842 *). Von den Resultaten ist bisher nichts bekannt gemacht worden. Dublin kann als Central-Observatorium des Brittischen Reiches betrachtet werden: die Wirksamkeit der Anstalt hat sich nicht blos auf die Beobachtung, sondern auch auf Methoden und Instrumente erstreckt.

Brittische Colonial-Observatorien und Südsee-Expedition in den Jahren 1840—1842.

73. In Folge der von A. v. Humboldt im Jahre 1836 an die königl. Societät in London ergangenen Aufforderung wendeten mehrere Brittische Gelehrte, unter denen wir vorzugsweise Sabine und Lloyd zu erwähnen haben, ihren Einfluss und ihre Bemühungen daran, ein System magnetischer Beobachtungen nach dem grossartigsten Maassstabe in den verschiedenen Welttheilen, wo sich Brittische Besitzungen finden, zur Ausführung zu bringen. Kupffer hatte seinerseits, in Bezug auf das Russische Reich, welches durch seine grosse Ausdehnung, wie durch die Munificenz, womit wissenschaftliche Unternehmungen daselbst gefördert werden, die Hauptbedingungen eines günstigen Erfolgs vereinigte, einen gleichen Plan entworfen. Nach mehreren vorbereitenden Schritten, insbesondere von Seiten der Brittischen Association und der königl. Societät in London fasste endlich im Jahre 1839 das englische und in Folge dessen auch das russische Gouvernement den Entschluss, in verschiedenen entfernten Theilen der Welt eine Anzahl Observatorien zu errichten, wo nach gleichem Plane **) eine ununterbrochene Reihe stündlicher Beobachtungen Tag und Nacht aufgezeichnet werden sollte.

*) Account of the magnetical Observatory of Dublin. Dublin 1842.

**) Die Bestimmungen bezüglich auf diese Beobachtungen findet man in folgenden Schriften: Report of the Committee of Physics including Meteorology 1840; Revised instructions for the use of magnetic and meteorological Observatories (beide auf Kosten der königl. Societät

In Folge dieses Entschlusses sind im Laufe des Jahres 1840 in Toronto, am Cap d. g. H., in St. Helena und Vandiemens-Insel Observatorien erbaut worden. Jedes Observatorium erhielt einen Artillerie-Officier als Director und mehrere Unterofficiere als Gehülfen: die General-Direction wurde dem Oberst Sabine in Woolwich übertragen. Dem Beispiele des Gouvernements folgte bald auch die Ostindische Compagnie, und liess unter ähnlichen Bestimmungen magnetische Anstalten in Simla, Madras, Singapore und Bombay errichten.

Von den hier aufgezählten Observatorien sind bisher nur sehr wenig Resultate bekannt gemacht worden; nämlich die Störungs-Beobachtungen vom 21. Sept. 1844 in Toronto, Trevandrum, St. Helena, Cap d. g. H., Vandiemens-Insel, die vollständigen, während der Jahre 1840 und 1841 beobachteten Störungen in Toronto, St. Helena, Cap d. g. H. und Vandiemens-Insel, endlich die regelmässigen Beobachtungen in Toronto von 1840 bis 1842.

Aus der Einleitung, welche den letztern Beobachtungen vorangeht, entnehme ich folgende, wie mir scheint characteristische Thatsachen. Die Instrumente, denen des Dubliner Observatoriums gleich, wurden am 5. Febr. 1840 vorläufig, bis zur Erbauung des Observatoriums, in einer damals nicht bewohnten Caserne aufgestellt, erst am 12. Sept. desselben Jahres konnte ihnen im Observatorium selbst eine definitive Aufstellung gegeben werden. Die Regulirung und Beobachtung der Instrumente geschah genau nach den von der Royal Society bekannt gemachten Vorschriften. Der erste Anstand, der dabei zum Vorschein kam, betraf die Torsion des Fadens, an welchem der Declinations-Magnet hing; folgender Auszug aus dem Journal des Observatoriums giebt einen Begriff davon:

1840. Nov. 7. Der Torsionsstab war die vorige Nacht hindurch eingehängt, und zeigt ungefähr 15° östl.; corrigirt.

Nov. 8. Der Torsionsstab war die vorige Nacht hindurch eingehängt, und zeigt jetzt 45° westl.; corrigirt.

---

in London gedruckt, und was den magnetischen Theil betrifft, von Lloyd verfasst); ferner magnetical instructions for the use of portable instruments, by Ridell, London 1844 (bekannt gemacht auf Kosten der Admiralität).

1840. Nov. 15. Der Torsionsstab, die vorige Nacht hindurch eingehängt, zeigt 20° östl.; corrigirt.

Nov. 29. Der Torsionsstab, ungefähr 14 Stunden eingehängt, zeigt 20° östl.; corrigirt.

So wurde bis zum 30. Sept. 1841 fortgefahren, ohne dass je zwei auf einander folgende Experimente dieselbe Torsion zeigten: endlich entschloss man sich die Torsions-Untersuchungen gänzlich aufzugeben und das Magnetometer ungestört zu lassen.

Der zweite Anstand, der sich darbot, betraf die Messung der absoluten Intensität, wobei die einzelnen Resultate so wenig Uebereinstimmung zeigten, dass deren weitere Fortsetzung gegen Ende des Jahres 1841 aufgegeben wurde.

Ein dritter Anstand ging daraus hervor, dass die Instruction der Royal Society vorschrieb, den Magnet des Bifilars von Zeit zu Zeit herauszunehmen, um durch Schwingungen dessen Moment zu bestimmen, während bald die Erfahrung zeigte, dass diess nicht geschehen konnte, ohne dass das Moment sich änderte und die Reihe unterbrochen wurde. Auch die Befolgung dieser Vorschrift wurde vom Monat August 1841 anfangend unterlassen.

Diese Erfahrungen und die in Europa nach und nach entstandenen Verbesserungen der magnetischen Instrumente führten eine gänzliche Umgestaltung des Observatoriums in Toronto herbei. Die Anstalt besitzt gegenwärtig ausser den ursprünglichen Instrumenten für Declination, Horizontal- und Vertical-Intensität*) ein Declinatorium, ein Bifilar und Inductions-Inclinatorium für Variations-Beobachtungen, sämmtlich mit dreizölligen Nadeln, dann zur Bestimmung der absoluten Werthe der Declination und Intensität, Instrumente nach neuer Construction**), ebenfalls mit dreizölligen Magneten, wobei eine in jeder Beziehung befriedigende Uebereinstimmung die Zuverlässigkeit der Resultate verbürgt. Die Elemente für Toronto sind: Declination + 1°. 14',24 für 1841,5, und 1°. 18',93 für 1842,5: Inclination 75°. 17',0 für 1841,6 und 75°. 16',4 für 1842,5: absolute Intensität 3,540

*) Schon im Jahre 1842 gab man den Magneten in den Brittischen Observatorien, um den Einfluss der Luftcirculation im Innern des Magnetkastens zu beseitigen, ein zweites inneres Gehäuse, wobei nur der für die Bewegung der Stäbe nöthige freie Raum gelassen wurde.

**) Riddell, magnetical Instructions, London 1844.

(nach englischen Einheiten) für 1841,7 nach 13 Messungen zwischen Oct. 1840 und Dec. 1842. Die geographische Position von Toronto ist nördl. Breite 44° 33′; Länge 79° 20′ westlich von Greenwich.

Zugleich mit der Herstellung der Colonial-Observatorien veranstaltete das Brittische Gouvernement eine andere für die Theorie des Erdmagnetismus eben so wichtige Unternehmung: es wurde nämlich eine See-Expedition, bestehend aus den Schiffen Erebus und Terror unter dem Befehle des Capt. Ross, während der drei Jahre 1840—1842 in die Südsee abgesendet, um magnetische Bestimmungen vorzunehmen. Für die Messungen zur See waren die Schiffe mit Azimuthal-Compassen und Inclinatorien nach der Einrichtung von Fox (auch zur Bestimmung der Total-Intensität anwendbar) versehen; ausserdem hatten sie dieselben Instrumente, wie die fixen Observatorien, um auf dem Eise, oder auf dem festen Lande, wenn Gelegenheit vorhanden war, Beobachtungen zu machen. Die Ergebnisse dieser Expedition, so weit sie bisher von Sabine bekannt gemacht worden sind, enthalten die Tab. XXIII—XXVI. Die Correction wegen des Einflusses der auf den Schiffen befindlichen Eisentheile ist bereits eingerechnet.

Makerstoun.

74. Sir Th. Brisbane hat in Makerstoun (Breite 55°.34′.45″, Zeitdiff. mit Göttingen 49′.50″) unweit Edinburg ein magnetisches Observatorium errichtet, und mit Instrumenten nach dem Muster des Dubliner Observatoriums versehen. In dem Zeitraume Iuli 1841 bis Dec. 1843 sind täglich Beobachtungen um 8 und 11 Vormittags, 2 und 5 Nachmittags angestellt worden: während der zwei Jahre 1844 und 1845 wurden stündliche Aufzeichnungen gemacht. Die Beobachtungen von 1841 und 1843 sind von Broun (Observations in magnetism. and meteorology made at Makerstoun in Scotland 1841 and 1842) bekannt gemacht worden. Die Constanten sind: Declination 1842,5 25°.27′,38 (Mittel aus 8^h und 2^h vermindert um 1′,11). Inclination 71°.11′,9, absolute Horizontal-Intensität 1,368 (sehr unsicher).

Russische Observatorien.

75. Im Jahre 1839 beschloss die Russische Regierung, wie bereits oben bemerkt worden ist, den damals bestehenden magnetischen Observatorien eine vollständigere Einrichtung zu geben und neue hinzuzufügen, so dass die stündlichen Beobachtungen, von 1840 anfangend, in zehn Observatorien ausgeführt werden sollten. Die General-Direction wurde dem Academiker Kupffer übertragen. Bei der grossen Entfernung der einzelnen Stationen von der Hauptstadt, und bei der Schwierigkeit der Communication überhaupt, bedurfte es jedoch geraumer Zeit, um die beschlossenen Anordnungen ins Werk zu setzen, und noch im Jahre 1842 waren nur von fünf Stationen (Petersburg, Catherinenburg, Barnaul, Nertchinsk, Sitka) Beobachtungen bekannt gemacht worden.

Jedes Observatorium soll, dem ursprünglichen Plane gemäss, aus zwei kleinen hölzernen Gebäuden bestehen; in dem einen werden die Variationen, in dem andern die absoluten Werthe beobachtet. Ausser den unter Kupffer's unmittelbarer Leitung hergestellten Observatorien waren andere ähnliche Anstalten an einigen Universitäten eingerichtet worden, wie in Helsingfors und Kasan. In den sämmtlichen Russischen Observatorien sind bezüglich auf die horizontalen Componenten der magnetischen Kraft die Gauss'schen Instrumente und Methoden eingeführt: die Inclinatorien sind von Gambey. Zur Beobachtung der Variationen der Vertical-Intensität wurde einige Zeit hindurch die magnetische Waage von Lloyd angewendet, aber zuletzt wegen der Unsicherheit der Resultate entfernt. Die absoluten Werthe der Declination, Inclination und Intensität, dann die Monatmittel der Variationen der zwei letzten Elemente, so weit die erforderlichen Reductions-Constanten gegeben waren, habe ich aus den Jahrgängen 1841 und 1842 von Kupffer's Annuaire météorologique et magnétique ausgezogen, bemerke jedoch, dass, wie in den andern Observatorien, so auch in den Anstalten Russlands die anfänglichen Resultate als minder zuverlässig zu betrachten sein möchten: insbesondere mag die Veränderlichkeit der Torsion und die eigenthümlichen Schwierigkeiten der Intensitäts-Methode einigermaassen nachtheiligen Einfluss gehabt haben. Bezüglich auf die einzelnen Observatorien kann Folgendes bemerkt werden:

1) Petersburg. Das magnetische Observatorium bildet einen

Theil des „Physikalischen Observatoriums," und steht unter Kupffer's unmittelbarer Leitung. Die geographische Position ist: nördl. Breite 59° 57′, Länge östl. von Paris 27° 58′ (1ʰ 2′ 31″ Zeitdifferenz mit Göttingen). Die Inclination war 70° 59′,0 für 1841,67 und 71°.0′,3 für 1842,5 (Mittel aus Beobachtungen um 10ʰ Morg. und 4ʰ Ab.): mittlere Declination nach den stündlichen Beobachtungen für dieselben Epochen + 6° 25′,95, und + 6° 21′,27, die absolute Intensität 1,6523 für 1841,5, und 1.6582 für 1842,5.

2) Catherinenburg. Geographische Breite 56° 50′; Länge 48° 14′ östlich von Paris (3ʰ 22′ 31″ Zeitdiff. mit Göttingen). Das Observatorium seht auf einer Anhöhe, dicht an der Stadt: der Boden besteht grösstentheils aus Diorit, was auf die magnetischen Constanten einigen Einfluss haben mag. Die Inclination ist: 69° 54′,2 für 1841,8, und 69° 53′,5 für 1842,5. Die Declination 6° 38′,5 östlich für 1841,58 (aus 10monatlichen Beobachtungen), und 6° 38′,87 für 1842,5. Die absolute Horizontal-Intensität = 1,840 ungefähr für 1841,6, und 1,8379 für 1842,44.

3) Barnaul. Geographische Breite 53° 20′; Länge 81° 7′ östlich von Paris (4ʰ 54′ 3″ Zeitdiff. mit Göttingen). Das magnetische Observatorium ist in der Stadt, die fast durchgängig aus hölzernen Häusern besteht. Die magnetischen Constanten sind: Inclination 69° 5′,3 für 1. Oct. 1841 (aus 47 Beobachtungen um 9ʰ Morg. und 4ʰ Ab.), und 70° 7′,2 für 1842,50. Declination — 8° 19′,0 (östl.) für 1841,75 (aus den stündlichen Beobachtungen), und — 8° 24′,82 für 1842,51. Absolute Horizontal-Intensität 2,047 (5 Beobachtungen), ungefähr für 1841,7, und 2,0512 für 1842,6.

4) Nertchinsk. Geographische Breite 51° 18′; Länge 117° 1′ östl. von Paris (7ʰ 17′ 39″ Zeitdiff. mit Göttingen). Das Observatorium war Anfangs auf einer kleinen Anhöhe in einiger Entfernung von der Stadt erbaut, ist aber später in die Stadt verlegt worden; die Höhe über dem Meere ist ungefähr 2000 Fuss. Die magnetischen Constanten sind: Inclination 67° 6′,4 für 1. Oct. 1841 (aus Beobachtungen um 9½ʰ Morg. und 4ʰ Ab.), und 67° 7′,9 für 1842,50. Declination + 3° 43′,8 für 1841,79 (aus stündlichen Beobachtungen). Absolute Horizontal-Intensität 2,2131 für 1841,75, und 2,2063 für 1842,5.

5) Sitka. Die geographische Position ist 57° 3′ nördl. Breite

und 222° 15′ östl. Länge von Paris (14^h 19′ 14″ Zeitdiff. mit Göttingen). Nähere Bestimmungen der Lage des Observatoriums sind nicht angegeben, auch fehlen die magnetischen Constanten bisher.

6) Kasan. Geographische Breite 55° 48′; Länge 46° 48′ östl. von Paris (2^h 21′ 51″ Zeitdiff. mit Göttingen). Das magnetische Observatorium, unter Simonoff's Leitung gebaut, ist nahe an der Sternwarte gelegen. Die Beobachtungen wurden mit dem Anfange des Jahres 1841 begonnen, aber im folgenden Jahre durch den Brand, der das Observatorium zerstörte, unterbrochen. Magnetische Constanten: Inclination 68° 21′,9 für 1841,6 (71 Beobacht.); Declination — 3° 24′,3 (östl.) für 1841,7*) (1 Beobacht.); Intensität 1,8769 (Nov. 1841.) (1 Beobacht.).

7) Helsingfors. Unter der Leitung Nevander's ist ein magnetisches Observatorium in Helsingfors erbaut, und die Beobachtungen von 10′ zu 10′ ununterbrochen angestellt worden. Die Resultate sind mir noch nicht zugekommen.

Ausser den obigen Observatorien hat die Russische Regierung auch in Tiflis und Pekin magnetische Anstalten einrichten lassen, wovon jedoch keine weitern Resultate bekannt geworden sind, als die Inclinations-Beobachtungen in Pekin, welche 55° 42′,0 für 1842,5 geben.

München.

76. Das Münchner Observatorium ist ein unterirdischer Bau mit doppelten Bretterwänden. Die Beobachtungen fingen am 1. Aug. 1840 an, mit einem Unifilar-Magnetometer und einem Variations-Instrumente für Intensität; beide waren mit 25pfündigen Stäben versehen. Am 5. Mai 1841 wurde das Magnetometer entfernt und eine kleine Nadel zur Bestimmung der Declinations-Aenderungen aufgestellt; erst am 3. Juni desselben Jahres wurde die Nadel vor Luftströmung gehörig geschützt, und von da fangen die genauen Beobachtungen an. Die absoluten Intensitäts-Beobachtungen mit Hülfe des magnetischen Theodoliten fingen im Oct. 1841 an, erst dadurch wurde eine Controle des Diffe-

*) Diese Bestimmung ist mit einer Declinations-Boussole von Gambey gemacht; dasselbe Instrument gab in Butirka, einem Dorfe bei Kasan, die Declination = − 2° 50′,8.

rential-Instruments für Intensität erlangt und eine richtige Bestimmung der Variationen möglich gemacht; jedoch sind später einige Verbesserungen an dem Differential-Instrumente vorgenommen worden. Die absolute Declination und Intensität nach den zweistündlichen Beobachtungen waren:

1841 . . .	16° 53′,86	——
1842 . . .	16 47,38 . . .	1.9314
1843 . . .	16 40,66 . . .	1.9354
1844 . . .	16 33,81 . . .	1.9374
1845 . . .	16 27,11 . . .	1.9388.

Im Juli 1845 wurde die absolute Inclination mit einem der Prager Sternwarte gehörigen Inclinatorium von Repsold bestimmt, und es ergab sich im Mittel:

65° 10′.

Die einzelnen Resultate stimmten gut überein, so lange die Axen der Nadeln unverändert blieben, wurden aber die Axen gedreht, so fanden sich sehr abweichende Resultate, und zwar zwischen 64° 56′ und 65° 19′.

Das Münchner Observatorium ist in neuester Zeit mit verschiedenen auswärtigen Puncten durch magnetische Messungen verbunden worden, namentlich sind hier die mit magnetischen Theodoliten ausgeführten Messungen von Ångström zwischen München und Upsala, und von mir zwischen München und London zu erwähnen.

Berlin.

77. Das magnetische Observatorium in Berlin befindet sich in der Nähe der Sternwarte. Die täglich Morg. und Nachm. von Mai 1836 bis Aug. 1839 angestellten Declinations-Beobachtungen hat Encke in dem ersten Bande der Berliner Beobachtungen bekannt gemacht: die Tab. I. und IV. gegebenen Resultate habe ich daraus abgeleitet. Nach den 12 letzten Monaten hätte man die mittlere Declination in Berlin für 1839,17 = 16° 42′,76, hiebei wäre aber noch eine Correction beizufügen, um das Mittel von 8^h und 1^h auf die wahre mittlere Declination zu reduciren. Vergleicht man die Beobachtungen von Berlin mit denen von Göttingen, so ergeben sich hie und da auffallende Unterschiede, wovon der Grund wahrscheinlich in der Torsion zu suchen ist.

Christiania.

78. In Christiania wurde ein magnetisches Observatorium unter Hansteen's Leitung erbaut, und im Nov. 1841 eine Beobachtungs-Reihe mit einem Gauss'schen Magnetometer begonnen, wobei jede zehnte Minute der Stand aufgezeichnet worden ist. Stündliche Aufzeichnungen des Bifilars wurden, vom Jan. 1843 anfangend, hinzugefügt. Mit Ende Juni 1843 wurden diese Beobachtungen aufgegeben und bloss zweimal des Tages um 9^h Morg. und 2^h Nachm. der Stand beider Instrumente beobachtet. Die Resultate der Declinations-Beobachtungen sind bisher nur zum Theil bekannt gemacht worden, die Bifilar-Beobachtungen finden sich am Ende Tab. II. D.

Die absolute Intensität hat Hansteen mit einem transportabeln Weber'schen Magnetometer bestimmt und = 1.5540 (Mittel aus 10 Beobachtungen) gefunden für die Mitte Nov. 1840. Eine zehnmalige absolute Messung der Intensität mit dem Gauss-schen Magnetometer gab ungefähr für die Mitte April 1841 = 1.5475 *).

Ausser den von Hansteen im Jahre 1839 auf seiner Reise nach Deutschland gemachten magnetischen Messungen (Tab. XI.) habe ich in Tab. XII. auch einige Bestimmungen, welche von Norwegischen Seeofficieren nach Hansteen's Anleitung ausgeführt worden sind, beigefügt.

Genf.

79. Im Jahre 1842 hat Plantamour in Genf ein magnetisches Observatorium erbaut und ein Gauss'sches Magnetometer aufgestellt, womit eine Reihe von täglichen Declinations-Beobachtungen angefangen wurde, auch die vierteljährlichen Termine sind bis 1844 beobachtet worden. Vom 9. April bis 25. Juni

*) Gleichzeitig wurden mit dem Dollond'schen Cylinder Schwingungs-Beobachtungen angestellt, wonach sich ergab, dass der Logarithmus der absoluten Intensität $= 6.00857 - 2 \log T$ ist, wenn T die Dauer von 300 Schwingungen des Cylinders bezeichnet. Berechnet man mit dieser Constante die absolute Intensität aus den Schwingungs-Beobachtungen, welche correspondirend mit den Messungen des Weber'schen Magnetometers gemacht wurden, so ergiebt sich 1.5441, also um 0.0099 kleiner, als das Resultat des Weber'schen Magnetometers.

1843 zeigte der Stab beständig die Declination um 18′ bis 20′ zu gross, wahrscheinlich in Folge einer Aenderung des Apparats, die plötzlich eingetreten und eben so plötzlich verschwunden ist, ohne dass der Grund hätte entdeckt werden können. Als Resultat der Beobachtungen von Juni 1842 bis März 1843 giebt Plantamour mittlere Declination für 1. Jan. 1843 = 18° 56′,76 an, wobei er eine Correction von — 0′,53 beigefügt hat, um das Mittel der täglichen sechs Beobachtungen auf das wahre Mittel zu reduciren.

Cracau.

80. An der Sternwarte in Cracau hat Weisse ein Magnetometer nach Gauss im Jahre 1840 aufgestellt und ausser den Terminen auch täglich zweimal um 8^h Morg. und 2^h Nachm. die Declination beobachtet. Die Resultate finden sich in Taf. I.

Algier.

81. Die Französische Regierung hat im Jahre 1841 den Academiker Aimé nach Algier gesendet, um mit den Lloydschen Instrumenten magnetische Beobachtungen correspondirend mit den Englischen und Russischen Observatorien anzustellen. Eine kurze Uebersicht seiner Resultate findet sich im Februar-Heft der Annales de Chimie et Physique 1844, wonach die mittlere absolute Declination im Oct. 1842 = 18° 35′ 25″, und die Inclination = 57° 21′ (etwa für die Mitte von 1842 gültig), die absolute Intensität = 2.373 (ungefähr für Sept. 1842) gefunden wurde. Die Beobachtungen dehnen sich im Ganzen über 19 Monate aus und umfassen die monatlichen magnetischen Termine, auch Beobachtungen an einigen andern Tagen in Intervallen von 5 Minuten; stündliche Beobachtungen in ununterbrochener Reihe sind in Algier nicht gemacht worden.

Nordamericanische Freistaaten.

82. In Washington, Philadelphia, Cambrigde, Boston und Hudson sind magnetische Anstalten eingerichtet worden, worüber mir jedoch nähere Angaben bisher fehlen. Die von Loomis in Sillimann's Journal of science XLIII. gegebene Zusammenstellung der in Nordamerika gemachten absoluten Bestimmungen finden sich in Tab. VII — IX. Sehr zweckmässig hat Bache im

Jahre 1844 mit der trigonometrischen Aufnahme des Landes die Bestimmung der magnetischen Constanten an einigen Hauptpuncten verbunden: die Resultate sind noch nicht bekannt gemacht.

IV. Abschnitt.

Theorie des Erdmagnetismus, empirische Gesetze der magnetischen Erscheinungen.

83. Eine Theorie des Erdmagnetismus hat die Vertheilung der magnetischen Kraft auf der Erdoberfläche, und die Aenderungen, die im Verlaufe der Zeit eintreten, zu erklären, den Zusammenhang von Ursache und Wirkung nachzuweisen. In Beziehung auf diese Erklärung und Nachweisung zerfallen die Phänomene, welche in das Gebiet physikalischer Beobachtung überhaupt gehören, in zwei Klassen; die erste Klasse umfasst diejenigen Phänomene, denen eine einzige oder wenige bestimmte Ursachen zu Grunde liegen, und wobei die Beobachtung durch die Theorie bis ins kleinste Detail dargestellt werden muss, wie diess bei den Bewegungen der Himmelskörper der Fall ist: unter die zweite Klasse sind diejenigen Phänomene einzureihen, welche ausser einer Hauptursache noch eine unendliche Zahl secundärer Ursachen haben, die keine Theorie vollständig umfassen kann, so dass man sich darauf beschränken muss, in den Mittelwerthen den Zusammenhang von Ursache und Wirkung darzustellen. Ein Beispiel letzterer Art bietet die Meteorologie dar. Es ist kaum nöthig hier die Gründe aufzuzählen, nach welchen wir die Erscheinungen des Erdmagnetismus in die letztere Klasse zu stellen uns veranlasst finden, da die Entscheidung niemals einem Zweifel unterliegen konnte. Diesem gemäss wird also die Theorie den Grund der mittlern Vertheilung des Magnetismus auf der Erdoberfläche, den Grund der mittlern täglichen Bewegung, wie sie in den verschiedenen Jahreszeiten sich darstellt, und den Grund der allmäligen Aenderungen, die in längern Epochen erfolgen, zu erforschen haben. Der Gang der Untersuchung wird darin bestehen, dass man eine Hypothese aufstellt und deren Folgen vollständig mathematisch entwickelt mit der Erscheinung vergleicht. Auf diesem Wege hat Moser (Rep. II. 238—263.) einige merkwürdige Resultate zusammengestellt: dass in ähnlicher Weise neuere Versuche gemacht worden wären, ist mir nicht bekannt.

84. Von einer andern Seite hat Gauss den Gegenstand aufgefasst: nach ihm soll der Theorie keine Hypothese zu Grunde gelegt, sondern rückwärts aus den Erscheinungen auf die wirkenden Kräfte und die Bedingungen, unter welchen sie wirken, geschlossen werden. Da die Abhandlung, worin Gauss seine „Theorie des Erdmagnetismus" entwickelt hat (Resultate des magn. Vereins 1838. S. 1.), nicht wohl eines Auszuges fähig ist, so muss ich den Leser auf diese Arbeit selbst verweisen, und beschränke mich hier darauf, einige Betrachtungen, welche zur Erläuterung dienen können, beizufügen. Zerlegt man die magnetische Kraft in drei rechtwinkliche Componenten, wovon die eine vertical Z (nach abwärts positiv), die zweite mit dem Meridian parallel X (nach Norden positiv), die dritte senkrecht auf dem Meridian Y (nach Westen positiv) sein soll, so wird jede von diesen Componenten bisweilen $= o$, bisweilen positiv, bisweilen negativ, niemals unendlich werden. Wenn demnach für einen Punct der Erdoberfläche, für welchen die Componenten X, Y, Z gelten, die Nordpol-Distanz mit u, die geographische Länge mit λ bezeichnet, so kann man immerhin annehmen:

$$\begin{aligned}
X &= a + A_1 \cos\lambda + A_2 \cos 2\lambda + A_3 \cos 3\lambda + \ldots \\
&\quad + A'_1 \sin\lambda + A'_2 \sin 2\lambda + A'_3 \sin 3\lambda + \ldots \\
Y &= b + B_1 \cos\lambda + B_2 \cos 2\lambda + B_3 \cos 3\lambda + \ldots \\
&\quad + B'_1 \sin\lambda + B'_2 \sin 2\lambda + B'_3 \sin 3\lambda + \ldots \\
Z &= c + C_1 \cos\lambda + C_2 \cos 2\lambda + C_3 \cos 3\lambda + \ldots \\
&\quad + C'_1 \sin\lambda + C'_2 \sin 2\lambda + C'_3 \sin 3\lambda + \ldots
\end{aligned}$$

wobei a, b, c, A_1, $B_1 \ldots$ Functionen von $\cos u$ und $\sin u$ sind. Was die Form dieser Functionen betrifft, so kann sie verschieden gewählt werden, nur die einzige Bedingung ist zu berücksichtigen, dass A_1, A_2, A'_1, $A'_2 \ldots B_1$, $B_2 \ldots$ den Factor $\sin u$ enthalten müssen, damit sie für $u = o$ und $u = 180°$ verschwinden. Mit Rücksicht auf die späteren Entwickelungen wählen wir folgende Form:

$$\begin{aligned}
a &= \alpha + \beta \cos u + \gamma \cos^2 u + \ldots \\
A_1 &= (\alpha_1 + \beta_1 \cos u + \gamma_1 \cos^2 u + \ldots) \sin u \\
A_2 &= (\alpha_2 + \beta_2 \cos u + \gamma_2 \cos^2 u + \ldots) \sin^2 u \\
A'_1 &= (\alpha'_1 + \beta'_1 \cos u + \gamma'_1 \cos^2 u + \ldots) \sin u \\
A'_2 &= (\alpha'_2 + \beta'_2 \cos u + \gamma'_2 \cos^2 u + \ldots) \sin^2 u
\end{aligned}$$

u. s. w.,

wobei α, α_1, α_2, β, β_1... bestimmte Zahlen-Coëfficienten sind, die aus Beobachtungen entwickelt werden müssen.

Unter der Form, die wir für X, Y, Z angenommen haben, kann man bekanntlich jede beliebige Function von λ und u, deren Werth zwischen gewissen Gränzen eingeschlossen bleibt und nicht unendlich wird, ausdrücken: die Reihen sind übrigens blosse Interpolations-Reihen, und allgemein betrachtet, besteht weder zwischen den Reihen selbst, noch zwischen den Gliedern jeder einzelnen Reihe ein Verhältniss der Abhängigkeit. Diese Unabhängigkeit wäre auch noch vorhanden, wenn die magnetischen Erscheinungen durch Kräfte hervorgebracht wären, die nach bestimmten Richtungen wirkten: sie hört aber auf, sobald man annimmt, dass der Magnetismus der Erde von magnetischen Molecülen herrührt, die irgendwo im Raume sich befinden, und nach allen Richtungen umgekehrt, wie die Quadrate der Entfernung anziehen und abstossen.

85. Um die hier stattfindenden Verhältnisse darzulegen, wollen wir zuerst annehmen, dass die magnetischen Molecüle im Innern der Erde, die wir als sphärisch betrachten, nach irgend einem Gesetze, und zwar vom Mittelpuncte bis zur Oberfläche hinauf, vertheilt sind. An einer bestimmten Stelle in der Entfernung r' vom Mittelpuncte der Erde befinde sich ein Molecül, welches in der Distanz 1 die Anziehung dm ausübt: nennt man ϱ die Entfernung dieses Molecüls von dem Puncte der Erd-Oberfläche, dessen Polar-Coordinaten r, u, λ sind, so ergiebt sich die Anziehung von dm auf letztern Punct $= \frac{dm}{\varrho^2}$ oder

$\frac{dm}{r^2 - 2rr' \cos\eta + r'^2}$, wenn der Winkel der Radien r und r' am Mittelpuncte der Erde $= \eta$ gesetzt wird (vergl. Rep. II. S. 238.). Nennen wir ferner das Azimuth von dm, von Nord über West gezählt, α, so haben wir, um die obige Kraft nach den Axen der X, Y, Z zu zerlegen, sie mit $\frac{r' \sin\eta \cos\alpha}{\varrho}$, $\frac{r' \sin\eta \sin\alpha}{\varrho}$, $\frac{r - r' \cos\eta}{\varrho}$ zu multipliziren: die Summen der so zerlegten Kräfte, auf alle dm ausgedehnt, giebt die drei Componenten der magnetischen Kraft, nämlich:

$$X = \int \frac{r' \sin\eta \cos\alpha \, dm}{\varrho^3}$$

$$Y = \int \frac{r' \sin\eta \sin\alpha \, dm}{\varrho^3}$$

$$Z = \int \frac{(r - r' \cos\eta) \, dm}{\varrho^3}.$$

Nennt man analog mit r, u, λ die dem Molecül dm zugehörigen Polar-Coordinaten r', u', λ', so hat man:

$$\cos\eta = \cos u \cos u' + \sin u \sin u' \cos(\lambda - \lambda')$$

$$\sin\eta \cos\alpha = \sin u \cos u' - \cos u \sin u' \cos(\lambda - \lambda')$$

$$\sin\eta \sin\alpha = \sin u' \sin(\lambda - \lambda').$$

Substituirt man diese Werthe in den Gleichungen für X, Y, Z, und setzt $-\int \frac{dm}{\varrho} = V$, so erhält man sogleich folgende auch sonst bekannte Relationen:

$$X = \frac{dV}{rdu},\ Y = \frac{dV}{r \sin u d\lambda},\ Z = \frac{dV}{dr}.$$

Substituirt man die hieraus abgeleiteten Werthe von $\frac{dV}{du}, \frac{dV}{d\lambda}, \frac{dV}{dr}$ in den identischen Ausdrücken:

$$\frac{d\left(\frac{dV}{du}\right)}{d\lambda} = \frac{d\left(\frac{dV}{d\lambda}\right)}{du},\ \frac{d\left(\frac{dV}{du}\right)}{dr} = \frac{d\left(\frac{dV}{dr}\right)}{du},\ \frac{d\left(\frac{dV}{d\lambda}\right)}{dr} = \frac{d\left(\frac{dV}{dr}\right)}{d\lambda}$$

so folgt unmittelbar:

$$\frac{d(rX)}{d\lambda} = \frac{d(r \sin u Y)}{du} \text{ oder } \frac{dX}{d\lambda} = Y \cos u + \frac{dY}{du} \sin u$$

$$\frac{d(rX)}{dr} = \frac{dZ}{du} \ldots\ldots \text{ oder } X + r\frac{dX}{dr} = \frac{dZ}{du}$$

$$\frac{d(r \sin u Y)}{dr} = \frac{dZ}{d\lambda} \ldots \text{ oder } Y + r\frac{dY}{dr} = \frac{1}{\sin u}\frac{dZ}{d\lambda}.$$

Die Möglichkeit aus diesen Gleichungen durch Integration vollständige Werthe abzuleiten, hängt davon ab, in wie fern durch die partielle Differentiation einzelne Glieder ausfallen können. Aus der weiter unten vorkommenden Entwickelung der Function V kann man aber ersehen, dass in allen Gliedern r, u, λ zugleich vorkommen, mit Ausnahme der zwei ersten Glieder, wovon das eine blos r, das andere r und u ohne λ enthält. Man kann demnach setzen:

$$V = f(r) + f'(u_1 r) + V'.$$

Ersetzt man hieraus die durch Differentiation ausfallenden Glieder, so hat man:

$$X = \int \frac{d(\sin u Y)}{du} d\lambda + \frac{df'(u,r)}{r du}$$

$$X = \frac{1}{r} \int \frac{dZ}{du} dr$$

$$Y = \frac{1}{r \sin u} \int \frac{dZ}{d\lambda} dr$$

$$Y = \frac{1}{\sin u} \int \frac{dX}{d\lambda} du$$

$$Z = \int \frac{d(rX)}{dr} du + \frac{df(r)}{du}$$

$$Z = \int \frac{d(r \sin u Y)}{dr} d\lambda + \frac{df(r)}{dr} + \frac{df'(u,r)}{dr}.$$

Man sieht hieraus, dass, **wenn für irgend eine Componente ein Ausdruck gefunden ist, die Ausdrücke für die übrigen Componenten daraus abgeleitet werden können**, in einzelnen Fällen jedoch der Werth der gesuchten Componente für einen Punct der Erdoberfläche, oder für einen Meridian bekannt sein muss.

86. Der practische Nutzen der hier entwickelten Formeln ist indessen vorerst darin zu suchen, dass wenn die Werthe von X, Y, Z für eine hinreichend grosse Anzahl von Puncten an der Erdoberfläche gegeben sind, und daraus Interpolations-Reihen nach der Form §. 84. abgeleitet werden, sich entscheiden lässt, ob die Beobachtungen durch eine im Innern der Erde befindliche Kraft erklärt werden können. In diesem Falle müssen nämlich die gefundenen Reihen den im vorhergehenden §. entwickelten drei Bedingungsgleichungen entsprechen. Unmittelbare Anwendung findet jedoch nur die erste Gleichung: bei den zwei andern wird erfordert, dass man erst die Zahlen-Coëfficienten der Grössen a, b, c, A_1, B_1, C_1 ... u. s. w., wo $r = 1$ gesetzt ist, nach den Potenzen von r trenne. Diess lässt sich durch die Entwickelung der Function V auf folgende Weise bewerkstelligen.

87. Wenn man in der Gleichung $V = -\int \frac{dm}{\varrho}$ für ϱ den §. 85. gefundenen Werth substituirt und nach den negativen Potenzen von r entwickelt, so erhält man:

$$V = -\frac{1}{r}\int dm - \frac{1}{r^2}\int r' \cos\eta\, dm - \frac{1}{r^3}\int r'^2 \left(\tfrac{3}{2}\cos^2\eta - \tfrac{1}{2}\right) dm \ldots.$$
$$= \frac{1}{r} P_0 + \frac{1}{r^2} P_1 + \frac{1}{r^3} P_2 + \ldots$$

Da die Erde ohne Zweifel, wie bei sonstigen magnetischen Körpern der Fall ist, eben so viel positiven, als negativen Magnetismus besitzen wird, so hat man $-\int dm = P_0 = o$; was die Integration der übrigen Glieder betrifft, so muss sie von $r' = o$ bis $r' = 1$, von $\lambda' = o$ bis $\lambda' = 2\pi$, und von $u' = o$ bis $u' = \pi$ ausgedehnt werden, dabei wird dm eine Function von r', u', λ' und ihren Differentialen sein, und wenn man anstatt $\cos\eta$ seinen Werth $\cos u \cos u' + \sin u \sin u' \cos(\lambda - \lambda')$ substituirt und innerhalb der oben angegebenen Gränzen $-\int r' \cos u'\, dm = a_1$, $-\int r' \sin u' \sin\lambda'\, dm = b_1$ u. s. w. setzt, so ergiebt sich:

$$P_1 = a_1 \cos u + b_1 \sin u \sin\lambda + c_1 \sin u \cos\lambda,$$

$$P_2 = a_2 (\cos^2 u - \tfrac{1}{3}) + b_2 \cos u \sin u \sin\lambda + c_2 \cos u \sin u \cos\lambda + d_2 \sin^2 u \sin 2\lambda + e_2 \sin^2 u \cos 2\lambda,$$

$$P_3 = a_3 (\cos^3 u - \tfrac{3}{5} \cos u) + b_3 (\cos^2 u - \tfrac{1}{5}) \sin u \sin\lambda + c_3 (\cos^2 u - \tfrac{1}{5}) \sin u \cos\lambda + d_3 \cos u \sin^2 u \sin 2\lambda + e_3 \cos u \sin^2 u \cos 2\lambda + f_3 \sin^3 u \sin 3\lambda + g_3 \sin^3 u \cos 3\lambda,$$

$$P_4 = a_4 (\cos^4 u - \tfrac{6}{7} \cos^2 u + \tfrac{3}{35}) + b_4 (\cos^3 u - \tfrac{3}{7} \cos u) \sin u \sin\lambda + c_4 (\cos^3 u - \tfrac{3}{7} \cos u) \sin u \cos\lambda + d_4 (\cos^2 u - \tfrac{1}{7}) \sin^2 u \sin 2\lambda + e_4 (\cos^2 u - \tfrac{1}{7}) \sin^2 u \cos 2\lambda + f_4 \cos u \sin^3 u \sin 3\lambda + g_4 \cos u \sin^3 u \cos 3\lambda + h_4 \sin^4 u \sin 4\lambda + k_4 \sin^4 u \cos 4\lambda.$$

Stellt man den Ausdruck für V nach den Sinussen und Cosinussen von λ, 2λ .... geordnet, unter folgender Form dar:

$$V = A + B \sin u \sin\lambda + C \sin^2 u \sin 2\lambda + D \sin^3 u \sin 3\lambda + \ldots + B' \sin u \cos\lambda + C' \sin^2 u \cos 2\lambda + D' \sin^3 u \cos 3\lambda + \ldots$$

so ist:

$$A = -\frac{1}{3}\frac{a_2}{r^3} + \frac{3}{35}\frac{a_4}{r^5} + \left(\frac{a_1}{r^2} - \frac{3}{5}\frac{a_3}{r^4}\right)\cos u + \left(\frac{a_2}{r^3} - \frac{6}{7}\frac{a_4}{r^5}\right)\cos^2 u + \ldots,$$

$$B = \frac{b_1}{r^2} - \frac{1}{5}\frac{b_3}{r^4} + \left(\frac{b_2}{r^3} - \frac{3}{7}\frac{b_4}{r^5}\right)\cos u + \frac{b_3}{r^4}\cos^2 u + \ldots$$

$$B' = \frac{c_1}{r^2} - \frac{1}{5}\frac{c_3}{r^4} + \left(\frac{c_2}{r^2} - \frac{3}{7}\frac{c_4}{r^5}\right)\cos u + \frac{c_3}{r^4}\cos^2 u + \ldots$$

u. s. w.

Aus diesem Werthe von V kann man für X, Y, Z Ausdrücke von ähnlicher Form ableiten, und vergleicht man die Coëfficienten mit den nach §. 84. aus der Beobachtung ermittelten Werthen von α, β ....., so kann man $\frac{a_1}{r^2}$, $\frac{b_1}{r^2}$, $\frac{c_1}{r^2}$, $\frac{a_2}{r^3}$ ...... bestimmen. Auf solche Weise wird der am Ende des vorigen §. gestellten Forderung genügt.

88. Das Vorhergehende enthält die Kriterien wonach man entscheiden kann, ob die magnetischen Erscheinungen, wenn sie einmal durch Beobachtung bekannt sind, einer in der Erdmasse vertheilten Kraft zugeschrieben werden können. Hätte die magnetische Kraft ausser der Erde, etwa in der Atmosphäre ihren Sitz, so müsste man den Werth von V nach den Potenzen von $\frac{r}{r'}$ entwickeln, und man bekäme alsdann ein Resultat von der im vorhergehenden §. gefundenen Form, wobei jedoch die Grössen $\frac{1}{r^3}$, $\frac{1}{r^4}$ .... $\frac{1}{r^n}$ durch r^2, r^3, r^{n-1} ersetzt wären. Wenn also die Kraft ausserhalb der Erde sich befindet, so bleibt zwar das Verhältniss von X und Y dasselbe, aber die Trennung der Zahlen-Coëfficienten nach Potenzen von r wird ganz anders, und damit ändert sich das Verhältniss von Z zu den übrigen Componenten. Aus dem Verhältnisse von Z zu X und Y muss demnach entschieden werden, ob die magnetische Kraft innerhalb der Erde, oder ausserhalb vorhanden sei.

Gauss zeigt, indem er die Folgerungen, die wir eben erwähnt haben, an allgemeine Betrachtungen und Lehrsätze knüpft, dass man nicht bloss entscheiden könne, ob die magnetische Kraft in der Erde, oder ausserhalb derselben vorhanden sei, sondern dass auch, falls ein Theil der Wirkungen von Oben, ein Theil von Unten käme, die Theorie beide zu trennen im Stande sein würde. Er bemerkt ferner, dass die täglichen sowohl, als die unregelmässigen Aenderungen der magnetischen Componenten einer ähnlichen Behandlung, wie diese Componenten selbst, unterworfen werden können, somit über Natur und Sitz der Kräfte, durch welche diese Aenderungen hervorgerufen werden, eine Entscheidung zu erlangen sei, sobald die Beobachtung uns die nöthigen Data geliefert hat.

89. Aus den Bestimmungen der Declination, Inclination und Intensität, welche bis zum Jahre 1838 bekannt geworden waren, hat Gauss für V, X, Y, Z folgende Ausdrücke abgeleitet, wo $r = 1$, $\cos u = e$ und $\sin u = f$ gesetzt ist:

$$V = +1{,}977 - 937{,}103e - 71{,}245e^2 + 18{,}868e^3 + 108{,}855e^4$$
$$+ (-64{,}437 + 79{,}518e - 122{,}936e^2 - 152{,}589e^3) f \cos\lambda$$
$$+ (+188{,}303 + 33{,}507e - 47{,}794e^2 - 64{,}112e^3) f \sin\lambda$$
$$+ (-7{,}035 + 73{,}193e + 45{,}791e^2) f^2 \cos 2\lambda$$

$$+ (+45,092 + 22,766e + 42,573e^2)f^2 \sin 2\lambda$$
$$+ (-1,396 - 19,774e)f^3 \cos 3\lambda - (+18,750 + 0,178e)f^3 \sin 3\lambda$$
$$- 4,127 f^4 \cos 4\lambda - 3,175 f^4 \sin 4\lambda.$$

$$X = (937,103 + 142,490e - 56,603e^2 - 435,420e^3)f$$
$$+ (-79,518 + 181,435e - 298,732e^2 - 368,808e^3 + 610,357e^4)\cos\lambda$$
$$+ (-33,507 + 283,892e + 259,349e^2 - 143,383e^3 - 256,448e^4)\sin\lambda$$
$$+ (-73,193 - 105,652e + 219,579e^2 + 183,164e^3)f\cos 2\lambda$$
$$+ (-22,766 + 175,330e + 68,098e^2 - 170,292e^3)f\sin 2\lambda$$
$$+ (19,774 - 4,188e - 79,096e^2)f^2 \cos 3\lambda$$
$$+ (-0,178 + 56,250e + 0,716e^2)f^2 \sin 3\lambda$$
$$- 16,508 e f^3 \cos 4\lambda - 12,701 e f^3 \sin 4\lambda.$$

$$Y = (188,303 + 33,507e - 47,794e^2 - 64,112e^3)\cos\lambda$$
$$+ (64,437 - 79,518e + 122,936e^2 - 152,589e^3)\sin\lambda$$
$$+ (90,184 - 45,532e - 85,146e^2)f\cos 2\lambda$$
$$+ (14,070 - 146,368e - 91,582e^2)f\sin 2\lambda$$
$$+ (56,250 + 0,534e)f^2 \cos 3\lambda + (4,188 + 59,322e)f^2 \sin 3\lambda$$
$$- 12,701 f^3 \cos 4\lambda + 16,508 f^3 \sin 4\lambda.$$

$$Z = -24,593 + 1896,847e + 400,343e^2 - 75,471e^3 - 544,275e^4$$
$$+ (79,700 - 107,763e + 491,744e^2 - 762,946e^3)f\cos\lambda$$
$$+ (-395,724 - 155,473e + 191,176e^2 + 320,560e^3)f\sin\lambda$$
$$+ (34,187 - 292,772e - 228,955e^2)f^2 \cos 2\lambda$$
$$+ (-147,439 - 91,064e + 212,865e^2)f^2 \sin 2\lambda$$
$$+ (5,584 + 98,870e)f^3 \cos 3\lambda + (-75,000 - 0,890e)f^3 \sin 3\lambda$$
$$+ 20,635 f^4 \cos 4\lambda + 15,876 f^4 \sin 4\lambda.$$

Die graphische Darstellung dieser Formeln findet man in dem „Atlas des Erdmagnetismus von Gauss und Weber."

Aus dem Verhältnisse von Z zu X und Y würde folgen, dass die magnetische Kraft in der Erde, nicht über der Erde sich befinde: ich muss jedoch hinsichtlich dieses Umstandes, wie hinsichtlich der Entwickelung der Theorie überhaupt, auf die oben angeführte Abhandlung von Gauss verweisen, und füge hier noch einige Betrachtungen bei, zu welchen mich Moser's Darstellung im II. Bde. des Rep. veranlasst.

90. Galvanische Ströme, in der Luft oder an der Erdoberfläche fortgepflanzt, hat in neuester Zeit ein grosser Theil der Physiker als die wahrscheinlichste Ursache des Erdmagnetismus sich vorgestellt, und auch diejenigen, welche eine Verbindung

der magnetischen Kraft mit den Bestandtheilen der Erde annehmen, haben die Voraussetzung, dass die Kraft in einer grössern Tiefe liege, der Erklärung sämmtlicher Phänomene nie zu Grunde zu legen versucht. Die tägliche Bewegung und die Störungen kommen hier zunächst in Betracht. Unbezweifelt bringt die Wärme die tägliche Bewegung hervor: nehmen wir nun oberflächliche Kräfte an, so können wir sehr wohl begreifen, wie sie durch die Wärme modificirt, eine tägliche Periode haben, wie diese Periode selbst nicht regelmässig ist, sondern gleich der Erwärmung der Erd-Oberfläche, sich jeden Tag, innerhalb gewisser Gränzen, anders gestaltet. Liegt aber die magnetische Kraft in grösserer Tiefe, so würde die tägliche Periode nur dann sich erklären lassen, wenn wir annehmen wollten, dass die Wärme auf die magnetische Kraft sehr beträchtlichen Einfluss habe, was aller bisherigen Erfahrung widerspricht. Noch schwieriger wäre es zu erklären, wie die Kraft magnetischer Elemente, die tief in der Erde liegen, so gewaltige Aenderungen erleiden könne, wie wir bei grossen magnetischen Störungen wahrnehmen. Die Gesammtheit der Erscheinungen, die uns die Physik der Erde entwickelt, macht uns geneigt, starre Verhältnisse im Innern der Erde, und Veränderlichkeit nur an der Oberfläche, durch atmosphärische Erscheinungen bedingt, zu suchen: und giebt die Beobachtung (wie es nach dem Obigen wirklich der Fall wäre) eine Form von X, Y, Z, die durch eine an der Erdoberfläche befindliche Kraft nicht erklärt werden könnte, so wäre man, wie ich glaube, genöthigt, ausser der Kraft, welche den Total-Effect hervorbringt, eine zweite Kraft anzunehmen, welche den Aenderungen zu Grunde liegt und jedenfalls der Erdoberfläche angehört. Mit Bezug auf diese Untersuchung halte ich es für zweckmässig die Verhältnisse hier zu entwickeln, welche stattfinden, wenn eine in oder nahe an der Erdoberfläche befindliche Kraft auf die Magnetnadel wirkt.

91. Nach dem Vorhergehenden giebt das Verhältniss von X und Y über den Sitz der magnetischen Kraft keine Auskunft, und wir können uns darauf beschränken, das Verhältniss von Z zu den horizontalen Componenten, oder was gleichbedeutend ist, zu V zu betrachten. Unsere Formeln geben

$$V = \int \frac{dm}{(r^2 - 2rr'\cos\eta + r'^2)^{\frac{1}{2}}}, \quad Z = \int \frac{(r - r'\cos\eta)\,dm}{(r^2 - 2rr'\cos\eta + r'^2)^{\frac{3}{2}}}.$$

Setzen wir $r=1$, $r'=1+h$, so folgt, wenn man im Nenner h^2 vernachlässigt und h als constant betrachtet:

$$Z=\frac{1}{2(1+h)}V-\frac{h}{2\sqrt{2}(1+h)^{\frac{3}{2}}}\int\frac{\cos\eta\, dm}{(1-\cos\eta)^{\frac{3}{2}}}.$$

Daraus leiten wir folgende Sätze ab:

1) Wenn die Kraft, welche auf die Magnetnadel wirkt, blos an der Oberfläche der Erde sich befindet, so ist

$$Z=\tfrac{1}{2}V,$$

oder die verticale Componente ist genau die Hälfte der Function V. Diese Gleichung ist auch desshalb merkwürdig, weil darnach die Frage, ob die Kraft an der Erdoberfläche sich befinde oder nicht, entschieden werden kann, wenn man nur den Werth von X und Z auf einem einzigen Meridian oder den Werth von Y und Z auf einem einzigen Parallelkreis um die ganze Erde kennt.

2) Ist h sehr klein, so kann man $\int\cos\eta\,(1-\cos\eta)^{-\frac{3}{2}}dm$ näherungsweise $=2\sqrt{2(1-h)}\,V$ setzen, alsdann hat man

$$Z=\tfrac{1}{2}V.\frac{1-2h}{1+h},$$

d. h. die verticale Componente ist gleich der Function V multiplizirt mit einer Constante, die kleiner oder grösser als $\frac{1}{2}$ sein wird, je nachdem der Sitz der Kraft über oder unter der Erdoberfläche sich befindet.

3) Falls h einen grössern Werth hat, erhält man die Gleichung

$$Z=\tfrac{1}{2}V\frac{1-2h}{1+h}-\frac{h}{2\sqrt{2}(1+h)^{\frac{3}{2}}}\int dm(\tfrac{3}{8}\cos^2\eta+\tfrac{5}{8}\cos^3\eta+\ldots),$$

woraus zu schliessen ist, dass die Reihen für Z und V jedenfalls grosse Aehnlichkeit haben werden und der Unterschied darin bestehen wird, dass alle Coëfficienten in der erstern Reihe etwas grösser (ohne Rücksicht auf das Zeichen) oder alle etwas kleiner sein werden, als in der letztern.

Wenn die auf die Nadel wirkende Kraft nicht in einer unendlich dünnen Schicht, sondern in einer dickern Kugelschaale um die Erde vertheilt ist, so erhält man auch noch Gleichungen von der vorhergehenden Form, vorausgesetzt, dass $dm=HUdhd\lambda'du'$ ist, wo H nur von h, und U nur von u' und λ' abhängt. Für den besondern Fall, dass die Dichtigkeit des magnetischen Fluidums in jeder Verticale sich gleich bleibt, gelten die obigen Ausdrücke ohne Aenderung, auch für eine dickere Kugelschaale, wenn *h* die Entfernung der Mitte der Kugelschaale von der Erdoberfläche bezeichnet.

92. In dem Maasse, als die magnetischen Beobachtungen auf grössere Zeiträume und auf möglichst viele Puncte der Erdoberfläche ausgedehnt werden, dürfen wir hoffen nicht nur über die §§. 84—91 berührten Verhältnisse eine Entscheidung zu erlangen, sondern auch durch Beantwortung der weiter sich darbietenden Fragen einer vollständigen Erkenntniss der Natur des Erdmagnetismus näher zu kommen. Dem gewöhnlichen Entwickelungsgange der Naturwissenschaften zufolge lässt sich erwarten, dass man zuerst einzelne empirische Gesetze finden wird, die eine künftige Theorie in Zusammenhang bringen und höheren Gesetzen unterordnen soll. In dem Folgenden werde ich einige Erscheinungen erwähnen, für welche solche Gesetze gefunden worden sind, oder zunächst erwartet werden dürfen.

Die tägliche Bewegung der magnetischen Elemente kennen wir zwar für eine ziemlich grosse Anzahl von Puncten, wo stündliche Beobachtungen gemacht worden sind; Gesetze hat man indessen daraus noch nicht abgeleitet. Es dürfte jedoch zweckmässig sein, hier einige charakteristische Thatsachen, die für künftige Untersuchungen nützlich sein können, hervorzuheben.

1) Der tägliche Gang ist von einem Tage zum andern oft beträchtlich verschieden; merkwürdig ist aber, dass die mittlere Declination der Tage (von der Säcularabnahme befreit), immer sehr nahe sich gleich bleibt, während die Intensität und Inclination mehrere Tage grösser, dann wieder mehrere Tage kleiner sein können, eben so, wie es bei dem Barometerstande der Fall ist.

2) Die täglichen Curven, wie sie aus den einzelnen Monaten hervorgehen, sind sehr ungleich, jedoch zeigen die Sommermonate unter sich viele Aehnlichkeit, ebenso die Wintermonate, so dass man das Jahr in eine Sommer- und Winterhälfte abtheilen kann.

3) In der Winterhälfte giebt es zwei Maxima und zwei Minima, die ungefähr zu folgenden Tageszeiten eintreten:

Declination. Maxima: 5^h Morg.*, 1^h Mitt. — Minima: 8^h Morg., 10^h Abd.*

Horizontal-Intensität. Maxima: 6^h Morg.*, 8^h Abd. — Minima: 10^h Morg., 12^h Mittern.*

Inclination. Maxima: 10^h Morg., 6^h Abd.* — Minima: 7^h Morg., 2^h Abd.*

In den Sommermonaten verschwinden die mit *) bezeichneten Wendepuncte, oder sie treten nur schwach hervor, und es bleibt bloss ein Maximum und ein Minimum übrig.

4) Die Grösse der täglichen Bewegung ist in den verschiedenen Jahren nicht gleich. Die mittlere Differenz der Declination zwischen 8^h Morg. und 1^h Nachmitt. war nach den Göttinger Beobachtungen:

1834—35	8,25′	1840—41	9,50′
1835—36	10,04	1841—42	8,50
1836—37	12,90	1842—43	7,55
1837—38	12,29	1843—44	7,63
1838—39	12,16	1844—45	7,41.
1839—40	11,05		

Die drei letzten Jahre sind aus den Münchener Beobachtungen ergänzt, unter Voraussetzung, dass die tägliche Bewegung in Göttingen um $\frac{9}{100}$ grösser ist, als in München. Die periodische Zu- und Abnahme der mittleren täglichen Bewegung stellt sich hier sehr deutlich heraus, um aber das Gesetz aufzufinden, bedürfen wir noch länger fortgesetzter Beobachtungen. Dass es sich auf ähnliche Weise mit der Intensität verhalte, ersehen wir aus Kreil's Beobachtungen in Mailand: die Differenz zwischen $10\frac{1}{2}^h$ Morg. und $7\frac{1}{2}^h$ Abd. (in Zehntausendstel der Intensität ausgedrückt) war 1837 . . 18,4, 1838 . . 15,7; gegenwärtig kann sie, nach den Beobachtungen anderer Orte zu schliessen, kaum mehr, als 9,0 betragen.

5) Die Wendepunkte der täglichen Bewegung treten ungefähr zu derselben Ortszeit überall ein, aber die Grösse ist an verschiedenen Orten verschieden: so hat man für 1842 die mittleren Differenzen zwischen Maximum und Minimum:

*) Die Reihen von Sinussen und Cosinussen der Zeit, wodurch man die tägliche Bewegung der magnetischen Elemente dargestellt hat, führe ich nicht an, weil nach meiner Ansicht keine Folgerungen darauf begründet werden können, so lange der tägliche Gang von dem Einflusse der Störungen nicht befreit ist. Dies ist um so schwieriger, da die Störungen auch ihre tägliche Periode haben. Ich glaube, dass es zweckmässig wäre, bei Bestimmung der täglichen Bewegung, aus den Monatmitteln die Störungstage alle wegzulassen: eine einzige grosse Störung kann die Monatmittel beträchtlich entstellen.

Beobachtungsort.	Declination. (Minuten.)		Intensität. (Zehntausendstel.)	
	Sommer.	Winter.	Sommer.	Winter.
München	9',34	6',37	16,08	5,76
Petersburg	10,07	5,88	14,21	10,32
Greenwich	8,16	7,02	25,63	6,90
Catherinenburg	8,43	3,89	7,68	4,10
Barnaul	7,34	2,96	—	—
Nertschinsk	7,51	2,53	—	—
Toronto	10,70	6,64	22,30	13,76
Vandiemens-Insel . . .	9,78	5,18	—	—

Diese Tabelle wird von den vorkommenden Unterschieden eine Vorstellung geben: um übrigens ein Gesetz zu finden, sind die bisherigen Data nicht zureichend.

Ich darf jedoch nicht unterlassen, hier zu bemerken, dass im hohen Norden alle magnetischen Verhältnisse sich anders gestalten, als in den gemässigteren Gegenden: so giebt Bravais als Resultat der von ihm und den übrigen Theilnehmern der Französischen Nord-Expedition in Bosskop vom 16. März bis 5. April 1839 angestellten stündlichen Intensitäts-Beobachtungen, folgende Reihe an, wobei die mittlere Intensität = 1 gesetzt ist:

0h Mittags	1,0010	12h Mitternacht . . .	0,9945
2 Nachmittags . .	1,0060	2 Morgens	0,9939
4 Abends	1,0080	4 -	0,9954
6 -	1,0063	6 -	0,9990
8 -	1,0012	8 -	1,0003
10 -	0,9942	10 -	1,0003.

Man sieht, dass die Wendepuncte um 6 bis 8 Stunden früher eintreffen, als bei uns, und die Bewegung selbst um mehr, als das Zehnfache grösser ist. Hiebei mag allerdings viel davon abhängen, dass die Störungstage nicht ausgeschlossen sind.

93. Die Frage, ob die magnetischen Elemente eine jährliche Periode haben, ist wiederholt erörtert worden, ohne dass bisher eine sichere Entscheidung hätte erlangt werden können. Nimmt man das Mittel aus je zwei gleich weit von der Mitte des Jahres entfernten Monaten, wodurch die Säcular-Abnahme eliminirt wird, so ergiebt sich für 1842 folgende Zusammenstellung der Declination:

Beobachtungsort.	Januar u. Dec.	Febr. u. Nov.	März u. Oct.	April u. Sept.	Mai u. August.	Juni u. Juli.	Winter.	Sommer.
München . . .	+ 16° 46′,9	+ 16° 47′,2	+ 16° 47′,6	+ 16° 47′,1	+ 16° 47′,5	+ 16° 47′,8	+ 16° 47′,2	+ 16° 47′,5
Petersburg . .	+ 6 21,7	+ 6 21,4	+ 6 22,1	+ 6 21,2	+ 6 20,9	+ 6 20,1	+ 6 21,7	+ 5 20,7
Catherinenburg	— 6 43,4	— 6 46,5	— 6 44,0	— 6 39,7	— 6 33,3	— 6 26,2	— 6 44,6	— 6 33,1
Barnaul	— 8 25,2	— 8 29,3	— 8 30,2	— 8 23,2	— 8 20,8	— 8 17,9	— 8 28,2	— 8 20,6
Nertschinsk . .	+ 3 46,2	+ 3 45,3	+ 3 47,2	+ 3 47,3	+ 3 49,1	+ 3 46,2	+ 3 46,2	+ 3 47,5
Toronto	+ 1 17,9	+ 1 19,1	+ 1 19,9	+ 1 18,4	+ 1 18,8	+ 1 19,4	+ 1 19,0	+ 1 18,9

Ungeachtet der beträchtlichen Differenz bei Catherinenburg und Barnaul glaube ich kaum, dass man zur Annahme einer jährlichen Periode der Declination hinreichenden Grund habe.

Für Horizontal-Intensität leitet Sabine aus den Beobachtungen von Toronto im Jahre 1842 eine jährliche Periode ab, mit einem Minimum im kältesten, und einem Maximum im wärmsten Monate. Aus den Münchener Beobachtungen desselben Jahres hatte ich eine ähnliche Folgerung gezogen, die jedoch mit den späteren Jahrgängen als unvereinbar sich gezeigt hat. Nach einer Mittheilung von Hansteen geben für Christiania die Bifilar-Beobachtungen, in Zehntausendstel der ganzen Horizontal-Intensität verwandelt, folgende Reihen:

Monat.	1842—43.	1843—44.	1844—45.	Mittel.
Mai	4,51	21,89	19,83	1,28
Juni	0,00	21,79	21,70	0,36
Juli	0,60	19,57	22,23	0,00
August	11,39	32,78	16,16	5,98
September	0,35	28,18	17,86	1,32
October	6,32	24,86	22,48	3,76
November	4,36	39,83	25,77	9,19
December	13,71	40,87	31,18	14,46
Januar	16,25	43,85	34,07	17,26
Februar	16,71	43,54	37,87	18,58
März	16,18	27,41	29,53	10,24
April	22,55	27,51	—	—

Hieraus folgt gerade das Gegentheil von dem, was Sabine gefunden hat, nämlich ein Maximum im kältesten, und ein Minimum im wärmsten Monate.

94. In Beziehung auf die Säcular-Aenderungen der magnetischen Elemente hat man bisher weder ein empirisches Gesetz, noch eine Erklärung aufgestellt; ich begnüge mich desshalb einige Resultate der Beobachtung anzuführen. Aus den Göttinger Beobachtungen leitet Goldschmidt folgenden Ausdruck für die absolute Declination ab:

$$\text{Decl.} = 18^\circ\, 41',52 - 3',158\, t - 0',2242\, t^2,$$

wo t die seit dem 1. October 1834 verflossene Zeit in Jahren bedeutet. Nach den Münchener Beobachtungen war die Abnahme der Declination im Jahre

1841,5—1842,5	. . . 6',48
1842,5—1843,5	. . . 6',72
1843,5—1844,5	. . . 6',85
1844,5—1845,5	. . . 6',70.

Diese Zahlen nehmen nicht so schnell zu, als die obige Formel erfordern würde. Aus Tab. I. kann man für verschiedene Orte die Säcular-Aenderungen der Declination ableiten, dabei darf man aber nicht ausser Acht lassen, dass in den meisten Observatorien nicht gleich vom Anfange diejenige Sicherheit erlangt worden ist, die zu genauer Bestimmung der Säcular-Aenderung der Declination erfordert wird. Noch mehr ist dies der Fall bezüglich auf die Horizontal-Intensität, so zwar, dass es unnöthig scheint, die Resultate hier anzuführen. Aus Beobachtungen mit mehrjährigem Intervalle (Tab. XII.) findet Hansteen die jährliche Zunahme der Intensität, nach absolutem Maasse, in

Neu Elfsborg	0,0027
Gibraltar	0,0026
Algier	0,0033
Milo	0,0010
Malta	0,0017
Fredriksvaern	0,0016.

Die Münchener Beobachtungen geben im Mittel eine jährliche Zunahme von 0,0029: diese Säcular-Bewegung der Intensität ist jedoch weit weniger regelmässig, als die Bewegung der Declination.

Die Säcular-Abnahme der Inclination wird gegenwärtig in Europa immer langsamer, und Hansteen berechnet aus dem von ihm, nach seinen 23jährigen Beoabachtungen in Christiania abgeleiteten Ausdrucke:

$$\text{Incl.} = 72^\circ\, 41',1 - 3',640(t-1820) + 0',0562(t-1820)^2,$$

dass die Inclination im Jahre 1852 ein Minimum erreichen werde. Aus den Pariser Beobachtungen hat Hansteen einen analogen Ausdruck:

$$\text{Incl.} = 69^\circ\, 38',9 - 4',465(t-1800) + 0{,}023395(t-1800)^2,$$

gefunden, wonach das Minimum erst im Iahre 1895 eintreffen würde.

95. Es ist oben bemerkt worden, dass die Säcular-Bewegung der Horizontal-Intensität nicht so gleichmässig mit der Zeit fortschreitet, wie jene der Declination. Sehr merkwürdig ist in dieser Beziehung die von Hansteen aus seinen Beobachtungen der Horizontal-Intensität in Christiania abgeleitete 19jährige Periode, die er mit der Bewegung der Mondsknoten in Verbindung bringt. Nennt man die Länge des Mondsknotens N, und die Zeit (in Jahren ausgedrückt) t, so findet er, dass die Dauer von 300 Schwingungen seines Dollondschen Cylinders nach seinen 20jährigen Beobachtungen in Christiania durch folgende Formel sehr genau dargestellt werde:

$$816'',5419 - 0'',15796\,(t - 1820) + 2'',2205 \sin\,(266^\circ\ 8' + N) + 0'',5808 \sin\,(54^\circ\ 23' + 2N).$$

Hansteen bemerkt, dass man die beobachtete Periode entweder einem unmittelbaren Einflusse des Mondes *), oder der durch die Nutation veränderten Stellung der heissen Zone zuschreiben könne, und erinnert zugleich an die 19jährige Periode, welche in der Intensität der Nordlichter, dann in der Grösse der täglichen Aenderung der Declination nachgewiesen worden ist.

96. Unter den Bewegungen, die wir in der magnetischen Kraft wahrnehmen, hat keine so sehr die Aufmerksamkeit der Physiker in Anspruch genommen, als die magnetischen Stürme oder Störungen, worunter man die grössern Abweichungen von dem regelmässigen täglichen Gange versteht. Die früher schon durch gleichzeitige Beobachtungen mehrerer europäischen Stationen erkannte Uebereinstimmung im Grossen haben die von Gauss veranlassten Terminbeobachtungen auch bis ins kleinste Detail, jedoch mit vielfachen Modificationen, nachgewiesen. Nach der grossen Menge gleichzeitiger Beobachtungen, die jetzt vorliegen, kann nicht verkannt werden, dass dieselben Ursachen gleichzeitige Aenderungen, wenn nicht auf der ganzen Erdoberfläche, doch auf einem grossen Theile derselben, hervorrufen. Dabei findet aber weder eine genaue Gleichzeitigkeit, noch eine genaue Gleichheit des Verlaufes statt: vielmehr kommen selbst

*) Der von Kreil erkannte unmittelbare Einfluss des Mondes auf die magnetischen Elemente ist bereits in dem ersten Berichte, Rep. II. S. 213. erwähnt; die Bestätigung seiner früheren Resultate durch neuere Untersuchungen findet man in seinen „Magnetischen u. meteorolog. Beobacht. in Prag.“

bei nahe gelegenen Orten beträchtliche Abweichungen vor, bei sehr entfernten verschwindet die Aehnlichkeit ganz und gar. So zeigten die Beobachtungen in Alten keine Aehnlichkeit mit denen der übrigen Europäischen Stationen: desgleichen kann man bei den von Sabine (Observations at Toronto 1840—1842) gegebenen graphischen Darstellungen der Termincurven für Toronto, Philadelphia, Boston und Prag im Allgemeinen keinen Zusammenhang der Amerikanischen Bewegungen mit den Europäischen erkennen*), während die erstern unter sich eben so gut übereinstimmen, wie es bei den Europäischen Curven der Fall ist. Gauss hat, wie bereits oben bemerkt worden ist, den Weg angedeutet, wie die Störungen oder unregelmässigen Bewegungen der Termincurven benutzt werden können, um die Quelle, von welcher sie ausgehen, zu ermitteln: Rechnungen sind indessen auf diese Basis noch nicht gegründet worden. Dass magnetische Störungen von bestimmten Quellen ausgehen, und in dem Maasse, als sie sich von der Quelle entfernen, an Intensität abnehmen, auf ihrem Wege auch vielfach modificirt werden, ist höchst wahrscheinlich: dabei tritt aber der für theoretische Untersuchung sehr hinderliche Umstand ein, dass die Bewegungen, wie wir sie beobachten, nicht einer einzigen, sondern vielen gleichzeitig wirkenden Ursachen zuzuschreiben sind, und dass es unmöglich ist, aus der Gesammtwirkung dasjenige herauszuheben, was jeder einzelnen Ursache zugehört.

97. Eine merkwürdige Thatsache, bezüglich auf die Grösse der Declinations-Störungen (d. h. bezüglich auf die Differenz zwischen dem grössten und kleinsten Stande, die während einer Störung vorkommen), habe ich durch Vergleichung der Beobachtungen von Prag und München erkannt, und später als allgemein bezüglich auf alle Europäischen Orte nachgewiesen, nämlich dass, wenn eine Störung eintritt, sie an verschiedenen Orten, immer nach einem constanten Maassstabe oder Verhältnisse sich äussert. Aus den magnetischen Terminbeobachtungen habe ich folgende Tabelle abgeleitet, wobei die Grösse einer Störung in Mailand = 1 angenommen ist:

*) Es mag vielleicht für künftige Erklärung die Bemerkung nicht überflüssig sein, dass, wo eine Störung in Prag und Toronto gleichzeitig eintritt, die Bewegungen im entgegengesetzten Sinne stattfinden.

Mailand	1,00	Berlin	1,52
Kremsmünster .	1,09	Breslau	1,57
München	1,10	Breda	1,60
Cracau	1,21	Göttingen	1,83
Prag	1,22	Upsala	1,86
Brüssel	1,32	Dublin	2,07
Leipzig	1,34	Copenhagen . .	2,21
Marburg	1,38	Stockholm . . .	2,38.

98. Ein anderes Störungsgesetz, welches eben so merkwürdig ist als das vorhergehende, aber für jetzt aus Mangel an Beobachtungsdaten nicht weiter entwickelt werden kann, ist aus der Discussion der Münchner Beobachtungen im Jahre 1843 hervorgegangen, nämlich, dass bei magnetischen Störungen der Intensität die Variation der Horizontal-Intensität jedesmal doppelt so gross ist, als die Variation der Total-Intensität. Nennt man die Total-Intensität I, die Horizontal-Intensität X, und die Inclination i, so hat man dem eben Gesagten zufolge:

$$\frac{\delta X}{X} = 2\frac{\delta I}{I},$$

daraus folgt dann das Gesetz für die Inclinations-Variationen:

$$\delta i = -\frac{1}{\operatorname{tg} i}\frac{\delta I}{I}.$$

Dieses gilt für München: eine weitere Erörterung ist unmöglich, bis man analoge Bestimmungen für andere Orte hergestellt hat.

99. Hier kann eine andere Thatsache bemerkt werden, welche Sabine *) anführt. Nimmt man an, dass die Störungen hervorgebracht werden durch eine Kraft, deren Intensität $= f$ (die Totalkraft $= 1$ gesetzt), deren Azimuth vom magnetischen Norden über Westen gezählt $= \psi$, und deren Neigung gegen den Horizont ϑ ist, so findet Sabine für die drei merkwürdigen Störungen in Toronto am 29. Mai 1840, dann am 24. Oct. und 18. Nov. 1841 zur Zeit der grössten Störung folgende Werthe:

	29. Mai 1840.	24. Oct. 1741.	18. Nov. 1841.
$\psi =$	130° 10′	135° 0′	139° 8′
$\vartheta =$	− 40 50	− 39 6	− 31 15
$f =$	0,0136	0,0054	0,0093.

*) Observations on days of unusial magnetic disturbance p. XIX.

Die Uebereinstimmung der Richtung in diesen drei Fällen ist gewiss sehr beachtenswerth.

100. Die allgemeinen Verhältnisse der Störungen mit Bezug auf Tages- und Jahreszeit sind von Kreil zuerst in den Mailänder Ephemeriden (II. Supplemento), dann in dem II. Bd. der Prager Beobachtungen, später von Sabine in den Toronto Observations Vol. I. untersucht worden. Die vielen Andeutungen, welche daraus hervorgehen, führe ich hier nicht an, weil wir von den neuesten, weit vollständigeren Beobachtungen, sicherere Bestimmungen zu erwarten haben; nur im Allgemeinen bemerke ich, dass die störenden Kräfte höchst wahrscheinlich in allen Jahreszeiten, ungefähr nach gleicher Weise, und in gleichem Maasse in Wirkung treten, dass aber eine entschiedene tägliche Periode sich zeigt, und die Richtung und Häufigkeit der Störungen in Amerika, wie in Europa ganz in gleicher Weise von der Tageszeit abhängen. Was die Verbindung der magnetischen Störungen mit Nordlichtern betrifft, so hat Siljeström in den Verhandlungen der Schwedischen Academie für 1841 die Beobachtungen bekannt gemacht, welche er mit andern Theilnehmern der Französischen Nord-Expedition während des Winters 1838 bis 1839 in Alten (Finnmark) angestellt hat. Unter den Schlüssen, die er auf diese Beobachtungen gründet, bemerke ich folgende: magnetische Störungen treffen nicht immer mit dem Erscheinen der Nordlichter ein *): wenn eine Störung mit einem Nordlichte eintritt, so bewegt sich die Declinationsnadel anfangs nach Westen, gegen Ende nach Osten, und zwar ist die östliche Digression gewöhnlich weit grösser, als die westliche: die Bewegungen der Horizontal-Intensität, Inclination und Declination hängen so zusammen, dass im Allgemeinen eine westliche Bewegung der Declination mit einer Vermehrung, eine östliche mit einer Verminderung der Intensität verbunden ist, und die Horizontal-Intensität zu- oder abnimmt, wenn die Inclination kleiner oder grösser wird.

---

*) Nach Argelander's Angabe sind Nordlichter jede Nacht zu sehen, wenn der Himmel nicht bewölkt ist. Bulletins de l'Académie R. de Bruxelles IX. 2. p. 311.

Tabellarische Zusammenstellung der vorzüglichsten neueren Beobachtungsresultate.

In folgenden Tabellen habe ich mit Rücksicht auf die §. 65. angedeuteten Zwecke die Hauptresultate der neuern magnetischen Beobachtungen zusammengetragen, und zwar zuerst die täglichen und jährlichen Variationen, dann die zu Lande gemachten absoten Bestimmungen, endlich die Beobachtungen zur See. Was die letzteren betrifft, so habe ich nicht die an einzelnen Stellen beobachteten Werthe angeführt, sondern diese in Gruppen zusammengestellt, und von jeder Gruppe das arithmetische Mittel gegeben; hiedurch sind die Tabellen ungefähr auf den vierten Theil des Raumes, den sie sonst erfordert hätten, gebracht worden, ohne, wie ich glaube, ihrer Brauchbarkeit Eintrag zu thun.

Ich bemerke noch, dass westlichen Declinationen kein Zeichen vorangesetzt ist, östliche Declinationen aber mit — bezeichnet werden, ferner dass bei Darstellung der täglichen Bewegung der magnetischen Elemente der kleinste Werth (die kleinste westliche Declination, die kleinste Intensität und die kleinste Inclination) von den Beobachtungen der einzelnen Stunden abgezogen ist. Die tägliche Bewegung der Declination und Inclination ist in Minuten, jene der Horizontal-Intensität in Zehntausendstel dieser Intensität ausgedrückt.

Tabelle I.

Tägliche Bewegung der Declination, in Minuten ausgedrückt.

Ort u. mittlere Zeit des Orts.		Januar.	Februar.	März.	April.	Mai.	Juni.	Juli.	August.	Septemb.	October.	Novemb.	Decemb.
A. Göttingen.													
1837	1h — 20h	—	—	—	18′,83	15′,30	15′,56	15′,37	13′,50	12′,30	11′,17	7′,42	5′,38
1838	- - -	8′,18	9′,70	14′.72	17,80	17,03	17,42	15,02	16,25	15,00	10,83	6,13	4,75
1839	- - -	6,55	7,48	11,72	14,00	12,97	13,35	13,82	16.43	13,75	11,10	7.12	4,13
1840	- - -	5,12	8,38	12,47	15,68	12,78	11.53	11.97	11.80	11,23	8.47	4,55	4,97
1841	- - -	4,60	6.68	9,62	13,50	11,60	12,42	10,80	10,03	9,28	7.92	4,22	3,73
1842	- - -	3,85	5,47	9,13	—	—	—	—	—	—	—	—	—
B. Mailand.													
1837	20h 0′	0,00	0,00	0,00	0,00	0,00	0,00	0,00	0,00	0.00	0,00	1,38	1,82
	22 30	3,07	2.87	6,43	6,47	4,68	7.30	7,68	6,75	7.12	4.02	4.80	3,68
	1 0	9,27	8,15	13,13	17,62	14,47	15,32	14,73	14,12	13.20	11,60	8,92	6,25
	4 30	5,45	4,98	7,27	11,92	10,70	11,43	11,17	8,05	5,87	5 93	5,13	3,62
	7 30	2,97	3,45	5,00	7,40	5,73	6,42	7,07	4,32	2.40	2,25	2,78	2,45
	11 0	0,63	0,78	2,52	5,93	5,18	5.53	5,72	3.58	1.35	0,92	0,00	0,00
1838	20 0	1,78	0,00	0.00	0,00	0,00	0.00	0,00	0,00	0,00	0,00	0,78	2,15
	22 30	4,37	3,55	3,27	5,42	8,20	7,85	8,03	8.33	7,72	4,57	3,90	3,28
	1 0	8,23	9,33	12,78	16,13	16,17	16,48	14,45	15,80	15,00	11,23	7,22	6,48
	4 30	4,12	6,03	8,48	11,50	10.48	11,20	10.45	8,78	8,68	6,28	4,45	3,87
	7 30	1,58	2,48	4,32	6,87	6,75	6,82	6,93	6,13	3,30	3,27	1,72	1,83
	11 0	0,00	0,72	2,90	5,47	6.18	5,87	5,18	4,82	2,07	1,53	0,00	0,00
C. Berlin.													
1836	1h — 20h	—	—	—	—	12.55	15,03	13,33	13,42	12,28	11,15	5,40	5,60
1837	- - -	9,18	7,28	12.58	18,22	15,70	15,97	15,90	12,87	11,33	11,07	6,87	3,98
1838	- - -	5,97	9,93	14,32	16,88	16,65	—	—	—	14,20	10,75	5,57	4,22
1839	- - -	6,00	7,05	11,45	14,17	13,57	13,87	13,82	16,27	—	—	—	—

D. Prag.

1840	12h	17,9	—	—	—	—	4,42	4,15	2,27	2,20	1,10	0,15	0,63	1,55
	14	17,9	—	—	—	—	4,53	3,28	1,93	4.47	2,07	0,47	1,63	2,08
	16	17,9	3.63	—	—	—	3,88	1,78	1,77	0.00	0,93	3,00	3,55	3,28
	17	17,9	3,70	3,23	2,27	3,40	1,83	0,60	0,52	—	—	—	—	—
	18	17,9	4,08	3,28	2,25	1,57	0,60	0,00	0,00	0,25	1,38	2,42	3,43	4,23
	19	17,9	3,70	3,58	1,10	0,00	0,00	0,20	0,02	—	—	—	—	—
	20	17,9	3,43	1,63	0.00	0,18	0,95	0,87	1,18	0,17	0,25	1,20	3,55	4,05
	21	17,9	4,55	1,37	0,93	2,17	2,93	2,73	2,70	—	—	—	—	—
	22	17,9	5,40	4,03	3,70	5,95	6,70	6,02	5,40	4,68	4,87	4,62	5,32	5,70
	23	17,9	6,43	6,23	7,75	10,63	10,23	8,95	8,42	—	—	—	—	—
	0	17,9	7,60	8,45	10,25	13,33	12,90	11,32	11,13	10,07	10,75	8,87	7,33	8,38
	1	17,9	8,18	9.65	11,42	14,80	13,35	12,73	12,18	10.95	10,73	9,38	7,97	8,30
	2	17,9	7,68	10,07	11,42	14,37	12,15	12.22	11,82	11,02	9,95	8,72	6,50	7,63
	3	17,9	6,20	8,40	10,17	12,32	10,48	11.25	9,48	—	—	—	—	—
	4	17,9	5,45	5,80	7,00	9,67	8,43	9,25	7,72	6,77	4,93	4,48	4,30	5,07
	5	17,9	4,90	5,75	5,58	7,07	7,08	7,57	5,48	—	—	—	—	—
	6	17,9	4.22	3,10	4,75	5,92	6,08	6,17	4,95	3,03	1,03	3,52	1,28	3,95
	7	17,9	2,88	2,80	3,48	4,73	5,60	5,30	4,28	—	—	—	—	—
	8	17,9	1,65	2,07	2,73	4,07	5,47	4,90	4,20	2,32	0,10	1,40	2,82	2,33
	9	17,9	1,42	0,00	2,42	3,58	4,97	4,58	3,72	—	—	—	—	—
	10	17,9	0,80	0,38	1,32	3,68	4,45	4,78	3,67	1,63	0,00	0,00	0,00	0,00
	11	17,9	0,00	1,10	1,82	3,32	4,23	4,25	3,08	—	—	—	—	—
1841	12	17,9	0,25	0,00	1,15	2,27	—	—	—	—	—	—	—	—
	14	17,9	2,63	0.50	4,15	1,67	—	—	—	—	—	—	—	—
	16	17,9	2,38	2,72	2,03	2,37	—	—	—	—	—	—	—	—
	18	17,9	2,83	2,32	1,90	2,35	0,00	0,00	0,10	0,00	2,43	3,90	3,88	3,10
	20	17,9	2,37	1,77	1,27	0,00	0,13	0,42	0,00	0,95	1,22	2,78	3,22	3,12
	22	17,9	3,68	3,03	4,95	5,33	5,55	5,58	3,93	5,03	5,45	5,80	4,77	4,28
	0	17,9	6,25	7,32	9,87	12,35	10,67	11,35	8,90	9,90	9,92	9,35	7,02	5,92
	1	17,9	7,05	8,07	9,77	13,03	11,08	12,12	10,10	10,65	10,05	9,65	7,17	6,07
	2	17,9	6,32	8,93	9,37	11,95	10,07	11,70	9,55	9,33	9,48	8,40	6,27	5,05

Ort u. mittlere Zeit des Orts.			Januar.	Februar.	März.	April.	Mai.	Juni.	Juli.	August.	Septemb.	October.	Novemb.	Decemb.
D. Prag.														
1841	4h	17',9	4',18	5',95	5',55	7',93	7',03	8',63	6',77	5',73	3',70	5',73	3',30	1',83
	6	17,9	3,15	4,27	2,78	3,10	4,30	5,57	4,22	2,80	2,90	2,62	2,22	1,17
	8	17,9	1,12	1,40	2,07	3,50	3,28	4,50	2,92	2,12	0,75	0,00	0,00	0,68
	10	17,9	0,00	0,90	0,00	2,88	2,68	3,85	1,92	1,12	0,00	1,57	0,83	0,00
1842	18	17,9	2,55	1,00	1,92	1,93	0,03	0,55	0,82	0,00	0,15	1,73	2,47	1,67
	20	17,9	2,40	1,27	0,68	0,00	0,00	0,00	0,00	0,77	0,33	0,35	1,92	1,38
	22	17,9	3,83	1,53	4,08	4,67	5,00	3,70	3,10	5,23	4,58	3,48	3,43	2,70
	0	17,9	5,95	5,73	8,32	10,12	10,02	8,70	7,32	9,38	8,28	6,82	5,70	4,23
	1	17,9	5,97	5,38	8,90	10,80	10,33	10,07	8,07	9,95	8,25	7,22	5,57	4,18
	2	17,9	4,42	5,55	7,47	9,80	9,80	10,00	8,33	8,90	6,60	6,35	4,43	3,57
	4	17,9	3,50	3,60	5,05	6,05	6,80	7,85	5,80	5,22	2,83	3,95	2,08	2,28
	6	17,9	2,95	2,82	3,58	3,52	3,85	5,03	3,75	2,95	1,73	0,73	2,07	1,62
	8	17,9	1,47	0,90	1,95	2,08	3,67	2,80	2,67	2,53	0,00	0,53	0,73	0,00
	10	17,9	0,00	0,00	0,00	0,87	3,12	2,85	0,10	1,95	0,42	0,00	0,00	0,28
1843	18	17,9	1,22	1,80	1,17	1,25	0,67	0,35	0,22	0,58	0,77	1,62	1,00	1,87
	20	17,9	0,68	1,87	0,00	0,00	0,00	0,00	0,00	0,00	0,33	0,27	0,67	1,72
	22	17,9	1,87	3,55	2,23	3,97	4,47	3,90	3,43	4,33	3,83	3,70	2,43	2,95
	0	17,9	3,97	5,57	6,67	9,15	9,22	9,23	8,43	9,83	8,70	7,70	4,62	4,52
	1	17,9	4,57	6,00	7,13	9,95	9,62	10,33	9,47	10,23	9,10	7,15	4,13	4,47
	2	17,9	3,73	5,70	7,00	9,30	9,03	10,33*	9,45	8,42	7,82	6,00	3,25	3,87
	4	17,9	1,80	3,48	4,30	5,68	5,58	6,98	6,08	5,43	4,45	2,95	2,40	2,47
	6	17,9	1,30	2,55	2,22	2,48	3,50	3,87	3,45	2,72	2,92	1,67	0,20	0,80
	8	17,9	0,15	0,75	0,73	1,57	2,67	3,62	2,63	2,23	0,38	0,92	0,00	0,03
	10	17,9	0,00	0,00	0,68	1,20	2,33	3,22	1,32	2,92	0,00	0,00	0,10	0,00
1844	18	17,9	1,37	0,88	1,43	1,75	0,39	0,00	0,00	0,01	0,71	3,00	3,20	1,22
	20	17,9	1,70	1,37	0,00	0,00	0,00	0,00	0,44	0,00	0,43	1,37	3,09	1,76
	22	17,9	2,95	3,50	3,24	3,73	4,05	4,63	4,92	5,61	5,48	4,60	4,65	2,49

*) Vielleicht ein Druckfehler in den Prager Beobachtungen H. IV. S. 75.

	0	17,9	4,30	5,08	7,12	9,03	8,28	9,14	8,87	9,54	8,86	7,80	6,58	4,48
	1	17,9	4,24	4,70	7,33	10,13	8,89	9,30	9,55	9,56	8,47	7,84	6,65	4,53
	2	17,9	2,69	4,02	7,46	9,17	8,39	9,14	9,40	8,60	7,05	7,26	4,90	3,63
	4	17,9	2,07	2,02	3,06	5,60	5,76	6,26	6,24	5,03	2,84	3,85	3,07	1,60
	6	17,9	1,17	1,65	0,84	2,91	3,54	4,12	4,39	3,23	1,66	2,65	2,41	1,92
	8	17,9	0,47	0,00	0,49	1,92	2,86	3,87	2,95	2,20	0,00	0,98	0,60	0,68
	10	17,9	0,00	0,80	0,24	1,93	2,24	3,29	2,97	1,58	0,66	0,00	0,00	0,00
E. München. 1842	14h	6,7	2,27	0,32	1,30	1,29	1,39	2,47	1,99	1,75	0,77	2,49	1,80	1,33
	16	6,7	2,52	1,01	1,28	1,34	1,80	1,77	1,83	0,85	0,78	2,29	2,69	1,84
	18	6,7	2,48	1,12	1,35	1,89	0,49	0,66	1,53	0,44	0,58	2,22	2,44	1,53
	19	6,7	2,48	1,53	0,51	0,51	0,00	0,05	0,00	0,00	0,00	1,19	2,09	1,42
	20	6,7	2,35	1,61	0,08	0,00	0,30	0,00	0,10	0,31	0,27	0,27	2,00	1,36
	21	6,7	2,79	1,88	0,92	0,78	1,75	1,12	1,18	1,61	1,84	0,54	2,02	1,43
	22	6,7	3,66	2,76	3,06	3,26	3,63	3,17	3,28	4,41	4,01	2,78	2,97	2,28
	23	6,7	4,64	4,20	5,54	6,17	6,94	5,94	5,48	6,51	6,15	5,16	4,59	3,04
	0	6,7	5,62	5,76	7,67	8,97	9,41	8,28	7,55	8,31	7,94	6,67	5,63	3,83
	1	6,7	6,01	6,35	8,42	10,33	9,62	9,77	8,48	9,35	7,98	7,31	5,96	4,18
	2	6,7	4,68	6,03	7,43	9,65	9,14	9,94	8,80	8,49	6,94	6,79	4,60	3,59
	3	6,7	3,85	5,16	6,29	7,87	7,77	8,68	8,32	7,07	5,27	5,07	3,57	2,84
	4	6,7	3,54	3,99	4,48	5,75	6,35	7,97	6,96	5,23	3,34	4,23	2,67	2,33
	5	6,7	3,40	2,29	3,45	4,25	5,17	6,49	5,76	3,83	2,39	2,96	2,51	1,88
	6	6,7	3,07	2,98	3,07	3,15	3,68	5,16	4,80	2,65	2,15	1,89	2,35	1,34
	8	6,7	1,52	1,09	1,46	2,08	3,45	2,85	3,28	2,68	0,25	1,08	1,23	0,29
	10	6,7	0,00	0,41	0,00	1,48	3,12	2,94	1,09	1,91	0,71	0,00	0,00	0,00
	12	6,7	0,81	0,00	0,42	1,62	2,68	1,82	1,23	1,67	0,21	0,85	0,87	0,79
1843	13	6,7	0,65	0,80	1,15	2,05	2,10	3,02	1,99	2,82	1,21	0,45	0.84	1,10
	14	6,7	1,21	0,96	1,91	2,15	2,06	2,55	1,77	2,15	1,85	1,12	1,52	1,89
	16	6,7	2,05	0,99	0,90	1,46	1,97	2,01	1,68	1,84	1,63	1,89	1,42	1,73
	18	6,7	1,73	0,87	1,19	0,69	1,04	0,57	0,65	0,80	0,76	1,47	1,08	1,77
	19	6,7	1,60	1,13	1,00	0,50	0,01	0,01	0,00	0,00	0,70	0,88	1,20	1,57
	20	6,7	1,21	1,27	0,05	0,00	0,00	0,00	0,38	0,04	0,19	0,07	0,90	1,48

Ort u. mittlere Zeit des Orts.			Januar.	Februar.	März.	April.	Mai.	Juni.	Juli.	August.	Septemb.	October.	Novemb.	Decemb.
E. München.														
1843	21h	6',7	1',06	1',45	0',00	0',77	1',27	0',81	1',43	1',83	0',82	0',28	1',40	2',38
	22	6,7	1,95	2,34	1,52	3,06	4,17	3,34	3,23	4,20	3,21	2,45	2,30	2,40
	23	6,7	3,35	3,76	3,99	6,19	6,67	6,19	6,01	6,93	5,91	5,68	3,58	3,24
	0	6,7	4,11	4,84	6,19	8,57	8,60	8,66	8,31	9,15	8,22	7,11	4,32	4,10
	1	6,7	5,03	5,35	6,92	9,71	9,24	10,14	9,95	10,12	8,92	6,89	4,70	4,27
	2	6,7	4,36	5,08	7,05	9,24	8,99	9,71	9,48	8,90	7,56	5,90	4,52	3,69
	3	6,7	3,16	3,95	6,06	7,43	7,59	8,78	8,24	7,62	6,29	4,30	2,52	2,75
	4	6,7	2,57	2,97	4,63	5,69	5,90	7,02	6,63	5,71	4,62	2,83	2,51	2,48
	5	6,7	2,23	2,67	2,85	4,77	4,48	5,51	5,12	4,17	2,72	2,13	2,50	1,77
	6	6,7	1,76	2,10	2,20	2,82	3,49	4,07	4,00	3,31	2,08	1,81	2,10	1,40
	7	6,7	—	1,28	1,88	2,29	3,25	3,67	3,52	3,11	1,28	0,97	0,86	1,05
	8	6,7	0,80	0,82	1,50	1,71	2,93	3,61	2,90	2,43	0,49	1,00	0,38	0,24
	9	6,7	—	0,29	1,05	1,46	2,95	3,27	2,43	2,36	0,08	0,57	0,00	0,00
	10	6,7	0,69	0,01	0,72	1,05	2,46	3,41	2,02	2,69	0,00	0,00	0,38	0,06
	12	6,7	0,00	0,00	0,88	1,71	1,58	2,88	2,62	2,45	0,64	0,97	0,74	0,93
1844	13	6,7	0,89	0,30	1,34	2,30	1,18	3,14	2,61	1,95	1,44	0,72	0,39	0,88
	14	6,7	1,20	0,68	0,90	1,50	2,29	2,77	2,52	1,94	1,49	0,98	1,15	0,79
	16	6,7	1,68	0,84	0,89	1,73	2,23	2,16	2,11	1,29	1,60	2,33	2,15	2,05
	18	6,7	1,50	1,11	1,18	1,69	1,20	0,61	0,00	0,43	0,94	2,45	2,17	1,82
	19	6,7	1,62	1,28	1,25	0,49	0,02	0,00	0,09	0,00	0,54	1,64	2,28	1,82
	20	6,7	1,55	1,45	0,09	0,00	0,00	0,53	0,33	0,17	0,60	0,71	2,04	1,46
	21	6,7	1,95	1,82	0,10	0,58	1,03	1,97	2,11	2,52	1,86	0,54	2,25	1,50
	22	6,7	2,58	2,48	2,16	2,54	3,13	4,36	4,04	4,98	4,36	2,45	3,13	2,28
	23	6,7	3,40	3,63	4,65	5,41	5,45	7,02	6,47	7,21	7,16	5,09	4,60	3,07
	0	6,7	4,14	4,68	6,47	8,13	7,47	8,94	8,24	9,06	8,87	6,82	5,65	4,22
	1	6,7	4,36	4,88	7,04	9,53	8,42	9,41	8,91	9,45	8,83	7,26	5,98	4,44
	2	6,7	3,17	4,14	7,05	9,24	8,09	8,86	8,96	8,60	7,58	6,58	4,47	3,57
	3	6,7	2,15	3,13	4,73	7,42	6,86	7,99	7,53	7,53	6,25	4,60	3,63	2.66

	4	6,7	2,17	2,02	3,13	5,67	5,57	6,69	6,00	5,35	4,21	3,38	2,52	1,71
	5	6,7	2,08	1,56	2,02	4,14	4,36	5,21	4,77	4,00	2,47	2,74	2,06	2,48
	6	6,7	1,70	1,53	0,95	3,16	3,48	4,46	4,36	3,22	2,25	2,08	1,72	1,65
	7	6,7	0,88	1,45	0,14	—	—	—	—	—	—	—	—	—
	8	6,7	0,88	0,46	0,64	2,27	2,68	4,04	2,80	3,13	0,00	0,70	1,06	0,63
	9	6,7	0,06	0,22	0,45	—	—	—	—	—	—	—	—	—
	10	6,7	0,00	0,00	0,62	1,98	2,11	3,76	2,93	1,96	1,26	0,00	0,02	0,07
	11	6,7	—	—	—	2,18	1,67	3,45	2,62	2,24	1,23	0,04	0,00	0,00
	12	6,7	0,55	0,60	0,00	1,85	1,35	3,10	2,29	1,91	1,86	0,61	0,18	0,23
1845	13	6,7	0,76	0,36	1,46	3,59	3,40	4,24	2,92	2,87	1,51	0,85	1,46	—
	14	6,7	0,84	0,88	1,27	3,13	2,95	3,86	2,41	2,50	1,08	1,40	1,77	—
	16	6,7	1,20	1,39	1,40	2,99	2,95	2,74	2,62	2,94	0,90	1,98	2,02	—
	18	6,7	2,07	0,88	1,59	2,34	0,77	0,40	0,61	0,85	0,34	1,85	1,63	—
	19	6,7	2,36	1,20	0,78	1,22	0,00	0,00	0,13	0,00	0,09	1,03	1,65	—
	20	6,7	2,34	0,93	0,00	0,00	0,06	0,46	0,00	0,90	0,00	0,00	1,25	—
	21	6,7	3,26	1,23	0,35	0,40	2,44	2,11	1,35	2,62	1,87	0,16	1,65	—
	22	6,7	3,86	2,08	1,96	3,33	5,30	5,08	3,75	5,08	4,17	2,41	3,20	—
	23	6,7	4,27	3,58	4,32	6,58	8,13	8,16	6,12	7,89	6,73	5,54	4,69	—
	0	6,7	4,86	5,26	6,82	10,32	10,25	10,31	8,49	10,18	8,58	7,12	5,52	—
	1	6,7	4,54	5,62	8,26	11,93	10,94	11,19	9,44	11,32	8,82	7,34	5,74	—
	2	6,7	3,81	4,78	7,87	11,57	10,07	11,09	9,65	10,88	7,43	6,75	4,60	—
	3	6,7	2,89	3,40	6,32	9,53	9,22	9,84	8,67	9,61	5,48	5,12	3,91	—
	4	6,7	2,78	1,83	3,97	7,38	7,03	8,00	7,06	7,07	3,50	3,90	3,18	—
	5	6,7	2,58	1,93	2,32	5,97	5,45	6,64	5,69	5,29	1,88	3,09	2,38	—
	6	6,7	1,24	1,29	1,64	4,34	4,14	5,37	4,85	4,20	1,59	2,61	1,61	—
	8	6,7	0,54	0,46	1,54	3,65	4,04	4,88	4,07	3,54	0,68	2,08	0,17	—
	10	6,7	0,02	0,00	0,68	3,22	3,76	4,64	3,48	2,60	0,65	1,03	0,00	—
	11	6,7	0,07	0,14	0,83	3,36	3,74	4,59	3,32	2,78	0,88	0,87	0,20	—
	12	6,7	0,00	0,38	1,48	3,44	3,54	4,36	3,13	2,93	0,68	0,47	1,03	—
F. Brüssel.														
1840	21h		—	0,22	0,07	0,00	0,00	0,00	0,47	0,17	0,73	2,17	3,85	3,65
	0		—	7,78	9,88	12,23	10,42	9,30	7,82	8,47	9,82	6,90	6,43	7,30

Ort u. mittlere Zeit des Orts.	Januar.	Februar.	März.	April.	Mai.	Juni.	Juli.	August.	Septemb.	October.	Novemb.	Decemb.
F. Brüssel.												
1840 2h	—	—	10',52	12',90	9',12	9',32	8',28	9',40	9',15	5',80	7',03	6',83
4	—	5',77	6,72	9,27	5,62	7,02	4,72	4,93	4,65	3,63	4,95	5,03
11	—	0,00	0,00	1,82	1,02	1,78	0,00	0,00	0,00	0,00	0,00	0,00
1841 13 37',7	—	—	—	—	—	2,40	0,00	0,05	0,38	1,73	1,15	2,17
15 37,7	—	—	—	—	—	1,87	0,57	1,12	0,28	1,77	1,80	2,98
17 37,7	—	—	—	—	—	0,00	0,43	0,73	1,62	2,05	2,08	2,77
19 37,7	—	—	—	—	—	0,22	0,25	2,17	0,32	1,55	1,77	2,98
20 37,7	3',42	3,45	2,02	0,03	4,82	1,90	2,25	3,35	1,03	1,70	1,77	2,58
21 37,7	—	—	—	—	—	4,77	4,13	5,68	3,55	3,72	2,98	3,63
23 37,7	7,65	8,80	9,20	8,80	12,57	10,35	8,65	10,50	7,90	8,35	5,65	6,18
1 37,7	7,72	9,77	9,35	9,27	12,87	11,23	10,17	10,87	8,12	7,58	5,07	5,40
3 37,7	6,03	6,75	5,93	6,35	10,63	8,65	7,12	7,42	4,73	4,13	2,70	3,60
5 37,7	—	—	—	—	—	5,42	3,70	4,13	2,12	1,52	1,08	2,70
7 37,7	—	—	—	—	—	3,73	2,47	2,13	0,00	0,68	0,18	1,27
9 37,7	—	—	—	—	—	3,33	2,00	2,23	0,03	0,00	0,00	0,00
11 37,7	0,00	0,00	0,00	0,00	1,90	2,98	1,07	0,00	0,10	1,20	0,50	0,65
1842 13 37,7	1,90	1,08	1,05	2,30	2,18	2,85	2,27	0,87	0,28	1,68	0,83	1,37
15 37,7	1,50	0,97	1,08	2,33	1,43	2,17	1,27	0,93	0,68	1,93	1,05	1,48
17 37,7	1,97	1,33	1,30	1,80	0,00	0,73	0,00	0,00	0,47	1,75	0,87	1,42
19 37,7	1,97	2,02	0,33	0,00	0,07	0,00	0,87	0,37	0,60	0,75	0,68	1,23
20 37,7	2,15	2,02	1,05	1,18	1,47	0,98	1,55	1,55	1,62	1,07	0,98	1,33
21 37,7	3,05	3,17	3,17	3,88	4,17	3,35	3,67	3,92	3,52	3,02	1,98	2,45
23 37,7	5,13	6,40	8,17	9,63	9,12	8,48	7,95	7,58	6,53	6,53	4,00	4,00
1 37,7	4,63	6,93	8,20	10,32	9,08	9,63	9,88	7,27	5,97	6,28	3,53	3,72
3 37,7	3,02	4,97	5,00	7,52	6,82	7,87	8,02	4,78	2,68	4,30	2,05	2,17
5 37,7	2,83	3,60	3,20	4,03	4,27	4,93	4,68	2,77	1,02	2,08	1,08	1,70
7 37,7	0,57	1,70	1,52	2,98	3,45	3,53	3,53	2,13	0,35	0,75	0,18	0,40
9 37,7	0,00	0,25	0,00	2,08	3,23	2,80	1,52	1,30	0,50	0,00	0,00	0,00

	11	37,7	0,42	0,00	1,23	2,30	2,83	2,77	2,20	1,27	0,00	1,22	0,83	0,77
1843	13	37,7	0,97	0,65	0,80	2,48	2,20	2,87	1,73	2,80	1,87	0,90	1,25	1,58
	15	37,7	1,12	0,97	1,08	2,00	1,55	2,02	1,43	1,80	1,80	1,40	1,22	1,58
	17	37,7	1,55	1,15	0,83	1,78	0,53	0,37	0,00	0,00	0,47	1,33	1,12	1,47
	19	37,7	1,08	0,90	0,00	0,00	0,00	0,00	0,12	0,28	0,37	0,12	0,68	1,40
	20	37,7	0,78	0,93	0,25	0,75	1,08	1,37	1,33	2,05	1,37	0,00	0,87	1,18
	21	37,7	2,15	2,45	1,67	2,55	3,63	3,70	3,20	4,52	3,78	2,12	1,93	2,18
	23	37,7	4,60	4,92	6,15	9,62	8,27	9,35	8,05	9,27	9,08	6,55	4,42	4,27
	0	37,7	5,32	5,10	7,12	10,27	8,98	10,60	9,45	10,60	9,48	6,52	4,35	4,45
	1	37,7	4,92	5,03	6,83	9,65	8,77	10,88	9,28	9,55	8,33	6,40	3,27	3,80
	3	37,7	2,67	2,37	4,22	5,95	5,85	7,98	6,25	6,35	5,28	2,73	2,48	2,73
	5	37,7	1,65	1,90	2,60	3,45	3,52	4,35	3,88	3,37	2,20	1,65	1,18	1,50
	7	37,7	0,75	0,32	1,55	2,87	2,87	3,92	2,48	2,48	1,22	0,80	0,00	0,40
	9	37,7	0,22	0,18	0,93	2,3	3,02	3,73	2,55	2,65	0,00	0,25	0,10	0,00
	11	37,7	0,00	0,25	1,15	2,51	1,80	2,83	2,40	2,23	1,80	1,15	0,21	0,30
1844	13	37,7	0,50	0,78	1,37	2,23	2,11	—	—	—	—	—	—	—
	15	37,7	1,12	0,85	1,67	2,26	1,21	1,55	1,68	0,58	1,04	1,65	1,31	1,77
	17	37,7	1,03	0,85	1,49	1,36	0,31	0,00	0,00	1,05	0,60	1,25	1,53	1,45
	19	37,7	0,97	1,53	0,04	0,00	0,00	0,25	0,31	0,00	0,00	0,03	1,68	1,38
	20	37,7	1,40	1,78	0,00	0,68	1,46	1,65	1,96	1,48	1,50	0,00	1,75	1,78
	21	37,7	1,87	2,36	1,99	2,71	3,45	3,63	3,88	3,68	4,32	2,08	2,61	2,38
	23	37,7	3,73	4,55	7,09	8,76	7,86	8,73	8,10	8,13	9,10	6,92	5,46	4,68
	1	37,7	4,13	4,73	7,97	10,10	8,61	9,55	8,81	8,93	8,79	7,08	5,50	4,65
	3	37,7	2,72	3,83	7,55	9,70	8,05	9,30	8,88	8,87	7,99	6,73	4,88	3,90
	5	37,7	1,75	2,11	4,45	6,43	5,81	6,86	5,93	6,45	4,17	3,82	2,95	2,70
	7	37,7	1,43	2,18	2,52	4,06	4,13	4,28	3,98	3,32	2,69	2,30	1,76	1,33
	9	37,7	0,75	1,15	2,27	2,58	3,26	3,85	3,16	2,38	1,94	1,12	0,78	0,45
	11	37,7	0,22	0,00	1,09	2,76	2,73	3,63	2,70	2,08	2,15	0,07	0,00	0,00
G. **Greenwich.**														
1842	13^h	20,2	3,98	0,70	1,60	0,70	2,75	1,75	0,72	1,57	0,70	1,80	1,80	1,30
	15	20,2	3,58	1,78	1,60	1,32	2,74	1,46	0,23	0,35	1,12	2,18	2,22	1,80
	17	20,2	3,96	2,35	2,14	2,85	1,14	1,08	2,78	0,40	1,62	2,10	2,27	1,55

Ort u. mittlere Zeit des Orts.	Januar	Februar.	März.	April.	Mai.	Juni.	Juli.	August.	Septemb.	October.	Novemb.	Decemb.
G. Greenwich.												
1842 19h 20',2	3',83	3',75	1',64	1',49	0',00	0' 00	0',00	0',00	2',30	1',72	2',62	2',27
21 20,2	4,90	4,58	5,04	3,95	3,42	1,76	3,35	3,53	5,14	2,95	3,42	2,89
23 20,2	6,80	7,42	8,32	7,27	9,35	6,00	8,08	8,62	9,65	8,05	6,25	5,29
Ab. 1 20,2	7,25	9,52	10,10	10,54	11,27	9,06	10,98	10,37	10,20	9,58	7,08	5,52
3 20,2	4,78	8,17	7,97	7,94	9,05	8,16	9,18	7,45	6,19	7,12	4,27	3,70
5 20,2	3,85	5,75	5,14	4,94	5,52	5,20	6,55	4,07	3,07	4,07	3,08	1,84
7 20,2	2,20	3,32	3,52	2,09	5,49	2,77	4,23	2,60	0,50	2,12	1,82	0,80
9 20,2	0,00	2,27	0,00	0,99	4,50	2,13	1,18	1,13	0,97	0,00	0,00	0,00
11 20,2	0,78	0,00	1,05	0,00	3,22	0,18	1,15	0,95	0,00	1,20	0,57	0,42
H. Makerstoun.												
1842 19h 10',2	0,00	0,00	0,00	0,00	0,00	0,00	0,00	0,00	0,00	0,00	0,00	0,00
22 10,2	0,51	2,05	3,62	4,18	5,01	4,31	3,52	5,55	4,55	2,63	1,36	1,01
1 10,2	2,81	6,28	8,12	9,30	10,46	9,98	8,95	9,35	7,72	7,00	3,58	2,68
4 10,2	1,29	1,77	4,41	5,16	7,71	8,27	6,85	4,62	2,32	2,52	0,00	0,51
I. Genf.												
1842 20h	—	—	—	—	—	0,00	0,00	0,00	0,00	0,00	0,54	1,01
21	—	—	—	—	—	0,81	0,82	1,05	1,19	0,13	0,50	0,88
0	—	—	—	—	—	8,33	6,74	7,93	7,87	6,92	4,53	4,03
1	—	—	—	—	—	9,40	8,17	8,88	8,19	7,71	4,95	4,21
8	—	—	—	—	—	3,57	3,29	2,30	0,42	0,98	0,13	0,38
9	—	—	—	—	—	3,47	3,12	2,27	0,60	0,66	0,00	0,00
1843 20	0,38	0,54	0,35	0,09	—	0,00	0,00	0,00	0,00	0,56	—	—
21	0,00	0,97	0,00	0,00	—	1,33	0,91	1,51	0,58	0,00	—	—
0	3,85	4,54	6,69	8,64	—	11,47	8,03	9,03	8,42	8,12	—	—
1	4,60	5,07	7,65	10,16	—	13,03	9,48	10,11	9,26	8,36	—	—
8	0,39	0,72	1,75	2,93	—	5,05	3,26	2,71	0,98	1,69	—	—
9	0,02	0,00	1,10	2,12	—	4,84	2,96	2,69	0,57	0,76	—	—

K. Cracau.													
1841	1h — 20h	5,97	7,73	9,20	13,27	10,98	11,68	10,25	9,65	9,32	7,92	4,65	4,28
1842	- - -	4,95	5,53	8,62	11,22	10,58	10,55	9,52	9,57	8,53	7,77	5,15	4,48
1843	- - -	4,58	4,77	8,10	10,42	10,05	11,32	11,55	10,27	9,52	7,55	5,05	4,82
1844	- - -	3,33	3,72	7,90	10,60	8,98	9,65	9,23	9,50	8,15	7,05	5,23	5,23
L. Petersburg.													
1841	12h 21',5	0,00	0,13	2,87	2,56	2,74	4,91	2,39	0,84	1,63	1,72	0,58	1,33
	13 21,5	0,44	0,75	1,76	2,87	3,32	3,14	1,94	0,00	0,35		0,67	1,68
	14 21,5	2,34	1,99	2,56	2,12	2,70	2,92	0,13	1,02	0,71	2,92	0,67	2,30
	15 21,5	3,62	1,46	2,78	2,96	1,42	1,72	0,31	1,11	2,25	3,49	0,76	2,79
	16 21,5	4,42	3,31	2,74	1,86	0,49	1,15	0,22	1,11	2,17	3,80	0,67	3,05
	17 21,5	3,67	3,85	2,94	1,99	0,44	0,53	0,00	1,33	2,96	3,36	1,37	3,23
	18 21,5	2,83	2,87	1,28	1,37	0,35	0,00	0,22	1,02	1,77	3,14	0,93	2,87
	19 21,5	3,18	2,12	1,37	0,93	0,00	0,00	0,00	1,15	2,30	2,87	0,76	2,83
	20 21,5	2,87	1,50	1,63	0,00	0,75	0,13	0,13	2,08	2,34	3,00	1,42	3,23
	21 21,5	3,31	2,43	2,83	1,19	0,75	1,90	0,71	1,59	3,18	3,93	2,21	3,71
	22 21,5	4,37	3,67	4,95	4,38	4,77	5,44	0,84	6,06	5,44	4,95	2,35	4,02
	23 21,5	4,81	5,48	7,11	7,43	8,40	8,44	5,52	8,00	7,56	6,23	2,39	3,67
	0 21,5	6,01	6,28	9,23	11,05	10,56	12,16	7,78	10,39	8,22	7,38	1,86	3,67
	1 21,5	6,89	8,53	9,72	12,20	11,89	12,42	9,15	9,90	9,06	6,81	1,99	5,04
	2 21,5	6,98	7,91	8,97	11,80	10,70	11,67	9,28	9,42	7,87	6,54	1,90	4,42
	3 21,5	5,52	8,09	8,26	9,37	8,53	10,39	7,29	6,68	6,94	5,08	1,37	3,49
	4 21,5	4,94	6,59	7,20	7,52	7,07	8,62	6,72	5,17	5,22	2,74	0,76	3,63
	5 21,5	4,68	3,47	4,33	5,70	5,30	6,52	4,82	3,27	1,59	3,14	0,58	2,52
	6 21,5	3,93	2,74	3,67	3,45	2,30	5,13	3,89	2,66	3,23	1,94	0,84	2,43
	7 21,5	2,91	3,36	2,21	3,32	2,30	5,17	3,36	3,01	1,63	0,92	0,40	0,84
	8 21,5	1,46	1,77	3,05	3,36	2,43	5,79	1,50	2,52	0,00	0,84	0,58	0,97
	9 21,5	0,79	0,49	1,72	2,70	5,30	5,22	3,92	2,30	1,06	0,00	0,00	0,44
	10 21,5	0,88	0,00	0,92	2,87	5,13	4,51	2,74	3,10	0,66	1,46	0,53	0,84
	11 21,5	0,17	0,88	0,00	2,03	2,92	4,64	2,34	2,61	1,41	2,12	0,31	0,00
1842	12 21,5	0,40	0,80	1,46	9,24	3,85	3,40	0,09	2,24	0,70	1,59	1,06	1,33
	13 21,5	0,75	1,15	1,90	9,15	3,50	3,00	0,80	2,39	0,53	2,34	1,81	2,12

Ort u. mittlere Zeit des Orts.		Januar.	Februar.	März.	April.	Mai.	Juni.	Juli.	August.	Septemb.	October.	Novemb.	Decemb.
L. Petersburg.													
1842	14h 21′,5	0′,00	0′,93	2′,70	9′,59	3′,05	3′,31	0′,00	1′,86	1′,46	3′,31	2′,30	2′,17
	15 21,5	1,64	0,40	2,25	9,50	2,35	1,63	1,82	2,17	0,92	3,49	3,49	2,61
	16 21,5	1,64	0,40	2,47	9,46	1,73	1,32	0,67	1,24	0,22	3,67	3,27	3,05
	17 21,5	2,48	1,51	2,70	9,24	1,20	0,84	1,02	0,00	0,48	3,80	4,42	3,18
	18 21,5	2,30	1,28	1,86	1,72	0,49	0,57	0,31	0,05	0,44	3,76	4,28	3,14
	19 21,5	2,39	1,55	2,30	0,84	0,00	0,66	0,93	0,49	0,79	2,78	3,84	2,96
	20 21,5	2,61	2,26	2,17	0,27	0,27	0,00	0,53	0,67	0,97	2,47	3,83	2,87
	21 21,5	2,65	2,26	2,70	1,24	1,82	1,63	1,24	2,35	2,25	2,83	3,58	2,96
	22 21,5	3,23	3,36	4,20	3,32	4,42	3,98	2,66	4,07	4,46	4,07	4,33	3,85
	23 21,5	3,54	3,98	6,19	6,28	8,05	6,85	5,31	6,77	6,27	5,58	5,12	4,29
	0 21,5	4,38	4,47	7,42	8,62	10,66	9,55	7,92	9,07	7,64	6,89	5,83	4,73
	1 21,5	4,73	5,35	8,22	10,52	11,85	11,14	9,02	9,64	8,35	7,38	6,14	4,69
	2 21,5	4,02	5,04	8,04	9,50	11,50	11,49	9,02	9,46	7,60	7,38	5,48	4,38
	3 21,5	3,49	5,35	6,98	7,91	10,08	10,65	8,22	7,56	5,70	6,10	4,37	3,80
	4 21,5	3,45	4,51	6,32	6,45	8,76	9,41	7,61	6,02	3,40	4,24	3,71	3,71
	5 21,5	2,96	4,11	5,26	4,86	6,99	8,71	6,37	4,73	1,59	4,51	2,52	3,45
	6 21,5	2,39	2,92	4,99	3,40	5,35	7,11	5,71	2,70	1,85	3,23	2,56	2,61
	7 21,5	2,43	3,45	3,84	2,83	4,91	6,45	4,87	3,14	1,54	0,97	2,43	2,52
	8 21,5	0,71	2,83	2,47	2,34	5,00	5,57	4,20	2,83	0,75	0,71	2,21	1,42
	9 21,5	0,49	1,99	2,12	4,33	4,91	4,24	3,98	3,19	0,00	0,44	1,06	0,22
	10 21,5	0,84	0,00	1,55	0,00	4,65	3,93	2,48	2,97	0,13	0,00	1,01	0,00
	11 21,5	0,27	0,67	0,00	0,40	3,89	3,84	0,58	3,59	0,44	0,84	0,00	1,24
M. Catherinenburg.													
1841	12h 22′,5	—	—	2,12	3,78	3,95	4,18	3,56	1,95	2,01	1,39	0,34	1,62
	13 22,5	—	—	5,18	3,67	3,51	3,84	3,67	2,23	2,39	2,06	0,00	1,51
	14 22,5	—	—	4,68	4,45	2,95	3,57	3,06	1,67	2,17	2,28	1,56	3,01
	15 22,5	—	—	4,12	4,06	3,12	2,45	3,11	1,95	1,28	2,78	1,95	2,73
	16 22,5	—	—	3,67	4,00	2,28	1,84	1,95	2,28	1,89	3,06	3,01	2,90

	17	22,5	—	—	3,56	3,67	1,33	1,45	0,00	1,45	2,00	3,56	3,68	3,18
	18	22,5	—	—	2,56	2,39	0,67	1,28	0,16	0,00	1,67	3,06	3,81	3,56
	19	22,5	—	—	1,73	0,78	0,00	0,00	1,33	0,11	1,11	2,17	3,68	3,56
	20	22,5	—	—	0,00	0,00	1,11	0,06	0,94	0,45	1,17	2,06	3,40	3,45
	21	22,5	—	—	0,17	0,50	1,17	0,89	1,89	1,50	0,89	1,78	2,79	3,56
	22	22,5	—	—	1,48	1,83	3,39	2,68	3,23	3,06	1,17	2,61	3,62	3,95
	23	22,5	—	—	4,12	5,45	6,34	5,29	5,29	4,90	4,01	3,95	3,79	4,29
	0	22,5	—	—	6,74	8,46	9,63	8,58	7,01	7,13	6,07	5,23	4,01	4,40
	1	22,5	—	—	7,52	11,13	11,86	10,91	8,74	6,23	6,18	5,17	3,73	4,23
	2	22,5	—	—	13,25	15,25	12,19	11,75	8,96	8,74	5,62	5,17	3,34	3,23
	3	22,5	—	—	7,13	10,30	10,69	11,30	8,63	7,85	5,62	2,89	2,45	3,01
	4	22,5	—	—	5,29	7,62	8,57	9,63	7,35	7,74	4,57	1,72	2,62	2,79
	5	22,5	—	—	4,12	6,51	6,29	8,02	5,51	3,79	3,56	2,06	1,12	1,28
	6	22,5	—	—	2,62	5,73	5,01	6,74	5,01	3,12	2,06	0,83	0,84	1,56
	7	22,5	—	—	3,34	4,95	4,67	5,46	4,79	2,95	0,00	2,06	1,28	0,95
	8	22,5	—	—	0,72	4,34	4,06	5,46	4,95	2,34	2,28	0,00	0,73	0,67
	9	22,5	—	—	0,84	4,62	4,28	5,29	4,73	2,62	2,12	0,11	1,50	0,00
	10	22,5	—	—	1,39	4,17	4,12	5,24	3,95	2,56	2,01	0,11	1,06	5,56
	11	22,5	—	—	1,45	3,34	4,01	4,68	3,95	2,67	1,73	0,78	0,39	0,28
1842	12	22,5	0,62	0,00	0,78	1,17	3,01	3,07	2,11	3,12	1,62	0,00	0,00	0,27
	13	22,5	0,62	1,22	1,39	1,61	2,89	2,90	1,06	3,62	1,00	0,56	0,28	0,77
	14	22,5	0,28	2,45	1,34	2,61	2,95	2,40	1,11	3,01	1,84	1,23	0,78	1,22
	15	22,5	0,89	1,22	1,11	3,17	2,39	2,34	0,67	2,40	1,34	1,23	0,89	1,16
	16	22,5	0,01	1,72	2,06	2,17	1,89	1,56	0,83	1,79	1,34	1,73	2,00	1,67
	17	22,5	1,56	2,56	1,78	2,17	1,06	0,78	0,61	0,89	1,06	2,23	1,84	1,89
	18	22,5	1,79	2,78	1,28	1,72	0,33	0,23	0,00	0,28	0,06	1,95	1,73	2,17
	19	22,5	2,12	2,56	0,78	0,72	0,00	0,00	0,55	0,00	0,06	1,06	2,23	2,17
	20	22,5	2,23	2,45	0,00	0,00	0,00	0,56	0,28	0,23	0,00	0,78	1,62	1,72
	21	22,5	1,88	3,00	0,89	0,11	0,89	1,90	1,39	1,95	0,78	0,73	1,06	1,50
	22	22,5	2,49	3,61	2,39	2,39	2,84	2,01	2,89	3,34	2,12	2,06	1,62	1,55
	23	22,5	2,84	3,95	4,40	5,12	5,34	4,62	1,56	5,13	4,01	2,62	2,00	1,72
	0	22,5	3,40	4,45	6,01	8,07	7,74	7,41	4,95	6,85	5,62	4,18	2,73	2,44

Ort u. mittlere Zeit des Orts.			Januar.	Februar.	März.	April.	Mai.	Juni.	Juli.	August.	Septemb.	October.	Novemb.	Decemb.
M. Catherinenburg.														
1842	1h	22′,5	3′,40	4′,23	6′,29	9′,85	8′,35	8′,08	6′,45	8′,02	6′,07	4′,40	2′,84	2′,89
	2	22,5	2,45	4,17	5,68	9,79	10,02	9,13	7,23	8,02	5,35	4,07	2,62	2,39
	3	22,5	2,06	3,61	4,68	8,74	9,02	9,30	7,29	7,18	5,23	3,34	1,73	1,72
	4	22,5	1,51	2,84	4,01	6,45	8,13	7,74	5,84	5,96	3,45	2,90	1,28	1,72
	5	22,5	1,62	2,56	3,23	4,90	6,40	6,46	5,01	4,62	1,84	2,12	0,72	1,22
	6	22,5	1,01	2,00	2,84	4,28	4,90	5,29	4,45	3,62	2,01	1,67	0,89	1,33
	7	22,5	1,17	1,76	2,67	3,67	4,29	5,46	4,67	3,23	1,56	1,45	0,56	1,22
	8	22,5	0,56	1,28	1,89	3,00	4,23	5,18	4,06	3,23	1,34	1,00	0,00	0,83
	9	22,5	0,39	0,89	1,78	2,67	3,56	4,68	3,39	3,34	1,23	0,62	0,00	0,89
	10	22,5	0,06	0,11	1,28	2,11	3,51	3,73	3,34	2,79	0,95	0,17	0,17	0,16
	11	22,5	0,00	0,94	0,83	2,61	3,28	3,51	2,67	3,12	1,34	0,34	0,06	0,00
N. Barnaul.														
1842	12h	54′	0,70	0,76	1,57	3,38	3,09	3,32	3,31	2,68	2,10	0,46	0,06	0,00
	13	54	0,82	0,70	1,81	3,03	2,80	3,09	3,08	3,20	1,86	1,05	0,41	0,23
	14	54	0,64	0,53	2,15	2,91	2,80	2,91	3,02	3,32	1,80	1,05	0,35	0,52
	15	54	1,11	0,93	2,04	3,38	2,45	4,77	2,79	2,85	2,21	1,34	0,76	0,52
	16	54	0,64	1,46	2,27	3,55	1,63	2,15	1,05	2,04	2,04	1,45	0,76	1,22
	17	54	1,29	0,92	2,27	2,45	0,93	1,75	0,17	0,87	1,34	1,80	1,40	1,57
	18	54	1,75	2,27	1,81	1,69	0,12	0,41	0,11	0,41	0,58	1,39	1,46	1,22
	19	54	1,81	1,98	0,58	0,41	0,00	0,00	0,00	0,00	0,00	0,52	1,05	1,10
	20	54	1,69	1,52	0,00	0,00	0,82	0,41	0,87	0,58	0,52	0,00	0,58	0,64
	21	54	1,40	1,98	0,93	0,76	2,39	1,98	1,92	1,92	1,34	0,17	0,76	0,23
	22	54	1,57	2,45	2,27	2,85	4,48	3,96	3,55	3,96	2,97	0,87	2,04	0,46
	23	54	1,45	2,56	3,96	5,18	6,46	6,17	5,58	5,12	2,72	1,86	1,57	1,16
	0	54	2,10	2,45	5,00	7,04	7,91	7,85	6,57	5,64	4,36	3,43	2,27	1,57
	1	54	2,33	2,68	5,47	7,86	8,38	8,79	6,75	6,34	4,48	3,43	1,98	1,57
	2	54	1,98	2,45	4,77	8,09	7,97	9,16	7,56	6,05	3,90	2,50	2,33	1,51
	3	54	1,22	1,75	3,90	6,93	7,22	7,91	7,39	5,35	2,56	1,86	1,28	1,05

	4	54	1,11	1,92	2,97	5,76	5,24	6,40	5,35	4,54	2,62	1,98	0,53	0,58
	5	54	0,70	1,81	3,09	4,43	4,83	5,41	4,75	3,49	2,10	1,98	0,70	0,58
	6	54	0,12	1,75	3,20	4,48	4,48	5,24	4,42	3,61	1,92	1,98	0,35	0,23
	7	54	1,05	0,93	2,85	4,08	4,31	5,18	4,24	3,37	1,63	1,39	0,41	0,23
	8	54	0,70	0,88	2,56	3,84	4,13	5,64	4,54	3,14	2,04	0,87	1,12	0,35
	9	54	0,24	0,64	2,39	3,79	4,02	5,30	4,54	2,91	1,98	1,10	1,53	0,06
	10	54	0,00	0,41	1,88	3,67	4,02	4,77	4,07	2,97	1,92	0,70	0,00	0,23
	11	54	0,06	0,00	1,51	3,44	3,44	4,13	3,78	2,91	1,63	0,52	0,00	0,17
O. Nertschinsk. 1842	12h	17',6	0,00	0,41	0,97	2,42	3,45	3,96	3,80	3,05	0,98	1,10	0,17	0,17
	13	17,6	0,35	0,00	0,80	2,07	3,39	3,47	3,10	2,71	0,98	1,56	0,00	0,23
	14	17,6	0,81	0,41	0,97	1,96	2,93	2,87	3,22	2,42	0,93	0,75	0,12	0,29
	15	17,6	0,46	0,58	1,09	2,13	2,64	2,18	2,36	2,30	1,21	0,70	0,29	0,58
	16	17,6	0,69	0,58	1,78	2,36	2,07	1,55	2,42	2,08	1,04	0,75	0,69	0,58
	17	17,6	1,38	1,04	2,01	1,90	1,27	0,57	2,36	1,56	0,52	1,62	0,81	1,04
	18	17,6	0,92	1,33	1,78	1,90	0,34	0,00	1,21	0,58	0,47	1,62	1,10	1,21
	19	17,6	0,67	1,85	1,03	1,32	0,00	0,00	0,00	0,00	0,00	0,98	1,15	0,98
	20	17,6	1,84	1,15	0,00	0,00	0,40	0,11	0,58	0,58	0,24	0,00	0,58	0,75
	21	17,6	1,15	1,50	0,34	0,52	1,38	1,38	2,42	2,19	1,10	0,12	0,23	0,35
	22	17,6	1,15	1,96	1,61	1,72	3,39	3,33	4,72	4,38	2,02	1,33	0,58	0,86
	23	17,6	1,78	2,59	3,62	3,91	5,64	5,23	6,15	6,27	3,28	2,36	2,02	1,44
	0	17,6	2,53	2,94	5,17	6,04	7,25	6,90	7,42	7,48	4,32	3,34	2,36	2,30
	1	17,6	2,76	3,34	5,40	7,99	8,22	8,22	8,40	7,94	4,49	3,00	2,25	2,24
	2	17,6	2,01	3,11	5,23	8,51	8,28	8,45	8,74	7,19	3,92	2,13	1,84	1,61
	3	17,6	1,32	2,13	4,42	7,88	7,76	8,11	7,82	6,16	2,94	2,19	1,15	0,98
	4	17,6	1,32	1,79	3,10	6,32	6,84	6,78	6,33	4,78	1,27	1,92	1,15	0,75
	5	17,6	1,38	1,73	2,47	5,29	5,41	5,35	5,64	4,32	1,04	2,08	0,94	0,75
	6	17,6	1,38	2,25	2,70	3,97	4,49	4,08	4,37	3,34	1,21	1,92	0,98	0,75
	7	17,6	0,63	1,96	2,58	3,57	4,08	4,25	3,80	3,80	1,90	2,13	0,81	0,29
	8	17,6	0,23	0,75	2,58	3,22	4,49	4,08	4,37	3,63	1,73	1,73	0,87	0,52
	9	17,6	0,52	0,52	2,24	2,99	4,26	4,31	4,66	3,86	1,50	1,79	0,46	0,17
	10	17,6	0,23	0,12	1,61	2,82	4,26	4,48	4,60	3,69	1,27	1,27	0,29	0,11

Ort u. mittlere Zeit des Orts.	Januar.	Februar.	ärz.	April.	Mai.	Juni.	Juli.	August.	Septemb.	October.	Novemb.	Decemb.
O. Nertschinsk.												
1842 11h 17′,6	0′,35	0′,52	1′,55	2′,47	4′,03	4′,37	4′,20	3′,34	1′,44	1′,04	0′,29	0′,00
P. Toronto.												
1841 13h 57′,5	1,27	2,95	3,00	2,23	4,31	6,41	4,97	5,06	2,36	0,40	1,01	2,62
15 57,5	1,54	2,14	2,54	2,06	3,30	5,14	4,73	5,86	2,16	0,41	0,98	2,12
17 57,5	3,20	0,05	1,83	0,73	0,00	0,72	1,59	1,20	0,54	1,56	2,65	1,24
19 57,5	1,30	0,88	0,00	0,00	0,33	0,00	0,00	0,00	0,00	0,00	0,28	2,40
21 57,5	0,37	0,56	3,16	3,09	3,42	6,12	4,30	5,55	4,61	1,30	2,45	2,39
23 57,5	4,36	4,87	8,47	9,15	9,23	11,09	11,50	12,76	8,77	6,61	5,93	5,94
1 57,5	6,46	7,36	9,84	11,11	10,95	12,08	13,12	13,37	9,78	7,10	6,08	6,78
3 57,5	5,83	5,93	7,89	8,62	8,84	9,82	10,34	9,74	6,38	4,54	4,06	4,14
5 57,5	3,60	4,32	5,04	5,66	5,64	6,19	7,37	8,41	4,97	2,00	1,38	0,33
7 57,5	0,83	1,07	3,94	3,68	4,16	6,72	5,91	4,16	2,38	0,48	0,00	0,00
9 57,5	0,00	0,00	2,98	2,35	3,71	5,81	4,16	2,26	3,23	0,45	1,01	1,16
11 57,5	0,72	1,86	3,37	2,96	3,89	4,86	3,39	5,71	1,81	1,04	0,00	1,43
1842 13 57,5	2,81	1,46	2,88	2,17	3,39	5,36	6,47	5,50	3,75	4,87	2,17	1,63
15 57,5	2,95	1,39	2,52	0,00	3,01	4,69	6,15	4,08	2,01	3,46	1,01	1,29
17 57,5	2,76	0,44	2,66	1,44	0,31	0,70	2,74	0,88	0,28	2,91	1,00	1,01
19 57,5	0,00	0,00	0,00	0,85	0,00	0,00	0,00	0,00	0,00	0,00	0,00	0,00
21 57,5	1,85	0,41	1,22	3,64	4,53	3,81	4,39	6,85	4,66	3,08	2,10	0,16
23 57,5	6,37	4,29	7,25	8,44	9,48	9,86	10,59	12,00	9,67	7,92	5,70	4,07
1 57,5	6,93	5,49	8,99	9,49	9,73	11,90	12,28	11,13	9,63	8,19	5,53	4,56
3 57,5	5,16	4,78	7,59	8,51	7,00	9,32	10,06	7,21	6,36	6,24	3,23	2,89
5 57,5	2,90	3,01	5,49	6,05	4,57	6,54	7,09	5,38	4,74	4,54	1,11	1,33
7 57,5	1,49	1,36	3,24	5,29	4,38	5,17	3,91	4,44	2,66	3,14	0,29	0,54
9 57,5	0,93	0,35	2,32	4,51	3,51	4,61	4,46	4,97	3,69	1,98	0,21	0,11
11 57,5	2,42	0,73	2,21	4,00	3,77	4,65	3,64	4,62	3,16	4,14	0,73	1,47
Q. Vandiemens-Insel.												
1841 12h 10′	4,59	1,39	2,85	1,10	0,25	0,37	0,55	0,50	1,38	2,32	2,63	2,83

14 10	4,03	1,70	2,91	2,43	1,10	0,83	0,74	0,60	0,75	4,19	4,00	3,15
16 10	4,02	2,02	3,75	2,24	1,82	1,53	2,64	1,64	2,98	4,00	4,22	3,51
18 10	2,00	0,13	2,54	2,51	1,64	1,44	1,82	2,04	2,61	2,69	2,35	2,35
20 10	0,00	0,00	0,00	0,56	1,48	1,70	1,55	1,93	0,55	0,00	0,00	0,00
22 10	1,82	1,64	1,76	0,00	0,00	0,97	0,00	0,84	0,00	1,38	1,40	1,61
0 10	9,01	6,42	7,47	3,74	1,83	1,81	2,27	2,87	3,91	7,26	7,48	7,55
2 10	12,77	8,42	10,07	6,74	4,73	3,58	4,76	5,08	7,00	10,49	11,14	11,36
4 10	10,35	7,31	8,29	5,20	4,25	3,07	3,95	5,03	6,10	9,16	9,73	9,94
6 10	7,72	5,32	5,22	2,84	2,46	1,72	1,97	2,97	3,14	5,89	7,06	7,33
8 10	6,29	4,34	3,86	1,61	0,32	0,72	1,05	1,22	1,16	3,91	4,20	5,66
10 10	4,34	2,67	2,83	0,89	0,17	0,00	0,02	0,00	0,63	2,45	2,09	4,24

Tabelle II.

Tägliche Bewegung der Horizontal-Intensität, in Zehntausendstel der Horizontal-Intensität.

Ort u. mittlere Zeit des Orts.	Januar.	Februar.	März.	April.	Mai.	Juni.	Juli.	August.	Septemb.	October.	Novemb.	Decemb.
A. Mailand.												
1837 20h 0'	18,3	6,4	10,8	17,9	2,0	8,2	6,0	11,6	11,8	13,1	10,9	11,0
	—1,32	—1,83	—2,56	—1,22	—1,19	—1,00	—0,83	—0,89	—1,72	—1,67	—2,43	—1,37
21 15	2,7	2,5	2,7	3,9	0,5	0,0	0,0	0,0	0,4	2,6	4,8	3,7
	—0,96	—1,22	—0,79	—0,55	—0,49	0,00	0,00	0,00	—0,70	—0,78	—1,95	—1,04
22 30	2,5	1,9	0,0	0,0	0,0	3,3	11,4	1,3	0,0	0,0	3,6	1,3
	—0,42	—0,63	0,00	0,00	0,00	+0,71	+0,54	+0,73	0,00	0,00	—0,99	—0,52
23 45	0,0	0,0	6,6	9,2	5,9	7,6	12,9	10,9	10,3	8,7	0,0	2,0
	0,00	0,00	+0,42	+0,42	+0,42	+1,40	+1,09	+1,42	+0,70	+0,85	0,00	—0,11
1 0	6,0	0,3	7,6	9,5	5,3	10,1	16,6	10,4	17,9	16,2	1,4	1,3
	+0,31	+0,10	+0,94	+0,74	+0,82	+1,91	+1,72	+1,75	+0,95	+1,06	—0,01	+0,16
2 45	9,6	4,3	11,0	17,2	10,8	19,3	22,6	16,0	19,3	17,0	5,9	4,2
	+0,45	+0,82	+1,13	+0,90	+1,13	+2,48	+2,53	+2,16	+1,25	+1,34	+0,05	+0,32

Ort u. mittlere Zeit des Orts.	Januar.	Februar.	März.	April.	Mai.	Juni.	Juli.	August.	Septemb.	October.	Novemb.	Decemb.
A. Mailand.												
1837 4h 30′	15,6	4,0	14,4	21,4	15,3	26,6	27,1	20,1	19,7	16,0	0,5	0,0
	+0,14	+0,18	+0,71	+0,44	+0,99	+2,35	+2,23	+1,86	+0,78	+0,78	−0,35	0,00
6 0	16,2	2,9	20,1	23,6	20,2	26,8	33,0	30,0	25,6	21,1	5,1	5,8
	−0,18	−0,26	+0,28	−0,01	+0,59	+1,41	+1,64	+1,63	+0,23	+0,20	−0,96	−0,23
7 30	18,9	4,6	18,5	27,0	22,6	29,6	33,6	32,2	27,1	22,0	6,8	2,5
	−0,51	−0,66	−0,24	−0,58	−0,18	+1,31	+0,35	+0,27	−0,56	−0,41	−1,19	−0,34
9 15	16,1	5,0	23,0	27,9	14,9	25,9	31,5	31,0	27,6	25,3	5,8	4,7
	−0,81	−1,05	−0,68	−1,05	−1,20	−0,70	−0,81	−0,63	−1,48	−1,02	−1,67	−0,50
11 0	17,9	5,2	23,2	26,1	17,2	26,8	29,6	29,9	29,1	24,1	11,4	6,5
	−0,95	−1,32	−0,87	−1,38	−1,64	−1,51	−1,62	−1,42	−2,34	−1,68	−2,07	−0,67
Nacht	19,7	8,7	19,8	23,0	10,9	23,9	24,7	26,3	25,3	25,1	13,5	10,2
	−1,11	−1,74	−1,40	−1,70	−1,94	−1,78	−1,43	−1,19	−2,67	−1,87	−2,28	−0,95
1838 20 0	14,6	18,1	14,5	17,0	4,9	0,0	1,2	3,6	15,2	13,9	12,4	10,2
	−1,18	−1,24	−1,77	−2,19	−0,96	0,00	−1,52	−0,97	−1,79	−2,05	−2,14	−1,32
21 15	5,9	7,0	6,3	6,2	0,0	0,1	0,7	0,0	5,9	16,4	3,9	5,3
	−0,68	−0,75	−0,97	−0,94	0,00	+0,84	−0,56	0,00	−0,90	−0,99	−1,66	−0,80
22 30	0,0	0,0	0,0	0,0	0,7	0,9	0,0	0,5	0,0	0,0	1,8	0,0
	0,00	0,00	0,00	0,00	+0,85	+1,48	0,00	+0,92	0,00	0,00	−0,88	0,00
23 45	6,0	1,3	3,9	3,4	5,2	9,2	8,1	9,4	11,5	4,8	0,6	1,3
	+0,49	+0,57	+0,69	+0,79	+1,57	+2,00	+0,52	+1,69	+0,70	+0,72	−0,29	+0,61
1 0	5,7	4,6	7,3	6,1	5,4	13,1	10,1	16,8	15,5	3,7	0,0	1,9
	+0,64	+0,81	+1,08	+1,09	+2,38	+2,35	+2,37	+2,28	+1,12	+1,42	0,00	+0,87
2 45	11,0	5,2	12,2	12,4	10,5	19,2	18,2	20,9	19,6	10,3	3,8	3,9
	+0,57	+0,86	+1,25	+1,18	+2,81	+2,67	+1,76	+2,72	+1,32	+1,80	+0,15	+0,96
4 30	11,2	4,7	15,3	15,9	14,9	19,6	16,7	20,8	18,2	8,9	6,7	3,5
	+0,11	+0,63	+0,87	+0,45	+2,59	+2,95	+1,96	+2,65	+1,05	+1,23	+0,32	+0,68
6 0	13,9	11,2	16,0	21,2	19,5	22,2	20,7	23,1	23,5	14,7	9,1	4,7
	−1,09	−0,09	+0,48	−0,15	+1,08	+2,78	+1,31	+2,12	+0,40	+0,15	−0,44	+0,14

	7	30	13,1	8,0	17,0	20,2	18,9	18,9	22,1	22,1	28,5	16,7	11,4	4,9
			−0,49	−0,37	+0,09	−1,10	−0,02	+1,02	+0,14	+0,87	−0,38	−0,52	−0,95	−0,35
	9	15	13,7	9,5	17,0	19,7	10,6	23,7	21,7	22,2	27,1	18,4	11,9	4,7
			−0,70	−0,68	−0,47	−2,20	−1,09	−0,42	−1,25	−0,39	−1,04	−1,27	−1,42	−0,81
	11	0	13,4	13,3	16,2	20,9	15,2	20,9	18,6	18,1	23,7	18,2	11,2	3,6
			−0,88	−0,92	−1,00	−2,91	−1,86	−0,66	−2,47	−1,33	−1,79	−1,95	−1,40	−1,14
	Nacht		16,8	17,7	17,7	19,7	14,9	18,3	15,4	17,7	21,4	19,2	13,7	7,1
			−1,05	−1,04	−1,44	−3,36	−2,00	−1,11	−2,69	−1,59	−2,14	−2,18	−1,51	−1,22
B. München.														
1842	14h	6,7	0,52	3,17	6,44*	14,04	8,26	10,28	14,51	11,95	11,86	10,34	5,94	1,73
	16	6,7	1,91	3,86	6,96	12,30	7,38	12,17	12,84	9,70	11,39	11,17	7,55	3,41
	18	6,7	3,90	4,99	6,68	11,06	5,76	4,61	9,02	8,72	8,66	10,70	7,00	4,93
	19	6,7	4,94	5,11	5,26	8,65	3,60	1,37	7,75	4,68	5,62	9,17	6,65	4,52
	20	6,7	4,06	4,20	3,65	5,21	1,19	0,37	4,08	0,65	2,33	5,81	5,52	3,70
	21	6,7	2,00	2,76	0,79	2,29	0,00	0,30	0,00	0,00	0,95	2,69	2,99	1,42
	22	6,7	0,00	0,78	0,00	0,73	0,61	0,00	1,86	1,42	0,00	0,00	0,00	0,00
	23	6,7	0,29	0,00	0,60	0,00	4,44	2,69	3,86	3,13	2,46	0,84	0,02	0,00
	0	6,7	2,17	0,53	2,96	4,16	6,35	5,76	6,08	8,06	7,67	3,10	0,59	0,49
	1	6,7	2,80	1,51	4,87	8,88	7,08	7,76	8,17	11,86	11,08	5,50	2,12	1,54
	2	6,7	3,40	2,78	6,47	10,46	8,54	10,94	12,32	12,54	13,19	7,69	1,10	1,40
	3	6,7	2,48	1,75	7,26	13,90	10,60	13,63	13,57	13,61	13,15	6,82	1,14	2,04
	4	6,7	1,48	1,28	6,12	13,60	9,74	13,82	15,68	14,32	11,59	6,59	1,25	1,60
	5	6,7	1,18	0,60	6,92	13,22	9,13	13,06	16,30	12,98	12,07	8,28	2,89	1,60
	6	6,7	1,79	2,50	6,82	13,90	11,50	14,16	17,16	14,58	13,69	9,06	4,13	2,42
	8	6,7	1,78	3,95	7,13	17,96	12,28	13,48	18,54	18,70	16,69	9,89	6,44	0,94
	10	6,7	1,36	2,18	7,08	15,37	12,46	13,66	16,72	19,03	14,83	11,36	4,26	1,15
	12	6,7	0,68	2,98	5,72	16,02	11,10	11,45	14,75	16,32	14,11	9,92	4,97	1,92
1843	13	6,7	2,60	3,71	7,61	9,92	11,03	13,62	15,76	17,83	14,56	12,31	4,49	1,94
	14	6,7	2,74	2,63	7,64	9,72	10,08	12,12	14,81	15,96	15,07	11,74	5,28	2,41
	16	6,7	4,08	2,46	6,80	8,22	9,46	12,05	13,97	15,59	14,60	12,05	6,08	4,99
	18	6,7	5,84	2,99	7,34	8,56	7,46	10,52	11,75	11,62	13,09	13,31	6,35	6,01

Den 17. und 18. in den Mitteln ausgelassen.

Ort u. mittlere Zeit des Orts.			Januar.	Februar.	März.	April.	Mai.	Juni.	Juli.	August.	Septemb.	October.	Novemb.	Decemb.
B. München.														
1843	19h	6′,7	6′,25	3′,46	7′,52	8′,44	4′,07	8′,17	9′,66	10′,08	9′,98	11′,22	7′,00	7′,43
	20	6,7	5,71	3,48	5,70	5,72	1,48	4,72	6,18	5,21	6,01	6,49	4,91	7,13
	21	6,7	3,06	1,73	3,16	1,48	0,00	1,32	2,77	1,98	2,48	2,93	2,09	4,26
	22	6,7	0,96	1,22	0,34	0,00	1,14	0,00	0,00	0,00	0,00	0,00	0,36	1,01
	23	6,7	0,16	0,00	0,00	1,74	2,77	0,94	0,11	2,57	1,10	0,56	0,00	0,73
	0	6,7	0,00	0,76	2,64	4,68	6,22	3,67	3,37	7,79	7,37	2,47	1,46	1,82
	1	6,7	2,06	2,36	4,62	7,14	9,22	8,53	7,36	11,21	9,36	5,04	3,72	1,67
	2	6,7	2,88	2,76	5,96	8,21	11,91	11,52	9,38	13,21	9,62	7,14	2,72	1,64
	3	6,7	3,79	1,85	4,19	7,84	11,77	13,12	14,03	15,49	10,88	7,74	2,66	0,80
	4	6,7	3,92	1,62	5,42	8,30	11,93	13,24	14,10	16,02	11,47	6,80	2,45	1,50
	5	6,7	2,78	1,46	4,60	8,44	12,94	13,64	14,98	16,13	10,91	8,12	3,02	0,22
	6	6,7	2,78	0,88	4,19	8,68	13,54	13,45	15,73	16,87	11,44	10,10	4,30	0,48
	7	6,7	—	3,08	4,31	8,08	14,84	15,78	15,58	18,70	15,43	12,98	4,09	0,00
	8	6,7	3,08	2,74	5,04	8,99	13,94	16,21	15,55	18,97	14,34	11,80	3,77	1,04
	9	6,7	—	4,19	6,17	9,19	13,19	16,30	16,60	19,38	16,30	12,20	3,66	1,43
	10	6,7	3,08	3,61	6,52	9,97	13,00	16,22	16,67	19,56	17,63	13,15	3,86	1,55
	12	6,7	3,49	4,27	5,83	10,22	11,45	15,46	15,70	17,05	14,75	11,98	4,37	3,59
1844	13	6,7	3,07	2,02	8,87	14,04	10,52	12,86	13,78	17,92	14,52	12,23	4,94	3,48
	14	6,7	2,75	0,72	5,74	13,11	9,74	12,91	13,52	16,30	13,64	12,31	4,55	3,47
	16	6,7	5,03	2,00	7,04	10,39	8,40	12,43	13,55	14,88	14,74	14,52	6,23	5,08
	18	6,7	6,72	3,94	7,39	12,36	7,63	9,64	9,82	11,15	13,43	13,01	6,24	7,08
	19	6,7	7,02	3,82	7,00	8,84	5,02	7,06	7,58	8,60	10,12	10,72	7,50	6,98
	20	6,7	6,23	3,71	5,30	5,38	2,76	4,07	3,95	3,04	4,86	7,03	5,44	7,14
	21	6,7	4,08	2,95	1,78	1,52	0,00	1,28	1,21	0,00	0,48	2,53	4,14	5,08
	22	6,7	2,14	1,91	0,34	0,00	0,97	0,00	0,00	1,26	0,00	0,00	2,35	3,76
	23	6,7	0,00	1,14	0,00	1,94	3,02	3,85	1,64	4,27	1,09	0,32	1,74	2,94
	0	6,7	1,93	1,09	2,39	4,37	5,69	5,29	5,05	8,83	4,99	5,22	1,85	3,56
	1	6,7	3,48	1,93	4,04	6,55	7,76	8,42	9,18	11,33	8,90	6,22	3,31	3,78

	2	6,7	4,02	3,59	5,46	9,92	8,57	10,28	12,07	14,00	10,94	8,10	1,62	0,72
	3	6,7	3,91	2,41	4,16	10,12	9,86	13,32	13,66	15,85	10,45	7,56	1,31	0,46
	4	6,7	3,12	9,35	5,32	9,35	8,90	12,54	12,73	16,50	8,74	6,94	0,41	0,08
	5	6,7	3,31	0,00	4,88	10,37	12,12	12,20	12,47	15,05	9,59	9,08	0,00	0,00
	6	6,7	3,04	0,31	6,77	12,02	12,44	14,12	13,92	17,38	10,60	10,39	1,55	1,58
	7	6,7	3,07	0,94	8,90	—	—	—	—	—	—	—	—	—
	8	6,7	2,59	2,22	9,65	14,09	15,35	16,31	17,74	20,40	12,96	9,96	4,49	0,53
	9	6,7	2,87	2,12	10,99	—	—	—	—	—	—	—	—	—
	10	6,7	2,82	3,38	10,31	14,39	13,09	15,26	15,42	19,87	14,66	12,38	4,02	1,79
	11	6,7	—	—	—	14,77	12,98	15,34	15,37	19,87	14,71	12,91	3,71	1,75
	12	6,7	3,02	1,79	8,21	14,21	11,59	13,50	14,36	18,73	14,77	13,09	4,12	2,82
1845	13	6,7	0,65	5,98	11,54		12,18	15,92	14,14	18,48	14,64	10,72	5,99	—
	14	6,7	0,82	5,04	11,15		12,29	15,20	13,50	17,51	15,06	11,22	6,42	—
	16	6,7	3,85	4,54	11,15		10,97	15,17	13,22	16,80	13,75	11,77	8,28	—
	18	6,7	5,56	6,52	9,84		7,15	11,30	9,23	13,48	12,02	11,64	9,34	—
	19	6,7	5,94	7,39	9,64	11,88	4,22	7,08	6,44	8,99	7,96	9,89	9,37	—
	20	6,7	6,55	5,83	6,88	7,30	1,13	2,56	2,64	1,94	2,24	6,00	7,03	—
	21	6,7	5,30	3,90	3,08	2,47	0,00	0,00	0,00	0,00	0,00	1,08	3,36	—
	22	6,7	4,66	0,00	0,00	0,00	1,15	1,07	0,19	1,07	0,43	0,00	0,00	—
	23	6,7	2,56	1,15	0,44	0,54	3,80	5,10	3,38	4,85	2,00	2,11	0,36	—
	0	6,7	3,97	2,81	5,46	4,37	6,12	9,26	7,85	8,88	6,54	3,89	0,49	—
	1	6,7	5,20	4,40	8,29	8,20	7,92	13,49	10,39	12,62	8,60	5,29	2,41	—
	2	6,7	4,01	3,54	7,72	10,52	8,24	14,57	13,09	16,19	9,38	6,19	2,54	—
	3	6,7	0,96	3,76	9,05	12,48	7,97	17,09	13,43	16,22	8,39	5,17	1,98	—
	4	6,7	0,02	2,17	8,00	12,54	11,45	15,78	13,39	16,12	8,77	5,34	2,87	—
	5	6,7	0,00	1,62	6,89	13,87	11,90	14,57	12,06	15,22	8,64	6,90	3,02	—
	6	6,7	0,66	2,87	7,14	13,01	12,49	15,24	13,09	16,08	10,28	8,45	4,67	—
	8	6,7	1,33	5,45	10,52	16,44	15,07	17,75	15,98	20,50	14,36	10,64	4,78	—
	10	6,7	2,22	6,61	12,43	16,48	13,84	17,50	14,99	20,51	15,01	11,47	5,74	—
	11	6,7	2,75	6,86	12,62	16,30	12,47	16,87	13,93	19,15	14,87	11,34	5,93	—
	12	6,7	3,02	6,97	12,38	15,46	12,17	16,60	14,29	19,94	15,49	11,11	6,40	—

Ort u. mittlere Zeit des Orts.	Januar.	Februar.	März.	April.	Mai.	Juni.	Juli.	August.	Septemb.	October.	Novemb.	Decemb.
C. Greenwich.												
1842 13h 22′,7	0′,65	3′,72	14′,22	23′,96	13′,43	15′,91	15′,85	23′,17	17′,89	15′,65	5′,74	3′,34
15 22,7	0,88	2,69	13,25	21,14	9,68	14,13	12,81	19,48	14,96	12,65	7,91	5,84
17 22,7	5,84	5,97	15,39	21,32	8,60	12,12	12,81	18,89	16,32	12,28	6,77	8,90
19 22,7	6,27	7,71	12,51	17,21	11,33	6,62	9,08	13,12	13,60	17,10	7,13	9,61
21 22,7	2,69	3,16	3,62	3,34	2,16	0,00	0,30	0,00	0,00	3,82	1,84	3,45
23 22,7	0,00	0,00	0,00	0,00	0,00	0,17	0,00	3,85	3,66	0,00	0,00	2,93
1 22,7	5,14	2,54	9,46	11,75	9,45	8,84	14,95	17,41	15,35	8,01	1,45	4,04
3 22,7	5,02	5,43	16,69	24,54	19,76	15,58	21,68	24,53	19,54	15,90	3,09	3,56
5 22,7	3,60	6,61	15,41	24,04	25,00	20,30	25,25	24,46	20,43	16,64	4,96	4,55
7 22,7	3,21	7,55	15,96	29,46	25,86	20,84	26,15	26,62	24,84	17,60	4,86	0,00
9 22,7	2,59	3,86	13,41	23,21	22,27	17,95	20,30	27,33	22,04	18,74	1,62	1,15
11 22,7	1,99	3,29	12,71	25,88	21,21	16,99	21,63	26,09	22,11	18,19	4,65	1,07
D. Christiania.												
1842* 12h 3′,2	4,28	—	—	—	—	—	16,95	17,23	16,13	11,00	4,16	0,71
14 3,2	3,16	—	—	—	—	—	11,32	13,43	13,34	10,54	5,49	1,01
16 3,2	4,50	—	—	—	—	—	13,80	15,44	15,59	10,16	6,31	3,07
18 3,2	7,00	—	—	—	10,10	6,96	9,54	11,96	13,68	14,29	8,17	5,58
20 3,2	6,38	—	—	—	4,08	2,61	4,52	4,76	6,84	8,64	5,43	2,87
22 3,2	2,58	—	—	—	0,00	0,00	0,00	0,00	0,00	0,00	0,00	0,98
0 3,2	0,00	—	—	—	4,33	7,61	6,74	8,56	7,76	2,41	1,09	0,03
2 3,2	4,68	—	—	—	17,01	20,34	20,01	22,22	19,06	10,30	3,86	3,44
4 3,2	5,87	—	—	—	21,94	28,87	27,33	29,44	21,80	10,80	5,67	2,77
6 3,2	4,30	—	—	—	28,79	33,63	29,92	29,04	21,39	12,34	6,47	3,34
8 3,2	4,74	—	—	—	25,05	30,70	29,81	27,55	20,75	10,63	4,46	0,00
10 3,2	3,81	—	—	—	17,78	14,68	22,47	22,07	16,79	13,25	4,68	1,39
E. Petersburg.												
1841 12h 21′,5	—	13,6	7,6	24,9	23,7	23,1	31,7	25,6	15,9	11,4	0,1	2,3

*) Januar für 1843.

	13	21,5	—	5,3	5,4	20,3	25,1	24,6	29,2	23,8	14,3	9,0	1,2	0,7
	14	21,5	—	6,2	4,4	17,8	21,9	24,2	30,9	25,2	11,6	7,3	0,0	1,5
	15	21,5	—	5,9	3,0	19,2	20,8	22,8	32,2	25,2	16,1	8,9	2,1	0,4
	16	21,5	—	2,6	3,9	19,4	20,3	21,4	28,1	25,6	12,8	10,2	6,9	2,5
	17	21,5	—	4,7	7,7	17,9	14,8	19,2	23,7	18,2	14,9	13,3	5,3	7,1
	18	21,5	—	11,2	10,5	18,2	13,8	15,5	21,9	18,6	13,8	15,5	8,5	10,5
	19	21,5	—	14,5	9,2	16,7	9,4	10,4	19,1	12,4	10,4	12,7	7,3	11,2
	20	21,5	—	18,0	6,2	12,9	4,7	6,8	13,1	5,6	4,7	6,9	7,0	8,9
	21	21,5	—	5,3	3,4	6,9	0,5	2,7	11,1	0,0	2,4	0,8	5,9	10,8
	22	21,5	—	13,6	0,0	1,2	0,0	0,0	9,0	1,0	0,2	0,0	4,4	9,1
	23	21,5	—	0,0	2,2	0,0	3,0	5,3	8,9	3,9	0,0	1,6	3,0	7,8
	0	21,5	—	15,2	7,6	5,1	12,3	9,1	0,0	12,1	5,9	8,6	2,6	5,4
	1	21,5	—	15,8	11,6	15,2	26,2	22,4	24,4	25,3	16,3	11,2	3,9	7,9
	2	21,5	—	19,1	17,5	19,3	31,4	32,2	36,4	33,7	27,1	14,4	5,7	6,6
	3	21,5	—	21,1	20,3	24,5	33,8	34,2	39,2	36,2	22,9	14,0	3,6	0,9
	4	21,5	—	19,3	22,1	25,1	36,2	37,1	42,7	38,8	31,5	13,0	1,3	2,0
	5	21,5	—	15,6	14,3	27,3	36,8	34,9	42,5	38,7	25,5	10,8	2,9	4,6
	6	21,5	—	16,8	14,1	28,2	33,4	38,6	41,2	33,7	23,3	11,1	4,5	2,0
	7	21,5	—	18,0	12,4	29,2	33,2	32,6	39,0	32,7	15,4	10,5	5,6	4,8
	8	21,5	—	17,4	11,4	26,4	33,2	30,9	36,9	30,3	12,7	10,5	4,5	2,2
	9	21,5	—	11,0	10,9	24,7	28,1	29,2	35,3	26,0	21,5	15,2	7,5	0,0
	10	21,5	—	10,1	14,8	24,9	25,6	24,3	33,9	25,1	18,2	13,1	3,2	2,5
	11	21,5	—	12,9	10,0	23,4	24,0	23,6	33,9	22,8	18,3	12,5	2,0	1,4
1842	12	21,5	0,00	5,54	8,06	17,05	13,61	15,37	16,97	14,59	18,07	11,33	4,88	4,30
	13	21,5	0,17	1,26	6,97	15,46	12,43	14,70	13,36	12,67	16,90	9,19	7,72	3,13
	14	21,5	1,43	0,00	4,70	14,95	12,94	15,62	18,56	11,71	13,87	8,30	5,37	2,93
	15	21,5	0,34	1,85	6,22	14,28	13,02	15,46	11,76	13,27	14,94	8,11	7,42	2,84
	16	21,5	2,18	2,27	5,54	13,44	12,26	14,11	13,69	12,93	15,23	10,26	3,81	2,53
	17	21,5	7,06	4,62	8,99	14,95	11,17	11,09	12,52	12,41	15,05	10,16	2,44	2,73
	18	21,5	15,46	12,10	14,53	11,34	9,16	7,64	15,12	7,78	13,97	11,53	5,95	5,57
	19	21,5	12,85	11,84	12,01	7,48	6,47	4,12	11,00	4,37	8,99	15,92	13,97	14,46
	20	21,5	11,18	7,73	7,06	5,71	4,62	0,67	3,36	2,62	5,08	10,75	10,55	11,23

Ort u. mittlere Zeit des Orts.	Januar.	Februar.	März.	April.	Mai.	Juni.	Juli.	August.	Septemb.	October.	Novemb.	Decemb.
E. Petersburg.												
1842 21h 21',5	8',99	4',62	2',52	0',00	',51	0',50	0',84	0',00	1',86	5',28	5',17	6',93
22 21,5	6,97	3,61	0,00	0,00	0,00	0,00	0,00	0,52	0,29	2,53	3,02	4,30
23 21,5	5,29	2,10	1,18	1,60	1,51	2,35	5,12	0,44	0,00	0,00	2,15	3,33
0 21,5	5,96	2,86	3,95	3,61	6,22	6,80	11,76	1,83	3,13	0,88	2,05	2,73
1 21,5	6,72	3,53	8,65	11,34	12,68	15,20	15,12	4,19	8,59	2,93	1,37	2,53
2 21,5	5,38	3,70	10,75	17,14	20,33	21,17	23,18	9,79	13,19	4,59	1,66	3,51
3 21,5	5,12	2,52	12,94	20,66	23,35	24,78	31,16	13,19	14,75	6,93	0,29	2,64
4 21,5	3,02	1,18	11,51	26,12	23,69	26,88	28,14	17,21	17,00	6,35	0,49	1,66
5 21,5	2,44	1,93	9,49	23,02	22,34	28,81	29,74	15,90	15,54	5,57	0,00	0,00
6 21,5	3,19	3,28	8,32	22,43	21,50	25,45	27,97	15,29	15,72	11,72	10,26	6,15
7 21,5	5,29	4,96	13,19	21,67	21,92	26,54	28,81	15,55	17,29	14,17	9,77	7,72
8 21,5	5,88	3,95	14,45	20,24	15,54	22,93	30,74	15,98	19,05	12,90	9,37	7,13
9 21,5	6,22	7,90	12,26	20,08	17,47	21,76	25,54	14,85	18,96	11,43	8,59	6,05
10 21,5	4,37	2,18	11,26	16,04	15,29	17,98	21,42	15,81	18,47	11,63	7,91	5,77
11 21,5	3,19	2,69	11,59	17,30	13,94	14,87	21,00	14,77	15,34	11,21	7,81	4,40
F. Catherinenburg.												
1841 12h 22',5	—	—	15,98	14,38	16,40	14,61	11,13	15,58	12,95	14,66	1,05	4,46
13 22,5	—	—	13,04	13,26	15,96	13,05	10,42	15,32	11,07	14,26	1,92	3,72
14 22,5	—	—	11,23	12,94	15,95	13,71	7,79	16,74	8,93	13,57	2,11	3,53
15 22,5	—	—	10,48	12,00	15,81	15,26	7,52	14,73	9,79	11,52	1,98	2,48
16 22,5	—	—	9,48	11,67	16,63	16,76	12,99	13,97	7,92	11,45	1,30	2,91
17 22,5	—	—	9,97	10,86	17,01	20,43	11,72	13,53	7,35	10,38	1,92	2,91
18 22,5	—	—	12,15	13,36	17,59	17,48	11,25	12,81	6,22	8,31	0,31	2,73
19 22,5	—	—	11,74	11,04	11,68	12,79	7,51	9,42	5,36	8,56	0,68	0,31
20 22,5	—	—	9,56	6,41	5,43	6,72	3,44	8,59	0,00	7,14	1,43	1,98
21 22,5	—	—	6,38	2,67	2,22	2,51	1,79	4,16	2,94	4,26	4,09	0,50
22 22,5	—	—	0,00	1,39	0,00	0,00	1,03	0,73	2,48	2,63	3,60	1,36
23 22,5	—	—	5,63	0,00	3,48	0,77	0,54	0,00	3,93	0,71	2,67	0,06

	0	22,5	—	—	9,77	2,73	6,28	2,44	0,00	3,62	5,95	0,00	1,80	0,00
	1	22,5	—	—	11,58	5,03	9,56	6,91	2,97	5,73	8,37	9,77	0,99	0,56
	2	22,5	—	—	12,82	7,38	12,66	11,75	7,57	8,66	8,75	11,90	3,10	2,73
	3	22,5	—	—	12,20	10,69	18,19	20,25	7,69	13,69	11,62	13,82	4,59	1,36
	4	22,5	—	—	14,37	11,54	18,73	23,60	14,83	15,99	11,43	8,72	2,54	2,29
	5	22,5	—	—	13,22	10,91	18,55	22,73	14,82	16,59	13,17	10,14	4,46	5,15
	6	22,5	—	—	8,87	9,62	18,16	20,34	16,80	18,26	11,54	10,50	3,04	9,73
	7	22,5	—	—	8,93	11,34	15,60	21,27	14,23	19,48	12,59	13,91	2,91	3,53
	8	22,5	—	—	10,57	13,85	15,08	21,65	14,21	18,20	9,58	15,33	2,79	3,72
	9	22,5	—	—	12,30	14,90	16,61	19,27	12,81	23,02	13,30	15,32	0,00	2,60
	10	22,5	—	—	13,57	13,21	16,47	18,26	13,58	22,44	10,98	14,94	1,12	2,98
	11	22,5	—	—	15,50	12,83	15,85	18,79	12,13	18,03	12,71	15,66	0,50	1,86
1842	12	22,5	1,10	6,02	7,92	13,51	10,12	12,47	16,95	10,81	10,25	6,32	4,73	3,93
	13	22,5	2,02	4,91	8,35	11,55	9,14	12,10	15,72	10,62	9,58	6,07	5,34	3,43
	14	22,5	0,67	4,98	6,26	12,28	9,51	13,26	14,74	10,20	9,76	5,95	4,79	4,11
	15	22,5	2,27	4,73	6,20	12,10	9,45	13,57	13,45	8,97	8,66	5,89	4,60	3,00
	16	22,5	1,78	4,42	5,28	12,28	10,43	13,63	14,12	8,72	8,35	5,34	5,16	3,31
	17	22,5	1,96	4,73	6,20	11,67	9,33	11,61	11,60	8,60	7,37	5,64	4,36	3,31
	18	22,5	2,45	4,24	6,02	11,67	8,28	11,30	9,76	8,05	7,55	5,83	4,54	3,19
	19	22,5	2,70	3,69	6,63	9,28	5,95	7,86	8,84	6,02	6,02	4,91	3,87	2,45
	20	22,5	3,62	4,55	3,56	5,90	2,33	3,81	4,67	2,34	1,53	4,61	4,30	2,45
	21	22,5	2,70	4,18	0,80	13,14	0,00	2,15	0,00	1,11	0,92	2,33	2,70	2,02
	22	22,5	2,58	2,83	0,00	0,43	0,55	0,00	2,46	0,00	0,00	0,00	2,64	1,04
	23	22,5	2,58	3,99	0,80	0,00	1,47	2,76	2,95	0,25	0,25	0,30	2,58	0,00
	0	22,5	1,96	2,77	1,23	3,75	3,43	3,93	6,63	3,44	1,53	0,73	2,45	0,00
	1	22,5	2,82	4,30	3,87	6,94	6,13	6,63	6,26	5,96	2,64	0,12	2,09	0,49
	2	22,5	3,07	3,56	4,82	7,25	6,50	8,35	9,70	6,33	4,05	1,04	1,41	0,98
	3	22,5	2,58	2,28	5,28	8,66	7,24	12,04	12,65	8,66	6,88	2,33	1,53	2,51
	4	22,5	1,86	1,60	6,08	10,57	8,84	14,12	13,88	9,95	7,55	1,35	0,31	2,70
	5	22,5	2,45	0,00	4,92	9,83	8,22	14,61	16,15	9,58	7,43	1,47	0,00	2,08
	6	22,5	0,00	2,77	4,67	11,24	8,04	14,74	15,96	9,95	7,67	1,72	0,92	2,27
	7	22,5	0,67	3,01	5,59	11,30	4,11	15,04	15,72	10,13	8,10	2,08	1,23	3,07

Ort u. mittlere Zeit des Orts.	Januar.	Februar.	März.	April.	Mai.	Juni.	Juli.	August.	Septemb.	October.	Novemb.	Decemb.
F. Catherinenburg.												
1842 8h 22',5	1',66	3',07	4',79	13',08	9',14	15',23	15',90	10',75	8',17	3',19	2',15	3',68
9 22,5	2,39	3,13	3,51	13,39	10,80	15,29	15,47	11,55	8,78	6,14	3,56	3,86
10 22,5	2,82	5,96	7,55	13,14	10,43	14,00	17,99	11,73	10,38	5,89	3,81	3,99
11 22,5	2,33	4,98	6,69	14,31	10,55	14,49	16,76	11,42	10,56	6,32	5,09	3,80
G. Toronto.												
1841 14h	10,0	9,4	8,8	15,5	11,8	8,8	6,4	6,7	13,2	10,3	1,7	7,1
16	9,7	10,3	8,7	15,6	12,2	6,2	6,7	9,0	11,8	11,3	5,3	7,7
18	13,5	12,1	9,9	15,8	12,6	10,3	7,3	11,4	17,9	10,2	5,8	12,9
20	14,9	10,4	6,3	9,0	7,2	5,7	5,6	9,3	12,4	5,8	4,6	8,2
22	10,3	4,0	0,2	0,3	0,0	0,0	0,0	0,0	0,0	2,1	0,0	5,1
0	0,0	0,0	0,0	0,0	5,2	6,5	1,3	7,0	9,3	0,0	0,1	0,0
2	5,1	3,6	9,6	14,7	15,6	14,5	13,9	21,1	19,4	9,2	6,2	6,9
4	12,7	11,2	15,0	20,9	22,6	18,8	18,4	26,3	23,6	14,3	10,5	10,9
6	13,4	15,5	11,9	21,0	20,4	15,9	16,2	20,5	21,3	13,0	9,6	8,4
8	11,5	8,9	9,7	14,1	15,0	9,0	7,6	9,6	20,5	10,6	7,8	8,6
10	8,7	10,7	8,4	14,2	13,1	7,2	6,2	7,2	16,0	8,9	5,6	8,7
12	8,4	8,5	7,4	13,3	12,4	7,7	5,5	7,7	15,4	6,3	3,3	8,1
1842 14	6,33	4,20	7,53	2,67	12,14	6,36	6,98	15,36	11,91	12,61	6,10	7,21
16	7,88	5,83	8,65	4,37	10,76	7,58	9,81	14,13	11,73	12,74	10,54	8,78
18	6,76	7,58	8,87	7,06	8,52	8,48	7,00	13,99	15,82	13,22	12,49	10,34
20	8,20	6,19	6,32	5,72	6,01	6,96	4,93	7,22	8,23	8,58	7,85	8,95
22	0,15	4,59	0,00	0,00	0,00	0,00	0,00	0,00	0,00	0,00	0,00	1,84
0	0,00	0,00	0,88	4,00	7,91	2,56	3,92	9,78	6,01	1,07	2,44	0,00
2	8,20	7,26	9,44	13,87	18,33	10,36	17,56	21,60	15,25	9,92	10,16	5,76
4	14,79	12,35	14,39	18,88	21,65	18,84	26,75	26,60	21,06	14,39	13,52	12,23
6	9,57	10,22	12,21	16,35	18,95	15,64	20,87	22,98	16,86	15,27	12,93	11,31
8	10,73	6,83	9,72	11,03	15,40	12,85	14,17	18,63	15,88	13,00	11,14	9,26
10	8,32	4,75	7,44	7,14	13,66	10,20	10,22	17,63	15,03	12,99	8,40	7,31

	12		7,30	3,10	5,80	1,37	12,49	7,33	10,73	14,92	15,59	11,80	7,47	6,65
H. **Makerstoun.**														
1842	19h	10′,2	4,28	4,13	7,38	4,96	6,73	5,63	1,76	6,26	9,91	9,70	3,87	2,47
	22	10,2	0,00	0,00	0,00	0,00	0,00	0,00	0,00	0,00	0,00	0,00	0,00	0,00
	1	10,2	8,99	9,30	13,76	18,68	14,96	17,58	24,64	21,20	18,77	13,57	8,98	5,18
	4	10,2	7,80	13,20	21,17	33,02	24,42	29,08	32,86	29,09	23,34	15,92	9,41	4,45
I. **Prag.**														
1843*	18h	17′,9	—	—	—	11,39	8,58	14,44	14,26	11,90	14,71	15,99	6,78	7,61
	20	17,9	—	—	—	6,92	0,00	5,22	7,10	4,82	6,43	8,14	3,93	6,81
	22	17,9	—	—	—	0,00	0,00	0,00	0,00	0,00	0,00	0,00	0,00	0,58
	0	17,9	—	—	—	6,24	6,65	5,63	6,28	10,13	8,86	5,33	2,20	2,23
	1	17,9	—	—	—	10,45	11,40	12,65	11,20	14,90	12,83	8,72	3,61	1,93
	2	17,9	—	—	—	10,49	15,07	16,05	14,60	16,21	12,07	9,50	2,30	0,78
	4	17,9	—	—	—	11,28	15,56	19,04	20,03	19,46	13,03	9,20	0,70	0,00
	6	17,9	—	—	—	11,62	17,39	19,93	21,70	20,10	12,53	13,60	5,08	1,40
	8	17,9	—	—	—	13,24	18,65	23,32	21,54	25,62	17,75	15,23	3,84	1,77
	10	17,9	—	—	—	13,56	13,77	23,34	22,03	22,68	19,33	15,97	3,21	1,50
1844	18	17,9	6,00	4,26	8,05	12,46	6,20	7,91	11,62	8,39	13,56	14,67	7,62	7,50
	20	17,9	3,36	1,94	5,46	4,26	0,40	2,42	3,72	0,17	2,78	7,17	5,46	7,44
	22	17,9	0,40	0,61	0,00	0,00	0,00	0,00	0,00	0,00	0,00	0,00	1,37	4,20
	0	17,9	0,65	2,60	5,31	8,59	6,25	5,43	7,77	10,02	9,05	7,67	0,00	7,17
	1	17,9	3,98	4,21	8,59	11,28	12,25	9,94	13,37	13,72	14,11	10,96	3,09	6,58
	2	17,9	3,60	5,25	9,66	14,12	10,64	11,77	16,68	16,59	16,44	12,79	2,43	1,25
	4	17,9	0,00	0,27	8,66	13,15	10,60	13,10	16,97	18,01	12,03	9,95	0,21	0,33
	6	17,9	2,07	0,00	10,46	15,23	13,25	13,89	17,26	17,49	14,15	13,61	2,03	0,67
	8	17,9	0,11	2,51	12,76	17,50	15,47	16,23	21,06	20,31	19,20	13,37	4,17	0,00
	10	17,9	2,58	4,42	10,65	20,39	13,96	15,39	18,43	19,39	18,08	16,19	6,11	1,53

Tabelle III.

Tägliche Bewegung der Inclination, in Minuten ausgedrückt.

Ort u. mittlere Zeit des Orts.			Januar.	Februar.	März.	April.	Mai.	Juni.	Juli.	August.	Septemb.	October.	Novemb.	Decemb.
München.														
1843	13h	6',7	—	0',00	0',00	0',00	0',25	0',15	0',00	0',00	0',46	0',32	0',45	0',79
	14	6,7	—	0,15	0,04	0,00	0,40	0,34	0,15	0,27	0,40	0,42	0,47	0,74
	16	6,7	—	0,19	0,09	0,20	0,51	0,27	0,23	0,29	0,39	0,28	0,22	0,36
	18	6,7	—	0,10	0,08	0,28	0,72	0,61	0,56	0,99	0,62	0,00	0,16	0,09
	19	6,7	—	0,03	0,05	0,35	1,22	1,03	0,86	1,12	1,11	0,45	0,00	0,00
	20	6,7	—	0,03	0,29	0,52	1,61	1,60	1,39	1,81	1,74	1,10	0,41	0,02
	21	6,7	—	0,32	0,56	1,00	1,78	2,14	1,79	2,18	2,20	1,61	0,79	0,36
	22	6,7	—	0,44	0,92	1,14	1,57	2,19	2,11	2,51	2,52	1,83	0,98	0,89
	23	6,7	—	0,64	0,99	0,94	1,39	1,93	2,12	1,99	2,38	1,95	1,16	1,05
	0	6,7	—	0,75	0,63	0,66	0,92	1,70	1,72	1,25	1,82	1,78	0,99	0,91
	1	6,7	—	0,52	0,42	0,44	0,62	1,17	1,25	0,95	1,64	1,54	0,83	1,05
	2	6,7	—	0,53	0,29	0,56	0,44	0,99	1,11	0,86	1,67	1,35	0,94	1,79
	3	6,7	—	0,68	0,41	0,70	0,55	0,74	0,58	0,86	1,55	1,33	0,98	1,29
	4	6,7	—	0,73	0,52	0,73	0,60	0,71	0,62	0,83	1,56	1,43	1,07	1,02
	5	6,7	—	0,76	0,52	0,65	0,37	0,63	0,56	0,64	1,48	1,24	0,89	1,29
	6	6,7	—	0,74	0,55	0,54	0,28	0,57	0,40	0,51	1,44	0,85	0,76	1,14
	7	6,7	—	0,96	0,59	0,62	0,00	0,15	0,38	0,18	0,77	0,35	0,76	1,32
	8	6,7	—	0,53	0,42	0,51	0,11	0,09	0,36	0,09	0,72	0,51	0,78	1,09
	9	6,7	—	0,26	0,17	0,32	0,23	0,02	0,19	0,14	0,40	0,37	0,71	1,00
	10	6,7	—	0,30	0,08	0,16	0,17	0,00	0,02	0,01	0,00	0,23	0,69	0,92
	12	6,7	—	0,17	0,09	0,17	0,34	0,07	0,15	0,25	0,43	0,61	0,63	0,54
1844	13	6,7	0,68	0,31	0,13	0,00	0,22	0,28	0,27	0,02	0,18	0,32	0,36	0,59
	14	6,7	0,67	0,51	0,51	0,10	0,34	0,24	0,25	0,29	0,28	0,27	0,55	0,55
	16	6,7	0,37	0,33	0,29	0,34	0,51	0,27	0,23	0,44	0,00	0,00	0,26	0,32
	18	6,7	0,03	0,07	0,38	0,02	0,67	0,60	0,59	0,92	0,44	0,09	0,24	0,00

	19	6,7	0,00	0,03	0,25	0,56	0,96	0,99	0,95	1,31	0,98	0,52	0,00	0,03
	20	6,7	0,11	0,01	0,54	1,09	1,27	1,46	1,49	2,07	1,78	1,08	0,38	0,02
	21	6,7	0,48	0,00	0,95	1,52	1,59	1,80	1,77	2,13	2,12	1,72	0,71	0,23
	22	6,7	0,78	0,29	1,10	1,63	1,40	1,85	1,85	2,22	2,17	2,11	1,06	0,52
	23	6,7	1,16	0,51	1,14	1,34	1,03	1,40	1,65	1,76	2,04	2,14	1,45	0,68
	0	6,7	0,48	0,51	0,92	1,10	0,72	1,38	1,26	1,18	1,50	1,68	1,66	0,72
	1	6,7	0,76	0,48	0,90	0,93	0,62	1,01	0,83	0,98	1,10	1,52	1,40	0,81
	2	6,7	0,70	0,31	0,86	0,74	0,70	0,66	0,59	0,76	0,90	1,33	1,55	1,34
	3	6,7	0,68	0,53	1,13	0,85	0,63	0,56	0,50	0,72	1,02	1,45	1,50	1,39
	4	6,7	0,79	0,82	1,03	1,15	0,84	0,75	0,74	0,76	1,30	1,55	1,52	1,44
	5	6,7	0,75	0,82	0,99	0,97	0,43	0,78	0,78	0,90	1,11	1,23	1,52	1,39
	6	6,7	0,78	0,80	0,66	0,74	0,38	0,47	0,62	0,59	0,92	1,00	1,29	1,14
	7	6,7	0,71	0,67	0,20	—	—	—	—	—	—	—	—	—
	8	6,7	0,82	0,46	0,17	0,32	0,00	0,04	0,00	0,14	0,30	0,99	0,75	1,21
	9	6,7	0,79	0,42	0,00	—	—	—	—	—	—	—	—	—
	10	6,7	0,71	0,19	0,06	0,16	0,06	0,08	0,22	0,06	0,29	0,53	0,56	0,90
	11	6,7	—	—	—	0,05	0,06	0,00	0,17	0,00	0,26	0,31	0,41	0,88
	12	6,7	0,64	0,38	0,17	0,07	0,19	0,23	0,28	0,09	0,23	0,24	0,35	0,71
1845	13	6,7	0,86	0,18	0,12	0,17	0,21	0,16	0,11	0,27	0,13	0,12	0,62	—
	14	6,7	0,83	0,37	0,15	0,27	0,15	0,28	0,18	0,34	0,02	0,06	0,58	—
	16	6,7	0,39	0,45	0,13	0,50	0,37	0,30	0,29	0,52	0,21	0,00	0,24	—
	18	6,7	0,15	0,10	0,38	0,46	0,90	0,79	0,76	0,99	0,46	0,07	0,00	—
	19	6,7	0,10	0,00	0,42	0,81	1,29	1,36	1,18	1,63	1,22	0,32	0,00	—
	20	6,7	0,00	0,19	0,80	1,35	1,66	2,06	1,80	2,75	2,12	0,88	0,35	—
	21	6,7	0,24	0,52	1,33	1,90	1,72	2,35	2,27	3,06	2,59	1,54	0,91	—
	22	6,7	0,40	1,10	1,66	2,14	1,47	2,14	2,35	3,03	2,58	1,75	1,57	—
	23	6,7	0,78	0,94	1,60	2,01	1,07	1,55	1,89	2,44	2,38	1,51	1,60	—
	0	6,7	0,43	0,81	0,93	1,52	0,80	1,05	1,26	1,90	1,83	1,52	1,68	—
	1	6,7	0,43	0,66	0,67	1,21	0,69	0,53	0,94	1,47	1,65	1,33	1,53	—
	2	6,7	0,63	0,82	0,88	1,05	0,88	0,50	0,60	1,04	1,54	1,28	1,51	—
	3	6,7	1,05	0,87	0,74	0,89	0,66	0,23	0,60	1,13	1,66	1,48	1,63	—
	4	6,7	1,18	1,05	0,95	0,81	0,49	0,46	0,56	1,19	1,51	1,36	1 42	—

Ort u. mittlere Zeit des Orts.			Januar.	Februar.	März.	April.	Mai.	Juni.	Juli.	August.	Septemb.	October.	Novemb.	Decemb.
München.														
1845	5h	6′,7	1′,23	1′,12	1′,11	0′,67	0′,42	0′,61	0′,80	1′,18	1′,47	1′,05	1′,36	—
	6	6,7	1,01	0,93	0,93	0,68	0,34	0,45	0,53	0,93	1,09	0,79	1,02	—
	8	6,7	0,90	0,45	0,38	0,12	0,00	0,00	0,00	0,14	0,36	0,36	0,92	—
	10	6,7	0,65	0,22	0,05	0,06	0,05	0,02	0,04	0,00	0,15	0,13	0,66	—
	11	6,7	0,55	0,06	0,00	0,00	0,24	0,10	0,21	0,23	0,18	0,09	0,57	—
	12	6,7	0,46	0,08	0,08	0,12	0,28	0,11	0,13	0,07	0,00	0,14	0,57	—

Tabelle IV.

Monatliche Mittel der Declination.

Ort.		Januar.	Februar.	März.	April.	Mai.	Juni.	Juli.	August.	Septemb.	October.	Novemb.	Decemb.
A. Göttingen *).													
	1837	18° 32′,68	18° 32′,03	18° 32′,40	18° 31′,28	18° 30′,93	18° 30′,58	18° 29′,23	18° 30′,12	18° 31′,18	18° 31′,42	18° 29′,50	18° 28′,55
	1838	29,52	28,78	28,13	27,05	27,25	26,38	26,30	26,87	25,78	25,38	25,17	23,95
	1839	24,30	23,73	24,02	21,73	21,77	20,58	21,37	21,90	20,57	20,33	19,58	18,98
	1840	18,25	18,07	17,47	17,28	16,40	14,78	17,57	15,40	15,75	14,55	13,63	13,32
	1841	12,67	11,90	11,63	9,37	9,07	9,22	9,37	10,67	8,58	8,52	7,88	6,55
	1842	5,07	5,12	4,52	—	—	—	—	—	—	—	—	—
B. Berlin *).													
	1836	—	—	—	—	16° 51′,72	16° 55′,77	16° 54′,15	16° 55′,03	16° 55′,53	16° 55′,62	16° 56′,05	16° 43′,63
	1837	16° 42′,93	16° 41′,88	16° 45′,80	16° 54′,38	53,83	52,62	51,78	53,22	54,18	53,10	52,12	52,42
	1838	52,80	49,50	51,22	49,95	48,81	—	—	—	45,82	45,38	43,73	46,80
	1839	47,03	45,20	42,28	41,03	40,63	39,12	37,70	38,43	—	—	—	—
C. Mailand.													
	1836	—	—	—	—	—	—	—	—	—	18° 35′,30	18° 34′,72	18° 33′,52
	1837	18° 34′,28	18° 31′,73	18° 32′,50	18° 31′,40	18° 32′,13	18° 34′,93	18° 32′,63	18° 31′,75	18° 33′,55	32,78	32,17	31,80
	1838	32,17	34,68	34,77	33,05	32,60	34,35	32,30	30,10	29,20	29,13	29,03	28,18

*) Mittel aus den Beobachtungen von 8^h Morgens und 2^h Nachmittags.

D. Brüssel.													
	1840	—	21° 42′,23	21° 42′,48	21° 47′,22	21° 42′,50	21° 41′,82	21° 41′,95	21° 41′,98	21° 41′,00	21° 35′,12	21° 38′,17	21° 36′,17
	1841	21° 35′,90	36,50	35,40	36,25	40,92	39,90	38,83	37,75	37,67	36,17	35,42	34,80
	1842	33,62	32,33	31,03	30,07	30,25	28,70	27,85	26,62	25,93	25,28	23,95	21,98
	1843	29,70	24,33	22,90	21,57	19,78	18,30	16,33	15,25	14,20	14,38	12,58	9,35
E. München.													
	1840	—	—	—	—	—	—	—	16° 60′,39	16° 59′,61	16° 58′,76	16° 58′,46	16° 57′,52
	1841	16° 57′,60	16° 56′,98	16° 56′,86	16° 55′,82	16° 54′,77	16° 53′,51	16° 53′,35	53,00	51,73	50,69	51,39	50,61
	1842	50,18	49,84	49,81	48,95	48,61	48,24	47,42	46,49	45,38	45,48	44,53	43,68
	1843	43,22	42,43	42,49	41,98	41,78	41,36	40,89	40,11	39,44	38,58	38,35	37,36
	1844	36,83	36,16	35,67	35,35	34,17	34,12	33,13	32,90	32,52	32,28	31,63	30,98
F. Genf.													
	1842	—	—	—	—	—	18° 58′,42	18° 57′,08	18° 59′,12	18° 59′,54	18° 58′,84	18° 58′,39	18° 57′,93
	1843	18° 57′,75	18° 57′,48	18° 56′,93	—	—	—	54,55	53,53	53,00	52,93	—	—
G. Petersburg.													
	1841	—	—	—	—	6° 25′,6	6° 22′,4	—	6° 30′,2	6° 27′,5	6° 26′,2	—	6° 23′,8
	1842	6° 21′,48	6° 21′,65	6° 23′,28	6° 21′,95	21,28	20,63	6° 19′,67	20,58	20,58	20,93	6° 21′,23	21,95
H. Catherinenburg.													
	1841	—	—	—6° 38′,6	—6° 43′,8	—6° 44′,2	—6° 36′,5	—6° 30′,3	—6° 37′,7	—6° 46′,1	—6° 39′,2	—6° 33′,9	—6° 32′,8
	1842	—6° 34′,30	—6° 40′,32	40,03	35,15	26,48	22,77	29,73	40,10	44,33	48,00	52,67	52,45
I. Toronto.													
	1841	1° 11′,3	1° 12′,1	1° 12′,2	1° 13′,7	1° 14′,8	1° 16′,3	1° 16′,4	1° 15′,0	1° 14′,6	1° 14′,7	1° 14′,6	1° 15′,2
	1842	14,4	16,6	18,2	18,8	19,1	20,3	18,5	18,5	18,1	21,7	21,6	21,4
K. Barnaul.													
	1842	—8° 22′,85	—8° 22′,92	—8° 23′,08	—8° 24′,37	—8° 20′,92	—8° 17′,75	—8° 18′,10	—8° 20′,68	—8° 22′,03	—8° 37′,43	—8° 35′,80	—8° 27′,56
L. Nertschinsk.													
	1842	3° 45′,87	3° 46′,55	3° 49′,32	3° 47′,42	3° 47′,63	3° 48′,90	3° 43′,43	3° 50′,65	3° 47′,23	3° 45′,17	3° 44′,12	3° 46′,67

Tabelle V.

Monatliche Mittel der Horizontal-Intensität in München.

Monat.	1842.	1843.	1844.	1845.
Januar	1,9303	1,9335	1,9379	1,9376
Februar	1,9311	1,9329	1,9369	1,9393
März	1,9319	—	1,9365	1,9396
April	1,9316	1,9347	1,9364	1,9385
Mai	1,9328	1,9360	1,9375	1,9390
Juni	1,9298	1,9362	1,9380	1,9386
Juli	1,9302	1,9359	1,9386	1,9390
August	1,9288	1,9360	1,9380	1,9391
September . . .	1,9315	1,9349	—	1,9380
October	1,9321	1,9360	1,9368	1,9385
November . . .	—	1,9366	1,9371	1,9397
December . . .	1,9343	1,9368	1,9373	—

Tabelle VI.

Bestimmungen der Inclination und Intensität in England, Irland und Schottland, von Sabine und Lloyd, unter Mitwirkung von Philipps, Fox und Ross.

(Die Messungen sind von 1833—1837 gemacht; die Inclinations-Beobachtungen sind sämmtlich auf 1. Januar 1837 reducirt; die Intensitäten sind auf jene von London als Einheit bezogen. Die Bestimmungen der Horizontal-Intensität sind mit dem Hansteen-schen Schwingungs-Apparate, jene der Total-Intensität mittelst der statischen Methode gemacht Die mit * bezeichneten Total-Intensitäten sind aus der beobachteten Horizontal-Intensität und Inclination abgeleitet.)

Beobachtungs-Ort.	Breite.	Länge von Greenwich.	Inclination 1837.	Horizontal-Intensität.	Total-Intensität.
Aberdeen	57° 9′	2° 5′	72° 31′,3	0,8751	1,0268
Aberysthwith . . .	52 24	4 5	70 25,2	—	—
Achill Ferry . . .	53 56	9 52	72 3,3	0,8990	1,0295
Alford	57 13	2 45	72 21,1	0,8788	1,0294
Alnwick Castle . .	55 22	1 42	71 26,6	—	1,0159
Armagh	54 21	6 39	71 40,9	0,9156	1,0242
Artornish	56 33	5 48	72 41,9	0,8746	—
Ballina	54 7	9 7	72 5,7	0,8959	1,0276
Ballybunian . . .	52 30	9 41	71 16,8	0,9441	1,0335
Bangon	54 39	5 42	71 38,5	0,9154	1,0257
Bangor	53 14	4 6	70 58,8	—	—
Belmullet	54 13	9 57	72 10,2	0,8906	1,0292
Belsay	55 7	1 53	71 18,6	—	—
Berwick	55 45	2 0	71 46,0	0,9073	1,0254
Birkenhead	53 24	3 0	70 41,2	0,9514	—
Birmingham . . .	52 28	1 53	70 4,8	—	—

Beobachtungs-Ort.	Breite.		Länge von Greenwich.		Inclination 1837.		Horizontal-Intensität.	Total-Intensität.
Blairgowrie	56°	36′	3°	18′	71°	53′,5	0,9084	1,0310
Bowness	54	22	2	55	71	20,2	—	1,0182
Breemar	57	1	3	25	72	13,3	0,8885	1,0269
Brecon	51	57	3	21	70	4,9	—	—
Bridlington	54	8	0	14	70	42,0	0,9393	—
Brighton	50	50	0	8	68	49,1	—	—
Broadway	52	13	6	24	70	32,7	0,9615	1,0173
Bushey	51	38	0	22	69	25,9	—	—
Busco Bridge . . .	53	39	2	50	70	46,7	—	—
Calderstone . . .	53	23	2	53	70	45,0	—	—
Cambetown . . .	55	23	5	38	71	55,2	0,8998	1,0296
Cambridge	52	13	—0	7	69	41,0	—	—
Capelcarig	53	6	3	53	70	41,8	—	—
Carlingford	54	2	6	11	71	24,9	0,9275	—
Carlisle	54	54	2	54	71	30,3	—	1,0198
Carn	55	15	7	15	71	55,7	0,9086	1,0351
Carnarvon	53	9	4	14	70	54,8	—	—
Castle Duart . . .	56	31	5	45	72	14,3	—	—
Castleton	54	4	4	40	71	24,0	—	1,0203
Chepstow	51	38	2	40	69	45,9	—	—
Clifden	53	29	9	59	71	48,8	—	—
Clifton	51	27	2	35	69	38,9	0,9895	—
Clonmel							0,9530	—
Coed	53	11	3	12	70	42,6	—	—
Colerain							0,9277	—
Combe House . . .	51	31	2	34	69	35,6	—	—
Coniston	54	22	3	5	71	21,3	—	1,0196
Cork	51	54	8	26	70	41,7	0,9586	1,0200
Cromer	52	56	—1	19	69	49,4	0,9819	—
Culgruff	54	58	4	0	71	39,8	0,9105	—
Cambray	55	48	4	52	72	0,1	0,8931	*1,0287
Cushendal	55	4	6	5	71	56,8	—	—
Daventry	52	16	1	8	69	42,7	—	—
Dingle	52	8	10	17	71	5,4	—	1,0343
Doncaster	53	31	1	7	70	31,2	—	—
Darlington	54	32	1	33	71	8,5	—	—
Douglas	54	10	4	28	71	22,8	0,9230	1,0208
Daventry	52	16	1	8	69	42,7	—	—
Dover	51	8	—1	19	68	54,3	—	—
Dryborough . . .	55	34	2	39	71	32,8	0,9140	1,0199
Dublin	53	21	6	16	71	0,9	0,9391	1,0195
Dunkeld	56	35	3	33	72	27,2	0,8778	1,0267
Dunraver Castle . .	51	28	3	37	69	47,5	—	—
Eastbourne	50	47	—0	16	68	48,5	—	—
Eastwick Park . .	51	17	0	19	69	11,5	—	—
Edgeworthstown . .	53	42	7	33	71	34,3	0,9196	—
Edinburgh	55	57	3	11	71	50,5	—	1,0231
Ennis	52	51	8	58	71	10,0	0,9386	1,0253
Enniskillen	54	21	7	38	71	54,8	0,9070	—
Exeter	50	43	3	31	69	19,5	—	—
Falmouth	50	9	5	6	69	17,1	1,0027	—
Fermoy	52	7	8	16	70	43,2	0,9591	—

Beobachtungs-Ort.	Breite.		Länge von Greenwich.		Inclination 1837.		Horizontal-Intensität.	Total-Intensität.
Flamborough . . .	54°	8′	0°	8′	70°	38′,0	—	—
Fort Augustus . .	57	8	4	40	72	39,4	0,8711	—
Gallhorich	53	25	9	5	71	37,8	—	—
Galway	53	17	9	4	71	26,2	—	1,0285
Garstang	53	54	2	47	71	0,7	—	—
Glencoe	56	39	5	7	71	16,2	0,8899	1,0324
Glengariff	51	45	9	31	70	56,1	0,9511	—
Glasgow	55	51	4	14	72	3,7	—	1,0232
Golspie	57	58	3	57	73	1,5	0,8574	1,0360
Gordon Castle . .	57	37	3	9	72	40,0	0,8753	1,0380
Gorey	52	40	6	17	70	52,6	—	—
Grassmere	54	27	3	1	71	14,7	—	—
Gretna Green . . .	55	1	3	4	71	30,4	—	—
Hambleton	54	20	1	15	71	5,2	—	—
Harwich	51	56	—1	13	69	18,8	0,9964	—
Helensburgh . . .	56	0	4	41	72	18,4	0,8854	1,0258
Hereford	52	4	2	44	70	6,2	—	—
Holyhead	53	19	4	37	71	3,9	—	*1,0095
Ilfracombe	51	12	4	6	69	38,9	0,9907	—
Iordan Hill	55	54	4	21	72	21,2	0,8834	1,0247
Inverary	56	15	5	4	72	8,6	—	—
Inverness	57	28	4	11	72	47,7	0,8703	1,0380
Keswick	54	37	3	9	71	15,6	—	—
Kew	51	29	0	18	69	20,8	—	—
Killarney	52	3	9	31	70	57,2	0,9507	1,0253
Kiltanon	52	52	8	43	71	17,5	0,9427	1,0282
Kirkaldy	56	7	3	9	72	10,1	0,8891	1,0279
Kirkwall	59	0	2	58	73	24,2	0,8414	1,0373
Landsend	50	5	5	40	69	20,6	1,0064	—
Leenan							0,9051	—
Lew Trenchard . .	50	40	4	10	69	22,7	—	1,0045
Lerwich	60	9	1	7	73	48,7	0,8200	1,0358
Limerick	52	40	8	36	71	0,9	0,9460	1,0246
Linlithgow	55	59	3	37	72	0,6	0,9439	1,0246
Lissadel	54	23	8	33	72	0,2	—	—
Liverpool	53	25	2	58	70	42,8	—	—
Llanberris	53	7	4	3	70	53,8	—	—
Loch Conn	53	58	9	10	72	4,8	—	—
Loch Gilphead . .	56	4	5	28	72	6,6	0,8948	—
Loch Lomond . . .	56	13	4	40	72	16,6	—	—
Loch Ranza	55	42	5	17	72	22,2	0,8763	1,0261
Loch Ridan . . .	55	57	5	10	72	15,6	—	—
Loch Ryan	54	55	4	59	71	42,6	0,9119	1,0221
Loch Scavig . . .	57	14	6	7	73	4,4	—	—
Loch Slapin . . .	57	14	6	2	73	1,2	0,8642	1,0427
London	51	31	0	7	69	21,0	1,0000	1,0000
Londonderry . . .	54	59	7	19	72	6,7	0,8979	1,0301
Louth	53	19	0	0	70	22,7	0,9601	—
Lowestoffe	52	28	—1	50	69	32,6	0,9875	—
Lynn	52	45	—0	25	69	52,7	—	—
Malvern	52	7	2	19	70	7,8	—	—
Manchester	53	28	2	14	70	47,2	—	—

Beobachtungs-Ort.	Breite.	Länge von Greenwich.	Inclination 1837.	Horizontal-Intensität.	Total-Intensität.
Margate	51° 23′	—1° 23′	69° 5′,0	—	—
Markree	54 12	8 26	72 4,8	0,9000	1,0290
Marlborough . . .	51 25	1 43	69 27,3	0,9949	—
Matlock	53 8	1 32	70 24,6	—	—
Melrose	55 35	2 44	71 37,8	0,9129	1,0208
Merthyn	51 43	3 21	70 5,6	—	—
Moffat	55 20	3 27	71 41,6	—	—
Neath	51 40	3 46	69 53,9	—	—
Newcastle	54 58	1 38	71 16,6	0,9267	1,0162
Newport	56 25	2 55	72 10,1	0,8850	1,0277
Nottingham	52 57	1 8	70 19,6	0,9621	—
Osmotherly	54 22	1 18	71 4,2	—	—
Onghterard				0,9191	—
Padstow	50 33	4 56	69 27,2	0,0029	—
Patterdale	54 32	2 56	71 21,4	—	1,0181
Peeltown	54 13	4 43	71 25,4	—	1,0192
Pembroke	51 39	4 54	69 57,9	0,9820	—
Penrith	54 40	2 45	71 25,2	—	1,0184
Plymouth	50 23	4 7	69 8,4	—	—
Pwllheli	52 55	4 23	70 34,4	0,9577	—
Rathrum	52 55	6 14	70 50,3	0,9422	—
Rhynie	57 20	2 50	72 24,8	0,8870	—
Ross	51 55	2 35	69 56,9	—	—
Ryde	50 44	1 10	69 0,5	—	—
Salisbury	51 4	1 48	69 19,6	—	—
Scarborough . . .	54 17	0 24	70 44,5	0,9294	—
Shannon Harbour .	53 14	7 53	71 27,6	0,9270	—
Sheffield	53 22	1 31	70 30,8	—	—
Shull	54 43	2 0	71 15,5	—	—
Shrewsbury . . .	52 43	2 45	70 26,1	—	*1,0080
Skiddaw	54 40	3 9	71 16,6	—	—
Southsea	50 48	0 58	69 2,7	—	—
Stafford	52 48	2 6	70 11,3	—	—
St. Clairs	50 44	1 8	69 2,5	—	—
St. Marys	49 55	6 17	69 30,0	—	—
Stonehouse	54 55	2 44	71 25,8	0,9174	1,0174
Strabane	54 49	7 28	71 54,8	0,9056	1,0299
Studley Park . . .	54 8	1 34	70 57,5	—	—
Swansea	51 36	3 55	69 48,7	0,9778	—
Templemore . . .				0,9824	—
Thirsk	54 14	1 21	71 0,2	—	1,0155
Tobermorie				0,8635	—
Tooting	51 26	0 10	69 18,0	—	—
Tortington	50 50	0 34	68 58,1	—	*0,9975
Trescow	49 57	6 18	69 31,0	—	—
Valencia	51 56	10 17	70 59,5	0,9517	1,0283
Wadworth	53 28	1 7	70 30,8	0,9543	—
Waterford	52 15	7 8	70 48,6	0,9502	1,0179
Westport	53 48	9 29	72 1,6	0,9034	1,0329
Whitehaven . . .	54 33	3 33	71 14,8	0,9280	1,0176
Whitby	54 29	0 37	70 59,0	—	—
Wick	58 24	3 5	73 23,8	0,8409	*1,0390

Beobachtungs-Ort.	Breite.	Länge von Green-wich.	Inclina-tion 1837.	Horizon-tal-In-tensität.	Total-Intensi-tät.
Worcester Park . .	51° 23′	0° 17′	69° 11′,1	—	—
York	53 58	1 5	70 49,2	0,9384	—
Youghal	51 57	7 50	70 37,0	—	1,0219

An folgenden Orten ist die Declination von Ross bestimmt worden:

Lerwick	1838,57	. .	27° 8′,6 westl.
Valencia	1838,79	. .	28 41,9
Bushey	1838,26	. .	23 59,8

Tabelle VII.

Beobachtungen der Inclination in den Nordamericanischen Freistaaten, ausgeführt von Loomis, Locke, Bache u. A., zusammengestellt von Loomis.
(Sillman's American Journal of Science Vol. XLIII.)

Beobachtungs Ort.	Breite.	Westl. Länge von Green-wich.	Inclination.	Zeit.
Albany	42° 39′	73° 45′	74° 47′,5	1835,86
Alton	38 54	90 4	69 34,8	1841,73
Ann Arbor	42 18	83 37	73 15,2	1840,50
Aurora	41 20	81 20	72 55,2	1840,69
Baltimore	39 17	76 37	71 35,6	1840,37
Bazetta	41 20	80 45	72 59,7	1840,69
Beaver	40 44	80 24	72 40,3	1839,75
Bedford	41 24	81 32	72 58,1	1840,73
Blue Mounds	43 0	89 36	73 37,9	1840,76
Buffalo	42 53	78 55	74 40,8	1839,67
Bunker Hill	39 4	89 53	69 49,1	1841,74
Cambridge	42 22	71 8	74 20,1	1839,72
Campbells	43 1	89 26	73 28,1	1841,69
Chicago	41 53	87 44	72 47,7	184 ,67
Cincinnati	39 6	84 27	70 27,8	1841,20
Clays Ferry	37 53	84 18	69 48,0	1840,68
Cleveland	41 30	81 42	73 14,6	1840,75
Clinton	40 58	81 40	72 44,0	1841,78
Columbus	39 57	83 3	71 4,3	1840,02
Copperas Creek . . .	40 30	89 48	71 4,0	1841,72
Davenport	41 28	90 18	71 55,0	1839,71
Dayton	39 45	84 5	71 22,4	1839,44
Detroit	42 19	82 56	73 36,7	1841,25
Dorchester	42 19	71 4	74 19,0	1839
Dover	40 33	81 30	72 19,2	1841,78
Dubuque	42 29	90 23	73 5,0	1839,79
Edwardsville	38 50	89 53	69 57,7	1841,73
Farmer's Creek . . .	42 13	90 23	72 33,1	1839,76
Fort Brady	46 30	84 24	77 29,7	1841,65

Beobachtungs-Ort.	Breite.		Westl. Länge von Greenwich.		Inclination.		Zeit.
Frankfort	38°	14′	84°	40′	69°	54′,7	1840,68
Frasersburgh	40	9	82	8	71	48,7	1841,77
Fulton	40	55	81	38	72	38,9	1841,78
Galena	42	28	90	13	73	3,0	1841,69
Gros Cap	46	32	84	43	77	5,3	1841,65
Hamilton	39	23	84	32	70	59,6	1840,63
Hartford	41	46	72	41	73	58,1	1839,72
Hartford	41	20	80	34	72	59,8	1840,70
Hebron	39	59	82	29	71	10,1	1841,77
Hickok's	42	58	89	47	73	39,5	1841,69
Hudson	41	15	81	26	72	48,3	1840,00
Iron Ore	41	55	90	40	72	50,0	1839,74
Kinsman	41	28	80	34	73	8,1	1840,70
Lebanon	39	26	84	6	71	3,3	1840,65
Lexington	38	6	84	18	69	54,5	1840,67
Little Mahoqueta . .	42	31	90	31	73	8,0	1839,80
Long meadow . . .	42	2	72	36	74	5,3	1839,71
Lost Grove	41	39	90	9	72	2,4	1839,73
Louisiana	39	23	90	50	69	51,1	1839,69
Louisville	38	18	85	37	70	1,6	1840,31
Mackinac	45	51	84	41	76	37,5	1841,64
Madison	43	3	89	11	74	5,0	1840,76
Mahoqueta	42	14	90	57	72	43,6	1839,75
Marion . . , . . .	39	44	90	14	70	20,1	1839,69
Mason	39	22	84	13	70	54,2	1840,65
Maumee	41	34	83	32	72	49,1	1839,38
Mineral Point	42	51	89	58	73	21,8	1840,77
Monroe	41	55	83	20	73	25,6	1840,50
Monticello	38	57	90	5	69	38,9	1841,74
Montreal	45	30	73	42	76	42,7	1835,90
Montrose	40	19	90	14	70	54,0	1839,70
Mount Vernon . . .	37	59	87	47	68	56,3	1840,70
New Harmony . . .	38	11	87	48	69	5,0	1840,70
New Haven	41	18	72	58	73	26,7	1839,70
New York	40	43	74	1	72	55,3	1840,00
North bank Mahoqueta	42	23	90	52	72	51,0	1839,77
Oswego	43	26	76	36	75	11,3	1839,67
Paoli	38	35	86	25	69	35,5	1840,72
Pekin	40	35	89	36	71	13,2	1841,72
Peru	41	23	89	5	71	51,1	1841,71
Philadelphia	39	57	75	11	71	56,1	1838,38
Pigna	40	6	84	10	71	35,8	1840,64
Pittsburgh	40	32	80	2	72	38,9	1839,75
Platteville	42	43	90	14	73	17,4	1841,70
Praire du Chien . . .	43	3	90	53	73	16,6	1839,82
Princeton	40	22	74	40	72	47,1	1839,73
Princeton	38	23	87	30	69	22,6	1840,71
Providence	41	49	71	25	74	1,2	1837,15
Samdusky	41	29	82	40	72	57,8	1839,38
Schenectada	42	48	73	55	74	36,1	1839,67
Shalersville	41	15	81	13	72	56,6	1840,79
Sheerwood's	42	27	90	37	73	7,0	1839,78

Beobachtungs-Ort.	Breite.		Westl. Länge von Greenwich.		Inclination.		Zeit.
Small Mill	42°	4′	91°	2′	72°	21′,4	1839,75
South Manitou . . .	45	5	85	38	75	59,3	1841,67
Springfield	39	53	83	42	71	27,4	1837,14
Springfield	42	6	72	36	74	8,8	1838,24
St. Louis	38	37	90	4	69	28,3	1840,71
Streetsboro'	41	15	81	20	72	53,0	1840,79
Syracuse	43	0	76	14	74	50,9	1839,67
Tallmadge	41	6	81	26	72	51,2	1841,18
Toledo	41	41	83	25	73	6,1	1839,38
Turkey River	42	42	90	48	73	11,0	1839,81
Twinsburgh	41	20	81	26	72	51,3	1840,73
Upper Alton	38	55	90	3	69	45,7	1841,73
Urbanna	40	3	83	39	71	29,9	1838,25
Utica	43	7	75	13	74	57,2	1839,68
Vincennes	38	43	87	29	69	52,3	1841,24
Wapsipinnicon . . .	41	45	90	23	72	14,9	1839,74
Warren	41	16	80	49	73	0,7	1840,70
Washington	38	53	77	1	71	17,5	1839,10
West Point	41	23	74	0	73	30,1	1835,80
Whitewater	42	18	90	38	72	55,1	1839,77
Williamstown	38	36	84	30	70	4,1	1840,67
Windham	41	15	81	3	73	3,4	1840,69
Worcester	42	16	71	48	74	20,6	1839,72
Ypsilanti	42	14	83	32	73	18,4	1840,50

Tabelle VIII.

Beobachtungen der Intensität in den Nordamericanischen Freistaaten, zusammengestellt von Loomis.

(Sillman's American Journal of Science Vol. XLVII.)

Beobachtungs-Ort.	Breite.		Westl. Länge von Greenwich.		Intensität.
Albany	42°	39 N	73°	45′	1,8097
Blue Mounds	43	0	89	36	1,7841
Cincinnati	39	6	84	27	1,7407
Davenport	41	28	90	18	1,7695
Dorchester	42	19	71	4	1,7858
Dubuque	42	29	90	23	1,7672
Farmer's Creek . . .	42	13	90	23	1,7880
Hudson	41	15	81	26	1,8070
Iron Ore	41	55	90	40	1,7976
Little Mahoqueta . .	42	31	90	31	1,7644
Lost Grove	41	39	90	9	1,7767
Louisville	38	18	85	37	1,7518
Madison	43	3	89	11	1,8117
Mahoqueta	42	14	90	57	1,7659
Mineral Point	42	51	89	58	1,7656

Beobachtungs-Ort.	Breite.	Westl. Länge von Greenwich.	Intensität.
Montreal	45° 31′	73° 35′	1,805
N. branch Mahoqueta .	42 23	90 52	1,7631
New Haven	41 18	72 58	1,7800
New York	40 43	74 1	1,805
Philadelphia	39 57	75 11	1,8021
Praire du Chien . . .	43 3	90 53	1,7806
Princeton	38 23	87 30	1,8075
Providence	41 49	71 25	1,8116
Small Mill	42 4	91 2	1,7642
St. Louis	38 37	90 17	1,7482
Turkey River	42 42	90 48	1,7617
Wapsipinnicon . . .	41 45	90 23	1,7772
West Point	41 25	74 0	1,8334
Whitewater	42 18	90 38	1,7791

Tabelle IX.

Beobachtungen der Declination in den Nordamericanischen Freistaaten, zusammengestellt von Loomis.

(Sillman's American Journal of Science Vol. XLIII.)

Beobachtungs-Ort.	Breite.	Westl. Länge von Greenwich.	Declination.	Zeit.
Albany	42° 39′N	73° 45′	+ 6° 58′	1840
Alton	38 51	90 15	— 7 52	1835 1840
Angle of Maine . . .	48 0	67 37	+ 19 12	1838
Applington	33 32	82 28	— 5 0	1837
Athens	39 23	82 4	— 3 12	1838
Athens	33 59	83 32	— 4 31	1837
Auburn	42 54	76 38	+ 3 43	1833
Augusta	33 27	82 1	— 5 4	1837
Bainbridge	30 55	84 46	— 5 30	1839
Barton	44 45	72 9	+ 10 51	1837
Batesville	39 56	81 17	— 1 22	1838
Belfast	44 18	68 54	+ 13 0	1838
Birdsville	32 48	82 13	— 5 1	1837
Blue Mounds	43 0	89 36	— 8 38	1840
Braceville	41 16	81 1	— 1 50	1838
Bridge	42 6	91 2	— 9 20	1840
Brookfield	41 16	80 37	— 1 40	1837
Bryan C. H.	32 1	81 32	— 5 5	1838
Buffalo	42 52	79 6	+ 1 25	1837
Burlington	44 27	73 10	+ 9 27	1840
Cambridge	42 22	71 8	+ 9 12	1840
Campbells	43 1	89 26	— 8 48	1840
Carnesville	34 24	83 24	— 5 1	1837

Beobachtungs-Ort.	Breite.		Westl. Länge von Green-wich.		Declination.			Zeit.
Carrolton	40°	36′N	81°	10′	—	2°	30′	1838
Cazenovia	42	54	75	54	+	4	0	1837
Champlain	45	0	73	26	+	9	30	1838
Chardon	41	36	81	16	—	0	15	1838
Charleston	32	42	80	4	—	2	54	1837
Charlottesville	38	2	78	30		0	0	1835
Cheneys	42	12	90	21	—	9	5	1840
Chesterfield	42	52	72	29	+	8	14	1840
Chillicothe	39	21	82	55	—	3	15	1835
Cincinati	39	6	84	27	—	4	46	1840
Cleveland	41	31	81	45	—	1	19	1840
Columbus	32	28	85	11	—	5	30	1839
Coshocton	40	18	81	55	—	1	30	1838
Crown Point	43	55	73	27	+	8	47	1838
Cuthbert	31	49	85	2	—	5	30	1839
Darien	31	26	81	37	—	5	5	1838
Davenport	41	28	90	18	—	8	13	1840
Deerfield	42	32	72	34	+	7	57	1837
Detroit	42	24	82	58	—	1	56	1840
Dial Mountain	44	21	73	49	+	8	20	1838
Dixfield	44	30	70	14	+	12	0	1838
Dover	40	32	81	31	—	1	50	1838
Drummond Isle	45	58	83	50	—	0	9	1840
Dubuque	42	29	90	23	—	8	22	1840
East Hampton	40	59	72	16	+	6	8	1834
Eatonton	33	20	83	33	—	4	32	1838
Elberton	34	6	83	0	—	4	33	1837
Elkford	42	0	90	52	—	9	15	1840
Euclid	41	33	81	35	—	1	30	1825
Fairview	42	5	80	25		0	0	1838
Farmer's Creek	42	13	90	23	—	9	8	1840
Farmington	44	42	70	3	+	11	20	1838
Flatbush	40	40	73	59	+	4	57	1840
Flat Rock	41	18	84	13	—	3	14	1838
Florence	34	47	87	54	—	6	28	1835
Fort Gaines	31	38	85	19	—	5	31	1839
Galena	42	28	90	13	—	9	25	1840
Gallipolis	38	54	82	6	—	2	35	1838
Geneva	42	52	77	3	+	3	49	1833
Goshen	33	52	82	39	—	5	9	1837
Grand Marrais	46	40	86	1	—	3	29	1840
Grand River	42	55	86	10	—	4	30	1837
Guilford	42	22	75	30	+	4	30	1838
Hamilton	42	48	75	34	+	4	30	1837
Hampden	44	37	68	46	+	13	4	1837
Hannover	43	42	72	14	+	9	15	1839
Hartford	41	46	72	41	+	6	3	1829
Hebron	41	39	72	26	+	6	10	1835
Homer	42	38	76	15	+	5	5	1840
House Point	42	3	70	4	+	9	20	1835
Hudson	41	15	81	26	—	1	52	1840
Huron Coast	45	27	83	50	—	1	55	1840

Beobachtungs-Ort.	Breite.	Westl. Länge von Greenwich.	Declination.	Zeit.
Huron Shore	43° 5′N	82° 26′	— 3° 6′	1835
Illinois	41 10	88 32	— 7 25	1838
Illinois	41 0	88 32	— 6 50	1838
Illinois	40 50	88 32	— 7 43	1833
Iron ore	41 55	90 40	— 8 20	1840
Ithaca	42 26	76 36	+ 2 51	1833
Jackson	39 13	82 38	— 3 10	1838
Jacksonboro	32 49	81 42	— 4 55	1837
Jacksonville	39 43	90 20	— 8 45	1833
Kalida	40 57	84 9	— 3 0	1838
Keeseville	44 28	73 32	+ 8 40	1838
Keweenam Point . .	47 25	88 30	— 7 35	1840
La Pointe	46 45	91 22	— 8 33	1840
Lawrenceville	33 57	84 11	— 5 0	1839
Liberty	31 48	81 37	— 5 5	1838
Lincoluton	33 46	82 37	— 5 9	1837
Little Mahoqueta . . .	42 31	90 31	— 8 30	1840
Logansport	40 45	86 22	— 5 35	1836
Log House	42 38	90 43	— 9 0	1840
Lost Grove	41 39	90 9	— 8 10	1840
Louisiana	32 50	92 22	— 8 40	1835
Louisiana	32 25	92 32	— 8 30	1836
Louisiana	31 50	92 32	— 8 30	1834
Louisiana	31 45	92 22	— 8 30	1834
Louisiana	31 40	92 32	— 8 40	1835
Louisiana	29 40	94 0	— 8 41	1840
Lower Sandusky . .	41 22	83 10	— 2 48	1838
Lumpkin	32 9	84 55	— 5 27	1839
Mackinac	45 51	84 41	— 2 59	1827
Macomb County . . .	42 43	82 40	— 1 33	1839
Macomb County . . .	42 30	84 22	— 4 25	1826
Madison	43 3	89 11	— 7 30	1840
Madison	43 3	89 42	— 8 20	1840
Madison	33 34	83 40	— 4 29	1838
Mahoqueta	42 14	90 57	— 8 45	1840
Marietta	39 30	81 28	— 1 33	1838
Marion	40 34	83 9	— 3 17	1838
Michigan	44 31	85 32	— 4 30	1838
Michigan	44 31	84 56	— 2 50	1838
Michigan	44 31	84 28	— 2 45	1838
Michigan	44 31	83 50	— 2 0	1838
Michigan	43 51	83 6	— 2 6	1835
Michigan	43 45	84 22	— 2 55	1832
Mill	42 10	90 37	— 9 15	1840
Milledgeville	33 7	83 24	— 5 51 — 4 40	1838 1835
Millhaven	32 56	81 47	— 5 4	1837
Mineral Point	42 51	89 58	— 8 40	1840
Miner's River	46 32	86 35	— 3 39	1840
Missouri	37 30	90 2	— 7 30	1827
Missouri	36 40	90 2	— 8 0	1825
Mobile	30 42	88 16	— 7 12	1835

Beobachtungs-Ort.	Breite.		Westl. Länge von Greenwich.		Declination.			Zeit.
Monroe	33°	50′N	83°	52′	—	5°	10′	1838
Montreal	45	31	73	35	+	9	50	1835
Montreal Channel	46	18	83	40	—	0	12	1840
Montreal River	46	41	90	46	—	7	43	1840
Nashville	36	10	86	52	—	6	58	1832
Near Cedar Point	44	3	73	33	+	8	23	1838
Near West Moriah	44	1	73	45	—	7	39	1838
New Haven	41	18	72	58	+	6	13	1840
New Madison	39	54	84	36	—	4	51	1838
Newport	41	28	71	21	+	7	0	1831
New York City	40	43	74	1	+	5	34	1840
New branch Mahoqueta	42	23	90	52	—	9	35	1840
Ogdensburgh	44	41	75	31	+	6	10	1838
Ontonagen River	46	57	89	49	—	6	33	1840
Oxford	42	24	75	40	+	4	30	1837
Parisien Island	46	32	84	38	—	1	11	1840
Parish's	42	58	90	10	—	8	55	1840
Penobscot Forks	45	30	68	26	+	14	45	1825
Pensacola	30	24	87	23	—	6	0	1835
Pere Marquette River	43	44	85	43	—	4	34	1837
Philadelphia	39	57	75	11	+	3	52	1837
Pointe aux Barques	43	51	82	42	—	1	38	1835
Portage	41	4	81	34	—	1	15	1838
Potsdam	44	40	75	1	+	7	25	1835
Praire du Chien	43	3	90	53	—	9	5	1840
Rivière du Gres	47	22	88	34	—	5	24	1840
Rossie	44	22	75	43	+	6	43	1839
Rumford	44	30	70	27	+	11	0	1838
Saginaw River	43	36	83	50	—	2	19	1835
Sandersville	32	57	82	59	—	5	27	1838
Sault St. Marie	46	31	84	19	—	1	25	1840
Savannah	32	5	81	12	—	5	5	1838
					—	3	31	1839
Sherald's Mound	42	35	90	33	—	8	10	1840
Sheerwood's	42	27	90	37	—	9	0	1840
Small Mill	42	4	91	2	—	9	7	1840
South Hannover	38	44	85	30	—	4	35	1837
Southwick	42	4	72	46	+	8	15	1838
Springbank	39	45	83	45	—	3	14	1838
Sprinboro'	39	30	84	9	—	4	4	1838
Springfield	39	52	83	45	—	4	30	1835
Springfield	32	20	81	31	—	5	5	1837
St. Johnsbury	44	26	72	6	+	9	16	1837
St. Louis	38	37	90	17	—	8	49	1835
Swainsboro	32	38	82	31	—	5	4	1838
Tallahassee	30	26	84	27	—	5	12	1835
Thunder Bay	44	26	83	0	—	0	45	1840
Toccoa Falls	34	39	83	30	—	5	0	1837
Trout Brook	42	59	90	45	—	9	0	1840
Troy	42	44	73	40	+	6	4	1827
Turkey River	42	42	90	48	—	9	0	1840
Tuscaloosa		12	87	43	—	7	28	1839

Beobachtungs-Ort.	Breite.	Westl. Länge von Greenwich.	Declination.	Zeit.
Wapsipinnicon	41° 45′N	90° 23′	— 8° 22′	1840
Warrensburgh	43 26	73 45	+ 7 15	1838
Washington	39 32	83 23	— 3 6	1838
Waterville	44 27	69 32	+ 12 8	1835
Wagnesboro	33 4	82 9	— 5 4	1837
West Chazy	44 52	73 25	+ 9 21	1838
West Chester	39 57	75 39	+ 3 25	1832
West Point	41 25	74 0	+ 6 32	1835
West Thomaston . .	43 56	69 5	+ 12 0	1838
Whitewater	42 18	90 38	— 9 10	1840
Williamstown	42 43	73 13	+ 7 45	1837
Wilmington	39 26	83 42	— 4 6	1838
Wooster	40 48	81 59	— 2 1	1837
Zanesville	39 59	82 1	— 2 30	1838

Tabelle X.

Magnetische Bestimmungen an der Westküste von America und den benachbarten Inseln, ausgeführt von Capt. Belcher in den Jahren 1837—1840.

(Aus „Sabine, Contributions to terrestrial Magnetism. II. Phil. Transactions. 1841. I. 10.") Die Horizontal-Intensität in Panama ist =1,000, und die Total-Intensität in London =1,372 gesetzt.)

Beobachtungs-Ort.	Zeit.	Breite.	Oestl. Länge von Greenwich.	Declinat.	Inclination.	Horizont. Intensität.	Total-Intensität.
Port Etches .	1837	+60° 21′	313° 19′	31° 38′,5	+76° 2′,9	0,411	1,728
Kodiak . .	1839	57 20	207 9	26 43,5	72 42,9	0,470	1,603
Sitka	1837	57 3	224 34	27 42,0	75 51,5	—	—
Sitka . . .	1839	57 3	224 38	29 32,5	75 49,1	0,412	1,704
Bakert's Bay .	1839	46 17	235 58	19 11,0	69 26,9	0,569	1,643
Fort Vancouver . . .	1839	45 37	237 24	19 22,0	69 22,2	0,576	1,657
Port Bodega .	1839	38 18	236 58	15 20,0	62 53,4	0,703	1,563
SanFrancisco	1837	37 48	237 37	15 20,0	61 53,8	—	—
SanFrancisco	1839	37 48	237 37	15 20,0	62 5,8	0,711	1,540
Monterey . .	1839	36 36	238 7	14 13,0	61 3,6	0,731	1,531
Santa Barbara	1839	34 24	240 19	13 28,0	58 54,1	0,765	1,501
San Petro .	1839	33 43	241 45	13 8,5	58 21,4	0,766	1,480
San Diego .	1839	32 41	242 47	12 20,6	57 6,1	0,794	1,482
San Guentin .	1839	30 22	244 2	12 6	54 29,9	0,837	1,461
San Bartholomeo . . .	1839	27 40	245 7	10 46	51 41,0	0,876	1,432
Magdalena Bay . . .	1839	24 38	247 53	9 15	46 34,0	0,924	1,362
Mazatlan . .	1839	23 11	253 36	9 24	46 38,5	0,928	1,370
SanLucas Bay	1839	22 52	250 7	8 37,5	45 39,3	0,937	1,359

Beobachtungs-Ort.	Zeit.	Breite.	Oestl. Länge von Greenwich.	Declinat.	Inclination.	Horizont. Intensität.	Total-Intensität.
San Blas . .	1837	21° 32′	254° 44′	8° 34′	45°24′,3	—	—
San Blas . .	1839	21 32	254 44	9 0	44 32,5	0,958	1,362
Oahu Island.	1837	21 17	202 0	10 39,5	41 35,1	—	—
Oahu Island.	1839	21 17	202 0	— —	41 16,8	0,841	1,134
Socorro Island . . .	1839	18 43	249 6	— —	40 43,7	0,977	1,307
Clarion Island	1839	18 21	245 19	— —	37 3,0	0,962	1,222
Acapulco . .	1838	16 50	260 5	8 23	37 57,4	1,024	1,316
Realejo . .	1838	12 28	272 48	7 53,5	34 36,9	—	—
Panama . .	1837	8 37	280 31	— —	31 51,9	1,000	1,193
Magnetic Island . . .	1837	8 4	278 15	7 37,5	31 11,9	—	—
Cocos Island	1838	8 53	272 58	8 24	23 33,2	—	—
Cocos Island	1839	+ 5 53	272 58	— —	22 55,7	1,022	1,125
Puna Island.	1838	— 2 47	280 5	8 56	+ 9 8	0,998	1,024
Martins Island	1840	− 8 56	220 20	— —	—14 6,0	0,980	1,024
Callao . . .	1838	—12 4	282 52	— —	− 6 14,3	0,950	0,968
Bow Island .	1840	−18 5	219 7	— —	−30 16,0	0,957	1,123
Point Venus.	1840	−17 29	210 30	6 30	+30 17,7	0,965	1,133
Paperte . .	1840	— —	— —	— —	+27 9	0,964	1,098

Die zwei letzten Stationen sind auf Otaheite.

Tabelle XI.

Bestimmungen der Horizontal-Intensität, ausgeführt von Hansteen in den Jahren 1839 und 1840.

Diese Intensitäten mit Ausnahme der zwei letzten, die absolut sind, beruhen auf den beobachteten Schwingungszeiten eines kleinen Cylinders, wofür die absolute Constante durch Vergleichung mit dem Göttinger Magnetometer bestimmt worden ist. An drei Stationen hat Hansteen auch die Inclination gemessen, und gefunden: Kopenhagen 69° 54′,3; Kiel 69° 27′,0; Altona 69° 1′,9. Diese Bestimmungen sind auf den 1. Januar 1840 reducirt.

Ort.	Zeit.	Horizontal-Intensität.	Anzahl der Messungen.	Ort	Zeit.	Horizontal-Intensität.	Anzahl der Messungen.
Kopenhagen.	1839,54	1,6501	6	Göttingen .	1839,67	1,7740	96
Altona . . .	1839,55	1,7096	4	Hannover .	1839,70	1,7490	1
Bremen . .	1839,56	1,7151	3	Altona . . .	1839,71	1,7070	5
Altona . . .	1839,58	1,7105	8	Bramstedt .	1839,72	1,6857	1
Magdeburg .	1839,60	1,7662	1	Kiel	1839,72	1,6819	1
Leipzig . .	1839,60	1,8098	1	Götheborg .	1839,74	1,5723	1
Dresden . .	1839,63	1,8251	4	Christiania .	1840,17	1,5441	7
Leipzig . .	1839,63	1,8086	1	Kopenhagen.	1840,57	1,6519	7
Gotha . . .	1839,64	1,8057	4	Christiania .	1840,67	1,5476	2
Eisenach . .	1839,64	1,7973	1	Christiania *)	1840,78	1,5540	10
Cassel . . .	1839,65	1,7834	2	Christiania **)	1841,29	1,5476	10

*) Absolute Bestimmung mit einem Weberschen transportablen Magnetometer.
**) Absolute Bestimmung mit einem Gaussschen Magnetometer in dem magnetischen Observatorium.

Tabelle XII.

Bestimmungen der Inclination, theils von Hansteen, theils nach seiner Anleitung von norwegischen Seeofficieren ausgeführt *).

(Von Hansteen brieflich mitgetheilt.)

Ort.	Zeit.	Inclination.	Anzahl der Beobacht.	Horizontal-Intensität in absoluten Einheiten.	Anzahl der Beobacht.
Fredriksvaern . . .	1830	— —	—	1,5366	—
„ „ . . .	1841	— —	—	1,5570	—
„ „ . . .	1842,4	71° 44',1	6	1,5559	6
Lerwick, Schottland .	1842,3	73 39,5	5	1,4029	4
Neu Elfsborg, Schweden	1842,4	71 4,8	4	1,5732	3
Stockholm	1842,5	71 22,3	3	1,5553	3
Gibraltar	1828	— —	—	2,2500	—
„	1840	— —	—	2,2911	1
„	1842,8	59 27,4	1	2,2817	—
Port Mahon	1842,8	59 59,2	1	2,2296	1
Toulon	1842,8	68 28,5	3	2,0955	3
Neapel	1843,0	58 42,1	2	2,3014	1
Milo	1842,8	— —	—	2,5926	—
„	1843,1	52 13,5	1	2,6074	1
Piräus	1843	53 53,0	6	2,5384	2
Smyrna	1843	53 46,4	8	2,5516	3
La Valette	1828	— —	—	2,5159	—
„	1843,2	53 28,1	14	2,5418	6
Algier	1828	— —	—	2,3323	—
„	1840	— —	—	2,3761	—
„	1843,2	57 8,2	4	2,3823	1
Malaga	1843,4	59 20,3	4	2,2921	1

Tabelle XIII.

Bestimmungen der absoluten Horizontal-Intensität, ausgeführt von Sartorius von Waltershausen und Listing.

(Vollständige Messungen kommen nur 12 vor, nämlich 4 in Waltershausen, 2 in Mailand, 4 in Neapel, 2 in Catania: die übrigen Bestimmungen beruhen auf beobachteten Oscillations-Zeiten.)

Ort und Zeit.	Horizontal-Intensität.	Anzahl der Messungen.	Ort und Zeit.	Horizontal-Intensität.	Anzahl der Messungen.
Waltershausen 1834,7	1,8201	4	Mailand . . . 1834,8	1,9716	13
Salzburg . . 1834,7	1,8875	9	Verona . . . 1834,9	2,0141	4
Hofgastein . . 1834,7	2,0373	2	Venedig . . 1834,9	2,0310	4
Bramberg . . 1834,7	1,8779	4	Bologna . . 1834,9	2,0171	5
Innsbruck . . 1834,7	1,8807	4	Florenz . . . 1835,0	2,0029	5

*) Die Bestimmungen von 1828 führt Hansteen an, ohne zu bemerken, von wann sie herrühren. Ich habe sie in die Tabelle eingeschaltet, mit Bezug auf §. 94.

Ort und Zeit.	Horizontal-Intensität.	Anzahl der Messungen.	Ort und Zeit.	Horizontal Intensität.	Anzahl der Messungen.
Marina di Rio . 1835,1	2,1788	4	Scorza . . . 1835,7	2,3138	2
Porto Longone 1835,1	2,1290	2	La Sala . . . 1835,7	2,3597	2
MonteCalamita 1835,1	2,0982	1	Lago negro . 1835,7	2,3455	3
San Pietro al monte . . . 1835,1	2,1260	2	Rotando di Calabria . . . 1835,7	2,3548	2
Porto Ferrajo . 1835,1	2,1144	2	Cosenza . . 1835,7	2,3474	2
Rom 1835,3	2,2788	5	Monteleone . 1835,7	2,4297	4
Ischia . . . 1835,4	2,3224	3	Palermo . . 1835,9	2,4079	4
Neapel . . . 1835,6	2,2956	14	Catania . . . 1836,2	2,4907	50
Amalfi . . . 1835,7	2,3528	3	Messina . . . 1836,5	2,4282	21
Vico 1835,7	2,3389	2			

An fünf von den in dieser Tabelle angeführten Orten haben S. v. Waltershausen und Listing auch die Inclination vermittelst eines Oscillations-Inclinatoriums bestimmt; die Resultate sind:

Innsbruck	1834,76	. .	65° 0′,9
Mailand	1834,86	. .	63 58,3
Florenz	1835,05	. .	63 28,0 *)
Neapel	1835,67	. .	58 52,7
Palermo	1836,02	. .	57 15,6.

Tabelle XIV.

Relative Messungen der Horizontal-Intensität (Paris = 1 angenommen), nach den Beobachtungen vo Quetelet in den Jahren 1830 und 1839.

Ort.	Horizontal-Intensität.	Ort.	Horizontal-Intensität.
Brüssel	0,964	Simplon (Dorf)	1,085
London	0,937	Domodossola	1,086
Paris	1,000	Seste Calende	1,101
Lyon	1,078	Mailand	1,114
Genf	1,075	Turin	1,105
Bonneville	1,069	Villa nova	1,114
Sallanches	1,080	Alexandria	1,115
St. Gervais	1,081	Ronco	1,126
Vandagnes	1,082	Genua	1,137
Servoz	1,082	Rota	1,135
Mer de Glace	1,083	Sestre de Levante . . .	1,134
Chamouni	1,085	Borghetto	1,140
Col de Balme	1,082	Montechiesa	1,150
Martigny	1,084	Pisa	1,157
St. Bernhard (Hospiz) .	1,085	Empola	1,158
Briegg	1,083	Florenz	1,160

*) Diese Bestimmung ist höchst merkwürdig, weil mit einem Inclinatorium von Felice Gori gleichzeitig gefunden wurde 63° 23′ 14″, während Bache im Jahre 1838 62° 5′,5, und Quetelet ein Jahr später 62° 12′,1 fand.

Ort.	Horizontal-Intensität.	Ort.	Horizontal-Intensität.
Siena	1,184	Frankfurt	0,998
Radicofani	1,201	Koblenz	0,990
Rom	1,214	Bonn	0,976
Torre di tre ponti . . .	1,228	Cassel	0,979
Mola di Gaete	1,235	Göttingen	0,970
Neapel	1,251	Gotha	0,986
Bologna	1,166	Weimar	0,988
Venedig	1,127	Leipzig	0,990
Seefeld (Tyrol)	1,072	Dresden	0,012
Innsbruck	1,074	Berlin	0,969
München	1,058	Bremen	0,923
Mannheim	1,000	Altona	0,941
Heidelberg (Stadt) . . .	1,018	Aachen	0,970
Heidelberg (Königsstuhl)	1,020	Mastricht	0,977
Heidelberg (Schloss) . .	1,014	Lüttich	0,969
Darmstadt	1,008	Löwen	0,971

Tabelle XV.

Bestimmungen der Inclination, von Quetelet ausgeführt im Jahre 1839, und auf den 1. Januar desselben Jahres reducirt.

Ort.	Inclination.	Ort.	Inclination.
Brüssel	68° 23',5	Rom	60° 9',0
Paris	67 14,6	Pisa	62 20,7
Turin	63 57,1	Florenz	62 14,0
Genua	62 54,2	Venedig	63 8,3
Neapel	59 0,3	Innsbruck	64 45,1

Bei der Reduction auf den Anfang des Jahres wurde eine jährliche Abnahme von 2',4 vorausgesetzt.

Tabelle XVI.

Magnetische Bestimmungen, in Böhmen von Kreil ausgeführt, zwischen dem 5. und 18. August 1843.

Beobachtungsort.	Länge von		Breite.		Seehöhe in Toisen.	Declinat.		Inclinat.		Horizontal-Intensität.
Senftenberg .	34°	8′	50°	5′,9	261,2	14°	22′,2	66°	0′,7	1,89327
Leitomischl .	33	59	49	52,8	167,1	14	17,7	65	55,9	1,90865
Craslau . .	33	2	49	57	126,5	14	46,7	65	55,6	1,89720
Seelau . . .	32	57	49	32,0	199,2	14	46,9	65	48,8	1,90600
Neuhaus . .	32	39	49	8	233,4	15	3,6	65	30,5	1,92312
Gratzen . .	32	27	48	47,8	254,2	14	59,2	65	20,2	1,92888
Steinberg . .	32	20	48	37	532,0	—	—	65	16,4	1,94115
Silberberg .	32	20	48	39	556,9	—	—	65	9,9	1,94150
Budweis . .	32	8	48	59,7	169,6	—	—	65	25,9	1,93687
Prag . . .	32	6	50	5,3	91,3	15	17,9	66	15,2	1,88420

Tabelle XVII.

Beobachtungen der Declination und Horizontal-Intensität, ausgeführt von Lamont gegen Ende des Jahres 1844, reducirt auf den 1. Januar 1845.

Beobachtungsort.	Declinat.		Horizontal-Intensität.	Beobachtungsort.	Declinat.		Horizontal-Intensität.
München . .	16°	30′,6	1,9379	Brüssel . . .	21°	17′,4	1,7662
Stuttgart . . .	—	—	1,8870	Utrecht . . .	20	21,3	1,7278
Tübingen . .	17	52,3	1,9034	Leyden . . .	20	51,9	1,7234
Mannheim . .	18	15,1	1,8568	Greenwich . .	23	6,2	1,7250
Bonn	—	—	1,7941	Woolwich . .	—	—	1,7197
Aachen . . .	—	—	1,7810				

Tabelle XVIII.

Beobachtungen der Total-Intensität von Fox, von April bis Juni 1838.

Station.	Total-Intensität.	Station.	Total-Intensität.
Paris.	1,343	Bern	1,318
Fontainebleau . . .	1,339	Basel	1,329
Nevers . . . . , . .	1,327	Mannheim	1,338
Puy de Dome . . .	1,306	Cöln	1,342
Nismes	1,299	Arnheim	1,350
Annecy	1,310	Rotterdam	1,357
Genf	1,316	London	1,372

Tabelle XIX.

Beobachtungen der Horizontal-Intensität von A. Bravais in der letzten Hälfte des Jahres 1844 (berechnet und auf den 1. Januar 1845 reducirt von Lamont).

Beobachtungsort.	Horizontal-Intensität.	Beobachtungsort.	Horizontal-Intensität.
Aosta	1,9837	Faulhorn	1,9587
Basel	1,9301	Genf	1,9706
Bern	1,9456	Grands Mulets . . .	1,9760
Besançon	1,9232	Grand plateau . . .	1,9821
Brienz	1,9608	Lyon	1,9757
Chamonix	1,9780	Mer de Glace	1,9790
Chapin	1,9788	Mont Blanc	1,9732
Col de Seigne . . .	1,9780	Orsieres	1,9662
Col de Voza	1,9694	Paris	1,8340
Col du bonhomme . .	1,9794	Solothurn	1,9355
Contamine	1,9781	St. Bernhard	1,9650
Cormayeur	1,9731	Thun	1,9597
Dijon	1,9143	Valorsine	1,9648

Tabelle XX.

Bestimmungen der Declination von Capt. Billingshausen.
(Aus den Resultaten des magnet. Vereins für 1839 S. 117.)

Zeit.	Südl. Breite.	Länge von Greenwich.	Declinat.	Zeit.	Südl. Breite.	Länge von Greenwich.	Declinat.
1819.				1820.			
Novbr.	29° 51'	43° 51'W	— 5° 25'	Febr.	65° 9'	41° 27'O	38° 18'
Decbr.	38 30	41 51	— 7 28		68 58	44 51	38 51
	47 3	4 5	— 8 53		62 27	67 47	47 25
	53 42	38 39	— 8 21		61 31	69 59	46 49
	56 25	31 48	— 7 5	März.	60 57	83 19	49 34
	57 15	26 45	— 6 8		58 33	91 44	47 42
1820.					57 55	104 56	38 36
Januar.	59 48	27 13	— 6 42		56 5	126 24	17 2
	59 28	19 46	1 48		54 14	131 7	7 52
	59 37	9 22	7 7		49 14	141 10	— 6 13
	63 22	3 41	10 38		43 42	146 38	—12 53
	69 8	2 50	9 16		40 8	149 48	—11 9
	68 31	2 24	10 5		36 39	150 41	— 8 43
	67 25	1 28O	12 16	Novbr.	34 48	152 59	— 8 41
	65 56	6 0	17 15		34 41	152 52	— 9 25
Febr.	65 8	11 51	22 33		36 25	152 9	— 9 49
	65 9	16 46	22 23		48 23	151 54	—11 47
	67 9	17 20	22 41		53 48	155 40	—13 13
	67 4	19 6	26 7		55 0	159 12	—14 31
	65 33	26 37	30 35		56 28	158 57	—16 44
	66 50	39 37	38 8		57 55	161 30	—20 35

Zeit.	Südl. Breite.	Länge von Greenwich.	Declinat.	Zeit.	Südl. Breite.	Länge von Greenwich.	Declinat.
1820.				1821.			
Novbr.	62° 51′	166° 14′O	—22° 25′	Januar.	67° 58′	85° 29′W	—32° 58′
Decbr.	64 37	172 38	—22 39		68 41	79 27	—32. 45
	62 16	175 31W	—19 45		68 43	75 49	—35 19
	65 9	171 4	—14 47		66 5	75 29	—30 45
	65 49	167 56	—12 19		64 2	68 38	—27 1
	65 18	156 31	—21 2		62 44	60 48	—23 34
	62 34	152 23	—17 54		61 12	56 28	—19 33
	60 30	144 58	—14 46	Febr.	56 38	46 46	—14 56
	63 2	130 34	—14 55		48 14	36 50	— 5 52
	64 19	122 14	—21 49		40 29	32 36	— 1 29
1821.					36 9	34 18	— 0 43
Jan.	63 36	114 49	—21 2		33 3	33 42	— 0 12
	68 18	95 44	—34 7		28 8	36 52	— 0 19
	68 27	89 38	—36 5		25 0	4 48	— 1 3

Tabelle XXI.

Beobachtungen der Inclination und Total-Intensität, ausgeführt von Lieutenant Sulivan.

(Die Zeiten sind nur bei folgenden Stationen bemerkt: Falmouth 1838,52, Berkley Sound von 1838,80—1839,12, Rio de Janeiro 1839,26, Falmouth 1839,48.

Breite.	Oestl. Länge von Greenwich.	Inclination.	Total-Intensität.
50° 9′ [1])	354° 54′	69° 12′,5	1,374
46 8	351 6	67 2	1,327
37 26	345 52	62 54	1,287
28 27 [2])	343 45	57 40	1,254
22 9	338 34	53 4	1,199
10 22	334 31	39 46	1,100
0 56	331 52	26 19	0,986
— 10 6	325 54	9 32	0,916
— 17 17	323 21	— 4 32	0,882
— 22 55 [3])	316 51	— 13 0,5	0,854
— 25 35	314 25	— 19 36	0,864
— 27 26 [4])	311 25	— 21 7	0,892
— 34 53 [5])	303 47	— 34 3	1,004
— 41 54	302 40	— 44 52	1,164
— 51 32 [6])	301 53	— 52 40	1,295
— 46 52	308 47	— 46 18	1,168
— 40 33	315 32	— 38 15	1,008
— 30 12	316 48	— 25 9	0,890
— 22 55 [7])	316 51	— 13 5	0,854
— 22 48	322 49	— 12 40	0,823
— 16 28	323 53	— 1 1	0,862

Breite.	Oestl. Länge von Greenwich.	Inclination.	Total-Intensität.
—12° 59′ [8]	321° 30′	5° 1′	0,859
— 8 4 [9]	325 9	13 8,5	0,900
— 2 8	324 56	24 8	0,995
6 11	321 59	37 36	1,138
17 7	317 28	51 45	1,307
25 22	317 11	60 21	1,420
29 36	318 15	63 35	1,459
36 12	322 18	68 20	1,494
41 18	329 31	69 47	1,453
45 22	341 57	69 23	1,409
50 9 [10]	354 54	69 18	1,374

1) Falmouth. 2) Santa Cruz. 3) Rio de Janeiro. 4) Sta. Catherina. 5) Monte Video. 6) Berkley Sound. 7) Rio de Janeiro. 8) Bahia. 9) Pernambuco. 10) Falmouth.

Tabelle XXII.

Beobachtungen der Inclination und Intensität, ausgeführt von Dunlop vom 23. Juli bis 10. October 1831.

Breite.	Länge von Greenwich.	Inclination.	Total-Intensität.	Breite.	Länge von Greenwich.	Inclination.	Total-Intensität.
—41° 10′	101° 41′	—68° 8′	1,62	—35° 21′	42° 50′	—60° 0′	1,15
—39 49	86 7	—66 46	1,55	—30 20	337 19	—27 34	0,87
—39 15	8 48	—47 56	0,93	—26 25	338 39	—21 40	0,83
—38 53	21 21	—53 3	1,00	—19 40	333 17	— 9 46	0,85
—38 37	34 15	—58 52	1,10	—11 6	337 13	+ 1 54	0,88
—38 32	69 52	—64 45	1,35	— 2 11	343 14	+14 6	0,94
—38 16	358 15	—42 48	0,91	+ 3 10	347 50	+19 54	0,98
—37 13	57 45	—63 26	1,28	+ 5 0	343 54	+25 3	1,00
—35 44	345 46	—36 27	0,89				

Tabelle XXIII.

Bestimmung der Total-Intensität zwischen dem Cap der guten Hoffnung und Kerguelen-Insel, ausgeführt von Ross und Crozier vom 18. März bis 7. Juli 1840.

Breite.	Oestl. Länge von Greenwich.	Total-Intensität. London = 1,372.	Breite.	Oestl. Länge von Greenwich.	Total-Intensität. London = 1,372.
— 36° 6′	18° 2′	0,985	— 46° 42′	38° 50′	1,188
— 36 47	19 0	0,997	— 46 57	47 33	1,265
— 38 55	20 3	1,026	— 46 51	55 43	1,354
— 41 53	23 51	1,072	— 48 37	69 11	1,483
— 44 55	27 59	1,122			

Tabelle XXIV.

Bestimmung der Total-Intensität im Bereiche der isodynamischen Linie 0,9 im atlantischen Ocean, nach den Beobachtungen des Capt. Ross auf dem Schiffe Erebus vom 7. Decbr. 1839 bis Ende Februar 1840.

Breite.	Oestl. Länge von Greenwich.	Total-Intensität.	Breite.	Oestl. Länge von Greenwich.	Total-Intensität.
— 7° 6′	327° 38′	0,886	— 14° 58′	349° 3′	0,814
— 13 54	329 28	0,824	— 14 17	351 19	0,818
— 21 59	331 2	0,813	— 15 14	352 42	0,817
— 26 42	333 47	0,832	— 18 51	352 45	0,816
— 26 18	335 58	0,829	— 23 49	349 57	0,817
— 27 39	341 12	0,830	— 26 23	347 12	0,824
— 22 51	343 51	0,817	— 30 41	353 55	0,851
— 17 4	346 48	0,821	— 31 37	361 40	0,883

Tabelle XXV.

Resultate der Britischen Südsee-Expedition unter Capt. Ross, von Juli 1840 bis April 1841.

A. Declinations-Bestimmungen.

Breite.	Oestl. Länge von Greenwich.	Declination.	Breite.	Oestl. Länge von Greenwich.	Declination.
44° 31′	147° 20′	9° 52′	69° 35′	167° 45′	37° 5′
47 5	156 17	14 23	70 20	169 17	39 34
51 51	167 49	17 10	71 20	171 50	44 31
53 23	135 28	3 13	71 55	171 51	47 38
55 7	131 59	0 41	72 29	173 52	51 22
56 26	130 14	5 33	72 45	174 38	53 .17
58 31	129 7	9 31	73 57	171 34	64 5
58 37	170 13	21 25	74 13	170 24	67 18
60 5	131 7	8 10	74 48	168 15	72 16
60 26	170 31	23 3	75 58	172 44	88 35
62 31	137 1	2 10	76 5	167 29	99 35
63 57	151 4	18 46	76 42	166 38	111 4
64 13	143 6	9 53	76 52	185 57	83 35
64 14	161 14	26 0	77 3	189 59	81 10
64 28	162 3	23 15	77 14	187 1	88 23
64 50	172 34	25 45	77 25	188 43	94 25
65 51	169 12	28 17	77 36	187 38	93 3
66 11	170 23	27 18	77 46	176 45	103 58
66 43	174 22	31 5	77 47	184 26	96 34
68 27	175 55	34 35	77 48	187 23	95 44

B. Inclinations-Bestimmungen.

Breite.	Oestl. Länge von Green-wich.	Inclina-tion.	Breite.	Oestl. Länge von Green-wich.	Inclina-tion.
44° 59′	139° 49′	—73° 10′	64° 58′	143° 4′	—85° 2′
45 20	152 10	71 33	66 21	173 11	82 11
45 32	142 47	74 16	66 25	170 2	82 37
47 3	126 40	75 55	67 47	167 21	84 39
47 25	92 56	74 3	68 26	175 47	83 19
47 38	110 27	75 2	69 50	167 41	85 47
48 14	80 3	71 46	70 48	173 18	85 6
49 11	160 51	73 57	71 1	168 38	86 6
51 6	136 54	78 21	71 55	171 47	86 3
54 40	133 12	80 0	72 28	173 52	86 23
56 16	170 5	76 39	73 35	171 55	87 4
57 50	129 8	81 52	74 44	170 9	87 53
59 56	170 25	78 39	76 6	166 36	88 17
61 46	135 23	84 8	76 27	177 13	87 5
62 16	172 57	79 49	76 35	170 40	87 58
63 44	155 29	83 40	77 10	190 16	86 2
64 16	150 32	84 33	77 15	186 43	86 6
64 39	172 46	81 24	77 18	189 10	86 0
64 41	162 18	—83 18	77 24	187 50	—86 1

C. Total-Intensitäts-Bestimmungen.

Breite.	Oestl. Länge von Green-wich.	Total-Intensität.	Breite.	Oestl. Länge von Green-wich.	Total-Intensität.
44° 42′	141° 41′	1,960	64° 13′	151° 50′	2,033
45 18	152 10	1,835	64 36	172 44	1,983
45 31	142 36	1,932	65 59	170 14	2,024
46 40	130 11	1,997	66 42	166 27	2,039
47 20	89 41	1,617	68 5	175 48	2,019
47 30	103 10	1,823	70 27	173 24	2,027
47 40	116 58	1,945	70 32	169 1	2,031
48 14	80 20	1,571	72 0	171 49	2,038
49 11	160 41	1,840	72 33	174 13	2,034
53 4	134 50	2,038	74 0	171 30	2,046
54 11	169 23	1,874	75 12	169 56	2,040
58 27	170 25	1,919	75 55	169 54	2,034
59 9	130 0	2,063	77 6	187 1	2,038
61 10	171 40	1,961	77 8	191 30	2,033
63 13	138 53	2,054	77 13	179 44	2,024
63 40	159 23	2,016			

Tabelle XXVI.

Resultate der Britischen Südsee-Expedition unter Capt. Ross, von Mai 1841 bis Aug. 1842.

A. Declinations-Bestimmungen.

Breite.	Oestl. Länge von Greenwich.	Declination.	Breite.	Oestl. Länge von Greenwich.	Declination.
—33° 9′	167° 8′	—13° 56′	—59° 39′	243° 5′	—20° 31′
33 44	157 24	11 58	60 10	213 25	17 10
34 15	172 23	13 34	60 16	236 31	20 56
37 31	150 57	10 40	60 42	201 46	18 35
38 3	180 1	15 14	63 4	211 13	20 14
41 0	183 14	14 20	63 51	193 55	22 2
42 0	148 52	11 6	64 11	207 44	21 53
47 25	185 2	16 0	65 44	204 52	23 47
49 42	190 2	17 25	66 0	203 56	25 21
51 19	193 45	16 21	66 8	204 1	26 35
52 59	204 5	13 59	66 57	203 4	27 19
54 43	296 25	20 9	67 48	184 41	28 25
56 7	211 20	14 30	68 12	200 31	30 32
57 45	212 48	15 20	70 25	185 24	37 46
58 30	282 49	26 23	70 48	183 14	37 3
58 36	252 50	22 40	71 23	182 9	42 23
58 37	278 11	26 45	75 23	174 5	76 40
58 43	257 6	25 28	76 33	193 39	77 14
58 54	221 15	15 46	76 46	196 31	78 6
59 1	228 0	17 25	—76 51	182 25	-84 25
—59 2	270 13	—26 40			

B. Inclinations-Bestimmungen.

Breite.	Oestl. Länge von Greenwich.	Inclination.	Breite.	Oestl. Länge von Greenwich.	Inclination.
—33° 4′	171° 21′	—58° 12′	—48° 2′	185° 34′	—68° 18′
33 13	168 24	59 21	49 45	189 38	69 12
33 40	165 13	60 0	51 25	194 17	69 52
33 41	158 45	61 37	51 32	301 53	52 25
33 51	151 17	62 53	52 18	301 2	52 59
33 53	152 34	62 43	52 53	203 22	70 11
34 28	173 15	58 49	55 18	210 10	70 56
35 5	151 31	64 15	55 44	296 12	57 45
35 16	174 0	59 28	56 54	212 20	72 22
35 56	176 5	59 34	57 20	290 49	60 23
37 44	150 57	66 29	58 32	283 49	63 23
38 47	181 31	61 4	58 38	278 17	65 15
41 30	183 27	62 54	58 39	256 24	70 1
44 42	183 11	65 51	58 47	250 22	71 4
46 56	148 56	69 42	59 0	269 40	67 23

Breite.	Oestl. Länge von Greenwich.	Inclination.	Breite.	Oestl. Länge von Greenwich.	Inclination.
—59° 20′	219° 15′	—73° 38′	—66° 34′	202° 7′	—79° 56′
59 23	230 51	73 9	67 24	186 53	81 22
59 30	244 36	71 51	67 33	203 45	80 37
60 15	209 7	74 31	68 14	200 12	81 5
60 18	236 54	72 56	69 9	181 17	83 15
60 29	213 22	75 2	69 32	194 1	82 40
61 16	198 27	75 49	70 14	184 31	83 46
63 12	210 39	77 19	70 16	189 27	83 10
63 59	193 35	78 38	71 20	186 8	84 27
64 4	207 42	78 7	71 56	181 21	84 46
65 37	204 47	79 19	74 1	192 0	85 5
66 3	202 31	79 43	74 59	175 9	86 44
66 4	204 11	79 43	76 35	193 43	85 28
66 6	203 45	79 45	76 43	181 25	86 40
66 21	203 43	79 56	77 35	178 12	85 4

C. Total-Intensitäts-Bestimmungen.

Breite.	Oestl. Länge von Greenwich.	Total-Intensität.	Breite.	Oestl. Länge von Greenwich.	Total-Intensität.
—33° 13′	168° 29′	1,613	—58° 50′	252° 8′	1,850
33 29	171 59	1,596	58 50	272 12	1,750
33 38	152 34	1,712	58 59	219 8	1,900
33 41	158 45	1,674	59 15	229 48	1,893
33 41	165 8	1,644	60 17	207 10	1,903
33 51	151 17	1,698	60 17	236 54	1,900
35 3	173 56	1,613	61 54	213 19	1,917
36 6	151 23	1,748	62 25	196 18	1,931
36 54	177 35	1,625	63 35	209 8	1,934
40 5	182 58	1,652	65 23	205 16	1,949
40 36	149 38	1,812	66 10	202 51	1,951
42 45	148 46	1,842	66 14	203 57	1,963
43 31	183 23	1,704	66 32	189 48	1,972
48 4	185 43	1,762	67 26	202 56	1,955
49 45	190 0	1,773	68 34	199 29	1,968
51 31	194 26	1,794	68 42	182 21	1,987
51 32	301 53	1,334	69 54	193 25	1,981
52 33	300 49	1,354	71 10	182 56	1,993
53 2	204 23	1,825	72 4	187 23	1,999
55 53	210 52	1,838	75 15	173 42	2,013
56 36	293 36	1,527	76 9	193 39	2,009
58 3	212 51	1,868	76 42	182 51	2,010
58 30	282 39	1,657	77 30	198 27	1,996

Namenregister.

Gedruckt bei Julius Sittenfeld in Berlin.

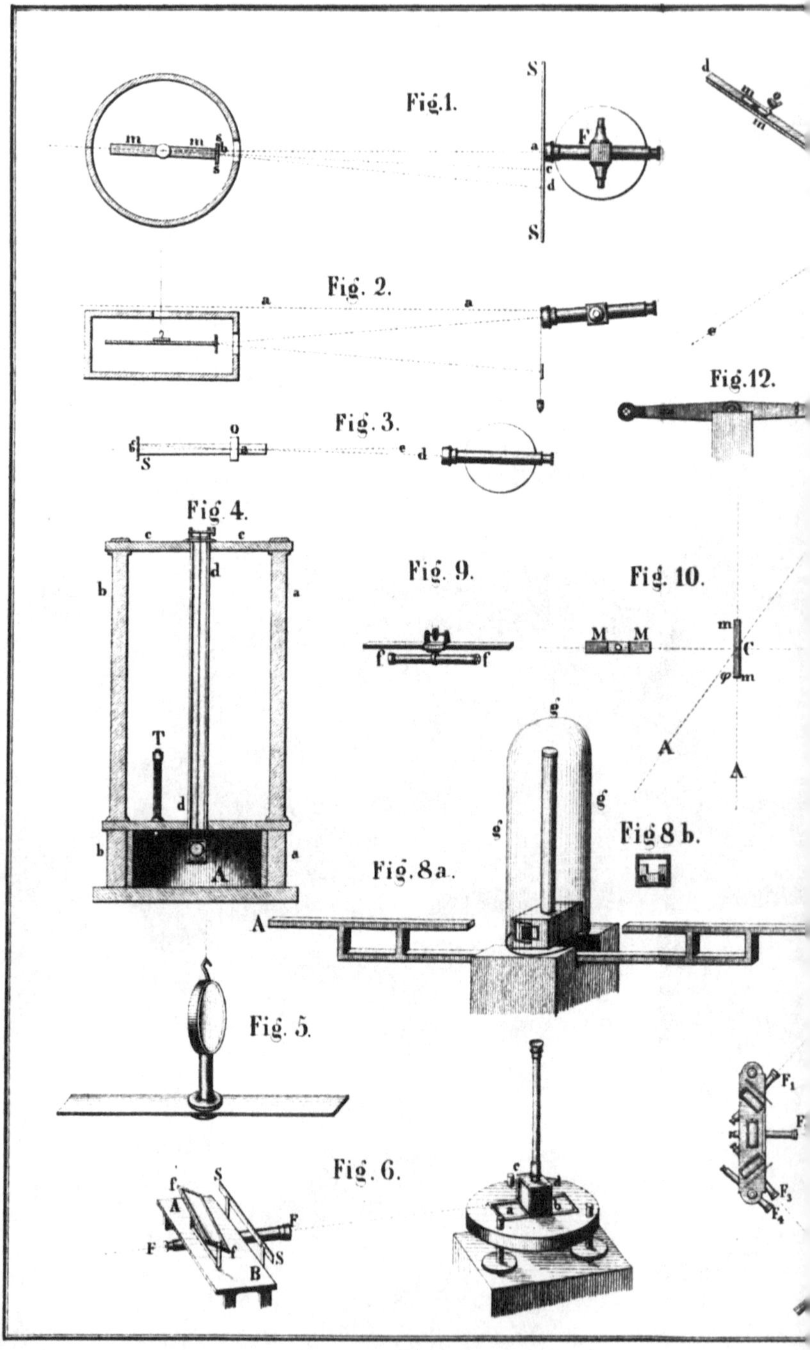
Fig. 1.
Fig. 2.
Fig. 3.
Fig. 4.
Fig. 5.
Fig. 6.
Fig. 8 a.
Fig 8 b.
Fig. 9.
Fig. 10.
Fig. 12.

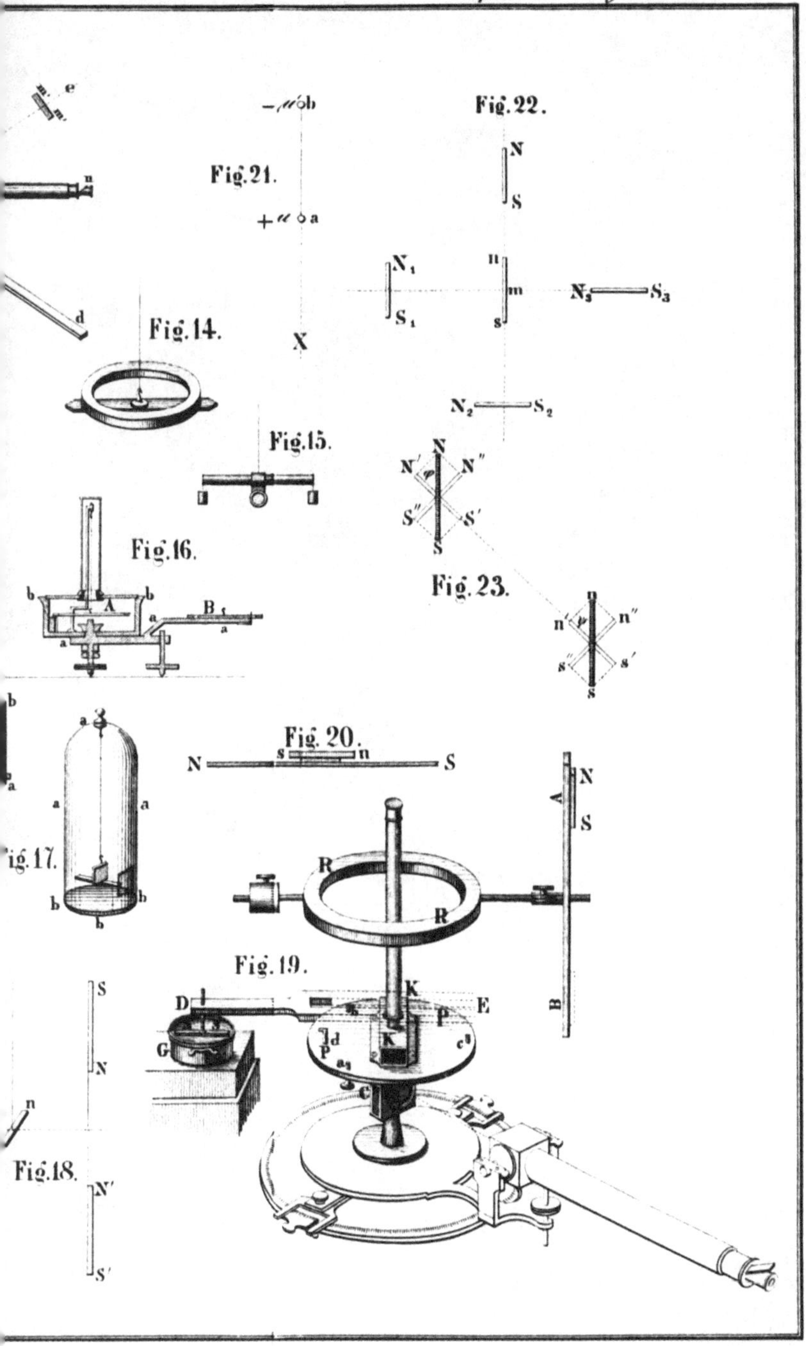
Fig. 14.
Fig. 15.
Fig. 16.
Fig. 17.
Fig. 18.
Fig. 19.
Fig. 20.
Fig. 21.
Fig. 22.
Fig. 23.

Fig. 1.

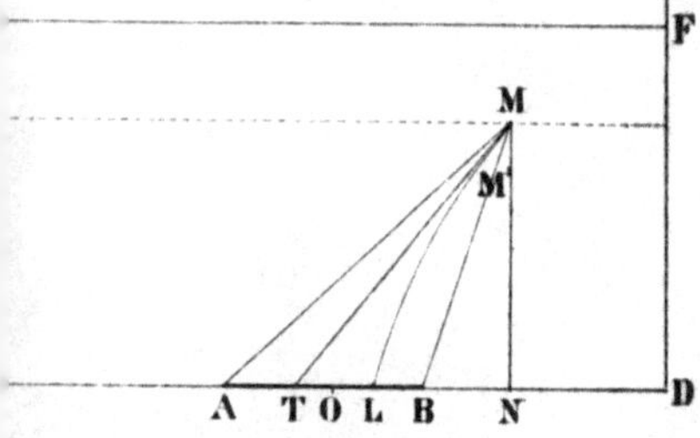

Fig. 2.

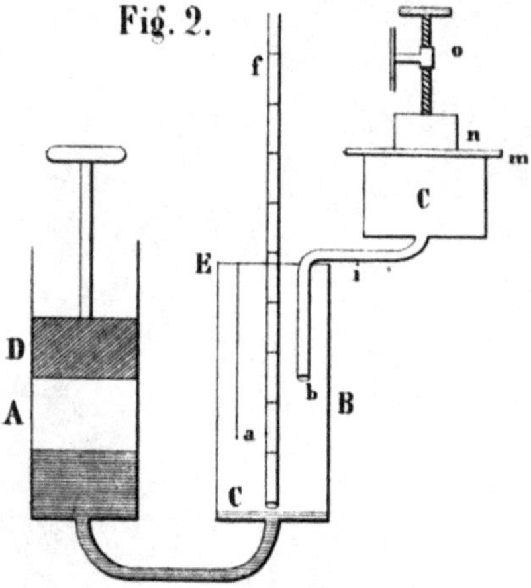

Fig. 3.

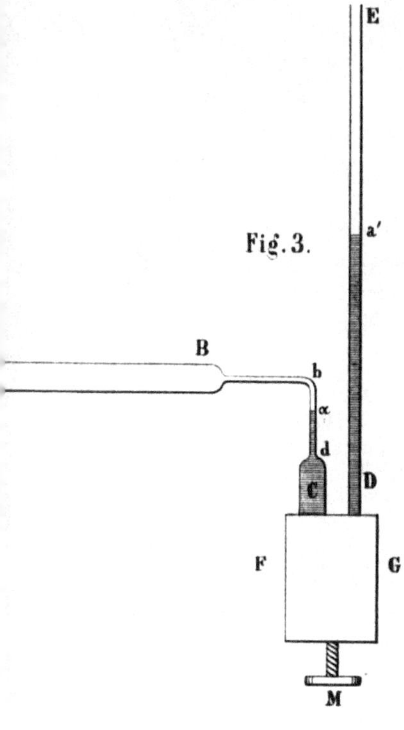

Fig. 4.

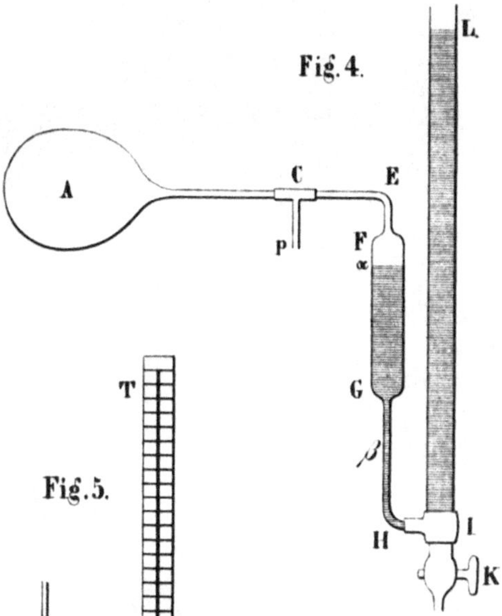

Fig. 5.

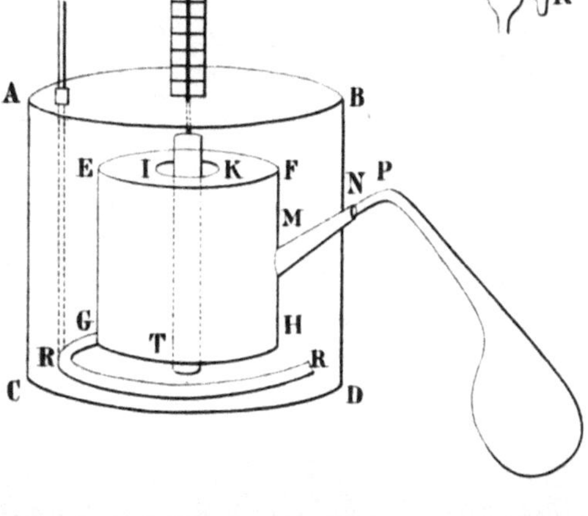

Kolibri 360 GmbH
Ferdinand-Jühlke-Straße 7
99095 Erfurt, Deutschland
produktsicherheit@kolibri360.de